海洋遥感与海洋大数据丛书

海洋激光雷达探测技术

毛志华 刘 东 贺 岩 陈 鹏 舒 嵘 著

科 学 出 版 社

北 京

内 容 简 介

本书介绍海洋激光遥感理论和方法，系统论述海洋激光雷达的探测原理、辐射传输理论、数据处理方法和模拟仿真技术，在船载和机载海洋激光雷达系统研制和试验基础上，论证我国星载海洋激光雷达系统技术方案。全书共8章，包括绪论、船载海洋激光雷达系统、机载海洋激光雷达系统、海洋激光诱导荧光雷达遥感技术、海洋激光雷达光学剖面及次表层探测方法、海洋激光雷达浅海水深探测方法、海洋激光雷达信号数值仿真技术、星载海洋激光雷达系统设计。

本书可作为高等学校海洋科学类、光学工程类专业学生的教学参考书，也可供学习海洋激光遥感的其他专业研究生及科研人员参考。

图书在版编目（CIP）数据

海洋激光雷达探测技术/毛志华等著. —北京：科学出版社，2023.2
（海洋遥感与海洋大数据丛书）
ISBN 978-7-03-073243-9

Ⅰ.① 海…　Ⅱ.① 毛…　Ⅲ. ① 激光雷达-雷达探测-海洋调查　Ⅳ. ① P71

中国版本图书馆CIP数据核字（2022）第176895号

责任编辑：杜　权/责任校对：高　嵘
责任印制：彭　超/封面设计：苏　波

科学出版社 出版
北京东黄城根北街16号
邮政编码：100717
http://www.sciencep.com
武汉精一佳印刷有限公司印刷
科学出版社发行　各地新华书店经销
*
开本：787×1092　1/16
2023年2月第　一　版　印张：22
2023年2月第一次印刷　字数：520 000
定价：286.00元

作者简介

毛志华，博士，自然资源部第二海洋研究所研究员，从事海洋水色遥感研究。卫星海洋环境动力学国家重点实验室副主任，入选国家第一批“万人计划”科技创新领军人才，浙江省特级专家。承担国家重点研发计划等科研项目20余项，获得省部级科技奖励17项，其中国家科技进步二等奖3项，出版专著5部，发表论文100多篇。

刘东，博士，浙江大学教授，从事光电检测与遥感教学科研工作。担任浙江大学光电科学与工程学院院长助理、现代光学仪器国家重点实验室副主任。发表学术论文百余篇，编写专著2部、教材2部，授权国家发明专利30余项。担任学术期刊《大气与环境光学学报》执行副主编，以及《中国光学》等青年编委，*PhotoniX*等专题编辑。

贺岩，博士，中国科学院上海光学精密机械研究所研究员，从事激光雷达海洋遥感探测和三维成像技术研究。承担国家863等课题10余项，研制了机载海陆测绘激光雷达和机载蓝绿双波长海洋剖面探测激光雷达，发展了海陆探测激光雷达技术。发表论文40余篇，授权国家发明专利10余项，编写国家标准1项。

陈鹏，博士，自然资源部第二海洋研究所副研究员，从事海洋激光遥感技术研究。主持国家及地方自然科学基金项目，入选自然资源部第二海洋研究所“青年英才”。围绕海洋激光遥感机理、模型与应用，在RSE、IEEE-TGRS、OE等国际主流SCI期刊发表论文15篇，其中二区及以上11篇。

舒嵘，博士，中国科学院上海技术物理研究所研究员，从事空间主动光电载荷研制及光量子雷达技术研究。中国空间科学学会遥感专业委员会副主任，获得“上海市领军人才”等称号。主持探月工程及深空探测等有效载荷研制，首颗“墨子”号量子科学实验卫星副总工程师。获得国家及省部级奖项10余项、美国AAAS协会克利夫兰奖，在*Science*、*Nature*等刊物上发表论文10余篇。

“海洋遥感与海洋大数据丛书”编委会

“海洋遥感与海洋大数据”丛书序

在生物学家眼中，海洋是生命的摇篮，五彩缤纷的生物多样性天然展览厅；在地质学家心里，海洋是资源宝库，蕴藏着地球村人类持续生存的希望；在气象学家看来，海洋是风雨调节器，云卷云舒一年又一年；在物理学家脑中，海洋是运动载体，风、浪、流汹涌澎湃；在旅游家脚下，海洋是风景优美无边的旅游胜地。在遥感学家看来，人类可以具有如齐天大圣孙悟空之能，腾云驾雾感知一望无际的海洋，让海洋透明、一目了然；在信息学家看来，海洋是五花八门、瞬息万变、铺天盖地的大数据源。有人分析世界上现存的大数据中环境类大数据占70%，而海洋环境大数据量占到了其中的70%以上，与海洋占地球的面积基本吻合。随着卫星传感网络等高新技术日益发展，天-空-海和海面-水中-海底立体观测所获取的数据逐年呈指数级增长，大数据在21世纪将掀起惊涛骇浪的海洋信息技术革命。

我国海洋科技工作者遵循习近平总书记“关心海洋，认识海洋，经略海洋”的海洋强国战略思想，独立自主地进行了水色、动力和监视三大系列海洋遥感卫星的研发。随着一系列海洋卫星成功上天和业务化运行，海洋卫星在数量上已与气象卫星齐头并进，卫星海洋遥感观测组网基本完成。海洋大数据是以大数据驱动智能的新兴海洋信息科学工程，来自卫星遥感和立体观测网源源不断的海量大数据，在网络和云计算技术支持下进行快速处理、智能处理和智慧应用。

在海洋信息迅猛发展的大背景下，“海洋遥感与海洋大数据”丛书呼之欲出。丛书总结和提炼“十三五”国家重点研发计划项目和近几年来国家自然科学基金等项目的研究成果，内容涵盖两大部分。第一部分为海洋遥感科学与技术，包括《海洋遥感动力学》《海洋微波遥感监测技术》《海洋高度计的数据反演与定标检验：从一维到二维》《北极海洋遥感监测技术》《海洋激光雷达探测技术》《海洋盐度遥感资料评估与应用》《中国系列海洋卫星及其应用》；第二部分为海洋大数据处理科学与技术，包括《海洋大数据分析预报技术》《海洋环境安全保障大数据处理及应用》《海洋遥感大数据信息生成及应用》《海洋环境再分析技术》《海洋盐度卫星资料评估与应用》。

海洋是当今国际上政治、经济、外交和军事博弈的重要舞台，博弈无非是对海洋环境认知、海洋资源开发和海洋权益维护能力的竞争。在这场错综复杂的三大能力的竞争中，哪个国家掌握了高科技制高点，哪个国家就掌握了主动权。本套丛书可谓海洋信息技术革命惊涛骇浪下的一串闪闪发亮的水滴珍珠链，著者集众贤之能、承实践之上，总结经验、理出体会、挥笔习书，言海洋遥感与大数据之理论、摆实践之范例，是值得一读的佳作。更欣慰的是，通过丛书的出版，看到了一大批年青的海洋遥感与信息学家的崛起和成长。

“百尺竿头，更进一步”。殷切期盼从事海洋遥感与海洋大数据的科技工作者再接再厉，发海洋遥感之威，推海洋大数据之浪，为“透明海洋和智慧海洋”做出更大贡献。

中国工程院院士 潘德炉

2022年12月18日

序

海洋是生命之源、资源宝库、风雨调节器和国防屏障。纵览人类发展史，可以看到人类一直不断地对占地球面积 71%的大海洋进行探索、认知、开发和利用，海洋卫星遥感技术应运而生，不断发展。当今通过卫星探测来自太阳光照下海面辐射的被动遥感技术日趋成熟，海面水色、水温与风、浪、流等要素测量精度不断提高，在全球初级生产力调查、海气相互作用研究，以及沿海水质环境监测、资源开发和生态文明建设中功不可没。然而，人们更渴望卫星遥感技术能够更进一步，希望通过卫星能够快速地、大面积地了解和认知从海表面到海底剖面各要素的结构和变化特征，能让人们清晰正确地看到海洋表达数字立方体、海洋信息透明立方体、海洋知识慧民立方库。于是，这一渴望就成为世界上发达国家间竞争的高新技术之一——海洋激光雷达探测技术。

自然资源部第二海洋研究所毛志华研究员勇挑重担，联合国内 13 家优势单位，在科技部国家重点研发计划支持下，开启了有关海洋激光雷达探测技术深入系统的研究。他们不辞劳苦，充分发挥团队优势，经过多年努力分析了激光雷达对海洋探测的特点，通过系统研制、外场试验、数据分析、模拟仿真等技术开发，发展了海洋激光雷达在辐射传输过程中对海洋要素探测的新技术和新算法；同时以工匠精神，精心总结了多年来在黄海、东海、南海等水域的机载和船载数据资料，以及在海岛、海岸带、浅海地形及海洋水体环境遥感信息的提取、激光雷达点云和专题图的制作等方面难能可贵的经典技术。特别值得称赞的是，在船载和机载的海洋激光雷达系统的研制和试验基础上，他们提出并论证了我国星载海洋激光雷达系统的技术方案，为我国星载海洋激光雷达系统的发展打下了十分扎实的技术基础，可喜可贺。

著者集团队之能，言理论、话技术、讲试验，理论联系实际，挥笔成书。该书是一本来自科研第一线、图文并茂、分析客观、集前瞻性与工程性于一体的佳作，书中内容犹如一场认知海洋激光雷达科学与技术的“及时雨”，值得正在从事卫星遥感、海洋、光学领域的同行参考，相信会受益匪浅。该书的出版也展现了我国中青年学者的风采和潜能，特写此序祝贺，并愿他们在认知、经略海洋和卫星遥感技术研究发展上更上一层楼。

中国工程院院士 潘德炉

2022 年 5 月 25 日

▶▶▶ 前 言

近年来，全球气候变化、生态环境保护等话题成为全球各国探讨的热点。海洋是最大的活跃碳库、最复杂的生态系统，新一代海洋探测技术的突破是研究气候变化和生态环境等相关领域的关键。海洋数据已逐步进入大数据时代，但海洋垂直维度上的数据严重缺乏。激光雷达在海洋垂直观测上实现了突破，由此可以获取全球海洋剖面数据，并提升海洋混合层的观测能力，实现海洋三维观测数据跨入大数据时代。

海洋激光雷达是一种通过主动发射激光脉冲来探测海洋的技术手段，不依赖太阳辐射，能够全天时全天候地获取高时空分辨率的海洋瞬时信息，通过提取激光雷达回波信号中包含的特征信息，实现对海洋水体中不同目标物的探测，包括海洋表面状态、水体组成成分、物质浓度及空间分布等多种参数的探测。海洋激光雷达已在浅海水深、海洋光学性质、海洋次表层、赤潮监测及海浪特征等方面取得探索性应用。其工作过程是通过接收海表、海水或海底中返回的光信号，由探测器转换为数字化的光电信号，经处理分析得到所需测量的海洋参数。随着激光器和光电探测技术的发展，已出现了多种探测机制的海洋激光雷达，主要有米散射、布里渊散射、拉曼散射、荧光等。正是由于不同的探测机制，才出现了各种类型的海洋激光雷达，可通过船载、机载和星载等平台来满足各种海洋探测的需求。

海洋激光雷达系统尚未达到商业化程度，且海洋激光雷达在气-水界面、海表藻类、海水次表层及浅海水深等算法研究中还存在许多问题。因此，有关部门设立了国家重点研发计划项目“海洋光学遥感探测机理与模型研究”，针对星载海洋激光雷达的国家需求和海洋激光遥感的国际前沿技术，解决制约我国卫星激光雷达发展的关键遥感机理和反演算法，研发海洋光学卫星载荷仿真与资料处理系统，形成“卫星载荷—资料处理—应用示范”的全链路协调发展模式，支撑我国未来海洋激光卫星的遥感技术发展。

本书结构严谨、重点明确、内容丰富、概念清晰，在国家重点研发计划项目“海洋光学遥感探测机理与模型研究”支持下，围绕海洋激光雷达探测机理、硬件研制及相关探测算法等核心内容，结合国内外相关研究成果，集合我国海洋激光雷达研究优势团队共同撰写完成。全书共分为 8 章：第 1 章介绍海洋激光雷达探测原理、发展现状、辐射传输特性及应用领域；第 2 章和第 3 章分别介绍国内研制的船载和机载海洋激光雷达系统，并通过在黄海、东海、南海等海域开展不同平台下的同步验证试验，取得可靠的海洋激光雷达试验数据；第 4 章主要阐述荧光海洋激光雷达的设计、激光诱导荧光探测海洋水色参数和表面藻类提取的方法，分析我国近海藻类水体的荧光特性，提出不同赤潮藻种类的识别方法；第 5 章是海洋次表层的探测方法，在水体衰减系数的反演基础上，提出基于生物模型的反演方法，开展次表层相关的探测试验；第 6 章研究海洋激光雷达波形数据的浅海水深探测方法，验证南海实验区域的机载测深结果；第 7 章介绍海洋激光雷达回波信号的数值仿真模型，模拟不同条件下海洋激光雷达回波信号，分析星载激光雷达最佳海洋探测波长及最大探测能力；第 8 章提出星载海洋激光雷达系统的设计方案，开展核心指标系统的论证，总结需要攻克的关键技术，分析相关技术方案的可行性。

在本书的撰写过程中，得到了“海洋光学遥感探测机理与模型研究”项目所有骨干成员的大力支持，特别感谢本项目的两位责任专家张杰研究员和赵越研究员的指导和帮助，也感谢本项目的咨询专家童庆禧院士、龚惠兴院士、薛永祺院士、潘德炉院士、李炎教授、陈戈教授、陈卫标研究员、丁雷研究员、韩鹏研究员、李果研究员、林明森研究员，同时感谢朱小磊、吴松华、孔伟、陶邦一等研究人员，感谢李由之、袁大鹏、张镇华、黄田程、李姬喆、王正祎等同学对本书做出的无私奉献。

本书的写作目的是把本项目及相关的成果奉献给读者，希望在学术思路方面能够与读者互相启发、互相交流，以便共同提高，进一步深化对本研究领域的认识。本书引用的参考文献可能并未一一列出，在此深表歉意。书中的疏漏及不足之处，恳请各位读者不吝批评指正。

毛志华

2022 年 8 月

目 录

第1章 绪 论

1.1 概 述

海洋约占地球表面的71%，是社会经济发展的重要战略空间，是研究地球科学和气候变化的重要组成部分，在全球社会经济发展和生态环境保护中的地位和作用十分突出。此外，海洋也为人类提供了丰富的矿业资源、渔业资源等。发展新型的探测手段来强化海洋观测能力，对“关心海洋、认识海洋、经略海洋”，以及对我国海洋强国建设等都具有重大而深远的意义。

海洋水色遥感技术的出现提供了一种新的海洋研究手段，极大地拓展了人们对全球海洋生物多样性、海洋生态系统和生物地球化学功能等方面的认识。第一代水色遥感探测器海岸带水色扫描仪（coastal zone color scanner，CZCS）于1978年成功发射，标志着卫星水色遥感技术的正式起步。20世纪90年代，海洋观测宽视场传感器（sea-viewing wide field-of-view sensor，SeaWiFS）和中等分辨率成像光谱仪（moderate resolution imaging spectroradiometer，MODIS）等成功发射显著提升了卫星传感器辐射探测性能，围绕这些传感器的一系列遥感反演算法提高了遥感产品的质量，遥感资料的广泛应用推动了水色遥感技术进入业务化阶段。2010年，地球静止轨道水色图像仪（geostationary ocean color imager，GOCI）的成功发射，标志着海洋水色遥感从日观测周期进入小时周期动态观测的发展阶段。我国海洋遥感初步形成的卫星观测体系，包括海洋水色卫星“海洋一号”（HY-1）、海洋动力环境卫星“海洋二号”（HY-2）和海洋监视监测卫星“海洋三号”（HY-3）三大系列。于2002年5月15日成功发射的海洋水色卫星HY-1A和2007年4月11日发射的HY-1B都属于试验型卫星。HY-1A的成功发射，实现了我国在海洋卫星领域零的突破，标志着我国进入空间遥感海洋观测时代。2018年9月7日发射的HY-1C卫星和2020年6月1日发射的HY-1D卫星在观测精度、观测范围等方面均有大幅提升，标志着我国海洋水色卫星进入业务化运行阶段。分别于2011年起先后发射的海洋动力环境系列卫星HY-2A、HY-2B、HY-2C、HY-2D和中法海洋卫星，为海洋动力学研究提供了重要数据支撑。为了满足海洋目标监测、陆地资源监测等多种业务需求，海洋监视监测卫星搭载了合成孔径雷达等载荷。

卫星海洋遥感可以实现大面积的同步观测，能够满足长时间序列动态观测的需求[1]，为海洋研究提供了包含众多的海洋环境参数信息的数据库。截至2019年，统计数据显示卫星遥感已经贡献了一半的海洋观测数据，但对海洋剖面数据的贡献为零[2]，这是由于卫星遥感受固有原理性限制而无法获取海洋垂直光学特性参数信息。受太阳光光源的限制，无法对夜间和高纬度地区进行探测，进一步限制了卫星海洋遥感的应用范围，给海洋研究带来了极大不便。激光雷达通过发射激光脉冲进入介质内部，从而获取介质的光学特性垂直廓线，不仅可以用于大气云和气溶胶廓线的探测，还可以用于水下浮游植物层、海洋内波、鱼群等的探测。激光雷达探测技术具有较高的时空分辨率、对观测条件依赖性低、从水面到水下近 50 m 深度范围内的廓线探测能力，以及几乎不受大气和太阳光照的影响等优点，结合水色遥感可以实现海洋表层水体三维探测的目的。

海洋激光雷达将成为实现海洋剖面“三维探测”的重要技术手段[3]，实现对海洋各种复杂环境参数的垂向测量。利用激光雷达进行海洋探测具有以下优势：①不依赖太阳辐射，不受太阳高度角的限制，可以实现全天候工作，与水色遥感结合可开展主被动融合技术研究；②可根据探测需要和科学研究应用范围选择合适的受激波长、发射方式及搭载平台，实现对目标物的无干扰探测；③探测能力可以触及海洋混合层，获取海洋次表层的光学性质，进而揭示海洋温跃层结构及其他海洋动力学过程[4-7]；④可以直接探测海洋生物信号，结合真光层中浮游生物的间接信息，能够推动海洋生态系统特征和规律的研究[8-10]。

1.1.1 海洋激光雷达探测原理

激光雷达信号探测机理是数据处理的基础，准确地描述激光雷达信号有助于从复杂的原始回波信号中提取有效的光学信息。因为海水的光学致密性，激光束在海水中的传播过程中经历了多次散射，导致原始回波信号中包含了复杂的多次散射信息，所以难以用单次散射方程来描述。由于产生信号的光子主要经历了多次前向散射和单次后向散射，在准单次散射近似条件下，回波信号仍然可以用激光雷达方程的简单形式来描述，可表示为

$$P(z)=P_0 T_a^2 T_S^2 T_O \eta O(z)\frac{v\tau}{2n}\frac{A}{(nH+z)^2}\beta^{\pi}(z)\exp\left[-2\int_0^z \alpha(\xi)\mathrm{d}\xi\right] \tag{1.1}$$

式中：P_0 为发射激光脉冲的平均功率；T_a 为大气的单程透射率；T_S 为水面的单程透射率；T_O 为望远镜的光学效率；η 为探测器的光电转换效率；$O(z)$ 为激光雷达系统的重叠因子；v 为真空中的光速；τ 为激光脉冲时间宽度；n 为水体折射率；A 为望远镜的接收面积；H 为激光雷达的工作高度；z 为探测的海水深度；β^{π} 和 α 分别为水体的 180° 体散射系数和激光雷达衰减系数。

激光脉冲在进入水体之前，需要穿过大气和气-水界面，因而需要把双程大气透射率 T_a^2 和双程水面透射率 T_S^2 考虑在内。当天气晴朗干净时，T_a 通常可认为是 1，特别是对于工作高度较低的船载和低空机载激光雷达[11]；而当激光传播路径上有严重雾霾或厚云时，则需要考虑 T_a 的定标，由于厚云的遮挡，激光雷达可能无法进行探测。对工作高度较高的高空机载[12]和星载激光雷达[13]来说，需要考虑大气透射率。在激光垂直入射平静水面时，菲涅耳反射率约为 2%，由水面反射导致的能量损失约为 4%；当入射角小于 60° 时，菲涅耳反射率小于 5%，这意味着大部分情况下，水面对激光能量的衰减是很弱的。激光雷达系统的整体效率需考虑 T_O、η 和 $O(z)$ 的影响，T_O 与收发光学系统的光学设计和接收镜头表面镀膜等相关，而 η 与光电探测器的种类和阴极材料等相关，$O(z)$ 描述回波信号与接收器之间的耦合效率随距离变化的关系[14]。在一个光轴与接收系统平行的出光系统中，随着距离的增加，重叠因子将从 0 增加到 1，随后保持在 1 不变。重叠因子对激光雷达信号具有调

制作用，但可以通过水平系统定标来进行校正[15]。在系统接收视场角较大的情况下，重叠因子仅对近场的大气信号有一定影响，而对水体信号几乎没有影响。

如图 1.1 所示，激光具有一定的脉冲宽度，从激光器出射后，经过时间 t 后的激光雷达信号可认为是在一定厚度 H 内的水体对激光的后向散射。该水体始于激光脉冲上升沿到达的距离 $z_1 = vt/2n$，底部为激光脉冲下降沿所到达的距离 $z_2 = v(t-\tau)/2n$，水体厚度 $\Delta z = z_2 - z_1 = v\tau/2n$。

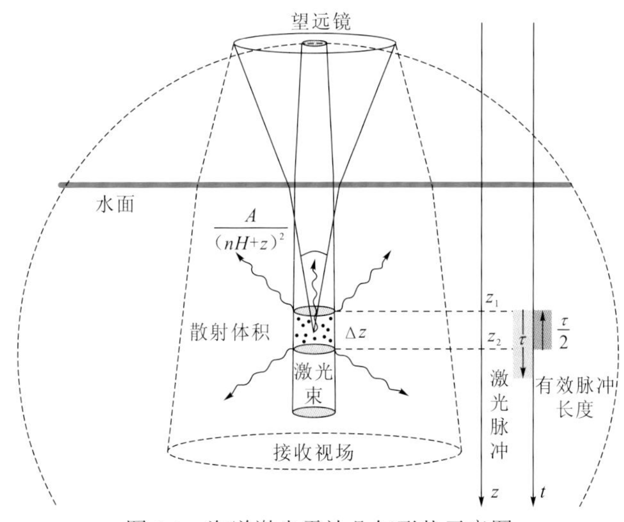

图 1.1　海洋激光雷达几何形状示意图

图 1.1 中的参数 $A/(nH+z)^2$ 为深度 z 时的激光雷达接收立体角，增加望远镜面积或者减小激光雷达工作高度都能有效增强信号强度。该参数在工作高度较高时，深度的影响基本可以忽略；而在工作高度较低时，信号对深度的依赖性将导致浅水和深水信号之间存在巨大差异，从而需要一个具有大动态范围的接收器。

参数 β^{π} 和 α 是激光雷达方程中最重要的光学参数，这两个参数与水体特性息息相关，也是激光雷达方程中需要求解的两个未知量，如何快速准确地求解这两个未知量也是海洋激光雷达研究的热点问题。β^{π} 与水体后向散射相关，直接决定了激光雷达回波信号的强度。在海水中，激光主要被水分子和水体悬浮物散射，β^{π} 可表示为二者之和：

$$\beta^{\pi} = \beta_{\mathrm{m}}^{\pi} + \beta_{\mathrm{s}}^{\pi} \tag{1.2}$$

式中：β_{m}^{π} 和 β_{s}^{π} 分别为水分子和水体悬浮物散射。分子散射主要包括水分子布里渊散射、瑞利散射和拉曼散射，其中瑞利散射前后波长不会发生改变，布里渊散射会导致散射光发生轻微的频移，而拉曼散射则会导致波长发生明显的改变[16]。因为水分子散射中的布里渊散射和瑞利散射的散射特性相近，弹性后向散射激光雷达无法在光谱上将二者区分开来，所以本章将两者统一称为水分子散射。水体悬浮物产生的散射主要来自浮游植物和碎屑等物质。

参数 $\exp\left[-2\int_0^z \alpha(\xi)\mathrm{d}\xi\right]$ 表示双程传输过程中激光在水体中的能量损失，其变化遵守朗伯-比尔定律。在海水中，激光衰减主要是由水分子和水体悬浮物导致的，α 可以表示为二者之和：

$$\alpha = \alpha_{\mathrm{m}} + \alpha_{\mathrm{s}} \tag{1.3}$$

式中：α_m为水分子导致的衰减；α_s为水体中的悬浮物导致的衰减，包括浮游植物、黄色物质和碎屑等。参数α受激光在水体内部的多次散射过程影响，由水体光学特性和激光雷达参数共同决定。文献[17]给出了一种判断α数值和水体光学参数关系的方法，该方法以激光雷达接收器在海面上的接收投影半径R和光子平均自由程$1/c$之间的关系为参考，其中c为水体衰减系数。

1.1.2 海洋激光雷达探测发展历程

自 1968 年第一台激光雷达海水测深系统问世以来，世界各国开展了各种海洋激光雷达的相关研究，美国、澳大利亚、加拿大和瑞典等国在一定程度上代表了海洋激光雷达的发展水平和方向。随着高性能激光器、高速处理器及高精度定位技术的发展，海洋激光雷达逐步向实用化和小型化方向发展。

20 世纪 60～70 年代是海洋激光雷达探测的初始阶段，这一阶段主要以测深系统的发展为主。1968 年，Hickman 等[18]研制出了世界上第一台蓝绿激光测深系统，验证了激光雷达探测水下的可行性。1971 年，美国海军成功研发了脉冲光机载测深仪（pulsed light airborne depth sounder，PLADS）系统并应用于实测。美国国家航空航天局（National Aeronautics and Space Administration，NASA）对 PLADS 系统进行了改进，研制出机载激光雷达测深（airborne LiDAR bathymtery，ALB）系统[19]，在海水透明度盘为 5 m 的水域进行了实验，可测深度为 10 m 左右。随后，NASA 又研发了一套具有高速扫描和数据记录功能的机载海洋激光雷达（airborne oceanographic LiDAR，AOL），对浅海区的海底地貌进行了绘制[20]。

1972～1976 年，澳大利亚皇家海军研制了武器研究机载激光测深仪（weapons research establishments laser airborne depth sounder-I，WRELADS-I）系统[21]，在平均海水衰减系数为 0.23 m^{-1} 和 0.1 m^{-1} 的海域中的探测深度分别为 30 m 和 40 m。在 WRELADS-I 基础上增加了扫描、数据记录和定位功能，研制出了 WRELADS-II，最大探测深度可达 72 m，探测精度为 0.3 m[22]。

加拿大遥感中心（Canada Center for Remote Sensing，CCRS）在 20 世纪 70 年代末研制了机载激光雷达测深系统 MK-1 和 MK-2。MK-1 和 MK-2 系统使用的光源是低功率的氦氖激光器，MK-2 系统无扫描功能。瑞典国防研究院研制了水光学传感器系统（hydro-optical sensor system，HOSS）和水文机载激光测深仪（FOA laser airborne sounder for hydrography，FLASH）系统[23-25]，FLASH 系统可发射绿光和红外光，进行正常飞行扫描和悬停扫描，对深度进行彩色编码显示，利用拉曼散射光探测到海表的反射信号，解决了海雾造成的红外探测器提前触发的问题。

20 世纪 80 年代是海洋激光雷达探测的发展阶段，GPS 定位技术的成熟使得机载雷达剖面探测产生了实际的应用价值。1985 年加拿大的 OPTECH 公司开发了机载激光水文勘测系统 LAESEN-500，采样频率为 500 MHz，采用绿光和红外光共线椭圆扫描，可探测深度为 1.5～40 m[26]。美国改进了 SHOALS 系统[27]，开发了实验激光测深系统 EAARL。

21 世纪之后，随着光电技术和激光技术的不断发展，特别是短脉冲大功率激光器的出现，机载海洋激光雷达逐步进入实用化阶段，开始向轻便灵活的小型化方向发展。通过将机载海洋激光雷达与其他机载传感器相结合，能够有效提高数据处理算法的性能，从而应用于更广泛的领域。目前国际上比较有代表性的海洋激光雷达系统有美国的 SeaTROLL 系统和 KSS 系统、澳大利亚的 LADS 系统[28]、瑞典的 Hawk Eye 系统[29]、加拿大的 SHOALS 系统（现已升级为 CZMIL 系统）及意大利的 FLIDAR-P 系统，广泛地应用于浅海水深测量、海底地形地貌绘制、海水光学参数探测及海水荧光探测等领域，具体技术参数见表 1.1。

表 1.1　几种代表性激光荧光雷达系统参数

参数	系统					
	WRELADS	SHOALS	AOL-3	KSS	SeaTROLL	FLIDAR-P
波长/nm	532、1 064	532、1 064	355、532	532	532	355
脉冲宽度/ns	5	6	11	8	7	1
激光频率/Hz	168	400	10	100	5	15
探测器件	PMT	PMT GZPD	PMT	PMT	PMT	PMT
通道数	2	4	8	2	3	32
视场角/mrad	3～8（532）、10～50（1 064）	18/40	0～20	—	5	—
搭载平台	机载	机载	机载	机载/船载	船载	机载/船载

为了提高激光雷达测深性能，科研团队开始研制光子计数探测体制的激光雷达。2002 年，Degnan 等设计了第一台对地观测的光子计数激光雷达千赫兹微型激光高度计（multi-kiloherz micro-laser altimeter，MMLA），验证了光子计数技术在激光雷达目标探测中的可行性[30]。随后，研究人员在 MMLA 的基础上又研制了可用于水深测量的光子计数激光雷达成像光子计数高度计（imaging photon-counting altimeter，IPA），其激光发射波长为 532 nm，脉冲能量为 6.4 μJ，脉宽为 710 ps，激光脉冲重复频率提高到 22 kHz，在大西洋海岸附近开展机载试验，成功探测到浅水水下地形[31]。NASA 为了验证 ICESat-2 光子计数探测体制的可行性，设计了多个机载验证设备，其中具有代表性的是多偏振光子计数激光雷达（swath imaging multi-polarization photon-counting LiDAR，SIMPL）和多波束测高试验激光雷达（multiple altimeter beam experimental LiDAR，MABEL）。SIMPL 采用 1 064 nm 和 532 nm 双波长，且具有两个偏振模式，基于不同波长和不同偏振的特性，可以从地表高程数据中区分冰面、积雪和开放水域[32]。MABEL 同样采用 1 064 nm 和 532 nm 双波长工作模式，单波束激光能量为 5～7 μJ，不仅可以获得高精度的地表高程数据，而且水深探测可达 8 m，测深精度为 0.7 m[33-34]。而后 NASA 发射的 ICESat-2 卫星也搭载了光子计数探测体制的多波束激光测高雷达，分光前脉冲总能量为 400 μJ，激光重复频率为 10 kHz，主要用于两极的测冰，评估极地冰雪的变化对全球海平面变化的影响。实测数据表明，ICESat-2 具有对浅水的探测能力，探测深度可达近 20m[35-36]。2011 年，美国佛罗里达大学设计了一套海岸带战略测绘系统（coastal tactical-mapping system，CATS），采用 532 nm 波长，单激光脉冲能量为 50 nJ，脉宽为 480 ps，激光重复频率为 8 kHz，在佛罗里达地区的海岸带附近探测到 2.5 m 的水深，测深的平均误差为 0.21 m[37]。Li 等在 2016 年研制出了高分辨率量子激

光雷达系统（high resolution quantum LiDAR system，HRQLS），采用 532 nm 波长，激光能量为 1 J，脉宽为 700 ps，激光重复频率为 25 kHz，可获得最大深度为 13 m 的水下地形，测深精度为 0.03 m[38]。此后，光子计数探测体制的激光雷达开始逐渐商用化，徕卡测量系统以 HRQLS 为前身推出了 Leica SPL100，同样采用 532 nm 波长，激光能量为 5 J，脉宽为 400 ps，激光重复频率为 60 kHz，可以在中高飞行高度下作业[39]。表 1.2 总结了几种光子计数激光测深系统的主要参数。

表 1.2　几种光子计数激光测深系统的主要参数

参数	IPA	SIMPL	MABEL	CATS	HRQLS	SPL100
激光波长	532 nm	1 064 nm&532 nm	1 064 nm&532 nm	532 nm	532 nm	532 nm
单脉冲能量	6.4 μJ	6 μJ	5～7 μJ	35 nJ	1 J	5 J
激光重频	22 kHz	11.4 kHz	5～25 kHz	8 kHz	25 kHz	60 kHz
脉冲宽度	710 ps	—	—	480 ps	700 ps	400 ps
死时间	1.6 ns	50 ns	50 ns	＜1 ns	1.6 ns	—
距离分辨率	—	—	0.29 m	0.1 m	5 cm	0.1 m
接收口径	75 mm	20 cm	150 mm	88 mm	—	80 mm
作业高度	1 km	3.7 km	20 km	500 m	1.8～4.5 km	2～4.5 km

国内海洋激光雷达的发展起步较晚，开始于 20 世纪 80 年代末[40]。中国科学院西安光学精密机械研究所、中国科学院上海光学精密机械研究所、中国科学院长春光学精密机械与物理研究所、华中科技大学、中国海洋大学、浙江大学等单位都先后开展了海洋激光雷达系统的仿真、设计和研制。1996 年，中国科学院西安光学精密机械研究所陈庆辉等借鉴国外海洋激光测深的经验，开展了关于机载激光雷达参数的论证等预研工作[41-42]。华中科技大学的 Lei 等成功研制了我国首套机载激光雷达水下探测系统[43]，提出激光雷达回波信号反演海水衰减系数的方法[44-45]。20 世纪 90 年代，中国科学院上海光学精密机械研究所联合天津海军测绘研究院研制出了我国首台船载测深系统，“九五”期间又研制了机载激光测深系统（laser airborne depth mapping，LADM），并于南海进行了试验，“十五”期间又在第一代的基础上研制出了更高性能的机载测深系统 LADM-II，而后又继续升级为第三代系统[46]，2013 年联合自然资源部第二海洋研究所、山东科技大学等单位设计了机载双频海洋激光雷达，其硬件水平已逐步向国外高水平靠近[47]。中国海洋大学对机载海洋激光雷达的研究也取得了很大的进展：自“七五”攻关以来，成功研制出了船载激光雷达系统，并于我国黄海、渤海、东海等海域进行了大量的海上试验[48-49]；“十五”期间，成功研制出机载海洋荧光激光雷达，并进行了海表叶绿素浓度的探测[50]；“十一五”期间，成功研制出多通道溢油机载海洋激光雷达系统，并于 2009 年在青岛东部海域进行了机载试验[51-52]。此外，中国海洋大学还研制了国内首台三维海洋激光荧光雷达系统，目前正在进行“观澜号”海洋科学卫星的研制工作，将同步搭载海洋激光雷达系统和干涉成像高度计，旨在实现海洋水平动力过程高精度高分辨率（2 cm@3 km×3 km）和海洋垂直剖面探测（150～300 m）的一体化遥感观测能力[3]。浙江大学研制出了一套用于探测海水光学参数的船载激

光雷达，并于 2017 年 8 月在黄海进行了船载试验[53]；进一步开展了高光谱分辨率激光雷达的研制工作，并于 2020 年进行了初步的海上试验。总的来说，国内海洋激光雷达整体发展还是相对缓慢，已有的研究大多借鉴国外研究成果，原创性成果相对较少[54]。

1.2 激光在大气中的传输特性

大气是一种多组分度的复杂混合物，包含水蒸气、各种气溶胶粒子、气体分子及一些悬浮的液态和固态杂质等，它们聚集在地球周围，形成大气层。根据垂直方向物理结构特性差异，大气层从下到上可分为对流层、平流层、中间层、热层或暖层及逃逸层。其中，对流层对人类生活影响最大，云、雨、雾等天气现象主要发生在该层。对流层在地球不同区域的高度不尽相同。在中纬度地区，对流层距地高度为 10～12 km[55]，目前机载海洋激光雷达探测高度在 3 km 以下，激光束在大气中的传播过程只受对流层的影响。对流层中聚集了约 90%的水汽、80%的大气分子和大部分的气溶胶[56]，这些物质均与激光束相互作用，对激光及回波信号造成很大的影响。

1.2.1 大气吸收

激光在大气中的衰减符合比尔（Beer）定律：$I(v,z)=I_0(v)\exp[-(a+s)z]$，其中 I 为光强，z 为距离，a 和 s 分别为吸收系数和散射系数[57]。大气分子对激光的吸收取决于大气分子的吸收光谱，当激光波长位于大气分子的吸收光谱时，激光被强烈吸收[58]。而与大气分子吸收光谱非重合的波段，则表现为弱吸收，这些波段也称为“大气窗口”。常见的大气窗口有 0.38～0.76 μm（可见光波段）、0.76～1.1 μm（近红外波段）、1～2 μm（短波红外波段）、3～5 μm（中红外波段）和 8～14 μm（远红外波段）。表 1.3 列出了主要大气分子的吸收光谱和中心波长[40]。

表 1.3 主要大气分子的吸收光谱和中心波长

大气分子	吸收光谱和中心波长/μm
H_2O	0.72，0.82，0.9（弱），1.4（强），1.9（强），2.01，2.05，2.7（强），3.2～4.0，4.0～4.9，6.3（强），13～103（强）
CO_2	1.4（弱），1.6（弱），2.0（弱），2.7（强），4.3（强），5.0（弱），9.4（弱），10.4（弱），14.7（强）
O_3	0.25（强），0.32～0.36，0.43～0.75，3.3（弱），3.6（弱），4.7（强），5.7（弱），9.6（强），14.1（强）
N_7O	0.182，0.273，0.290，3.9（弱），4.1（弱），4.5（强），7.8（强），9.6（弱），17.0（弱）
CH_4	3.3（强），3.8（强），7.7（强）
CO	2.3（弱），4.7（强）
O_2	0.175 0～0.202 6，0.242～0.260，0.69，0.76，1.07，1.27

1.2.2 大气散射

大气散射是激光在大气中传输时，与大气中的大气分子、气溶胶粒子相互作用导致光束传播方向发生改变的散射现象[59]。与大气吸收不同，大气散射只改变激光的传输方向，而不会损耗激光的总能量。根据散射粒子尺寸与激光波长的相对差异，大气散射可分为瑞利散射和米散射。当散射粒子尺寸远远小于波长时，散射类型为瑞利散射，也称为分子散射。瑞利散射的散射光分布呈球形对称均匀分布，散射光强度与波长的 4 次幂成反比，即波长越长，瑞利散射越弱。当散射粒子尺寸接近或大于波长时，散射类型为米散射。米散射的散射光分布不均匀且主要集中在前向方向。瑞利散射和米散射均为弹性散射。大气中除弹性散射外，还存在非弹性散射（拉曼散射）。拉曼散射是指光波被散射后发生的拉曼频移的现象[60]。普通拉曼散射属于自发散射，自发散射光非常微弱且不相干。受激拉曼散射是强光与粒子发生强烈作用，在激励场和斯托克斯场共同作用下发生受激过程，从而产生的相干辐射[40]。大气散射是激光与大气相互作用的一个基本过程，对激光在大气的传输过程及利用激光遥测大气性质有着重要意义，在测海过程中也需要去除大气对激光的影响。

1.2.3 大气湍流

大气湍流是大气中一种重要的运动形式，会造成大气折射率的起伏变化[61]。激光在大气中传输时受到大气湍流的作用，激光光束特性会发生变化，导致回波信号的强度、相位和频率出现相应的起伏变化[62]。大气湍流常出现在大气底层的边界层、对流层内部及对流层上部的西风急流区。现有的机载海洋激光雷达脉冲宽度只有几纳秒，探测高度不超过 3 km，而对流层距离地面最少 8 km，因此在机载激光雷达进行海洋探测研究过程中，基本可以忽略大气湍流的影响[40]。

1.3 激光在气–水界面的传输特性

激光在传输过程中会两次经过大气–海水界面，分别是激光发射信号经过大气–海水界面从大气进入水体和激光回波信号从海水中返回时到达海水–大气界面，激光两次经过该界面不是简单的互逆过程[63]。由于大气和海水的折射率不同[64]，激光传输到大气–海水界面会发生反射和折射，激光雷达回波信号还有可能发生全内反射，从而使激光能量衰减[65]。反射光和折射光的多少不仅与所处介质的光学常数有关，还与激光入射角和入射波振动矢量的方向有关[66]。

1.3.1 激光在静止海面的传输

理想状态下静止的海面可以认为是“镜面”，大气折射率为 1，海水折射率为 4/3。入射到海面的光波满足反射定律和折射定律。将入射光分解为平行分量和垂直分量，根据菲涅耳（Fresnel）公式，反射光和折射光满足式（1.4）和式（1.5）[67]：

$$\begin{cases} r_s = \dfrac{n_1 \cos\theta_1 - n_2 \cos\theta_2}{n_1 \cos\theta_1 + n_2 \cos\theta_2} \\ t_s = \dfrac{2n_1 \cos\theta_1}{n_1 \cos\theta_1 + n_2 \cos\theta_2} \end{cases} \tag{1.4}$$

$$\begin{cases} r_p = \dfrac{n_2 \cos\theta_1 - n_1 \cos\theta_2}{n_2 \cos\theta_1 + n_1 \cos\theta_2} \\ t_p = \dfrac{2n_1 \cos\theta_1}{n_2 \cos\theta_1 + n_1 \cos\theta_2} \end{cases} \tag{1.5}$$

式中：θ_1为入射角；θ_2为折射角；r_p和r_s分别为反射光的水平分量和垂直分量；t_p和t_s分别为折射光的水平分量和垂直分量。当入射角增大时，反射光的水平分量和垂直分量都随之增大，而折射光两个分量随之减小。

1.3.2 激光在粗糙海面的传输

现实中，海面受到风力的作用会随机起伏不定，从而变得“粗糙”[63]。风吹过海面时，海水会产生高低不等、长短不一的海浪，称之为风浪。风浪是海水在风力的驱动下水质点偏离平衡位置发生的周期性振动[66]。风浪的产生需要具备三个前提：第一需要一个不受扰动的平衡态；第二需要有能够破坏平衡的扰动力；第三需要一个可以恢复平衡的恢复力[68]。海浪通过风的能量供给形成，海浪与风力正相关。海面斜率因海浪发生变化，海浪改变激光光束的入射角，进一步影响海面反射率。Cox 和 Munk[69]认为海面斜率σ_{ms}分布的均方值与风速v之间存在以下关系：

$$\sigma_{ms} = \begin{cases} 0.040\,3v^{1/2} & (逆风) \\ 0.031\,5v^{1/2} & (顺风) \end{cases} \tag{1.6}$$

当风力达到一定程度时海面会形成泡沫[70]。海面泡沫是由很多球型水泡粒子组成的，海面泡沫的反射率是所有单个泡沫有效反射率之和。单个泡沫的有效反射率只与风速有关，通常为 0.22。Monahan[71]建立了海面的泡沫覆盖率k_s与风速的函数模型[式（1.7）]，表明风速越大，泡沫覆盖率越高，激光能量的衰减越严重[72]。

$$k_s = 2.95 \times 10^{-6} v^{3.52} \tag{1.7}$$

1.4 激光在海水中的传输特性

当一个光子与一个原子或分子发生相互作用时，光子可能被吸收，并以更高的内部（电子的、振动的或旋转的）能量离开原子或者分子。如果在相互作用后，原子或分子几乎立即恢复到它的初始状态，通过发射出一个与吸收光子具有相同能量的光子，光在相互作用前后的频率并不发生变化，这种过程叫做弹性散射。

受激发的粒子也可能会发射出比入射光子能量小（频率更低，波长更长）的光子。此时分子保持中等受激发状态，并在稍后发射出另一个光子，最终恢复到初始状态，或者残留的能量被转化为热能或化学能。同时还存在这样一种情况，当分子在最开始就处于受激发状态时，它吸收了一个入射光子后，可能会发射出一个比入射光子能量更大（频率更高，波长更短）的光子，并最终恢复到一个比较低的能量状态。在这两种情况中，无论哪种情况，散射光子（粒子发射的）和入射光子（粒子吸收的）都具有不同的波长，而这个相互作用的过程叫作非弹性散射。

将全部或者一部分被吸收光子的能量转化为热能（动力学的）或者化学能（例如，成了新的化合物的组成部分），这种由光子能量转化为非辐射形式能量的过程，称为真吸收。相反的过程也是有可能发生的，也就是说当化学能转化为光子时，这个过程称为真发射。

为了将辐射传输方程用公式表达出来，可以把光想象成由许多光子束组成，这些光子束射向所有的方向并穿透水体中的每个点，同时还要考虑所有能引起光子束光子数目增减的情况，下面的 6 个过程对光子束在现象学层面上的能量守恒是充分必要的。

（1）经过散射后，光束传播方向发生改变，但波长不变（弹性散射），光子束原传播方向损失光子。

（2）经过散射后，波长发生了变化（非弹性散射），光束损失光子。

（3）当光子发生湮灭，辐射能转化为非辐射能（真吸收），光束损失光子。

（4）经过多次散射后，传播方向发生多次改变，但波长不变（弹性散射），光束获得光子。

（5）经过多次散射后，波长发生了变化（非弹性散射），光束获得光子。

（6）当非辐射能转化为辐射能（真发射），从而产生光子时，光束获得光子。

海水是一种相对透明的多组分水溶液，包含纯水、悬浮颗粒、可溶性物质及其他各种复杂有机物等多种成分。可溶性物质包括无机盐和少量“黄色物质”，“黄色物质”对短波具有强烈的吸收。悬浮颗粒包括浮游生物、碎屑、细菌和其他颗粒，这些粒子的形状、大小、浓度和折射率共同影响着悬浮颗粒的光学特性。通常近岸海水中悬浮颗粒平均浓度为 0.8～2.5 mg/L，远洋海水悬浮颗粒浓度较低，为 0.05～0.5 mg/L[73]。当激光进入海水时，会被海水中各种成分吸收并产生散射，从而导致激光能量衰减。因此无论是利用蒙特卡罗仿真模拟激光在海洋中的传输过程，还是利用激光雷达方程反演海水的光学特性，了解激光在海水中的传输特性都是非常有必要的。

1.4.1 海水的光学参数

海水的光学性质分为固有光学性质（inherent optical properties，IOPs）和表观光学性质（apparent optical properties，AOPs）。固有光学性质只与海水本身的物理性质和光学性质有关，包括吸收系数 a、散射系数 b、衰减系数 c 和体散射系数 $\beta(\theta)$。表观光学性质由海水的固有光学性质和海水中的辐射场分布共同决定，在水光学中常用的参数有遥感反射率 R_{rs} 和辐照度反射比 $R(z;\lambda)$。本章仅讨论海水的固有光学性质。

1.4.2 激光在海水中的衰减特性

激光在海水中传输会发生严重的衰减。激光光束在海水中传输一定距离 r 之后，激光能量呈指数衰减变化：

$$\Phi(r)=\Phi(0)\cdot\exp(-c\cdot r) \tag{1.8}$$

式中：$\Phi(r)$ 为距离 r 处的光通量；$\Phi(0)$ 为坐标零点处的光通量；海水衰减系数 c 为海水吸收系数与散射系数之和。当传输路程 $r=1/c$ 时，光通量衰减到原来的 e^{-1}，此段距离称为海水衰减长度。如大洋清洁水体衰减系数约为 0.05 m^{-1}，对应衰减长度为 20 m；近岸浑浊水体衰减系数约为 0.3 m^{-1}，对应衰减长度为 3.3 m。

1.4.3 激光在海水中的吸收特性

单色准直光束在海水中传输一定距离 dr 时，由海水吸收引起的辐射通量的损失为：$\mathrm{d}\Phi=-a\Phi\mathrm{d}r$，该比例系数 a 即为海水吸收系数，单位是 m^{-1}。海水的吸收与海水的成分密切相关，其吸收特性也直接依赖于海水中各成分的吸收特性。海水对激光的吸收主要由纯水、浮游植物、黄色物质和其他非色素悬浮颗粒引起，这些物质可以将一部分光能转化为热能、化学能等其他形式的能量。对于大洋清洁水体，海水中物质吸收对光能量损失较小的波段为 470～490 nm；对于近岸浑浊水体，吸收最小的波段分别在 510 nm 和 550 nm 处。海水的吸收系数表达式如下：

$$a(\lambda)=a_{\mathrm{w}}(\lambda)+a_{\mathrm{y}}(\lambda)+a_{\mathrm{p}}(\lambda)+a_{\mathrm{d}}(\lambda) \tag{1.9}$$

式中：λ 为入射光波长；脚标 w、y、p 和 d 分别代表纯海水、黄色物质、浮游植物和非色素悬浮颗粒。

1. 纯海水的吸收

关于纯海水吸收的讨论，本小节忽略纯海水中的无机盐和其他可溶无机物的吸收，只考虑纯水的吸收。图 1.2 是 Smith 等通过测量漫衰减系数计算出的洁净水体的光谱吸收和散射系数曲线图[74]。对于激光雷达常用的 532 nm 波长，$a_{\mathrm{w}}(532)=0.0507$ m^{-1}，这个值在海洋研究中广泛使用。此外，邓孺孺等[75]自行设计了一套直接测量水体吸收系数的装置，并对纯水进行了测量，得到 532 nm 波长的吸收系数为 $a_{\mathrm{w}}(532)=0.0424$ m^{-1}。

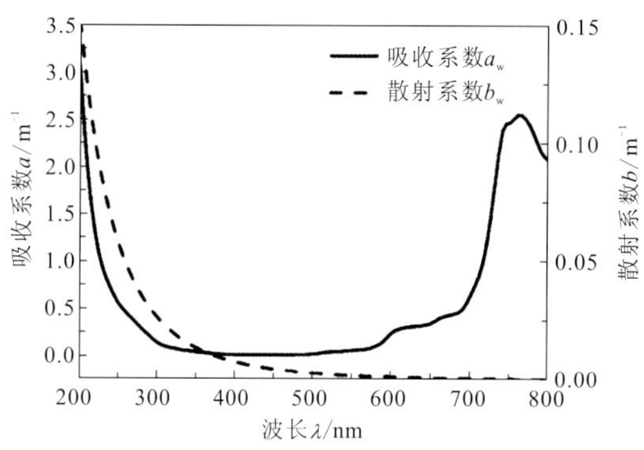

图 1.2 洁净水体的光谱吸收和散射系数曲线图

2. 黄色物质的吸收

“黄色物质”指的是海水中的有色可溶性有机物（colored dissolved organic matter，CDOM）。CDOM 在从蓝光到紫外光的短波波段范围有较强的吸收性，当水体中 CDOM 含量较多时，水体颜色逐渐变成黄褐色。海水中的 CDOM 主要来自陆源输入（江河携带入海）和海洋中的浮游生物降解。在近岸浑浊水体中，CDOM 浓度较高，对光的吸收占海水总吸收量的 65%以上，其成分主要来自江河携带输入。在开放海域中 CDOM 浓度较低，主要是浮游生物降解产生。波段在 350～700 nm 时，CDOM 的吸收系数表示为[76]

$$a_{\mathrm{y}}(\lambda)=a_{\mathrm{y}}(\lambda_0)\exp[k_{\mathrm{y}}(\lambda-\lambda_0)] \tag{1.10}$$

式中：λ_0 为参考波段，一般为 440 nm；k_{y} 为指数衰减系数，其值介于−0.019～−0.014；$a_{\mathrm{y}}(\lambda_0)$ 为 CDOM 在 440 nm 的吸收系数，大小取决于海水中 CDOM 的浓度，需要通过实验来获得。朱建华等[77]通过野外实验测出我国春季黄海海域 CDOM 吸收系数为 0.0783 m^{-1}，k_{y}= 0.0175 m^{-1}。

3. 浮游植物的吸收

作为水体的初级生产者和主要的光能利用者，浮游植物的吸收特性一直是海洋光学的研究重点。浮游植物的光谱吸收取决于其色素组成和打包效应，色素组成决定吸收光谱谱型，而打包效应影响色素吸收效率[78]。叶绿素 a 是浮游植物中的主要色素，海洋中浮游植物的浓度可以用叶绿素 a 的浓度来表示[79]。因为色素组成和打包效应的影响，浮游植物中光的吸收与叶绿素 a 浓度之间呈非线性关系[80-81]：

$$a_{\mathrm{ph}}(\lambda)=A[\mathrm{Chla}]^{B} \tag{1.11}$$

式中：A 和 B 为拟合参数。叶绿素 a 在 532 nm 波段处的光谱吸收为

$$a_{\mathrm{ph}}(532)=0.0204[\mathrm{Chla}]^{0.602} \tag{1.12}$$

4. 非色素悬浮颗粒的吸收

非色素悬浮颗粒主要由有机碎屑（浮游植物死亡产生）、细菌和无机颗粒物等组成[82]。与 CDOM 相似，非色素悬浮颗粒主要存在于近海二类水体和内陆湖泊，在清洁大洋中含量较少[83]。非色素悬浮颗粒的吸收特性与 CDOM 也非常相似，与波长呈指数关系：

$$a_{\mathrm{d}}(\lambda)=a_{\mathrm{d}}(\lambda_0)\exp[-S_{\mathrm{d}}(\lambda-\lambda_0)] \tag{1.13}$$

式中：λ_0 为参考波长，通常为 440 nm；$a_{\mathrm{d}}(\lambda_0)$ 为参考波段的非色素颗粒物的吸收系数；S_{d} 为非色素颗粒物吸收系数曲线的斜率。Roesler 等[84]测得 S_{d} 的平均值为 0.011，Babin 等[85]测得欧洲近海 S_{d} 的平均值为 0.0123。周虹丽等[86]发现 $a_{\mathrm{d}}(440)$ 与悬浮颗粒物的质量密度之间存在幂关系：$S_{\mathrm{d}}=0.002a_{\mathrm{d}}(440)^{-0.4832}$。

1.4.4 激光在海水中的散射特性

与海水散射有关的光学参数为海水散射系数 b 和体散射函数 $\beta(\theta)$。单色准直光束在海水中传输一定距离 dr 时，由海水散射引起的辐射通量的损失为：$\mathrm{d}\Phi=-b\Phi\mathrm{d}r$，比

例系数 b 即为海水的散射系数，单位是 m^{-1}。体散射函数 $\beta(\theta)$ 是在 θ 方向单位散射体积、单位立体角内散射辐射强度与入射在散射体积上的辐照度之比，即 $\beta(\theta)=\mathrm{d}I(\theta)/E\mathrm{d}v$。

1. 瑞利散射

海水中发生的散射包括纯水分子引起的瑞利散射和悬浮粒子等引起的米散射。纯水的体散射函数为[87]

$$\beta(\theta)=\beta(\pi/2)(1+\cos^2\theta) \tag{1.14}$$

海水的散射系数与体散射函数之间的关系可表示为

$$b=2\pi\int_0^{\pi}\beta(\theta)\sin(\theta)\mathrm{d}\theta \tag{1.15}$$

所以由纯水的散射系数可知：

$$b=16\pi\beta(\pi/2)/3 \tag{1.16}$$

式中：$\beta(\pi/2)$ 依赖于波长 λ，常用的波长及散射系数如下：

$$\lambda=500\ \mathrm{nm},\ b=0.4\times10^{-3}\,\mathrm{m}^{-1}$$
$$\lambda=520\ \mathrm{nm},\ b=2.0\times10^{-3}\,\mathrm{m}^{-1}$$
$$\lambda=530\ \mathrm{nm},\ b=1.9\times10^{-3}\,\mathrm{m}^{-1}$$
$$\lambda=540\ \mathrm{nm},\ b=1.7\times10^{-3}\,\mathrm{m}^{-1}$$

2. 米散射

海水中悬浮粒子的米散射与悬浮粒子的形状、尺寸及浓度等息息相关。根据米散射理论及野外实验结果，常用的体散射函数如下。

（1）H-G（Henyey-Greenstein）散射相函数[88]：

$$\beta(\theta)=\frac{b}{4\pi}(1-g^2)(1+g^2-2g\cos\theta)^{-3/2} \tag{1.17}$$

式中：$g=\overline{\cos\theta}$，即平均余弦值；g 为不对称因子，g 的大小直接决定了米散射的方向。g 越趋近于 1，表现为越强烈的前向散射；g 越趋近于 0，表现为各向同性均匀散射；g 越趋近于−1，表现为越强烈的后向散射。

（2）修正后的 H-G 函数[89]：

$$\beta(\theta)=\frac{3}{2}\frac{1-g^2}{2+g^2}\frac{1+\cos^2\theta}{(1+g^2-2g\cos\theta)^{3/2}} \tag{1.18}$$

H-G 函数的解析式很简单，能够很好地体现米散射前向峰值相位函数的特征，但是对后向峰值特征的表征不太准确，而修正后的 H-G 函数很好地弥补了这一缺陷。

（3）指数型体积散射函数：

$$\beta(\theta)=\frac{b\gamma}{2\pi\theta}\mathrm{e}^{-\gamma\cdot\theta} \tag{1.19}$$

式中：γ 与上述参数 g 有相似的物理意义，区别在于 γ 表示前向散射的程度，γ 越大表明前向散射越强烈。

（4）高斯型体积散射函数：

$$\beta(\theta)=\frac{a_{\rm p}b}{\pi}{\rm e}^{-a_{\rm p}\cdot\theta^2} \tag{1.20}$$

$$a_{\rm p}=2.66\left(\frac{D}{\lambda}\right)^2 \tag{1.21}$$

式中：D 为散射粒子的直径；λ 为入射光波长。

（5）Fournier-Forand 散射相函数：

$$\begin{aligned}P_{\psi}^{\rm FF}(\psi)=&\frac{1}{(1-\delta)\delta\upsilon}[(1-\delta^{\upsilon+1})-(1-\delta^{\upsilon})\sin^2(\psi/2)]\\&+\frac{1}{8}\frac{1-\delta_{180}^{\upsilon}}{(\delta_{180}^{\upsilon}-1)\delta_{180}^{\upsilon}}\cos\psi\sin^2\psi\end{aligned} \tag{1.22}$$

式中：$\upsilon=\dfrac{3-\mu}{2}$，$\delta=\dfrac{4}{3(n-1)^2}\sin^2\left(\dfrac{\psi}{2}\right)$，$n$ 为颗粒物折射率实部，μ 为双曲分布的斜率参数；δ_{180}^{υ} 为散射角度 $\psi=180^\circ$ 的中间参数 δ。

3. 多次散射

上述讨论均以单粒子的单次散射为前提，单次散射虽然在一定程度上可以描述光散射的特性，但是不适用于更复杂的散射过程。海水是由许多随机尺寸的吸收性粒子组成的复杂散射系统，根据海水中粒子密度可以将散射效应分为单次散射和多次散射。

光在海水中传输的过程中不断与海水中的散射粒子发生碰撞，碰撞之后光子偏离原有传播方向，经过多次散射之后，部分光子可能会重新进入光轴，这部分光称为多次散射光[90]。如果散射粒子之间的间隔远远大于粒子自身的尺寸，那么散射不相干，接收器接收到的回波信号强度为各散射粒子散射强度之和。若各散射粒子之间的间隔小于或接近粒子自身的尺寸，则会发生相干散射，即每个散射粒子除直接散射入射光外，还会散射其他散射粒子的一部分散射光，这部分散射光很微弱而且来自各个方向。当海水中散射粒子数量很多时，那些单次散射光在被接收之前可能会再经过一次或多次散射，称为二次散射或多次散射[91]。图 1.3 给出了单次散射和多次散射的示意图，激光在海水中的传输过程多为多次散射。可使用蒙特卡罗模型模拟海水的多次散射效应，但是利用激光雷达方程对海水光学参数进行反演主要依赖单次散射。

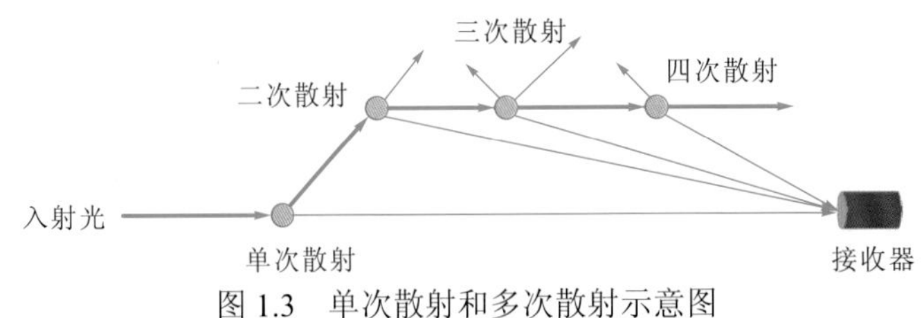

图 1.3　单次散射和多次散射示意图

1.5 海洋激光雷达的应用领域

激光雷达是探测上层海洋的有效工具，目前被广泛应用于海洋研究的各种领域，如鱼群探测[92]、海洋次表层探测[10,93]、水深测量[94]、内波测量[95]和气泡测量[9]等。

1.5.1 水体次表层

船载和机载激光雷达都能够获得上层海洋水体光学次表层的剖面信息。海洋次表层多由浮游植物和大型非球形的藻类细胞组成，单细胞最长可超过 1 mm，多细胞的直径更大。这些细胞结构非常复杂，会对激光产生高阶多次散射。使用偏振激光雷达，特别是正交偏振激光雷达，比平行偏振或非偏振激光雷达更容易探测到这些散射层[96-97]。

海洋次表层多出现在沿海水域，在开放海域也时有出现，其范围可以延伸数公里，持续时间长达数天甚至数月[98]。次表层的厚度从几十厘米到几十米不等[99]，该层中的叶绿素浓度通常很高，甚至可以达到背景浓度的 55 倍[100]，因此它在海洋地球化学物理过程中起着至关重要的作用，对海洋初级生产力、次级生产力、渔业捕捞和底栖生物的碳输出[101]都有着很大的影响。Turresside 等[101]在北冰洋发现了较薄的浮游生物层，并利用机载激光雷达研究了浮冰对海洋次表层深度和厚度的影响。Lu 等[102]利用云-气溶胶激光雷达与红外探路者卫星观测（cloud-aerosol LiDAR and infrared pathfinder satellite observation，CALIPSO）估计了全球开放海域的次表层后向散射系数。还有一些学者在俄勒冈州[103]、加利福尼亚州[104]、东北太平洋和大西洋[10]等地的开阔沿海水域开展了海洋次表层的探测试验。

1.5.2 海水光学性质

激光对海水散射特性的研究为解决海水光学参数的测量提供了十分有效的方法。激光雷达方程是激光雷达反演海洋光学参数的主要依据，主要涉及的光学参数为海水衰减系数和后向散射系数。为了从一个激光雷达方程中反演得到两个参数，合适的反演方法是十分必要的。激光雷达在大气中的应用更早也更成熟，可以借鉴其反演气溶胶特性的方法。大气激光雷达反演气溶胶最常用的方法是斜率法，但该方法只适用于均匀介质[44-45,105-106]。对于非均匀介质，需要假设衰减系数与后向散射系数之间存在一定的关系，主要方法有 Klett 法[107-110]和 Fernald 法[111-114]。衰减系数与后向散射系数之间的关系随散射类型发生改变，但相对不受大气吸收或密度的影响。Omar 等将 CALIPSO 的气溶胶产品分为 6 种类型，分别是洁净大陆气溶胶、洁净海洋气溶胶、污染大陆气溶胶、烟尘、沙尘和污染沙尘，并定义了不同气溶胶类型的激光雷达比（衰减系数与后向散射系数的比值）[115]。但是，海洋中的散射粒子种类多样，所以要测量每种散射粒子的激光雷达比较为困难。为了不假设激光雷达比，有学者将拉曼散射和弹性散射结合起来，因为拉曼散射在水中会发生频率偏移的现象，所以该方法的核心是找到一个特定的波长使拉曼初始状态的衰减与偏移之后的衰减之和等于该特定波长衰减的两倍[116]。高光谱激光雷达也是一种有效探测海洋光学参数的方法，它增加了带有窄带滤波器的通道，可以有效地将布里渊散射从总信号中分离出来，进一步反演水体的后向散射系数和衰减系数[117]。

海洋表层存在很多微小气泡，这些气泡主要由海面波破碎产生[118]，船舶行驶中形成的尾流及生物活动也会产生大量气泡[119]。表面波从外海向近海传播的过程中，受地形或建筑物等外力的影响会发生一系列变化，其中最常见的是波浪破碎。波浪破碎时通常会发生水滴飞溅，同时将空气卷入从而形成大小不一的气泡[120]。直径较大的气泡在浮力的作用下上升到海面，受到外界压力后再次破裂形成小水滴。直径较小的气泡受到的浮力较小，通常悬浮于海洋表面，形成气泡层[121]。海洋气泡是光学遥感的重要信息源，可以有效散射光线，影响海水的总散射率和后向散射率[122-123]。海洋气泡对海-气交换也有着不可忽视的作用，可以促进气-水界面的气体交换和能量输送。气泡在海面的破碎分解，不但能够释放出气泡内部的气体和水蒸气，还能够增加海面与大气的接触面积，提高能量转换率，进而影响到海气间的热平衡作用。

有学者利用蒙特卡罗模拟[124-125]和几何光学[126]方法对激光雷达的气泡回波信号进行了理论估算，结果表明：在气泡呈球形且密度足够小的情况下，多重散射的影响可以忽略不计，平行偏振激光雷达气泡回波信号与区域内的总空气体积成正比，且与气泡的大小分布无关。Li 等[127]在实验室中验证了激光雷达信号与气泡密度之间的线性关系。这些研究均表明激光雷达可以对气泡剖面进行探测，这对研究海气交换过程具有重要意义。

1.5.3 浅海测深

我国有 18000 多公里的海岸线，其中岛屿海岸线大约为 14000 km。根据现有资料统计，我国水深在 50 m 以内的海域面积达 50 万 km^2。渤海湾平均水深为 18 m 左右，最大水深也只有 30 多米；黄海海域和东海也有相当大的浅水区域；台湾海峡和南海海域水深都有小于 50 m 的区域。考虑测量船难以到达的地方大多为远离大陆、地势复杂的岛礁和险滩，或是海底地形复杂多变的滩涂和河口，这些地方的水深一般都在 50 m 以内[128]，海洋测绘相当困难。常规的海洋遥感水深反演技术、单波束和多波束测深技术对这些非安全水域的水深测量都存在一些不可克服的缺陷。因为浅海、岛礁、暗礁等区域船只无法安全到达，多波束等声学手段无法获取浅海海底地形，而机载激光雷达具有主动式测量、精度高、覆盖面广、测点密度高、测量周期短、机动性强等优点，尤其是在水质较为清澈的沿岸浅水区，其测深效率远远高出多波束测深系统的测深效率，特别适用于大面积的浅海调查或研究，所以机载激光雷达测深系统在浅水水深测量领域已经成为多波束测深系统的最有效补充[129-131]。机载激光雷达测深系统已在浅海深度提取、海岸线调查、军事侦察等领域占据重要地位。

机载激光雷达测深系统一般搭载在固定翼飞机和直升机平台上，其设备主要包括光学系统、激光发射器、码盘信号处理器、接收系统和差分 GPS、惯导定位定向系统等，同时搭载高分辨率航空摄影相机，高光谱、超光谱遥感传感器等设备，能实现对近岸浅水环境的三维测量。其测量原理是利用“海水窗口”，即波长为 470～580 nm 的蓝绿光受海水的吸收和散射最小，衰减程度最弱，能够穿透海水到达海底获取海底回波信号。同时近红外光直接被海面反射，能够有效获取海表回波信号，从而实现海底和海表的激光瞬时测量，进而获取浅海水深[132]。该系统通常使用 Nd:YAG 固体激光器，发射波长为 1064 nm 的近红外激光和倍频后波长为 532 nm 的绿色激光。由于 1 064 nm 的近红外激光不能透过海水而直接被海面反射，该回波通过海表点坐标计算可获得瞬态海表相对距离及空间位置。532 nm 的绿色激光脉冲由于衰减程度弱，能够穿透海水到达海底，被海底或其他目标反射，该回波通过海底点坐标计算可获得瞬态海底相对距离及空间位置，由通过海表和海底信号的时间差即可确定海水或目标的深度。机载激光雷达测深系统是大规模海岸测绘的高效费比工具，可对海底陆地地形进行同步测量，满足海洋测绘行业最高标准，其中浅水区域测量效率高，可达 95 km^2/h。机载激光雷达在浅于 50 m 的沿岸水域，具有无可比拟的优越性、很好的机动性和非常高的测深效率。按照 SHOALS 系统的使用经验，机载激光雷达的调查成本仅是水面测量船测量等常规调查的 1/6～1/5[133]，可以节省大量人力物力，提高作业效率，是未来浅海、岛礁、暗礁等区域调查的重要手段和发展方向。

20 世纪 60 年代末期开始研发的机载激光雷达测深系统主要有 5 种测量系统，分别是加拿大的 SHOALS 系统、瑞典的 Hawk Eye 系统、澳大利亚的 LADS 系统、NASA 的 EAARL 系统及加拿大 SHOALS 系统的升级产品 CZMIL 系统[130-131,133]，然而这些系统大多都存在技术壁垒，且售价昂贵，其数据处理软件的算法都是保密的，核心技术只有少数几个国外激光雷达生产商（如 Optech 公司和 AHAB 公司等）掌握，出于商业保密等原因具体方法并未公开。

1.5.4 海面高度

NASA 于 2003 年发射了 ICESat 激光测高卫星，其主要任务是监测极地冰盖，并为测绘全球陆地地形及海面高度提供一种新的数据源。ICESat 数据相对于其他雷达测高数据具有覆盖范围广、采样密集、精度高等特点，在改善全球海面高度模型及海洋潮汐模型方面具有很大的潜力。ICESat 可以监测海平面异常和中尺度海面变化，结果和以前的雷达测高非常相似，虽然这两种空间对地观测方法原理差别较大，但 ICESat 可精确定位激光脚点的位置，大大提高星下点大地高的精度。

ICESat 卫星上搭载的地球科学激光测高系统（geoscience laser altimeter system，GLAS）是第一个用于连续观测地球的激光测量系统。GLAS 由供电电源、参考望远镜、主控电路箱、监控板、观星摄像机、雷达监测和电路组件、热管散射系统、测高仪监测组件、激光器和激光光束调节结构等共同组成。该系统共计携带了三台激光器。第一台激光器使用含铟焊料过多导致金属导体氧化成不导电的金铟化合物，造成二极管阵列内部导体被腐蚀，仅工作了 37 天后就停止传送数据。第二台激光器在运行不久后由于激光器的倍频器件出现影像暗化，气态碳氢化合物从激光器的黏合处泄漏并与 532 nm 光子产生反应，导致能量快速消耗而停止采集数据。因此 NASA 改变第三台激光器的运行模式，从不间断测量转为每年进行 91 天精确重复轨道周期测量。新的运行模式分为三个分周期，每个分周期约为 33 天，调整后激光器运行较好，5 年半内一共采集了 15 个 33 天数据，采集激光点近 2 亿个，直至 2009 年 10 月 11 日 GLAS 停止采集高程数据。

2018 年 NASA 又发射了 ICESat-2 卫星，载荷为先进地形激光测高系统（advanced topographic laser altimeter system，ATLAS）。ATLAS 为低重复频率（～50 Hz）、较大脉冲能量（～50 mJ）、短脉冲宽度（～6 ns）的单光束激光系统。但后来重新设计成高重频

（～10 kHz）、微脉冲（几百微焦）、更短脉宽（～1 ns）、多光束、非扫描的单光子技术探测机制。ATLAS 同时共发射 6 束脉冲激光，分成三组平行排列，用来获取更详细的地形地貌信息。它仅使用 532 nm 波段激光探测，每秒发射 104 个激光脉冲。

1.5.5 海面风速

激光在海面的后向散射原理可用几何光学来解释。对较短的激光波长而言，无风平静海面也视为随机起伏的粗糙表面，激光后向散射可以看成光斑覆盖区域内镜面反射点的贡献。Kodis[134]指出平均后向散射正比于镜面反射点的平均数与这些点的平均曲率的乘积。Barrick[135]导出了激光雷达后向散射截面与入射角及粗糙表面均方斜率的理论关系，将 Kodis 的思路用解析式的形式表达了出来。Cox 等[69]使用拍摄于夏威夷附近不同风速条件下太阳耀斑的航空图片来描述作为风速函数的反射截面角度分布，给出了用二维高斯分布描述海浪的斜率分布。Tatarskii[136]给出了基于测量太阳耀斑的双向定向海面反射方法，得出海平面风速和波浪斜率分布方差成线性关系。Wu[137]通过实验室观测对风速和斜率方差间的关系重新进行分析，修正为两个对数线性关系。当风速小于 7 m/s 时，由于大气摩擦和水表面张力的平衡，海面毛细波是波浪产生的主要因素。当风速大于 7 m/s 时，海表面变得不平滑，为了恢复表面平整，厘米级别的波（重力毛细波）变得更加重要。激光雷达测量海面风速的基本模型随之建立起来。

1940～1971 年，NRL 和 NASA 等都对反射截面和海表面状况的关系进行了机载试验。Cowan 和 Grant 等[138-139]的试验证实了归一化雷达横截面积与海表风速有关。Bufton[140]给出 NASA 机载海洋激光雷达探测系统（airborne oceangraphic LiDAR，AOL）8 次飞行试验海面测量的分析，分别采用 337 nm、532 nm 和 9.5 μm 的激光波长，探测到激光的海面光斑从 40 cm 到近 10 m 变化，同时进行了多角度测量。依靠机载激光雷达数据，Bufton 对 Barrick[135]提出的激光雷达后向散射横截面对入射角的依赖性进行了验证，他同时指出得出的数据与 Cox 等[69]的线性关系有偏差，转而采用了 Wu[141]的结果。Winker 等[142]进行了激光雷达海面风速测量试验，激光雷达第一次登上天基平台，采用的激光波长分别为 355 nm、532 nm 和 1 064 nm，这是第一次在全球尺度范围对选定海域实施的激光探测试验。Menzies[143]发布了激光雷达海面风速测量的研究结果，指出这是第一次连续改变传感器天顶角至 300° 来研究激光海面反射率对探测角度的依赖关系，并给出了发展星载激光雷达的建议。2003 年，NASA 成功发射了载有 GLAS 的 ICESat 卫星[144]，GLAS 海面风速测量的研究表明星载激光海面反射不仅可以用来进行海面风速的探测，还可以用于激光雷达系统校正评价。2006 年 4 月 28 日由美国航空航天局和法国国家太空研究中心联合研发的 CALIPSO 成功发射，可对气溶胶和云层全球分布进行前所未有的高分辨率三维观测，主要用于了解气溶胶和云在调节地球气候中的作用，以及两者的相互作用。2008 年 NASA 的 Hu 等[145]探索利用 CALIPSO 星载激光雷达一个月的数据反演海面风速，最终发布了海面风速测量的初步研究结果，并用最小方差拟合，给出了三段海面风速与海面均方斜率的关系表达式。

1.5.6 大洋渔业

与传统的渔业调查手段相比，利用机载激光雷达进行渔业调查不仅可以大幅降低成本，而且还可以实现大面积迅速覆盖。探测过程对鱼群无干扰，能够有效提高海洋资源调查的准确性。国外于20世纪70年代初开始对机载激光雷达探测鱼群的可行性进行研究[146]。美国海军利用机载激光雷达探测到了佛罗里达州南部的鱼群，并成功绘制了新泽西鱼群的垂直剖面分布图[147]。Fredriksson 等利用船载激光雷达成功探测到水箱中的鱼，验证了激光雷达探测鱼群的可行性[148]。后续的研究开始转向激光雷达回波信号与鱼群的种类和数量之间的定量关系，需要考虑不同鱼种的目标强度，即被探测目标反射能量与入射能量的比值[149]。最简单的情况是鱼群广泛分布，根据激光雷达回波信号的强度识别出鱼群并计数，Churnside 等在俄勒冈海岸开展野外试验[150]，沿相同的飞行轨迹夜间可以探测到 69 条鱼而白天只探测到两条鱼，说明该鱼群夜间会在海表附近活动而白天会在更深的水域活动。在上升流的冷水区没有发现该鱼群，猜测该鱼群为长鳍金枪鱼。

1.5.7 海洋动力过程

上层海洋动力学十分复杂，海洋动力过程是海洋物质输送和能量传递的基本形式[3]。海表太阳辐射及地面径流和冰川融化淡水的流入加剧了海洋层化现象。同时风、风成流、潮汐流及湍流等加强了海洋的垂直混合作用，不断削弱海洋的层化作用，并导致在混合层的底部往往会存在一个密度梯度（又称为密度跃层）[9]。浮游生物层与密度跃层密切相关[151]，这就意味着激光雷达可以通过对浮游生物层的探测进而达到探测密度跃层的目的。由潮汐流和海底地形相互作用引起的内波在密度跃层传播距离很远，甚至可以与其他区域的内波混合[152-153]。在密度跃层中探测到浮游生物层的同时，同样可以探测到内波，已有的研究已经实现了海洋激光雷达对内波的探测[10,95,154-155]。振幅大的非线性内波很容易从激光雷达回波信号中分离出来，需要假设密度跃层刚好存在于两个不同密度散射层的边界。上层散射层厚度可以通过激光雷达直接获得，下层散射层厚度可以通过航海图提供的总水深得到，内波的振幅也可以直接从激光雷达数据中获得。激光雷达通常具有多个通道，可以获取更多的内波信息，如内波的传播速度等。对于弱非线性波，可以根据 Korteweg-de Vries 方程[95]求出上下层之间的密度差，进而估计内波的总能量密度。

已有的海洋动力学研究对较大空间尺度（如海洋环流）和中尺度（如海平面变化）有了一定程度的认识[156]，但对小尺度和中尺度间裂缝的研究并不多，而该部分又是海洋物质输送和能量转移的关键部分[157]。海洋激光雷达对实现海洋上层混合层乃至温跃层的探测具有十分重要的作用，而这对海洋军事、海洋生态都有着十分重要的影响，是目前海洋遥感研究面临的重大技术挑战。

1.5.8 海洋环境探测

目前，美国、德国、法国、加拿大和澳大利亚是国际上研制海洋激光诱导荧光探测系统比较成熟的几个国家。机载海洋激光雷达探测系统（AOL）是 NASA 研制的具有代表性的探测系统，包括海岸带及浅海水深、叶绿素 a 浓度、溢油（oil spilling）、可溶性有机物（dissolved organic matter，DOM）及其他一些海洋光学参数（如衰减系数、透明度等）都可以被探测[158]；环境扫描激光机载荧光仪（scanning laser environmental airborne fluorosensor，SLEAF）由加拿大环境技术中心研制，主要装备在海洋污染调查的飞机上，用于海洋和近海沿岸环境下原油和石油产品的监测和污染专题图绘制；海洋雷达系统（oceanographic LiDAR system，OLS）[159]由德国运输部和奥尔登堡大学共同研制，可用于海水参数（如衰减系数、透明度等）和海表溢油等的监测；机载激光测深仪（laser airborne depth sounder，LADS）[160]由澳大利亚军方自主研制，主要用于水体浑浊度测量以及水下目标探测。除此以外，Hoge 等在 1980 年最早开展了激光荧光雷达监测溢油的理论及油膜厚度探测的研究，并获取了实地测量的结果[161]。Hengstermann 等设计了一套机载荧光雷达系统，用来实时、快速监测北海小排放的矿物油并对溢油类型进行分类研究，该系统使用一个 308 nm 波长的 XeCl 激光器作为激发装置，接收装置采用 344 nm、366 nm、380 nm、450 nm、500 nm、533 nm、650 nm、685 nm 等中心波段来接收荧光信号[159]。Chekalyuk 等设计了一套便携式、流通式激光荧光仪监测多种水体参数，该装置采用 375 nm、405 nm 和 510 nm 三个波段的激光器，接收装置采用了电荷耦合器件（charge-coupled device，CCD）和光电倍增管（photomultiplier tube，PMT），可以用于不同精度需求的监测[162]。此外，Barbini 等设计了一套激光诱导荧光装置，并基于荧光谱的特征开展了藻类分类的研究，能有效区分甲藻、硅藻等几种藻种[163]。Palombi 等设计了一套高光谱时序激光荧光雷达系统，可以用于探测随时间变化的高光谱激光诱导荧光信号[164]。Rogers 等利用机载荧光雷达进行了 CDOM 和溶解性有机碳（dissolved organic carbon，DOC）的大范围监测的研究。研究表明，河口区 CDOM 受从农业流域径流的有机物输入影响，该技术可以有效替代传统水样品采集和实验室分析方法[165]。Sivaprakasam 等研制出一种可调谐蓝紫光波段（220～285 nm）激发的激光荧光系统，可快速获取水体有机物的三维荧光光谱[166]。Fiorani 等利用激光荧光雷达快速、高分辨率测量的结果对卫星遥感反演 CDOM 算法进行了校正，为实测验证提供了新的手段[167]。Chubarov 等利用船载激光荧光雷达监测了里海海区的生态，结果显示激光荧光方法不需要对海水水样进行预处理[168]。Bunkin 等利用拉曼散射信号系统反演了海冰厚度，该系统使用了一台二极管泵浦固体激光器，系统总质量 20 kg，耗能只有 300 W，可以对许多海洋问题中多种水体参数的剖面信息进行测量[169]。Rodrigues 等对激光荧光测量过程中提高信噪比的方法进行了研究，并给出了如何提高信噪比的意见和建议[170]。Sharikova 等研制了一套激光诱导荧光测量装置，可用于 CDOM 和 DOC 的连续、实时测量，并且比较了激光诱导荧光仪和 LED 诱导荧光仪的测量精度，发现激光诱导荧光仪的信噪比是 LED 诱导荧光仪的约 10 倍[171]。Sivaprakasam 等研制了一个用于塑料和有机物监测的激光荧光仪，并在墨西哥湾进行了实地验证，该装置使用了一个高脉冲重复频率（8 kHz）的激光器，显著提高了系统的探测信噪比[166]。Fedorov 研究了 266 nm 紫外光激发的激光荧光仪，用于水体有机物测量和分类，能有效区分腐殖酸和富里酸[172]。Babichenko 等研制了一套流通式激光荧光仪，可用于藻类的测量并避免水样的预过滤等耗时、耗人力的过程，在波罗的海、北海和挪威海域的实地测量结果显示，该仪器能有效测量藻类中叶绿素含量并能监测有机物和溢油[173]。Chekalyuk 等提出了一种双波段激光泵浦探测技术用于监测海洋藻类光合体系 II 的光化学特性[174]。双波段激光泵浦探测技术首先利用分束器将激光分成探测光和泵浦光两种类型的光束，其中探测光是泵浦光的 1/10 左右；然后将样品目标用能量强的泵浦光激发，引起样品目标化学性质和状态的扰动和变化；接着使用能量很弱的探测光用来监测这种变化；最后通过延时平台控制两束光的时间延迟[175]。Drozdowska 等采用激光荧光雷达、实验室分光光度法和光学方法相结合的方法研究了北冰洋水体的荧光特性，并推导了拉曼散射效应对荧光数据校正的作用[176]。Weibring 等介绍了一种通用型车载移动式激光荧光雷达系统用于环境监测，光学和电子系统被安装在一辆卡车上，一个可伸缩的用于传输和接收的镜子安装在屋顶，镜子连接到一个垂直的 40 cm 直径的望远镜[177]。Maslov 开发了一个地基固定式激光荧光雷达系统，可以持续监测近岸水体环境，该系统使用激光脉冲宽度为 10 ns、脉冲能量为 10 mJ 的 532 nm 激光器，在 80° 入射角度下遥测距离可以达到 100 m。Maslov 还讨论了遥测 0.5～1 km 的可行性[178]。Barbini 等使用激光荧光雷达数据对海洋水色数据进行了校正，结果显示海洋观测宽视场传感器（SeaWiFS）反演叶绿素结果在高浓度区域被高估，在低浓度区域被低估[179]。

第 2 章　船载海洋激光雷达系统

2.1　多探测体制激光雷达

早期的海洋激光雷达以探测弹性散射为主，结构相对简单。随着对海洋激光遥感的认知和激光雷达技术的进步，科研人员对海洋激光雷达进行了诸多改进。一方面，引入多波长、多视场、多偏振和光子计数等手段，提升弹性散射探测动态范围、探测精度和探测深度。另一方面，将布里渊散射和激光诱导荧光等技术应用于海洋激光雷达，实现高光谱分辨率探测和荧光光谱探测，拓宽海洋激光雷达的探测要素范围。

2.1.1　弹性散射海洋激光雷达

弹性散射海洋激光雷达系统的研制和实现相对简单，但在实际使用过程中发现，存在一个方程求解两个未知量、单一视场角无法兼顾浅水和深水信号、信号采集动态范围不足等问题。一个方程求解两个未知量给激光雷达数据的反演带来了诸多问题，对反演算法提出了很高的要求。采集器动态范围不足将导致激光雷达无法同时满足浅海强信号和深海弱信号的有效探测。针对以上问题，本小节提出诸多新体制下的弹性散射激光雷达设想。

激光雷达的回波信号光子接触到探测器表面产生光电子，经过探测器内部的增益机制及外部放大电路放大后，变为数据采集系统可以识别的电信号。电信号经数字化后即可用于后续数据反演与分析。激光雷达的海洋探测波段一般位于易于穿透海水的蓝绿波段，即海水的“探测窗口”，探测器包括光电倍增管、硅基雪崩光电二极管（avalanche photodiode，APD）等。光电倍增管的主要指标来源于滨松公司的 H7422-40 系列绿光波段高量子效率探测器件，硅基雪崩光电二极管的技术指标来源于 Excelitas 公司的产品。

如表 2.1 所示，光电倍增管的增益调节范围更大，且具有较大的光敏面，易于开展光路设计。当工作于高增益单光子灵敏度状态时，死时间仅取决于数据采集卡的多脉冲分辨能力。硅基雪崩光电二极管的量子效率略高于光电倍增管，但是光敏面较小，给光路的装调带来一定的挑战。因此，目前大部分开展海洋探测的激光雷达，均采用光电倍增管作为回波信号的探测器件来进行信号采集。

表 2.1　光电倍增管与硅基雪崩光电二极管的性能差异

参数	光电倍增管	硅基雪崩光电二极管
量子效率/%	18～40@532nm	50
增益	10^3～10^6	～10^2（线性模式） ～10^6（盖革模式）
光敏面直径/mm	5～8	0.1～4（线性模式器件） 0.18（盖革模式器件）
暗计数率/Hz	10～100	25～1 500
死时间（光子探测模式）/ns	<5（取决于数据采集卡）	25

1. 多波长海洋激光雷达

针对一个方程求解两个未知量的问题，有研究人员提出使用两束波长相近的激光来进行探测，建立多个方程来求解两个未知量。需要注意的是，此处的多波长激光雷达与利用红外探测海面、蓝绿探测海底的 532 nm+1 064 nm 的双波长激光雷达有着本质的区别。一方面，双波激光雷达只是利用 1 064 nm 激光进行海表探测，1 064 nm 难以深入水体内部，不能进行水体内部的探测。另一方面，532 nm 和 1 064 nm 的波长差距很大，难以联合方程组进行求解。而这里提到的多波长激光雷达，使用的是相近的两个波长，如 473 nm 和 532 nm，都是可以深入水体内部进行剖面测量。得益于激光技术的进步和多波长激光器的出现，表 2.2 所示的 MSIII-W-405/473/532 产品，可以同时发射 405 nm、473 nm 和 532 nm 的激光光束，从而使得科研人员的设想成为现实。

表 2.2　MSIII-W-405/473/532 产品参数数值及产品图

参数	数值	产品图（尺寸单位：mm）
波长/nm	405，473，532	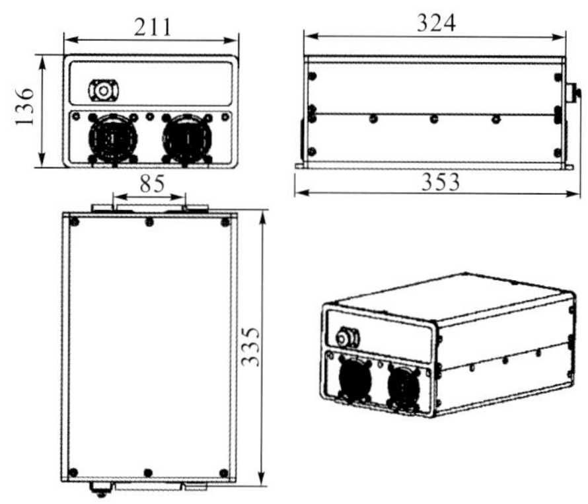
工作模式	CW	
输出功率/mW	>1，>50，>100，…，>300	
功率稳定性（>4 h）/%	<2，<3，<5	
横模	$TEM_{00}/TEM_{00}/TEM_{00}$	
光束光斑/mm	2.5	
发散角（全角）/mrad	<1.5	
预热时间/min	<10	
工作温度/℃	10～35	

然而，473 nm 和 532 nm 的波长依旧相差很大，两个方程中的未知量是否一致、能否直接联立仍需要更进一步的研究和分析，多波长激光雷达有待进一步的验证和试验。

2. 多视场海洋激光雷达

由于海表的高反射，单一视场角的海洋激光雷达在海表存在信号饱和的现象。为了避免海表信号饱和，需要把增益调低，但此时探测深度就会降低。对于单视场角的海洋激光雷达，需要根据海上试验时的实际情况来调整增益：使用高增益使激光雷达测得更深（图 2.1）；使用低增益使近海表信号不至于饱和（图 2.2）；使用一个中等大小的增益来兼顾浅海和深海的信号（图 2.3）。图 2.1～图 2.3 中：P_X为垂直偏振；P_C为平行偏振；P_Xr^2为距离校正后的垂直偏振；P_Cr^2为距离校正后的平行偏振；P_XFit 为拟合后的垂直偏振；P_CFit 为拟合后的平行偏振；G_X为垂直偏振的重叠因子；G_C为平行偏振的重叠因子。此外，对于不同的水体，增益的高低标准也是不同的。如图 2.4 和图 2.5 所示，在相同的增益下，对于清洁水体尚未饱和的增益，在浑浊水体中也会饱和。单一视场角的激光雷达需要在实际使用过程中根据不同水体和不同探测目的随时调整增益，这也为后续信号处理增加了一定难度。

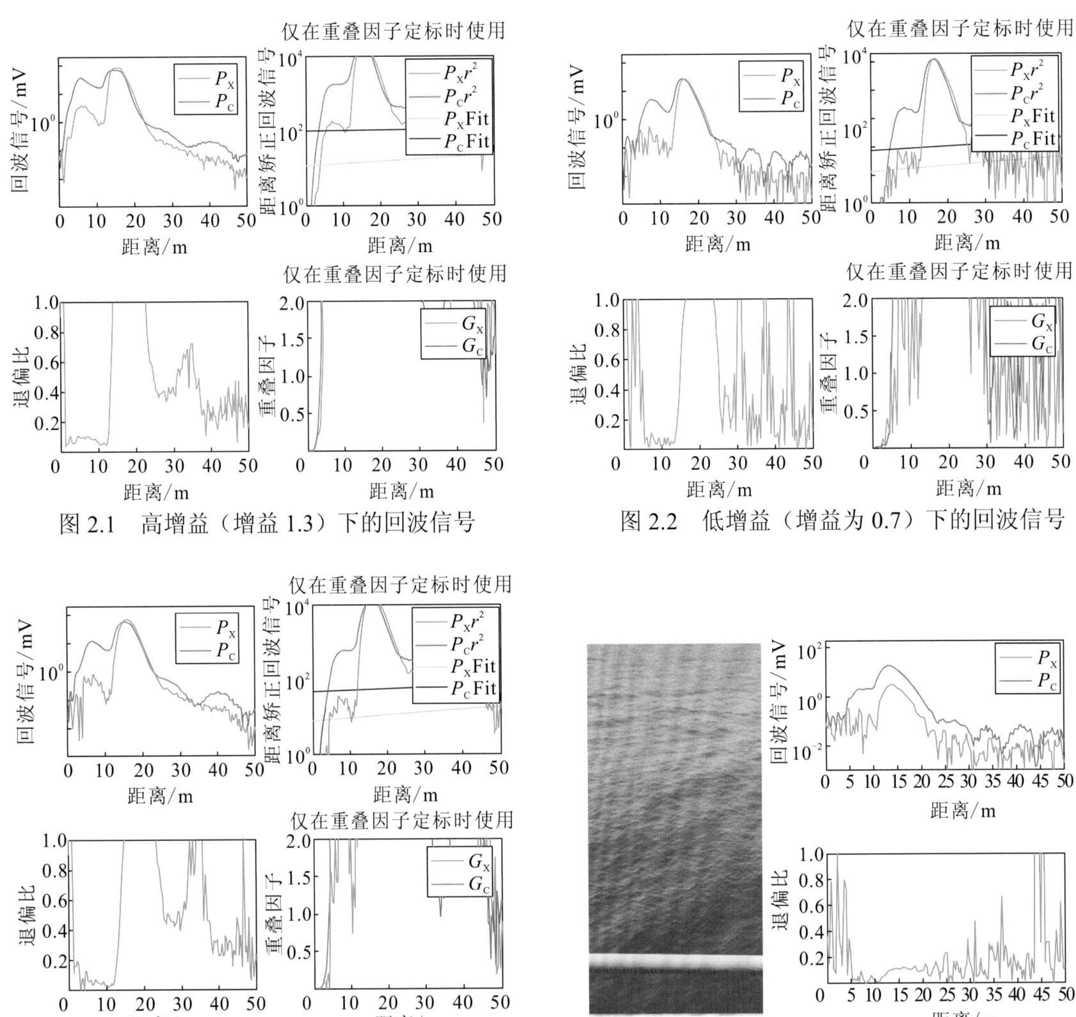

图 2.1　高增益（增益 1.3）下的回波信号

图 2.2　低增益（增益为 0.7）下的回波信号

图 2.3　中等增益（增益为 0.9）下的回波信号

图 2.4　清洁水体及回波信号、退偏比

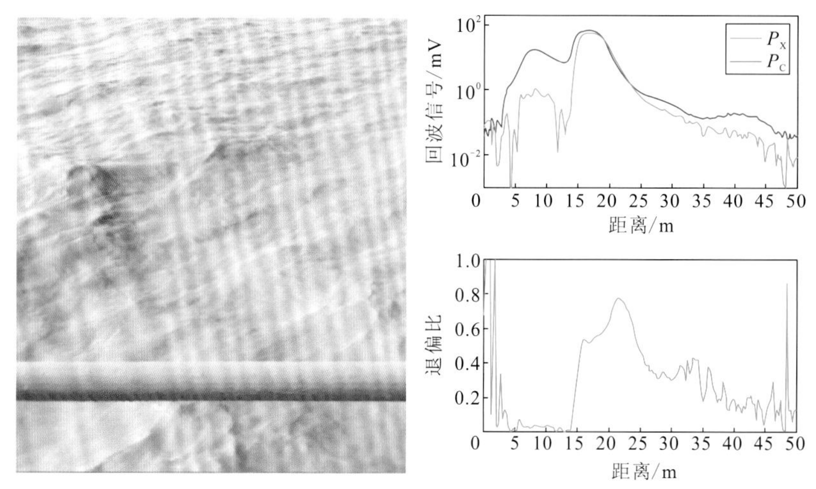

图 2.5 浑浊水体及回波信号、退偏比

李晓龙在单一视场基础上做了一些改进，提出了视场角在 10～174.5 mrad 范围内可调节的海洋激光雷达试验系统[180]，采用透镜组构造可调节的接收物镜。接收视场角计算公式为

$$\tan(2\theta_{\mathrm{rcvr}})=\frac{r}{f} \tag{2.1}$$

式中：r 为小孔光阑的通光孔半径；f 为接收物镜的焦距。接收物境示意图如图 2.6 所示。

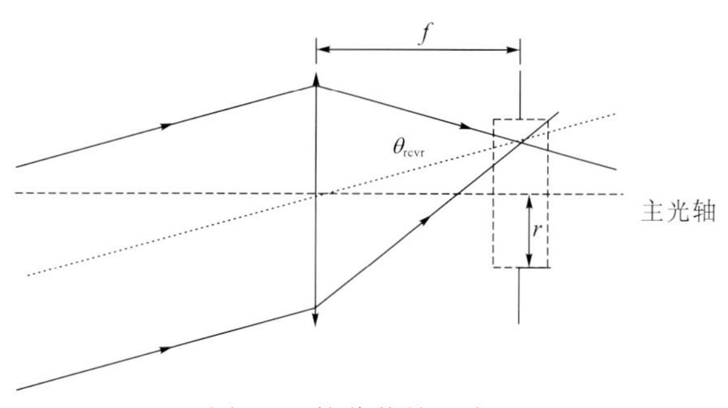

图 2.6 接收物镜示意图

考虑大焦距望远镜体积大且笨重的特点，使用透镜组构造代替大焦距望远镜，可以有效缩减海洋激光雷达的尺寸，使雷达系统更加紧凑、轻巧、便携。

采用通光孔径可变的小孔光阑来实现接收视场的调节，利用可编程步进电机和可变光阑进行组合，实现在电脑软件端对接收视场的控制。视场角可调节的激光雷达可以通过改变视场角来实现对不同水体的测量，并可以根据不同视场角下的回波信号来对海水中的多次散射进行处理。在实际的操作中，在调节增益的基础上又增加了一个调节参数，这对仪器操作人员提出了更高要求，想要获得不同视场下回波信号需要及时地对视场角进行调整。一种解决方案是采用多个视场角，将回波信号分为两束：一束用小视场角、小增益来获得浅水信号；一束用大视场角、高增益来获得深水信号。将高低增益的回波信号拼接起来，形成双视场接收，从而实现大动态范围的测量，如图 2.7 所示。

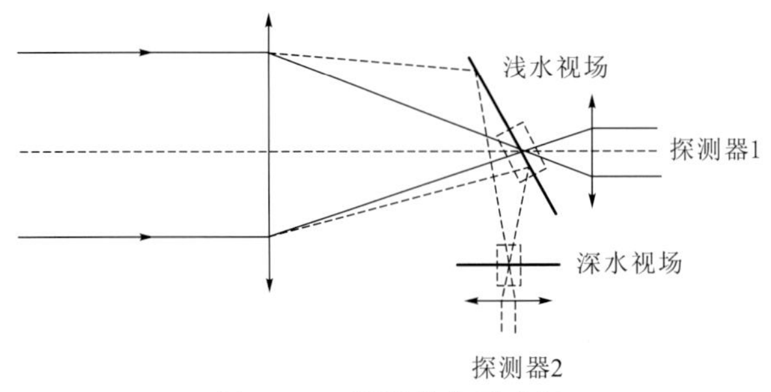

图 2.7　双视场接收示意图

3. 光子计数海洋激光雷达

传统的海洋激光雷达多使用线性探测器，收集到的信号为全波形回波信号。以测深海洋激光雷达为例，全波形海洋激光雷达通过探测器接收激光脉冲，沿其几何路径产生的波形形状对获得的波形信号进行分析，通过识别出的激光脉冲在水面和水底之间的时间间隔来获得水深信息。这种线性探测体制的激光雷达对激光能量的要求更高，为了能探测更深的海底地形，往往需要增大发射激光的能量，这需要复杂的电子元器件和先进的冷却系统，导致整个设备的体积、质量和功耗都比较大。而且这种传统的激光雷达在探测水下目标时，很容易受探测器灵敏度的制约，导致回波信号较弱，进而影响水深的探测[181]。此外，全波形激光雷达的探测信号的动态范围很宽[182]，受限于数字采集器的位数，探测到的微弱信号很难被采集到。除双视场将浅水强信号和深水信号分离外，还可以通过多个数字采集器来扩展数字采集器的有效动态范围。该方案不会引起附加噪声，已经在高端激光雷达设计中应用。如 CALIPSO 针对 532 nm 的回波信号，采用 2 个 14 bit 的数字转换器来实现 22 bit 的有效动态范围[183]（图 2.8）。

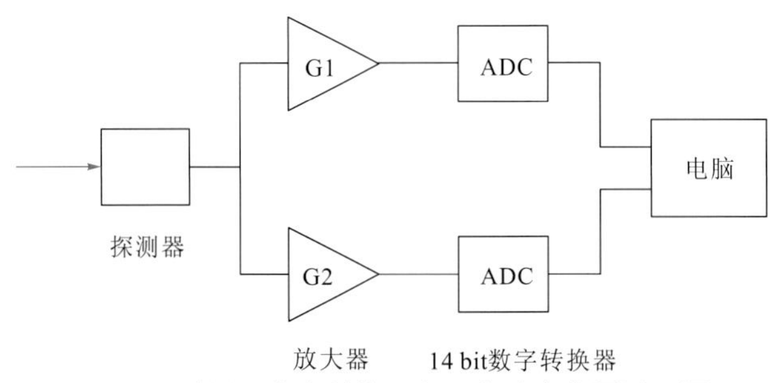

图 2.8　采用双数字转换器实现高动态范围原理图

然而，用扩展数字转换器提高有效动态范围的方案实现起来成本较高，会造成数字信号采集系统庞大，而且高位的数字转换器价格昂贵。而光子计数探测体制的激光雷达作为一种新兴的探测技术，具有小型化、低功耗、高时间分辨率等特点，在海洋探测领域有着巨大的优势和应用潜力。

光子计数激光雷达将发射的激光脉冲看作若干个光子，探测器能够以一定概率响应不同时间到达探测器的光子信号，通过对多个激光脉冲的光子事件进行累计和统计，可以在生成的直方图中提取水面和水底信号来计算水深信息。这种新型探测体制的激光雷达采用灵敏度极高的单光子探测器，可以响应水面、水体和水底等目标单个光子量级的信号。此外，光子计数激光雷达还具有低激光能量、高激光重复频率的特性[184]，在提高探测灵敏度和探测效率的同时，也降低了对体积、质量和功耗的要求，非常适合在无人机、无人船等小型化设备中的应用。

光子计数激光雷达主动发射一束激光脉冲，并将发射的激光脉冲看成由若干个光子组成的光子束，通过测得激光脉冲中光子的传播时间来计算距离信息[185]。在实际的探测过程中，受探测目标反射率、探测器灵敏度的影响，回波信号的强度较弱，可能存在测量的精度较低或信号无法识别的情况，当回波信号的强度下降到光子级别时，这样的情况更加明显[186]。其中，光子计数探测器能够识别并响应激光回波信号中一个或多个光子，具有极高的时间分辨率[187]。时间相关单光子计数（time-correlated single-photon counting，TCSPC）可以响应单个光子量级的信号，并记录精确的时间信息[188-189]，进一步提高了光子计数的能力。当光子信号进入探测器并以一定概率被响应时，认为触发了一次光子事件。在单次激光脉冲中，探测器只能响应有无光子事件及光子对应的飞行时间，并不能反馈回波信号的强度，因此，需要通过对多个激光脉冲中的光子事件进行统计，并将这些光子事件在同一时间坐标中叠加，从而得出基于统计结果的直方图[190]，如图 2.9 所示。

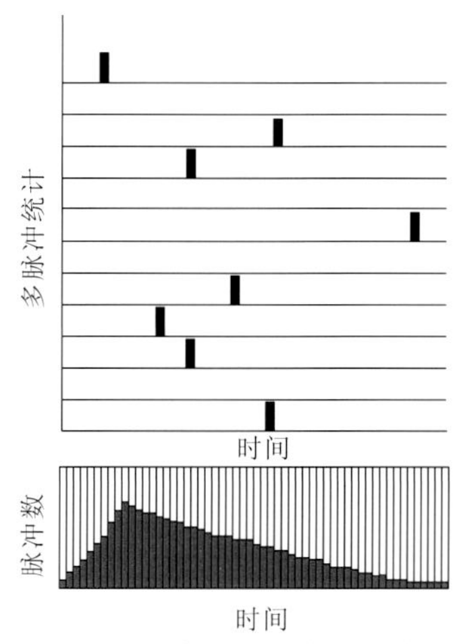

图 2.9　时间相关单光子计数统计结果直方图

传统线性探测体制激光雷达的测深数据是记录激光脉冲在整个传输过程的回波波形信号，波形数据中的回波强度可以直接表示激光能量的振幅值。激光经过不同传输介质时，会产生不同偏振的光子，且都会触发单光子探测器。当有一个光子事件被探测器响应时，记录它的到达时间并在直方图中对应的时间区间上加 1。经多次累加后，得到一个时间相关的光子事件统计直方图，然后利用导数检测法[181]提取水面、水底位置，进而计算水深。

光子计数激光雷达需要脉冲的多次累计，往往需要很高的激光重复频率，而其脉冲能量相对要小很多，但光子计数激光雷达容易受背景噪声的影响。此外，为了防止光子事件产生堆积效应，光子计数激光雷达要求单个脉冲中光子事件的概率不能过高，可通过减小泵浦光源或放置衰减片进行控制。在平均功率和背景噪声一定的情况下，单脉冲能量越低，激光重频越高，累积到的背景光光子也会相应提高，从而降低信噪比。因此，在平均功率固定的情况下，高单脉冲能量/低重频利于白天观测，晚上可采用低单脉冲能量/高重频光子探测方式，即线性探测与单光子探测相结合的方式进行探测。此外，在外场实测的过程中，往往也会先用高能量、低重频的全波形激光雷达先探测一遍，再使用光子计数激光雷达进行精细化探测。

4. 偏振激光雷达

在海洋水色遥感领域，由于海洋偏振信息能够提供额外的水体信息，可以用于水中颗粒物形态、组分的探测[191]，偏振激光雷达已经受到了越来越多的关注。如图 2.10 所示，偏振海洋激光雷达只需要在普通米散射激光雷达的基础上增加偏振分光棱镜，将回波信号分为水平偏振和正交偏振通道，即可测得水体的偏振信息。

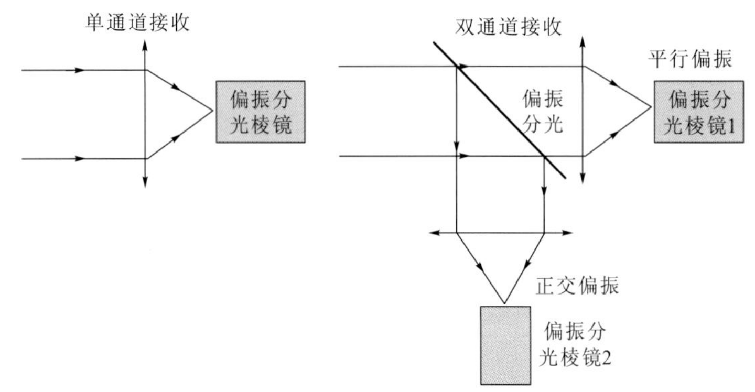

图 2.10 偏振激光雷达接收系统原理图

偏振海洋激光雷达的数据处理也与一般的激光雷达有所不同，根据 Churnside 的研究[192]，偏振激光雷达方程推导如下。

随着初始偏振激光束在水体中的传播，其正交偏振和平行偏振的能量变化表示如下：

$$\begin{cases} \dfrac{\mathrm{d}P_{\mathrm{C}}}{\mathrm{d}z} = -\alpha P_{\mathrm{C}} + \gamma P_{\mathrm{X}} \\ \dfrac{\mathrm{d}P_{\mathrm{X}}}{\mathrm{d}z} = -\alpha P_{\mathrm{X}} + \gamma P_{\mathrm{C}} \end{cases} \tag{2.2}$$

式中：P_{C} 为初始线性偏正光（平行偏振）在 z 处的能量；P_{X} 为正交偏振光；α 为偏振光水体衰减系数；γ 为退偏系数，表示光从一个偏振态转换为另一个偏振态的比例。

对线性偏振激光来说，其边界条件为 $z=0, P_{\mathrm{X}}=0, P_{\mathrm{C}}=P_{\mathrm{C0}}$，即出射光束为完全线偏振光，$P_{\mathrm{C0}}$ 为激光束初始能量，对式（2.2）求解，可得

$$\begin{cases} P_{\mathrm{C}} = P_{\mathrm{C0}} \exp(-\alpha z) \cosh(\gamma z) \\ P_{\mathrm{X}} = P_{\mathrm{C0}} \exp(-\alpha z) \sinh(\gamma z) \end{cases} \tag{2.3}$$

当 $\gamma z \ll 1$ 时，方程的解可简化为

$$\begin{cases} P_{\mathrm{C}} = P_{\mathrm{C0}} \exp(-\alpha z) \\ P_{\mathrm{X}} = P_{\mathrm{C0}} \gamma z \exp(-\alpha z) \end{cases} \tag{2.4}$$

当 $\gamma z \gg 1$ 时，方程的解可简化为

$$P_{\mathrm{C}} = P_{\mathrm{X}} = 0.5 P_{\mathrm{C0}} \exp(-\alpha z + \gamma z) \tag{2.5}$$

即此时线偏振光将退化为完全非偏振光。同时式（2.5）也表明，当初始光束为非偏振光时，其衰减系数为 $\alpha - \gamma$。

在准单次散射近似的条件下，假定光束在水中的传播为由一次后向散射事件串联起来的多次前向小角度传播。当退偏比相对较小时，可以忽略退偏光束，此时平行偏振的回波

信号可以近似表示为

$$S_{\mathrm{C}}(t) = A' P_{\mathrm{C}} \beta_{\mathrm{C}} \exp(-\alpha z) \tag{2.6}$$

式中：A' 为包括接收透光率、接收器响应度在内的系统参量，可以通过实验室内定标获得；β_{C} 为保持偏振特性的 180° 体散射系数；$\exp(-\alpha z)$ 为光束在水体传播过程中的衰减。

正交偏振信号 S_{X} 包括三个部分：单次后向散射事件造成的退偏；激光束在前向传播因多次散射造成的退偏；经过单次后向散射后，在回程路径上多次前向散射造成的退偏。S_{X} 可表示为

$$S_{\mathrm{X}}(t) = A' P_{\mathrm{C}} \beta_{\mathrm{X}} \exp(-\alpha z) + A' P_{\mathrm{C}} \beta_{\mathrm{C}} \exp(-\alpha z) + A' P_{\mathrm{C}} \beta_{\mathrm{C}} \gamma z \exp(-\alpha z) \tag{2.7}$$

式中：β_{X} 为体散射正交偏振参量。使用相同的系统参量 A' 即表示接收器对平行偏振和正交偏振的响应是一致的，有

$$\begin{cases} S_{\mathrm{C}}(t) = AP_{\mathrm{C}} \beta_{\mathrm{C}} \exp(-\alpha z) \\ S_{\mathrm{X}}(t) = AP_{\mathrm{C}} \beta_{\mathrm{X}} \exp(-\alpha z) + 2AP_{\mathrm{C}} \beta_{\mathrm{C}} \gamma z \exp(-\alpha z) \end{cases} \tag{2.8}$$

则回波信号的退偏比可表示为

$$D = \frac{S_{\mathrm{X}}}{S_{\mathrm{C}}} = \frac{\beta_{\mathrm{X}}}{\beta_{\mathrm{C}}} + 2\gamma \tag{2.9}$$

在某些区域，水体参数不随深度发生变化的情况下，可以根据平行偏振回波信号得到水体的衰减系数：

$$\alpha = -\frac{1}{2} \frac{\mathrm{d}}{\mathrm{d}z} \ln S_{\mathrm{C}} \tag{2.10}$$

类似地，可以根据测得的退偏比计算水体的退偏系数：

$$\gamma = \frac{1}{2} \frac{\mathrm{d}D}{\mathrm{d}z} \tag{2.11}$$

根据水体的退偏系数可以反演水体中颗粒物的形态、种类等细节信息。

受水体特性、仪器倾角、供电、激光能量、光学透过率等因素的影响，两个接收通道接收到的光信号强度往往并不相近，而且可能会发生变化。此外，为了最大化使用效率，两个通道的 PMT 可能设置了不同的增益电压，再加上光学系统效率的差异性，接收器对两个通道的响应并不相同，即存在不为 1 的增益比。当工作环境发生变化时，如果调整 PMT 的增益电压等参数，就需要对增益比重新进行定标。Luo 等[193]提出了一种 Δ45° 法进行增益比定标，具体步骤如下。

如图 2.11 所示，偏振激光雷达系统在发射单元中安装有一个可旋转的半波片。首先将其调整至工作状态（此时出射光为平行偏振光，平行偏振通道信号达到最大值，正交偏振通道信号达到最小值），记录此时平行偏振通道信号和正交偏振通道信号的数据分别为 $S_{\mathrm{C}}(0)$ 和 $S_{\mathrm{X}}(0)$。然后将半波片旋转 45°，此时正交偏振通道信号最大，平行偏振通道信号达到最小值，记录平行偏振通道信号和正交偏振通道信号的数据分别为 $S_{\mathrm{C}}(45)$ 和 $S_{\mathrm{X}}(45)$，二者的增益比为

$$G = \frac{S_{\mathrm{X}}(0) + S_{\mathrm{X}}(45)}{S_{\mathrm{C}}(0) + S_{\mathrm{C}}(45)} \tag{2.12}$$

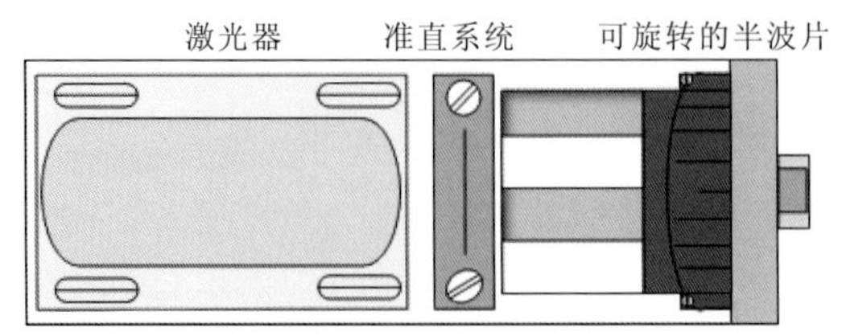

图 2.11　偏振激光雷达系统发射单元示意图

2.1.2　布里渊散射海洋激光雷达

1. 布里渊散射基本理论

激光入射到海水中，由悬浮颗粒物（如浮游植物）产生的后向散射为米散射，散射光的频率与入射光波频率相同且能量不发生变化，为弹性散射。而布里渊散射为非弹性散射，散射光相对于入射光波的中心频率发生多普勒频移，在米散射光谱两侧形成对称的两条谱线，散射光的频谱如图 2.12 所示。

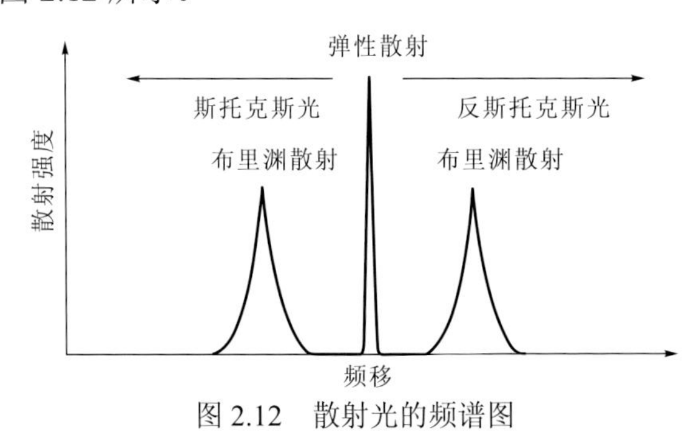

图 2.12　散射光的频谱图

布里渊散射是入射光波场与介质内的弹性声波场相互作用产生的一种光散射现象。当频率为 ν_i 的入射光照射到介质中，并与介质内频率为 ν_a 的弹性声波相互作用时，将会产生频率 $\nu_B = \nu_i \pm \nu_a$ 的散射光，即红移的斯托克斯光和蓝移的反斯托克斯光，布里渊散射过程示意图如图 2.13 所示。

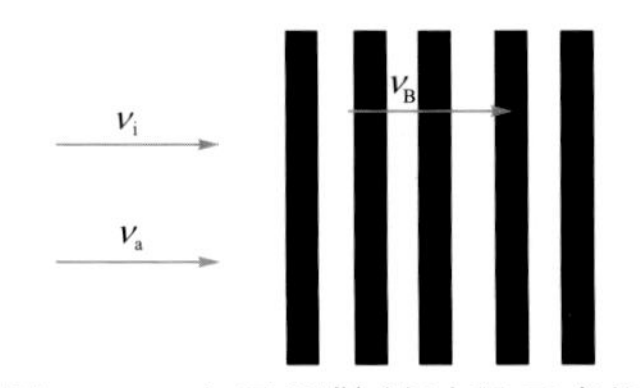

图 2.13　布里渊散射过程示意图

1）自发布里渊散射

当光波场与介质内因热激发而产生的弹性声波场相互作用时，会产生与入射光频率不同的散射光，这种散射光就是自发布里渊散射。因为介质内热激发产生的弹性声波场非常微弱，所以自发布里渊散射信号常用灵敏度较高的光子计数器和增强电荷耦合器件（intensified CCD，ICCD）进行采集。介质内自发热运动产生的弹性声波场会引起介质密度的涨落和折射率的周期性变化，这种介质内局部区域的密度涨落和折射率变化可以看作一个动态光栅。

当入射光波照射到动态光栅上时，会产生多普勒频移。如图 2.14 所示，在布里渊散射产生过程中，入射光、散射光和声子之间必须要满足能量和动量守恒，即

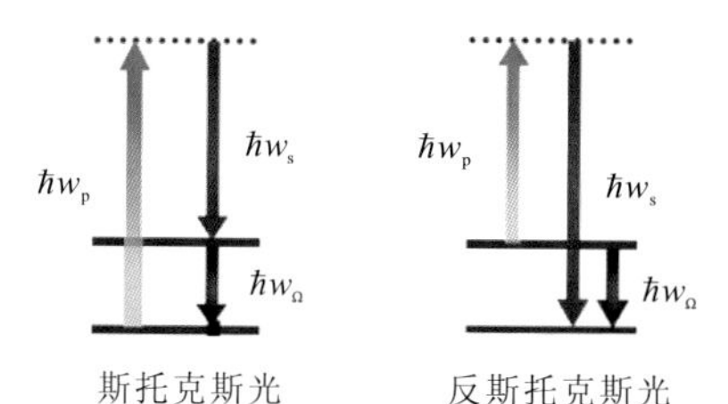

图 2.14　布里渊散射过程的能级图

$$\hbar w_s - \hbar w_p = \pm \hbar w_\Omega \tag{2.13}$$

$$\hbar \boldsymbol{k}_s - \hbar \boldsymbol{k}_p = \pm \hbar \boldsymbol{k}_\Omega \tag{2.14}$$

式中：$\hbar w_p$、$\boldsymbol{k}_p$ 分别为入射光波的能量和波矢；$\hbar w_s$、$\boldsymbol{k}_s$ 分别为散射光波的能量和波矢；$\hbar w_\Omega$、$\boldsymbol{k}_\Omega$ 分别为弹性声波场的能量和波矢。布里渊散射频移量和入射光波的频率不在一个量级上，但布里渊散射频移量受到散射角和声波波速的影响，可表示为

$$\nu_B = \pm \frac{2v_a n}{\lambda} \sin\frac{\theta}{2} \tag{2.15}$$

式中：“±”为散射光相对于中心波长产生的红移（斯托克斯光）和蓝移（反斯托克斯光）；v_a、n 分别为介质中的声速和折射率；λ 为入射光波长。后向散射光（$\theta = \pi$）的频移 ν_B 为最大值。用典型介质液态水的参数为例代入上述公式：$\theta = \pi$，$\lambda = 532$ nm，$v_a = 1\,500$ m/s，$n = 1.33$，可得到水中的布里渊散射频移 $\nu_B = 7.5$ GHz。

2）受激布里渊散射

自发布里渊散射是介质内热激发产生的弹性声波场与入射光波场相互作用产生的结果，但前提条件是入射光波场的强度很弱。当入射光波场强度不断增加并超过某个阈值时，介质在强场作用下会产生电致伸缩效应，引起介质密度的涨落和折射率周期性变化，进而激发出介质的弹性声波场和相对于中心频率产生红移的斯托克斯光。这种强入射光波场条件下引起的受激辐射特性的光散射现象就是受激布里渊散射。

受激布里渊散射是光波场与弹性声波场之间相互作用形成的相干散射过程，也是一种三阶非线性效应。如果入射光束为脉冲激光，这种相干散射激发过程可以具体描述为：介质内热激发产生比较弱的声波场，这种弱的声波场和先到达的激光脉冲前沿相互作用，产生自发布里渊散射：后向的自发布里渊散射与强激光脉冲泵浦耦合形成更强的相干弹性声波场，入射的强激光脉冲与相干弹性声波场相互作用产生强斯托克斯散射光，即受激布里渊散射。相比于自发布里渊散射，受激布里渊散射有以下特点。

（1）散射光谱具有明显的阈值特性，只有当入射光强度超过某个临界值时，才能产生受激布里渊散射。

（2）散射光谱的产生要求入射光束为具有较窄线宽的准单色辐射。

（3）散射光谱没有反斯托克斯光成分，在散射光中只含有斯托克斯光成分。

（4）散射光谱具有明显的脉宽压缩效应。

（5）散射光谱具有明显的相位共轭特性。

2. 布里渊散射海洋激光雷达研究进展

随着光散射及激光技术的发展，海洋激光雷达成为一种重要的遥感探测海洋的方法，关于布里渊散射海洋激光雷达方面的研究工作已经被大量报道，其中比较有代表性的工作如下。

1984 年，Joseph 和 Blizard 等通过布里渊散射光谱技术探测了海水的温度和声速，采用 F-P 标准具和迈克耳孙干涉仪（Michelson interferometer，MI）接收信号，并利用声速与温度、压强、盐度的函数关系反演得到海水温度，探测精度为±0.5 ℃[194-195]。

1991 年，Hickman 等设计了一套机载布里渊散射激光雷达声速测量系统。该系统可远程测量海水声速，获得海洋声速剖面垂直分布结果，系统光源为大功率脉冲激光器，探测深度为 0～100 m，海水声速的探测精度为 1 m/s[196]。同期 Leonard 等对自发和受激布里渊散射海洋激光雷达的性能进行了评估分析，得出自发布里渊散射方法对海洋温度的探测有更高的精度，受激布里渊散射激光雷达系统的接收装置更为简单[197]。

1995 年，刘大禾利用扫描式 F-P 干涉仪对纯水中的布里渊散射光谱特性进行了实验研究[198]。发射光源采用种子注入式调 Q Nd:YAG 激光器，参数如下：输出能量～500 mJ、重复频率～10 Hz、脉冲宽度～20 ns、输出波长～532 nm、带宽～50 MHz。结果显示在室温为 23 ℃条件下，纯水的布里渊散射频移为 7.56 GHz，线宽为 800～900 MHz。

此后，刘大禾团队继续对布里渊散射进入深入研究，取得阶段性成果：①利用布里渊散射光谱技术实时遥感探测海水中的声速，得到高信噪比、高探测精度的实验结果后，又进行了不同温度、盐度条件下海水声速的遥感探测工作[199-201]。②提出一种直接利用布里渊散射光谱测量水的体黏滞系数的方法[202]。③提出一种基于透射信号边缘探测技术的海洋遥感方法，该方法可以实时监测公海和沿岸海域海水的声速和温度，具有高分辨率和高探测精度[203-204]。④提出一种基于布里渊散射激光雷达探测水下目标的方法，这种方法与常规的幅度探测有着本质的区别，主要是通过探测目标周围环境场（如水、空气等）的散射光谱来实现目标探测和系统结构探测[205]。

1997 年，Edwards 和 Emery 团队针对布里渊散射光谱探测系统中扫描式 F-P 干涉仪原则上要求入射光为平行光束和接收空间角较小的缺点，采用基于 Br_2 和 I_2 吸收滤波器的边缘探测技术替代了传统的扫描式 F-P 干涉仪，设计了一种更简单、稳定且不需要严格准直的接收系统，进一步提高了布里渊散射光谱探测系统的性能[206-207]。

2004～2014 年，Popescu 等和 Rudolf 等对布里渊散射激光雷达探测海洋温度剖面进行了深入的研究，并提出新的探测方法[208-210]。在光源和接收装置上分别采用倍频光纤放大器和法拉第反常色散光学滤波器（Faraday anomalous dispersion optical filter，FADOF），后续改进系统的光源和接收装置分别为倍频光纤放大的外腔半导体激光器和原子边缘滤波器，并进一步提高了温度探测精度，在空间分辨率为 1 m 的情况下，测温精度可达 0.07 ℃。

上述基于扫描式 F-P 干涉仪和边缘探测技术主要用于自发布里渊散射激光雷达系统，而对于具有明显阈值、脉宽压缩和相位共轭特性的受激布里渊散射，相关的研究工作也取得了较大的进展。

2005 年，Chen 等提出一种基于法布里-珀罗（F-P）标准具与 ICCD 实时探测水体后向布里渊散射光谱的新方法[211]。该方法可根据 ICCD 采集到的干涉圆环精确计算布里渊散射频移，并进一步反演水体参数。由于高能量激光脉冲入射到水中会立即激发受激布里渊散射，从而损失大量能量进而降低激光雷达系统探测性能。针对这一问题，Shi 等研制了一种基于 F-P 标准具和 ICCD 的单光束聚焦受激布里渊散射激光雷达系统，该系统通过由凹透镜和凸透镜组成的聚焦装置降低了入射到水中的激光能量密度，以达到远距离探测的目的。该探测系统不仅可用于声速、体黏滞系数、海洋温度的实时监测，而且可以基于布里渊散射回波信号有无实时探测水下目标是否存在[212]。

由于激光在水体中传输能量损失大，针对如何进一步提高受激布里渊散射回波信号强度的问题，Shi 等提出一种基于双光束泵浦放大技术的布里渊散射激光雷达系统。该系统通过相位延时的发射光束与后向布里渊散射回波信号相互耦合对回波信号进行泵浦放大，有效提高了受激布里渊散射激光雷达的探测性能[213]。

综上所述，布里渊散射激光雷达在反演海洋环境水体参数方面具有巨大潜力。目前，布里渊散射激光雷达探测系统要达到实用阶段，仍需进一步开展优化工作，如采用高灵敏、高分辨率的成像器件，研发体积小、易于集成的窄线宽稳频、高峰值功率的发射光源等。

2.2 线性探测海洋激光雷达

2.2.1 总体方案设计

浙江大学研制的线性探测海洋激光雷达系统主要由激光发射系统、接收系统及信号采集处理系统三大部分组成，系统结构示意图如图 2.15 所示。激光发射系统主要为一台调 Q 的 Nd:YAG 脉冲激光器，倍频产生 532 nm 的激光束，经一系列的转向棱镜和凹透镜等光学器件组成的激光发射光路后射入海水。接收系统包括光学接收和光电转换两部分，由望远镜收集激光与海水相互作用后产生的后向散射回波信号，先通过一个可变光阑控制接收器的视场角，再通过准直透镜将望远镜收集到的信号进行准直，然后通过一个干涉滤光片来滤除背景光，最后经过会聚透镜由光电倍增管进行光电转换。信号采集和处理系统由高速采集卡和计算机组成，由采集卡对光电倍增管接收到的光电流进行模数转换，并存入计算机。激光雷达的配件还有全球定位系统/惯性导航系统，可以获得激光雷达的经纬坐标和姿态数据，便于研究激光雷达的走航数据并对激光雷达的倾斜角进行校正。整个系统的基本参数如表 2.3 所示。

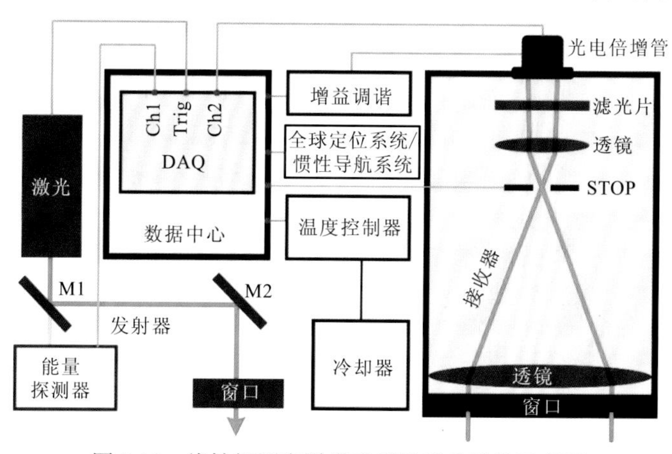

图 2.15　线性探测海洋激光雷达系统结构示意图

表 2.3　线性探测海洋激光雷达系统基本参数

元器件	参数	数值
激光器	波长/nm	532
	脉冲能量/mJ	5
	脉冲宽度/ns	8
	重复频率/Hz	10
	激光直径/mm	8
	激光发散角/mrad	1
接收器	望远镜直径/m	0.08
	视场角/mrad	200
	PMT 光阴极灵敏度/（A/W）	0.3
	滤波器带宽/nm	10

激光器采用的是常规的 Nd: YAG 固体激光器作为发射光源，输出波长为 532 nm，出射能量约为 5 mJ，脉宽约为 8 ns，重复频率为 10 Hz，能量波动约为±3%。

望远镜采用折射式望远镜，这种望远镜在海洋激光雷达中经常采用。这是因为船载的海洋激光雷达离水面较近，不需要采用很大直径的望远镜就能采集到需要的回波信号，不需要在大气激光雷达中经常采用的大口径卡塞格林望远镜，而仅需折射式望远镜就足以满足需求。望远镜全口径为 80 mm，中间没有卡塞格林望远镜的副镜遮挡，其视场角可以调节，最大为 200 mrad，这样可以充分地接收水体的多次散射回波信号。激光器和望远镜之间采用离轴模式，这样可以极大地减少激光器对望远镜的遮挡，也可以避免激光刚出射时的强散射信号对望远镜有效信号接收的干扰。

激光雷达系统的重叠因子是影响激光雷达大气遥感的重要因素之一，它描述回波信号与接收器的耦合效率随距离变化的过程[214]。在一个发射光轴与接收光轴平行的系统中，随着距离的增加，重叠因子从 0 逐渐增加到 1，随后保持为 1 不变。若重叠因子评估不准确，则反演出的水体光学特性也是不准确的。由于船载激光雷达与水面距离短，重叠因子在船载海洋激光雷达中至关重要。为了简化实验变量，应在重叠因子为 1 的时候测量数据，即在激光入水前重叠因子就已经能够达到 1。根据望远镜和激光器的几何关系，可以计算出图 2.16 中的重叠因子。由图可知，研制的海洋激光雷达的重叠因子通常在 2 m 以后就已经达到 1，而通常船载激光雷达的工作高度约为 10 m，因此在研究水体信号时，在出射光轴和入射光轴已经平行的情况下，可以忽略重叠因子对回波信号的影响。

探测器采用日本滨松公司生产的 PMT 及分压电路，PMT 通过改变外加电压的大小来调节其增益，其上升响应时间约为 2 ns。采集卡采样频率为 500 MHz，对应的深度分辨率约为 0.22 m。考虑激光脉宽和 PMT 的上升时间的卷积，系统响应脉宽约为 10 ns，其对应的深度分辨率约为 1.2 m。这里采用远高于系统响应的采样频率是为了避免可能产生的欠采样过程。

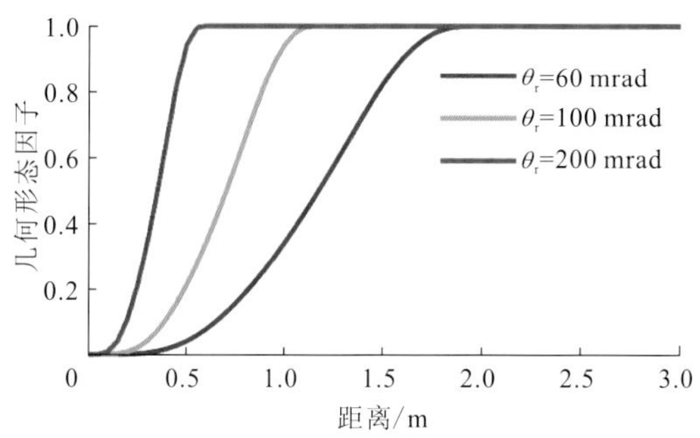

图 2.16　线性探测海洋激光雷达的理论重叠因子

线性探测海洋激光雷达是一种主动光学遥感设备，它将一束激光脉冲发射进入水体，通过接收水体产生的后向散射光获取水体的后向散射和光学衰减信息，进而分析水体本身的物理生物化学特性。普通弹性散射海洋激光雷达系统主要由激光发射系统、接收系统及信号采集和处理系统三大部分组成。

激光发射系统的主要部件为一台产生蓝绿波段的 Nd: YAG 脉冲激光器，激光脉冲经过一系列准直扩束系统后，向海洋中发射窄脉宽激光脉冲。接收系统由望远镜、视场光阑、准直透镜、干涉滤光片、接收透镜和光电探测器等组成。望远镜通常为折射式或反射式结构，用于收集大气及水体的后向散射信号。视场光阑放置于望远镜的焦平面上，通过调节光阑孔径可以调节接收视场角。干涉滤光片置于准直透镜后，用于滤除背景光。光电探测器位于会聚透镜的后面，用于将光信号转化为电信号。信号采集和处理系统主要由高速采集卡和计算机组成，可将光电探测器检测的光电信号数字化后储存到计算机中。

2.2.2　发射系统

线性探测海洋激光雷达发射系统通常包括激光器和发射光路。激光器用于产生 532 nm 的激光脉冲。发射光路包括折转光路和扩束镜（凹透镜）。折转光路用于保证激光光轴与接收器光轴的平行度，以实现比较合适的系统重叠因子。扩束镜（凹透镜）实现对激光出射的发散角和光斑大小的控制，以满足系统需要的几何光学条件及人眼安全需求。高空机载或者星载激光雷达的接收器视场角通常较小，因而采用扩束镜压缩激光的发散角，保证激光能够始终处于接收范围内；海拔较低的激光雷达通常接收器视场角较大，因此不需要考虑激光发散无法被接收器接收的问题，通常采用凹透镜增大激光的发散角，降低激光在水面的能量密度，保证满足人眼安全需求。

发射系统中最重要的器件是激光器，目前在海洋激光雷达中最为常用的激光器为 Nd:YAG 固体激光器，其基频信号为 1 064 nm，通过倍频晶体可以获得 532 nm 的脉冲信号。通常情况下，激光脉宽为 1～10 ns，对应 0.11～1.10 m 的海水探测垂直分辨率。当采用闪光灯泵浦时，激光器能产生重复频率为 1～100 Hz、能量为 100～500 mJ 的激光脉冲。如果需要更低的脉冲能量和更高的重频，可以采用激光二极管泵浦。能量的提高将会大幅增加激光雷达的回波信号强度，抑制器件和背景产生的噪声，从而提高信噪比。重频的提高一方面可以减少两个脉冲之间的空间间隔，提高空间分辨率；另一方面通过对多组信号的累积平均来提高激光雷达的信噪比。

激光波长的选择在海洋激光雷达中具有非常重要的作用，与水体光学参数密切相关。目前大部分海洋激光雷达的发射波长为 532 nm，是因为工作于 532 nm 的 Nd:YAG 激光雷达已经形成了非常成熟的商业产品，具有高效、紧凑、鲁棒性好等优点，有利于激光雷达系统减少功耗、压缩体积质量和稳定工作等。另外非常重要的一点是 532 nm 处于海水吸收的蓝绿光窗口，纯水在 400～550 nm 的蓝绿光波段对光的吸收最小，如图 2.17（a）所示[215]。需要注意的是，对于非常干净的水体，532 nm 并非激光雷达的第一选择，450 nm 等蓝光在水中的衰减更小。然而，水体中还存在浮游植物、CDOM 等物质，其吸收谱线如图 2.17（a）所示。为了进行有效的对比，假设叶绿素浓度为 20 mg/m^3，CDOM 在 532 nm 的吸收系数为 0.08 m^{-1}。浮游植物叶绿素的吸收光谱在 440 nm 处存在初级峰，CDOM 的吸收随波长的减小而指数增大，因此，随着水体中浮游植物和 CDOM 的浓度增加，水体整体的最小吸收值对应的波段会向长波方向移动。图 2.17（b）以 I 类水体为例，显示了水体的总吸收系数随叶绿素浓度的变化关系。研究显示，当叶绿素浓度为 1 mg/m^3 时，532 nm 处的吸收与 450 nm 处的吸收几乎相等。当叶绿素浓度为 10 mg/m^3 时，最小吸收位置移至 560 nm，在 532 nm 处仍有较小的吸收。因此，对于大部分的全球海洋（特别是沿岸区域），使用波长为 532 nm 的激光器是较为不错的选择。而显然，对于大洋水体，波长更短的蓝光波段将能够实现更佳的探测深度[216]。

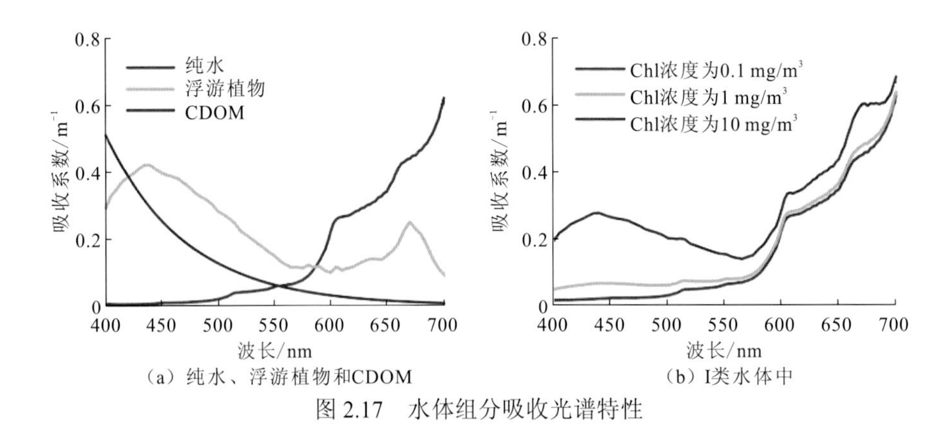

（a）纯水、浮游植物和CDOM　　（b）I类水体中

图 2.17　水体组分吸收光谱特性

2.2.3　接收系统

线性探测海洋激光雷达接收系统主要包括望远镜系统、光学处理系统和光电探测器。望远镜系统的口径和视场角是激光雷达的两个重要参数。接收望远镜口径与激光雷达接收到的回波信号强度直接相关。星载激光雷达的望远镜口径通常大于 1 m，而机载和船载激光雷达的望远镜口径通常为几厘米到几十厘米。视场角与激光雷达回波信号中的多次散射信号密切相关，越大的视场角将能够收集到更多的多次散射信号。激光雷达对多次散射信号的收集能力主要由望远镜视场在水面的投影决定，如果激光雷达距离海面较高，视场角可以相对减小。激光雷达不能无限制地增大视场角，因为较大的视场角会接收到更多的背景光，增大系统的噪声。同时，满足大视场角的滤光片通常需要更大的光谱带宽，也会接

收到更多的背景光。因此，视场角大小的选择需要根据工作高度、滤光片性能和背景光抑制需求来综合决定。

光学处理系统主要包括滤光片和其他相关的器件，用于抑制背景光噪声信号，提取信号中的光学信息。滤光片基于光学干涉原理，光学干涉与光线的入射角密切相关，为了使不同入射角的激光雷达信号都能够透过滤光片，通常需要考虑较大的滤光片光谱带宽。如果激光雷达需要分离回波信号中的偏振、高光谱等信息，还需要采用线偏振片、偏振分光棱镜、超窄带光谱鉴频器，如视场展宽迈克耳孙干涉仪（feld-widened Michelson interferometer，FWMI）[217]对光信号进行进一步的分离。

经上述光学系统收集到的光信号将由光电探测器接收并转换为电信号，常用的高速光电探测器包括 PMT、APD 和 PIN 光电二极管等。其中，高速 PIN 管由于噪声较大，不太适合激光雷达的微弱光学探测。APD 通过施加一个较高的反向电压产生强电场，当入射光子在二极管产生一个空穴电子对时，电场会使电子加速碰撞产生次级电子，从而引发电子雪崩，实现高增益。APD 具有比 PIN 光电二极管更高的信噪比、更快的时间响应、更高的灵敏度及更低的暗电流。然而 APD 作为半导体，其接收面积越大，带宽越小。在海洋遥感激光雷达中，小光敏面限制了接收角的大小，接收角与信号衰减相关，而较小的带宽则限制了激光雷达的垂直分辨率，例如日本滨松公司生产的 C12702-03 模块直径为 3 mm，电子带宽为 80 MHz。选用 APD 的激光雷达需要对接收角和电子带宽进行权衡，例如，目前商用的测深激光雷达在浅水通道采用小接收角的 APD。PMT 将光阴极最初产生的电子通过电势差加速，撞击多个倍增电极，实现光电流放大。与 APD 相比，它们的光敏面范围更大，可以在实现较大的接收角的同时能够保证较高的电子带宽。因此，在海洋激光雷达的探测中通常会采用 PMT 作为主要的光电探测手段。

2.2.4 信号采集和处理

信号采集和处理系统包括高速数据采集卡和计算机处理系统，高速数据采集卡将光电探测器输出的电信号进行模数转换后，存储于计算机系统中。数据采集卡的采集位数决定了能够获取信号的动态范围，例如，一个 8 位采集卡的动态范围仅为 256。激光雷达回波信号会随深度呈指数下降，例如，对于衰减系数为 0.1 m^{-1} 的海水，0～40 m 的信号动态范围约为 4 个数量级，此时采用 8 位采集卡是远远不够的。最简单的方式是直接采用近 14 位的数字采集卡，通过提高采集卡位数实现高动态范围，然而高位采集卡价格昂贵且不易买到。此外，还可以对信号进行动态范围的压缩，采用对数放大器将光电探测器输出的电流信号对数放大。还有一种方式是对信号进行分段采集，将信号分为强信号和弱信号两个部分，分别由低增益和高增益两个通道接收，并分别用两个数据采集卡通道进行接收，从而实现动态范围的增大。数据采集卡的采样率是决定信号深度分辨率的重要参数，海洋激光雷达通常采用 0.1～5 GHz 的采样率，从而在海水垂向剖面探测过程中获得更高的垂直分辨率，在有限的穿透深度中获取更精细的深度分布信息。

2.3 光子计数海洋激光雷达

中国科学院上海技术物理研究所开展激光雷达海洋探测技术的研究，研制了一台具备532 nm 微脉冲激光发射和偏振/拉曼/荧光信号探测的船载海洋激光雷达系统。该系统基于光子计数体制研制，能以优于 100 ps 的时间分辨率采集每个探测器接收到的原始光电子事件，通过对原始数据进行合并拼接，实现海洋水下信号垂直廓线的高灵敏度探测。

2.3.1 总体方案设计

船载偏振/拉曼/荧光海洋激光雷达系统由发射光学系统、接收光学系统、数据采集系统、位置姿态传感器、二维云台、计算机组成。表 2.4 为该系统主要技术指标。

表 2.4 船载偏振/拉曼/荧光海洋激光雷达系统主要技术指标

参数	数值
工作波长/nm	532
激光单脉冲能量/μJ	2.5
重复频率/kHz	200
激光脉冲宽度/ps	300
发射光偏振态	线偏振
接收孔径/ mm	4
视场角/（°）	3.6
通道配置/nm	532（平行偏振） 532（垂直偏振） 650（拉曼） 685（荧光）
滤光片带宽/nm	0.6@532.1nm 20@650nm 30@685nm
探测器类型/型号	光电倍增管/滨松 H10721-20
信号探测体制	光子计数
光子事件时间分辨率/ps	64
位置/姿态测量单元类型	GNSS&惯性测量单元（天宝 APX-15）
二维云台转动角度	俯仰方向：0°～360° 方位方向：-90°～90°

图 2.18 为该系统总体光学结构框图，高重频、微脉冲激光器发射 100～200 kHz 重频、单脉冲能量微焦级别 532 nm 波段的激光，经波片调节偏振方向，经起偏器提高激光偏振度后，将高消光比的一束线偏振激光发射至海水，回波经过接收镜头接收后，准直成平行

光，由分色镜分离 532 nm 弹性散射、650 nm 海水拉曼散射、685 nm 海洋叶绿素荧光信号，最后用偏振分光棱镜将平行和垂直偏振信号分离，实现退偏比的测量。

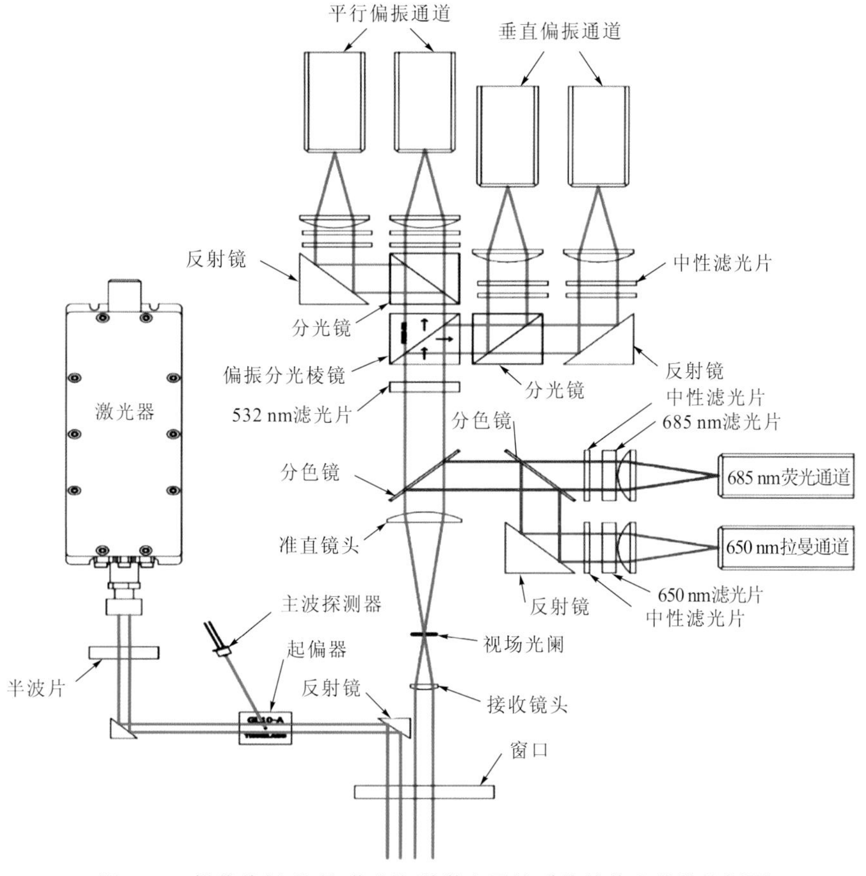

图 2.18　船载偏振/拉曼/荧光海洋激光雷达系统总体光学结构框图

该系统采用光电倍增管作为信号探测的主要手段，工作于较高增益区间，配合前置放大电路，使数据采集系统能识别每一个光电子事件，并以 64 ps 的时间分辨率对每一个有效事件的发生时间进行测量，数据采集卡将探测到的每一个光子事件上传至数据采集计算机。

该系统还安装了一台高精度位置、姿态测量系统，采用全球导航卫星系统加惯性测量单元的组合，可以同步获取高精度的时间、位置、姿态数据，用于数据的后期处理与分析，位姿测量单元为天宝公司的 APX-15，在无差分基站的情况下，可以实现米级的定位精度，俯仰和倾斜方向的姿态测量精度达到 0.04°，方位角测量精度达到 0.3°。

2.3.2　发射光学系统

发射光学系统主要由激光器、半波片、起偏器组成。其中激光器出射高重频、低能量的脉冲信号，配合合适的接收光学系统，将回波信号强度控制在单光子探测器的动态范围内。通过激光器的高重频特征进行多脉冲数据累加，从而实现海洋后向散射信号廓线的高灵敏度探测。中国科学院上海技术物理研究所研制的激光器采用紧凑的高重频、窄线宽、短脉宽设计，包括基频和倍频两个部分。基频部分是基于主振荡功率放大（master oscillator power amplifier，MOPA）结构的 1 064 nm 保偏光纤激光器。相比常用的固态被动调 Q 微片激光器，其优势在于散热性能优异、转换效率高、结构简单，并且出射激光的脉宽和重频灵活性高。出射激光经过准直和隔离后，在自由空间中经磷酸钛氧钾（$KTiOPO_4$，KTP）晶体倍频后得到 532 nm 的绿光激光。其原理如图 2.19 所示。

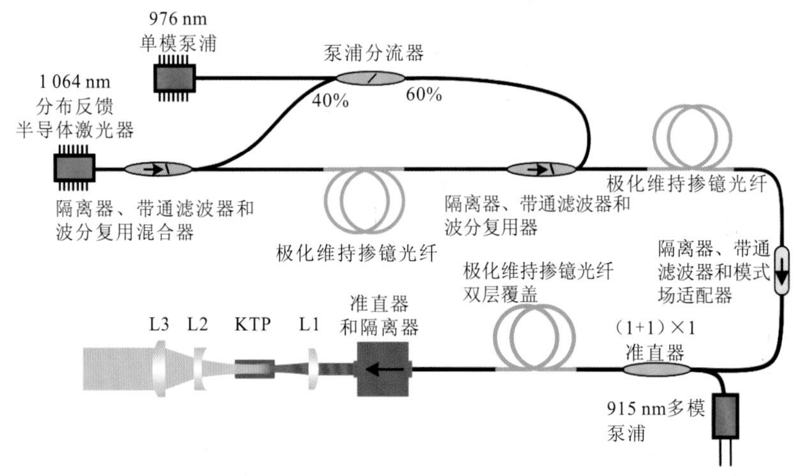

图 2.19　532 nm 激光发射模块原理图

MOPA 结构的 1 064 nm 保偏光纤激光器包括 1 个分布式反馈（distributed feedback，DFB）种子激光器、2 级预放和 1 级主放。由于种子激光器的功率较低，为了减少放大自发辐射（amplified spontaneous emission，ASE）的累积，使用 2 级预放。2 级预放的增益光纤均为保偏单模掺镱光纤，采用前向泵配置，共用一个 976 nm 单模泵浦激光二极管，以减少整个系统的体积。此外，定制的波分复用器件集成了滤波和隔离的功能，以减少光纤器件的数量，使激光器体积可以进一步压缩。主放使用纤芯直径为 20 μm 的大芯径双包层掺镱光纤。大芯径光纤可以提高其非线性阈值，双包层光纤使其可以存储更多泵浦功率，泵浦源为一个大功率 915 nm 多模激光二极管。倍频部分采用高温度接收带宽的 KTP 晶体，以提高激光器的温度适应性。放大后的激光经过准直隔离后，聚焦至 KTP 晶体上倍频得到 532 nm 绿光，最终经透镜准直后输出至自由空间。在 500 kHz 重频下，输出的脉冲和光谱如图 2.20 所示。

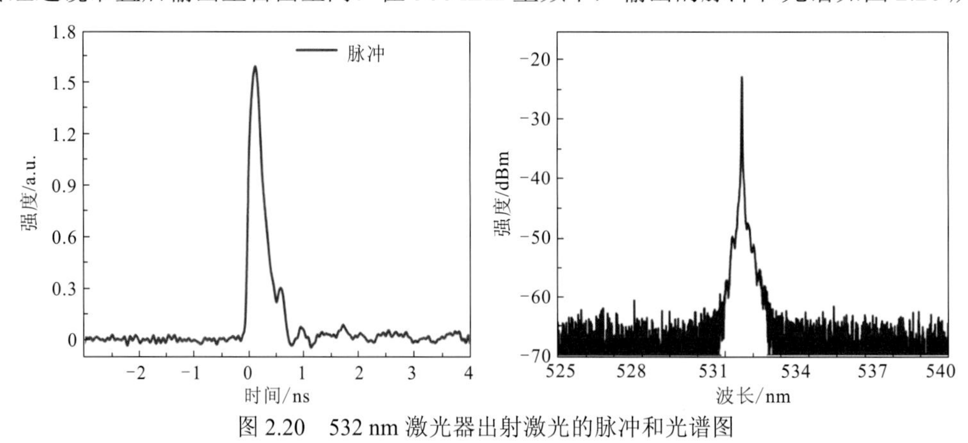

图 2.20　532 nm 激光器出射激光的脉冲和光谱图

在优化激光器设计的基础上，为了进一步满足整机小型化、轻型化的需求，对激光器的驱动电路板和结构也进行了相应的优化。

激光器只需外接一条电缆（包括电源和控制信号线）即可正常工作，其驱动电路及光纤器件均位于基频模块中。基频模块和倍频模块由铠装光纤和控制电缆连接。光纤为基频光的空间准直隔离器尾纤，控制电缆用于传输 KTP 温控信号。得益于光纤激光器优异的散热性能和 KTP 的高温度接收带宽，激光器整体无须主动散热，只需安装在热沉结构上即可正常工作。532 nm 激光发射模块的参数见表 2.5。

表 2.5　532 nm 激光发射模块参数

参数	指标
激光波长/nm	532
脉冲宽度/ns	< 1
脉冲能量/μJ	> 2@532 nm
重复频率/kHz	100～500
3 dB 带宽/nm	～0.04
发散角/mrad	< 1
冷却方式	被动散热
供电	12 VDC/2A
总功耗（峰值）/W	< 24
尺寸/mm	115×115×24（光纤激光器模块） 130×42×33（倍频模块）
总质量/kg	< 0.650

设计的船载海洋激光雷达的激光器出射光为线偏振光，为了将出射光偏振方向调节到与接收光学系统检偏方向一致，在发射光路中加入一片半波片和起偏器。半波片将发射光偏振态旋转到与接收光路检偏方向一致；起偏器采用双折射材料制作而成，消光比超过 10 000∶1，可以进一步提高发射激光的偏振度。发射光学系统中还设计了一个硅基探测器，用于探测发射激光脉冲信号，作为数据采集系统的开始工作信号。

2.3.3　接收光学系统

接收光学系统用于采集海洋后向散射回波信号，将不同光谱成分分离后，汇聚到单光子探测器上，从而实现偏振、拉曼、荧光信号的同时探测。

接收光学系统的工作波段为 532～685 nm，回波信号经过接收镜头、视场光阑和准直镜头后，进入分光系统。接收镜头焦距较短，为 8 mm，准直镜头的焦距较长，达 35 mm，这两个镜头组成一个扩束镜系统，配合中间的视场光阑，实现大约 62.5 mrad（～3.6°）视场的回波探测，并将后光路的光束发散角控制到 14 mrad，减小光束发散对超窄带滤光片性能的影响。

经准直后的回波信号，由两个分色镜将 532 nm 弹性信号、650 nm 拉曼信号、685 nm 荧光信号分离，分离后的信号再经三个带通滤光片，最终汇聚到单光子探测器上。650 nm 为液态水的拉曼信号中心波长，685 nm 为叶绿素荧光信号中心波长，考虑拉曼信号和荧光信号的谱线展宽，滤光片带宽分别设计为 20 nm 和 30 nm，这两个通道的带宽较大，白天强烈的太阳背景辐射导致其无法正常工作。532 nm 通道探测的是海水的弹性散射，采用 0.6 nm 带宽的滤光片，减小白天太阳背景对激光回波信号的干扰。

经过窄带滤光片后的弹性散射信号，由偏振分光棱镜分离为平行和垂直的偏振信号，偏振分光棱镜采用特殊镀膜，透射方向和反射方向的消光比分别达到 1000∶1 和 200∶1，仅需单片即可同时实现透射和反射通道的高消光比，减小通道间的偏振信号串扰。经偏振分光后，与发射光偏振方向一致的通道定义为平行偏振通道，与发射光偏振态垂直的通道定义为垂直偏振通道。

经过偏振分光棱镜分离后的平行和垂直偏振信号各自经过分光棱镜，将能量分为两部分，分光棱镜的分光比为 10∶90。同时探测这两个通道，可以在一定程度上提高单光子探测的动态范围。

2.3.4 数据采集系统

光电倍增管采用日本滨松公司 H10721-20 型，在 532 nm 波段的量子效率大约为 18 %，探测器的增益调节至大约 10^6，每个经转换后的光子经探测器后，输出脉冲宽度约 1 ns、50 Ω 负载下幅度约 20 mV 的电脉冲，再经过前置放大电路放大至百毫伏数据采集系统可识别的电脉冲。

图 2.21 为数据采集系统原理框图，其核心部件为时间-数字转换器（time-to-digital converter，TDC），它记录每个光子事件与发射激光脉冲的时间差，并将获取到的光子事件储存到计算机中。

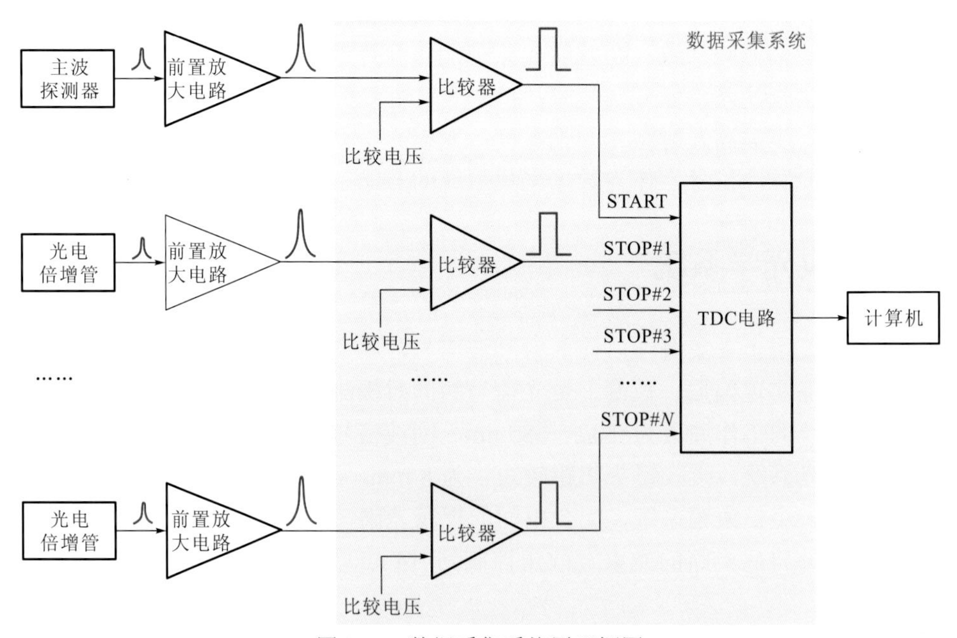

图 2.21　数据采集系统原理框图

数据采集系统的时间分辨率达到 64 ps，可同时对多路信号进行数据采集，数据采集系统最小可分辨两个时间间隔超过 10 ns 的光子事件，单通道饱和计数率达到 100 MHz。当回波的强度导致光子计数率接近或超过 100 MHz 时，会导致数据出现明显的非线性。

2.4 变视场水下海洋激光雷达

2.4.1 总体方案设计

变视场水下海洋激光雷达系统的整体组成框图如图 2.22 所示，相关的技术指标见表 2.6。整个系统分为 4 部分：水下扫描激光雷达、水上控制器、光电混装缆和便携电脑。水下扫描激光雷达实现数据获取，水上控制器用于供电和用户接口，光电混装缆用于将两个模块连接起来，便携电脑用于整个系统的硬件控制操作和数据采集与储存。

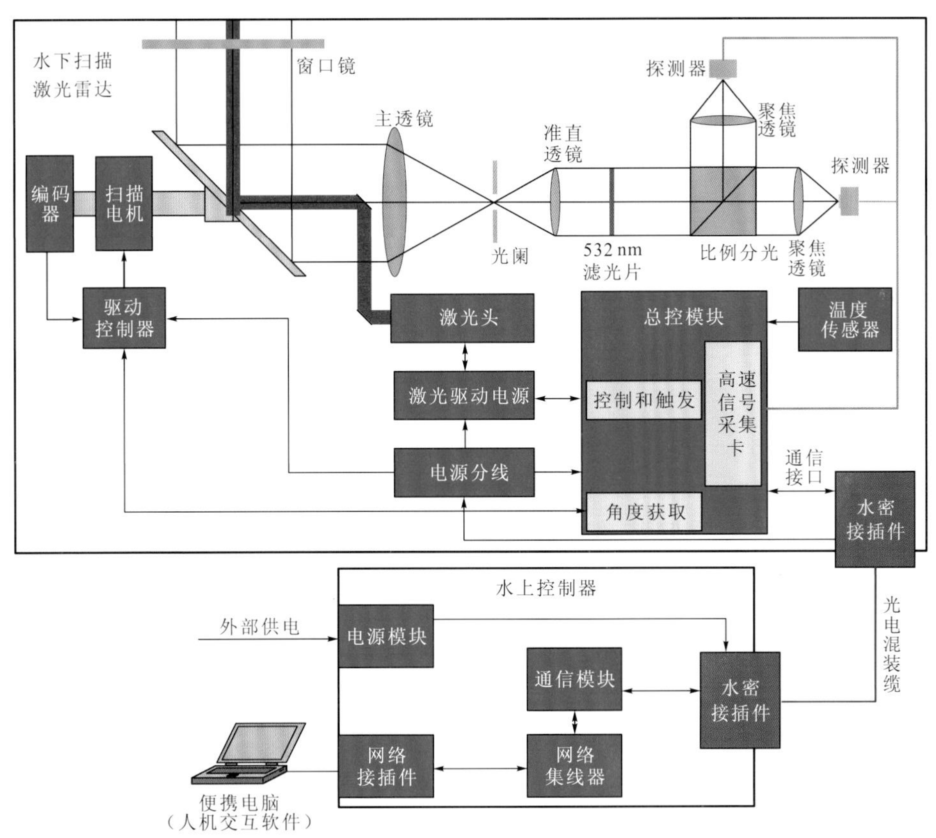

图 2.22 变视场水下海洋激光雷达系统的整体组成框图

表 2.6 变视场水下海洋激光雷达系统总体指标要求

参数类型	指标
工作水深/m	0～100
水下探测距离/m	30
激光波长/nm	532
测量频率/kHz	5
扫描角度范围/(°)	180
扫描角分辨率/(°)	0.1
散热方式	热传导

（1）水下扫描激光雷达包括激光光源、激光扫描模块、发射接收光学系统、光电探测模块和总控模块 5 部分，实现对水体和水下目标的探测。

（2）水上控制器包括通信模块、网络集线器和电接口，实现光电通信信号的转换和 220 VAC 转 400 VDC 供电。

（3）光电混装缆内部有 2 根光缆和 4 根电缆，可以实现 1 000 M 网络传输和 400 V/5 A 的供电。

（4）便携电脑实现水下扫描激光雷达的参数设置、状态监控和数据存储。

2.4.2 激光器

激光光源的技术指标：①中心波长为 532 nm±1 nm；②重复频率为 5 kHz；③脉冲能量为≥0.4 mJ；④冷却方式为传导冷却；⑤供电方式为 28 VDC±5 V。

激光器光学方案采用半导体激光器端面泵浦、电光调 Q、腔外倍频，基频光输出能量>1 mJ，倍频效率>50%，倍频光输出能量>0.4 mJ，泵浦方式采用脉冲泵浦，激光器调 Q 方式采用加压式调 Q。

扫描电机采用直流无刷电机，额定转速可达 8 740 r/min，最大连续转矩达 83.4 mN·m，电机另一端安装有 163 840 线高分辨率增量式编码器，最小角度分辨率达 7.9′。A、B 相和零位编码器信号以方波形式输出到驱动控制器。驱动控制器一方面对编码器信号进行采集，通过比例、积分、微分（proportional integral derivative，PID）算法控制电机的转速；另一方面将编码器信号放大后输出到探测和采集模块，用于角度数据的实时采集和记录。驱动控制器通过 RS232 端口，一方面接收监控和存储模块的扫描指令，另一方面发送当前的扫描状态参数。

2.4.3 发射接收光学系统

发射接收光学系统的设计参数如下。①发射激光光斑：12 mm；②发射激光发散角：1 mrad；③探测通道：近场通道和远场通道；④接收透镜通光口径：75 mm；⑤滤光片：带宽 1 nm（532 nm 波长）。

激光器输出的激光经过扩束准直后，减小激光发散角，然后通过折转镜从接收口径中心发射出去，实现收发同轴。

发射接收光学系统示意图如图 2.23 所示。接收系统采用 75 mm 直径的透射式望远镜，焦距为 60 mm，在接收望远镜的焦平面处安装光阑，控制接收系统的视场角。激光回波信号通过光阑后，又经过准直透镜准直，以压缩激光回波的发散角度。准直后的回波首先经过 1 nm 带宽的 532 nm 窄带滤光片过滤掉背景光，然后通过分光片，将激光回波分为 1∶50 的两束光，分别进入近场通道和远场通道。通过分光设计，可以实现系统探测动态范围的扩展。

光电探测模块包括光电倍增管、低噪声前置放大器和主放大器，实现对光信号的电转换和放大，并能够在线实时调节探测器增益。

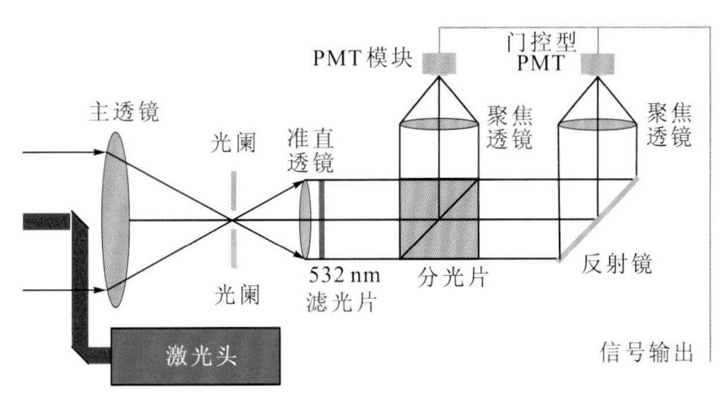

图 2.23　发射接收光学系统示意图

由于水下信号的动态范围很大，而探测器和高速采集系统的动态范围有限，为了提高系统的整体动态范围，采用双通道探测方式，将探测到的回波信号分为近场和远场信号。近场信号较强，不需要距离选通，而远场信号较弱，需要距离选通来抑制近场的强信号，因此选用门控型光电倍增管。门控响应上升沿时间达到 8 ns，可以保证远场通道的快速开启，减少近距离信号的干扰，其最高门控频率为 10 kHz，满足系统探测频率和响应时间要求。

2.4.4　总控模块

总控电路模块是电控舱的核心模块，主要用于控制系统各模块工作状态和工作时序，传输、存储数据并实现模块间的通信，同时实现激光回波信号的高速采集。总控模块所需满足的功能包含数字电路和模拟电路两部分，具体的功能和技术指标要求如下。

1. 数字电路部分

激光器控制：控制激光触发和开关（时序控制）；输出激光器的触发信号，激光器的触发重频信号默认为 5 kHz，开机后就可以输出；输出激光器的开关信号，开关信号打开之前必须确保有重频信号输出。

外触发输出：与激光器触发同频，同相或可延迟。

电机控制和编码器数据读取：控制电机驱动板（RS232 串口），设置电机的转速和电机的指向角位置；分别接收两个编码器的计数，电机编码器为增量式编码器，需要在初始校零，使差分信号进入现场可编程门阵列（field-programmable gate array，FPGA）。

DA/AD 设置：控制低速 DA 输出 PMT1、PMT2 探测器高压控制电压（采样率 10 k），串行输出；控制低速 AD 分别采集 PMT1、PMT2 的高压分压反馈；实现探测器增益补偿功能。

高速信号采集：实现 PMT1、PMT2 探测的激光回波信号高速采集，使采样频率达到 1 GHz。

2. 模拟电路部分

模拟电路部分将输入 5 V 电压转换为所需的 12 V、−5 V、3.3 V、1.8 V、2.5 V、15 V 电压。

高压电路：DA 输出 0～5 V 电压，控制高压模块输出 0～400 V，分别为探测器 PMT1、PMT2 提供±5 V 电压。

根据总控模块的功能设计需要，总控模块可以实现双通道 1 GHz 采样速率的高速信号采集和对各个模块工作状态、时序的控制。

2.5 高光谱分辨率海洋激光雷达

激光雷达的回波信号包含水体的后向散射系数和激光雷达衰减系数的光学信息。但受“一个方程，两个未知数”的限制，从标准后向散射激光雷达廓线中同时反演散射和衰减系数的技术，仅适用于光学性质随深度变化缓慢的水体[218]，而在不均匀的海水中，则必须对激光雷达比进行假设。拉曼激光雷达利用分子拉曼散射信号作为弹性散射信号的参考，能够在不假设激光雷达比的情况下提取海水的后向散射系数[219-220]，然而海水分子拉曼散射在单位波长上的强度很小，这限制了激光雷达的信噪比[221]。此外，拉曼散射与激发光波长差异较大，难以同时具有较高的海水透过率，极大限制了其探测深度。海水分子的布里渊散射与激发光具有相近波长，海水透过率较高，且其强度集中分布于更窄的波长范围内，不容易受太阳光、荧光等外部源的干扰，有利于基于超窄带光谱鉴频器的高光谱分辨率激光雷达（high-spectral-resolution LiDAR，HSRL）的研制[221-222]。

事实上，HSRL 已经在大气中得到成功的应用，1968 年，美国麻省理工学院模拟了大气回波信号并实现其频谱测量，预示着对 HSRL 研究的开启。此后美国威斯康星大学、美国科罗拉多州立大学、NASA、美国蒙大拿州立大学、日本国立环境研究所等单位迅速开展了 HSRL 的相关研究，大气 HSRL 技术得到快速发展[223-224]。将 HSRL 概念推广至海洋将有利于海水光学参数的遥感反演[12]。1991 年，Sweeney 等首次提出采用 HSRL 测量水体的漫射衰减系数[225]。2017 年，Zhou 等系统地评估并展示了海洋 HSRL 的理论可行性[217]，同年，Schulien 等发布了 NASA 的实验比对结果[226]。2020 年，浙江大学发布了自主研制的海洋 HSRL 在东海和南海航次的结果。总的来看，海洋 HSRL 研究仍然是一个相对较新的领域，许多的物理过程仍然需要继续的研究。

2.5.1 基本原理与结构

2020 年，浙江大学自主研发了一套船载海洋 HSRL 系统，如图 2.24 所示。它向海水中发射激光脉冲，收集后向散射光，即激光雷达回波信号，其中包含海水的深度信息。所有存在光学响应的水体组分，例如纯海水、浮游植物、CDOM 和非藻类颗粒物，都会在激光雷达回波中留下它们的衰减和后向散射信息。例如，浮游植物层可能在激光雷达回波信号中产生后向散射峰值，而 CDOM 对回波信号仅起到衰减作用。海洋 HSRL 系统主要分为两部分。上部主要包括激光头和接收器，可以从水平位置旋转到竖直向下。因此，在水平位置标定后，可以在不同旋转位置得到相同的激光雷达重叠因子。下部包含计算机、控制箱、水冷机、电源、空调等设备，支持上部的运行。系统整体密封，避免海盐和雾霾的侵蚀。由于背景光强，白天不能直接看到激光，但在晚上却能清晰可见。

图 2.24　浙江大学船载海洋 HSRL 系统

船载海洋 HSRL 系统采用激光二极管泵浦种子注入调 Q 的 Nd:YAG 激光器，输出倍频波长为 532 nm，脉冲能量为 1 mJ，重复频率为 10 Hz。通过 PID 伺服回路将激光的频率锁定在碘池的吸收线上。碘池稳定激光频率后，通过扩束器和窗口片发射到水中。当激光射入海水中时，会发生多种相互作用，包括颗粒散射、瑞利散射（水分子）、布里渊散射（水分子）、拉曼散射（水分子）、荧光（叶绿素和 CDOM）等。后向散射光由直径为 50.8 mm、视场为 200 mrad 的望远镜收集。水面接收投影直径约为 2 m，通过以 532 nm 为中心、带宽为 3 nm 的干涉滤光片，可以很容易地滤除大部分背景光及波长变化的拉曼散射和荧光。接收光束被分成两束，分别进入混合通道和分子通道。混合通道接收所有的回波信号，分子通道采用基于碘池的超窄带光谱鉴频器滤除激光波长频率附近的颗粒信号和分子瑞利信号，并透过存在 7～8 GHz 频移的布里渊散射信号。在海洋 HSRL 系统中，有若干条碘吸收线可供选择，这里选择 1104 吸收线。碘池的温度波动被控制在 0.1 ℃内，以保持一个稳定的鉴频器透过率。使用光电倍增管和高速数据采集卡（采样频率为 400 MHz，相当于水中 0.28 m 的距离分辨率）来记录激光雷达信号。在混合通道中可以看到散射层，而在分子通道中，由于鉴频器滤除了颗粒物的后向散射，散射层消失了。通过预处理和正式处理步骤，将记录的原始信号转换为主要光学产品漫射衰减系数和颗粒物后向散射系数 b_{bp}，并在此基础上，考虑衰减和后向散射之比为激光雷达比 R。

2.5.2　激光器

激光器是海洋 HSRL 系统的核心，要求获得单纵模的脉冲激光输出。种子注入技术是使激光器获得单频、窄线宽、高峰值功率激光输出的一种重要技术手段，也是实现海洋 HSRL 系统激光光源的一种常用方式[227-228]。浙江大学自主研制的海洋 HSRL 系统激光器就采用了种子注入技术。

种子注入是在谐振腔激光脉冲建立期间，激光器尚未起振时，将一束低功率（通常为连续工作模式）稳定的单频种子激光注入高功率调 Q 激光谐振腔或者光学参量振荡器的过程。注入的种子光具有良好的时频域及空间特性[229]。当注入种子光频率位于激光器的谐振带宽内时，注入种子光功率将远强于激光器内部的初始自发辐射。如果种子注入光频率接近激光器谐振腔的某一个模式振荡频率，该模式将从激光增益介质中获得远高于其他振荡模式的增益，从而受到激发，使其输出功率远高于其他振荡模式，并抑制其他谐振腔模式形成激光振荡。因此，该振荡模式将成为输出激光振荡模式，获得近傅里叶极限的单频、窄线宽、高峰值功率脉冲激光输出[230]。值得注意的是，输出激光频率与种子光频率不完全相同，而是最靠近注入种子光频率的振荡模式频率[227]。种子光注入的原理如图 2.25 所示。

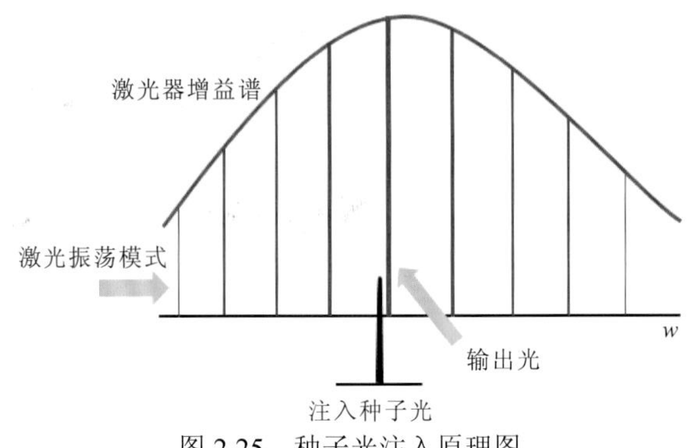

图 2.25　种子光注入原理图

如果不采用种子光注入技术，激光谐振腔内会激发出多个激光振荡模式，形成多纵模激光振荡。海洋 HSRL 系统最为成熟的碘分子吸收池光谱鉴频器具有特定波段的吸收谱线，要求激光器必须为单频工作，当出现多纵模激光振荡时会严重影响海洋 HSRL 系统的鉴频效果。当激光器谐振腔注入种子光后，激光的辐射带宽相比于无种子注入时的辐射带宽会显著减小，由于避免了激光振荡模式之间的拍频效应，脉冲的时域信号会更加平滑。种子光注入前后激光脉冲时域信号对比如图 2.26 所示。

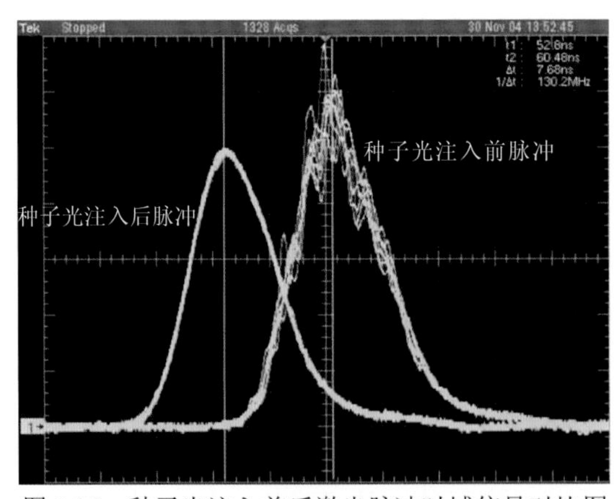

图 2.26　种子光注入前后激光脉冲时域信号对比图

海洋 HSRL 系统采用电光调 Q 技术产生窄脉冲宽度、高峰值功率的输出激光。种子光注入调Q激光器的具体结构如图2.27所示。种子光注入激光器输出单频低功率的连续激光，经反射镜通过偏振器注入激光谐振腔，并在其输入电光调 Q 激光器之前加入光隔离器，这样既可以保护种子注入激光器免受可能的损伤，又可以防止种子光注入激光器的不稳定反馈。激光泵浦采用闪光灯侧面泵浦，选用 Nd:YAG 作为增益介质，使用普克尔斯盒作为电光开关。种子激光在低 Q 值条件下注入谐振腔中，种子光在腔内往返一次后被偏振器抑制。随着电光 Q 开关的开启，注入种子脉冲将在腔内迅速建立并从增益介质中提取能量。在晶体棒前后加入 1/4 波片，目的是避免增益介质内出现空间烧孔效应而引发多纵模振荡[230]。在电光调 Q 激光器腔镜处加入光电探测器，用于监测振荡激光的 Q 开关脉冲建立时间，通过反馈控制回路作用于种子光注入激光器的温控模块，实现对种子光注入激光器的频率调谐，进而调控种子光注入的脉冲建立时间。脉冲建立时间越短，种子光注入激光器的输出激光频率与谐振腔振荡模式频率越接近，越容易实现单频激光输出。这种通过调节脉冲建立时间以实现单频激光输出的方式称为脉冲建立时间控制法[231]。

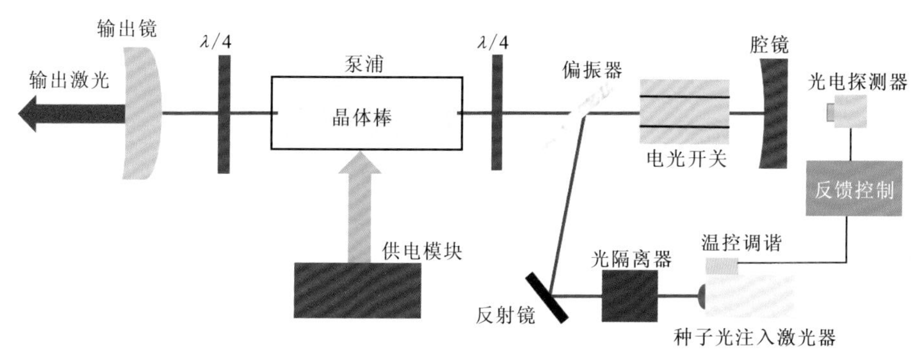

图 2.27　种子光注入调 Q 激光器结构图

在激光器的实际测试过程中，因为海洋 HSRL 系统需要采用碘分子吸收池进行高精度光谱鉴频，所以对振荡激光进行腔外倍频，获得 532 nm 的激光输出用于实际探测。使用高精度 F-P 标准具测量激光干涉光谱如图 2.28 所示。根据激光干涉光谱图可以判断出激光器以单频模式工作，使用高速光电探测器结合示波器测量激光器的输出脉冲宽度大约为 7 ns。种子光注入使电光调 Q 激光器的输出激光光谱线宽得到压缩，实测激光光谱线宽大约为 200 MHz，激光输出峰值功率达到兆瓦量级。

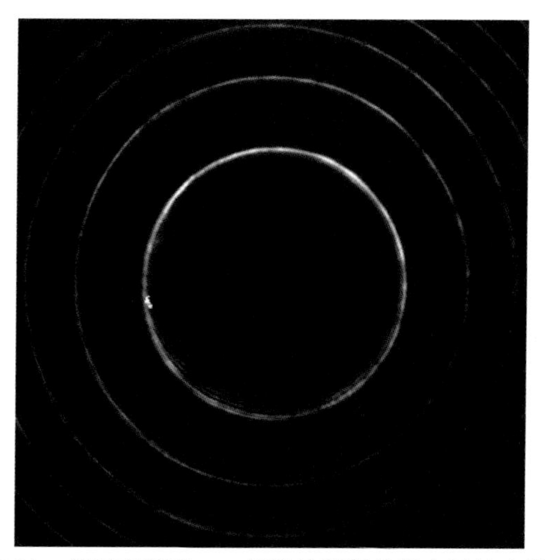

图 2.28　使用高精度 F-P 标准具测得的激光干涉光谱图

2.5.3 光谱鉴频器

相较于一般激光雷达而言，海洋 HSRL 对后向散射信号的精细光谱分析提出了更高的要求。光谱鉴频器作为海洋 HSRL 系统中的核心器件，是在光谱上精细地区分海水颗粒散射信号与水分子布里渊散射信号的关键所在。目前可用作海洋 HSRL 光谱鉴频器的器件按照工作原理主要可以分为原子/分子吸收型和干涉型两大类。以碘分子吸收池为代表的原子/分子吸收型光谱鉴频器，利用原子/分子的特征吸收谱线来实现窄带的光谱吸收，以滤除颗粒散射回波信号；以法布里-珀罗干涉仪（Fabry-Perot interferometer，FPI）和视场展宽迈克耳孙干涉仪等为代表的干涉型光谱鉴频器，则基于光学干涉相长相消的原理，通过对干涉光程差的设计实现对特定波长回波信号中颗粒米散射信号的抑制，达到颗粒和水分子散射信号分离的目的。

碘分子吸收池因为其突出的颗粒散射抑制能力、稳定的鉴频特性和较低的对齐要求等特点，是用于在 532 nm 波段构建海洋 HSRL 系统的极好鉴频器选择，也是目前海洋 HSRL 应用最多的光谱鉴频器。基于碘分子吸收池构建的海洋 HSRL 系统具有结构简单、反演精度高、工作特性稳定等优点。

而在干涉鉴频器方面，目前浙江大学提出的视场展宽迈克耳孙干涉仪也在海洋 HSRL 中得到了应用。2012 年，Liu 等提出一种适用于 HSRL 系统的新型 FWMI[232-233]，通过对传统 MI 的特殊设计，一定程度上缓解了干涉仪鉴频器的鉴频性能对接收角度十分敏感的问题，降低了海洋 HSRL 系统的应用难度，在海洋 HSRL 系统中具有较好的应用前景。

传统的 MI 的一臂中常带有补偿板来弥补不同波长的光通过分光板次数不同引起的光程差。这一折射率补偿的思想随后被沿用到风成像干涉仪中，启发形成了广角 MI 的设计，即通过在干涉臂中引入经过特殊选择设计的玻璃材料来实现折射率补偿，从而减缓光程差随入射角度的变化[234]。而 FWMI 正是受风成像干涉仪设计的启发，利用折射率补偿的方法设计出在一定接收角范围内光程差变化不敏感的 MI，作为干涉鉴频器用于 HSRL。对普通的干涉仪鉴频器（如 FPI）来说，视场角变化所造成的光程差改变量极大影响了其对激光雷达后向散射回波信号的鉴频能力。不难看出，FWMI 这一设计相对于 FPI 的优势在于，在一定接收视场角内 FWMI 两臂的光程差变化缓慢，即代表着更大立体角内的接收光束能够被有效利用，从而提高其接收回波信号能力，对高光谱分辨率激光雷达回波信号信噪比提升具有重要意义。

FWMI 与普通 MI 一样，都是基于双光路干涉原理的干涉仪组件。图 2.29 给出了 FWMI 的基本光学结构[234]。该干涉仪的主体包括一块立方分光棱镜、两块玻璃补偿柱和空气间隔。干涉仪的其中一条干涉臂由连接在立方分光棱镜任一出射面上的玻璃补偿柱构成，并在玻璃末端镀上一层全反膜形成反射平面（mirror 2），称为玻璃臂；另一条干涉臂则同时由连接在立方分光棱镜上的玻璃补偿柱和空气间隙构成，并在空气间隙的末端装配有高反镜（mirror 1），称为混合臂。混合臂中的玻璃补偿柱主要是为了补偿温度变化对光程差的影响，因此这种结构也被称为混合臂结构。在温度控制较好的条件下，为了精简结构，有时也可将混合臂上的玻璃补偿柱去除，通常将这种结构称为纯空气臂结构。

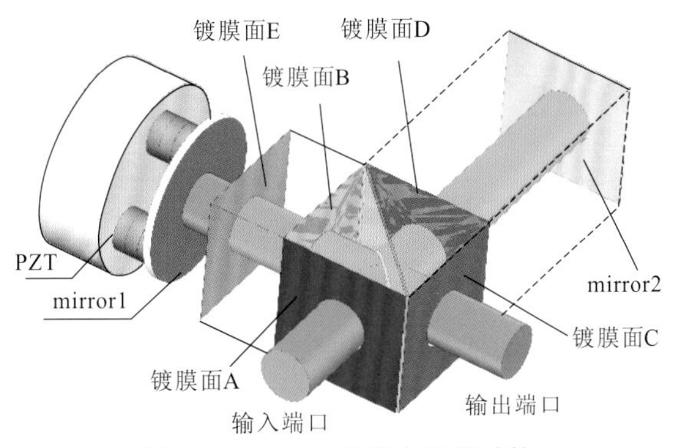

图 2.29　FWMI 的基本光学结构

FWMI 中采用的锆钛酸铅压电陶瓷[$Pb(Zr_{1-x}Ti_x)O_3$，PZT]是一种精密调谐结构。PZT 在海洋 HSRL 系统应用中通过微小位移实时调节 FWMI 的光程差，使 FWMI 的透过率曲线谷底位置与发射激光波长一致，以达到较好的滤波效果，是 FWMI 锁频的核心器件。另一种设计思路是固定式的锁频方式，主要通过改变空气隙的气压进而改变混合臂空气隙的折射率，实现改变干涉仪光程差的调节[232]。这两种方式在实现原理上基本相同，仅在光程调谐方式上略有差别。

2.6　船载综合试验

2.6.1　海上固定平台试验

根据光学卫星遥感产品的类型及海上观测的特点，对海洋卫星产品检验场的海上综合观测平台进行结构设计，如图 2.30 所示。平台除常用的自动太阳光度计、自动海面光谱仪及在线水质参数设备的安装平台外，还设计了多个通用观测平台用于设备的安装和观测，同时也设计了干湿实验室，保证在有人值守时可以进行水样采集、分析化验及仪器的定标和维护保养。

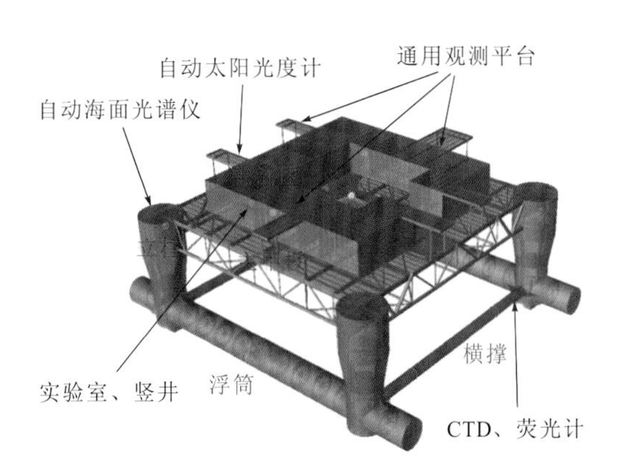

图 2.30　海上综合观测平台结构设计图

本次试验的主要目的是测试海洋激光雷达，对激光雷达测得的海洋光学参数进行验证，同时也对不同单位研制的设备进行对比（图 2.31）。为配合对激光雷达反演得到的后向散射系数进行验证，平台上提供了海洋表观光谱及海洋生物地球化学参数的常规测量参数的测量仪器，通过同步比测试验，测量表观光学参数、固有光学剖面及水样分析等数据。通过平台的观测比测试验，有力推动了国产仪器设备的研制进度。同时，在试验期间，也进行了国产漂浮光学浮标及海气通量观测仪器的环境测试和比测试验。

图 2.31　海上固定平台试验场景照片

此次试验实现了对研制的国产海洋激光雷达等设备进行测试验证的目标，将有力地推动黄海、东海光学遥感检验场海上平台开展国产海洋仪器测试的服务能力。

2.6.2　千岛湖船载试验

1. 试验区域

千岛湖（又称新安江水库），位于浙江省西部和安徽省南部交界的杭州市淳安县（东经 118° 34′～119° 15′，北纬 29° 22′～29° 50′）。千岛湖地处亚热带北缘，东南为沿海季风区，气候温暖，雨量充沛，年平均气温为 16.9 ℃。湖面海拔在 108 m 以上，流域面积约为 10 440 km^2，其中约 60%区域位于安徽省境内，正常水位下湖面面积约 580 km^2。作为钱塘江的“生态源”，千岛湖不仅是长江三角洲地区重要的饮用水水源，也是当地航运、旅游、养殖和水力发电的重要场所，对当地社会功能的实现和生态环境的保持发挥着非常重要的作用[235]。

千岛湖属于典型的贫营养湖泊，长期以来水质良好、水体透明度高，是重要的水源地。然而近年来，随着社会经济的快速发展和资源的不合理利用，千岛湖的水环境问题日渐凸显，大量外源物质的输入导致千岛湖水体污染日益严重，部分水域逐渐富营养化，水环境质量逐渐下降。浮游植物种类、数量及空间分布的改变导致初级生产力随之改变；无机颗粒物和有机物浓度的改变造成千岛湖水体透明度下降。千岛湖水质由 2000 年的一级下降到 2017 年的三级：总磷由 0.018 mg/L 上升到 0.037 mg/L，总氮由 0.8 mg/L 上升到 1.5 mg/L，叶绿素 a 浓度由 2 μg/L 上升到 6 μg/L，当地水域经常暴发蓝藻、水华。以往对千岛湖的研究主要集中在千岛湖水质的变化或浮游藻类的变化，而对与浮游植物层结现象有关的研究鲜有报道。

为了了解内陆水体的水分层驱动机制，利用船载激光雷达于 2019 年 6 月 3～5 日在千岛湖开展了次表层探测试验。在试验期间，将激光雷达安装在水面以上约 10 m、离最低点 30° 的地方。同时，使用剖面叶绿素荧光探针（加拿大 RBR 公司 XR-420）和六通道后向散射传感器和荧光计（美国贝尔维尤 HOBI 实验室有限公司 HydroScat-6）进行常规测量，以验证激光雷达测量结果。

2. 吸收系数和衰减系数测量

测量数据主要包括水体的吸收系数、衰减系数及叶绿素浓度数据。使用美国 WETLabs 公司生产的吸收衰减仪（AC-S）对水体吸收系数和衰减系数进行测量，装置示意图如图 2.32 所示。

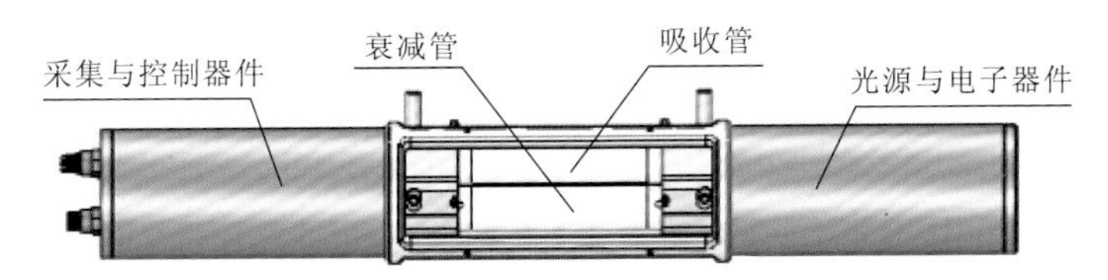

图 2.32　吸收衰减仪（AC-S）装置示意图

水体吸收系数和衰减系数的采集过程包括外场原位测量和内业数据处理两部分。使用 AC-S 进行野外测量时须严格按照仪器手册及 NASA 的光学测量规范执行。通常出野外前需要在实验室进行纯水定标，即用 AC-S 测量 Milli-Q 纯水的吸收系数和衰减系数，该过程要确保管中无气泡，测量值波动范围不超过 0.005 m^{-1}，重复测量 2～3 次。野外操作时，将仪器缓慢下放，在水体表面停留 30～60 s 确认仪器开始工作后继续下放，下放速度不超过 0.3 m/s，以防止采集滞后效应，到达水底后将仪器缓慢收回，然后重复工作两次即可。

将 AC-S 测量数据导出后还需要进行数据预处理工作，包括温盐校正和散射校正。因为在实验室进行纯水定标时使用的 Milli-Q 纯水的温盐数据与野外实测水体不同，所以需要通过式（2.16）和式（2.17）进行校正：

$$a'_{\mathrm{m}}(\lambda)=a_{\mathrm{m}}(\lambda)-\frac{\partial a_{\mathrm{w}}(\lambda)}{\partial T}(T-T_{\mathrm{r}})-\frac{\partial a_{\mathrm{w}}(\lambda)}{\partial S}(S-S_{\mathrm{r}}) \tag{2.16}$$

$$c'_{\mathrm{m}}(\lambda)=c_{\mathrm{m}}(\lambda)-\frac{\partial c_{\mathrm{w}}(\lambda)}{\partial T}(T-T_{\mathrm{r}})-\frac{\partial c_{\mathrm{w}}(\lambda)}{\partial S}(S-S_{\mathrm{r}}) \tag{2.17}$$

式中：$a_{\mathrm{m}}(\lambda)$ 和 $c_{\mathrm{m}}(\lambda)$ 分别为 AC-S 现场直接测量得到的水体吸收系数和衰减系数；$a'_{\mathrm{m}}(\lambda)$ 和 $c'_{\mathrm{m}}(\lambda)$ 分别为经过温盐校正之后的水体吸收系数和衰减系数；T 和 T_{r} 分别为实测温度与纯水温度；S 和 S_{r} 分别为实测盐度与纯水盐度；$\frac{\partial a_{\mathrm{w}}(\lambda)}{\partial T}$ 和 $\frac{\partial c_{\mathrm{w}}(\lambda)}{\partial T}$ 分别为吸收系数和衰减系数的温度变化因子；$\frac{\partial a_{\mathrm{w}}(\lambda)}{\partial S}$ 和 $\frac{\partial c_{\mathrm{w}}(\lambda)}{\partial S}$ 分别为吸收系数和衰减系数的盐度变化因子。

散射校正使用的是基线校正法，即取波段 715～735 nm 温盐校正后的平均值作为基线值，然后用所有波段的温盐校正值减去基线值。

3. 叶绿素浓度数据采集

对叶绿素浓度数据的采集采用两种方法，分别是叶绿素浓度荧光法和多参数水质测量仪直接测量法，其中多参数水质测量仪装置图如图 2.33 所示。叶绿素浓度荧光法需要现场过滤水样然后置于液氮罐中带回实验室测量，因实验条件的限制，仅采集湖水表层水样使用荧光法测量，用于对多参数水质测量仪数据的校正。

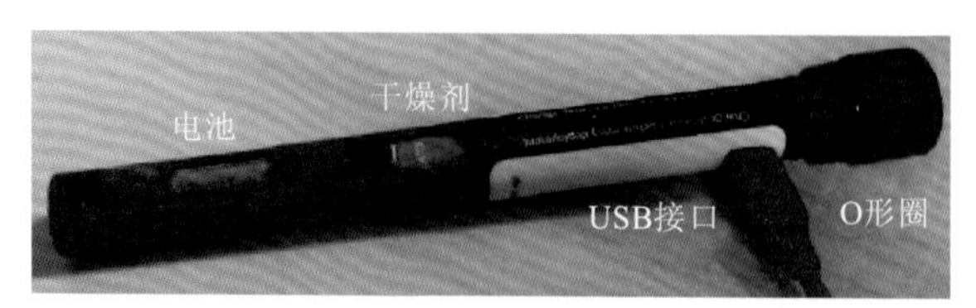

图 2.33　多参数水质测量仪装置图

叶绿素样品现场过滤和实验室测量流程严格参照 NASA 光学测量规范进行[236]，现场测量具体流程如下。连接过滤器，并用双面胶等将其固定在船舱内实验台上，以免因船身剧烈晃动而摔落；用棕色玻璃瓶盛装采水器中的水样准备过滤；开始过滤前，倒入少量纯水润湿空白膜（直径 25 mm Whatman GF/F 滤膜）；根据实际站点水体情况决定过滤水样体积，过滤水样体积通常在 50～2 000 ml，具体数值取决于水体浑浊度；记录过滤水样的体积，倒入过滤瓶中；水样将滤完时，沿过滤瓶壁加入一定量的纯水，冲洗过滤瓶，切记不能直接倒向滤膜，以免破坏样品；取出样品膜放置于镂空盒中，在镂空盒上记录站位点、水层和过滤体积然后置于液氮罐中保存。

在进行实验室测量之前需要做好一系列准备工作，比如试剂配置（90%丙酮、10%盐酸）、膜样萃取、标准曲线制作等。实验室测量使用 Turner 荧光仪，主要测量步骤如下。开机预热，取出萃取好的离心管；选择酸化模式，选择标准曲线；取少量上清液润洗玻璃圆管；倒入约 2 ml 待测液，放入荧光仪，输入过滤体积；加入盐酸 2～3 滴做酸化测量，1 min 后读取酸化后的结果；等待酸化后结果，同时准备下一个样品以节约时间；记录 Fb、Fa、Chla 和 PHE 结果。

多参数水质测量仪与吸收衰减仪均被固定在同一个铁架上一起下放进水中，下放前需要连接电脑设置好采样时间和采样模式等参数，每次测量结束要及时导出数据。仪器回收之后，用淡水冲洗仪器，擦干外壳上的水；然后打开仪器后盖，使用数据线连接仪器和电脑；打开 Ruskin 软件识别仪器，此时仪器还处于测量状态；点击“停止”按钮，停止仪器测量；点击“下载”按钮下载数据；下载的数据格式为 RSK 文件，根据需要另存为.xls、.txt 等格式即可。

4. 外场试验

2020 年 9 月，在自然资源部第二海洋研究所联合开展的船载观测试验中，使用船载单光子海洋激光雷达开展了观测试验。图 2.34 为典型的原始数据，图中的每一个点均代表一个光子事件，从中可以清晰地分辨湖水与大气的界面，随着深度的增加，光子事件的密度越来越低。图 2.35 在脉冲发射时间（横轴）和距离（纵轴）方向设计均匀网格，将每个网格内的光子数累加，可以得到不同时间、不同深度的光子数变化，其中横轴时间网格设计为 20 ms，纵轴距离网格设计为 4 个距离门宽度（～0.038 m）。该光子分布清晰地展示了湖面以上的气溶胶分布及水下不同深度后向散射信号衰减的情况。

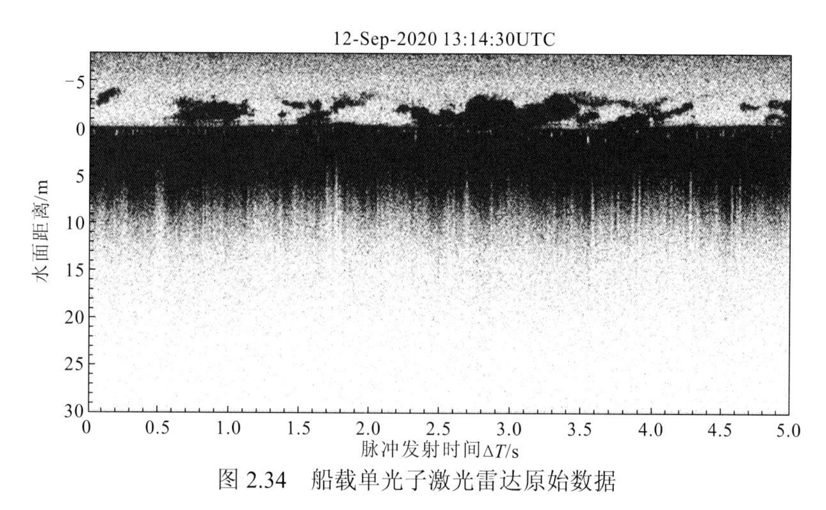

图 2.34　船载单光子激光雷达原始数据

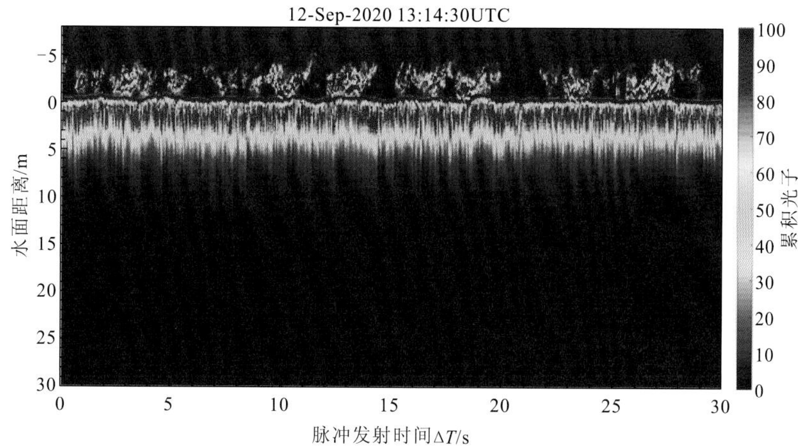

图 2.35　20 ms 时间分辨率、4 个距离门宽度（光程分辨率 0.0384 m）分辨率下统计的光子数分布

图 2.36 展示了 30 s 连续平均、4 个距离门宽度分辨率下，平行偏振、垂直偏振、拉曼、荧光 4 种信号随深度的变化。蓝色曲线为平行偏振通道信号，由于水面的强散射，平行偏振通道浅水信号存在一定的非线性，这是单光子数据采集系统的非线性响应导致的。图 2.34

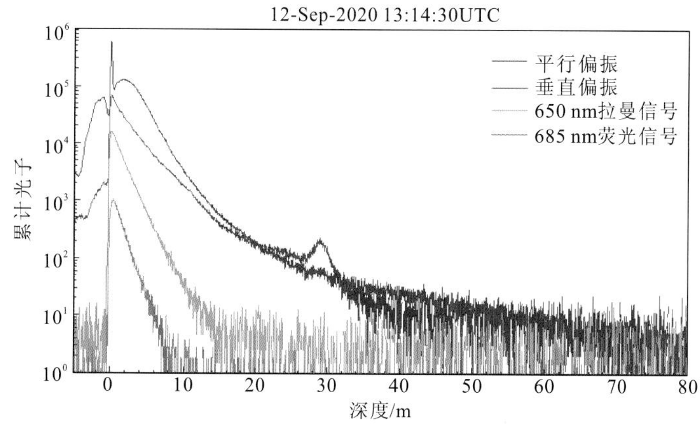

图 2.36　30 s 连续平均、4 个距离门宽度（0.0384 m 光程）分辨率下，平行偏振、垂直偏振、拉曼、荧光 4 种信号的垂直廓线

的数据已经按照水面高度对准，30 m 处为水底散射，可以看出，垂直偏振信号展示了清晰的水底信号，但是平行偏振通道的水底信号则不太明显。图 2.37 展示了 30 s 时间分辨率、4 个距离门宽度（0.0384 m 光程）分辨率下，6 h 固定点观测的结果，从原始信号可以清晰地分辨水下信号的起伏变化，从中可以看出水下浮游生物、鱼群等的活动特征。

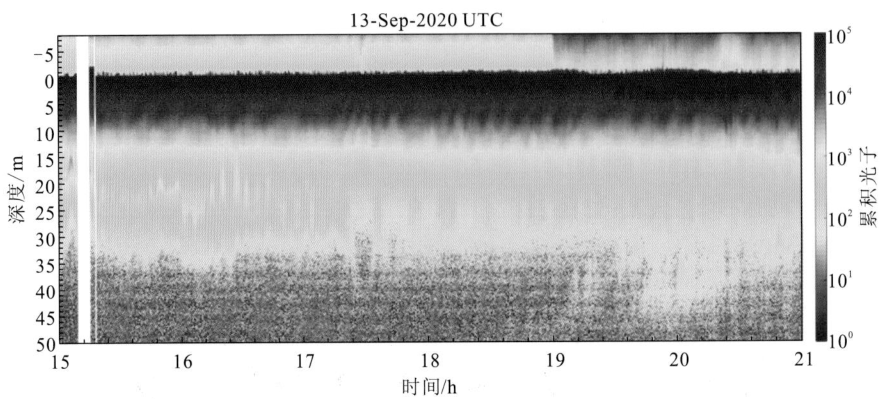

图 2.37　30 s 时间分辨率、4 个距离门宽度（0.0384 m 光程）分辨率下，6 h 固定点观测时，水体后向散射信号随时间、深度的变化

2.6.3　海上船测试验

1. 东海航次船测试验

2018 年 8 月 10 日～9 月 7 号，开展了船载海洋激光雷达东海航次试验（图 2.38），获取了大量海水剖面生物光学及水深数据。试验过程中，使用铁架把船载海洋激光雷达固定于实验室内，透过窗户向海面发射激光。船载海洋激光雷达距离海面高度约 5 m，倾斜角为 30°，视场角可调范围为 32～106 mrad。此航次不仅获取了同一站位不同时段的激光数据，还进行了长时间序列的走航观测。获取的数据可用于海洋水体剖面信息的反演。

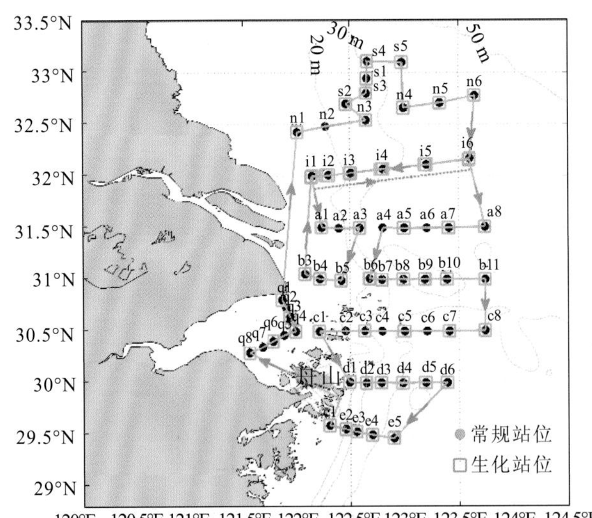

(a) 采样站位　　(b) 船载海洋激光雷达实物照片

图 2.38　长江口-东海毗邻海域 2018 年夏季航次实际采样站位与船载海洋激光雷达

2. 南海陵水区域船测试验

2019年8月22～29日，在南海陵水区域开展了船载海洋激光雷达的船测试验（图2.39）。船测试验由自然资源部第二海洋研究所负责，浙江大学和中国科学院上海技术物理研究所参与了该次试验。船载海洋激光雷达由浙江大学研制，采用多通道 PMT 探测的方式，能同时探测平行、垂直两个通道信号，并预留荧光、拉曼、HSRL 等通道。自然资源部第二海洋研究所使用现场光学设备开展了联合对比试验，观测研究海洋水体固有及表观光学剖面特性，对海洋激光雷达测量结果进行验证。该次试验同时也观测到水深 5 m 以下的鱼群信息，揭示了海洋激光雷达探测鱼群的潜力。

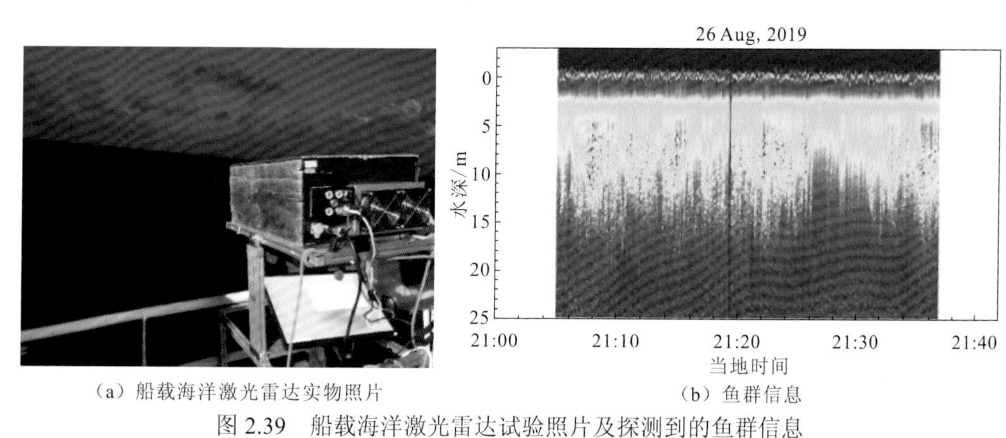

（a）船载海洋激光雷达实物照片　　（b）鱼群信息

图 2.39　船载海洋激光雷达试验照片及探测到的鱼群信息

3. 南海三亚湾海域船载试验

2019 年 11 月 25 日～12 月 5 日，在南海三亚湾海域开展了船载偏振海洋激光雷达系统的船测试验（图 2.40）。试验由自然资源部第二海洋研究所牵头组织，船载偏振海洋激光雷达由浙江大学研制，采用双通道偏振探测的方式，能同时探测平行、垂直两个通道信号。此外，利用吸收衰减测量仪、HS6 后向散射测量仪、RBR 水质仪等现场光学设备进行原位测量，并与激光雷达反演结果进行联合对比，观测研究海洋水体固有及表观光学剖面特性，以验证船载偏振海洋激光雷达的测量结果。

（a）白天　　（b）夜间

图 2.40　船载偏振海洋激光雷达系统试验照片

4. 秋季联合共享航次船载试验

2020 年 9 月 3 日～17 日，海洋激光雷达与水色遥感项目秋季联合共享航次船载试验在我国东海、南海开展。该航次由自然资源部第二海洋研究所牵头，浙江大学、厦门大学、中国海洋大学、中国科学院上海技术物理研究所共同组织完成。

该航次针对海洋激光雷达剖面探测结果验证及水色遥感反演需求，开展海洋激光、水体剖面固有光学特性及表观量测量研究，探测东海、南海及珠江外海次表层浮游植物三维结构和珊瑚礁水质等剖面信息。此外，通过自主研制的多台激光雷达设备，测试与验证海洋激光雷达观测参数，同时也对不同研制单位研制的激光雷达设备进行对比。该航次试验区域覆盖东海、南海近海，共搭载了 5 台海洋激光雷达和现场原位测量仪器（图 2.41），其中海洋激光雷达包括米散射激光雷达、荧光激光雷达、光子探测激光雷达、高光谱分辨率激光雷达。试验积累了大量不同海域的激光雷达回波及光学实测验证数据（图 2.42），发现了不同深度的次表层浮游植物散射层及鱼群。

图 2.41　自主研制的海洋激光雷达设备

图 2.42　海水表观、固有光学参数测量现场照片

该航次集结了国内多家船载海洋激光雷达研制单位，搭载了多种探测体制海洋激光雷达，包括国内首台高光谱分辨率海洋激光雷达，实现了对国产激光雷达等设备测试验证的目标，为海洋激光遥感及主被动海洋遥感融合探测积累了大量数据，为机载海洋激光雷达研制及未来星载海洋激光雷达指标论证提供了技术支撑。

5. 黄海船载试验

1）外场试验

2017 年 8 月，携带自主研制的海洋激光雷达系统参加了国家海洋局组织的黄海光学遥感检验场现场调查试验。该航次负责单位为国家海洋技术中心，搭载国家海洋调查船队“海力”号科考船开展了外场试验。“海力”号装备有水文吊机两部，可以辅助进行原位光学试验。该航次前后共持续 20 余天，获得了大量宝贵的黄海海洋激光雷达数据及同步的原位光学数据信息。

试验区域位于山东半岛附近黄海海域，设定 9 个典型站点开展原位和激光雷达联合比对试验。站点 1～3 位于平山岛附近，水深较浅；站点 4～6 位于威海海岸线附近，水深比站点 1～3 稍深；站点 7～9 位于黄海的冷水团区域，其水深在这些站点中最深。数字地形数据来自美国国家地球物理数据中心公布的 ETOPO1 全球浮雕模型[237]。ETOPO1 是一个 1′的地球表面全球浮雕模型，该模型整合了陆地地形和海洋测深结果。来自不同站点的数据有助于验证海洋激光雷达及其模型的可靠性。在科考船上进行原位仪器与海洋激光雷达的同步观测，原位测量在科考船的后甲板上。海洋激光雷达以模块化打包从浙江大学运输至青岛国家海洋科考码头，在科考船上完成了组装，海洋激光雷达固定于科考船的前甲板上，工作高度约为 9 m，入射角约为 50°。现场设备通过后甲板上的绞盘放入海水，以测量海水固有光学特性和水体其他特性。

原位测量使用 WET-Labs ac-9 仪器获取海水在 532 nm 处的吸收系数和光束衰减系数。按照文献[238]中的步骤校正颗粒吸收测量中的散射误差。采用 WETLabs ECO 荧光计和 WETLabs ac-9 设备模组测量海水中的叶绿素荧光廓线。采用 HOBILabs HS6P 在给定角度（约 140°）下测得的散射，可估算出 488 nm 和 550 nm 处的后向散射系数。该估计中的标准差通常认为约 9%[239]。遵循 HOBILabs 操作手册[240]，对原始后向散射进行了 Sigma 校正。HS6P 没有直接测量 532 nm 的数据，因此通过对 488 nm 和 550 nm 的测量结果进行插值获取 532 nm 处的后向散射系数，然后通过质量控制将所有原位数据合并到 1 m 的深度分辨率。

2）站点数据处理

（1）原位测量数据处理。

2017 年 8 月 8～25 日，在平山岛、冷水团、威海、烟台海域的 16 个站点进行激光雷达遥感探测，同时使用原位仪器对水体的固有光学参数进行测量，结合由原位探测获得的光学参数对激光雷达数据进行反演，实现对探测水域光学性质的主被动融合分析。

原位仪器包括 WETLabs 公司的 AC-9 吸收衰减仪和 HOBLabs 公司的 HS-6 后向散射测量仪。AC-9 吸收衰减仪可以获得海水在 532 nm 波长处的吸收系数 a，HS-6 后向散射测量仪可以获得探测波长在 488 nm 和 550 nm 的水体后向散射系数 b_b，通过线性插值的方法可以计算出 532 nm 的 b_b。所有原位测量的光学参数均被处理为垂直分辨率为 1 m 的数据集合。

为了获得原位测量的漫射衰减系数和 180° 后向散射系数，使用海洋光学经验公式进行计算。Katsev 等[241]提出利用吸收系数 a 与后向散射系数 b_b 计算漫射衰减系数 K_d 的经验公式：

$$K_d(\lambda) = a(\lambda) + 4.18 b_b(\lambda)\{1 + 0.52\exp[-10.8a(\lambda)]\} \tag{2.18}$$

Sullivan 等[242]结合实验数据对不同散射角的后向散射系数进行分析，提出水体颗粒物的后向散射系数 b_{bp} 与 180° 后向散射系数的经验公式：

$$b_{bp}(\lambda) = 6.43[\beta(\lambda) - 2.53\times10^{-4}] \tag{2.19}$$

使用 Fernald 法对激光雷达信号进行反演，必须选定反演参考点和激光雷达比。由于不同站点进行原位仪器测量的深度不同，为了最大限度地将原位测量数据与反演结果进行对比，选取原位仪器测量的最大深度作为反演的参考深度，并将最大深度对应的漫射衰减系数作为反演参考点的激光雷达衰减系数。通过计算得到 16 个站点反演参考点的漫射衰减系数，激光器使用的波长为 532 nm。表 2.7 为 16 个站点反演参考深度的漫射衰减系数，表中 PSD 表示平山岛水域，LST 表示冷水团水域，WH 表示威海水域，YT 表示烟台水域。

表 2.7　16 个站点反演参考深度的漫射衰减系数

项目	站点							
	PSD03	PSD07	PSD08	PSD09	LST02	LST03	LST04	LST05
深度/m	9	9	9	9	18	18	18	18
K_d/m^{-1}	0.267 4	0.270 4	0.335 2	0.252 6	0.122 6	0.150 9	0.121 4	0.144 3

项目	站点							
	LST06	LST08	LST10	LST12	WH02	WH03	YT02	YT07
深度/m	18	18	18	18	14	16	11	18
K_d/m^{-1}	0.123 6	0.105 6	0.105 2	0.106 8	0.337 7	0.260 5	0.171 7	0.275 4

同样地，利用式（2.19）和式（2.20）对 16 个站点的激光雷达比进行计算，可以得到各个站点水体颗粒物激光雷达比随深度变化的曲线，结果如图 2.43 所示。

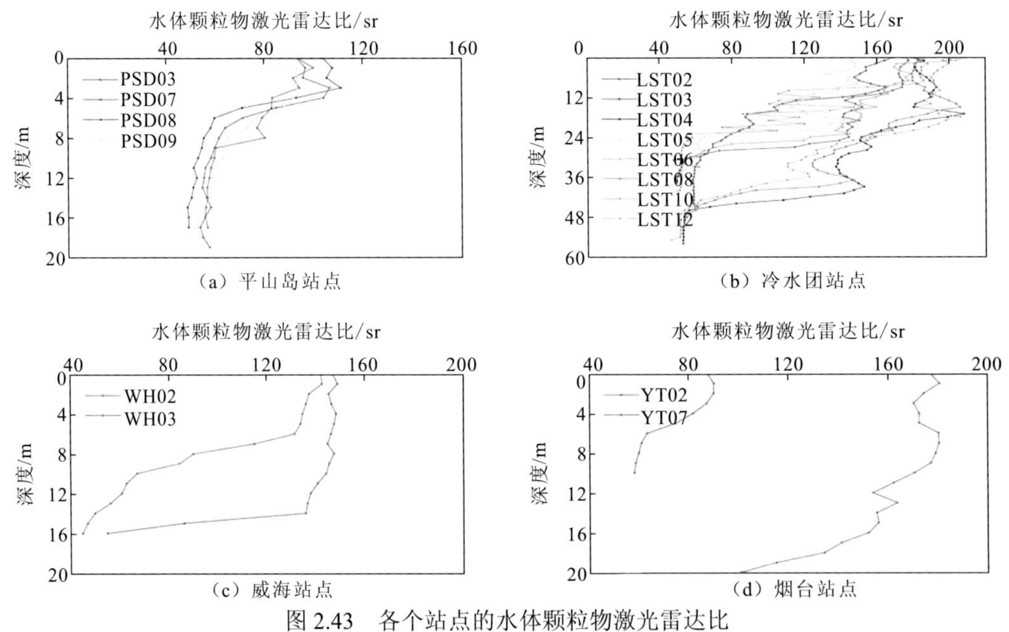

图 2.43　各个站点的水体颗粒物激光雷达比

从图 2.43 中可以看出，平山岛水域的 4 个站点 PSD03、PSD07、PSD08、PSD09 的激光雷达比曲线呈现出相似的变化规律。冷水团水域的 LST02、LST03、LST05、LST06、LST10 的激光雷达比曲线和 LST04、LST08、LST12 的激光雷达比曲线分别呈现出两种变化规律。烟台和威海的站点较少，但激光雷达比曲线的廓线形状也比较类似，这是因为这些站点的地理位置比较接近，水下具有相似的水体分布特征和生物分布特征，所以在同一深度有十分相似的光学特性。这一特点也为利用站点原位测量数据估计附近的航测水体信息所需要的反演参考信息提供了数据支撑。

（2）站点数据反演结果。

结合表 2.7 所示的参考点漫射衰减系数数据，采用图 2.43 所示的激光雷达比数据对各个站点的激光雷达比进行定标，并对 16 个站点的激光雷达衰减系数进行反演，反演结果如图 2.44 所示。

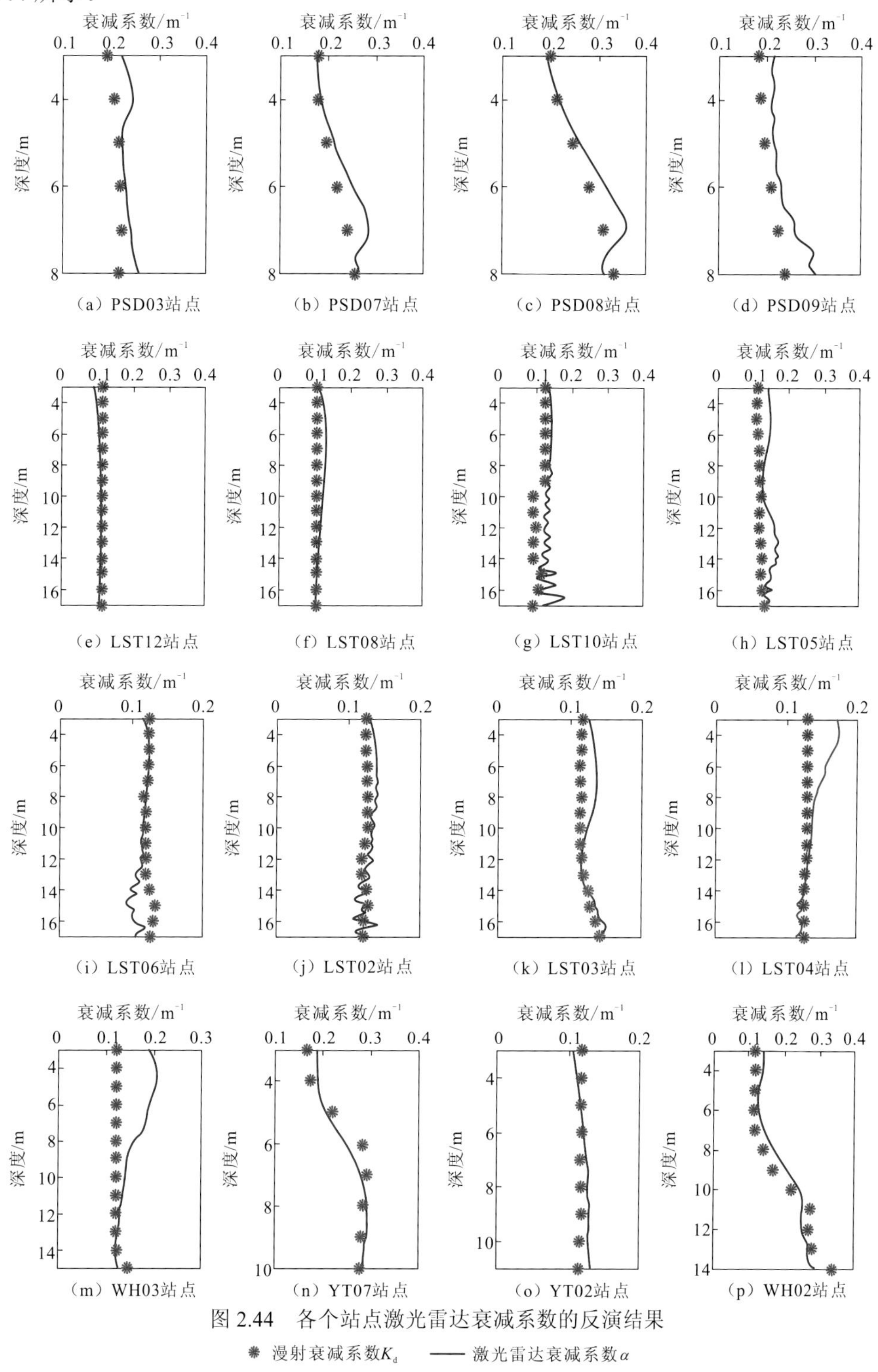

图 2.44 各个站点激光雷达衰减系数的反演结果

图 2.44 中红点为原位测量的漫射衰减系数 K_d，蓝线为反演的激光雷达衰减系数 α，其中激光雷达回波信号经过了 1 000 次平均处理。从整体上来看，Fernald 法的反演结果更好。可以看到，图 2.44（a）～（d）所示的平山岛水域站点的反演结果均有拐点，其中 PSD08 站点在 7 m 处的拐点较为明显，可能是因为平山岛水域靠近海岸，水深较浅，海床较近，海潮很容易搅动海底泥沙，使其进入水体，从而造成激光雷达比的变化，在反演结果上体现为激光雷达衰减系数的局部增大。图 2.44（e）～（l）所示的冷水团水域站点因为处于黄海中部，远离海岸，所以水体较为清洁，从原位数据可以看出，这些站点所处的水域水体基本都为均质水体，LST03、LST05、LST08 和 LST12 这 4 个站点的反演曲线与原位测量数据基本吻合。图 2.44（g）、（i）、（j）所示的站点在水下 17～12 m 的反演过程中出现了振荡，可能是由于该深度为冷水团海域的温跃层深度，存在渔业养殖的现象。图 2.44（l）、（m）所示的反演结果在水下 8 m 处都开始逐渐偏离了原位测量数据，原因可能是在进行海试实验的过程中，该站点由天气情况造成的海浪波动对激光雷达信号产生了影响。图 2.44（m）～（p）所展示的威海、烟台水域的站点的反演结果基本都符合原位测量数据。图 2.44（n）、（p）中表现出衰减系数随深度变化较为剧烈的特点，原因可能是在这两个站点水下 14～6 m 的深度范围存在连续的浮游生物层。

图 2.45 显示的是各个站点使用 Fernald 法的反演结果与原位测量数据的比值，比值的大小用式 $\lg(\alpha/K_d)$来表示，曲线偏离 $10\lg(\alpha/K_d)=0$ 的程度代表了误差的大小。因为原位测

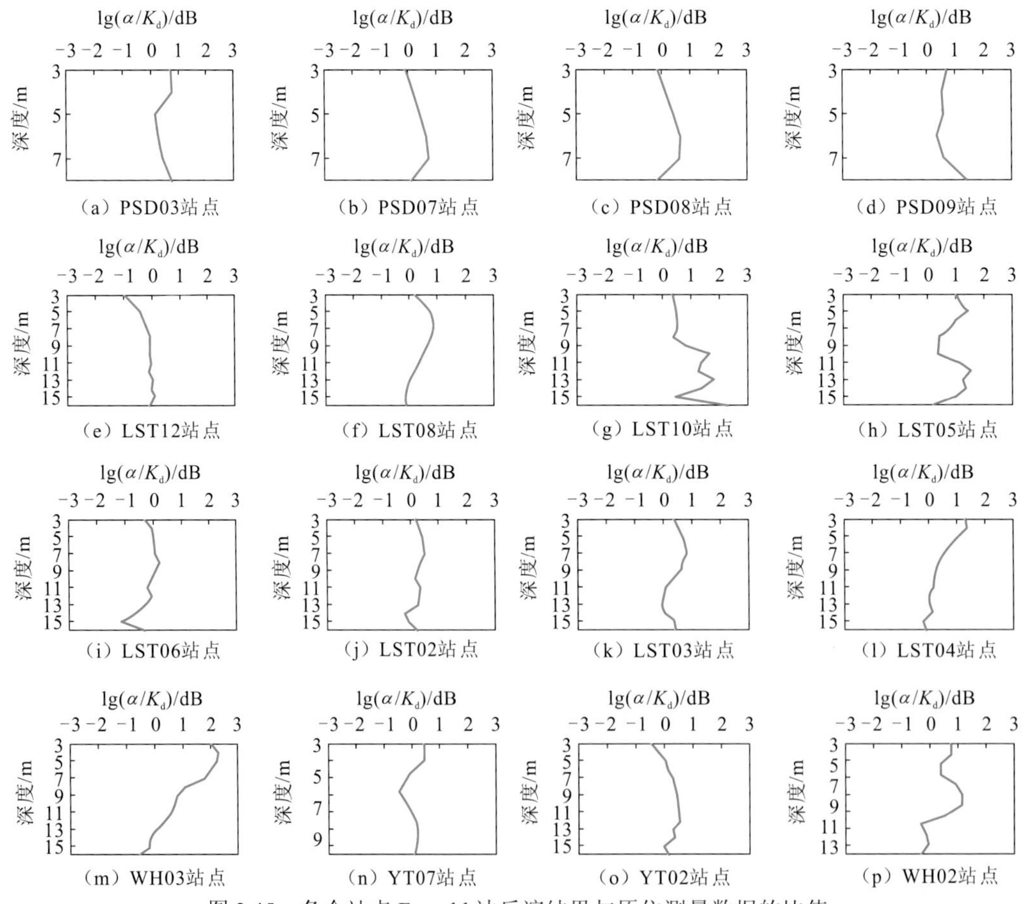

图 2.45　各个站点 Fernald 法反演结果与原位测量数据的比值

量数据是分辨率为 1 m 的数据集，所以取以 1 m 为间隔的激光雷达衰减系数与漫射衰减系数进行比较。从图中可以看到，PSD03、PSD07、PSD08、PSD09、LST02、LST03、LST06、LST08、LST12、WH02、YT02、YT07 等站点在反演深度至水下 3 m（考虑水面的变化）的比值均在±1 dB 的误差范围内，这些站点反演结果的最大相对误差不超过 25%。LST04、WH03 这两个站点在水下 7～3 m 的反演误差较大，可能与海试当天的海面情况有关。LST05、LST10 这两个站点在水下 16～8 m 的反演误差波动较大，可能是激光雷达探测廓线的数据量不够，导致信号平均未能减少散粒噪声，也可能是在该深度范围内存在渔业养殖的现象。

由图 2.44 和图 2.45 的分析可知，在多数海试站点的反演结果中，结合主被动数据的 Fernald 法的反演结果具有较好的稳定性和较高的精确度。这一结果也说明使用原位测量结果计算得到的漫射衰减系数与激光雷达比可以对 Fernald 法反演所需要初始参数进行定标，即主被动融合的方法具有较高的精度和可行性。

3）走航数据处理

本小节将把站点数据的处理经验推广应用到走航数据中，对两处各具特点的走航水域的三维光学参数进行反演、展示与分析。

图 2.46 为 2017 年 8 月 20 日激光雷达在冷水团水域附近（121° 58′E，35° 31′N）走航过程中观察到的水体层次分布情况，根据 GPS 位置信息，选取附近的 LST10 站点的参考点漫射衰减系数与激光雷达比进行走航反演。从图 2.46 中可以看到，水深大于 15 m 的反演结果与 15 m 以上的反演结果不太一样，15 m 以下的反演结果表现出了不同的轻微波动，造成波动的原因主要是激光雷达系统的散粒噪声对回波信号造成了干扰。15:00～19:00 这一时段内，在水下 15～12 m 观察到了较为明显的水体分层现象，在该时段水体的层次信息基本都维持在一个深度范围内，原因可能是在该段走航路线上存在着垂直空间上分布较为稳定的浮游生物群落，造成该范围内激光雷达衰减系数的增加。19:00～20:46 这一时段内，水下 15～4 m 呈现出光学参数均匀分布的现象，激光雷达衰减系数约为 0.18 m^{-1}，远大于纯水的漫射衰减系数 α_w=0.0519 m^{-1}，出现这种现象的原因可能是浮游植物的大范围聚集，考虑该时段昼夜交替，这种现象也可能与海洋中浮游生物的昼夜垂直迁徙现象有关。

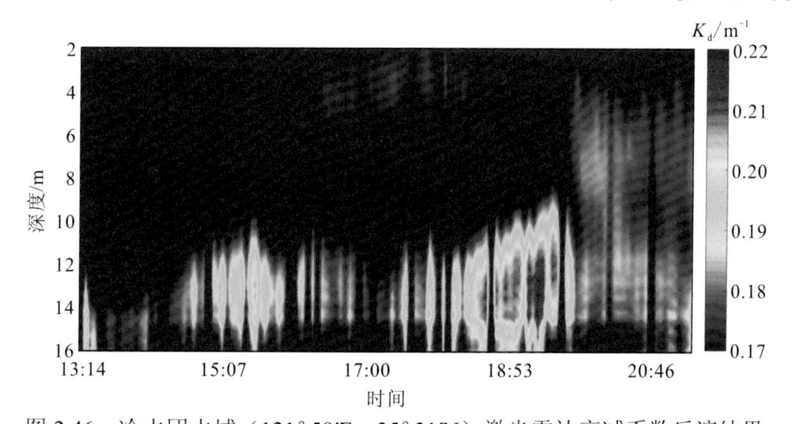

图 2.46　冷水团水域（121° 58′E，35° 31′N）激光雷达衰减系数反演结果

图 2.47 是 2017 年 8 月 23 日激光雷达在威海水域附近（122° 55′E，37° 7′N）走航过程中观察到的水体层次分布情况。根据 GPS 位置信息，选取附近的 WH02 站点的参考点漫射

衰减系数与激光雷达比进行走航反演。同样地，超过水下 15 m 的水域的光学参数普遍体现出了波动的现象，造成反演结果波动的原因同样是激光雷达系统的散粒噪声对回波信号造成了干扰。可以看出，该段走航路线上的水体分层情况较为复杂，在 12:22～13:50 这一时段内，出现了三次明显的水体分层现象，分层中心分别为 14 m、20 m 和 14 m，厚度都在 5 m 左右，可能是因为该水域离海岸较近，水下的生物较为活跃，在各个分层中心存在着密集的浮游植物聚集现象，也可能是近岸海底水流涌动造成水体颗粒物聚积，具体原因还需要结合由被动水色遥感得到的水体绿叶素浓度来判断。13:50 之后反演出的激光雷达衰减系数与之前存在明显的截断现象，这可能与走航当时当地的水文状况有关。

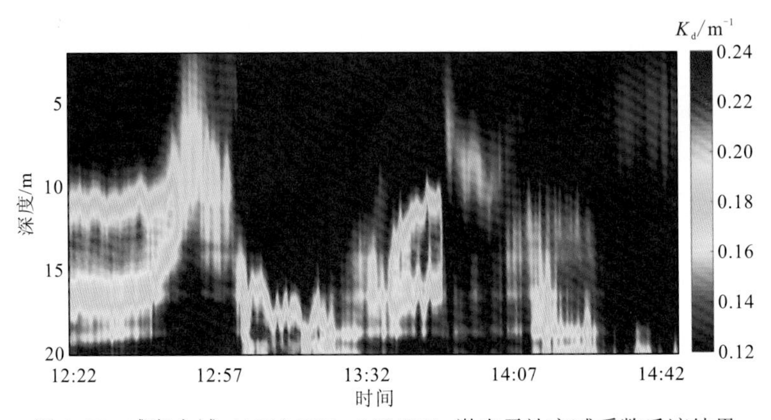

图 2.47　威海水域（122° 55′E，37° 7′N）激光雷达衰减系数反演结果

第 3 章　机载海洋激光雷达系统

3.1　总体方案与技术指标

机载海洋激光雷达采用位于海水透过窗口的 532 nm 波长纳秒级激光脉冲进行海洋探测，同时利用 1 064 nm 红外激光波长进行海表探测。该雷达系统可以同时测量海面、海水和海底的回波信号，其测量原理如图 3.1 所示。其中：t_1 为激光器触发脉冲与激光主波脉冲之间的时间差；t_2 为激光主波脉冲与 1 064 nm 海表回波之间的时间差；t_3 为 532 nm 浅水通道海表回波与海底回波之间的时间差；t_4 为 532 nm 深水通道海表回波与海底回波之间的时间差。采用高速 AD 采样 1 064 nm 激光的海表反射、532 nm 激光穿透海水的后向散射和海底回波信号的完整波形，并通过软件计算海表和海底的回波时间差来获得海底的斜程。

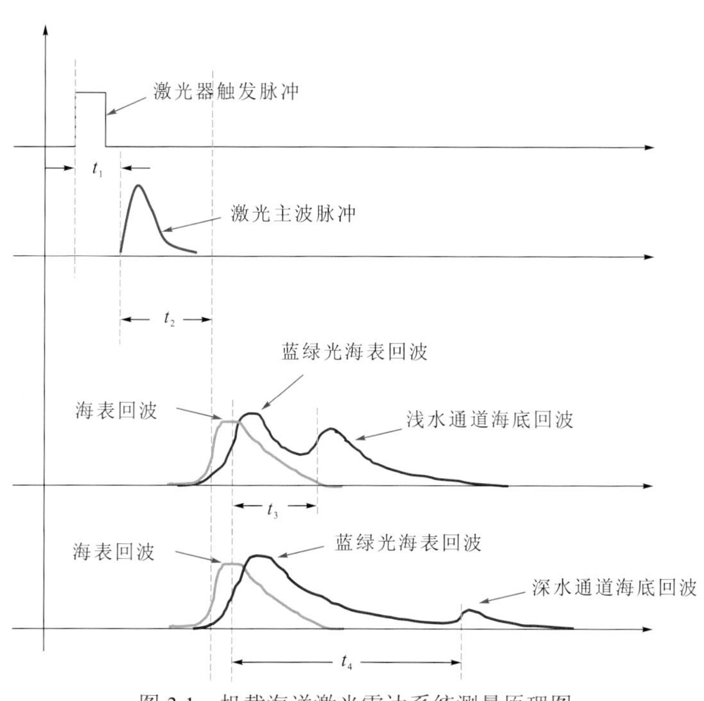

图 3.1　机载海洋激光雷达系统测量原理图

按照联合工作模式，可以将机载海洋激光雷达系统分为 5 个功能模块，即电源模块、激光器模块、扫描模块、收发光路和探测模块、高速采集和控制模块，系统总体框架图如图 3.2 所示。机载海洋激光雷达指标见表 3.1。

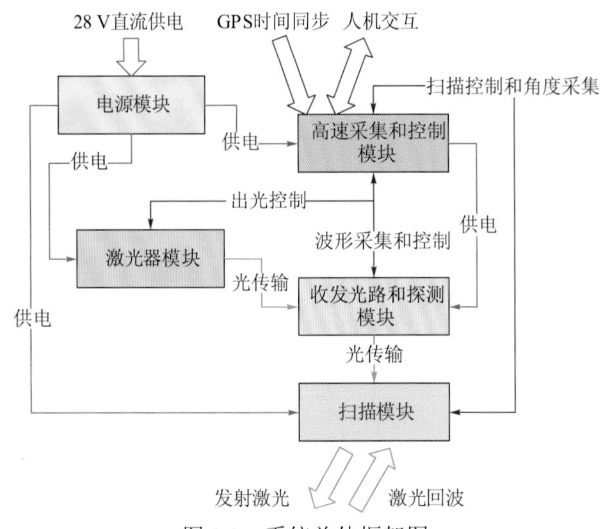

图 3.2　系统总体框架图

表 3.1　机载海洋激光雷达指标

指标	说明
激光波长/nm	1 064 和 532
激光重频/kHz	5
扫描方式	椭圆形
扫描角度/（°）	±15
测点密度点/m^2	0.8（@300 m 航高和 150 km/h 航速）
尺寸/cm	61×41×45（外置水冷机 48×22×45）
质量/kg	62（外置水冷机 20）
飞行高度/m	200～800
飞行速度/（km/h）	130～300
高程精度/m	±0.136
水深范围/m	0.26～50.82（最大水深 4/K_d 或 3 倍透明度盘）
水深精度/m	±0.21（与多波束声呐测量的相对误差）
平面精度/m	±0.26
工作电压/V	18～32
功耗/kW	1
工作湿度/%	0～95（非凝结）
工作温度/ ℃	0～+40
存储温度/ ℃	−10～+60
连续数据记录时长/h	8
数据处理	基于 Windows 操作系统的后处理软件
适装平台	运输机、直升机和大型无人机

3.2 激光器模块和扫描模块

3.2.1 激光器模块

激光器模块由激光电源、光纤耦合输出泵浦 LD、激光头、水冷机 4 部分构成，如图 3.3 所示。其中激光电源为泵浦 LD，激光头内需要温控元件等器件提供供电，水冷机将激光头和泵浦 LD 产生的多余热量带走，使其维持在恒定的适宜温度，激光头可以发射双波长激光，泵浦 LD 作为 1 064 nm 和 532 nm 激光的激励源。

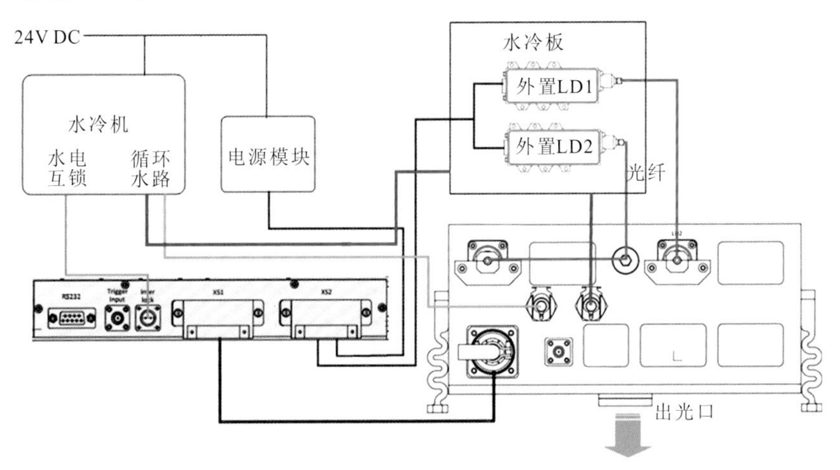

图 3.3　激光器模块外形模装图

激光器设计功能包括：①外部指令触发；②出光信号采集，PIN 管输出同步 TTL 信号；③输出能量高、中、低三档可选；④激光器关键元件温度、驱动电流、输出能量实时监测；⑤28 V DC 供电；⑥过流、过热内部保护；⑦激光电源本身预留关光接口。

激光器模块的参数见表 3.2。

表 3.2　激光器模块参数表

参数	指标
激光器输出波长/nm	532 和 1 064
激光重复频率/kHz	5
单脉冲能量@532 nm/mJ	>1.5
单脉冲能量@1 064 nm/mJ	>1.5
激光脉宽/ns	<1.5
峰值功率@532 nm/MW	>1
出光口处光斑直径@532 nm/mm	6.5～7.0
激光功率档位	高、中、低三档可调
激光峰值功率短时波动@532 nm/%	<5
激光平功率长期变化@8 h，532 nm/%	<1

激光器光学系统采用主振荡器+端泵放大器+倍频方式满足技术指标。其中主振荡器采用端面泵浦、电光调 Q 方式，从而实现脉宽<1.5 ns 的激光脉冲输出，然后经过两级端泵放大，使 1064 nm 脉冲输出的能量达到 2mJ 的指标要求，倍频部分采用高损伤阈值的 LBO 晶体，倍频效率>50%，倍频后的激光输出能量>1.5 mJ，脉宽<1.5 ns，峰值功率>1 MW/cm^2，放大后的光束采用双波长扩束镜共轴输出。激光器光学系统原理图如图 3.4 所示。

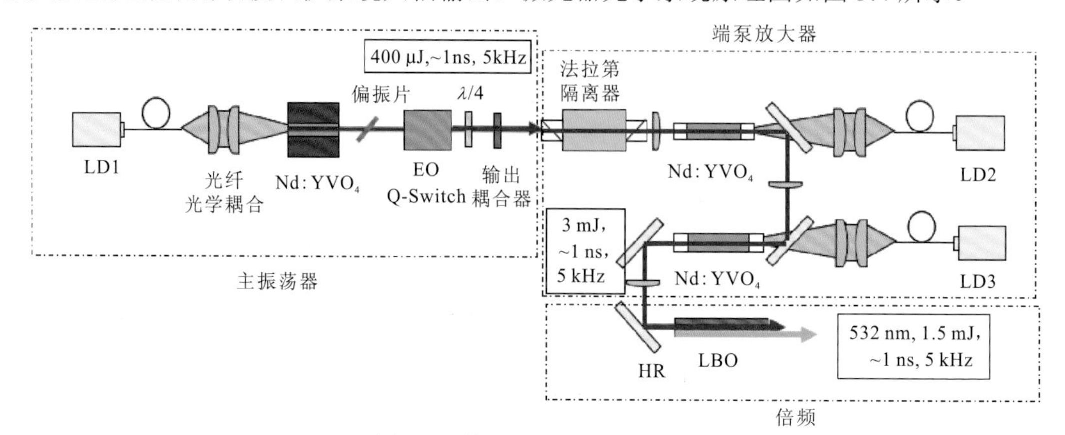

图 3.4　激光器光学系统原理图

激光器在机载的工作环境中会产生剧烈振动，为了防止振动影响激光器的稳定性，对激光头进行了减振设计。为保证激光头内部元件及泵浦 LD 稳定工作所需的温度条件，配置一台水冷机来维持所需的控制温度。为了满足激光头内部光学元件对环境湿度、洁净度的高标准要求，对激光头进行了严格的密封设计。激光器整体模装和外形尺寸如图 3.5 和图 3.6 所示。

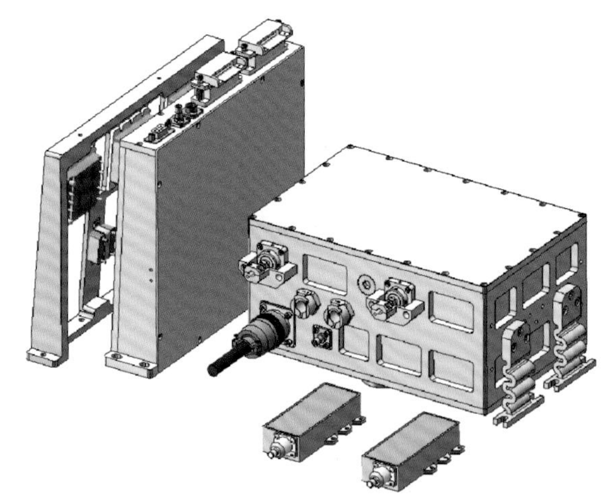
图 3.5　整体模装图

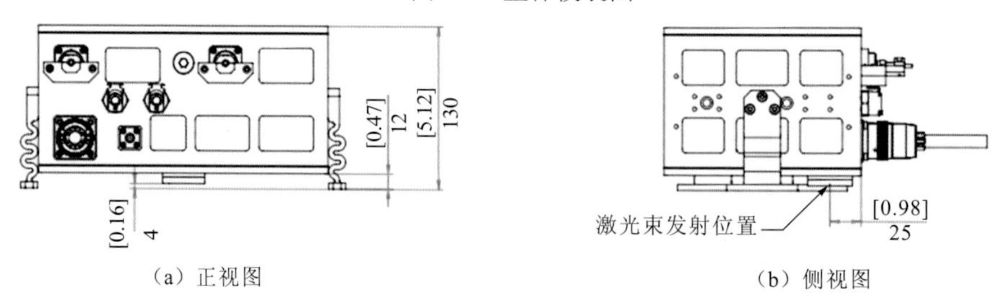

(a) 正视图　　(b) 侧视图

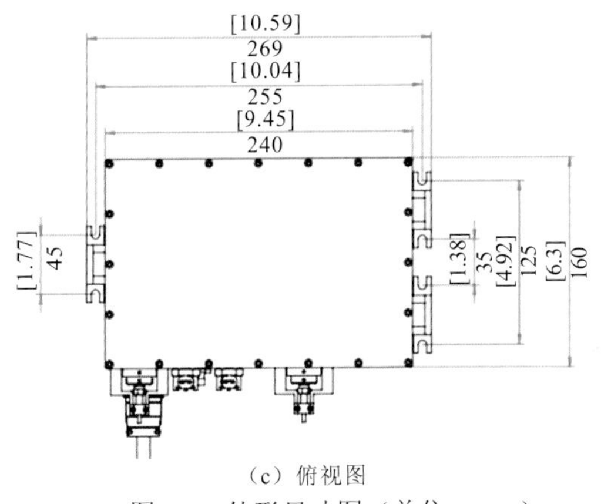

（c）俯视图

图 3.6　外形尺寸图（单位：mm）

3.2.2　扫描模块

扫描模块采用圆镜作为反射镜，圆镜的反射面（与转轴呈 15°夹角）与激光轴夹角为 45°，可以 360°单方向连续转动，在地面形成椭圆形扫描图案，有效扫描角度达 30°。因为光学接收口径较大，该方式容易实现大口径的快速扫描，且电机控制结构简单可靠。旋转电机最大转速可以达到1 000 r/min，内置高分辨率增量式编码器，最小角度分辨率达7.9″，锥形扫描方案示意图如图 3.7 所示。

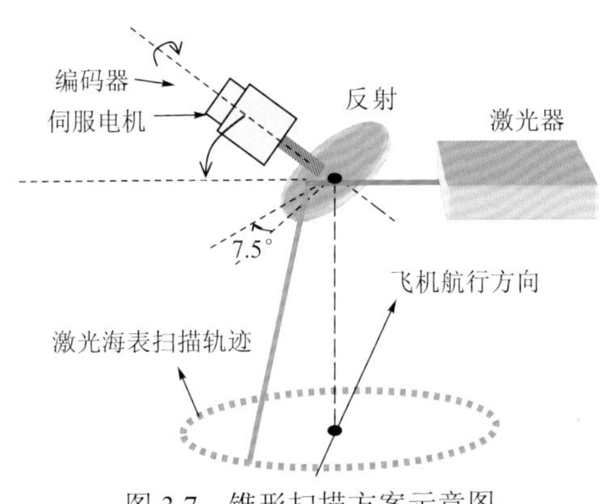

图 3.7　锥形扫描方案示意图

椭圆扫描镜有效扫描角度为±15°；激光入射角为 45°±7.5°；圆镜的直径为 330 mm（金属镜）

根据刚性转子动平衡原理，当转子转动时，转子分布在不同平面内的各个质量所产生的空间离心惯性力系的合力和合力矩均为零。即对于动不平衡的刚性转子，无论它有多少个偏心质量，以及分布在多少个回转平面内，都只需在选定的两个平衡基面内增加或除去一个适当的平衡质量，便可以使转子获得双面动平衡。转子结构必须满足动平衡条件：合力和合力矩均为零。

如图 3.8 所示，对转镜转子负载进行数学建模，可抽象为三个质量点：转镜部分 $m_1(x_1, y_1)$、$m_2(x_2, y_2)$和转镜主轴 $m_3(x_3, y_3)$。

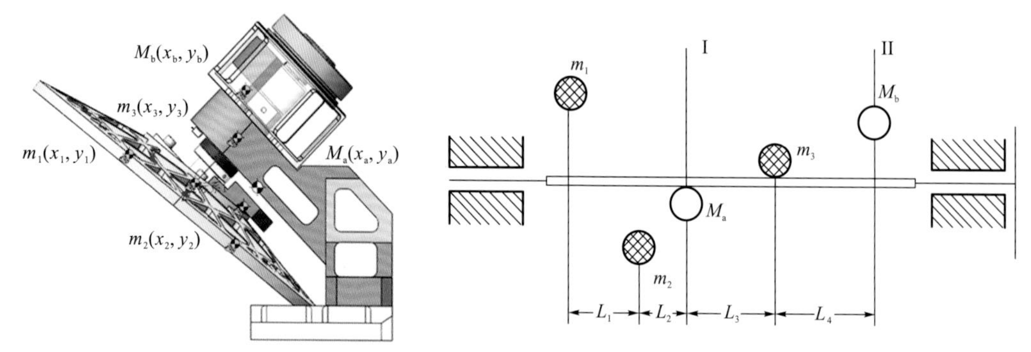

图 3.8　扫描镜轴心指令分配和动平衡计算示意图

取两端配重质量分别为 $M_a(x_a, y_a)$、$M_b(x_b, y_b)$，根据动平衡条件，m_1 与 M_b 间距为 L，m_1 与 m_2 间距为 L_1，m_2 与 M_a 间距为 L_2，M_a 与 m_3 间距为 L_3，m_3 与 M_b 间距为 L_4，建立平衡方程。

取 I 面平衡：

$$-m_1y_1(L_1+L_2)-m_2y_2L_2+m_3y_3L_3+m_by_b(L_3+L_4)=0 \quad (3.1)$$

取 II 面平衡：

$$m_1y_1L-m_2y_2(L_2+L_3+L_4)+m_ay_a(L_3+L_4)+m_3y_3L_4=0 \quad (3.2)$$

设 $M_a=m_ay_a$，$M_b=m_by_b$，解方程组得：$M_a=-19.6272$，$M_b=16.878$。

选定配重质量在轴的位置，配重的质量：$m_a=485$ g，$m_b=530$ g。

扫描电机采用直流有刷电机，最大转速可达 5000 r/min，最大连续转矩可达 560 mN·m，电机另一端安装高分辨率增量式编码器，A、B 相和零位编码器信号以方波形式输出到驱动控制器。驱动控制器一方面对编码器信号进行采集，通过 PID 算法控制电机的转速；一方面将编码器信号放大后输出到探测和采集模块，用于角度数据的实时采集和记录。探测和采集模块通过编码信号 4 倍频，最小角度分辨率达到 7.9″。驱动控制器通过 RS232 端口，一方面接收监控和存储模块的扫描指令，另一方面发送当前的扫描状态参数。

3.3　收发光路和探测模块

3.3.1　收发光路

激光器输出的激光经过准直扩束后压缩发散角，然后通过折转镜从接收口径中心发射出去，实现激光雷达系统的收发同轴。接收系统采用 200 mm 直径的卡式望远镜，焦距为 700 mm，在接收望远镜的焦平面处安装分视场镜，通过视场将激光回波信号分到不同的探测通道。因为海水水体对激光存在空间展宽，深水水底的回波比浅水水底的回波展宽严重，所以将浅水通道接收视场设置为 6 mrad，深水通道接收视场设置为 6～40 mrad。通过这种方式，一方面可以压缩深水探测时的信号动态范围，更有利于提取深水回波的微弱信号；另一方面，在保证深水探测灵敏度的前提下，能够有效消除水体散射对浅水回波信号的影响，可以大幅提高浅水探测精度。

在 6 mrad 接收视场浅水通道，将不同波长的回波信号分离。1 064 nm 波长回波进入 APD 探测器，实现海表位置的探测。532 nm 波长再经过偏振分光镜分成两个偏振方向正交的光，均由 PMT 进行探测，实现对回波信号的双偏振探测。偏振探测一方面可以利用水体和海底偏振响应不同来更加有效地分离海水和海底的回波；另一方面可以为海陆分离增加偏振特征参量，提高海陆分类精度。另外，还可以获得海水剖面的偏振信息，用于海水光学参数的反演，丰富激光雷达的数据产出。收发光路图如图 3.9 所示。

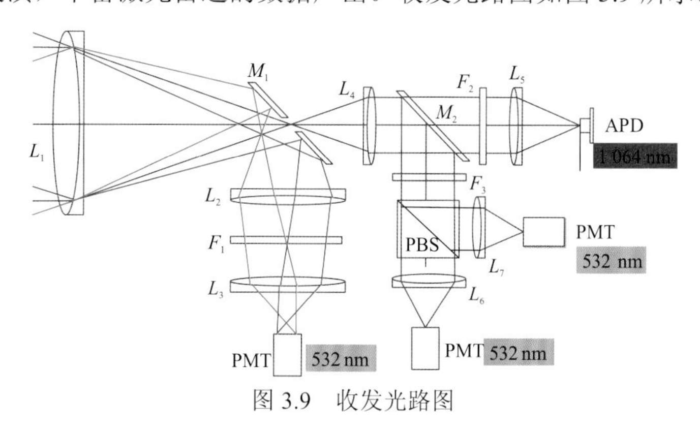

图 3.9　收发光路图

收发光路的设计参数：①发射激光光斑：10 mm；②发射激光发散角：1 mrad；③接收视场角：6 mrad（海表和浅水通道），6～40 mrad（深水通道）；④接收透镜通光口径 200 mm。

3.3.2　探测模块

探测模块主要完成光信号的光电转换和放大，主要包括海表探测和海底探测两部分。

1. 海表探测

为了获取实时海表的斜程，1 064 nm 激光脉冲在海表的反射信号采用集成前放的 APD 探测器进行探测，该探测器主放带宽设计为 200 MHz，2 倍增益，最终 APD 的回波探测灵敏度为 0.4×10^6 V/W。APD 照片和电接口图如图 3.10 所示，参数指标见表 3.3。

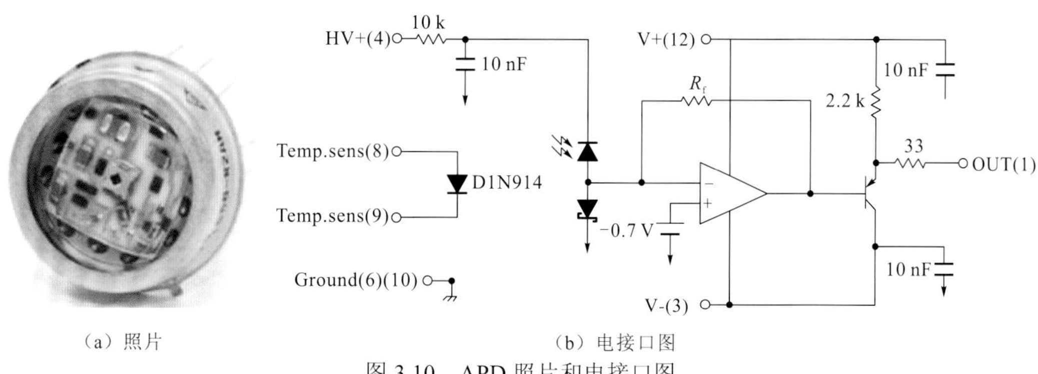

（a）照片　　（b）电接口图

图 3.10　APD 照片和电接口图

表 3.3　APD 参数指标

参数	指标
波长/nm	400～1 100
光敏面直径/μm	80
带宽/MHz	200
灵敏度（波长 1 060 nm）/（kV/W）	200
噪声等效功率（波长 1 060 nm）/（$fW/\sqrt{Hz}$）	100
雪崩电压/V	300
雪崩电压温度系数/（V/ ℃）	0.7
工作温度/ ℃	−40～+70

2. 海底探测

为了获取海表到海底的斜程，探测 532 nm 激光脉冲在海底的反射信号采用 PMT，在 10^5 的高增益同时具有 10 nA 的低暗电流和 0.57 ns 的快速上升沿，满足窄脉冲的微弱海底回波信号探测要求，PMT 照片和电接口如图 3.11 所示，参数指标见表 3.4。

（a）照片

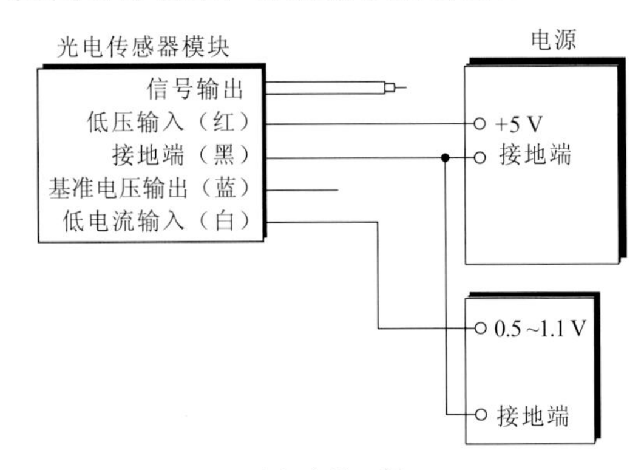

（b）电接口图

图 3.11　PMT 照片和电接口图

表 3.4　PMT 参数指标

参数	指标
波长/nm	230～700
光敏面直径/mm	8
上升沿时间/ns	0.57
灵敏度（波长 400 nm）/（A/W）	2.6×10^5
暗电流（波长 400 nm）/nA	10
输入电压/V	5
最大输出电流/μA	100
工作温度/ ℃	+5～+50
存储温度/ ℃	−20～+50

3.4 高速采集和控制模块

3.4.1 硬件总体框架

高速采集和控制模块主要完成激光脉冲回波信号高速采集、实时存储和离线上传的功能。该模块主要由信号处理板和高速 AD 子卡两个板卡构成。其中信号处理板采用 FPGA 芯片作为主控芯片，配合外围芯片与电路，使用 DDR3 进行数据缓存，并且可连接固态存储硬盘进行数据实时存储，通过千兆以太网接口完成网络数据收发的功能。高速采集和控制模块功能框架如图 3.12 所示。

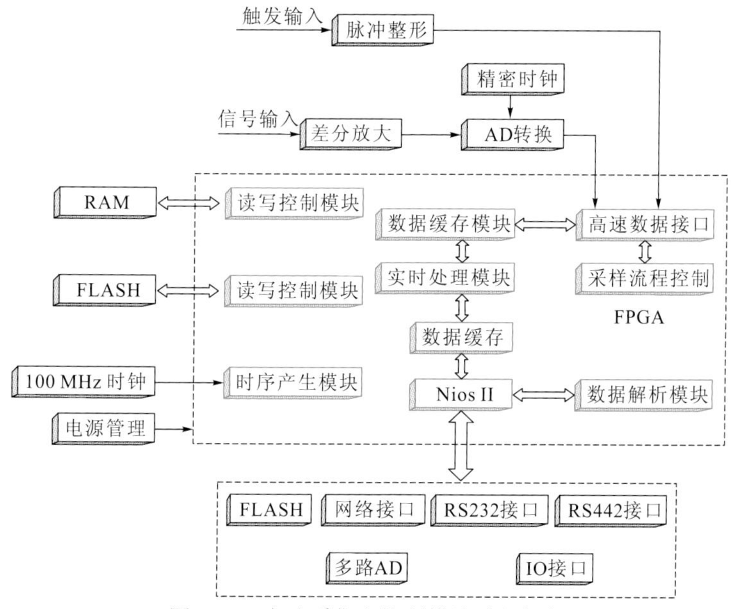

图 3.12　高速采集和控制模块功能框架

3.4.2 高速 ADC 采集

高速 AD 子卡完成 4 通道的高速模拟信号的采集，转换后的高速数字信号通过 FPGA 中间层板卡（FPGA mezzanine card，FMC）扩展接口接入信号处理卡，高速 AD 子卡的功能框架如图 3.13 所示。

采用 FMC 子卡的方式连接到信号处理板上，既可以减小高速采样板的面积，又可以根据需求灵活地选择子卡。EV10AQ190 芯片是 4 通道 10 位高速模拟数字转换芯片，每个通道的采样率达到每秒千兆次采样（gigabit samples per second，GSPS）。AD 按照采样时钟工作时，需要通过外部光纤连接器接口（SMA）为其提供两倍频率的采样时钟，最高支持 2.5 GHz。

EV10AQ190 的串行配置接口通过 FMC 扩展接口接入信号处理板的 FPGA，可以通过 FPGA 灵活配置 EV10AQ190 芯片的工作模式。EV10AQ190 芯片的 LVDS 接口通过 FMC 连接器连接到信号处理板上的 FPGA。FMC 子板参数指标见表 3.5。

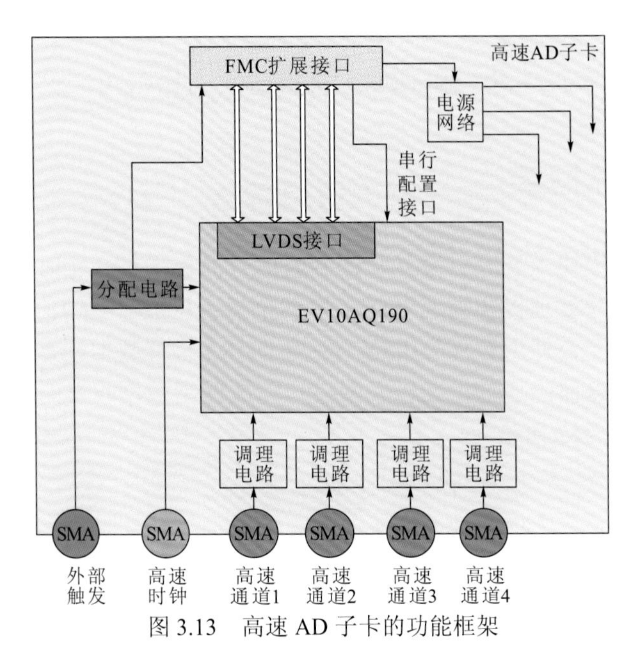

图 3.13　高速 AD 子卡的功能框架

表 3.5　FMC 子板参数指标

参数	指标
板卡连接	FMC
接口类型	模拟
最高采样率	1 GSPS（4CH）
分辨率/bit	10
通道数	1、2、4
触发	支持
SNR/dB	48 @1.2 GHz
SFDR/dB	53 @1.2 GHz
对外接口	FMC-HPC
工作温度/ ℃	−45～85
振动等级	机载振动等级

3.4.3　千兆网络接口

为满足 SATA 内的数据向上位机传输的速率需求，采用千兆以太网，即宽带为 1 000 Mbps。Xilinx 提供了千兆以太网的 MAC 层 IP 核，支持全双工的千兆网络方案，支持 MII、GMII、SGIMM 等接口。用户接口采用标准的 AXI4-Stream 接口方便用户进行应用开发。

千兆以太网 PHY 芯片 88E1111 支持 GMII、RGMII、MII 等接口，支持自适应功能和超低功耗模式。Pulse 公司的 JK0-0036 是集成变压器的 RJ45 连接器，通过标准超五类网线即可与其他网络设备互连。以太网接口设计框图如图 3.14 所示。

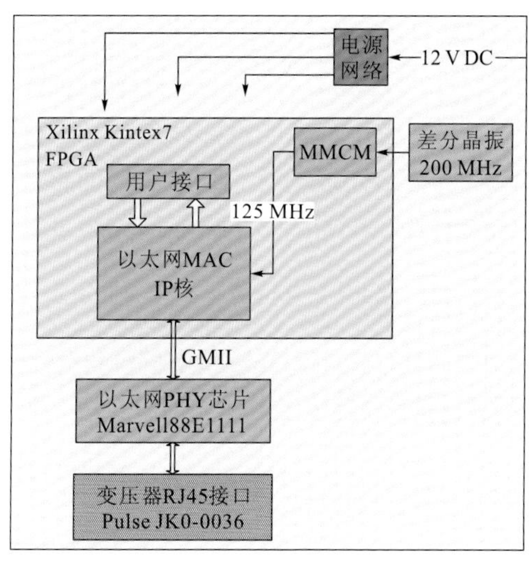

图 3.14　以太网接口设计框图

3.4.4　SATA 接口

Xilinx Kintex-7 系列 FPGA 的 GTX 硬核可以支持 SATA 协议中的物理层部分，在物理层的基础上实现链路层和传输层协议即可与标准的 SATA 设备通信。SATA 接口的设计框图如图 3.15 所示。

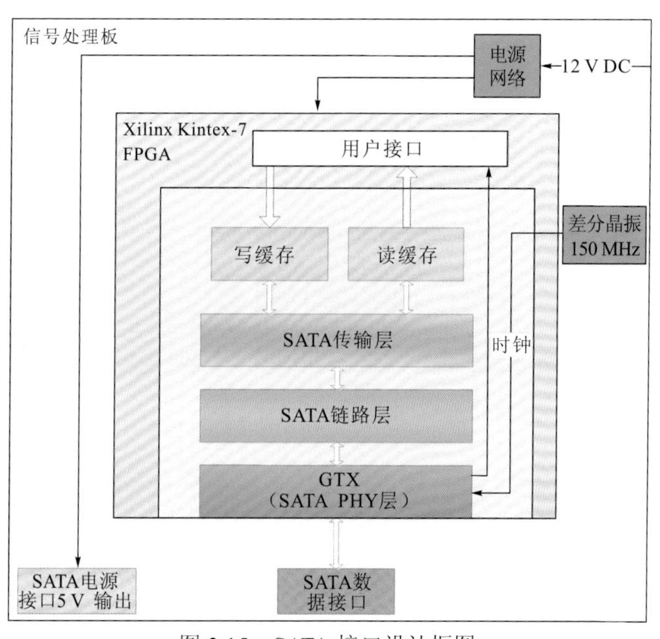

图 3.15　SATA 接口设计框图

3.5 机载激光-船载实测同步验证试验

3.5.1 南海机载激光雷达飞行试验

2017 年 9 月 18～30 日，自然资源部第二海洋研究所和中国科学院上海光学精密机械研究所联合组织开展了“南海机载激光雷达及船载海水剖面参数验证航次”，试验由机载激光飞行试验（以下简称机载试验）和船载海上同步观测验证试验（以下简称船载试验）两部分组成。

机载试验由中国科学院上海光学精密机械研究所和自然资源部第二海洋研究所联合开展。机载激光雷达试验装置由中国科学院上海光学精密机械研究所负责，高光谱成像光谱仪由自然资源部第二海洋研究所负责。激光雷达安装到海监南海航空支队的运 12 飞机平台(图 3.16)，在南海海域开展了三个架次的海上飞行试验（图 3.17），获取了大量的海水剖面和海底激光回波数据，最深水体剖面信号达到 25 m，最大海底探测深度达到 50 m（图 3.18）。

（a）机载激光雷达试验装置

（b）高光谱成像光谱仪

图 3.16　机载激光雷达试验装置和高光谱成像光谱仪在运 12 飞机上的安装图

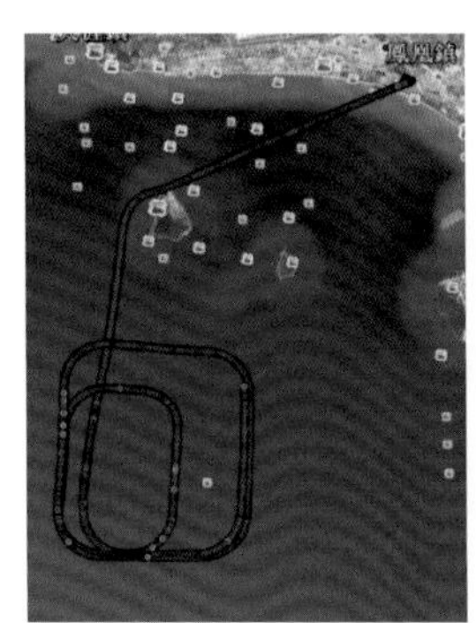
（a）架次1

（b）架次2

（c）架次3

图 3.17　三个机载架次的飞行轨迹图

船载试验由自然资源部第二海洋研究所牵头组织，有自然资源部第二海洋研究所、国家海洋卫星应用中心、自然资源部第三海洋研究所、南京大学、杭州师范大学共 12 人参加海上同步观测验证，试验区域是环绕三亚蜈支洲岛附近的海域（图 3.19）。船载试验共历时 6 天，设置观测站位 39 个，测量要素主要是水体剖面的固有光学和生物参数，以及走航单波束水深，验证机载激光剖面回波反演结果；同时也测量了水体表观光学、偏振图像、激光荧光等参数，获取了被测海域高覆盖的海水剖面光学参数和深度数据（图 3.20）。

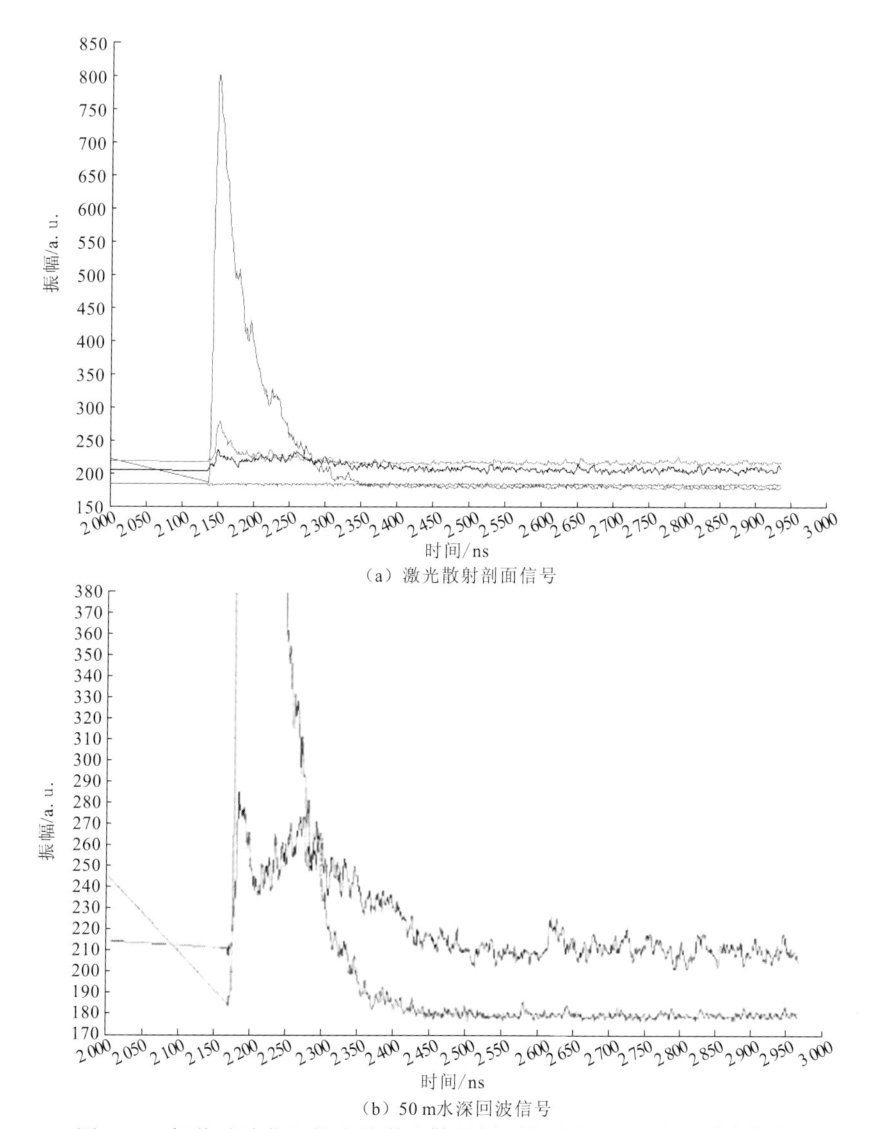

（a）激光散射剖面信号

（b）50 m水深回波信号

图 3.18　机载试验获取的水体激光散射剖面信号和 50 m 水深回波信号

红色曲线为近红外通道；蓝色曲线为深水通道；绿色曲线为浅水平行偏振通道；黑色曲线为浅水正交偏振通道

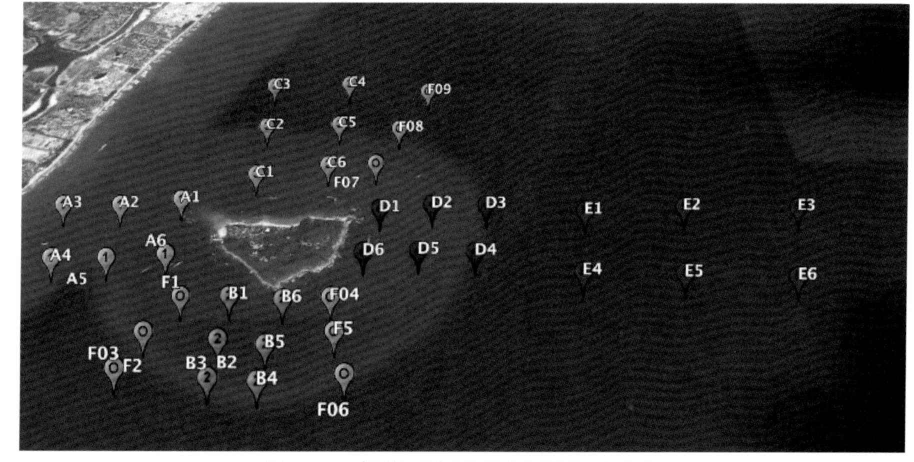

图 3.19　船载同步观测验证航次点位图

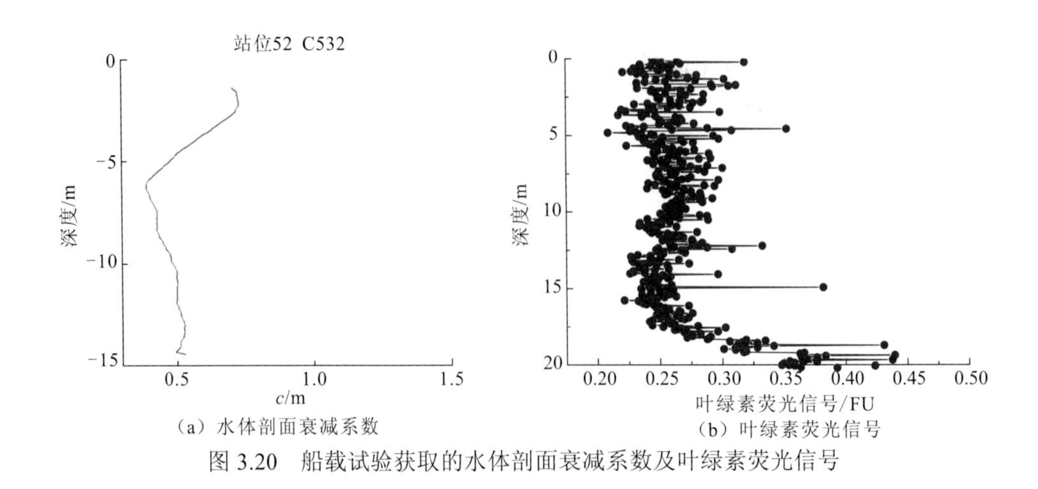

（a）水体剖面衰减系数　（b）叶绿素荧光信号

图 3.20　船载试验获取的水体剖面衰减系数及叶绿素荧光信号

3.5.2　南海机载激光雷达与高光谱飞行试验

2018 年 3 月 8～15 日，自然资源部第二海洋研究所及中国科学院上海光学精密机械研究所、中国科学院上海技术物理研究所联合组织开展了“第二次南海机载激光雷达与高光谱飞行及船载海水剖面参数验证航次”，试验包括机载激光雷达试验、机载高光谱主被动融合飞行试验和海上同步观测验证试验三部分。

机载激光雷达试验由中国科学院上海光学精密机械研究所牵头组织。相较第一次试验所用的机载激光雷达系统，此次试验所用的仪器在采集频率和 PMT 增益上做了一定的调整改进，采集频率达到 5 kHz，且有海表、浅水平行、浅水垂直、深水四通道接收回波信号，在测深基础上还可以用于水质的探测（图 3.21）。

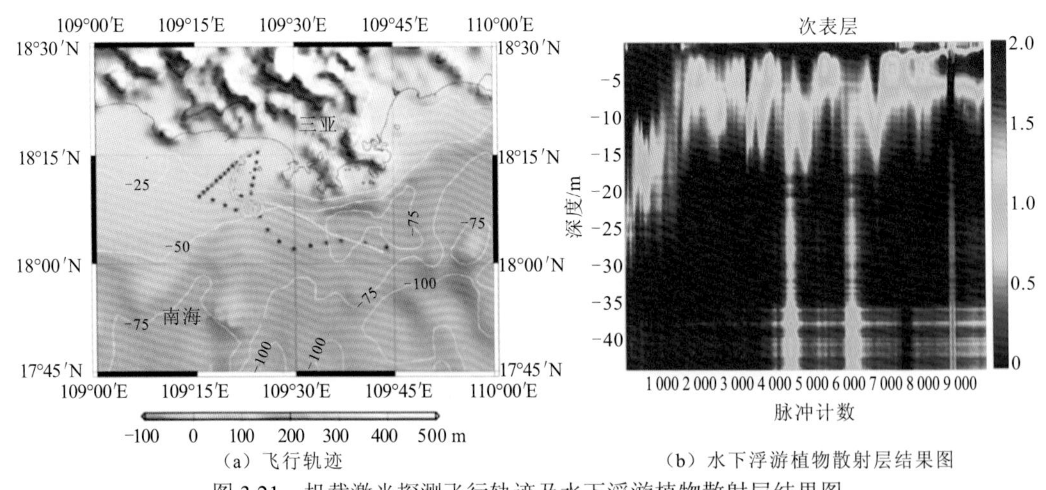

（a）飞行轨迹　（b）水下浮游植物散射层结果图

图 3.21　机载激光探测飞行轨迹及水下浮游植物散射层结果图

机载高光谱主被动融合飞行试验由中国科学院上海技术物理研究所牵头组织，所用仪器是全谱段多模态成像光谱仪系统的可见近红外模块部分，光谱范围为 400～1 000 nm，波段数 250 个，光谱分辨率 FWHW 优于 5 nm，瞬时视场为 0.25 mrad，总视场为 40°，综合指标达到国际先进水平。图 3.22 所示为高光谱飞行试验成像初步结果。

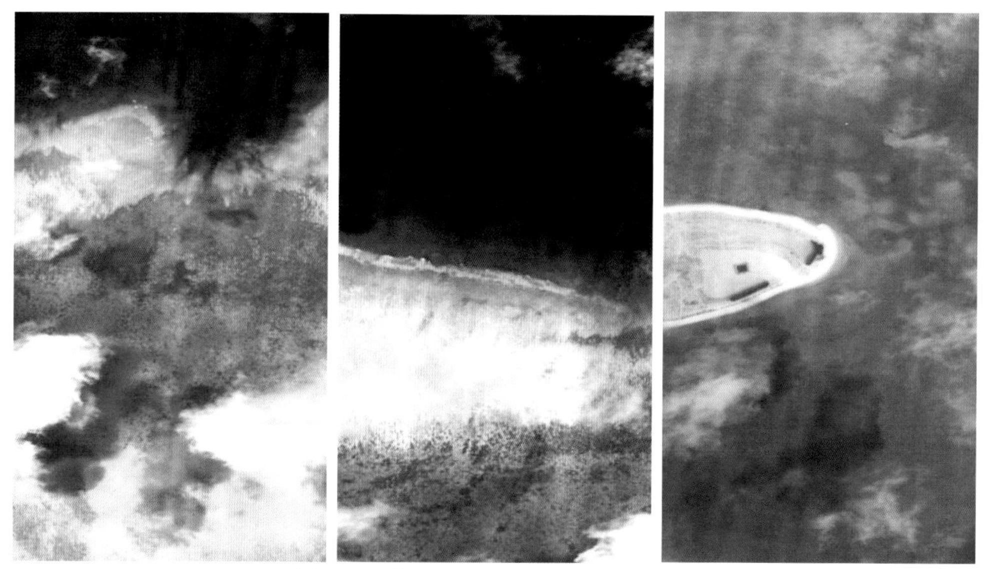

图 3.22 高光谱飞行试验成像初步结果

海上同步观测验证试验由自然资源部第二海洋研究所牵头组织，中国科学院遥感与数字地球研究所、南京信息工程大学、杭州师范大学共 8 人参加了海上同步观测验证，试验区域为三亚湾附近海域。对比机载试验飞行轨迹，选取观测站位 35 个，历时 6 天，测量要素主要是水体剖面的固有光学和生物参数，获取被测海域高覆盖的海水剖面光学参数等数据，用于机载激光剖面回波反演结果的验证。

本次试验是国内首次开展的主被动光学遥感机载同步测量试验，为项目主被动光学遥感研究开展提供了数据保障。

3.5.3 南海机载/船载海洋激光雷达试验

2019 年 5 月 7 日～6 月 2 日，在南海开展了新型机载和船载海洋激光雷达试验系统的飞行试验和同步船测试验，机载飞行试验由中国科学院上海光学精密机械研究所负责，船载同步试验由自然资源部第二海洋研究所负责，中国海洋大学和厦门大学参与了该航次。此次试验所用的机载激光雷达系统具备 532 nm 和 486 nm 双波长输出，其中 486 nm 波长具有更好的海水穿透能力。飞行航线共 18 条，飞行高度为 500～3 000 m，飞行时段为 17:00～21:00，获得了双波长的海水剖面和海底回波信号，垂直分辨率为 0.11 m，有效数据量达到 70 GB（图 3.23）。船载激光雷达由中国海洋大学研制，采用光子探测和 PMT 探测相结合的方式。机载和船载激光信号最大探测深度都超过 100 m，其中 486 nm 蓝光穿透深度大于 532 nm 绿光穿透深度，进一步揭示了激光雷达海洋探测的潜力。

船载多波长偏振海洋激光雷达于 2019 年 5 月 17～20 日在南海博鳌海域与自然资源部第二海洋研究所现场光学设备开展联合对比试验，观测研究海洋水体固有及表观光学剖面特性（图 3.24）。3 天总计进行 E1～E6、F1～F3 共 9 个站点定点测量，站点之间进行走航实测，获取激光雷达水体散射回波信号。

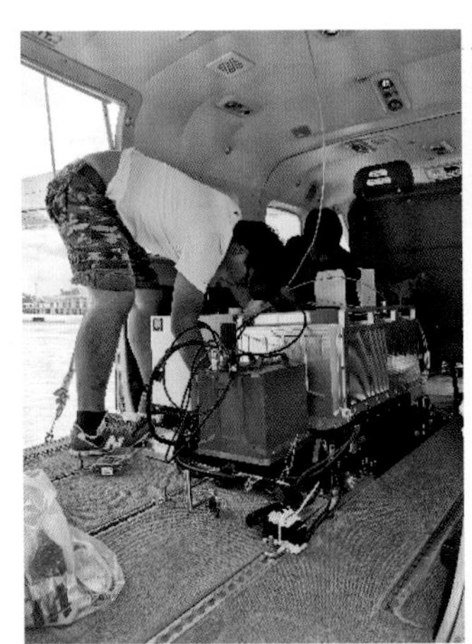
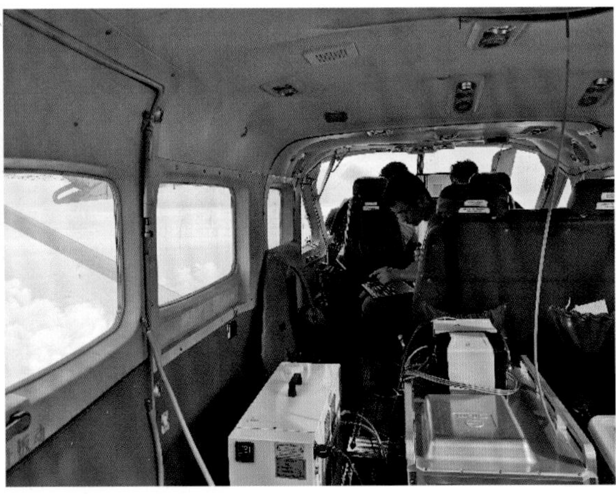

图 3.23 机载激光雷达系统装机和飞行试验照片

图 3.24 船载多波长偏振海洋激光雷达现场试验

此次试验所用的海洋激光雷达系统采用 532 nm 脉冲激光器，单脉冲能量为 200 mJ。在实际测量中系统距海水水面仅 3 m，水面的强反射回波信号导致光电倍增管产生非线性效应。在模拟通道采集中，水面巨脉冲回波信号后伴随强烈的信号震荡，无法有效反演水体特性参数，短距离内有效数据减少。E2 站点模拟通道归一化回波信号如图 3.25 所示。

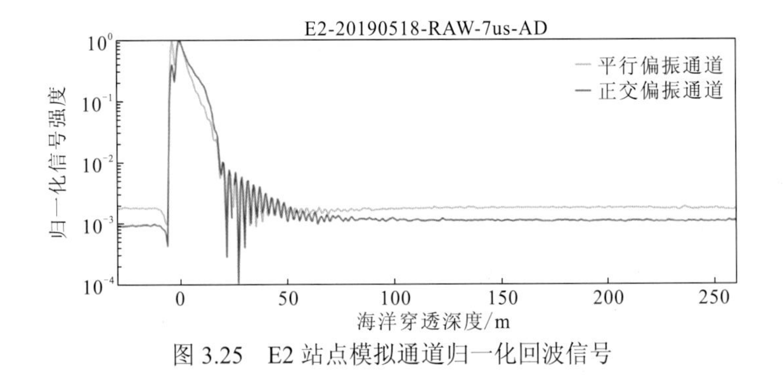

图 3.25 E2 站点模拟通道归一化回波信号

在 F3 站点的光子计数模式通道中，激光雷达回波信号与现场光学实测结果有较好的匹配度。图 3.26 和图 3.27 分别为 F3 站点 PC 模式平行及正交偏振通道回波信号及站点测量时间-深度-强度图。从现场光学测量的漫射衰减系数 K_d 中可以发现，在水深 70 m 的水域处和海水水面之下 20 m 处附近存在生物散射层，激光雷达回波信号中水下 20 m 处及水底 70 m 处有明显的散射回波信号峰存在。但测量时因风浪较大，船体摇摆幅度较大，激光相对于水面的入射角度波动可能导致激光雷达回波信号峰在距离上的起伏。

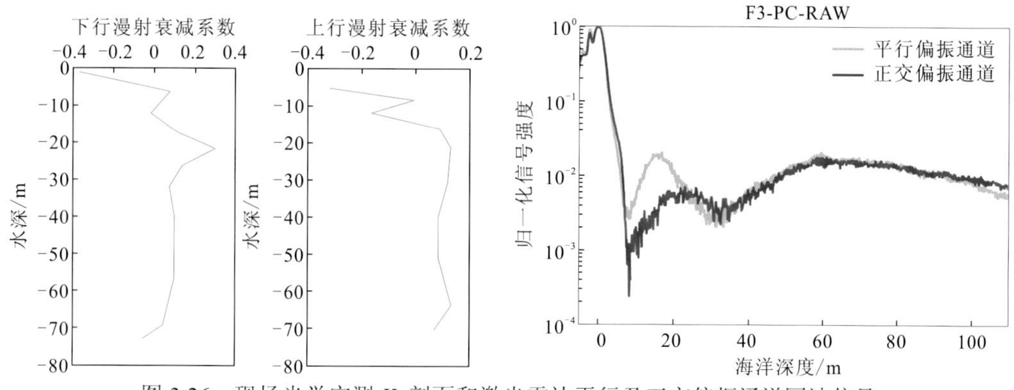

图 3.26 现场光学实测 K_d 剖面和激光雷达平行及正交偏振通道回波信号

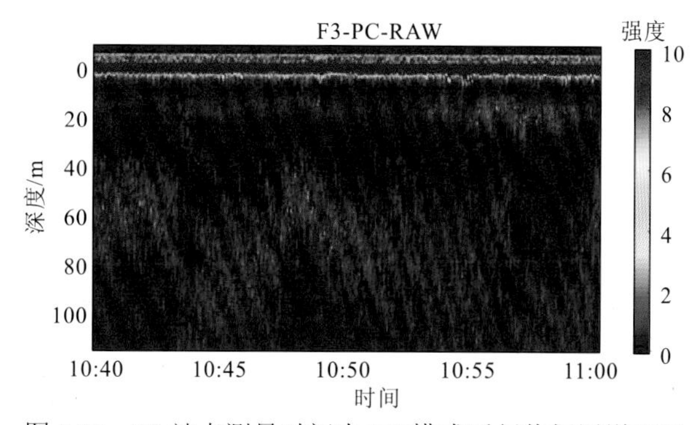

图 3.27 F3 站点测量时间内 PC 模式平行偏振通道 THI

3.5.4 南海机载激光雷达试验及船载同步验证

2019 年 5 月，在南海海域开展了机载激光雷达试验及船载验证，测量参数如下。①机载激光雷达回波、船载激光雷达回波。②水体光学特性参数：可见-近红外水体遥感反射率；紫外水体遥感反射率；水体总吸收系数、色素吸收系数、非色素颗粒吸收系数、颗粒吸收系数、黄色物质吸收系数；水体衰减系数、颗粒散射系数、颗粒物后向散射系数。③与光学特性参数配套的叶绿素浓度、总悬浮物浓度、无机和有机悬浮物浓度、颗粒粒径分布、气溶胶光学厚度。④水体碳循环相关参数：颗粒有机碳、溶解有机碳、溶解无机碳、表层总碱度、营养盐含量、初级生产力。⑤水温气象参数：温、盐、流、水体透明度、风速、风向、气温、湿度、气压等。⑥405 nm 波段荧光探测下的水体叶绿素浓度，黄色物质等。⑦SBA 系统测量离水辐亮度。该航次观测区域位于南海博鳌附近海域，站位布设如图 3.28 所示。

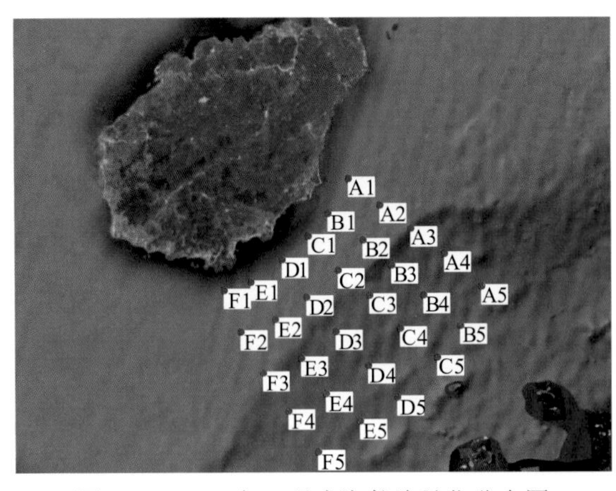

图 3.28　2019 年 5 月南海航次站位分布图

3.5.5　南海无人机载激光雷达飞行试验

2020 年 8 月，自然资源部第二海洋研究所联合上海海洋大学、中国科学院上海技术物理研究所、海南省海洋与渔业科学院等单位，采用自主研发的无人机单光子激光雷达（图 3.29）和无人机机载高光谱成像仪（图 3.30），在海南省万宁市加井岛海域开展了海底地形测绘与珊瑚礁遥感试验。无人机机载高光谱成像仪设备参数指标见表 3.6。

图 3.29　无人机单光子激光雷达

图 3.30　无人机机载高光谱成像仪

表 3.6　无人机机载高光谱成像仪设备参数指标

参数	指标
光谱范围/nm	400～1 000
光谱分辨率/nm	2.7
F 数	2.5
拍摄方式	推扫式
相机像素	500 万
质量/g	812
功耗/W	16

试验区域选在海南岛万宁市加井岛沿岸，飞行区域覆盖有植被、沙滩、海水等多类地物。无人机飞行高度为 100 m，飞行速度为 6 m/s。试验获得了该区域高精度的海底数字高程模型（digital elevation model，DEM）（图 3.31）和高分辨率高光谱影像数据（图 3.32）。试验结果表明，无人机单光子激光雷达可以满足南海浅海海底高精度的地形测绘需求，无人机机载高光谱成像仪可以实现水下高光谱遥感，在海洋珊瑚礁监测、海底地形测绘、海底底质反演等领域有着巨大应用潜力。

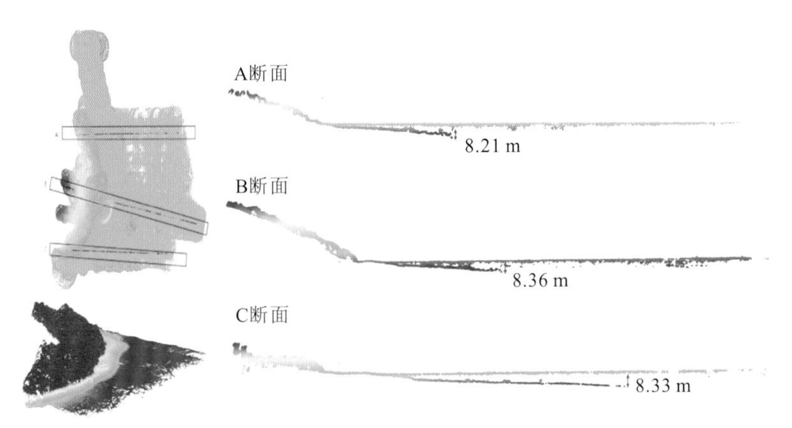

图 3.31　陆海一体化地形测量 DEM

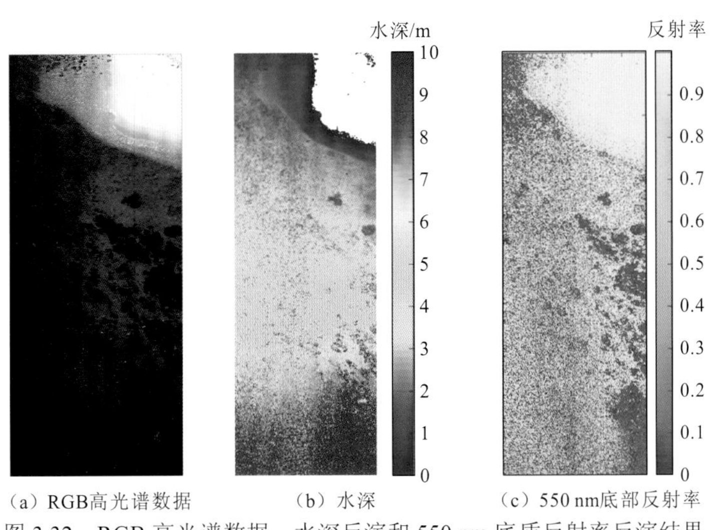

图 3.32　RGB 高光谱数据、水深反演和 550 nm 底质反射率反演结果

▶▶▶ 第4章　海洋激光诱导荧光雷达遥感技术

4.1　激光诱导荧光海洋探测技术

作为一种主动遥感探测手段，相较于传统的现场水光学采集仪器，激光诱导荧光（laser-induced fluorescence，LIF）海洋探测技术具有快速高效、实时测量、可同时测量多参数、大面积、高灵敏度的优点，在海洋领域具有广泛的应用[243]。目前，测量海水中水体成分如叶绿素浓度、CDOM 浓度、悬浮物浓度的方法大都采用水光学或化学仪器进行实地定点或实验室水样测量，这些方法耗时耗力、效率低下，而且是点测量方式。卫星水色遥感可以实现大范围水体成份浓度的测量，但在二类水体下，已有的反演算法通常不适用。激光诱导荧光海洋水体成分探测技术的原理是利用叶绿素或 CDOM 等海洋荧光物质受到激光激发后的荧光效应来反演其浓度。激光雷达能够搭载在船上、固定平台及飞机上。卫星水色遥感等手段仅能测量海表上层水，而海洋激光探测可以测量次表层水样，进而能够提供海水剖面的生化光学参数信息。

与现有的被动式水色遥感等水环境遥感手段相比，激光诱导荧光探测海洋技术具有以下优势。

（1）不依赖太阳辐射，可以昼夜工作，而且可以根据探测目标的不同，主动选择激发光的波长和发射方式。其产品可与常规水色遥感及水文产品相互验证，并提供夜间水体参数信息。

（2）激光诱导荧光光谱分解的水体组分信息不受浑浊水体环境的影响，克服了水色遥感在高浑浊二类水体反演困难的问题及部分水光学参数测量需要过滤、萃取等耗时、耗力的缺点。

（3）与水色遥感通过经验或半分析间接反演手段相比，激光诱导荧光水成分遥感最大的优势是它的直接分析能力[244]。因为对水色遥感利用的反射或吸收光谱来说，各个水体成分参数的光谱特征是叠加在一起的、非线性的。相对来说，激光诱导荧光测量的水体参数的荧光谱特征峰是分离的、非叠加的[245]。

（4）在测量光谱性质的同时，能提供深度剖面信息，弥补了常规测量手段只能反演水表层信息的缺点。

（5）在实地光学参数测量方面，常规的吸收系数测量等手段需要对水样进行预处理或需要试剂才能检测，而且耗时、耗费人力[246]。而激光诱导荧光测量可以进行实地、非侵入式的测量。

（6）激光探测系统可以以操作目的和科学研究应用范围作为有效载荷安装在飞机、船舶或固定式等多种平台上。

激光诱导荧光海洋探测系统在海洋科学研究和生态环境监测等领域的研究已有大量报道。然而，激光诱导荧光探测应用在近海尤其是内陆水体环境监测方面的研究还不是很多[245]，但由于其高准确度、快速灵活的探测特点，激光诱导荧光海洋探测系统尤其是机载海洋激光探测系统引起越来越多研究者的关注。

4.1.1 激光诱导荧光探测原理

光进入某物质后，部分或全部的光可被物质的分子或原子所吸收。物质吸收能量后进入激发态，当物质从激发态回到基态时，将以电磁辐射的形式（或热形式）释放出所吸收的能量，这种现象叫发射光[247]。荧光是发射光的一种，是某些特定物质在被一定波长的光照射并吸收了某种波长的光能后，自身发射出的另一种长波辐射光[248]（图 4.1）。这些特定物质通常被称为荧光物质或荧光团。

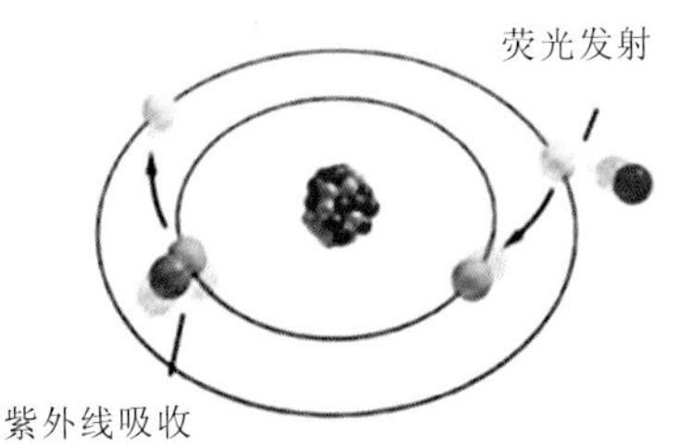

图 4.1　光吸收能量发射荧光现象原理图

荧光物质吸收能量和发射光的过程描述通常可以用 Jabloski 原理图表示。一个典型的 Jablonski 原理图[249]如图 4.2 所示。当荧光物质中的分子吸收光能量后，电子就会从较低的能级态 S_0 跃迁至较高能级的第一电子激发单重态 S_1（图中蓝色箭头所示）或第二电子激发单重态 S_2（图中紫色箭头所示），然后经内部转变后到达 S_1 最低振动能级后（图中黑色虚线箭头所示），会辐射出能量跃迁回基态（S_0）的各振动能级上（图中绿色箭头所示），以上即为荧光发射的整个过程[250]。由图 4.2 可知，电子在内部转变和振动松弛过程中会发生能量损失，因此，发射的荧光能量会小于吸收的能量，导致发射的荧光向长波方向偏移的现象。这种荧光发射会向长波方向偏移的现象也叫斯托克斯（Stokes）位移，这是荧光发射的特性之一。这一现象最早是由 Stokes 于 1852 年发现。利用此特性可以分离激发光和发射光，避免荧光检测受到激发光的本底干扰，灵敏度要大大高于紫外-可见吸收光谱测量方法。

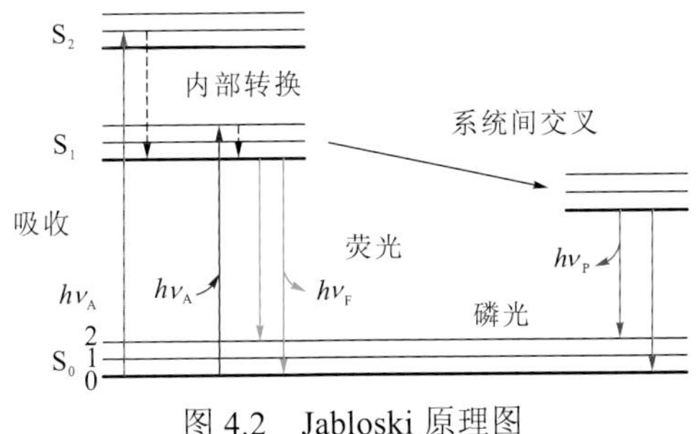

图 4.2　Jabloski 原理图

激光探测系统发出的激光束射入水体中，水体中荧光物质（如溢油、CDOM 和藻类等）吸收激光后会激发出与其化学性质对应的激光诱导荧光光谱，并且所激发的特定波长的荧光强度与受激物质中荧光团浓度之间具有直接的相关性。根据这一原理可以测量水体中各种荧光物质的浓度[251]。因此，激光照射水体中的荧光物质激发出荧光后，用探测器接收荧光光谱，然后对荧光光谱进行光谱分析就可获取水体成分浓度等信息，这是激光诱导荧光探测的机理，也是激光诱导荧光探测仪器设计的依据[252]。激光雷达荧光探测原理图如图 4.3 所示。由图 4.3 可知，激光诱导荧光水体成分探测系统基本原理是：激光器发出一束激光，经反射镜反射后进入水体，海水中的荧光物质会发出荧光信号及水成分会发射拉曼散射光，然后这些光信号被望远镜接收，然后依次经过准直透镜、滤光片等光学装置，最后由探测器件采集。

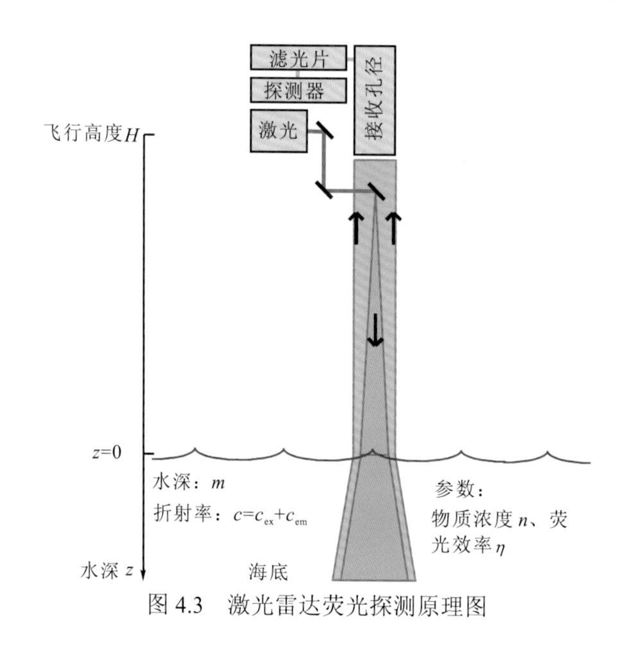

图 4.3　激光雷达荧光探测原理图

激光诱导荧光雷达的简易方程为

$$P(z) \sim \frac{n\eta}{(z+mH)^2}\ \mathrm{e}^{-\int_0^z c(z')\,\mathrm{d}z'} \tag{4.1}$$

式中：$P(z)$为探测器获取的信号强度；n 为物质浓度；η 为荧光效率；z 为探测的水深；H 为激光器与水面高度差（飞行高度）；$c(z')$为衰减系数，包括激发光衰减系数 c_{ex} 和发射荧光衰减系数 c_{em}。通常假设海水均匀分布，式（4.1）可进一步简化为

$$P \sim \frac{n\eta}{H^2}\ \frac{1}{c} \tag{4.2}$$

式中：荧光效率 η 和衰减系数 $c(z)$通常认为是常数，因此探测器接收的信号强度只与物质成分的浓度成正相关。

进一步考虑影响荧光回波信号强度的环境因素及仪器的系统参数，如波长、脉冲强度、脉冲持续时间、激光离散度、光学镜头传输效率、光纤效率、滤光片效率、探测元件（如 PMT）的光谱灵敏度、探测波长、大气衰减系数、海水衰减系数及荧光物质的荧光效率等因素[253]，则激光诱导荧光雷达方程转变为

$$P_{\mathrm{D}}^{\mathrm{F}}(\lambda,R) = P_0\frac{A_0}{4\pi R^2}\frac{\sigma^A(\lambda)F(\lambda_1,\lambda)K_0(\lambda)\lambda_1}{\lambda}N_0(R)\mathrm{e}^{-\int_0^R k_{\mathrm{T}}'(R')\mathrm{d}R'}\frac{1}{k_{\mathrm{T}}'(R)}(1-\mathrm{e}^{-k_{\mathrm{T}}'\Delta R})\eta(R) \tag{4.3}$$

式中：$P_{\mathrm{D}}^{\mathrm{F}}$、$P_0$ 分别为探测器接收光强度和激光器发射激光的强度；$\dfrac{A_0}{4\pi R^2}$ 为探测器接收视角下的光学接收面积；$\sigma^A(\lambda)$ 为吸收截面；F 为荧光物质的荧光效率；K_0 为滤光片有效效率；$k'_{\mathrm{T}}(R)=k(\lambda_l,R)+k(\lambda,R)$ 为激光 λ_1 和荧光 λ 波段总的衰减系数；$N_0(R)$为水体中荧光物质密度；$\eta(R)$ 为探测器接收效率；R 和 R' 分别为光在空气中和水中传输的距离。

在激光诱导荧光发射的过程中，也会发射拉曼散射光。同理，对于深度为 R 处的水体的拉曼散射光，有如下公式：

$$P_{\mathrm{D}}^{\mathrm{R}}(\lambda,R)=P_0\frac{A_0}{4\pi R^2}\sigma_{\mathrm{w}}(R)N_{\mathrm{w}}(R)\mathrm{e}^{-\int_0^R k'_{\mathrm{T}}(R')\mathrm{d}R'}\frac{1}{k'_{\mathrm{T}}(R)}(1-\mathrm{e}^{-k'_{\mathrm{T}}\Delta R})\eta(R) \tag{4.4}$$

式中：$\sigma_{\mathrm{w}}(R)$ 为拉曼散射截面；$N_{\mathrm{w}}(R)$为水分子密度。

激光与物质相互作用后回到望远镜，由探测器接收回波信号。接收到的回波信号，除了所关心的目标物信号，还包含其他多种复杂的水体成分信息，所以首先需要对回波信号进行光谱分析与分解，即光谱的去卷积。其中，以物质发射的荧光强度与浓度之间的线性关系为依据进行定量分析，以及通过荧光光谱的形状和荧光峰对应的波长进行定性分析的方法，称为荧光分析法。实际上，接收器所接收到的回波信号中，不仅仅只包含荧光物质所发射的荧光，也有水分子激发的拉曼散射光，还有激光及光学元件的散射和漫散射杂散光。

因此，在激光诱导荧光的检测中要避免或尽量去除以下几种背景源：①来自激光束的反射和漫散射；②由各种形式的散射，包括由真实的散射过程、反射或者折射所引发的瑞利散射；③水分子的拉曼散射；④来自光学元件中的瑞利散射和发光。

在实际的系统设计中，可以采用长通滤光片和带通滤光片叠加的方法去除大部分散射背景噪声。除使用滤光片的方法外，合理设置激光与荧光探测之间的方向也是一种比较有效的方式。合适的放置方式有垂直正交方式和共线聚焦方式等。

4.1.2 激光诱导荧光探测系统设计

高灵敏荧光检测器的关键是在获得最大信号的同时，使背景源降至最低。在高灵敏荧光检测器中，荧光信号是由分子和原子吸收光子的同时发射光子产生的，这一过程一直重复直至分子被破坏。发射过程即为激发态分子的去激过程，因而高灵敏荧光检测必须从激发态分子中提取出所有可能的光子，使在给定的时间段内所测得的光子数超过背景的光子数，并使之进入检测器中。

因此，要提高荧光探测的效率，一种方法是要增强荧光信号的强度，另一方法是减少背景噪声的影响。常用的方法有提高激发光的强度、频率，提高探测装置的灵敏度（如使用高灵敏的 PMT 或 ICCD）或减小探测光传输过程的衰减（如减小光纤的能量损失效率或提高反射镜的发射效率）。此外，适当设计激发装置与探测装置的空间相对位置也有助于提高荧光探测的灵敏度，如在与入射光成直角的方向上检测，这样能够避免检测到的荧光受到来自激发光本底的干扰，也有助于提高荧光探测的灵敏度。为了消除激发光的影响，选择合适的滤光片或二向镜也是很重要的，滤光片可以使用长通滤光片、带宽滤光片等。由于探测体积通常由光学元件限定，高灵敏度检测器设计时必须将光学元件的尺寸考虑在内。

提高灵敏度的一个关键是将激光器出射的激发光和所需要的荧光区分开来。如果荧光强度低于激发光强度，激发光也由探测器全盘接收，则很有可能掩盖弱信号荧光。可以采用 90° 正交光路布置、设置探测器快门延迟时间（激光发射间隔内接收）及滤光片滤波法（荧光相对激发光向长波偏移，因此使用长通滤波片或带通滤波片）等方法来抑制激发光。

另一个关键是提高探测器接收到的荧光。对于一些普通信号探测器来说，微弱的荧光信号很有可能无法被响应。为了使探测器能够接收到更多的荧光，往往采用以下几个措施：例如使用高功率激光激发、使用更高灵敏度探测器（如 ICCD 等），或者改进现有的光谱探测器（如增大狭缝宽度等）[254]。

此外，合适的激发波长、接收波长及接收波段范围也是很重要的影响因素。激发波长与荧光物质的吸收峰相对应，将直接影响荧光效率；而接收波长的设置有助于直接获取特征荧光光谱波段范围。在海洋水体参数荧光探测装置的设计上，首先需要确定的是水体成分荧光反演的合适激发、发射波段，包括激光器波段需求、探测器波段需求、滤光片波段设计需求等。

海洋激光诱导荧光探测系统通常由三个模块组成：激光器模块（发射）、探测器模块（接收）、滤光片及光学透镜模块（光路控制以及光的波段通道控制）。激光器模块指的就是激光器。它通常还带有激光驱动和控制模块，包含电源控制和温度控制组件两部分，可提供稳定的电源和保持稳定的温度。探测器模块是收集和检测荧光信号的光学采集系统，通常有光电探测器、PMT、CCD 及其他光谱采集系统，如果远距离遥测海水，还需带有大口径望远镜来收集回波信号。滤光片及光学透镜模块由用来调整光路或者对激光散射等背景噪声进行去除、滤光作用的一系列光学组件组成，主要起到改变光路、控制光路结构、聚焦、滤光等作用。

一般来说，激光诱导荧光探测系统有正交型光学结构和共线聚焦式光学结构两种光学结构配置，这是根据激光束和接收光路之间方位角关系来划分的[255]。正交型光学结构的系统激发光路其荧光采集的光路互成 90°，需要两套光路之间配合使用，结构复杂；而共线聚焦式光学结构激发光路与荧光采集光路之间成 180°，只需一套光路即可完成荧光的采集与激发。共线聚焦式光学结构的系统光路设计简单；正交型光学结构的系统可以有效排除激发光散射的影响，能够有效提高荧光信号的探测精度。

正交型光学结构设计的作用是消除由激光照射到样品池上产生的散射，因而可以大幅度降低背景噪声。图 4.4 以 Agilent 1100 为例[256]，给出了正交型光学结构设计的激光诱导荧光检测器的光学结构。

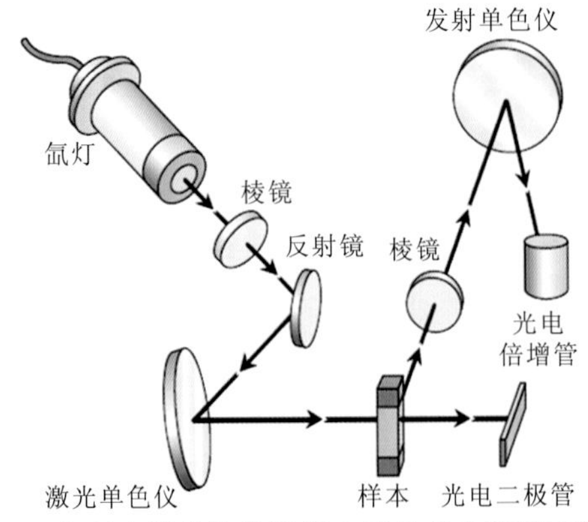

图 4.4　正交型光学结构设计激光诱导荧光探测系统示意图

与正交型光学结构设计相比，共线聚焦式光学结构设计常用于海上实测 LIF 系统的光学结构，它可以采用 NA 值较大的物镜和体积更小的检测池，而且不会明显降低激光荧光探测器的检测灵敏度。图 4.5 以 Zetalif 2000 为例[257]，给出了共线聚焦式光学结构激光探测系统的光学配置及光学结构示意图。

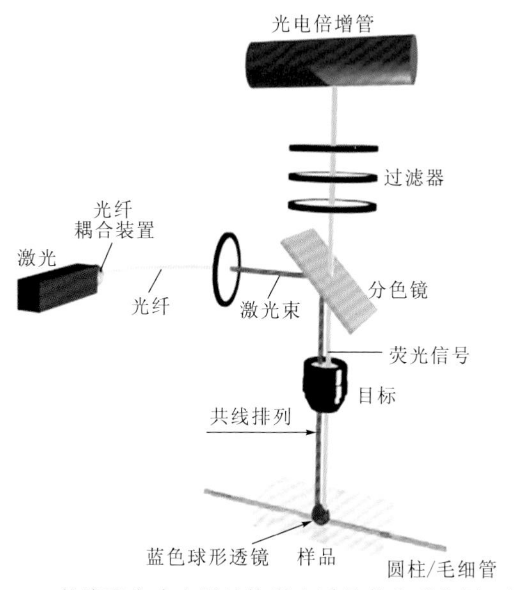

图 4.5　共线聚焦式光学结构激光诱导荧光系统原理图

基于这两种不同的光学结构可以设计出两套小型便携式激光荧光探测实验系统，并应用于我国近海二类水体生化参数的定量化研究。

1. 激光器选择

激光器是激光荧光探测系统的核心部件，这是因为荧光物质所激发的荧光强度直接依赖于激发光的强度。因此，检测灵敏度通常会随着激发光强度的增大而增大。相对于普通光源，以激光作为激发光源可以得到较高的激发光强度。图 4.6 为激光器的系统结构示意图。此外，激光器还有一个电接口和一个光输出口。电接口是用来接收荧光探测系统主控单元给出的触发同步信号，并且控制激光器工作频率；光输出口则是将激光输出传送到荧光系统的反射镜上发射。

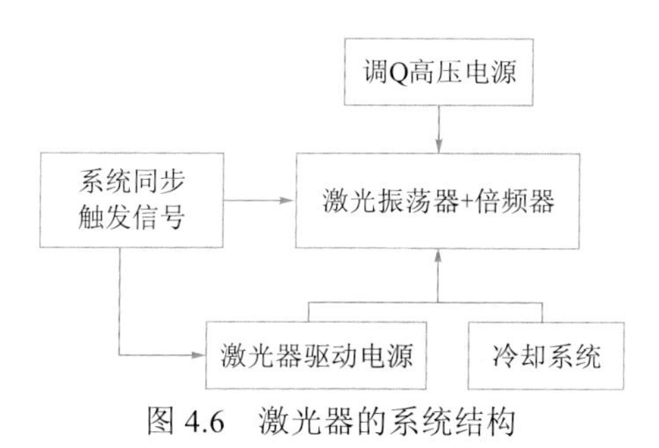

图 4.6　激光器的系统结构

对一套激光诱导荧光系统来说，激光器是非常重要的组成部件，与激发荧光强度大小直接相关，激光器（发射装置）的选择主要遵循以下几条原则。

（1）激光器发射波长最好是在荧光物质吸收峰或者在吸收比较强的波长位置。因为吸收强度越大，其荧光强度也会越大，如果不在吸收光谱范围内，则很难激发荧光。

（2）激光器应当具有良好的聚焦能力和空间模式，这样才能保证激光集中打在某一个位置上，从而获取较强的激发效果。

（3）激光器应当具有相对稳定且合适的输出功率。激光输出功率的稳定与否会直接影响检测结果的灵敏度与稳定度。输出功率越稳定，荧光检测的信噪比就会越高；输出功率也要在一个合适的范围内，如果太强，可能会造成荧光饱和、淬灭等不利反应，反而会导致荧光变弱。在选择多大输出功率的激光器时必须综合考虑上述各种因素的影响。

几种常用的激光器在性能参数方面的差异见表 4.1。

表 4.1　几种常用激光器性能参数对比

性能参数	厂家		
	长春新产业（中国）	CrystaLaser（美国）	Quantel（法国）
型号	MGL-III-532	CL532-100-S	ULTRA100
波长/nm	532±1	532	532
能量	1～400 mW	100 mW	55 mJ
稳定性/%	<1，<3，<5	< 2（2h）	<2.5
重复频率	1～10 kHz，	1～10 kHz	20 Hz
脉冲宽度/ns	7	7	7
光束发散角/mrad	<1.5	2	<1
光束直径/mm	～2	0.36	4
尺寸/mm	140.8×73×46.2	30×30×120	261×76×56
价格	约 1 万元	大于 10 万元	大于 10 万元

激光器的选取需要综合考虑激光器性能的稳定性、价格、功率损耗、体积、单脉冲能量大小及脉冲宽度等因素，特别是价格因素。国外产的同种类型激光器比国内要贵 10 倍多。在实验中，采用上海波色和上海衍涉公司代理出售的（长春新产业）国产微型半导体固体激光器，其优势是体积小、重复频率高、寿命长、可靠性好、光束质量好，可以广泛应用于 DNA 测序、细胞流量、细胞分类、光学仪器、频谱分析、激光快速建模等领域。其中基于共线式激光雷达实验系统 LIF-C 使用的是微型光纤激光器，能直接耦合到 Y 形荧光探头上，而基于正交式激光雷达实验系统 LIF-O 使用的是微型脉冲激光器，脉冲宽度为 7 ns，输出功率大于 100 mW，如图 4.7 所示。

2. 接收探测器选择

接收探测器，即荧光光电探测装置也是激光荧光探测系统的核心部件。其作用是将成像系统焦平面上的荧光光谱能量吸收，检测荧光光谱的强度及波长的位置，并且显示成为光谱图或以其他形式的数据格式输出。现有的激光荧光探测系统大都使用的是线性探测器件的光电探测系统。

(a) 微型光纤激光器

140.8(L)×73(W)×46.2(H)mm³, 0.6 kg

(b) 微型脉冲激光器

图 4.7 两种激光器实物图

光电探测器通常使用的是 PMT、硅光电探测器、光电二极管列阵（photo diode array，PDA）检测器及 CCD。PMT 通常用于弱光强度的光检测器，如荧光光谱的检测。PMT 具有极高的内部增益，是非常灵敏的检测器。PDA 检测器则是由集成在电路芯片上的一系列离散的光电二极管的线性排列所构成。在光谱分析中，PDA 检测器置于光谱仪的成像平面上，可以同时检测一定范围的波长。从这种意义上来讲，PDA 检测器可以被认为是电子版的照相胶片。CCD 是一个集成电路芯片，它包含一个电容器列阵。当光线照射产生电子-空穴对时，其电容器列阵就可以储存电荷，从而将在固定时间间隔内的电荷累积起来并读取。CCD 与其他列阵检测器应用范围类似，在测量强度较低的弱光信号时，也具有较高的灵敏度。

以下几项是选择荧光接收探测器时应当注意的。

（1）荧光接收探测器波谱响应频率范围必须与所分析水体组分发射的特征荧光光谱范围相匹配，这是为了有效获取所需要分析的水体目标成分的特征荧光光谱。只有荧光探测器接收通道设置在这些波段，才能有效获取信息，从而避免无效信号的干扰和冗余。

（2）荧光接收探测器应当耗电少、具有稳定的输入功率。探测器越稳定，荧光检测的信噪比就会越高。

（3）荧光接收探测器的光谱分辨率要适当，应当根据探测需求选择合适的光谱分辨率；通常有多个 PMT 阵列形式、高光谱光谱仪等不同分辨率的探测系统用来满足不同的需求。

现如今，微型光谱仪越来越多地被应用于光电探测应用中，几种比较有名的微型光谱仪性能参数见表 4.2。

表 4.2 几种比较有名的微型光谱仪性能参数对比[258]

参数	光谱仪		
	Avantes AvaSpec-2048	Ocean Optics USB2000	JOBIN YVON VS140
光谱范围/nm	200～850	200～850	190～800
光谱分辨率/nm	2.1	2.1	2.3
探测器	Sony ILX 2048x1 CCD	Sony ILX 2048x1 CCD	Toshiba 3864x1 CCD
狭缝宽度/μm	100	100	100
积分时间	1 ms～60 s	1 ms～65 s	10 ms～65 s
焦距/mm	75	42	40
光栅/mm	6 001	6 001	6 001
F/#	7	4	14
尺寸/mm	175×110×44	89.1×63.3×34.4	178×123×58

本章中使用的微型CCD光谱仪为海洋光学公司生产的USB4000微型光谱仪，如图4.8所示。其光路设计采用对称的Czerny-Tunner光学结构，多重散射的作用是将光路增长，从而多次分离光谱，提高光谱分辨率，其基本结构示意图[259]如图4.9所示。

图4.8　USB4000微型光谱仪实物图

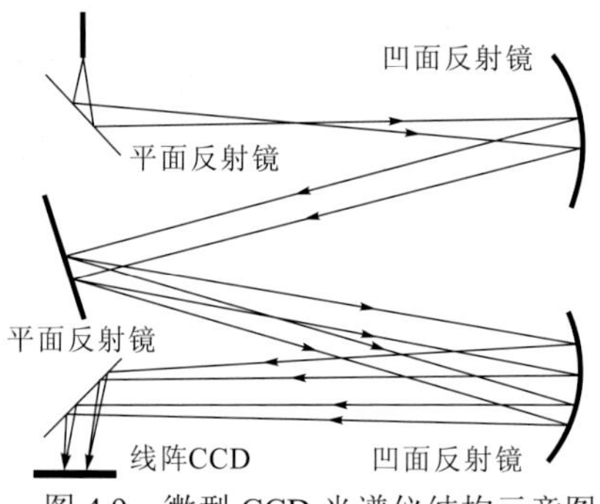

图4.9　微型CCD光谱仪结构示意图

USB4000光谱仪具体性能指标以及规格参数如下[260]。

光谱范围：200～1 100 nm。像素大小：3 648像素。信噪比：300。AD采集：16位。灵敏度：130（400 nm）、60（600 nm）。光路设计：非对称交叉Czerny-Turner光路。狭缝宽度：5 μm、10 μm、25 μm、50 μm、100 μm、200 μm。积分时间：10 μs～65 min。光谱分辨率：0.3～10.0 nm。动态范围：2×108（系统），1 300∶1单次探测。杂散光：在600 nm处<0.05%，在435 nm处0.10%。光纤连接器：SMA905。外接盒：HR4-BREAKOUT。触发模式：5种。脉冲功能：单脉冲和连续脉冲。连接器：22针连接器。尺寸大小：89.1 mm×63.3 mm×34.4 mm。质量：190 g。

3. 光学透镜和滤光片选择

在光路设计中，需要使用一些光学透镜或反射镜进行聚焦或反射光束的光路控制。光学透镜可以改变光线的方向或控制、分配光线的分布情形。透镜的性质是由其焦距决定的，可表示为

$$\frac{1}{f\lambda}=(n\lambda-1)\left(\frac{1}{R_1}-\frac{1}{R_2}\right) \tag{4.5}$$

式中：f为焦距；n为折光指数；R_1和R_2分别为透镜表面两个曲率半径。由无限远处的光线所形成的聚焦斑点直径则为

$$斑点直径=\frac{\lambda f}{\pi D} \tag{4.6}$$

式中：D为入射光线的直径。

透镜成像位置则由三条直线决定：①平行于光轴而且通过焦点的直线；②通过透镜中心的直线；③通过焦点而且平行于光轴的直线。或者由公式计算：

$$\frac{1}{f}=\frac{1}{x_0}+\frac{1}{x_i} \tag{4.7}$$

式中：x_0为透镜与目标间的距离；x_i为透镜与成像间的距离。透镜的放大率为

$$M=\frac{x_i}{x_0} \tag{4.8}$$

滤光片是通过吸收或反射某一确定波长的同时透过其他波长的电磁光谱，从而使电磁波光谱分离成为不同波长范围的光学元件，包括彩色滤光及干涉滤光片。本章使用的滤光系统主要由两种滤光片组成：一个是长通滤光片，即截止滤光片，作用是保证波长大于其截止波长的光束（即荧光束）能够通过；另一个是带通滤光片，其作用是进一步限定通过的滤光光束的波长范围。图 4.10 所示为滤光片光学设计示意图，荧光束线经由透镜通过长通滤光片，然后通过带通滤光片，最后到达探测器。

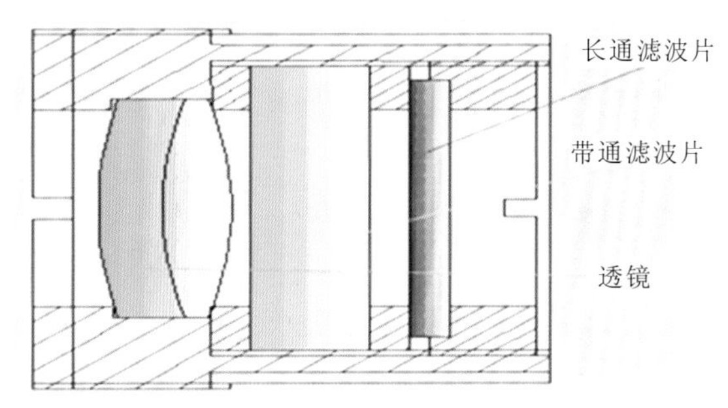

图 4.10　荧光仪器中长通、带通滤光片组合使用光学设计

图 4.11 是比色皿侧面加反射镜前后荧光强度对比图。由图可知，加反射镜后的荧光强度有了显著的增强。图 4.12 是加长通滤光片前后荧光强度对比图，可以看出，加了长通滤波片后激发光漫散射造成的噪声得到了很好的抑制。在检测池中设置反射镜，可以使背离荧光接收光路的荧光信号经反射返回荧光采集系统，从而提高荧光信号的采集效率。而长通滤光片的使用，可以有效地降低激光漫散射等背景光。

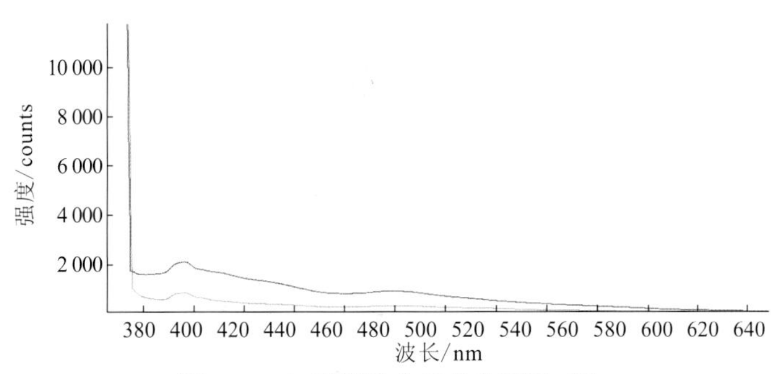

图 4.11　加反射镜前后荧光强度对比

绿色为加反射镜前；黑色为加反射镜后

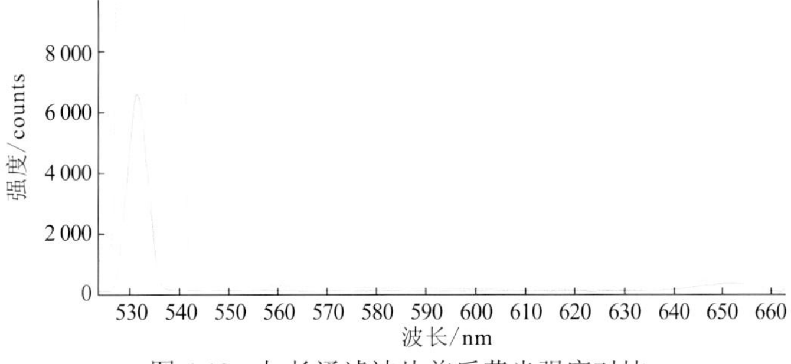

图 4.12　加长通滤波片前后荧光强度对比

绿色为加滤光片前；黄色为加滤光片后

4.1.3 共线聚焦式激光诱导荧光探测系统

共线聚焦式激光诱导荧光探测系统 LIF-C 以固态半导体激光器为激发光源、微型高光谱 CCD 相机为探测器件、共聚焦光学配置研制的海洋激光荧光探测系统，其结构示意图如图 4.13 所示。该系统设计中，使用 405 nm 的微型半导体固体光纤激光器，接收 360～1 000 nm 波段范围的微型光谱仪，透射长波荧光和反射激发光的二向镜滤光片 F1、反射光束的反射镜 M1 和 4 个聚焦透镜 L1、L2、L3、L4。由于采用微型激光器和微型光谱仪，整套装置只有 1.7 kg，轻巧便携，能很好地满足实地海上外业测量的需求。LIF-C 系统的实物图如图 4.14 所示，主要光学元件参数见表 4.3。

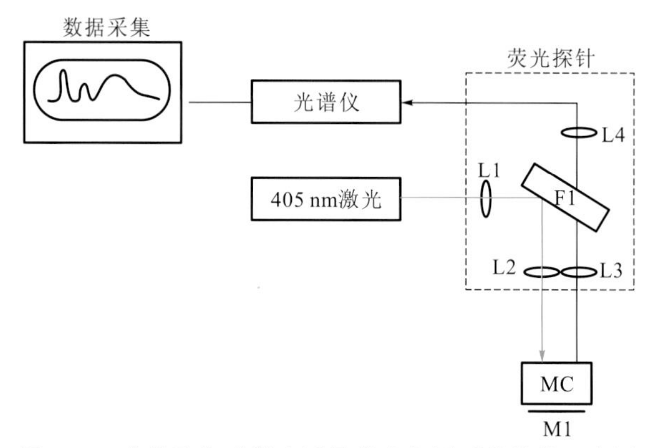

图 4.13 共线聚焦式激光诱导荧光探测系统结构示意图

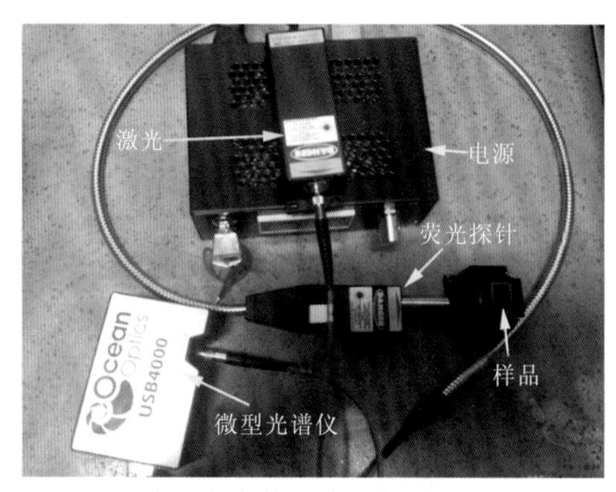

图 4.14 共线聚焦式激光诱导荧光探测系统实物图

表 4.3 LIF-C 系统主要光学元件参数

光学元件	产品型号	产品参数
激光器	MM-405-100 固体激光器（衍涉，中国）	λ=405 nm
	平均功率/mW	>100，功率可调
	脉冲宽度/ns	～7
	光束孔径/mm	～4. 0
	脉冲重复频率/kHz	10

续表

光学元件	产品型号	产品参数
CCD 探测器	USB4000-FL（海洋光学，美国）	360～1 000 nm
光纤	QP600-2-UV-VIS（海洋光学，美国）	600 μm Premium Fiber，UV/VIS
准直透镜	74-UV（海洋光学，美国）	1 cm 焦距，200～2 000 nm
长通滤光片	SPL-LP-450（谱镭，中国）	$\lambda>450$ nm
激光诱导荧光测量探头	SPL-FPB-405（谱镭，中国）	激发波长 405 nm，带光纤接口 SMA905
反射镜及反射镜支架套件	SPLFT-25.4（谱镭，中国）	$R>0.9$

在本系统中，选择上海衍涉生产的 MM-405-100 固体激光器，其具体性能指标规格参数如下。

输出波长：405 nm。光纤输出功率：>100 mW，功率可调。光纤规格：100 μm，FC/PC，1 m。功率稳定性：<3%，带温度控制系统。光束发散度：全角，<0.5 mrad。出光孔处光束直径：～4.0 mm。激光头尺寸：35 mm×35 mm×102 mm。工作电压：90～240 V AC。工作温度：10～35 ℃。预期寿命：10 000 h。驱动电源：一体化电源。

荧光探测装置选用的是海洋光学公司生产的 USB4000 微型光谱仪。USB4000 微型光谱仪可以很容易地跟其他海洋光学的产品配套使用，多数组件都有 SMA905 型连接器，使应用更灵活，可以选择的产品有光源、样品池、滤镜支架、流动池、光纤探头和传感器、准直透镜、衰减器、漫反射定标器件、积分球及大量的光纤产品[260]。

荧光探头采用的是 Y 形探头。该荧光探头采用同轴背向散射式光路，可以应用于各种形状的固体样品及液体样品的测试。内置的高性能滤光片组，可以将反射回来的激发光彻底滤除，同时保留高品质的荧光信号。该荧光探头适用于 405 nm 激发波长，通过 SMA905 光纤接口连接到光谱仪和光源。荧光探头实物图如图 4.15 所示，该荧光探头技术参数见表 4.4。

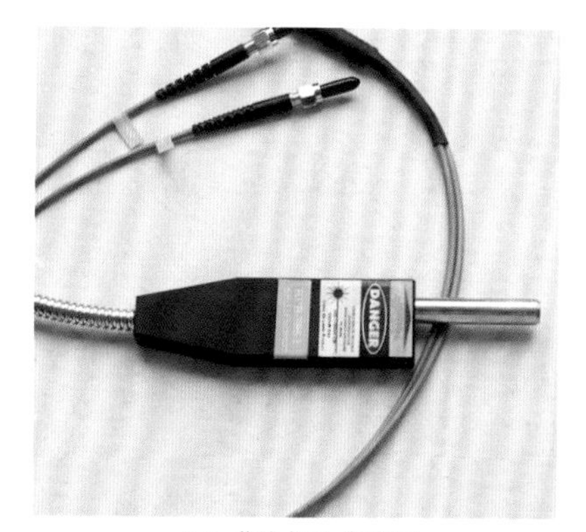

（a）荧光探头实物图

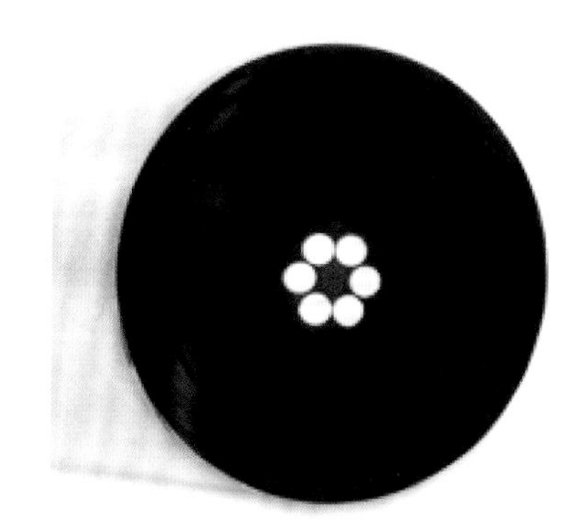

（b）荧光探头接收截面

图 4.15　荧光探头实物图及接收截面

表 4.4　Y 形荧光探头技术参数

规格	描述
采样头	黑色阳极氧化铝材质，4.2″×1.5″×0.5″（120 mm×38 mm×18 mm），头部（45 mm）
光谱范围	415～850 nm
激发波长	405 nm/1 线宽 1 nm

续表

规格	描述
工作距离	7.5 mm
光纤配置	可以连接不同芯径的光纤，推荐 400 μm、N.A.0.22 的光纤
滤光性能	可以将收集到的激发光彻底滤除，并且消除石英光纤产生的背景散射
物理性能	可以承受最大温度为 80 ℃
耦合系统	SMA 905 连接器

4.1.4 正交式激光诱导荧光探测系统

激光 Czerny-Turner 正交式激光诱导荧光探测系统 LIF-O 结构示意图如图 4.16 所示。该系统设计中，分别使用 405 nm 的微型半导体固体光纤激光器，接收 360～1 000 nm 波段范围的微型光谱仪，长通滤光片 F1，两个反射光束的反射镜 M1、M2 和 4 个聚焦透镜 L1、L2、L3、L4。该系统使用正交垂直式光学结构，减小了瑞利散射和拉曼散射所引起的背景噪声；在发射通路上将长通滤光片及带通滤光片配合使用，以抑制进入光谱仪的激光散射，提高检测器的信噪比。LIF-O 系统的实物图如图 4.17 所示，主要光学元件参数见表 4.5。

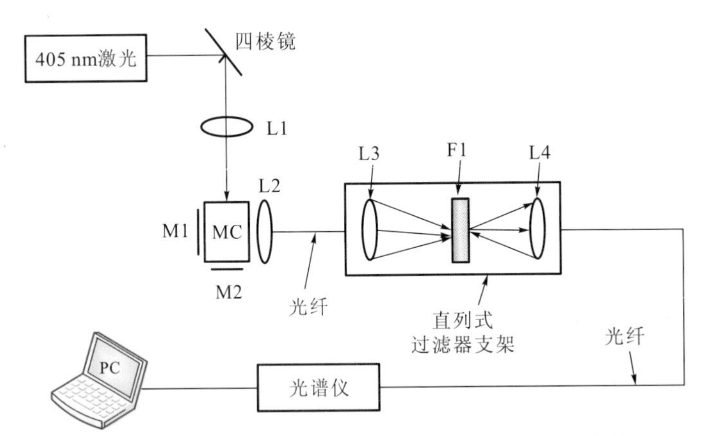

图 4.16 正交式激光诱导荧光探测系统 LIF-O 结构示意图

图 4.17 正交式激光诱导荧光探测系统 LIF-O 实物图

表 4.5　LIF-O 系统主要光学元件参数

光学元件	产品型号	产品参数
激光器	MM-405-100 固体激光器（波色，中国）	$\lambda = 405$ nm
	平均功率/mW	100
	脉冲宽度/ns	～7
	光束孔径/mm	～2. 0
	脉冲重复频率/kHz	10
CCD 探测器	USB4000-FL（海洋光学，美国）	360～1 000 nm
光纤	QP600-2-UV-VIS（海洋光学，美国）	600 μm Premium Fiber，UV/VIS
准直透镜	74-UV（海洋光学，美国）	1 cm 焦距，200～2 000 nm
长通滤光片	SPL-LP-450（谱镭，中国）	λ>450 nm
In-line 滤光片支架	INLINE-FH（海洋光学，美国）	8 mm
反射镜	SPLFT-25.4（谱镭，中国）	R>0.9
铝合金多孔固定板	GCM-3015M（大风，中国）	300 mm×450 mm×12.7 mm
不锈钢接杆	GCM-030134M（大恒，中国）	H76.2mm，Φ25.4

该系统选用上海衍涉公司生产的 MGL-III-405 nm 激光器，该激光器的优势是体积小、效率高、寿命长、可靠性好、光束质量好。该激光器的主要性能参数见表 4.6。

表 4.6　MGL-III-405 nm 激光器主要性能参数

参数	数值
波长/nm	405±5
输出功率/mW	>100
功率稳定性/%	<1
发散角/mrad	<1.5
光斑/mm	～2
振幅噪声/%	<1
工作温度/℃	10～35
预期寿命/h	10 000
激光头尺寸及质量	41 mm（L）×73 mm（W）×46.5 mm（H），0.6 kg
激光电源尺寸及质量	133 mm（L）×130 mm（W）×65 mm（H），1.2 kg

用于放置样品池、控制测量光路的荧光支架采用海洋光学公司生产的四向支架 CUV-UV-ALL，如图 4.18 所示。其优势在于采用多功能设计，可以进行荧光测量，也可以进行吸收测量。此外，添加可选的螺丝插头反射镜可以增加信号采集的效率。荧光支架的技术参数见表 4.7。采用谱镭公司生产的 SPL-LP-450 型长波通滤光片，能过滤掉波长小于 450 nm 的激发散射背景光，从而使大于 450 nm 的荧光波段通过，将激发光与发射的荧光区分开来。

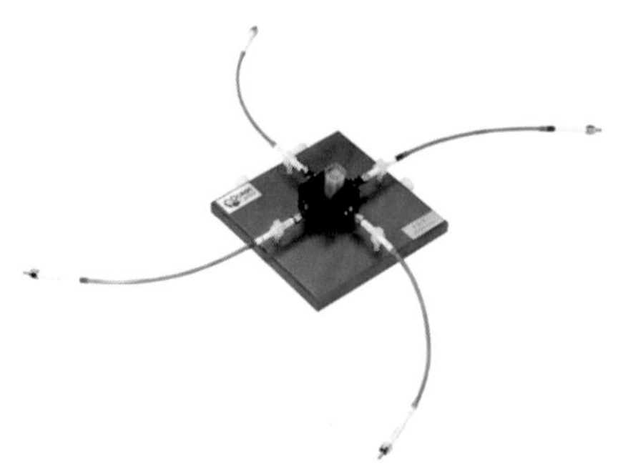

图 4.18　海洋光学多功能荧光四向支架 CUV-UV-ALL 实物图

表 4.7　CUV-UV-ALL 荧光支架技术参数

参数	描述
尺寸/mm	147×147×40
质量/g	540
光程长度/cm	1
Z 维度/mm	15
滤波缝隙宽/mm	6.35（1/4）
准直透镜	4 个 74-UV 熔硅透镜（200～2 000 nm）
水温度调节的输入设备	3.175 mm（1/8）NPT
光纤型号	SMA 905
可选荧光增强组件	2 个 74-MSP 反射镜

图 4.19　INLINE-FH 光纤耦合滤光片支架实物图

接收装置由光纤导入，为了使荧光光束通过滤光片后顺利耦合到接收光纤光路中，使用海洋光学公司生产的 INLINE-FH 光纤耦合滤光片支架。该滤光片支架两边接入光纤，里面放置需要使用的滤光片，能有较高的耦合效率，保证滤光片光路和光纤输入、输出光路之间的高效耦合。图 4.19 为该滤光片支架的实物图。

4.2　激光诱导荧光测量海洋水色参数方法

4.2.1　概述

CDOM 是近海或远海海水中广泛存在的一种重要的物质成分[261]，它在水生生态系统、水光学遥感和碳循环等领域起着重要的作用。CDOM 强烈的吸收特性严重影响了二类水体中的叶绿素反演精度[262]和藻类初级生产力模式的确定[263-265]。尽管如此，人们对 CDOM

的认识还存在严重不足，尚且无法确定 CDOM 在不同类型水体中的动态变化。其中一个重要的原因是缺乏高灵敏度、便携式、能够实时实地测量 CDOM 的光学仪器[266]。CDOM 通常被定义为水体中能通过 0.2 μm 过滤器的有色溶解物质，其吸收系数用 ag(λ)表示。吸收系数一般是用分光光度计或吸收光度计测量过滤后的水样得到的。实地测量 ag(λ)，需要在吸收光度计内部配置一个 0.2 μm 的过滤装置，例如 WET Labs 公司生产的 ac-9。但是长时间测量会使过滤装置受到污染，这样就会影响仪器的后续使用，使仪器难以长时间连续工作，进而导致吸收系数测量的复杂化[267]。在实验中，通常是通过测量 CDOM 的吸收系数来表示 CDOM 的浓度。然而，测量吸收系数首先需要对水样进行预处理，处理过程耗时费力。基于正交光学结构的激光诱导荧光仪器 LIF-O 能够实现快速、实时、实地反演水体 CDOM 吸收系数，为海洋一类、二类水体吸收系数参数的测量提供一种新的手段。

叶绿素 a（Chl-a）是浮游植物生物体的重要组成成分之一，它的时空分布表示了该区域海区的基本生态信息，对所在海区的赤潮监测和海洋生态动力学的科学研究具有重要意义。海洋水色遥感的一大目的就是监测海洋初级生产力的时空变化，而用来反映海洋初级生产力的一个重要指标就是浮游植物中的叶绿素 a 浓度。现有的很多用于反演叶绿素 a 浓度的算法只适用于以浮游植物为主的大洋水体。在物质来源和物质组成相对复杂的近岸二类水体，受 CDOM 吸收和泥沙散射的影响，叶绿素 a 反演的精度会严重下降。

悬浮泥沙浓度（suspended sediment concentration，SSC）是水色三要素之一，会直接影响水体的浑浊度、透明度等光学性质。悬浮泥沙颗粒具有一定的吸附作用，会对近岸海洋生物、地球化学过程产生重要的影响；悬浮泥沙的冲淤变化也影响着港口航道的变化及近岸工程的建设。此外，细颗粒泥沙也是各种污染物与营养盐的重要载体，由于污染物会依附在泥沙上，泥沙的运输转移会对污染物及营养盐的迁移和循环起到重要的作用。

在开阔的大洋一类水体的遥感反演中，CDOM 和悬浮泥沙含量较少，海水的光学性质主要由浮游植物决定，并且叶绿素 a 的浓度一般也不高，因此，使用蓝绿比值法已经足够。但是对近岸二类水体而言，蓝绿比值法已不再完全适用，这是因为 CDOM 和悬浮泥沙浓度在二类水体中都比较高，CDOM 对紫外波段有着强烈的吸收作用，而悬浮泥沙有很强的后向散射，它们的共同作用会影响整个离水辐亮度，进而影响遥感反射率光谱曲线，掩盖叶绿素 a 本身的光谱特征。因此，对于复杂的近岸或湖泊等二类水体甚至赤潮，激光荧光遥感会是水色遥感蓝绿比值法的重要补充[268]。

激光诱导荧光技术是一种能够快速进行环境监测的技术手段，它基于激光诱导水体中的荧光物质发射出荧光光谱，从而获取水体定性乃至定量的荧光团浓度及结构信息[269]。相较于传统的扫描式荧光分光光度计，激光诱导荧光仪器具有更高的光谱分辨率[270]；与常用的 LED 或氙灯相比，它具有更窄的激发波段范围，减少了拉曼散射波段和荧光光谱波段的光谱叠加[159]。在过去的 20 年中，已经有若干种激光诱导荧光装置被研发出来用于海洋环境监测，例如溢油污染[271]、藻类定量化或特性分析[272-276]、CDOM 的定量监测[277-281]、水体浊度和透明度的确定[282-284]。然而，现有的很多商业便携式荧光仪大多只使用几个离散的探测波段，没有提供足够多、足够精细的探测光谱，这并不能满足二类复杂水体的定量化研究[162]。

随着荧光光谱分析技术的发展，激发-发射光谱三维荧光光谱技术被广泛应用于水体环境参数的检测、CDOM 组成成分和动态变化的分析研究[285-291]。然而，此种类型的荧光光谱仪（例如日本 Shimadzu 公司的 RF5301）太笨重，无法携带出实验室，并不适合野外实地的测量，而且每次扫描测量要耗费很长一段时间[292-294]。近年来，很多公司开发出了便携式和侵入式的荧光计，可用于快速获取实时、实地、高时间频率的 CDOM 数据。例如美国 WET Labs 公司生产的 WET Star 和 ECO Puck 浸入式荧光仪，采用一个近紫外波段的 LED 光源，用来测量水中富里酸荧光团在 370/460 nm 激发发射波段的强度[295]。考虑成本，这类便携式仪器往往只使用固定的几个波段来测量特定的参数，而没有提供整个可见光范围的高光谱数据，难以适用于更复杂的水体环境[162,269]。

尽管激光诱导荧光雷达在国外很早就用于海洋环境监测，但是将激光诱导荧光雷达用于高浑浊二类水体测量的研究很少。采用自主研制的便携式激光诱导荧光仪进行海洋 CDOM、叶绿素及悬浮泥沙浊度的快速监测和高分辨率野外荧光测量，可以不用对水样进行预过滤，避免了常规吸收系数测量因为水样过滤等预处理耗时耗力的缺点。

4.2.2 反演模型

采用激光诱导荧光技术测量水色参数反演模型基于水色参数浓度与激光诱导荧光特征谱峰强度之间的线性关系。其中有三个关键问题：一是确定水体成分的特征荧光谱位置信息；二是确定特征荧光光谱强度信息；三是确定常规仪器测量结果与激光荧光探测系统测量结果的经验公式和反演系数。特征荧光谱位置信息可以采用先验知识指认或拟合函数光谱分解等方法。如在 355 nm 激发下，通过经验知识可以判断 CDOM 荧光峰位置通常在 405 nm 左右。激光诱导荧光技术测量水色参数反演模型流程如图 4.20 所示。

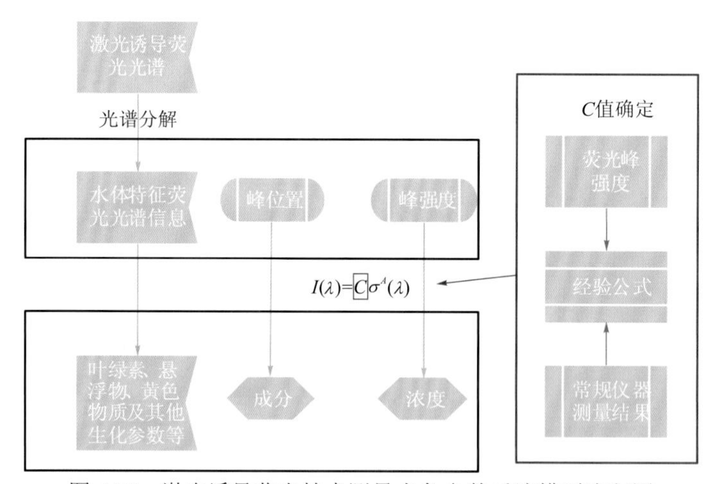

图 4.20 激光诱导荧光技术测量水色参数反演模型流程图

激光诱导荧光系统测量水色参数或其他生化参数通常可以分为三个层次[296]，如图 4.21 所示。第一个层次是利用机载或船载等激光诱导荧光系统获取大量激光诱导荧光实测数据。第二个层次是在实地测量中选择一些样品进行经验反演模型中反演系数推导的实验研究。第三个层次是在实验室中进行特征荧光光谱识别和经验反演模型的实验研究。这三个层次是相辅相成的：只有在实验室进行了光谱解析和模型的研究，才能保证实测数据的质量；实测数据的反演结果又会反过来对实验室研究结果进行补充和论证。

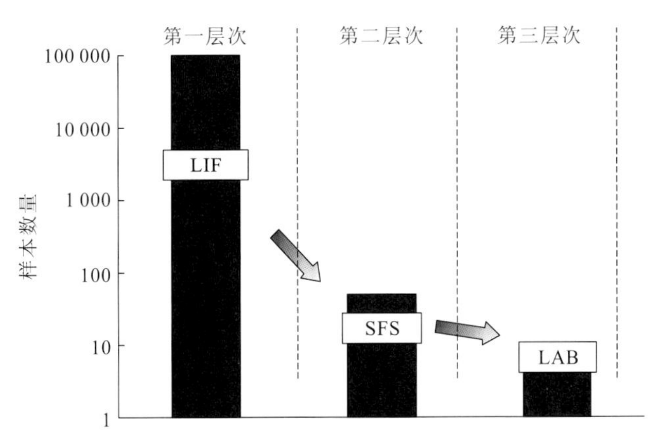

图 4.21　激光诱导荧光探测系统测量水体生化参数三个层次

LIF：激光诱导荧光系统；SFS：光谱荧光信号；LAB：实验室

1. LIF 反演水体参数经验模型

荧光光谱不仅可以识别海水中存在的各种成分（峰值位置），还可以反演水体成分的浓度信息（峰值强度）。用特征荧光光谱识别技术确认水体中的物质后，就可以根据荧光峰强度与浓度之间具有的相关关系确定物质的含量信息。运用特征荧光光谱技术是因为每个水体成分有其特定的荧光光谱成分，通常表现为特定的荧光峰。而根据激光荧光探测方程可知，荧光峰强度与水体成分浓度之间存在线性关系，基于荧光峰值强度经验模型反演算法可表示为

$$I(\lambda)=C\sigma^{A}(\lambda) \tag{4.9}$$

式中：$I(\lambda)$ 为波长为 λ 的荧光峰强度；C 为反演系数；$\sigma^{A}(\lambda)$ 为特定水体成分的浓度。需要确定的是荧光峰在 λ 处对应的物质成分和反演系数 C 的值，例如：在 355 nm 激光激发下，荧光谱 $\lambda=400$ nm 对应的是水体拉曼峰，$\lambda=450$ nm 对应的是 CDOM 荧光峰，$\lambda=685$ nm 对应的是 Chl-a 的荧光峰。

利用激光诱导荧光光谱反演水体成分浓度的关键是确认光谱中的荧光峰。峰值确认的过程涉及寻峰算法，常用的寻峰算法有比较法、导数法、插值法、卷积法、函数拟合法等，现在还没有一种公认的能够适用于各种情况的寻峰算法。受光谱结构的复杂性和统计涨落因素的影响，从荧光谱中准确地找到所有存在的峰是比较困难的，找到已经位于很高的本底上的弱峰，以及分辨出相互靠得很近的重峰更为困难。概括来说，在荧光谱分析过程中，对寻峰方法性能的基本要求如下：①具有比较高的分辨重峰的能力，并且能够确定相互之间距离很近的、近似重合的重峰的峰位；②能够识别弱峰，特别是已经位于高强度本底上的弱峰；③识别假峰的概率要小；④不仅要能计算出峰位的整数数值，还要能计算出峰位的小数点精确值，某些情况下，甚至要求峰位的误差小于 0.2 nm。

根据荧光峰强度与水体成分浓度的关系，线性或非线性关系的经验模型方法可以分为两种：一种是基于物质成分荧光特性的先验知识直接指认荧光峰方法；另一种是函数拟合分解荧光峰方法。

1）先验知识直接指认荧光峰方法

基于先验知识直接指认荧光峰方法，主要是基于水体物质成分的荧光特性等先验知识直接根据荧光光谱图中峰值位置确定所代表的水体组分，测量其长度（或峰面积），然后对每个对应的物质成分浓度进行统计、分析、比较，求得线性反演系数 C，将 C 应用到反演公式中，从而获得大量荧光采集数据反演的水体成分浓度信息。图 4.22 所示为 405 nm 激光激发下典型二类水体的荧光光谱及对应的荧光峰，需要确定的是每个特征峰的位置、峰值及所对应的物质成分。根据先验知识目视解译可知，470 nm 左右对应水的拉曼散射峰，CDOM 荧光峰位置在 508 nm 左右，藻红蛋白峰不明显，一般为 580 nm 左右，而 Chl-a 荧光峰一般集中在 685 nm 左右。

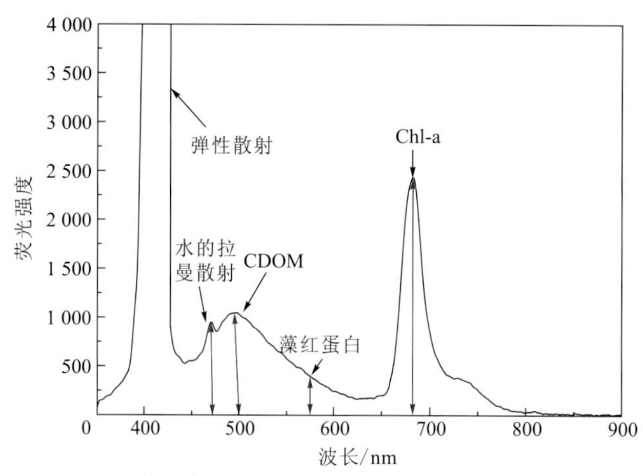

图 4.22　405 nm 激光激发下典型二类水体的荧光光谱及对应的荧光峰

2）函数拟合分解荧光峰方法

函数拟合分解荧光峰方法考虑水体各组成成分的荧光特性，以物质成分的荧光光谱特征出发建立间接反演算法。其基本思想是认为探测器获取的荧光光谱是由一系列物质成分的光谱组分叠加而成，因此，可以用一系列拟合函数对总的光谱进行分解，例如 Guass、Guassian、Bi-Guassian、GCAS、Lorentz、Voigt、Weibull 等各种典型拟合函数，从而获取各组分的荧光组分光谱，再使用基于荧光峰高度或荧光峰面积的方法进行反演。一般来说，可以使用函数拟合的方法将探测器获取的荧光光谱分解为水拉曼散射光谱、溶解有机物 DOM 光谱、藻蛋白光谱及叶绿素 a 组分光谱等一系列光谱组分。该方法的优势在于结合了水体成分荧光特性，可以从其发射的荧光特征出发进行分解。缺点在于难以找到一个适用于所有类型光谱组分的拟合函数，此外，拟合函数光谱分解的误差可能会传递到反演误差上去。

使用 origin 寻峰工具箱进行光谱分解和寻峰。CDOM 光谱是宽光谱，其光谱组分有很长的拖尾现象，右半峰通常比左半峰宽一些，可采用 Bi-Guassian 函数对其进行拟合。在 405 nm 激光激发的情况下，470 nm 处会激发水的拉曼散射峰，508 nm 位置会出现很宽的 CDOM 荧光峰。而 Bi-Guassian 函数能够很好地表示 CDOM 荧光谱很长的尾部特征，因此能很好地拟合水的拉曼峰光谱和 CDOM 宽光谱成分。确定了峰信息，就可以由峰高、峰宽和峰面积等参数反演确定水体成分的浓度信息。

2. LIF 反演水体参数半经验模型推导

由激光诱导荧光探测的简化方程可知，假定衰减系数 $c(z)$为常数，探测器接收到的荧光信号与水体物质成分浓度呈正比关系。实际上，由于物质成分浓度与衰减系数也有关系，而自然水体中的衰减系数受 CDOM、纯水吸收及悬浮颗粒吸收和散射等多种物质成分的影响，激光诱导荧光探测方程的简化形式可以表示为

$$P \sim \frac{n\eta}{(H)^2}\frac{1}{c} = \frac{n\eta}{(H)^2}\frac{1}{c}\frac{1}{c_{\mathrm{CDOM}} + c_{\mathrm{water}} + c_{\mathrm{spm}}} \tag{4.10}$$

式中：c_{CDOM} 为 CDOM 的衰减系数，由于 CDOM 是溶解性的物质，没有散射，故而可以用 a_{CDOM} 表示；c_{water} 为纯水的衰减系数，可以用 a_{water} 表示；c_{spm} 为悬浮颗粒物（suspended particulate matter，SPM）（包括藻类颗粒物和非藻类颗粒物）之和的衰减系数。由自然水体固有光学特性可知，衰减系数是吸收系数和散射系数之和，式（4.10）可以表示为

$$P \sim \frac{n\eta}{(H)^2}\frac{1}{c} = \frac{n\eta}{(H)^2}\frac{1}{a_{\mathrm{total}} + b_{\mathrm{total}}} = \frac{n\eta}{(H)^2}\frac{1}{[a_{\mathrm{ph}}(\lambda) + a_{\mathrm{g}}(\lambda) + a_{\mathrm{d}}(\lambda) + a_{\mathrm{w}}(\lambda)] + b_{\mathrm{bp}}} \tag{4.11}$$

式中：$a_{\mathrm{ph}}(\lambda)$ 为浮游植物颗粒吸收系数；$a_{\mathrm{g}}(\lambda)$ 为 CDOM 吸收系数；$a_{\mathrm{d}}(\lambda)$ 为非色素颗粒吸收系数；$a_{\mathrm{w}}(\lambda)$ 为水体吸收系数；b_{bp} 为颗粒后向散射系数。其中，$a_{\mathrm{w}}(\lambda)$ 是常数，可以使用 Pope 等的实验数据[297]。水体总吸收系数 $a_{\mathrm{total}}(\lambda)$ 的测量方法主要有两种：一是实验室分光光度计方法测量；另一种是现场水下分光光度计测量。水体总散射系数 b_{total} 可表示为颗粒后向散射系数 b_{bp}，主要由 HOBI 公司的 Hydroscat-6 测量得到。$a_{\mathrm{g}}(\lambda)$ 可以采用透射法，使用 PE Lambda 35 紫外可见光分光光度计，对经过 0.2 μm 的聚碳酸酯膜过滤后的水样滤液样品进行测量得到。而 $a_{\mathrm{ph}}(\lambda)$ 和 $a_{\mathrm{d}}(\lambda)$ 则是先用 0.7 μm 的玻璃纤维滤膜对现场水样过滤得到装备的膜样，然后利用带有积分球的 PE Lambda 950 紫外可见光分光光度计对膜样进行测量获取，其中 $a_{\mathrm{ph}}(\lambda)$ 的膜样是经过甲醇萃取后得到 $a_{\mathrm{d}}(\lambda)$ 的膜样。

CDOM 和 Chl-a 浓度可以由分光光度计测量，也可以由荧光仪测量结果反演得到[298]。相较于吸收系数的测量，荧光测量速度更快，而且精度更高。一旦参考波段的吸收系数 $a_{\mathrm{g}}(\lambda_0)$ 通过荧光反演得到，则吸收系数光谱曲线也能够通过式（4.12）很快确定[261,299]：

$$a_{\mathrm{g}}(\lambda) = a_{\mathrm{g}}(\lambda_0)\exp[-S_{\mathrm{g}}(\lambda - \lambda_0)] \tag{4.12}$$

式中：$a_{\mathrm{g}}(\lambda_0)$ 为波段 λ_0 的参考波段吸收系数；S_{g} 为吸收系数光谱斜率，反映吸收系数对波长的依赖性。已有研究发现，海洋、河流及河口区 CDOM 的荧光通常与 $a_{\mathrm{g}}(337)$ 或 $a_{\mathrm{g}}(355)$ 是线性相关的，而且使用荧光反演吸收系数的误差通常在 100%～150%误差范围内[267,300-302]。水体的总吸收系数 $a_{\mathrm{total}}(\lambda)$ 包括藻类颗粒 $a_{\mathrm{ph}}(\lambda)$ 和非藻类颗粒物的吸收系数 $a_{\mathrm{g}}(\lambda)$，以及纯水吸收系数 $a_{\mathrm{w}}(\lambda)$。由于 $a_{\mathrm{total}}(\lambda)$ 可以由实测的吸收系数光谱仪测量得到，若 $a_{\mathrm{g}}(\lambda)$ 通过荧光反演得到，则颗粒物吸收系数 $a_{\mathrm{ph}}(\lambda)$ 可以由公式 $a_{\mathrm{ph}}(\lambda) = a_{\mathrm{total}}(\lambda) - a_{\mathrm{g}}(\lambda) - a_{\mathrm{w}}(\lambda)$ 计算得到。

确定荧光强度与几种水体成分的固有光学参数之间的关系后，就可以得到荧光强度与这些固有光学量之间的关系方程，进而由矩阵算法反演得到水体成分的固有光学量和浓度信息。与基于荧光峰强度经验拟合模型相比，半分析模型具有更清晰的物理含义，算法的适用范围更广。但是由于人们对物质光学特性认识的不足，应用的模型不能完全描述物理

现象，加上参数估算偏差等原因，分析模型及半分析模型具有比较大的误差。

3. 两种经验反演模型对比实验

对比基于先验知识直接指认荧光峰经验模型反演结果与基于函数拟合分解荧光峰经验模型反演结果，具体步骤如下。先采集 12 组不同浓度的 CDOM 水样，然后在实验室测量 12 组不同浓度 CDOM 水样的荧光光谱曲线，最后将两种反演结果进行对比。图 4.23 为 12 组水样的荧光光谱使用 Bi-Gaussian 函数拟合的方法进行光谱组分去卷积的结果，可以看到拟合效果很好，对于有很长拖尾特征的 CDOM 荧光谱，Bi-Gaussian 函数模型也能取得很好的效果。图 4.24 为两种方法反演结果比较，由图可知，基于函数拟合分解荧光峰的方法显著提升了反演结果。

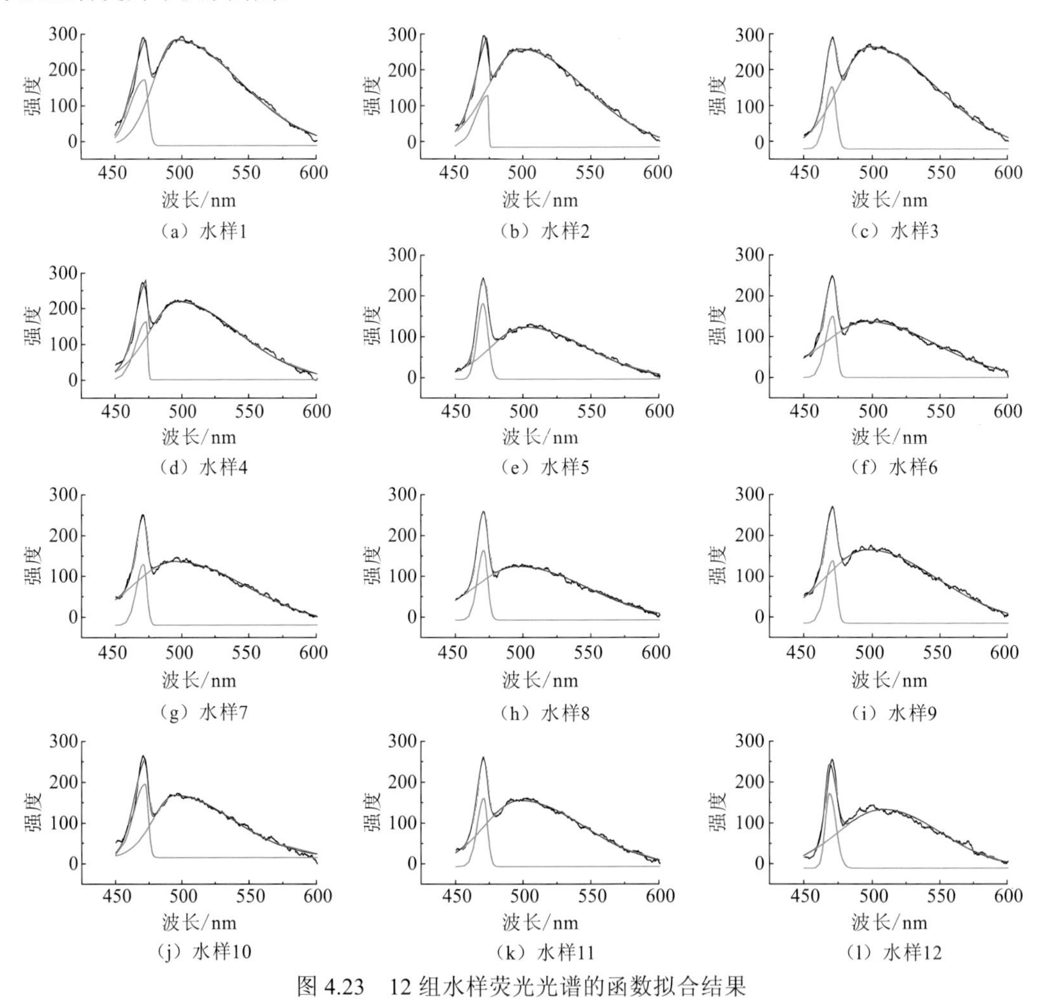

（a）水样1　（b）水样2　（c）水样3　（d）水样4　（e）水样5　（f）水样6　（g）水样7　（h）水样8　（i）水样9　（j）水样10　（k）水样11　（l）水样12

图 4.23　12 组水样荧光光谱的函数拟合结果

绿色曲线为基于荧光峰强度的光谱组分结果；红色曲线为基于拟合函数的去卷积结果；黑色曲线为浅水正交偏振通道

但是，需要注意的是，没有一种光谱函数适用于所有光谱。有时候进行了函数拟合后，反而将拟合的误差传递到了反演结果中，降低了反演精度。这些情况需要根据具体的问题具体分析。为了提高理论上的精度，可以将水体各种物质成分的吸收、散射、衰减等固有光学量对信号回波强度的影响加入反演方程。

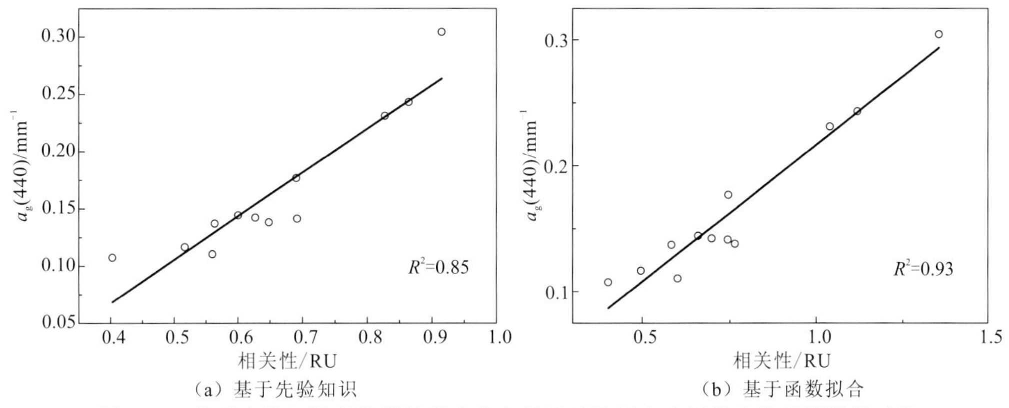

（a）基于先验知识　　（b）基于函数拟合

图 4.24　基于先验知识直接指认荧光峰与基于函数拟合分解荧光峰反演结果对比

4.2.3　近海实测数据采集

东海位于我国大陆东边，陆架北宽南窄、北缓南陡，为西北太平洋的一个边缘海[303]。东海长江口航次是在 2013 年 4 月进行的，共在长江口的邻近海区采集了 17 个点位数据，在长江口采集了 7 个点位数据。另外于 2012 年 12 月在西湖中心为 30.246° N、120.146° E 的区域采集了 25 个点位数据，于 2013 年 5 月在千岛湖 29.560° N、118.923° E 和 29.615° N、119.018° E 区域内采集了另外 6 个点位数据。总共有 55 个点位用于 CDOM 吸收系数和激光诱导荧光测量。在实验室中使用可见-分光光度计测量水样的吸收系数，过滤 3 天后测量完毕。荧光测量使用的是本章介绍的激光诱导荧光装置及实验室扫描式荧光光谱仪。pH、温度、浊度及盐度测量使用的是 Eureka 公司的 Manta 多参数水质监测仪。

珠江口航次是在 2013 年 12 月进行的，总共在珠江口及邻近海区采集了 23 个点位的数据。

杭州湾航次于 2014 年 5 月 16～22 日进行，测量水体参数原位数据及激光诱导荧光数据。杭州湾位于上海市和浙江省之间，是东海的一个入口，也是钱塘江河口的出口，它是一个典型的漏斗形海湾。每年从长江交换的平均的水量和沉积物总量分别为 925×10^9 m^3 和 486×10^6 t。因此，研究本地区的水体生物光学特性是很重要的。在杭州湾共设置 21 个站位，供研究水质参数沿经纬度的分布规律。

4.2.4　实测数据及测量方法

海水样品的采集、测量原理和方法，依据的是 NASA 卫星海洋水色传感器验证的海洋光学规范[304]。

水样采集使用的是 1.5 L 树脂玻璃采水器。水样倒入 1 L 的琥珀玻璃瓶中并且在船上即时过滤。采水器和琥珀瓶首先要用盐酸清洗，并且每次要用采集的水样冲洗 3 次。过滤之前，所有的实验器具和储瓶都要用 10%的盐酸冲洗，并用 Milli-Q 超纯水清洗。

CDOM 过滤过程中，使用 0.2 μm 的滤膜过滤，并倒入 60 mL 的棕色瓶中（事先在 450 ℃烘烤 5 h），然后保存到冰箱中待处理。在进行 CDOM 吸收测量之前，所有的样品要在黑暗环境中使温度回升到室温。使用 Shimadzu 公司的 Lambada35 紫外可见分光光度计进行吸光度光谱测量。Lambada35 测量波长范围为 250～900 nm，光谱分辨率为 1 nm。在测量之前，需要将仪器预热 30 min，并进行超纯水基底测量来消除温度的影响，因为吸收系数会被温度影响，尤其是红外波段[305-306]。为此，首先制备 1 L 超纯水，置于专用洗瓶中，静置 12 h 以上，去除水中细小气泡。为确保超纯水的质量，在制备之前，取少量超纯水，利用荧光法，设置激发波长为 250 nm，获得超纯水 300～700 nm 的荧光光谱曲线。将该光谱与纯净水的光谱曲线进行比较，也可与以往超纯水光谱曲线或其他实验室制备超纯水的光谱曲线进行对比。曲线趋近于零且相对平直为佳。测量结果应该类似基线光谱，在 400～700 nm 波段光谱曲线平直。如果光谱曲线未平直，首先用乙醇擦拭比色皿内壁，然后用纯净水清洗，再倒入超纯水进行测量直至光谱曲线平直。测量好吸光度后，使用式 $a_{g}(\lambda)=2.3\times A(z)/L$[307]求取 CDOM 的吸收系数，其中 $A(z)$为吸光度大小，L 一般为 0.1 m。在实验室中，使用 Shimadzu 公司生产的 RF-5301 荧光光谱仪对 CDOM 进行测量，该光谱仪测量范围为 300～900 nm，光谱分辨率为 1 nm。超纯水基线校正被用来消除拉曼荧光峰。

CDOM 水样过滤使用聚碳酸酯膜，颗粒物水样过滤使用 0.2 μm Whatman GF/F 玻璃纤维膜。水样预处理在每个站位采集水样后立刻进行，过滤后的样品滤膜要进行冷冻保存。量杯、滤膜等都要用 10%盐酸浸泡 15 min 以上，然后用纯水冲洗[308]。实验室测量吸收系数前，样品要放在黑暗环境中逐渐升至室温[309]。实验过程中，先测量总颗粒物的光学密度，然后利用甲醇对滤膜上的颗粒物进行提取和去除色素，最后利用分光光度计测量得到色素颗粒物和非色素颗粒物的吸收系数[310]。温度、pH、浊度、溶解氧及盐度使用 Eureka 生产的 Manta 多参数水质仪进行粗略测量。叶绿素 a 实验室荧光测量使用的是 Trilogy 公司生产的 Turner 荧光仪。由测得的荧光值可以得到叶绿素浓度[311]：

$$\varphi_{\text{chl-a}}=(11.85F_{647}-1.54F_{664}-0.08F_{530})\times\frac{v}{VL}$$

式中：F 为荧光强度；v 为稀释体积；V 为实际样品体积；L 为比色皿光程。

总悬浮物浓度采用大洋水体悬浮物的测量方法，过滤水样采用 0.45 μm Whatman GF/F 滤膜过滤，然后在冰柜中冷冻保存。实验室内，将滤膜置于 40 ℃恒温烘干并称重。总悬浮物（total suspended matter，TSM）称重使用的是精确电子天平，计算得到总悬浮物浓度。无机悬浮颗粒物（悬浮泥沙）浓度的测量步骤如下：在小坩埚中放入总悬浮物滤膜，先用酒精燃烧滤膜，然后用马弗炉在 500 ℃高温下烧 1 h，除去悬浮体样品中的有机物质，最后放凉称重，获得无机悬浮颗粒物的含量；经过高温燃烧后损失的是有机物质，因此，总悬浮体含量减去无机悬浮物含量即可得到有机悬浮物的含量。

CDOM 浓度可以由分光光度计测量结果得到，也可以由荧光仪测量结果反演得到[298]。一旦参考波段的吸收系数 $a_{g}(\lambda_{0})$ 从荧光反演得到，则吸收系数光谱曲线也能够通过式（4.12）很快确定[261, 299]。

若 $a_{g}(\lambda)$ 通过荧光反演得到，则颗粒物吸收系数 $a_{ph}(\lambda)$ 可以由式 $a_{ph}(\lambda)=a_{total}(\lambda)-a_{g}(\lambda)-a_{w}(\lambda)$ 反演得到。

激光诱导荧光测量采用基于正交 Czerny-Turner 光学结构的激光诱导荧光仪。它包含一个蓝紫激光的激发光源、聚焦透镜、两个反射镜、一个长通滤波片及光谱探测器。测量过程中，激光进入样品池后，激发的荧光会经过透镜，从 CCD 光谱仪的狭缝进入探测器。CCD 通过 USB2.0 接口连接到电脑。

激光器采用的是重复频率达 10 kHz 的高重复频率半导体固体激光器，这是因为使用高重复频率激光器能提高荧光测量的信噪比[312]。光源供电采用的是波色公司生产的 PSU-H-FDA 电源，自带风扇，能够提供稳定的能量，并且能够控制激光器的温度。在测量时，水样会通过缓冲池进入流动比色皿，然后从废液池排出。光谱接收采用的是海洋光学公司生产的 Spectra Suite 软件，用于记录荧光光谱数据。该软件有光谱仪参数设置、图像显示设置、光谱叠加、暗电流校正、杂散光校正、boxcar 像素平滑及峰值提取等功能，而且可以跨平台运行在多个系统上。

使用便携式共线聚焦光学结构的便携式激光诱导荧光仪[313-314]进行几个航次的荧光参数测量。整个系统由一个 405 nm 的蓝紫激光、一个带有二向镜的荧光探头及一个微型 CCD 光谱仪构成。在样品池中还放置了一个反射镜，以提高荧光采集的效率。二向镜的作用是将激光散射光滤掉，保证只有长波段的荧光波段通过，从而避免激光散射光对荧光光谱的影响。整套系统只有 1.7 kg，而且体积很小，运输便捷，非常适合便携式实地测量。

通常来说，每次测量分为两个步骤：无激发时背景光测量和激光激发时荧光测量。每次测量背景光会被减掉，如图 4.25 所示。

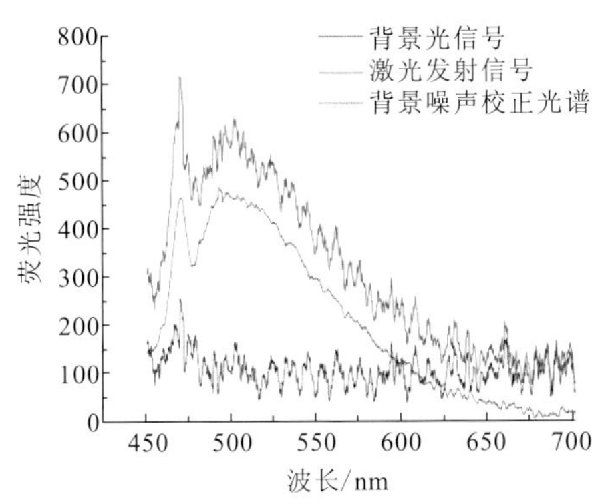

图 4.25　激光诱导荧光减去背景光测量结果

4.2.5　实验结果和分析

便携式共线聚焦激光诱导荧光探测系统 LIF-C 可用于各种不同类型水体（海洋及内陆水体）的荧光测量。图 4.26（a）所示为不同类型水体激发下的 LIF-C 激光诱导荧光光谱。激光诱导荧光光谱可以看作水体多种组分的叠加谱，包括水的拉曼波段、CDOM 波段及叶绿素 a 波段。其中：685 nm 对应的是叶绿素 a 的荧光峰；470 nm 附近对应的是水的拉曼荧光峰；508 nm 对应的是 CDOM 荧光峰。该结果表明此种激光诱导荧光探测系统可以同时用于水体多个参数的测量。图 4.26（b）所示为 2014 年航次杭州湾海区激光诱导荧光测量光谱结果。从图中可以很明显看到：CDOM 荧光峰比较高，这可能是钱塘江水进入杭州湾带来的陆源影响；而较低的叶绿素 a 荧光峰可能是因为杭州湾高浑浊度水体影响了太阳光在水体中的穿透距离，从而影响了藻类的光合作用。

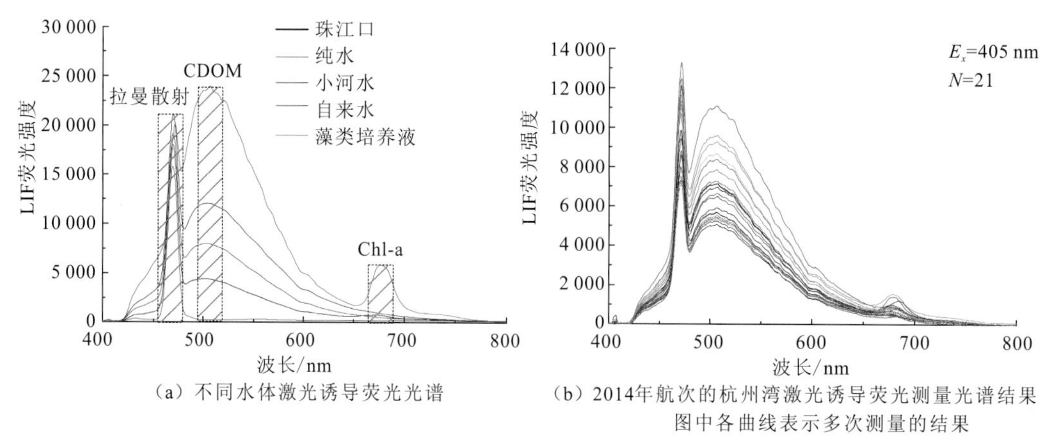

（a）不同水体激光诱导荧光光谱　　（b）2014年航次的杭州湾激光诱导荧光测量光谱结果图中各曲线表示多次测量的结果

图 4.26　不同类型水体的 LIF-C 激光诱导荧光光谱以及杭州湾海域激光诱导荧光测量光谱结果

为了评价仪器在测量水色三要素的表现，对激光诱导荧光测量结果和实验室商业仪器测量结果进行比较。由图 4.27[315]可知，激光诱导荧光反演结果和实验室测量的浓度具有很好的线性相关性。图 4.27（a）所示为 CDOM 吸收系数与荧光测量结果的相关性分析，其相关系数达到 0.90。图 4.27（b）所示为叶绿素 a 浓度与荧光反演结果对比，相关性达到 0.88。图 4.27（c）所示为 TSM 浓度与反演结果相关性对比，相关性达到 0.86。由此可知，激光诱导荧光装置具有与商业仪器类似的性能。

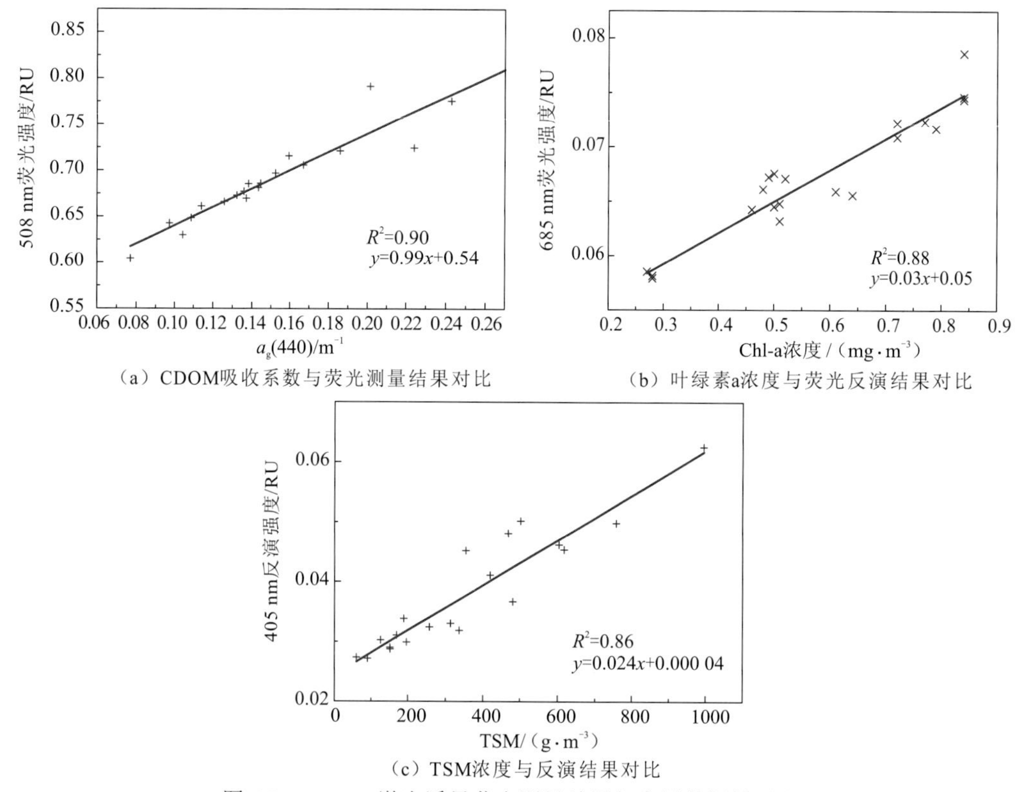

（a）CDOM吸收系数与荧光测量结果对比　　（b）叶绿素a浓度与荧光反演结果对比

（c）TSM浓度与反演结果对比

图 4.27　LIF-C 激光诱导荧光测量结果与实测数据的对比

由实验结果分析可以得到利用激光诱导荧光探测系统 LIF-C 测量杭州湾海区的水色参数经验模型反演的线性公式分别为 $y=0.99x+0.54$、$y=0.03x+0.05$、$y=0.024x+0.000\,04$，见表 4.8。

表 4.8　LIF-C 系统测量水色三要素经验模型反演线性公式

水色要素	$y = ax + b$	系数 a	系数 b	相关系数 R^2
CDOM	$y = 0.99x + 0.54$	0.99	0.54	0.90
Chl-a	$y = 0.03x + 0.05$	0.03	0.05	0.88
TSM	$y = 0.024x + 0.000\,04$	0.024	0.000 04	0.86

采用 origin 中提供的 allometric1 幂函数进行两种测量的非线性拟合，该函数公式为 $y=ax^b$，其拟合精度有了稍许提升。求得利用激光诱导荧光系统 LIF-C 测量杭州湾海区的水色参数经验模型 allometric1 反演公式分别为 $y=1.08x^{0.23}$、$y=0.07x^{0.22}$、$y=0.005x^{0.34}$，见表 4.9。

表 4.9　LIF-C 系统测量水色三要素经验模型 allometric1 幂函数反演公式

水色要素	$y = ax^b$	系数 a	系数 b	相关系数 R^2
CDOM	$y = 1.08x^{0.23}$	1.08	0.23	0.91
Chl-a	$y = 0.07x^{0.22}$	0.07	0.22	0.88
TSM	$y = 0.005x^{0.34}$	0.005	0.34	0.82

利用激光诱导荧光测量的水体光学参数分析杭州湾的生化参数的光学荧光特性分布情况。叶绿素 a 和 CDOM 的拉曼校正荧光强度的分布如图 4.28 所示。由图可知，叶绿素 a 的拉曼荧光强度分布在 0.057～0.079 RU，而 CDOM 的拉曼荧光强度分布在 0.603 0～0.834 1 RU。由图 4.28 还可以看到，叶绿素 a 荧光呈现中间小、两头大的趋势，而 CDOM 荧光随着河水从杭州湾流入东海逐渐减小。这些荧光强度的分布是与河口系统的水团分布和水团特性密切相关的，说明河水和海水的混合作用影响了 CDOM 和叶绿素 a 的分布[316]。

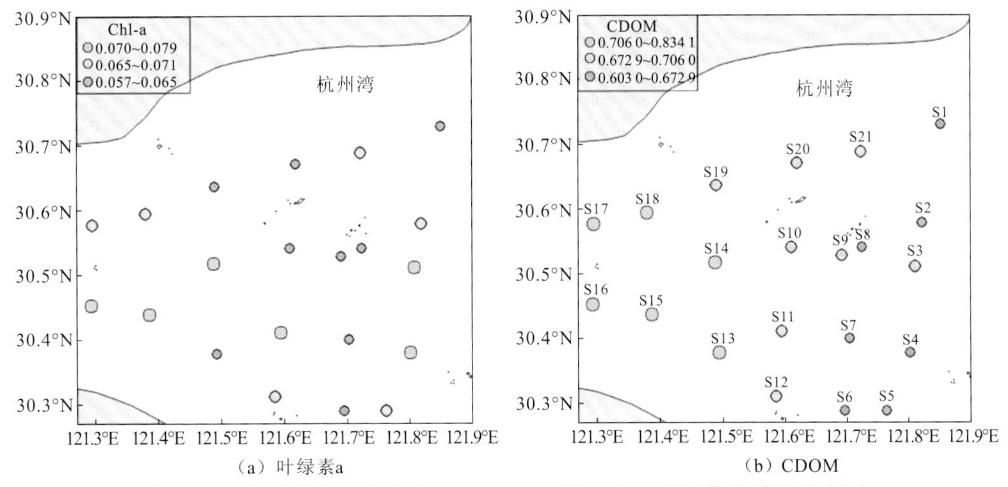

（a）叶绿素a　　（b）CDOM

图 4.28　杭州湾海区叶绿素 a 和 CDOM 的 LIF-C 测量荧光结果分布图

为了更好地研究这些荧光特性的空间变化，讨论激光诱导荧光结果与各种物理、生物、化学参数之间的相关性，如盐度、温度和溶解氧。结果发现，CDOM 荧光强度和盐度具有很好的负相关关系［图 4.29（a）］，而与温度有很好的正相关性［图 4.29（b）］。此外，叶绿素 a 荧光强度与盐度有负相关关系［图 4.29（c）］，与温度有正相关关系［图 4.29（d）］；

而且叶绿素 a 荧光强度会随着溶解氧浓度和 CDOM 荧光强度增加而增加[图 4.29（e）和图 4.29（f）]。

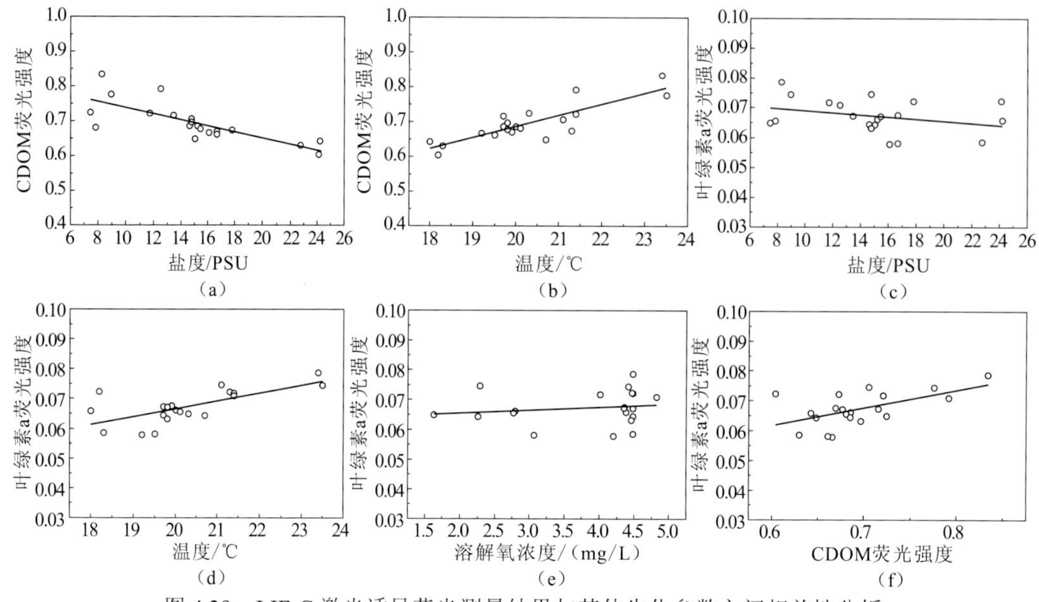

图 4.29　LIF-C 激光诱导荧光测量结果与其他生化参数之间相关性分析

使用正交式激光诱导荧光测量系统 LIF-O 测量几种不同水体环境中的荧光参数。图 4.30（a）所示为 LIF-O 系统测量圆海链藻的激光诱导荧光光谱的典型结果。由图可知，荧光光谱可以看作纯水的拉曼光谱、CDOM 荧光波段及不同藻类色素波段的叠加光谱，反映了激光诱导荧光反演多种水体参数的能力。利用 LIF-O 系统测量东海海区 CDOM 结果分布图如图 4.30（b）所示，可以看到 CDOM 荧光强度随着江水从长江口流向近海呈逐渐减小的趋势。CDOM 荧光强度分布在 0.51～1.19 RU，长江口的荧光强度在 0.91 RU 以上，而邻近长江口近海的 CDOM 荧光强度降低为 0.51～0.91。

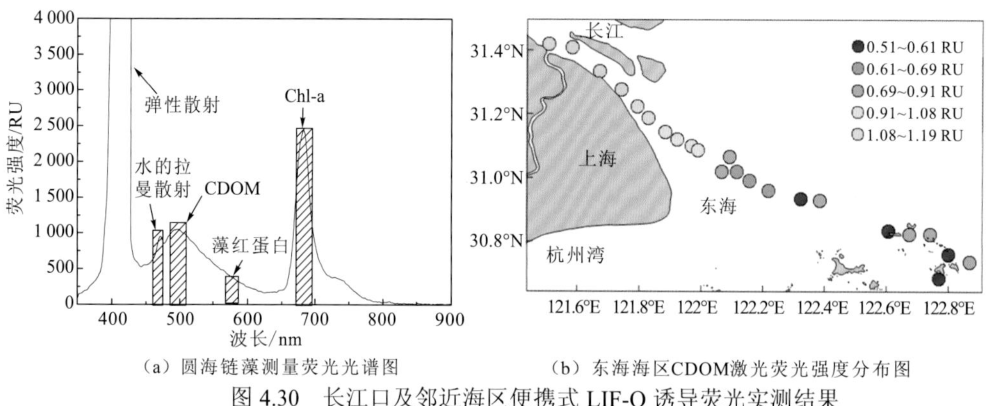

（a）圆海链藻测量荧光光谱图　　（b）东海海区CDOM激光荧光强度分布图

图 4.30　长江口及邻近海区便携式 LIF-O 诱导荧光实测结果

由图 4.31 可以看到，LIF-O 系统测量结果和实验室分光光度计测量结果在长江口点位上具有良好的一致性。而且 CDOM 荧光强度和吸收系数都随着江水从长江口流向近海呈逐渐减小的趋势，这是河水和海水混合保守性行为导致的结果：在靠近河口的地方，河口冲淡水占主要因素；在靠近近海区域，河口冲淡水和外海水混合起着重要的作用。图 4.32 为长江口海区 CDOM 吸收系数与 LIF-O 激光诱导荧光测量结果分布趋势图比较。图 4.32（a）为吸收系数分布图，图 4.32（b）为激光诱导荧光测量结果分布图。可以明显看到两者具有良好的分布趋势一致性，表明 LIF-O 系统测量结果是比较准确的。相较于吸收系数的测量需要水样过滤等预处理过程，利用激光诱导荧光探测系统测量避免了预处理耗时、耗力的烦琐流程。

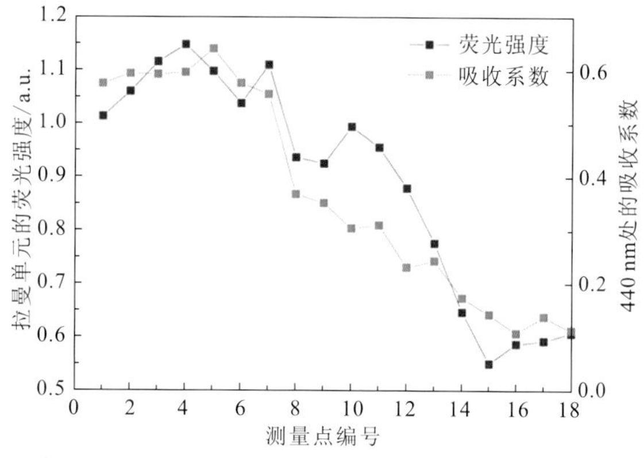

图 4.31　LIF-O 测量与分光光度计测量结果对比

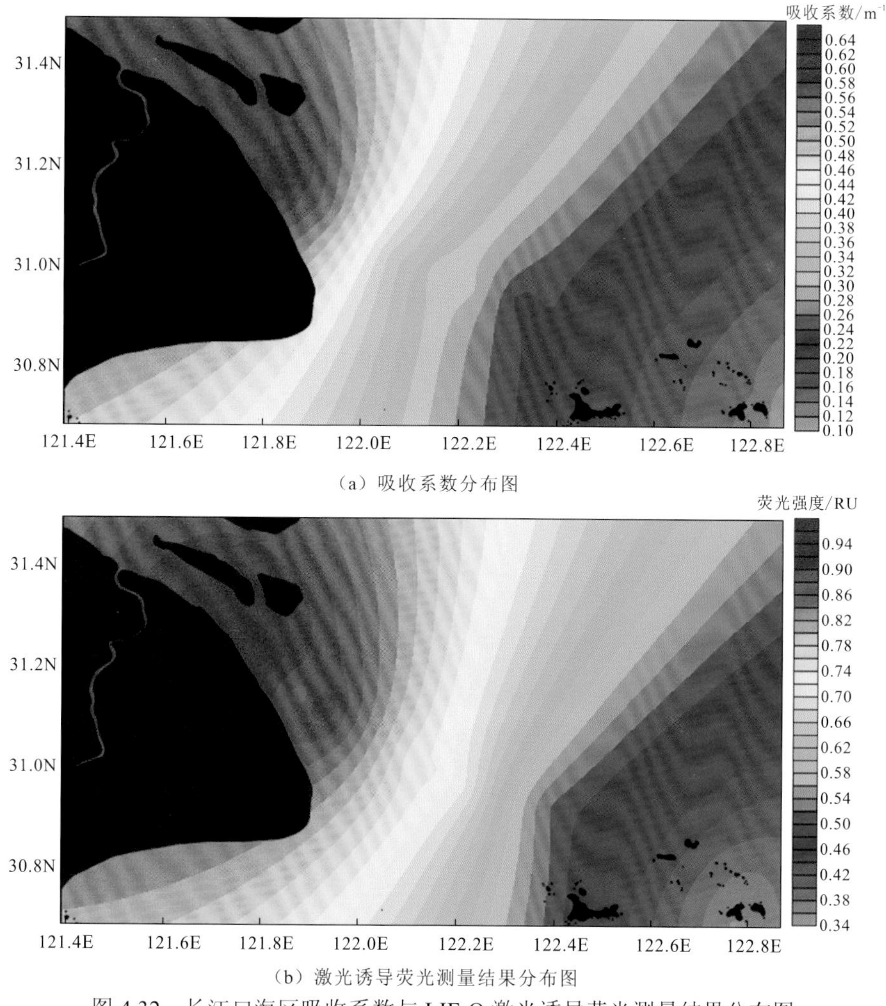

（a）吸收系数分布图

（b）激光诱导荧光测量结果分布图

图 4.32　长江口海区吸收系数与 LIF-O 激光诱导荧光测量结果分布图

使用 440 nm 波段的吸收系数 $a_g(440)$用作 CDOM 吸光度指示参数，是因为藻类色素最大吸收处于 440 nm。如图 4.33 所示，$a_g(440)$随着水环境的不同而不同：在东海近海其值为 0.10～0.37 m^{-1}，平均值为 0.19 m^{-1}；在长江口区域其值为 0.55～0.64 m^{-1}，平均值为 0.59 m^{-1}；在千岛湖区域其值为 0.18～0.25 m^{-1}，平均值为 0.21 m^{-1}；在西湖区域其值为 0.19～0.49 m^{-1}，平均值为 0.39 m^{-1}。利用激光诱导荧光测量的经过超纯水拉曼光谱校正后的荧光强度也随水环境的变化而变化：在东海区域荧光强度值为 0.40～0.96 RU，平均值为 0.71 RU；在长江口区域荧光强度值为 1.05～1.18 RU，平均值为 1.10 RU；在千岛湖区域荧光强度值为 0.52～0.71 RU，平均值为 0.61 RU；在西湖区域荧光强度值为 0.17～0.75 RU，平均值为 0.71 RU。试验结果发现，CDOM 激光诱导荧光强度与吸收系数 $a_g(440)$有着良好的相关性［$FL = 1.088a_g(440)+0.466$；$R = 0.940$，$N = 55$］。反演与实测均方根拟合误差为 0.06 RU，平均绝对偏差为 0.04 RU。

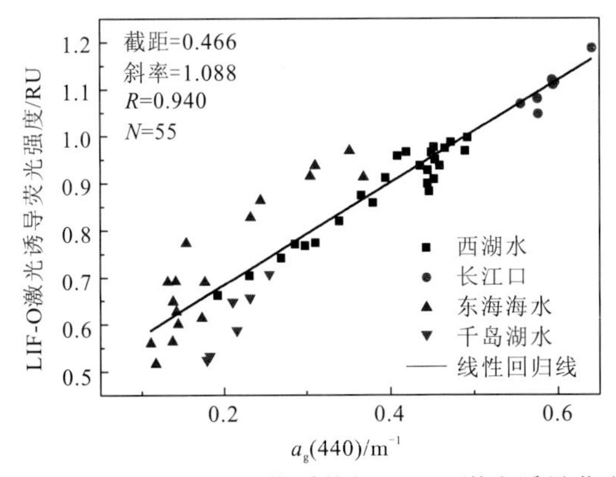

图 4.33　55 个站位水样 440 nm 吸收系数与 LIF-O 激光诱导荧光强度相关性

比较激光荧光仪实测结果与实验室扫描式荧光仪 RF-5301 测量结果之间的相关性，如图 4.34 所示，激光诱导荧光测量结果与实验室测量结果具有很好的相关性（$R=0.950$，$N=25$）。激光诱导荧光测量平均值为 0.71 RU，处于 0.17～0.75 RU；而实验室荧光仪测量范围是 0.36～0.53 RU，平均值为 0.48 RU。不同的荧光强度是因为两种仪器的探测器响应不一样。显著的相关性表明本章所述的激光诱导荧光测量精度能达到实验室复杂的扫描式荧光光度计的精度。

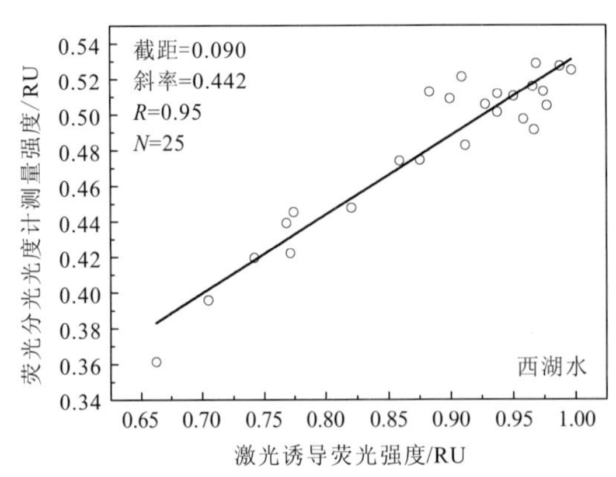

图 4.34　激光诱导荧光实测结果与实验室荧光分光光度计测量结果对比

利用 LIF-O 系统进行珠江口航次的测量实验，实验结果如图 4.35 所示，发现测量的荧光强度分布和吸收系数分布与长江口海区测量结果一样具有良好的一致性。由此可知，利用本章的激光诱导荧光雷达实验系统来测量水体参数含量是有效和准确的。

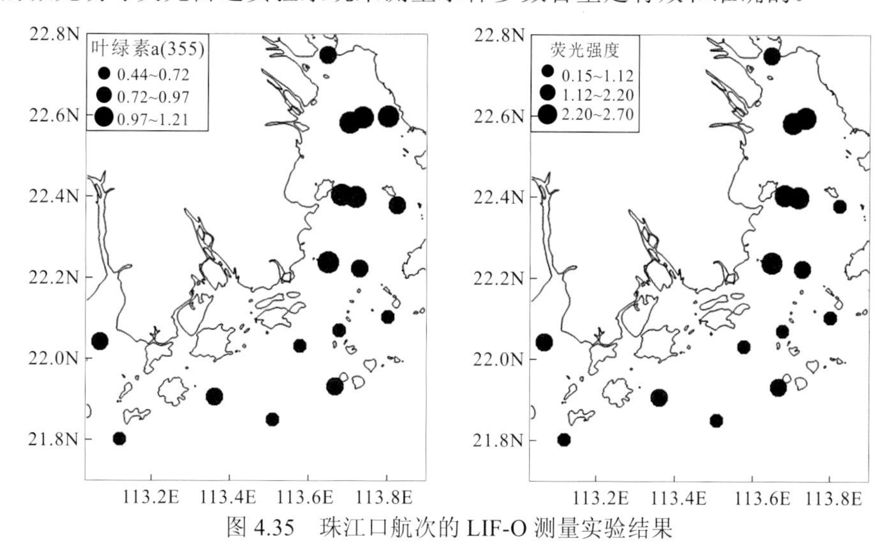

图 4.35　珠江口航次的 LIF-O 测量实验结果

由 CDOM 荧光与盐度的负相关关系，可以知道 CDOM 在长江口海区及杭州湾等河口区域都呈现保守混合性行为，这种现象在以前的诸多文献中也有介绍[264,317-318]。这种现象表明杭州湾及长江口水体中 CDOM 主要来源于淡水，CDOM 浓度受淡水和海水保守混合作用的影响。在杭州湾航次中发现的叶绿素 a 荧光强度呈现中间低、两头大的现象，可能是由不同类型水团的相互作用造成的。因为杭州湾两头的水团相互作用强，带来了持续的营养物质的交换。此外，温度和溶解氧也与叶绿素 a 浓度紧密相关，是藻类生长的重要因素，由图 4.30 可以发现这个结论，而藻类也是 CDOM 的一个来源。总的来说，荧光性质的空间分布特征是与区域水团特性和其影响范围紧密相关的，因为河口区是受陆源水团和海洋水团共同作用影响的。因此，对水体参数荧光空间分布和特性的认知对于了解河口区生物地球化学进程是很重要的。现有存在的实验室或野外仪器不能完全满足高频、高空间分辨率、长时间序列测量日益增长的需要[162]。便携式激光诱导荧光仪可以从某一方面补充对不同类型水体高频、高空间分辨率、长时间序列水体参数测量的需要。

设计两种便携式激光诱导荧光仪用于不同水体中水色参数浓度的测量。基于正交式和共线聚焦式激光诱导荧光仪是一个性价比高、耗能少、小型便携的激光诱导荧光实验系统。使用高频激光器和宽波段高光谱微型光谱仪，可以满足小型便携及高精度的测量需求，不需要烦琐样品预处理步骤，避免因为预处理对水体中高分子物质的不可逆损害。使用激光诱导荧光测量反演水色参数吸收系数及浓度是依据两者之间具有很好的线性相关性，这与之前的研究结果也是相一致的[267,298,300-301,319-320]。激光诱导荧光强度与 CDOM 吸收系数相关性达到了 0.94，说明荧光测量可以作为提供一个快速间接估算 $a_g(\lambda)$的手段。但 CDOM 吸收系数与荧光有时也会因为 CDOM 化学成分的差异导致其相关性很差。因此，可以利用荧光测量反演 CDOM 吸收，但不能完全替代吸收测量结果。考虑 CDOM 吸收系数与荧光之间反演方程的系数通常会随不同区域有差异，采用区域性的算法来应对不同的水体环境。对 CDOM 分布和光谱特性的了解对确定 CDOM 源、成分和趋势有很重要的作用[321]，特别是在动态变化和水体复杂的河口海区域。激光诱导荧光探测系统能够提供快速、高空间分辨率、高时间分辨率、长时序的测量，对了解近岸二类水体复杂环境的生物地球化学具有很重要的意义。

4.3 激光诱导荧光区分赤潮藻种类技术

4.3.1 概述

考虑便携性和高光谱接收等因素，使用自行研制的共线聚焦式激光诱导荧光探测系统LIF-C[314]进行探测。使用 Bi-Guassian 拟合函数分解荧光光谱，提出一种描述光谱形状的指示因子用于区分不同赤潮藻，取得了不错的结果[322]。

浮游植物大多是体积微小的藻类，它们吸收二氧化碳（CO_2）进行光合作用并释放出氧气（O_2）。在大多数的水生态系统中，它们处于食物链最底层[323]，是海洋和淡水初级生产力的主要来源[324]。浮游植物群落组成会随空间和时间的差异而不同[325]。因此，对浮游植物群落组成的确认需要在空间上和时间上进行高频、高空间分辨率的测量[326]。我国海区的主要赤潮藻是甲藻和硅藻，正确有效区分甲藻和硅藻是很重要的[327]。现有的藻类区分方法主要有耗费人力的显微镜方法[328-330]、高效液相色谱（high performance liquid chromatography，HPLC）方法[331-332]、荧光光谱分析方法[273,333-334]、基于吸收光谱的方法[335-337]等。而这些方法大都不能在野外使用，而且空间分辨率很低、测量仪器昂贵、耗费人力[338]。在这些方法中，荧光光谱分析方法因为可以在野外使用，并且能测量活体而被越来越多使用[267,288,339]。激光诱导荧光技术是基于激光诱导荧光光谱信息来获取活体藻类或溶解有机物定性、定量的信息[278,281,340]。与传统的荧光仪器（如 LED 光源、氙灯）相比，激光能够提供更高灵敏度和更有效率的激发，能够减少拉曼波段和荧光波段的重叠[341]。

荧光光谱分析法用于区分浮游植物群落的原理是：不同类型的天线和辅助色素存在于不同类型的藻类之中，且这些不同色素具有不同荧光特征，因此特征荧光光谱也不同，而这些差异可以被荧光仪器监测到[342-343]。不同色素会激发出不同特征的荧光[344-345]。主要的荧光光谱分析方法有小波分析法[346-347]、线性判别分析法[326-348]、波段比值法[349-350]、主成分分析（principal component analysis，PCA）法[351]。这些方法认为荧光光谱是由一系列光谱组分叠加组成，对光谱组分进行分解，可以提取特定的光谱特征，用于确定和区分不同物质[296]。

4.3.2 海洋藻类水体荧光特性分析

荧光属于光致发光，能够产生荧光的物质叫荧光物质，具备两个基本条件：①激发光要能被荧光物质的分子所吸收，通常具有大型结构，一般有苯环结构；②具有平面刚性结构。复杂海水中的荧光物质有 DOM、叶绿素、藻胆蛋白、油类物质。荧光物质主要可分为两部分：由 DOM 及溶解蛋白质等产生的“溶解”荧光；由浮游植物的光合色素及藻蛋白产生的“颗粒”荧光[352]。海水中的主要荧光物质见表 4.10。

表 4.10　海水中主要的荧光物质[352]

荧光物质	激发/nm	发射/nm
UV 类腐殖质	380～460	230～260
类蛋白质（酪氨酸）	305～310	225～230，275
Vis 类腐殖质（陆源）	420～480	320～360
陆源富里酸	390	509
陆源富里酸	455	521
Vis 类腐殖质（海洋来源）	370～420	290～310
不明类物质（与浮游植物生产力有关）	370	280
叶绿素	660	398
类蛋白质（色氨酸）	275	340～350，225～230

1. CDOM 荧光特性

CDOM 是化学组成相对复杂的一种混合物，由多种化合物组合而成，具有高分子量，是 DOM 中重要的生物光学部分，具有在紫外光和可见光区的吸收特性及荧光特性，在海洋及全球生态系统中起着重要作用，是水色三要素之一。

海洋中的荧光溶解有机物（fluorescent dissolved organic matter，FDOM）指海洋水体中 CDOM 可以产生荧光的组分，它的理化性质对研究海洋表层水体的光化学特性、水色遥感、浮游植物的初级生产力，以及生态系统的结构与功能等都有着重要作用[352-353]。近年来，一般根据 CDOM 光学特性的不同区分它的组分及结构组成。对 CDOM 荧光性质的研究，可以根据 FDOM 的化学结构与化学性质的差异，对其组分进行分类。一般可以分为两类荧光物质：类蛋白（protein-like）荧光物质和类腐殖质（humic-like）荧光物质[354]。

Coble 等概括的海洋中 CDOM 荧光峰位置见表 4.11[355]。

表 4.11　海洋中 CDOM 荧光峰位置情况

荧光峰	荧光物质类型	激发/nm	发射/nm
D（类蛋白）	类络氨酸	220～230	300～310
S（类蛋白）	类色氨酸	220～230	320～350
B（类蛋白）	类络氨酸	270～280	300～310
T（类蛋白）	类络氨酸	270～280	320～350
A（类腐殖质）	类腐殖质	250～260	380～480
M（类腐殖质）	类海生腐殖质	310～320	380～480
C（类腐殖质）	类腐殖质	330～350	420～480

FDOM 能够吸收可见光和紫外光，因此，它成为研究卫星海洋浮游植物初级生产力所必须了解的一个关键参数。它可以通过影响水体中的太阳辐射，即影响透射的波段范围，进而影响海洋表层的浮游植物初级生产力及其生态系统结构[356]。此外，FDOM 的光降解还能反映 DOM 的活性及循环特征，因此，它通常具有明显的环境及生物效应[357-360]。

FDOM 是复杂的混合物，它们的荧光谱是由各种组分光谱叠加而成的，在不同的激光激发波长的诱导下，其荧光光谱也会呈现不同的特征。这是由于不同成分的荧光效率不一样，从而造成荧光强度也不同，对整体荧光谱贡献的不同造成了荧光谱的变化。在设计 FDOM 的荧光仪器时，可以根据不同组分的荧光效率选择一个最佳的激发波长，从而获取最好的激发效率。

腐殖质是一种形状不定的大分子聚合物，通常含有多类活性较高的化学官能团（芳香结构、共轭双键等），具有较高的荧光效率。根据其结构不同，腐殖质可分成腐殖酸和富里酸两种。由于两者光谱峰都通常较宽，会出现相互重叠的现象，在一般的荧光光谱中，很难将它们区分开。通常来讲，富里酸虽然有较小的分子量，但其荧光信号较强，最大发射波长通常较短；而腐殖酸分子量和共轭程度都比较大，其芳香化程度较高，但其荧光效率较低，会发生激发和发射光波长红移的现象[361]。

海水中类腐殖质主要有两类来源，一类是以陆源径流作为输入源（陆源腐殖质），另一类是由海洋生物活动所造成（海源腐殖质）。对于近岸海域，类腐殖质以陆源输入为主，因此其浓度相对较高；而对于远离河流影响的开阔大洋区域，其局部海区是自生来源占优势，其浓度相对来说较低[352,362]。

两类的物质及化学结构的差异在荧光特性上有所反应，可以通过荧光特性来区分陆源腐殖质和海源腐殖质。海源腐殖质所激发和发射的波长通常会出现蓝移现象，反映了水从陆地流向大海的过程中，其腐殖质的分子量逐渐减少的过程[352]。Coble 和 Stedmon 等现场测量了从外海水到河流中的腐殖质出现最大荧光强度时的激发波长和发射荧光波长，结果依次为：海洋真光层激发/发射最大波长为 299/389 nm；海洋深层激发/发射最大波长为 340/438 nm；近岸海区激发/发射最大波长为 342/442 nm；浅海过渡区激发/发射最大波长为 310/423 nm；河流区域激发/发射最大波长为 340/448 nm[285,363]。因此，可以利用 CDOM 的荧光特性和荧光特征光谱技术来示踪河流、河口及沿岸不同来源的水团。

在东海实测 CDOM 的荧光光谱表明，CDOM 的荧光光谱通常较宽，其荧光峰位置不像叶绿素 a 荧光峰位置固定在 685 nm 附近，而是随激发光和 CDOM 化学混合物性质变化。图 4.36 所示为在实验室测量的不同类型海水的 CDOM 的荧光光谱图[364]。由图可知，河口区海水的荧光谱强度最强，可能是由于该水域浊度较高、散射强度强，造成多次荧光激发，从而整体增强了荧光强度。

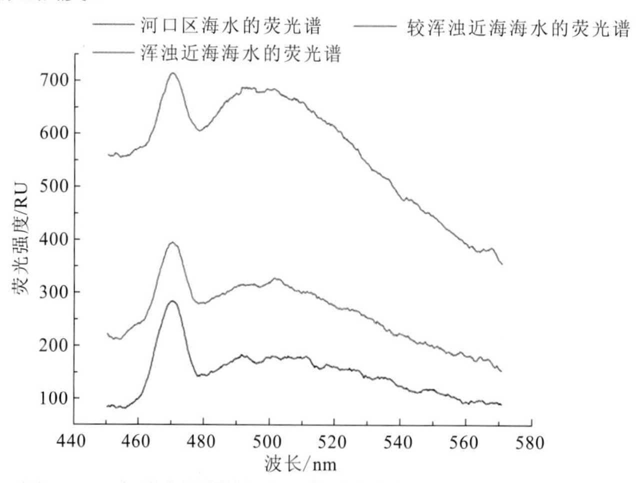

图 4.36　实验室测量的不同类型海水的 CDOM 荧光光谱图

此外，比较长江口区域与靠外海区域的 CDOM 光学特性结果。实验发现：靠外海区域的 CDOM 吸收系数范围为 0.10～0.4 m^{-1}，荧光强度值为 0.5～1.0 RU；长江口区域的 CDOM 吸收系数范围为 0.5～0.7 m^{-1}，荧光强度值为 1.0～1.2 RU。靠外海区域的 CDOM 吸收系数和激光诱导荧光强度都普遍小于长江口区域，如图 4.37 所示。靠外海区域的吸收系数值集中在 0.1～0.2 m^{-1}（65%位于这个范围），而长江口区域的值集中在 0.5～0.6 m^{-1}（86%位于这个区间）。同样，靠外海区域的激光诱导荧光强度主要集中在 0.5～0.7 RU（59%位于这个区间），而长江口区域的值集中在 1.0～1.2 RU。这种分布情况揭示了 CDOM 无论是吸收系数还是荧光强度都会随着水从江河口流向外海有逐渐减小的过程，这是水流向近海的稀释冲淡作用的结果。近海处较高的吸收系数和荧光强度是受陆源输入影响的结果；而远海处较低的值很可能是受陆源输入和海水混合共同作用影响的结果。

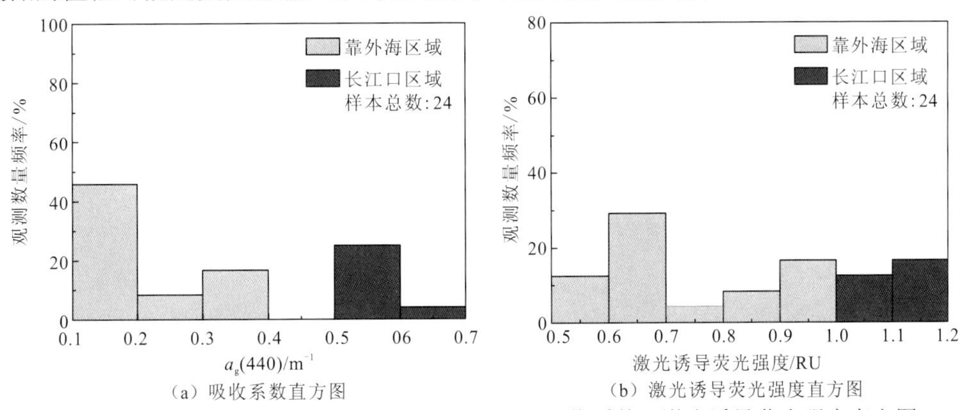

（a）吸收系数直方图　（b）激光诱导荧光强度直方图

图 4.37　长江口及邻近海区实测 CDOM 440 nm 吸收系数及激光诱导荧光强度直方图

随着水从长江口流向近海，盐度范围在 0～29.2 psu 变化。测量结果发现，$a_g(440)$和荧光强度在盐度为 0 区域的值几乎是盐度>25 区域的 2 倍。在盐度为 0 的区域，$a_g(440)$和荧光强度与盐度关系都显示一个快速下降的过程。而在中盐度（3～20 psu）区域，荧光强度和吸收系数与盐度都有良好线性相关，都随着盐度增大线性减小。这种现象揭示了 CDOM 在中盐度区域的混合保守性行为。而在高盐度（>25 psu）区域，荧光强度和吸收系数与盐度不再线性相关（图 4.38）。吸收系数与盐度的关系同荧光强度与盐度的关系有一个近似的趋势，出现这种现象的原因有可能是海水在长江口区域受长江水与高浊度杭州湾水的冲刷，而在远离近海的区域受近海水和远海水的混合稀释冲刷作用。

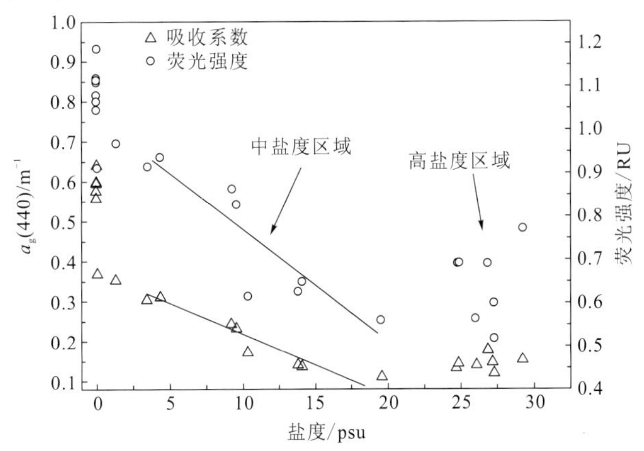

图 4.38　LIF-O 系统实测发现长江口区域 CDOM 混合保守性行为

2. 浮游植物荧光特性

海洋浮游植物的光合作用是在叶绿体中进行的，其主要色素是叶绿素 a，此外，叶绿素 b、叶绿素 c 及辅助色素如胡萝卜素等也会参加光合作用过程。因此，研究藻类的荧光特性对了解浮游植物光合作用过程有很大帮助。叶绿素 a 的荧光峰位于 685 nm 附近。藻胆素（phycobilin）作为藻类中的主要光合色素，通常仅存在于红藻和蓝藻中，与蛋白质相结合形成藻胆蛋白，主要分为藻蓝蛋白、藻红蛋白和别藻蓝蛋白三类。

藻蓝素主要吸收的是橙黄光，藻蓝蛋白主要存在于蓝藻中，其吸收峰位置在 620 nm 附近，故显示出蓝色。藻红素主要吸收的是绿光，而且它们能够将所吸收的光能传递给叶绿素，用于光合作用。藻红蛋白主要存在于红藻中，其吸收峰在 565 nm 附近，所以显示出红色。藻胆蛋白其本身显示为亮丽的天蓝色，在蓝紫光激发下会发出强烈的荧光。在 355 nm 和 532 nm 的激光激发下海水中浮游植物荧光峰位置见表 4.12。

表 4.12　355 nm 和 532 nm 激光激发下海洋浮游植物荧光峰位置　　（单位：nm）

浮游植物荧光成分	355 nm 激光激发		532 nm 激光激发	
	峰值	峰值范围	峰值	峰值范围或宽度
叶绿素 a	—	—	685	670～695
叶绿素 b	—	—	665	—
CDOM	450	380～600	560	—
藻红蛋白	—	—	560/590	12/17
藻胆红素	—	—	560	12

叶绿素、类胡萝卜素和藻胆色素是三类主要的光合色素。藻类等浮游植物在进行光合作用系统 I 和光合作用系统 II 的同时也会发射出荧光。在光合作用过程中，光合作用系统 II 中的捕光复合体会首先吸收其所需要的光能，未参加光合作用的能量则会被用于非光化学过程中，通常会释放出热量，剩下约 5%能量就会发射出荧光[365]。

由上面光合作用过程可知，荧光是弱光信号，比吸收的光能总量要小很多，一般不会超过入射光能量的 5%，荧光发射光的波长要长于吸收光波长，向长波方向偏移[268]。

叶绿素荧光分析方法具有检测迅速、手续简洁、反应灵敏、定量化，以及对植物无破坏、外部干扰较少的优点。它既可以用于叶片、叶绿体和藻类的研究，也可以用于遥感生态群落的研究。它既可以是室内光合作用理论基础研究的先进工具，也是室外自然条件下用来诊断植物体内的光合机理、光合作用运转状况，分析植物对逆境响应机理的重要方法[366]。

在实验室培养 12 种藻类用于分析它们各自的荧光特性，然后测量它们对 405 nm 激光激发的发射荧光光谱，用于确定典型水色三要素的特征荧光光谱特征。藻类溶液中含有 CDOM、叶绿素，可以在实验室内培养并测量，为水体成分反演和激光荧光反演系统提供参考。表 4.13 为测量的藻类的名称及其所属的种属。

表 4.13　实验室用来分析藻类荧光特性培养的藻种

序号	名称	藻种	门
1	强壮前沟藻	*Amphidinium carterae Hulburt*	甲藻
2	隐秘小环藻	*Cyclotella cryptica*	硅藻
3	旋链角毛藻	*Thalassiosira pseudonana*	硅藻
4	海洋原甲藻	*Prorocentrum micans*	甲藻
5	米氏凯伦藻	*Karenia mikimotoi*	甲藻
6	锥状斯克里普藻	*Scrippsiella trochoidea*	甲藻
7	多列拟菱形藻	*Pseudo-nitzschia multiseries*	硅藻
8	血红哈卡藻	*Akashiwo sanguinea*	甲藻
9	球形棕囊藻	*Phaeocystis globsa*	金藻
10	赤潮异湾藻	*Heterosigma akashiwo*	隐藻
11	球等鞭金藻	*Isochrysis galbana*	金藻
12	海洋卡盾藻	*Chattonella marina*	卡盾藻

图 4.39 为 405 nm 激光激发下所测藻种的激光诱导荧光光谱图。由图可知，在 405 nm 激光激发下，有明显的拉曼散射峰（470 nm）、CDOM 峰（508 nm）及叶绿素 a 荧光峰（685 nm）。不同藻类的荧光效率不一样，叶绿素 a 荧光峰形状也不一样，该特征可以用作藻种类别识别的依据，从中建立特征荧光光谱库，从而为反演和系统设计提供参数支持。

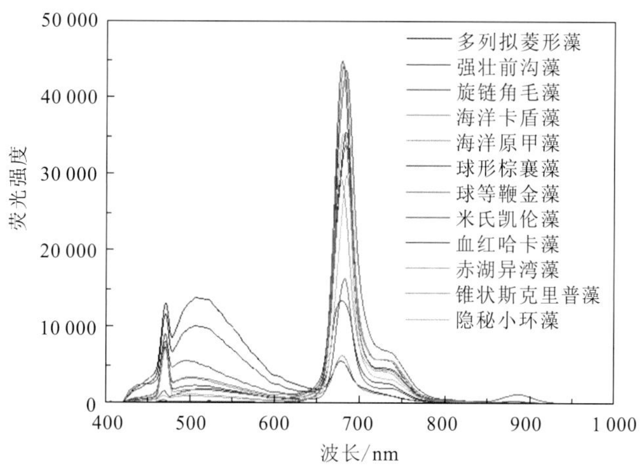

图 4.39　405 nm 激光激发下的 12 种赤潮藻激光诱导荧光光谱图

对培养的藻类进行激发-发射三维荧光光谱实验。图 4.40 为球形棕襄藻、赤潮异湾藻及海洋原甲藻 3 种藻类在不同的激发光激发下的激发-发射三维荧光光谱图。从图中可以看到，叶绿素 a 的激发峰在 500～600 nm，其荧光发射峰在 670～720 nm；而 CDOM 在 500～600 nm 的激发峰是由激发光倍频到 250～300 nm，其真实激发峰在 250～300 nm，而其发射荧光峰在 350～450 nm。因此，在设计海洋激光荧光探测系统时，测量 CDOM 所需的激发波段应选在 250～300 nm，测叶绿素激发波段应选在 500～600 nm。

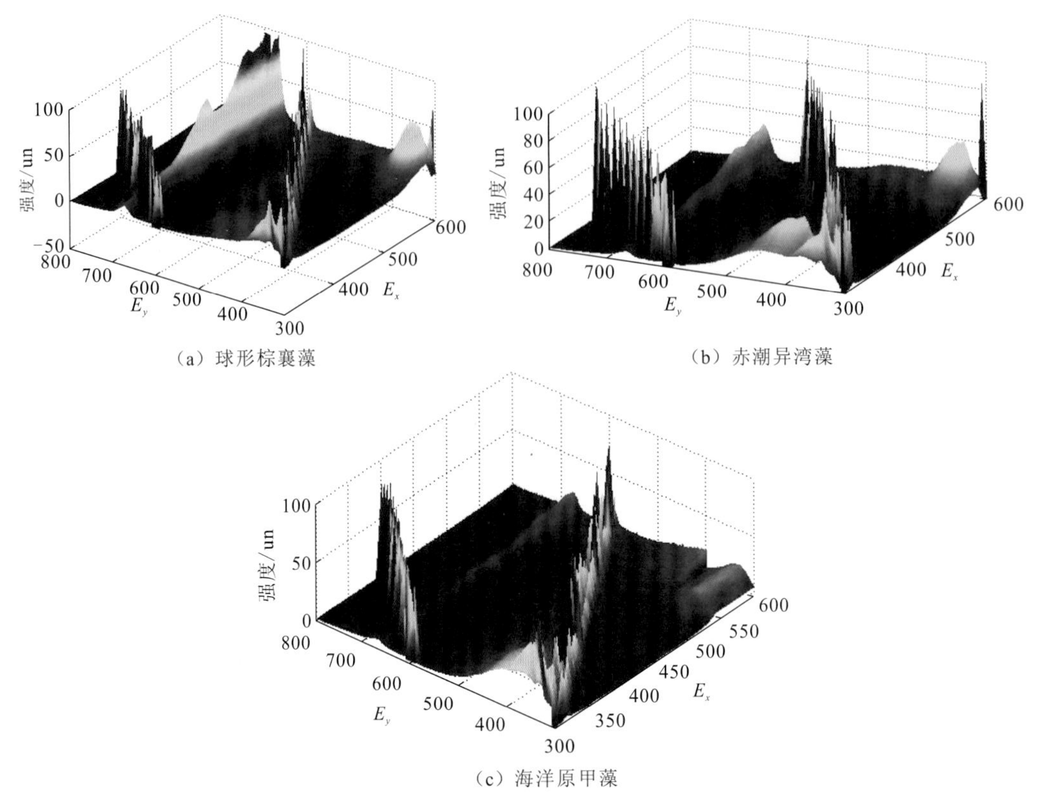

（a）球形棕囊藻　　（b）赤潮异湾藻　　（c）海洋原甲藻

图 4.40　球形棕囊藻、赤潮异湾藻及海洋原甲藻在不同激发光激发下的荧光光谱

3. 特征荧光光谱识别

海洋激光探测系统向海水中发射激光，激光通过气-水界面。通过海水荧光激发的回波信号 $P(t)$ 是由几部分信号一起组成的，包括来自水体、大气、海底及海表的信号，可表示为

$$P(t)=P_{\mathrm{W}}(t)+P_{\mathrm{atm}}(t)+P_{\mathrm{bot}}(t)+P_{\mathrm{sur}}(t) \tag{4.13}$$

式中：回波信号 $P_{\mathrm{W}}(t)$、$P_{\mathrm{atm}}(t)$、$P_{\mathrm{bot}}(t)$ 及 $P_{\mathrm{sur}}(t)$ 分别为来自水体、大气、海底及海表的回波信号。

$P_{\mathrm{W}}(t)$ 是其中需要了解的信号，携带了海水中的光学信息，包括海水中的浮游植物及悬浮泥沙等的米散射信号，以及叶绿素 a、CDOM、藻红蛋白和藻胆蛋白等的荧光信号，还包括海水中的拉曼散射信号和微小颗粒（如细菌）的瑞利散射信号。

$P_{\mathrm{atm}}(t)$ 是激光在空气中传播的能量信号，主要由空气中较大颗粒的米散射、气体分子瑞利散射及天空背景光组成。

$P_{\mathrm{bot}}(t)$ 是海底反射光，如果海水深度较深，这部分无法检测到。

$P_{\mathrm{sur}}(t)$ 是海表的反射光，它的大小受激光入射方向、海浪及太阳天顶角等多种因素的影响。

上述所有信号混合在一起被激光荧光探测系统接收。因此，在进行激光雷达回波信号分析，即荧光光谱分析的时候，需要先排除其他信号对有效信号的干扰。在研制激光雷达系统过程中，可采用滤光片等方法去除部分散射光的影响，或者使用长通滤光片及带通滤光片将荧光集中到要研究的波段范围。

在荧光光谱分析过程中，首先要正确区分各种有效光谱成分，进而准确判定水体中荧光物质成分及浓度信息。图 4.41 所示为典型二类水体激光诱导荧光光谱分解图，其中不仅包含 CDOM、叶绿素 a、藻胆色素的荧光组分，还包含拉曼散射光。在荧光光谱分析的过程中，通常要确定各种荧光成分的荧光峰位置、峰高、半峰宽及峰形等信息，从而有效且准确地判别水体中的荧光物质成分及浓度信息。

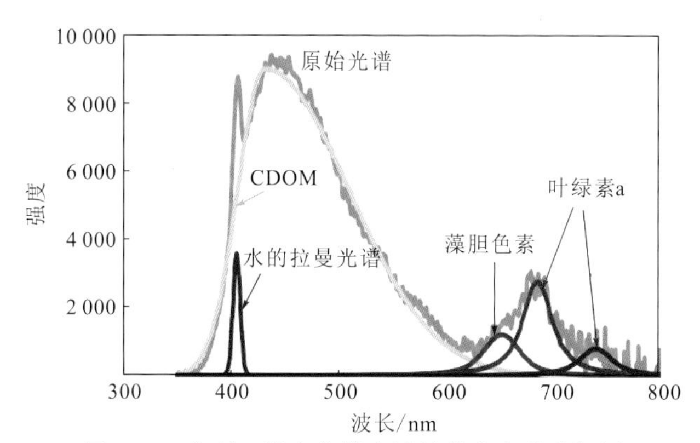

图 4.41　典型二类水体激光诱导荧光光谱分解图

利用激光诱导荧光光谱反演海水中各种物质成分，首先需要知道荧光光谱包含哪些物质信息，即确定“有什么”的问题，然后再解决“有多少”的问题。正确分解荧光谱中各物质成分所对应的光谱组分，对各物质的特征荧光光谱成分进行准确有效的识别，确定荧光峰位置、半峰宽、波形等信息，进而进行后面的浓度反演工作，这种方法即特征荧光光谱识别方法。该方法的出现，为激光诱导荧光遥感增添了检测和识别的能力，使其能够在重叠的荧光谱中分离和确认所含的各种物质成分。特征荧光光谱识别方法是将荧光光谱回波信号当作一系列荧光组分光谱的叠加矩阵，对叠加矩阵进行光谱分解的过程，可表示为

$$J(\lambda)=J_0(\lambda)+\sum_{i=1}^{n}J_i(\lambda) \tag{4.14}$$

式中：$J(\lambda)$ 为探测器接收的总的荧光信号；$J_0(\lambda)$ 为纯水光信号；$J_i(\lambda)$ 为第 i 个组分的荧光光谱。通常利用组分光谱的位置和形状确定物质成分的化学特性，利用光谱的峰强度来确定物质成分的浓度大小。

特征荧光光谱识别方法可以作为物质成分识别器，荧光强度可以用来确定各成分浓度的大小。该方法的出现使荧光光谱分析变为特征识别和光谱去卷积的过程[367]。如图 4.42 所示，405 nm 激光激发下的荧光光谱是由水的拉曼散射、CDOM、背景噪声、叶绿素 a 等一系列物质组分光谱叠加而成，而对叠加光谱的分解过程即是特征荧光光谱识别的过程，这一过程是通过典型海水水体成分荧光特性试验验证和完成的。通过不同波段激发光激发，测量不同藻类溶液的荧光光谱，确认不同激发光谱下的发射光谱各物质（CDOM、叶绿素 a 及藻蛋白等）的荧光峰，建立水体成分荧光特征数据库，从而在反演过程中，能准确有效地识别每个荧光峰对应的物质成分。

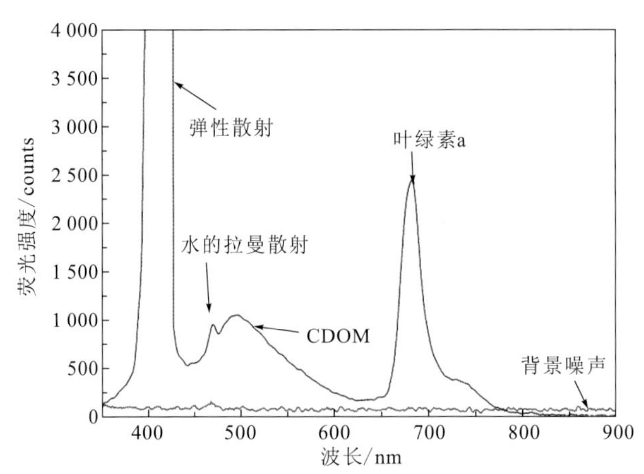

图 4.42　先验知识指认 405 nm 激发下各物质成分特征荧光光谱结果

特征荧光光谱识别不仅可以用于水体成分的反演，还可以为传感器系统的参数设计提供参考。例如，如果知道 CDOM 在 355 nm 激发下的荧光峰处于 405 nm 附近，可以将探测器的接收波段范围设置在 405 nm 范围内，滤光片可以采用长通滤光片，使其波段范围大于 380 nm，从而消除激发光散射光对荧光信号的干扰。

4.3.3　8 种赤潮藻区分识别实验

1. 藻种培养

在实验室培养 8 种赤潮藻种用于激光诱导荧光探测系统藻类区分的实验（图 4.43），它们分别属于甲藻、硅藻 2 个门的 7 个属，见表 4.14[368-369]。每个菌株藻种都在 500 mL 锥形烧瓶的孵化器中进行分离培育。培养的温度控制在 20.5 ℃，盐度控制在 35 psu，光照控制在 85 Wm^{-2}、110 Wm^{-2} 和 150 Wm^{-2}，光照周期控制在 12 h，藻类培养周期大约为 18 天。

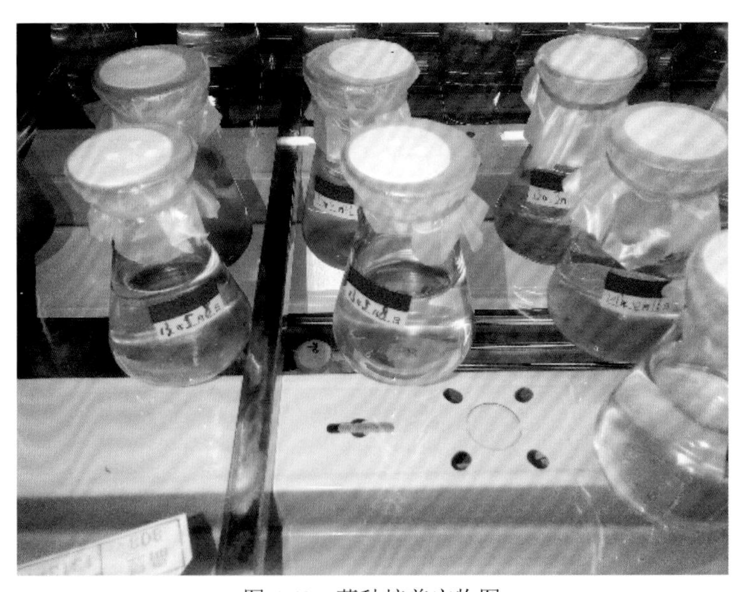

图 4.43　藻种培养实物图

表 4.14 实验室培养 8 种赤潮藻种

藻种	英文名称	缩写	属	门
柔弱角毛藻	Chaetoceros debilis	Cd	*Chaetoceros*	硅藻
圆海链藻	Thalassiosira rotula	Tr	*Thalassiosira*	硅藻
东海原甲藻	Prorocentrum donghaiense	Pd	*Prorocentrum*	甲藻
三肋原甲藻	Prorocentrum triestinum	Pt	*Prorocentrum*	甲藻
赤红哈卡藻	Akashiwo sanguinea	As	*Akashiwo*	甲藻
裸甲藻	Gymnodinium simplex	Gs	*Gymnodinium*	甲藻
米氏凯伦藻	Karenia mikimotoi	Km	*Karenia*	甲藻
塔玛亚历山大藻	Alexandrium tamarense	At	*Alexandrium*	甲藻

2. 数据预处理

所有的荧光光谱数据都要首先用 Matlab 软件编程进行处理。将每个原始光谱转换成 3 648 行和 2 列的矩阵数据，主要集中研究 620～800 nm 波段的光谱范围的数据。所有的光谱强度利用公式 $X^* = \dfrac{x_i - x_{\min}}{x_{\max} - x_{\min}}$ 进行归一化。其中，x_i 为原始光谱数据，$x_{\max}$ 为最大强度，$x_{\min}$ 为最小强度。

3. Bi-Gaussian 混合函数模型

最重要的藻类荧光成分包括藻红蛋白（580 nm）、藻蓝蛋白（660 nm）和叶绿素 a（峰位于 685 nm，带有 730 nm 的肩部）[370]。实验中发现藻红蛋白和藻蓝蛋白的荧光峰不明显，所以研究集中在 685 nm 和 730 nm 肩部的峰谱的区分上。使用 2 个 Bi-Gaussian 拟合函数来表示 620～800 nm 波段内的这两个峰光谱。Bi-Gaussian 混合模型函数是双高斯函数，可以用来分解不对称谱形，该模型公式涉及 4 个参数，即峰位置、左半峰半高斯宽度、右半峰半高斯宽度及峰高（图 4.44）。该函数可表示为

$$\begin{cases} y = y_0 + H \times \mathrm{e}^{-\frac{(x-x_c)^2}{2w_1^2}} & (x < x_c) \\ y = y_0 + H \times \mathrm{e}^{-\frac{(x-x_c)^2}{2w_2^2}} & (x \geqslant x_c) \end{cases} \tag{4.15}$$

式中：x、y_0、x_c、H、w_1 和 w_2 分别为波长、基线、峰位置、峰高、左半峰半高斯宽度、右半峰半高斯宽度。

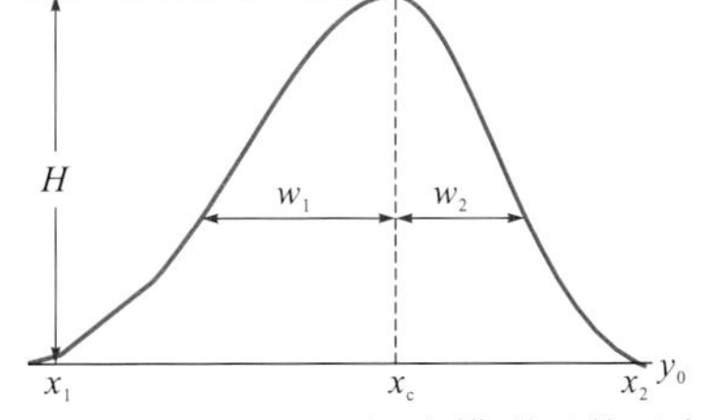

图 4.44 Bi-Gaussian 混合模型函数示意图

对于每个荧光光谱，首先找到光谱中所有的峰，然后用滤波算法去除强度很小的峰，最后用迭代算法拟合峰谱。具体步骤是先用局部最大寻峰算法寻峰，然后用Levenberg-Marquardt 迭代算法来拟合不对称峰函数。

4. 光谱形状描述指数

在 Bi-Gaussian 函数模型中，有 x_c 、 H 、 w_1 和 w_2 这 4 个参数来描述峰光谱。因此，提出一种光谱形状描述指数（spectral shape description index，SSDI）来表示 685 nm 和 730 nm 的荧光峰，用来区分不同类型藻类。SSDI 用一个向量 $\lg[w_2/w_1, w_1/H, w_2^*/w_1, w_1^*/H, w_2^*/H^*]$ 形式表示。其中，H 、 w_1 和 w_2 分别为 685 nm 峰的峰高、左半高斯峰宽、右半高斯峰宽，H^* 、 w_1^* 和 w_2^* 分别为 730 nm 峰的峰高、左半高斯峰宽、右半高斯峰宽。这个向量基于光谱形状特征参量，用不同峰宽比值及不同峰宽与高的比值来描述波形。用聚类分析分离不同藻类的 SSDI，确定用来描述激光诱导荧光光谱形状的特征因子后，就可以使用聚类分析算法对光谱形状描述因子值进行聚类分析。

5. 实验结果

利用激光诱导荧光系统 LIF-C 测量 8 种不同类型的赤潮藻的激光诱导荧光归一化光谱，如图 4.45 所示。从图中可以明显看到 685 nm 的荧光峰和 730 nm 的肩部。此外，可以看到有些藻类的峰形状类似，但是能划分成不同类型，尤其是在 685 nm 处有 3 种不同类型的光谱形状，可以把它们各自的光谱形状作为藻种类别识别的一个特征。

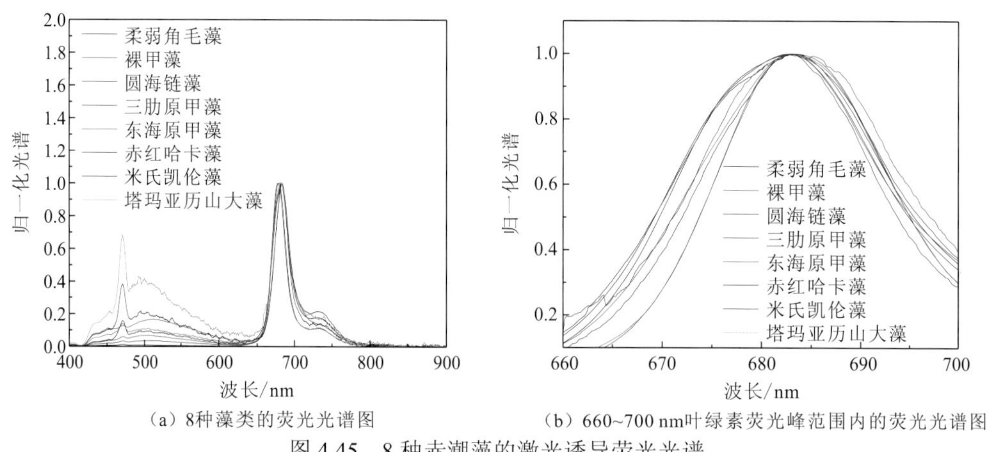

图 4.45　8 种赤潮藻的激光诱导荧光光谱

比较 500～600 nm 各个藻种的荧光光谱曲线，发现这一区间的光谱斜率差异也可以用来作为藻类区分的一个特征。这一区间的荧光主要是由藻红蛋白和藻青蛋白等藻类蛋白所贡献的。8 种藻类在 500～600 nm 激光诱导荧光光谱曲线如图 4.46 所示。

使用 Bi-Gaussian 模型分解的荧光光谱结果如图 4.47 所示，685 nm 对应的是叶绿素 a 荧光峰，730 nm 处有个肩部，拟合误差约为±0.02。从图 4.47 所示的拟合结果发现，可以分离出不同类型的光谱形状，特别是在 730 nm 的拟合峰形状区分很明显。此外，还可以发现硅藻中的柔弱角毛藻和圆海链藻有类似的荧光特征。Bi-Gaussian 混合模型分解的荧光组分光谱的参数见表 4.15。

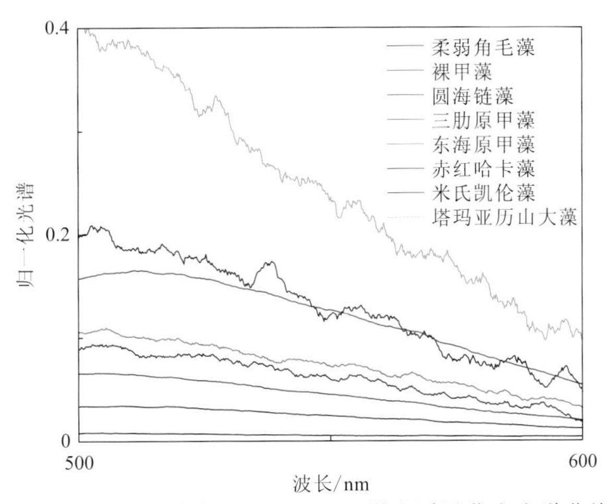

图 4.46　8 种藻类在 500～600 nm 激光诱导荧光光谱曲线

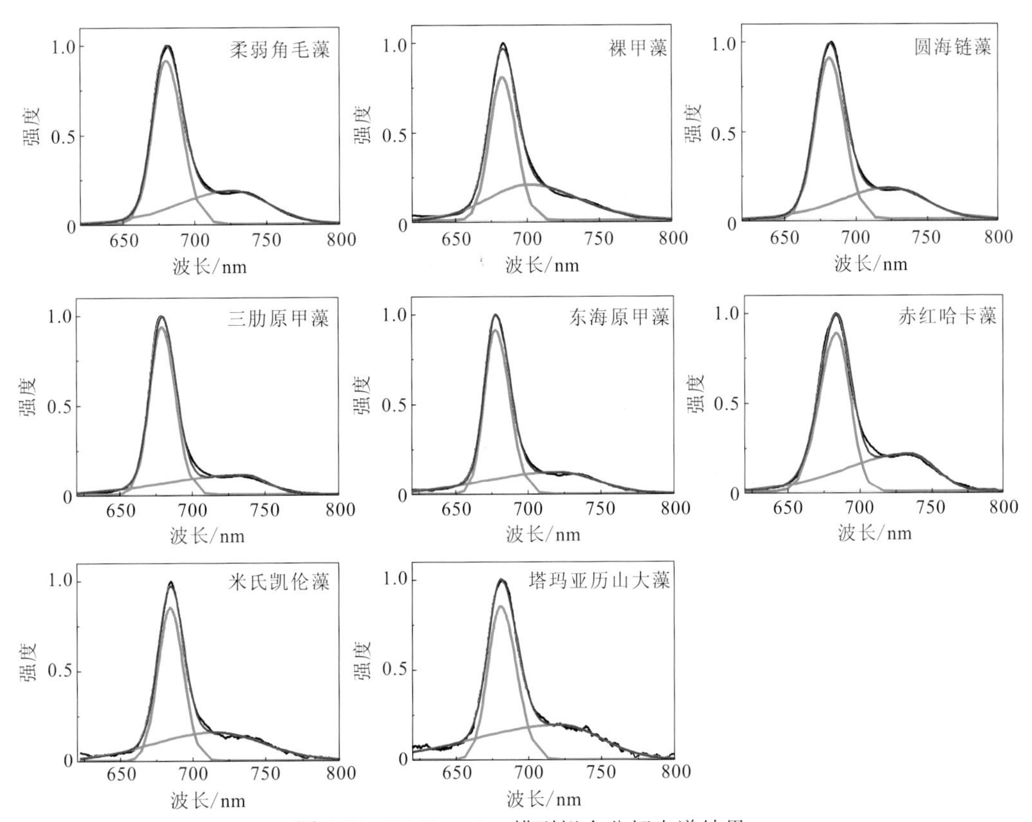

图 4.47　Bi-Gaussian 模型拟合分解光谱结果

绿色曲线为基于荧光峰强度的光谱组分结果；红色曲线为基于拟合函数的去卷积结果；黑色曲线为实测结果

表 4.15　Bi-Gaussian 混合模型分解的荧光组分光谱

藻类	w_1	w_2	H	w_1^*	w_2^*	H^*
柔弱角毛藻	9.409 58	11.038 19	0.912 02	37.220 12	24.668 02	0.185 32
圆海链藻	9.905 72	10.571 47	0.899 93	35.152 77	25.055 42	0.176 48
东海原甲藻	7.569 73	9.678 26	0.909 53	50.278 23	26.343 94	0.120 54

续表

种类	w_1	w_2	H	w_1^*	w_2^*	H^*
三肋原甲藻	8.325 67	9.316 73	0.929 83	52.281 76	15.512 96	0.108 91
赤红哈卡藻	11.792 29	9.372 26	0.878 37	44.425 97	17.626 09	0.209 01
裸甲藻	8.794 43	9.627 37	0.797 35	28.793 47	34.752 74	0.200 06
米氏凯伦藻	8.531 24	8.861 70	0.849 91	42.880 23	32.985 14	0.158 88
塔玛亚历山大藻	8.843 77	10.760 91	0.851 14	59.882 87	27.703 02	0.192 31

图 4.48 所示为 8 种藻类的 SSDI 值直方图。从图中可以看到：w_1^*/H^*、w_2^*/H^*这两个参数要比第二个参数 w_1/H 和第三个参数 w_2/H 高，这表明 730 nm 的谱形要比 685 nm 的宽；柔弱角毛藻和圆海链藻两种藻类的 SSDI 值差异很小，这是因为它们都是属于硅藻，拥有特别类似的色素组成；除了东海原甲藻和三肋原甲藻，其他的属于甲藻的藻类的 SSDI 值各不相同。

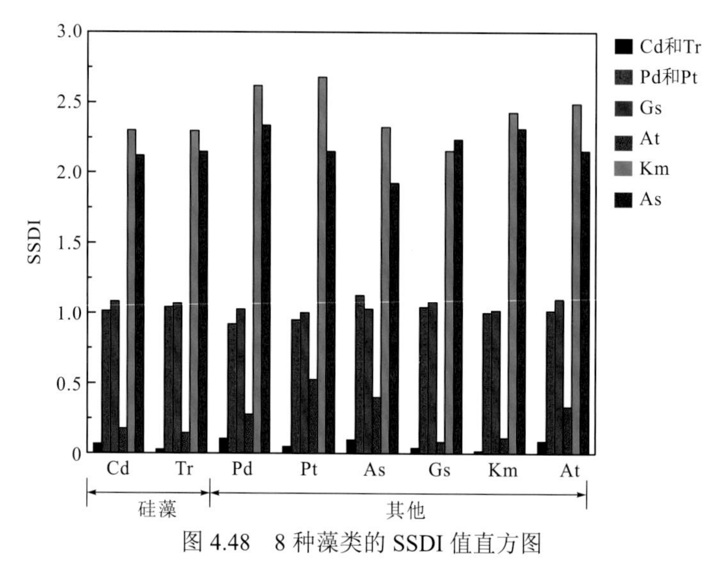

图 4.48　8 种藻类的 SSDI 值直方图

对计算出的 SSDI 值进行聚类分析，其结果如图 4.49 所示。聚类距离与种类之间相似性是成反比的，距离越大，种类之间差异越大。由图 4.49 可知，8 种藻类被成功分成 6 个类别：①Cd、Tr；②Pd、Pt；③Gs；④At；⑤Km；⑥As。其中 Cd 和 Tr 同属于硅藻，它们被归于一个大类中。其他藻种除 Pd 和 Pt 难以区分外，剩下的都被成功区分。Pd 和 Pt 因为都属于原甲藻属，生物光学特性非常类似，所以难以区分。

考虑不同类型的藻类含有不同的色素结构，能激发出不同特征光谱，使用 Bi-Gaussian 模型来分离特征光谱，然后利用 SSDI 来描述特征光谱，可以对藻类进行有效的区分。与传统的波段比值法和主成分分析法相比，Bi-Gaussian 混合模型能够提供更多的色素光谱信息。这是因为基于光谱形状参量的描述可以对复杂的特征波谱进行区分。很多传统的数学方法不适用于复杂的混合光谱模型，是因为它们容易受背景荧光的影响，会随着代表性生物体发射光谱的变化而出现偏移[371-372]。此外，与实验室笨重昂贵的扫描式荧光分光光度计相比，激光诱导荧光探测系统可以适用于野外活体实时、实地测量，可以帮助更好地了解不同类型水体的生物地球化学过程。

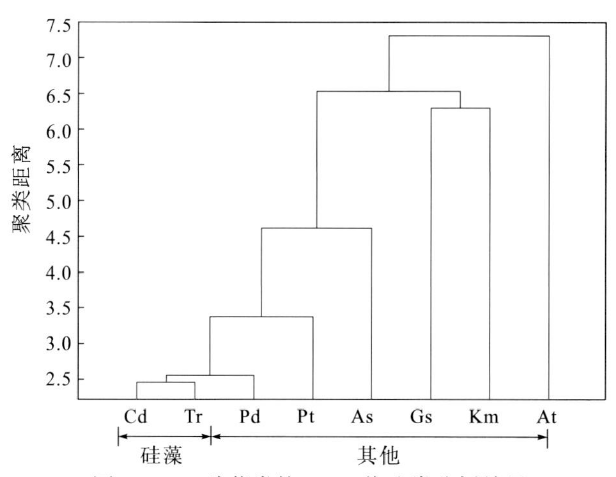

图 4.49　8 种藻类的 SSDI 值聚类分析结果

第5章 海洋激光雷达光学剖面及次表层探测方法

5.1 数据预处理

5.1.1 背景噪声去除

原始回波信号中除了有效信号，还包含背景噪声、电子学噪声（激光雷达系统自身的噪声）及随机噪声，这些噪声一般认为是常数，通过多次累积平均可以有效去除随机噪声。一般激光雷达可以探测到十几米甚至几十米的信号，如果采集的数据范围超过了激光雷达的有效范围，则超过部分的数据主要来自背景噪声。因此可以选取每50个脉冲进行平均，将平均后的脉冲信号的最后100个样点再做平均，然后从原始回波数据中去除，得到信噪比较高的回波数据，最后进行归一化处理。

机载激光雷达回波波形中普遍存在背景噪声，噪声的来源分为两种：一种是接收系统内部硬件产生的系统噪声，另一种是大气和外部环境产生的非系统噪声。常见的噪声概率分布函数有正态分布（高斯分布）、二项式分布、泊松分布。机载激光雷达内部的光电二极管的电流会产生散粒噪声，即光子特性符合泊松分布的基本噪声。减少散粒噪声的有效方法是减小接收器滤光带宽，从而抑制背景光。雪崩光电二极管在增益和探测器负载过程中分别产生过剩噪声和热噪声[35]。大气对回波信号的影响，主要是大气中的大气分子和气溶胶粒子与激光雷达相互作用后产生的后向散射信号。瑞利散射截面与激光波长的四次方成反比。大气中的大气分子尺寸小，所产生的散射光相对较弱，气溶胶粒子对激光的散射为米散射[373]。机载激光雷达平台的飞行高度一般在 200～500 m，且在天气良好的情况下进行机载作业时，大气分子和气溶胶粒子对回波信号的影响为 2%～3%。这些噪声可能会造成后续的峰值位置的误提和漏提。因此在激光雷达波形数据处理前，首先要对背景噪声进行估计，建立对各通道噪声的认知，然后通过有效的方法进行去噪处理。

估计背景噪声的方法包括统计方法和信号学方法。统计方法是通过概率统计的方法计算样本噪声信号中的平均值和标准偏差。信号平均值通常用 μ 来表示，计算方法是把所有的抽样点加在一起，除以抽样点的个数 N，用数学表达式表示为

$$\mu = \frac{1}{N}\sum_{i=0}^{N-1} x_i \tag{5.1}$$

式中：i 为信号从 x_0 到 x_{N-i} 的索引；μ 为计算得到的信号平均值。标准偏差一般用 σ 来表示，$|x_i - \mu|$ 为第 i 个抽样点与平均值的偏差。与平均偏差不同，标准偏差是通过对每个偏差值先

求平方得到，然后再通过开方来消除平方的影响，用数学表达式表示为

$$\sigma = \sqrt{\frac{1}{N-1}\sum_{i=0}^{N-1}(x_i - \mu)^2} \tag{5.2}$$

但是，如果平均值比标准偏差大很多，那么在标准偏差的计算中，两个非常接近的数值相减，将会出现严重的舍入误差。因此，在机载激光测深波形的背景噪声估计时，将统一减去每通道的样本平均值，使回波信号的平均值为σ。

信号学方法将信噪比（signal noise ratio，SNR）、变异系数和噪声的自相关、互相关等方法用于回波信号的参数估计。信噪比即信号噪声功率比，它等于平均值除以标准偏差，可表示为

$$\mathrm{SNR} = 10\lg\frac{P_{\mathrm{s}}}{P_{\mathrm{n}}} \tag{5.3}$$

式中：P_{s}为信号功率；P_{n}为噪声功率。

变异系数（coefficient of variance，CV）的定义为标准偏差除以平均值，再乘以百分之百，可表示为

$$\mathrm{CV} = (\mathrm{SD}/\mathrm{MN}) \times 100\% \tag{5.4}$$

式中：SD 为标准偏差；MN 为平均值。良好的信号意味着有较大的SNR值和较小的CV值。

噪声的自相关函数[式（5.3）]和互相关函数[式（5.4）]是指一个随机过程在不同时刻取值的相关性，即描述随机信号$x(t)$和$y(t)$在任意两个不同时刻t_1、t_2的取值之间的相关程度，可表示为

$$R_x(\tau) = E[x(t)x(t-\tau)] = \lim_{T\to\infty}\frac{1}{2T}\int_{-T}^{T} x(t)x(t-\tau)\mathrm{d}t \tag{5.5}$$

$$R_y(\tau) = E[x(t)y(t-\tau)] = \lim_{T\to\infty}\frac{1}{2T}\int_{-T}^{T} x(t)y(t-\tau)\mathrm{d}t \tag{5.6}$$

采用各通道波形尾部小部分样本数据进行背景噪声估计，通过统计得到样本数据的均值μ和标准差σ，均值μ用于各通道减去电压水平。如果浅水通道信号高于三倍噪声的标准偏差（3σ）且长度大于 5 ns，就认为已经找到一个具有信号的激光脉冲，并且该脉冲的波形脉宽合理，可用于进一步处理。

为了更好地提取回波信号峰值位置，在处理波形之前，首先要去除背景噪声。在信号处理时，可以利用滤波算法，在时域上进行窗口运算以达到平滑的效果。从背景噪声的来源分析得知，系统噪声是高斯白噪声，它的概率密度函数服从高斯分布（即正态分布），高斯分布参数σ决定了高斯函数的宽度。因此高斯低通滤波可以适用于机载激光测深波形背景噪声的去除。其原理是：建立$(2n-1)$高斯滤波器对波形信号进行加权平均，每一个离散信号的值都由其本身和邻域内的其他离散信号值经过加权平均后得到，其平滑程度是由参数σ表征的，σ越大，高斯滤波器的频带就越宽，平滑程度就越好。但使用高斯滤波器的缺点是处理后的波形信号存在一定的失真。Wong 等[374]提出通过保留矩信息来增强信号，构建了有限脉冲响应（finite impulse response，FIR）滤波器[式（5.7）]。当$K=10$时，可以得到一个 12 阶数字滤波器[式（5.8）]。这种方法已经有成功的应用。

$$h(n) = 3\frac{(3K^2+3K-1-5n^2)}{(2K-1)(2K+1)(2K+3)}, \quad |n| \leqslant K \tag{5.7}$$

$$h(n)=\frac{1}{143}\{-11,0,9,16,21,24,25,24,21,16,9,0,-11\} \tag{5.8}$$

叶修松等[375]应用一种数字平滑滤波方法剔除回波信号中的噪声，并使需要的回波信号得以保留，表明有限连续脉冲响应滤波预处理技术可以改进海深估算算法。

5.1.2 回波信号去卷积

从回波产生的物理机制上来说，机载激光雷达波形的回波主要是由发射波形和目标横截面卷积作用产生的。将目前已有的激光雷达信号去卷积技术优点和局限进行对比（表 5.1），选择基于傅里叶正则去卷积方法类型的维纳滤波器去卷积（Wiener filter deconvolution，WFD）算法及理查德森-露西去卷积（Richardson-Lucy deconvolution，RLD）算法用于激光雷达波形数据去卷积处理。

表 5.1 已有的用于激光雷达信号去卷积技术的优点和局限

去卷积技术	优点	局限
傅里叶变换	容易实现	不稳定；不适应的方法较多；高噪声灵敏度
盲去卷积	容易实现；更少的复杂性	不稳定；不适应的方法较多
维纳滤波器去卷积	稳定；适应的方法较多；对高斯脉冲最佳	不经济；不适用各种各样的信号；没有空间选择性；边缘估计不佳；可能产生吉布斯现象
小波 Vaguelette 去卷积	稳定；适应的方法较多；经济；适用各种各样的信号	在有色噪声干扰下不经济；边缘估计不佳
非负最小二乘法去卷积	稳定；适应的方法较多；有更好的边缘重建	时间复杂度较高；廓形估计不稳定
理查德森-露西去卷积	稳定；适应的方法较多；能更好地估计低信噪比；有更好的边缘检测	基于迭代；时间复杂度较高

WFD 算法假定噪声和信号在统计上是独立的，通过使用维纳滤波器来实现目标横截面 $P(t)$ 和 $F(f)$ 两者之间的均方误差最小化，其在频域中表示为

$$F(f)=\frac{|W_{\mathrm{T}}(f)|^2}{|W_{\mathrm{T}}(f)|^2+|N(f)|^2} \tag{5.9}$$

式中：$W_{\mathrm{T}}(f)$ 和 $N(f)$ 分别为 $W_{\mathrm{T}}(t)$ 与噪声 $N(t)$ 在频域上的形式，$N(f)$ 可以很容易地从背景噪声中估计。为了设计维纳滤波器，必须估计 $|W_{\mathrm{T}}(t)|$。因此，在频域 $P(f)$ 中产生的目标横截面，由式（5.10）给出：

$$\overline{P}(f)=\frac{W_{\mathrm{R}}(f)F(f)}{W_{\mathrm{T}}(f)} \tag{5.10}$$

以使方差总和最小，表示为

$$|W_{\mathrm{T}}(t)-W_{\mathrm{R}}(t)|^2=\int_t[W_{\mathrm{T}}(t)-W_{\mathrm{R}}(t)]^2=\min \tag{5.11}$$

RLD 算法由 Lucy[376]于 1974 提出，可以在时间域内得到一个逼近极大似然解的结果，派生于贝叶斯定理。运用 RLD 算法去卷积时，是对 $1\times N$ 的一维信号进行 n 次迭代，获得去卷积结果。此外，Jutzi[377]等也提出 RLD 算法具有强大的去噪功能，能够显著提高距离

分辨率，这在精确地提取海面点位置时具有不可比拟的优越性。但 RLD 算法的缺点在于它需要依靠多次迭代来改进，想要得到更好的去卷积结果，需要更长的时间。

RLD 算法第 i 次计算可表示为

$$\overline{p}^{i+1}(t)=\overline{p}^{i}(t)\left[W_{\mathrm{T}}(t)\frac{W_{\mathrm{R}}(t)}{w_{T}\overline{p}^{i}(t)}\right] \tag{5.12}$$

式中：$\overline{p}^{i+1}(t)$ 为第 i 次迭代的目标横截面估计值。当残差 $\|W_{\mathrm{R}}(t)-\overline{p}^{i+1}(t)W_{\mathrm{T}}(t)\|$ 小于设定阈值或迭代次数达到最大限值时迭代终止[378]。

Wang[379]等的研究表明，RLD 算法能够显著提高距离分辨率，这在精确地提取海面点位置时要优于 WFD 算法。因此，本章采用 RLD 算法进行波形的预处理。

5.1.3 距离校正

随着探测深度的增加，激光雷达回波信号急剧下降，并且与深度的平方成反比[图 5.1(a)]。因此，有必要进行距离校正，即将每个深度处的激光雷达回波信号 $P(z)$乘以深度值的平方。对于机载激光雷达系统，需要考虑飞机飞行的高度。对数形式的距离校正信号 $S(z)$ 的剖面如图 5.1（b）所示。由于海表面的高反射率，深度 2 m 以上的上层海洋数据高于理论值，视为无效数据。激光雷达信噪比（SNR）随着深度的增加而急剧降低[图 5.1（c）]，因此 18 m 以下的数据也视为无效数据。因此，使用的激光雷达数据的有效范围为 2～18 m。

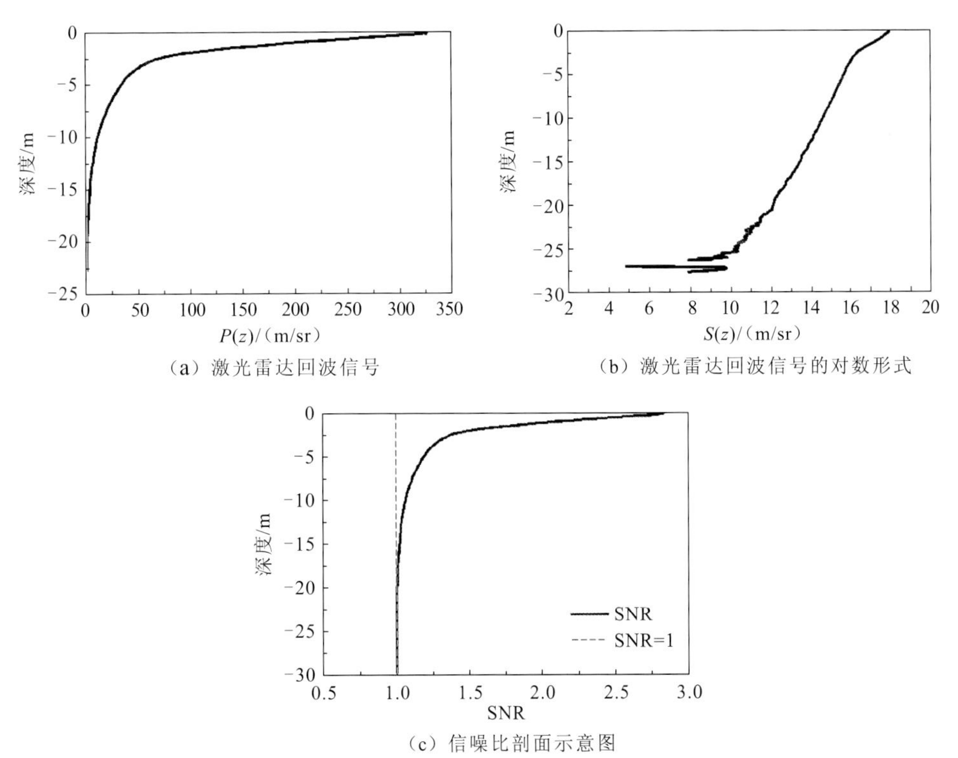

图 5.1 激光雷达回波信号及其对数形式、信噪比剖面示意图

5.1.4 几何因子校正

图 5.2 是激光雷达系统平行通道几何重叠因子的示意图。几何重叠因子的物理意义是深度 z 处横截面上能被接收系统接收到的光束面积占整个光束面积的比值，满足条件 $0 \leqslant Y(z) \leqslant 1$。由图 5.2 可知：当 $z \leqslant z_1$ 时，$Y(z)=0$ 区域为探测盲区，z_1 为盲区深度，此时无激光回波信号；当 $z_1 < z < z_2$ 时，$0 < Y(z) < 1$ 区域为过渡区，此时部分回波信号进入接收系统；当 $z \geqslant z_2$ 时，$Y(z)=1$ 区域为充满区，激光回波信号全接收，z_2 为充满区深度[380]。因此在对激光雷达回波数据处理时，必须要先对几何重叠因子进行校正。

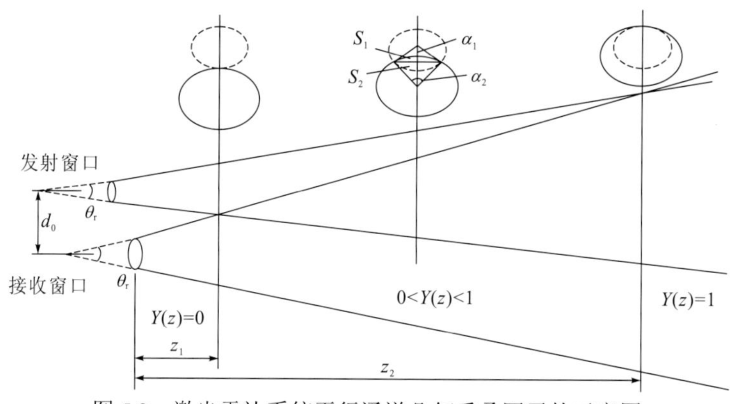

图 5.2　激光雷达系统平行通道几何重叠因子的示意图

几何重叠因子可以通过理论计算得出。已知 R 为深度 z 处发射器接收光的剖面半径，r 为深度 z 处接收器接收光的剖面半径，α 为接收器在重叠区的圆心角，β 为发射器在重叠区的圆心角，则有

$$\begin{cases} \alpha = 2\arccos\left(\dfrac{R^2+d^2-r^2}{2Rd}\right) \\ \beta = 2\arccos\left(\dfrac{r^2+d^2-R^2}{2rd}\right) \end{cases} \tag{5.13}$$

式中：d 为接收器和发射器之间的平行距离。因此可以计算几何重叠因子：

$$Y(z)=\frac{R^2(\alpha-\sin\alpha)+r^2(\beta-\sin\beta)}{2\pi r^2} \tag{5.14}$$

但是在实际应用中，雷达系统发射轴与接收光轴之间难以达到理想状态下的绝对平行，二者之间很可能会发生一定的偏移，因此按照上述方法计算出的几何重叠因子与实际值之间往往存在一定的误差，只能将之视为一个参考值。鉴于这种情况，通常采用实验法测量雷达系统的几何重叠因子，即通过线性拟合测得的激光雷达回波信号确定最终结果。

5.1.5 激光雷达常数确定

激光雷达信号使用之前需要对数据进行定标，其中激光雷达常数的精确标定对光学特性的精确反演至关重要，它涉及激光雷达系统的许多参数，包括激光能量、接收系统的光学效率及探测器的电子增益等，这些参数通常是确定的，所以又称为激光雷达常数。目前确定激光雷达常数的方法主要有4种：一是标准漫射目标校准方法，该方法需要在晴朗、稳定、能见度良好的天气条件下进行；二是大气生物光学模型校准方法，该方法通过粒子计数计算气溶胶粒子谱分布，从而计算后向散射系数、膜采样消光系数和激光雷达比；三是大气分子散射假设校正方法，该方法也需要假定天气条件晴朗、稳定、能见度良好，且假设气溶胶散射贡献可以忽略不计；四是使用太阳辐射计和相对高功率激光雷达进行交叉校准的方法。以上4种方法均来自气溶胶激光雷达标定。相较于气溶胶激光雷达，海洋激光雷达往往具有较高的垂直分辨率，且需要较大的信号动态范围以探测较低量级的深度信号。此外，海洋激光雷达还会受到气-水界面的影响，因此气溶胶激光雷达的标定方法可能不适用于海洋激光雷达。本章基于生物光学模型，提出一种海洋激光雷达定标的简便新方法，具体步骤如下。

（1）通过时空匹配将船载实测数据与激光雷达信号进行匹配。

（2）利用斜率法反演激光雷达衰减系数。

（3）利用生物光学模型计算海水后向散射系数。

（4）代入海洋激光雷达方程求解激光雷达常数。

在准小角近似下，海洋激光雷达方程可以表示为

$$S(z)=A\frac{\beta(z)}{z^2}\exp\left[-2\int_0^z\alpha(z)\mathrm{d}z\right] \tag{5.15}$$

式中：A 为激光雷达常数，是激光雷达脉冲峰值能量、接收器光学效率及探测器电子增益的组合函数，可以求解得

$$A=\frac{S(z)z^2}{\beta(z)\exp\left[-2\int_0^z\alpha(z)\mathrm{d}z\right]} \tag{5.16}$$

5.2 光学剖面反演方法

海洋激光雷达方程提供了激光回波信号与被探测物的光学性质之间的函数关系，因此可以基于海洋激光雷达探测到的回波信号，通过求解海洋激光雷达方程获得有关水体光学特性的信息。由海洋激光雷达方程可知，除了海洋激光雷达系统的光电探测器接收到的雷达回波信号功率、激光雷达系统参数和激光雷达常数，方程中还存在两个未知量：水体衰减系数 $\alpha(z)$ 和水体后向散射系数 $\beta(z)$。对于一个方程两个未知数的求解问题，必须要先确定 $\alpha(z)$ 和 $\beta(z)$ 之间的关系，这也是算法反演的难点。

5.2.1 传统反演方法

1. 斜率法

针对一个方程两个未知数的问题，Collis 对此进行了均匀性假设，即假设水体是均匀的，那么水体的后向散射系数 $\beta(z)$ 和衰减系数 $\alpha(z)$ 均为常数，不随深度发生变化。在这种

情况下，水体衰减系数可以通过简单的斜率法求得，简化为如下形式：

$$P(z)=Az^{-2}\beta(z)\mathrm{e}^{-2\int_0^z \alpha(z)\mathrm{d}z} \tag{5.17}$$

用 $P(z)$ 乘以 z^2，再取自然对数得

$$S(z)=\ln P(z)\cdot z^2=\ln A\beta(z)-2\int_0^z \alpha(z)\mathrm{d}z \tag{5.18}$$

然后再对 $S(z)$ 求导，则有

$$\frac{\mathrm{d}S(z)}{\mathrm{d}z}=\frac{1}{\beta(z)}\frac{\mathrm{d}\beta(z)}{\mathrm{d}z}-2\alpha(z) \tag{5.19}$$

由于假设水体是均匀的，水体后向散射系数 $\beta(z)$ 不随深度变化，所以 $\mathrm{d}\beta(z)/\mathrm{d}z=0$，那么水体衰减系数 $\alpha(z)$ 就可以根据式（5.20）求解：

$$\alpha(z)=-\frac{1}{2}\frac{\mathrm{d}S(z)}{\mathrm{d}z} \tag{5.20}$$

使用最小二乘法对激光雷达对数信号 $S(z)$ 进行拟合，获得的曲线斜率的一半即为均匀水体的衰减系数，因此 Collis 法也被称为斜率法。

斜率法求解简单方便，但需假设水体为均匀水体，而现实中水体多为非均匀水体，水体后向散射系数 $\beta(z)$ 和衰减系数 $\alpha(z)$ 在不同深度通常并不是常数，因此这种方法很难达到高的反演精度。

2. Klett 法

Klett 在斜率法的基础上进行了改进，使其适用性更广泛。对于弹性散射，假定水体的后向散射系数 $\beta(z)$ 和衰减系数 $\alpha(z)$ 之间满足如下关系：

$$\beta(z)=C\alpha(z)^k \tag{5.21}$$

式中：C 和 α 为水体后向散射系数与衰减系数相关的参数；k 为后向散射消光对数比，与激光雷达波长和目标水体光学特性有关。已有的研究表明，k 的取值范围为 $0.67\leqslant k\leqslant 1$，$k$ 通常为常数，代入式（5.19）得

$$\frac{\mathrm{d}S(z)}{\mathrm{d}z}=\frac{k}{\alpha(z)}\frac{\mathrm{d}\alpha(z)}{\mathrm{d}z}-2\alpha(z) \tag{5.22}$$

Klett 法求解需要选取边界，若取上边界某深度值 z_0，对应的边界值为 $S_0=S(z_0)$，$\alpha_0=\alpha(z_0)$，可求得水体衰减系数为

$$\alpha(z)=\frac{\exp\left[\dfrac{S(z)-S_0}{k}\right]}{\left\{\alpha_0^{-1}-\dfrac{2}{k}\displaystyle\int_{z_0}^{z}\exp\left[\dfrac{S(z)-S_0}{k}\right]\mathrm{d}z\right\}} \tag{5.23}$$

从式（5.23）中可以看出，分母中积分项的符号为负，那么随着积分数值的增加，将会放大边界值和噪声的影响，导致结果趋近于零甚至为负数，因此该方程的解很不稳定。此外，海水上层信号容易受海表强反射率的影响，造成很大的误差。

为了解决上述问题，Klett 又提出了后向反演算法，即选取下边界值 z_m，z_m 通常为激光可探测的最大有效深度，对应的边界值为 $S_\mathrm{m}=S(z_\mathrm{m})$、$\alpha_\mathrm{m}=\alpha(z_\mathrm{m})$，因此可求得该方程的稳定解为

$$\alpha(z)=\frac{\exp\left[\dfrac{S(z)-S_{\mathrm{m}}}{k}\right]}{\left\{\alpha_{\mathrm{m}}^{-1}+\dfrac{2}{k}\int_{z}^{z_{\mathrm{m}}}\exp\left[\dfrac{S(z)-S_{\mathrm{m}}}{k}\right]\mathrm{d}z\right\}} \tag{5.24}$$

取下边界为边界值后，分母中积分项的符号变为正，随着积分数值的增加，边界值和噪声等的影响会减少，因此方程的解很容易保持稳定。

Klett 法求解得出的是水体的总衰减系数，米散射信号的强度与辐射波长的一次方或二方次成反比，瑞利散射信号的强度与辐射波长的 4 次方成反比，在波长较长或颗粒物浓度较大的情况下，水体回波信号中以米散射为主，而瑞利散射信号相对很弱，可以忽略。在这种只需考虑单一成分的情况下，使用 Klett 法求解最有效。Klett 法有效克服了均匀水体的条件限制，其优点在于只要边界值高度附近水体透过率 $T(z_c)$ 较小，较粗略估算出的 $\alpha(z_c)$ 也可反演出相对较精确的 $\alpha(z)$，因此该算法是目前应用较广泛也较成功的算法。

3. Fernald 法

激光在水体的传输过程中，受到纯水分子和颗粒物的共同作用，因此海洋激光雷达方程中的水体后向散射和衰减实际应包括两部分，即纯水分子的散射衰减和颗粒物的散射衰减。Fernald 法在海洋激光雷达方程中将纯水分子散射和颗粒物散射分开来考虑，即

$$\beta(z)=\beta_{\mathrm{w}}(z)+\beta_{\mathrm{p}}(z) \tag{5.25}$$

$$\alpha(z)=\alpha_{\mathrm{w}}(z)+\alpha_{\mathrm{p}}(z) \tag{5.26}$$

式中：下脚标 p 表示颗粒物，w 表示纯水分子，代入激光雷达方程可得

$$P(z)=Az^{-2}[\beta_{\mathrm{w}}(z)+\beta_{\mathrm{p}}(z)]\mathrm{e}^{-2\int_0^z[\alpha_{\mathrm{w}}(z)+\alpha_{\mathrm{p}}(z)]\mathrm{d}z} \tag{5.27}$$

对于颗粒物引起的米散射，其消光系数与后向散射系数的比（又称激光雷达比）为 $S_{\mathrm{p}}=\alpha_{\mathrm{p}}(z)/\beta_{\mathrm{p}}(z)$；对于纯水分子引起的瑞利散射，其消光系数与后向散射系数之比满足：

$$S_{\mathrm{w}}=\frac{\alpha_{\mathrm{w}}(z)}{\beta_{\mathrm{w}}(z)}=\frac{8\pi}{3}S \tag{5.28}$$

代入式（5.17），并将方程两边同乘以 z^2，得

$$\begin{aligned}z^2P(z)&=A\beta(z)\exp\left\{-2\left[\int_0^z(S_{\mathrm{w}}\beta_{\mathrm{w}}(z)+S_{\mathrm{p}}\beta_{\mathrm{p}}(z))\mathrm{d}z\right]\right\}\\&=A\beta(z)\exp\left[-2S_{\mathrm{p}}\int_0^z\beta(z)\mathrm{d}z-2(S_{\mathrm{w}}-S_{\mathrm{p}})\int_0^z\beta_{\mathrm{w}}(z)\mathrm{d}z\right]\end{aligned} \tag{5.29}$$

经过一系列推导，可得

$$\beta(z)=\frac{P(z)z^2\exp\left[2(S_{\mathrm{w}}-S_{\mathrm{p}})\int_0^z\beta(z)\mathrm{d}z\right]}{A-2S_{\mathrm{p}}\int_0^z\left\{P(z)z^2\exp\left[2(S_{\mathrm{w}}-S_{\mathrm{p}})\int_0^z\beta_{\mathrm{w}}(z')\mathrm{d}z'\right]\right\}} \tag{5.30}$$

选取边界点深度为 z_{m}，假设已知 z_{m} 处的后向散射系数 $\beta(z_{\mathrm{m}})$ 和消光系数 $\alpha(z_{\mathrm{m}})$，代入式（5.30），并设 $D(z)=P(z)z^2$，$D(z_{\mathrm{m}})=P(z_{\mathrm{m}})z_{\mathrm{m}}^2$，得

$$\beta(z)=\frac{D(z)\exp\left[2(S_{\mathrm{w}}-S_{\mathrm{p}})\int_{0}^{z}\beta_{\mathrm{w}}(z)\mathrm{d}z\right]}{\frac{D(z_{\mathrm{m}})}{\beta(z_{\mathrm{m}})}-2S_{\mathrm{p}}\int_{z_{\mathrm{m}}}^{z}\left\{D(z)\exp\left[2(S_{\mathrm{w}}-S_{\mathrm{p}})\int_{z_{\mathrm{m}}}^{z}\beta_{\mathrm{w}}(z')\mathrm{d}z'\right]\right\}} \tag{5.31}$$

则颗粒物的后向散射系数为

$$\beta_{\mathrm{p}}(z)=-\beta_{\mathrm{w}}(z)+\frac{D(z)\exp\left[2(S_{\mathrm{w}}-S_{\mathrm{p}})\int_{0}^{z}\beta_{\mathrm{w}}(z)\mathrm{d}z\right]}{\frac{D(z_{\mathrm{m}})}{\beta(z_{\mathrm{m}})}-2S_{\mathrm{p}}\int_{z_{\mathrm{m}}}^{z}\left\{D(z)\exp\left[2(S_{\mathrm{w}}-S_{\mathrm{p}})\int_{z_{\mathrm{m}}}^{z}\beta_{\mathrm{w}}(z')\mathrm{d}z'\right]\right\}} \tag{5.32}$$

根据颗粒物消光系数与后向散射系数的关系，即可求出颗粒物消光系数。

边界点 z_{m} 以上深度的气溶胶消光系数（后向积分）可表示为

$$\alpha_{\mathrm{p}}(z)=-\frac{S_{\mathrm{p}}}{S_{\mathrm{w}}}\alpha_{\mathrm{w}}(z)+\frac{D(z)\exp\left[2\left(\frac{S_{\mathrm{p}}}{S_{\mathrm{w}}}-1\right)\int_{z}^{z_{\mathrm{m}}}\alpha_{\mathrm{w}}(z)\mathrm{d}z\right]}{\frac{D(z_{\mathrm{m}})}{\alpha_{\mathrm{p}}(z_{\mathrm{m}})+\frac{S_{\mathrm{p}}}{S_{\mathrm{w}}}\alpha_{\mathrm{w}}(z_{\mathrm{m}})}+2\int_{z}^{z_{\mathrm{m}}}D(z)\exp\left[2\left(\frac{S_{\mathrm{p}}}{S_{\mathrm{w}}}-1\right)\int_{z}^{z_{\mathrm{m}}}\alpha_{\mathrm{w}}(z')\mathrm{d}z'\right]} \tag{5.33}$$

边界点 z_{m} 以下深度的气溶胶消光系数（前向积分）可表示为

$$\alpha_{\mathrm{p}}(z)=-\frac{S_{\mathrm{p}}}{S_{\mathrm{w}}}\alpha_{\mathrm{w}}(z)+\frac{D(z)\exp\left[-2\left(\frac{S_{\mathrm{p}}}{S_{\mathrm{w}}}-1\right)\int_{z}^{z_{\mathrm{m}}}\alpha_{\mathrm{w}}(z)\mathrm{d}z\right]}{\frac{D(z_{\mathrm{m}})}{\alpha_{\mathrm{p}}(z_{\mathrm{m}})+\frac{S_{\mathrm{p}}}{S_{\mathrm{w}}}\alpha_{\mathrm{w}}(z_{\mathrm{m}})}-2\int_{z}^{z_{\mathrm{m}}}D(z)\exp\left[-2\left(\frac{S_{\mathrm{p}}}{S_{\mathrm{w}}}-1\right)\int_{z}^{z_{\mathrm{m}}}\alpha_{\mathrm{w}}(z')\mathrm{d}z'\right]} \tag{5.34}$$

用 Fernald 法求解海洋激光雷达方程时，确定纯水分子和颗粒物的激光雷达比是关键。纯水分子的激光雷达比 S_{w} 是常数，可以直接计算获取。颗粒物的激光雷达比 S_{p} 是反演误差的主要来源，它与颗粒物的折射率、粒径分布、形状等参数有关，在不同水体中差异较大，因此准确估计颗粒物的激光雷达比是该方法的难点。

利用 Matlab 工具对 Fernald 法进行编程，核心是将由 Fernald 法推导出来的解析解转换为递推的形式。假设 α_{c} 为反演边界衰减系数的参考值，那么递推公式可表示为

$$\begin{aligned}\alpha(I)&=\frac{\exp[S(I)-S(I-1)]}{-2\exp[S(I)-S(I-1)]\Delta z+\frac{1}{\alpha_{\mathrm{c}}}}=\frac{\exp[A(I-1,I)]}{-2\exp[A(I-1,I)]\Delta z+\frac{1}{\alpha_{\mathrm{c}}}}\\&\approx\frac{S(I)\exp[A(I-1,I)]}{-[S(I-1)+S(I)]\exp[A(I-1,I)]\Delta z+\frac{S(I)}{\alpha_{\mathrm{c}}}}\end{aligned} \tag{5.35}$$

式中：I 为 Fernald 法所采用的反演点，其尺度间隔取决于激光雷达的分辨率。可以看出，算法的反演精度与激光雷达的垂直分辨率有关。

为了方便处理，直接使用理想激光雷达信号进行反演，省去对信号进行噪声处理这一步骤。在使用 Fernald 法对激光雷达回波信号进行反演时，必须先选定反演的后向参考点，即选定某一深度作为反演的起始点，同时对参考点的激光雷达衰减系数和水体的激光雷达

比进行假设。参考点的光学参数一般可以根据原位测量的数据进行确定。原位测量的数据主要包括吸收系数 a、散射系数 b、叶绿素浓度 Chl 和漫射衰减系数 K_d。已有的研究表明[381]，当海洋激光雷达的视场角比较大的时候，可以将漫射衰减系数 K_d 当做激光雷达衰减系数 α_c。因此在这里，反演参考点的激光雷达衰减系数 $\alpha_c \approx K_d = 0.2\ \mathrm{m}^{-1}$。纯海水的激光雷达比 $S_{\mathrm{lidarp}} \approx 216$ sr，水体颗粒物的激光雷达比可以由式（5.36）计算得出：

$$S_{\mathrm{lidarp}} = \frac{K_d - K_{dw}}{\beta - \beta_w} \tag{5.36}$$

图 5.3（a）显示了使用 Fernald 法对模拟信号的反演结果。可以看到，在水下 40～0 m 内，反演结果 α 基本维持在 $0.2\ \mathrm{m}^{-1}$ 的大小，与建模时使用的漫射衰减系数 $K_d = 0.2\ \mathrm{m}^{-1}$ 基本一致。图 5.3（b）将反演结果与输入参数漫射衰减系数进行了对比，可以看到，反演结果 $\alpha = 0.2\ \mathrm{m}^{-1}$ 逐渐收敛到了 $\alpha = 0.19998\ \mathrm{m}^{-1}$ 附近，体现了 Fernald 后向解在反演过程中的稳定性。同时，在整个反演过程中，反演结果与漫射衰减系数的最大相对误差为 0.0085%，说明在激光雷达比和反演参考点漫射衰减系数选择准确的时候，Fernald 法可以达到很高的反演精度。

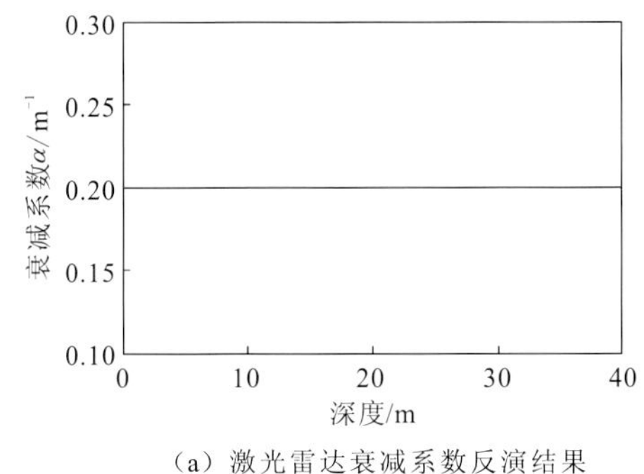

（a）激光雷达衰减系数反演结果

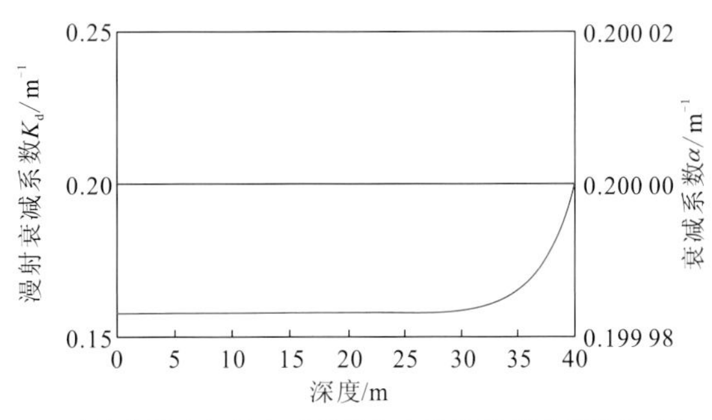

（b）反演的激光雷达衰减系数与水体漫射衰减系数的对比

图 5.3　激光雷达光学产品反演结果

为了研究漫射衰减系数和激光雷达比对反演结果造成的误差，本小节使用控制变量的方法，在分别改变反演参考点漫射衰减系数和激光雷达比的情况下对模拟信号进行反演和简单的建模分析，从而对 Fernald 法的稳定性和误差进行分析。

1）参考点光学参数对 Fernald 法反演结果的影响

由 Fernald 法反演得到的激光雷达衰减系数 α 依赖于选取的水体颗粒物的激光雷达比 S_{lidarp} 和激光雷达接收视场较大时反演参考点的漫射衰减系数 K_d。本小节研究的 Fernald 法属于后向迭代的形式，需要设置迭代的初始值，即反演参考点的漫射衰减系数 K_d。首先考虑研究水体颗粒物的激光雷达比 S_{lidarp} 均为准确值，衰减系数的参考值，即漫射衰减系数分别等于、大于、小于真实值的情况，反演的参考深度为 40 m，得到的建模图如图 5.4 所示。

图 5.4（a）显示了在均质水体（水体颗粒物激光雷达比、水体光学参数不随深度改变）中，激光雷达比设置准确、初始反演参考点的漫射衰减系数参考值不同（$\alpha_c = 0.25\ \mathrm{m}^{-1}$、$\alpha_c = 0.20\ \mathrm{m}^{-1}$、$\alpha_c = 0.15\ \mathrm{m}^{-1}$）时的反演结果。图中红线（$\alpha_c = 0.20\ \mathrm{m}^{-1}$）为准确的衰减系数参考值。

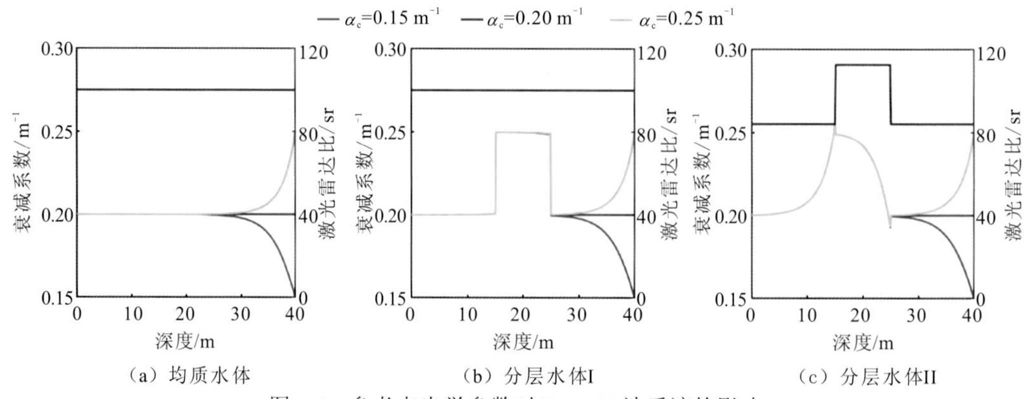

（a）均质水体　（b）分层水体I　（c）分层水体II

图 5.4　参考点光学参数对 Fernald 法反演的影响

可以看出，设定不同的反演参考值得到的反演曲线都在水下 25 m 左右收敛到了准确值的附近，表明 Fernald 后向迭代解在反演参考点的漫射衰减系数不准确时依旧具有收敛性和稳定性。

图 5.4（b）显示了分层水体 I（水体颗粒物激光雷达比为常数、水体光学参数随深度有层次变化）中激光雷达比设置准确、初始反演参考点的漫射衰减系数参考值不同时的反演结果。可以看出，在分层水体 I 中，三条反演曲线也在水下 25 m 左右的位置收敛到了准确值附近。此外，可以发现在水下 25 m 左右处，蓝色的反演曲线出现了一个特别小的凸起，这可能是由设定的其他常数，如水分子激光雷达比不准确造成的。

图 5.4（c）显示出分层水体 II（水体颗粒物激光雷达比和水体光学参数随深度同步有层次变化）激光雷达比设置准确、初始反演参考点的漫射衰减系数初始值不同时的反演结果。可以看出，在水下 25～15 m，衰减系数没有呈现出和激光雷达比一致的阶跃变化趋势，反演结果出现了错误。主要原因是水体的激光雷达比和漫射衰减系数在 25 m 以上同时开始分层。根据迭代算法的特点，Fernald 法在水下 25 m 处使用的参考点的光学参数为 α_c=0.20 m^{-1}，随着水体分层，参考点的光学参数突变为 α_c=0.25 m^{-1}，导致 25～15 m 这一段的漫射衰减系数反演参考值设置错误，从而出现了如 40～25 m 段的反演结果。同理，15 m 处出现的光学参数的分层也造成了 15～5 m 这一分层的反演结果不是很准确。但是可以发现，无论在反演过程中水体的光学参数如何改变，反演衰减系数始终会向真值收敛。

综上所述，无论反演参考点的漫射衰减系数参考值是否准确，只要当设置的水体颗粒物的激光雷达比为准确值时，使用 Fernald 法对衰减系数的最终反演结果始终会向真实值靠拢，这体现了 Fernald 法反演结果的准确性、收敛性和稳定性。同时，图 5.4 的建模结果也说明，激光雷达衰减系数的初始值会影响一段距离内反演结果的准确性。因此，在条件允许的情况下，有必要设置真实可靠的反演初始值。

2）激光雷达比对 Fernald 法反演结果的影响

考虑反演参考点的漫射衰减系数为准确值、水体颗粒物的激光雷达比和分层衰减系数的准确与否对反演结果的影响，得到的反演结果如图 5.5 所示。

图 5.5（a）显示了水体颗粒物的激光雷达比（黄线）在 25～15 m 段不准确、初始反演参考点的漫射衰减系数准确的反演结果。可以看出：在 40～25 m 的深度内，由于两个参数都设置准确，反演结果准确；在 25～15 m 的深度内，紫线为准确的激光雷达比，黄线为

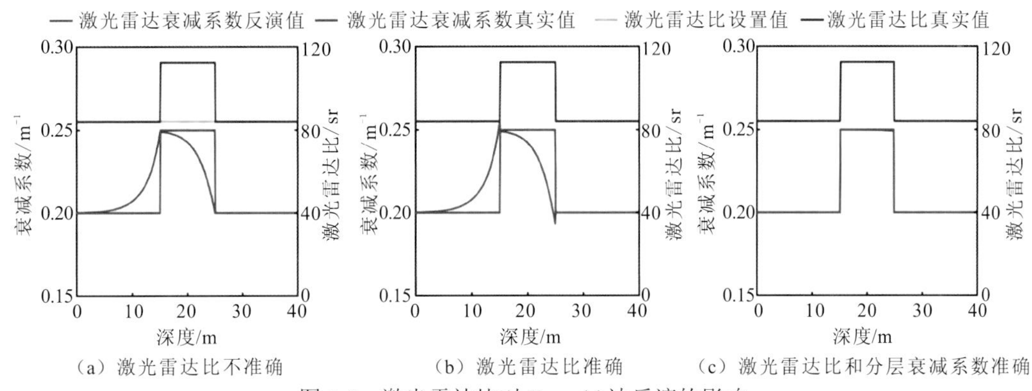

（a）激光雷达比不准确 （b）激光雷达比准确 （c）激光雷达比和分层衰减系数准确

图 5.5 激光雷达比对 Fernald 法反演的影响

不准确的激光雷达比。此外，可以明显看出：由于激光雷达比设置不准确，衰减系数的反演结果（蓝线）出现了错误，明显偏离了准确值（橙线），但反演结果的轮廓也逐渐向准确值靠拢；在 15～0 m 这一深度内，激光雷达比重新设置正确，反演的激光雷达衰减系数逐渐收敛于准确值。

图 5.5（b）显示了水体颗粒物的激光雷达比准确、初始反演参考点的漫射衰减系数准确的反演结果。该反演结果的实质与图 5.5（c）一致，即光学参数的分层使水下 25 m 处的反演参考点的漫射衰减系数出现错误。在 25 m 和 15 m 处产生的反演突变可能是在 Matlab 工具中设置了阶跃变化的激光雷达比导致的，属于软件自身对阶跃函数的优化问题，可以通过取周围点的均值替代该点使之更加平滑。

从对图 5.5（a）和图 5.5（b）的分析可以看出，水体的分层现象使 Fernald 法在水中的局部区域出现了反演错误，因此需要对其进行进一步的讨论。图 5.5（c）展示了水体颗粒物的激光雷达比准确、初始反演参考点的漫射衰减系数准确、水体分层处参考点的漫射衰减系数准确的反演结果，即对水体深度 40～25 m、25～15 m、15～0 m 分层，分别使用准确的激光雷达比和准确的漫射衰减系数参考值进行反演。可以看出，各段参数假设准确的分层反演结果均与准确值保持一致，这是简单分层水体反演结果中最为理想的情况。

综上所述，当反演参考点的漫射衰减系数准确、水体颗粒物的激光雷达比偏离准确值时，反演结果会出现较大偏差，但总体的反演曲线轮廓会逐渐向光学参数的真实轮廓靠拢。当水体分层处反演参考点的漫射衰减系数准确、水体颗粒物的激光雷达比准确时，均质水体和简单分层水体的反演结果均与真实值一致。在实际水体中，由于水体性质的不同，水体颗粒物的激光雷达比很可能是波动变化的，而非一个定值或阶跃变化的；水体的漫射衰减系数亦非定值，但可以利用原位数据或斜率法来定标。在这样的情况下，可以利用特定站点的原位测量数据，通过计算获取该站点辐射区域内的激光雷达比，从而进行相关区域的光学参数反演工作。

4. 反演算法优缺点分析

为了讨论斜率法、扰动法和 Fernald 法三种算法在反演过程中的优劣，本小节分别对这三种算法的优缺点进行分析和比较。

斜率法可以简单地反演出激光雷达衰减系数，但是要求激光雷达所探测水域的水体为均质水体，即探测水域范围内所有的悬浮物、浮游生物的种类和浓度在垂直和水平尺度上保持不变。在实际探测中，存在由水体涌动导致的水底泥沙上扬、水中浮游生物的垂直迁移特性及探测水域的未知性，很难确保探测水体为均质水体，这大大限制了斜率法反演光学参数的准确性和使用范围。

图 5.6 显示了 2017 年 8 月 23 日浙江大学光电检测与遥感课题组利用船载激光雷达在威海附近水域（122° 55′E，37° 7′N）探测到的单条水体回波信号廓线，其中纵轴表示归一化的、经过对数操作的激光雷达回波信号，横轴表示海水深度，0 m 代表水面的位置，水下深度在 25～50 m 的信号基本是噪声信号，有效数据为 0～25 m 的信号。可以看到，图中回波信号在 10～15 m 处和 15～20 m 处存在凸起，说明在该区域水体存在着明显的分层现象，原因可能是该区域有连续的浮游生物层存在。若在有效数据范围的区域内使用斜率法对激光雷达衰减系数进行反演，显然会得到一个不准确的结果。此外，激光雷达系统的信噪比也会影响斜率法的反演精度。因此，在实际反演过程中，斜率法仅适用于对水体的激光雷达衰减系数 α 进行估算，在多数情况下不适合进行准确反演。

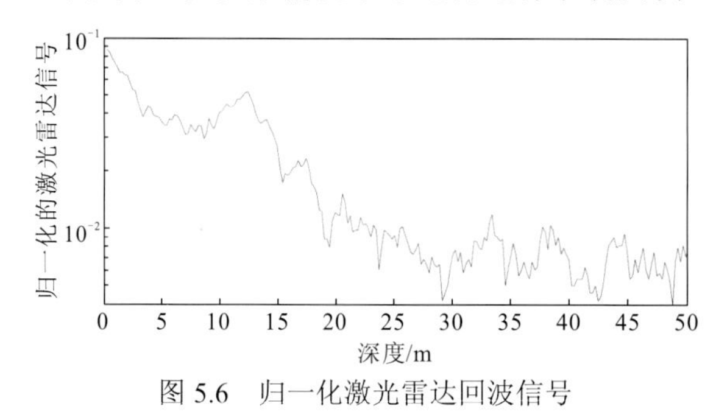

图 5.6 归一化激光雷达回波信号

扰动法对激光雷达衰减系数进行假设，认为激光雷达衰减系数的微扰项可以忽略不计，即$\alpha'(z)\approx 0$，这一假设使得扰动法对α的反演与斜率法类似，在多数情况下无法得到准确的α值。同样地，激光雷达的信噪比也会对扰动法的反演产生干扰，从而影响其精度。为了反演得到 180° 后向散射系数 β，扰动法还对海水类别进行了假设，即当探测水域的水体满足为一类水体条件的时候，可以结合生物光学模型对 180° 后向散射系数进行反演。一般来说，大洋中心及远岸的水体为一类水体，沿岸的水体为二类水体。在地球上，大约有 98%的大洋水体属于一类水体，说明扰动法和生物光学模型在这些水体中能够有广泛的应用[382]。因此，在多数探测环境中，扰动法能够适用于 180° 后向散射系数 β 的反演。

与斜率法和扰动法相比，Fernald 法是在目前发展得最成熟的反演算法。Fernald 法对水体的激光雷达比进行假设，其物理意义是假设水体中的颗粒物的浓度与深度相关，而种类与深度无关，因此 Fernald 法可以通过激光雷达比将激光雷达衰减系数和 180° 后向散射系数关联起来，能够同时反演出这两个光学参数。从式（5.34）可以看出，式中的变量只有$\alpha_w(z)$和 $D(z)$，其余项均为常数。在利用 Fernald 法对衰减系数进行反演的过程中，随着式中深度 z 的不断减小，即信号接近水面，式中的分子和分母都将增大，这表明 Fernald 法的后向解是稳定的。此外，还需要设定衰减系数在边界的参考值。由于 $D(z_c)$、$\alpha_p(z_c)$和$\alpha_w(z_c)$均为常数，随着 z 值的不断减小，分母中的积分项不断增大，边界参考值对反演结果的影响也将不断减小，从而减少在反演过程中人工干预的痕迹。综上所述，Fernald 法能够同时对激光雷达衰减系数 α 和 180° 后向散射系数 β 进行反演，相较斜率法和扰动法有一定的优势，并且其后向算法具有较高的稳定性，因此，本小节将主要使用 Fernald 法对激光雷达信号的反演处理进行深入研究。

对于后向散射激光雷达系统，单次散射激光雷达方程可近似表示为

$$P(z)=K\frac{\beta(z)}{(H+z)^2}\exp[-2\int_0^z\alpha(z)\mathrm{d}z] \tag{5.37}$$

式中：$P(z)$为在水深为 z 时接收到的激光能量；K 为激光雷达系统常数，表示多个仪器参数的函数，如激光能量、接收器的光学效率和探测器增益等；β 和α分别为在激光雷达散射角为 180°体散射函数和激光雷达衰减系数；H 为激光雷达在倾斜角为θ时的高度，可以通过激光雷达的实际飞行高度和倾斜角来计算[25]：

$$H=H_0 n\left(\frac{\cos\theta_\mathrm{w}}{\cos\theta_\mathrm{a}}\right) \tag{5.38}$$

式中：H_0 为机载激光雷达的实际高度；n 为水的折射率；θ_a 为激光雷达的倾角；水中折射角 θ_w 可通过斯奈尔定律计算：$\sin\theta_\mathrm{a}=n\sin\theta_\mathrm{w}$。

距离校正后的激光雷达回波对数表达式为

$$S(z)=\ln[P(z)(H+z)^2] \tag{5.39}$$

对数表达式的微分形式为

$$\frac{\mathrm{d}S(z)}{\mathrm{d}z}=\frac{1}{\beta}\frac{\mathrm{d}\beta}{\mathrm{d}z}-2\alpha \tag{5.40}$$

式（5.40）的解需要假设α和 β 之间的关系，且$\frac{\mathrm{d}\beta}{\mathrm{d}z}\neq\frac{1}{\beta}\frac{\mathrm{d}\beta}{\mathrm{d}z}-2\alpha$。假设水从光学上是均匀的，$\alpha$可以简化并用衰减信号斜率表示为

$$\alpha=-\frac{1}{2}\frac{\mathrm{d}S}{\mathrm{d}z} \tag{5.41}$$

对于不均匀的水体，可以根据 Klett 法计算α：

$$\frac{\mathrm{d}S(z)}{\mathrm{d}z}=\frac{k}{\alpha}\frac{\mathrm{d}\alpha}{\mathrm{d}z}-2\alpha \tag{5.42}$$

式中：k 为幂指数，它取决于激光雷达波长和水体中的光学特性，$0.67\leqslant k\leqslant 1.00$，本小节假设 $k=1.00$。

最后，α可以近似表示为

$$\alpha(z)=\frac{\exp\left[\frac{S(z)-S_\mathrm{m}}{k}\right]}{\left\{\frac{1}{\alpha_\mathrm{m}}+\frac{2}{k}\int_z^{z_\mathrm{m}}\exp\left[\frac{S(z)-S_\mathrm{m}}{k}\right]\mathrm{d}z\right\}} \tag{5.43}$$

式中：m 为参考边界深度，可通过斜率法计算得到。

为了计算β，使用微扰检索方法，假设光学参数可以表示为非变化部分（不随深度变化）和变化部分的总和，则有

$$\beta(z)=\frac{S(z)}{S_0(z)}\beta_0 \tag{5.44}$$

式中：S_0 和 β_0 为非变化部分，可通过每个剖面的信号 S 的对数线性回归来计算：

$$S_0(z)=\ln(K\beta_0)-2\alpha_0 z \tag{5.45}$$

一般来说，可以将激光雷达反演过程分为 6 个步骤。

（1）对多个脉冲信号取平均并将背景噪声去除，这一步可以改善信噪比。本小节将每50条脉冲的信号做一次平均并减去背景噪声，背景噪声为信号最后200个样本的平均值。

（2）对激光雷达进行几何距离修正，消除飞机飞行高度的影响。

（3）用斜率法计算得到初始边界 α 值。为了减少水面反射的影响，删除信号起始的前18个样本点。

（4）通过生物光学校准方法计算激光雷达常数。

（5）基于混合方法计算得到的激光雷达衰减系数 α 和 β，混合方法包括 Klett 法和微扰检索法。此外，可以通过一些生物光学模型获得颗粒的后向散射 b_{bp} 等参数，如 $b_{\mathrm{bp}}=6.43(\beta-2.53\times10^{-4})$。

（6）逐个处理每个剖面，并沿飞行轨迹绘制所有剖面。

5.2.2 基于生物光学模型的迭代反演方法

1. 方法步骤

为了提高水体光学参数的反演精度，提出基于生物光学模型的迭代反演方法。该方法结合生物光学模型、斜率法和 Klett 法，利用斜率法确定参考值，通过现场原位测量的叶绿素剖面数据计算水体模型衰减系数并作为收敛值，确定目标水体的最佳后向散射消光对数比，进而更加精确地反演海水的光学参数。

算法需要确定参考深度 z_{m}、参考值 α_{m} 及后向散射消光对数比 k。参考深度通常选取激光雷达可探测的最大有效深度，本小节为 18 m；参考值 α_{m} 通过斜率法计算，假设水体在 $[z_{\mathrm{b}},z_{\mathrm{m}}]$ 为均匀水体，z_{b} 是 z_{m} 附近的深度值，那么参考值为

$$\alpha_{\mathrm{m}}=-\frac{1}{2}\frac{S_{\mathrm{b}}-S_{\mathrm{m}}}{z_{\mathrm{m}}-z_{\mathrm{b}}} \tag{5.46}$$

为了确定后向散射消光对数比，引入生物光学模型。对于机载激光雷达，如果接收视场角很大，那么激光雷达衰减系数接近于水体漫衰减系数 K_{d}；反之，如果接收视场角很小，那么激光雷达衰减系数接近于光束衰减系数 c[9,17,383-384]；而对于具有中等视场角的机载激光雷达系统，激光雷达衰减系数可以表示为[9]

$$\alpha_{\mathrm{model}}=K_{\mathrm{d}}+(c-K_{\mathrm{d}})\exp(-0.85cD) \tag{5.47}$$

$$K_{\mathrm{d}}=0.0452+0.0494\mathrm{Chl}^{0.67} \tag{5.48}$$

$$a=1.055(0.0488+0.028\mathrm{Chl}^{0.65}) \tag{5.49}$$

$$b=1.7\times10^{-3}+0.416\mathrm{Chl}^{0.766} \tag{5.50}$$

式中：D 为海面光斑直径；K_{d} 为叶绿素 a 浓度的函数[385]；c 为吸收系数 a 和散射系数 b 之和。

利用 Klett 法计算激光雷达衰减系数，设置 k 为[0.6，1.3]，起始值为 $k=0.6$，每次增加 0.01，迭代次数 $n=70$，这样就可以得到一系列的激光雷达衰减系数。将通过生物光学模型计算的模型衰减系数 α_{model} 作为收敛值，以限制迭代过程。当雷达衰减系数与模型衰减系数之差的绝对值最小时，对应的 k 值即为目标水体的最佳 k 值。收敛函数可表示为

$$F(n)=\min(|\alpha_n-\alpha_{\mathrm{model}}|) \tag{5.51}$$

基于生物光学模型的迭代反演方法分为 7 个步骤。

（1）对原始激光雷达回波信号进行背景噪声去除。

（2）对背景校正后的激光雷达信号进行距离校正。

（3）用斜率法反演参考深度处的激光雷达衰减系数。

（4）设置不同的 k 值，使用 Klett 法反演激光雷达衰减系数。

（5）利用生物光学模型计算模型衰减系数，作为收敛值。

（6）建立收敛函数，确定目标水体的最佳后向散射消光对数比 k 。

（7）将最佳 k 值代入 Klett 法中，计算水体雷达衰减系数。

本节使用现场原位测量的叶绿素 a 浓度剖面数据来计算最佳 k 值。此外，对于开放水域，可以通过水色卫星获取叶绿素 a 浓度遥感数据。因为在开放海域中叶绿素 a 浓度跃层通常出现在深度大于 100 m 处，而激光雷达的最大探测深度在 50 m 以内，叶绿素 a 浓度在垂直剖面的微小变化对 k 值反演几乎没有影响，所以叶绿素 a 的垂直浓度数据可以近似为表层叶绿素 a 浓度值。

2. 方法验证

选取南海蜈支洲岛海区作为研究区，利用基于生物光学模型的迭代反演方法，对南海蜈支洲岛的激光雷达回波数据进行反演，得到断面 1 和断面 2 的最优 k 值，分别为 k=1.03、k=1.06。图 5.7 分别对站点 S1 和 S2 处不同 k 值对应的激光雷达反演衰减系数与现场实测值进行了比较。红色实线代表原位实测值；蓝色实线和黑色实线分别是 k=1.03 或 1.06 和 k=1 对应的激光雷达衰减系数。对于 S1 站点，当 k=1.03 时，雷达衰减系数约为 0.133 m^{-1}，当 k=1 时，雷达衰减系数约为 0.119 m^{-1}；对于 S2 站点，当 k=1.06 和 k=1 时，雷达衰减系数分别约为 0.119 m^{-1} 和 0.099 m^{-1}。从图 5.7 中可以看出，不管 S1 站点还是 S2 站点，当 k=1 时，激光雷达衰减系数均小于现场实测值，而使用基于生物光学模型的迭代反演方法确定的 k 值反演的雷达衰减系数在有效范围内更接近现场实测值，表明该迭代方法能够有效地提高反演精度。此外，对于不同的 k 值（k 为 1、1.03 和 1.06），激光雷达得到的结果与其他 26 个实测站点离散水样的现场实测结果（匹配对的数目为 732）之间的皮尔逊（Pearson）相关系数 R 分别为 0.61、0.72 和 0.68，平均绝对误差（mean absolute error，MAE）分别为 15.1%、12.8%和 11.9%，均方根误差（root mean square error，RMSE）分别为 0.040、0.019 和 0.015（表 5.2）。这也为迭代反演方法的可行性和有效性提供了一些证据，因为使用迭代过程计算出的 k（k 为 1.03 或 1.06），相对精度都在 0.02 以内。

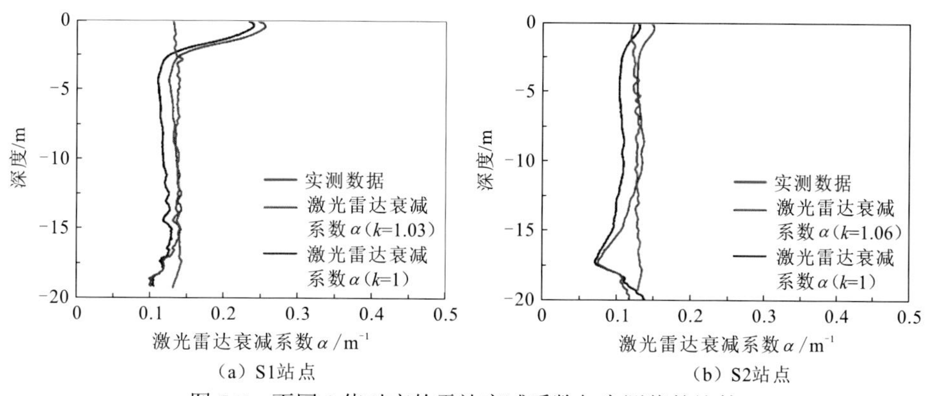

图 5.7　不同 k 值对应的雷达衰减系数与实测值的比较

表 5.2　激光雷达衰减系数与现场实测值灵敏度统计分析

k	匹配对	最小值	最大值	R	MAE/%	RMSE
k=1	732	0.090	0.136	0.61	15.1	0.040
k=1.03	732	0.098	0.155	0.72	12.8	0.019
k=1.06	732	0.088	0.149	0.68	11.9	0.015

此外，对反演的激光雷达衰减系数与现场实测数据进行相关分析。图 5.8（a）展示了 S1 站点 5 m 到 15 m 的激光雷达衰减系数与匹配实测点的光束衰减系数的相关关系结果，得到两者之间的相关关系为 $\alpha = 0.85c+0.02$，相关系数 R 为 0.8，RMSE 为 0.032。回归线的斜率小于 1，说明激光雷达反演的结果小于现场实测的结果，这可能是因为反演结果在很大程度上依赖于激光雷达的接收视场角。现有的研究表明，雷达接收视场越小，激光雷达反演的衰减系数越接近光束衰减系数[9]。其他学者在不同的研究区域也进行过类似的实验。Churnside 等[386]发现激光雷达衰减系数与光束衰减系数之间的关系为 $\alpha = 0.217c+0.0671$（雷达接收视场角为 26 mrad）。Kokhanenko 等[106]对贝加尔湖水进行了实验，当雷达视场角为 4～10 mrad 时，两者的相关关系为 $\alpha = 0.38c+0.11$。选取 S2 站点数据对得到的相关关系进行了验证，如图 5.8（b）所示，激光雷达衰减系数与雷达回归衰减系数之间存在 1∶1 的关系，这也进一步证明了的相关结果的适用性。

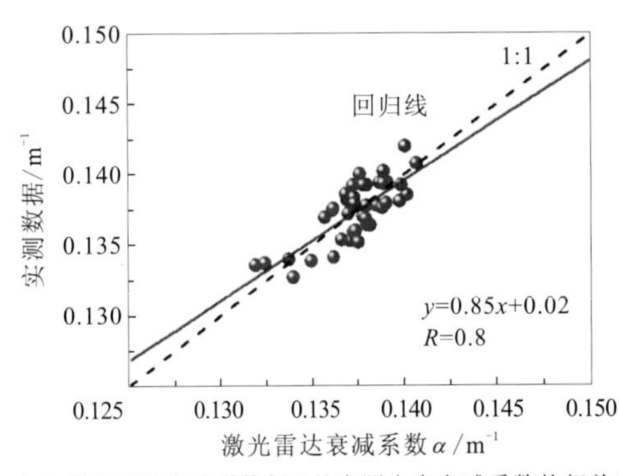

（a）激光雷达衰减系数与S1处实测光束衰减系数的相关关系图

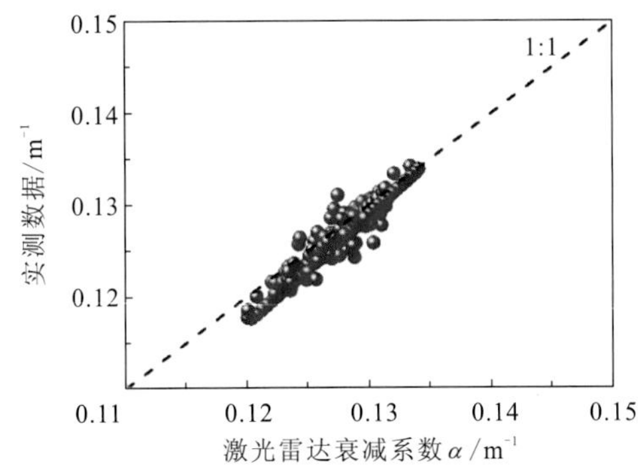

（b）S2站点对S1站点回归关系的验证结果

图 5.8　激光雷达反演衰减系数与现场实测值的相关曲线

为了进一步验证激光雷达反演衰减系数与现场实测值之间关系的准确性，对反演结果进行误差分析。图 5.9 显示了站点 S1 和站点 S2 处激光雷达反演衰减系数与现场实测值的比值的误差曲线。从图中可以看出，除无效深度外，随着深度的增加，两者间的比值均接近 1。S1 站点的比值相对误差均在 12%以内，其中 80%相对误差小于 5%。只有极少深度（约占 6 %）的误差大于 10%，而且主要集中在 17～18 m 的深度，这是因为该深度范围内雷达系统的信噪比较低。此外，在深度 3～5 m 的误差也稍大，这可能是由反向积分的误差累积造成的。该深度范围内的反演结果相对实测值是被低估的，有可能是因为距离海表较近，颗粒物浓度较高，激光信号发生了多次散射。与 S1 站点相比，S2 站点的较大误差在深度 15 m 处就开始出现，这可能是因为 S2 站点的水深比 S1 站点浅，更容易受海底物质的影响，更为确切的原因还需要进一步探究。除此之外，由于整体误差的相对精度均在 12%以内，可以证明基于生物光学模型的迭代方法反演海洋光学参数是可行和有效的。

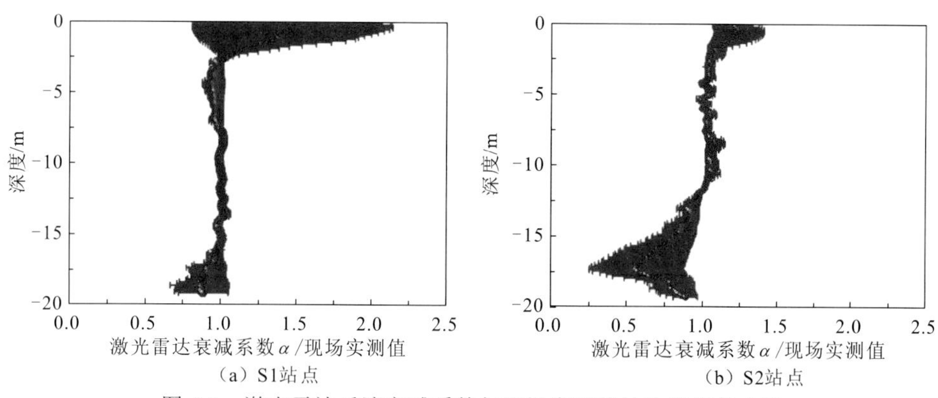

（a）S1站点　　（b）S2站点

图 5.9　激光雷达反演衰减系数与现场实测值的比值误差曲线

3. 南海蜈支洲岛海域光学参数垂直分布反演

图 5.10 显示了沿机载激光雷达飞行轨迹的激光雷达衰减系数的剖面图，横坐标为飞行距离（km），纵坐标为水体深度（m），水平分辨率为 112.5 m，垂直分辨率为 0.11 m。可以看到，水体内部沿着飞行轨迹发生变化，激光雷达衰减系数大小在 0.0 m^{-1}（蓝色）到 0.6 m^{-1}（红色）范围内不断变化。此外，图中底部附近的黑色部分表示无效值，这是由低信噪比或

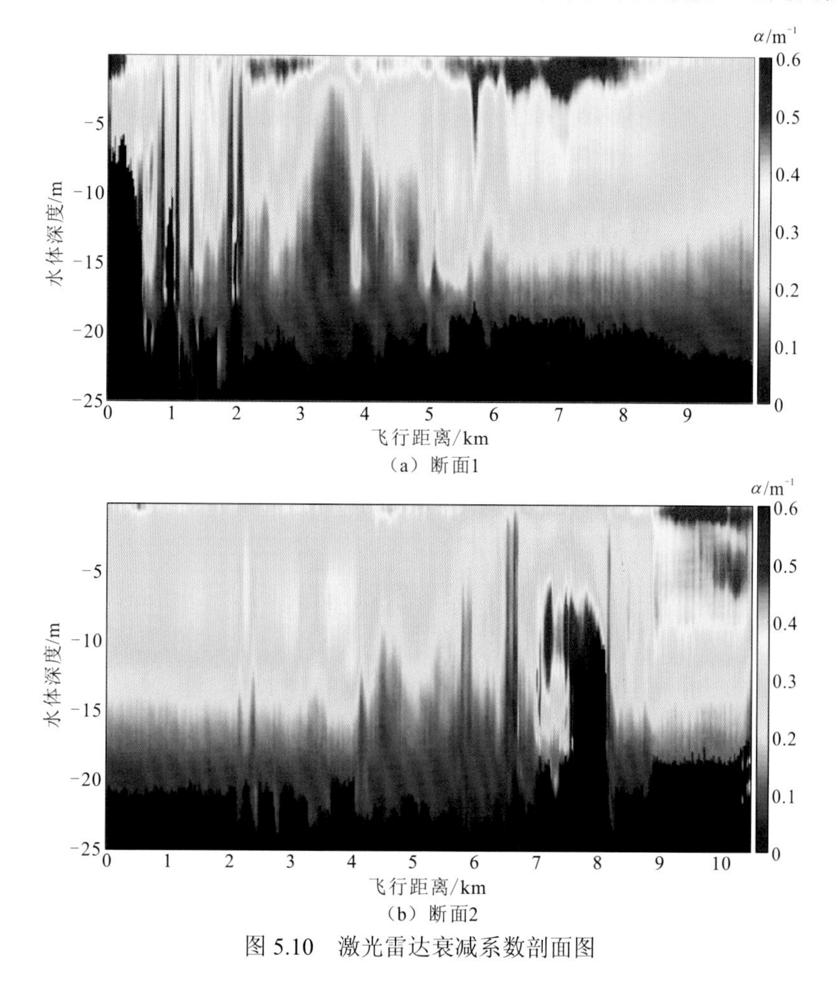

（a）断面1

（b）断面2

图 5.10　激光雷达衰减系数剖面图

激光雷达光束到达海底（如断面 1 水平距离 1 km 内的位置）造成的。结果表明，在浅水区域可以获得较为粗糙的水深信息。从图 5.10 中可以看出，高值区（红色部分）通常出现在靠近海面的深度，这主要是由海表强反射造成的。此外，在断面 2[图 5.10（b）] 7～8 km 也出现了高值区，这可能是来自海床的信号，该区域的水深约为 10 m。

上述结果表明基于生物模型的迭代反演方法得到的结果比较稳定，与现场实测结果吻合也较好。

5.2.3 混合反演方法及试验结果

1. 反演参数的选取及其影响

本小节重点讨论后向散射消光对数比、参考深度、参考值三个参数的选择对反演结果的影响。值得注意的是，迭代算法忽略了海水中多次散射效应，导致激光雷达衰减系数存在低估的现象。解决这一问题需要结合辐射传输方程，然而该方法十分复杂。也有许多学者尝试用蒙特卡罗法来解决这个问题[108]。

1）后向散射消光对数比

为了评价后向散射消光对数比对反演结果的影响，将不同的 k 值代入海洋激光雷达方程来反演激光雷达衰减系数，然后与实测的水体光束衰减系数进行对比分析。图 5.11 给出了不同的 k 值下得到的一系列相对应的激光雷达衰减系数与实测值的对比，彩色符号代表激光雷达衰减系数，黑色实线代表现场实测数据。从图中可以看出，不同 k 值对应的激光雷达衰减系数差别很大，随着 k 值的增大，雷达衰减系数逐渐增大。当选择的 k 值较小时，激光雷达衰减系数存在低估现象，但总体趋势与实测结果是一致的；当选取的 k 值较大时，激光雷达衰减系数存在高估现象，但随着深度的增加，雷达衰减系数逐渐减小；当选取迭代算法计算 k 值时，反演的激光雷达衰减系数与现场实测值基本一致。这些观测结果表明，k 值是激光雷达信号反演的关键因素，也是用 Klett 法求解激光雷达方程的重要误差源。因此，准确地确定 k 值是非常重要的。目前，海洋领域对 k 值的研究很少。在大气领域，已有的对大气气溶胶反演研究多通过将反演得到的光学厚度与太阳光度

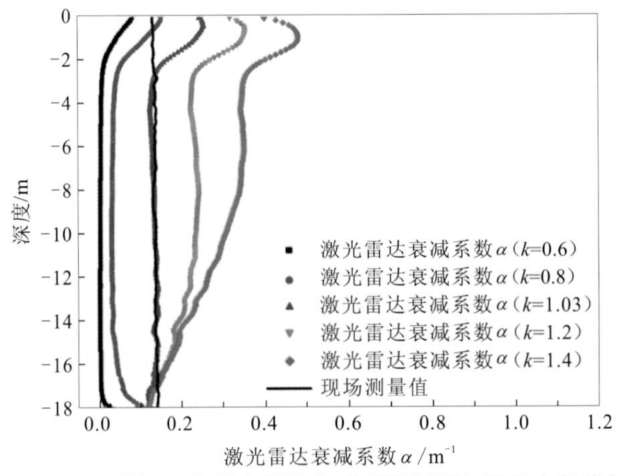

图 5.11　不同 k 值相应的激光雷达衰减系数剖面与现场实测值的比较

计得到的光学厚度进行比较来确定 k 值[387-388]。也有一些学者引入大气可见度因子来确定消光后向散射对数比[389-390]。本章提出的基于生物光学模型的迭代反演方法能够准确地确定研究区域的 k 值，且在南海进行了验证，该方法还将在其他地区进行验证。

2）参考深度

基于生物光学模型的迭代反演方法是对 Klett 法的改进，能提供更精确的后向散射消光对数比。根据参考深度的不同，Klett 法可分为前向积分和后向积分两种方法。为了了解参考深度的影响，使用 Klett 前向积分方法和 Klett 后向积分方法分别反演得到了两组激光雷达衰减系数剖面，选择的参考深度分别为 2 m 和 18 m。然后将两组结果与现场实测结果进行对比分析，如图 5.12 所示。图 5.12 中红色实心圆代表前向积分反演结果，紫色三角形代表后向积分反演结果，黑色实线是现场测量结果。可以看出，后向积分反演结果与实测结果趋势一致，但前向积分结果随深度的增加而迅速减小。这种差异是由海洋激光雷达方程自身的不稳定性造成的，随着深度的增加，方程分母中两个越来越大的数之间的一个小差异也会变得很大。因此，在反演海洋光学参数的迭代法中使用 Klett 后向积分方法更为合适。为了获得更深的海水光学参数剖面信息，在雷达系统信噪比允许的情况下，应尽可能选择较大的参考深度。

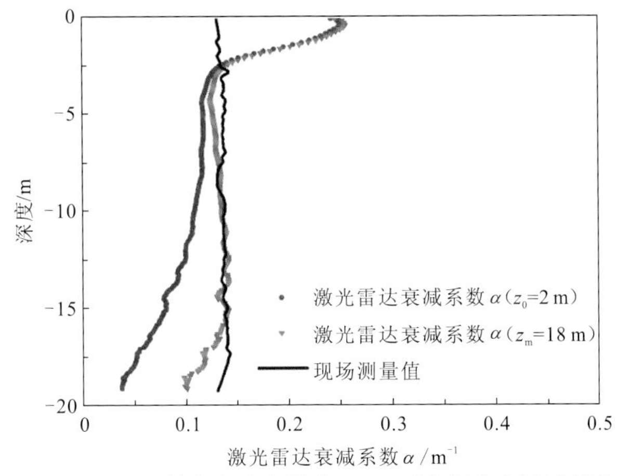

图 5.12　Klett 前向积分方法和 Klett 后向积分方法反演的激光雷达衰减系数剖面与现场测量结果的比较

3）参考值

为了研究参考值的影响，设置 6 组不同的参考值进行反演，参考深度均为 18 m，k 值均为 1.03。图 5.13 显示了不同参考值对应的激光雷达反演衰减系数剖面结果（彩色符号）与现场实测结果（黑色实线）。从图 5.13 中可以看出，尽管 6 组参考值相差很大，但雷达衰减系数之间的显著差异仅出现在水深较深的位置。随着深度与参考边界距离的增大，结果基本趋于一致。这一结果意味着，距离参考深度越远，参考值对反演结果的影响越小，主要是因为海洋激光雷达方程中分母的第二项与第一项相比增加得更快，会减弱参考值的影响，特别是对于较大的参考值。因此参考值的估计相对简单，斜率法是目前最简单也最实用的方法之一。在一些研究中，可能不需要校准激光雷达或者测定某参考点和某一特定层的光学参数就可以得到较为精确的反演结果。

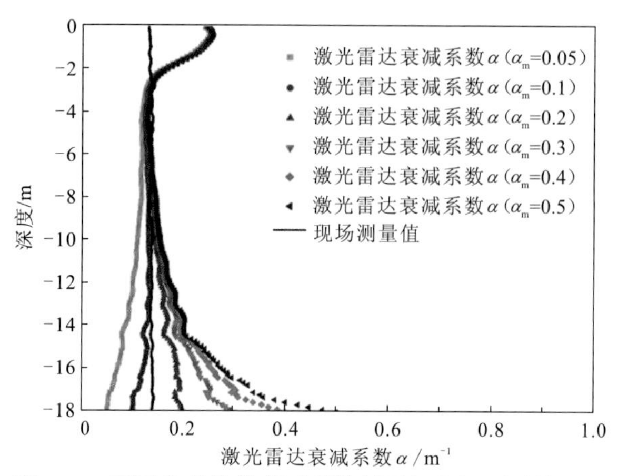

图 5.13　不同参考值的衰减系数剖面与现场测量的比较

2. 评价方法

激光雷达反演α和β的精度可以用两个统计指标来估计：系统误差（偏差）和随机误差。这里分别使用 MAE 和归一化均方根偏差（normalized root mean square deviation，NRMSD）来确定系统误差和随机误差。这些指标定义如下：

$$x = 100|R_{\text{lidar}} - R_{\text{m}}| / R_{\text{m}} \tag{5.52}$$

$$\text{MAE} = \frac{1}{n}\sum_{1}^{n} x_i \tag{5.53}$$

$$\text{NRMSD} = \frac{\left[\frac{1}{n-1}\sum (x_i - \overline{x})^2\right]^{\frac{1}{2}}}{x_{\text{mean}}} \tag{5.54}$$

式中：R_{lidar}和R_{m}分别为激光雷达参数和光学参数；x为每个数据对应的相对误差；n为数据的个数。

3. 数据处理步骤结果

图 5.14 显示了 2017 年 9 月 30 日获得的激光雷达数据每一步处理后的结果。激光雷达数据是在（109° 48.158′E，18° 18.309′N）获取，深度剖面原始激光雷达数据如图 5.14（a）所示。当激光脉冲刚进入海水（水深 3 m 以内）时，激光雷达信号的振幅会急剧下降。这是由水面反射和 PMT 瞬时响应效应引起的，探测器可以接收到水体小颗粒的后向散射。当激光脉冲在水体中探测深度加深时，水体中的多次散射会造成后向散射信号的增加，导致信号强度随着深度的增加而缓慢下降，水深每增加 1 m，激光雷达振幅下降 1%。图 5.14（b）显示了减去背景噪声及几何距离校正后的对数形式的激光雷达回波信号。图 5.14（c）是通过 Klett 法求得的α。消除α的快速下降（<3 m）是为了减小水面反射对其的影响。图 5.14（d）是通过 PR 方法得到的β。该次探测的水体衰减系数在 0.2 m^{-1}以内，激光雷达反演的α和β的值都有相似的变化，并且总体上随水深缓慢增加（>5 m）。

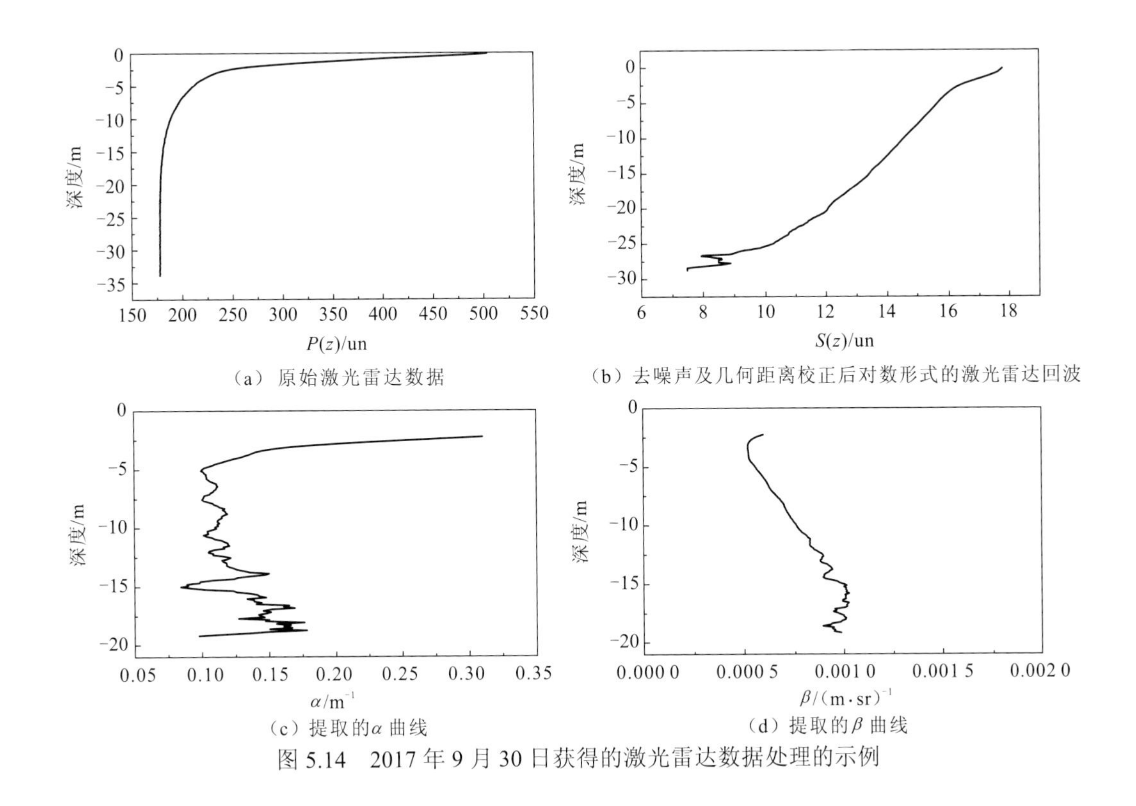

图 5.14　2017 年 9 月 30 日获得的激光雷达数据处理的示例

4. 反演方法验证

图 5.15 通过混合方法将激光雷达接收的α与 SCS 的 S1 站[图 5.15（a）和（c）]和 S2 站[图 5.15（b）和（d）]的原位测量结果进行了比较。每个原位测量（红线）最多匹配 10 个反演曲线（黑色曲线）。可以看到，在大部分深度范围内，激光雷达提取的α剖面和原位实测得到的水衰减系数具有相似的变异水平[图 5.15（a）和（b）]。激光雷达得出的结果与 S1 和 S2 处传统测量值之间的 Pearson 相关系数分别为 0.67 和 0.70[图 5.15（d）]。S1 和 S2 的平均相对误差（root relative error，MRE）均在 10%以内，分别为 7.1%和 9.7%。此外，S1 和 S2 两种数据之间的 NRMSD 都在 12%以内，分别为 8.54%和 11.55%（表 5.3）。这些结果表明，混合反演方法是可行且有效的。

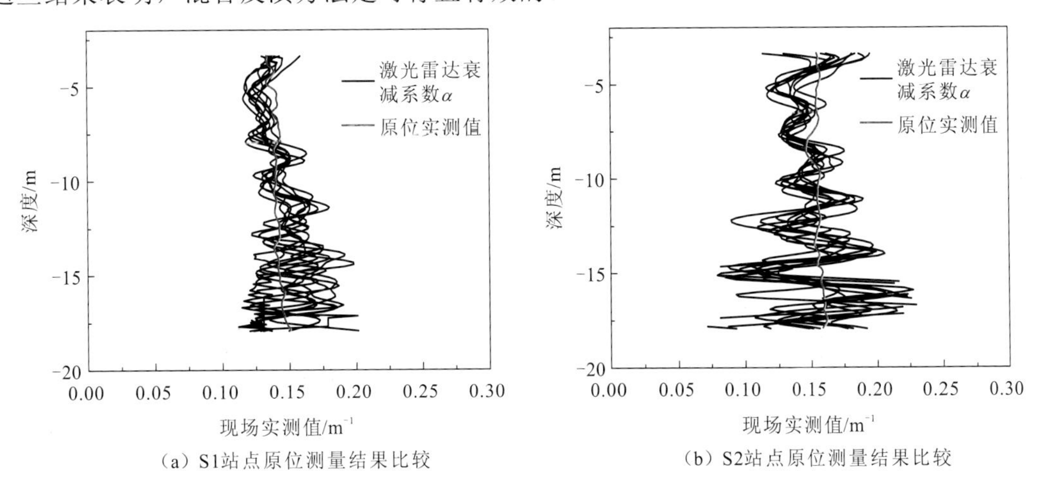

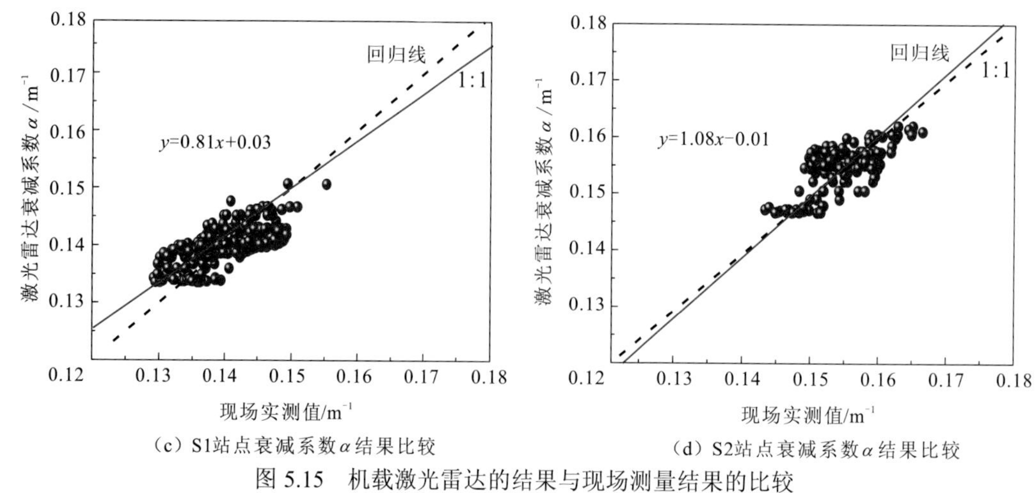

（c）S1站点衰减系数α结果比较　　（d）S2站点衰减系数α结果比较

图 5.15　机载激光雷达的结果与现场测量结果的比较

表 5.3　激光雷达反演和原位测量之间的曲线拟合统计

站点	数量	最小值	最大值	R	MAE/%	RMSE	NRMSD/%
S1	260	0.128	0.143	0.67	7.1	0.012	8.54
S2	130	0.156	0.166	0.70	9.7	0.018	11.55

5. 沿飞行轨迹的剖面反演

图 5.16 显示了激光雷达提取的衰减和后向散射曲线。将每 50 条脉冲的振幅进行一次平均，并将数据平均为 112.5 m 水平分辨率和 0.11 m 垂直分辨率。图 5.16（a）和（b）分别为反演激光雷达的α曲线和β曲线，可以看到沿飞行轨迹的各种水体类型和结构。激光雷达α的范围从 0 m^{-1}（紫色）到 0.6 m^{-1}（红色）。激光雷达的β范围从 0.000 1 $(m\cdot sr)^{-1}$（紫色）到 0.005 $(m\cdot sr)^{-1}$（红色）。黑色部分是信噪比过低或激光到达海底后的无效数据。这些数据还清楚地表明，接近水底处的回波信号强度较大，这可能是由沉积物的移动或水底上方的海草造成的。图 5.17 是基于生物光学模型 $b_{bp}=6.43[\beta-2.53\times10^{-4}]$，在三亚湾水域接收到的激光雷达 b_{bp} 垂直结构分布，也显示了沿三亚湾的飞行轨迹在 10～20 m 深度的水下浮游植物层。初步的结果表明，机载激光雷达具有测量和表征海洋光学结构的能力。

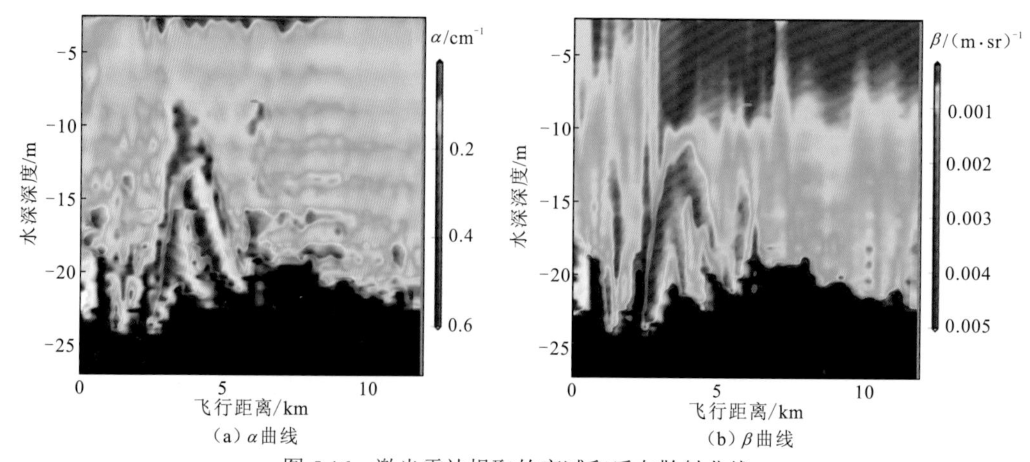

（a）α曲线　　（b）β曲线

图 5.16　激光雷达提取的衰减和后向散射曲线

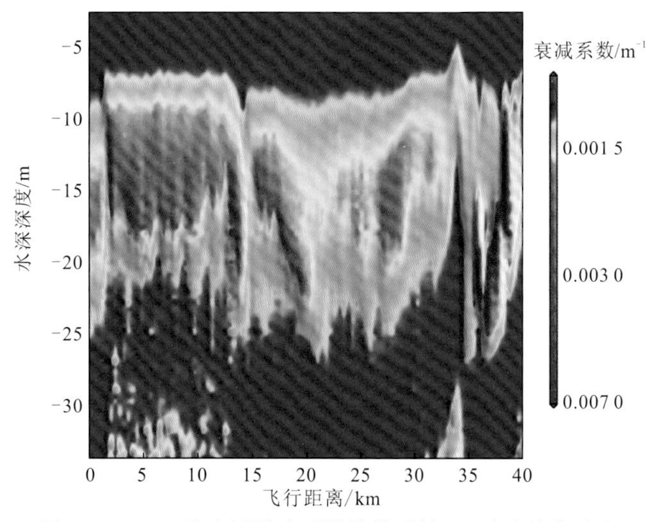

图 5.17 三亚湾水域激光雷达接收到的 b_{bp} 垂直结构分布

5.3 次表层浮游植物探测方法

海洋浮游生态系统是海洋生态系统最基本的组成部分，是海洋物理、化学和生物作用的耦合系统。海洋浮游生态系统最大的作用是通过海洋浮游植物的光合作用合成有机物，即海洋初级生产力。全球气候变化引起的海洋生态系统变化给海洋学研究带来了巨大的挑战，人们迫切需要了解海洋物理、化学和生物现象及其各种海洋生态问题。海洋初级生产力在海洋碳循环中的作用及对海洋初级生产力的准确估算受到了越来越多的关注。叶绿素浓度是海洋浮游植物生物量的表征，也是衡量海洋初级生产力最基本的指标。研究叶绿素浓度的垂直分布对了解海洋生态系统及其对全球气候变化的影响有着非常重要的意义。

海洋叶绿素浓度的垂直分布随水深变化而不同，出现次表层叶绿素最大值（subsurface chlorophyll maximum，SCM）是它最显著的特征之一。SCM 是指在弱层化水体中，在海表面以下一定深度（海洋次表层）出现的叶绿素浓度最大值。传统叶绿素浓度的获取方式有现场观测、卫星遥感观测及数值模拟。卫星遥感观测是获取海表叶绿素浓度的重要手段，但是通常卫星传感器很难探测到次表层叶绿素最大值[391-393]。因为海洋垂直方向的叶绿素并非均匀分布，卫星观测的叶绿素浓度与实际真光层的叶绿素浓度之间存在着很大的差距[394]。现场观测虽然可以获得叶绿素剖面浓度，但是工作效率低下，无法满足快速、大尺度范围海洋研究的需求。数值模拟是揭示海洋 SCM 形成及变化的重要工具，也是模拟和预测次表层叶绿素最大值层（subsurface chlorophyll maximum layer，SCML）的重要手段[395-396]，其理论基础是 Lewis[397]等提出的海洋叶绿素垂直分布的高斯模拟，目前应用较为广泛，也是海洋 SCM 研究的重要方法之一[395,398-399]。近年来，随着海洋激光雷达技术的发展，一些研究人员利用海洋激光雷达在海水中探测到了 SCML[10,93,400]。激光遥感具有快速、距离分辨能力强的优点，为浮游植物的垂直结构大规模的探测提供了新的技术手段。

5.3.1 海洋次表层叶绿素最大值层分析

1. SCML 的特征因子

SCM 在大洋水体及沿岸水体中普遍存在，特别是地处热带和亚热带的海域，SCM 几乎常年存在。SCM 的生成十分复杂，海洋水文环境、浮游植物种类及垂直营养盐分布均对它有影响，因此在不同的区域、不同的时间，SCM 生成的位置、范围及强度各不相同。为了描述 SCM 生成的位置、范围及强度，Beckman 等[401]从动力学角度提出了相应的特征因子，即 SCML 的深度、强度及厚度，并对它们做了定义。

SCML 的深度是指海洋次表层叶绿素浓度最大值所出现的深度位置，该特征因子的分布情况对开展浮游植物对光照和营养盐的敏感性研究有很大的帮助，深度越深说明浮游植物对光照越敏感，深度越浅则代表浮游植物对营养盐的适应性越强。此外，有研究证明浮游动物生物量最大的位置与叶绿素浓度最大值位置一致[402-403]，因此 SCML 的深度信息还可以为海洋渔场评估提供理论支撑。一般来说，近海海域 SCML 的深度在水下 5～50 m，且从近岸向远岸不断加深[404-406]。对于大洋水体，SCML 的深度更深，通常出现在水下 80～130 m，且随着纬度的降低而变深。

SCML 的强度目前有两种定义：一种是指海洋次表层叶绿素浓度最大值的量值[407-408]，使用该定义开展的研究较多；Beckman 等则认为仅仅用叶绿素浓度最大值来代表整个次表层的叶绿素浓度不太合理，因此将 SCML 的强度定义为海洋次表层叶绿素浓度的垂直积分值[401]。近岸海域 SCML 强度通常比较高，而且变化幅度较大；大洋水体的 SCML 强度普遍低于近岸海域，通常不会超过 1mg/m^3，而且变化较小。总的来说，SCML 的强度分布基本呈现近海高、远海低的特征[406,409-410]。

对 SCML 厚度的定义目前仍有争议。最简单的定义是海洋次表层叶绿素浓度最大值两侧、叶绿素浓度相同（占叶绿素浓度最大值的比例，如 50%）的两个值所处位置之间的距离[397,411-412]。根据不同海域的实际情况，一些学者给出了不同的定义。Pedros-Alio 等[413]给出了大西洋亚热带海域的 SCML 边界，分别是温跃层深度（上边界）和叶绿素浓度最大值深度下方的叶绿素浓度突变处（下边界）；Hanson 等[414]定义印度洋东部沿岸 SCML 上边界为第一个叶绿素浓度梯度为 0.02 mg/m^3 对应的深度位置，下边界位于真光层底部。这种定义方法受人为因素影响较大，且缺少动力学意义。Beckman 等定义了寡营养盐海域的 SCML 边界为上下补偿深度的距离，他们认为伴随次表层的出现，必然会存在上下两个补偿深度，该深度处浮游植物生长和损耗处于平衡状态，且该范围的浮游植物有净产量[401]。SCML 的厚度在近岸海域和大洋水体中差异也很大，一般大洋水体 SCML 的厚度为 50～60 m，但在近岸海域只有几米甚至更薄，这有可能是不同学者对其定义的标准不同造成的。目前在 SCML 的研究中，对深度和强度的研究较多，对厚度的研究稍显不足。

2. SCML 特征因子的影响因素

虽然 SCML 的形成和发展机制在不同海区、不同季节存在差异，但是在适宜的光照条件和充足的营养盐补给下，浮游植物会快速生长，从而形成次表层。光照条件、营养盐水平和海洋水动力环境是 SCML 形成和发展的主要影响因子。此外，温度、海表面风等环境因子也会影响 SCML 的特征因子分布。

1）光照条件对 SCML 的影响

浮游植物的光合作用强度可以用光合有效辐射（photosynthetically active radiation，PAR）强度来表示，PAR 是光衰减系数和海表辐照度的函数，随水深呈指数衰减。光衰减系数对 SCML 的深度和强度有影响。已有的研究表明：光衰减系数越大，PAR 衰减得越快，SCML 深度就越浅，深层水携带的营养盐补给随之减少，即浮游植物可利用的营养盐减少，从而导致 SCML 的强度变弱[415-416]。不同类型的水体，光衰减的影响也有差异[417-419]。对于一类水体，导致光衰减的主要原因是浮游植物的自遮作用；对于二类水体，引起光衰减的主要是水体中的悬浮颗粒物。

海表辐照度对光合作用的影响表现为：低光照时，光合作用效率与光照强度成正相关，随着光照强度的增大，光合作用效率随之增大；当光合作用效率最大时，光强达到饱和；之后若光照继续增加，则会出现光抑制。光抑制主要出现在表层或者近表层。海表辐照度对 SCML 的影响规律为：海表辐照度越强，真光层越厚，SCML 深度越深[395, 401-420]；海表辐照度越强，光合作用效率越大，SCML 强度越强。对于大洋水体，由于 SCML 深度变深，接受的深层水携带的营养盐增加，SCML 强度变大，但是深度变深对 SCML 的厚度影响很小[401]。

2）垂直混合对 SCML 的影响

海洋的垂直混合对 SCML 的影响主要是控制营养盐的垂直输送。当水体出现分层时，近表层表现为较为强烈的垂直混合，而温跃层以下垂直混合系数则表现为指数衰减，意味着底层的营养盐补给减少，同时表层可利用的营养盐又在不断消耗，只有次表层的光照条件和营养盐适宜浮游植物继续生长，由此出现 SCM 现象。不同深度的垂直混合强度不同，因此叶绿素的垂直分布的影响机制也不同。在上混合层，风浪搅拌混合是主导因子，较强的搅拌混合使得叶绿素浓度垂直分布趋向均匀[407,415,421]，SCML 的强度和深度一般不会发生变化[407,421-422]。跃层以下的垂直混合作用控制了底层营养盐的垂直输送，因此对 SCML 的影响很大。垂直混合强度越大，底层的营养盐向上输送越多，上层缺乏营养盐的水层就越浅，即 SCML 的深度变浅，但因为此时光强变大了，所以 SCML 的强度变大。

5.3.2 次表层浮游植物散射层探测方法

水体散射吸收作用造成的信号衰减是海洋激光雷达探测的最大干扰，也是雷达数据处理的最大难点。剔除水体散射的背景噪声可以有效提升水下散射层信号与水体背景信号的对比度。其基本假设是水体近表层水体光学特性分布均匀，且激光漫衰减系数小于次表层对光的削弱。由于散射层中各类型颗粒物富集，水体衰减系数较高，加之脉冲展宽导致的视场角损失，上述假设在大部分散射层存在的水体都能成立。因此根据水体水质情况，以南海三亚海域数据为例，选取海面以下 2～40 m 的波形数据进行指数拟合，对获得的波形进行漫衰减校正，得到水体次表层信号。

为了获得浮游生物散射层的特征，本小节提出一种以深度、厚度和强度为特征的水下浮游生物散射层探测方法。该方法首先需要对激光雷达对数信号进行曲线拟合，然后减去背景散射信号，减法结果的最大值即为 SCML 信号。使用指数回归来估计背景信号，SCML 的信号就可以通过减去回归和校正背景衰减得到。

采用多脉冲平均和背景噪声去除技术提高测量信噪比，对背景噪声校正的信号进行对数变换，得到激光雷达预处理后的测量信号 S_M。在典型的海洋条件下，入射光由太阳和天空提供，各种辐射和辐照度都随深度呈指数下降[423]。因此，可以从深度 z 的线性函数中获得对数形式的背景散射信号 S_B，回归深度的有效范围是从海面以下 2 m 到最大深度的 0.8 倍。海面 2 m 以上易受海表反射率、风况、破碎波和泡沫等多种因素的影响，而当深度增加到最大深度的 0.8 倍以上时，信噪比急剧下降。因此，通过从 S_M 减去背景散射水平 S_B，得到 SCML 的强度 S_L，计算过程可表示为

$$S(z) = A\beta(z)\exp(-2\alpha z) \tag{5.55}$$

$$S_B(z) = S_B(0)\exp(-2\alpha z) \tag{5.56}$$

$$S_L(z) = [S_M(z) - S_B(z)]\exp(-2\alpha z) \tag{5.57}$$

$$S_L(z) = S_M(z) - S_B(z) \tag{5.58}$$

通过激光雷达信号处理获得的剖面示例如图 5.18 所示。图 5.18（a）中，S_B 是通过对深度 2～40 m S_M 的线性拟合得到的。结果表明，SCML 出现的深度位置为 14.4～22.4 m。SCML 深度为 16.9 m，厚度为 8 m。在深度急剧下降后，由于信噪比的影响，信号在一定深度后可能有很小的下降，如图 5.18（b）所示，以最大深度的 0.8 倍作为下限是不合适的。在这种情况下，可以使用二次拟合方法解决上述问题，或者可以将回归的深度下限设置为低于表面值 60 dB 的深度[101]。然后，根据最大强度对应的深度和半最大宽度分别计算出 SCML 的深度和厚度。需要注意的是，次表层的上下边界是由信号的半高宽决定的，而不是由原始信号和背景信号之间的减法结果决定的。由对数信号压缩减小而引起的回归误差将被忽略[101]。如图 5.18（b）所示，线性拟合方法已经失效，二次拟合方法可以得到相同的 SCML 深度，回归的偏差可以忽略不计。因为拟合误差对确定 SCML 深度的影响很小，所以该方法的结果是稳定的。

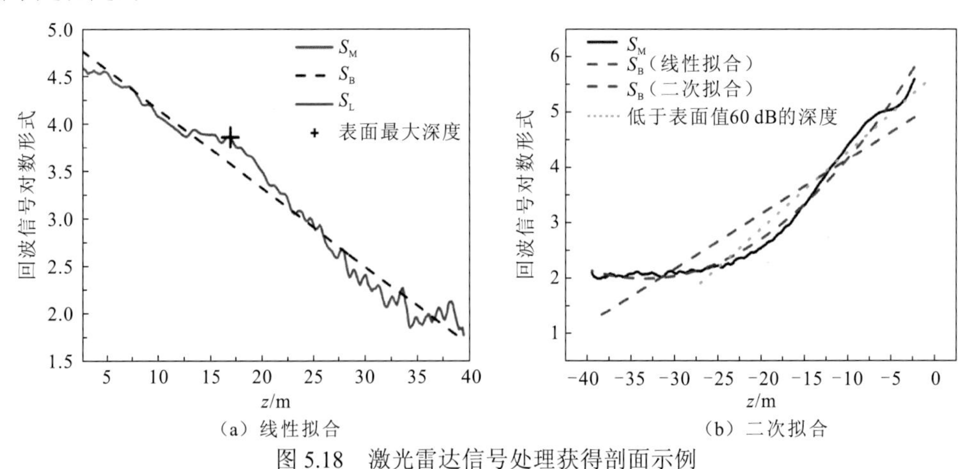

（a）线性拟合　（b）二次拟合

图 5.18　激光雷达信号处理获得剖面示例

5.3.3 南海三亚湾次表层探测试验

1. 南海三亚湾次表层空间分布特征

图 5.19 显示了 2017 年 9 月和 2018 年 3 月三次机载激光雷达飞行测量的 SCML 观测结果。激光雷达沿三条飞行轨迹探测的 SCML 的垂直分布如图 5.19（a）、（c）和（e）所示，相应的 SCML 的深度和厚度如图 5.19（b）、（d）和（f）所示。结果表明，南海三亚湾浮游生物层的时空分布具有多样性。2018 年 3 月 11 日的浮游生物层[图 5.19（a）]由 10 m 延伸至 20 m，深度在 12 m 左右波动，厚度约为 10 m[图 5.19（b）]。2018 年 3 月 12 日的浮游生物层深度发生了突变[图 5.19（c）]，从 19 m 跃至 8 m，这可能是由上升流垂直混合引起的，厚度约为 5 m[图 5.19（d）]，比 3 月 11 日的厚度要薄得多，这可能是因为 3 月 12 日的飞行轨迹更接近远海。当飞行接近岛屿时，SCML 厚度变薄，表现为近岸的浮游生物层比远岸的要浅，Churnside 得出了同样的结论[93]。原因可能是受风驱动上升流事件的影响，上升流向上输送营养物质，形成营养物质浓度层，当阳光充足时，浮游植物生长迅速所致。2017 年 9 月 30 日沿飞行轨迹[图 5.19（e）]浮游生物层深度变化较大，变化范围为 9～15 m，厚度为 8 m[图 5.19（f）]。本小节利用激光雷达测量的 SCML 的深度和厚度与傅明珠等的结果是一致的[410]。此外，2018 年 3 月 12 日和 2017 年 9 月 30 日的飞行路径基本相同，但两个浮游生物层的空间分布存在很大差异，说明南海三亚湾浮游生物层在冬夏季存在季节性时序变化。

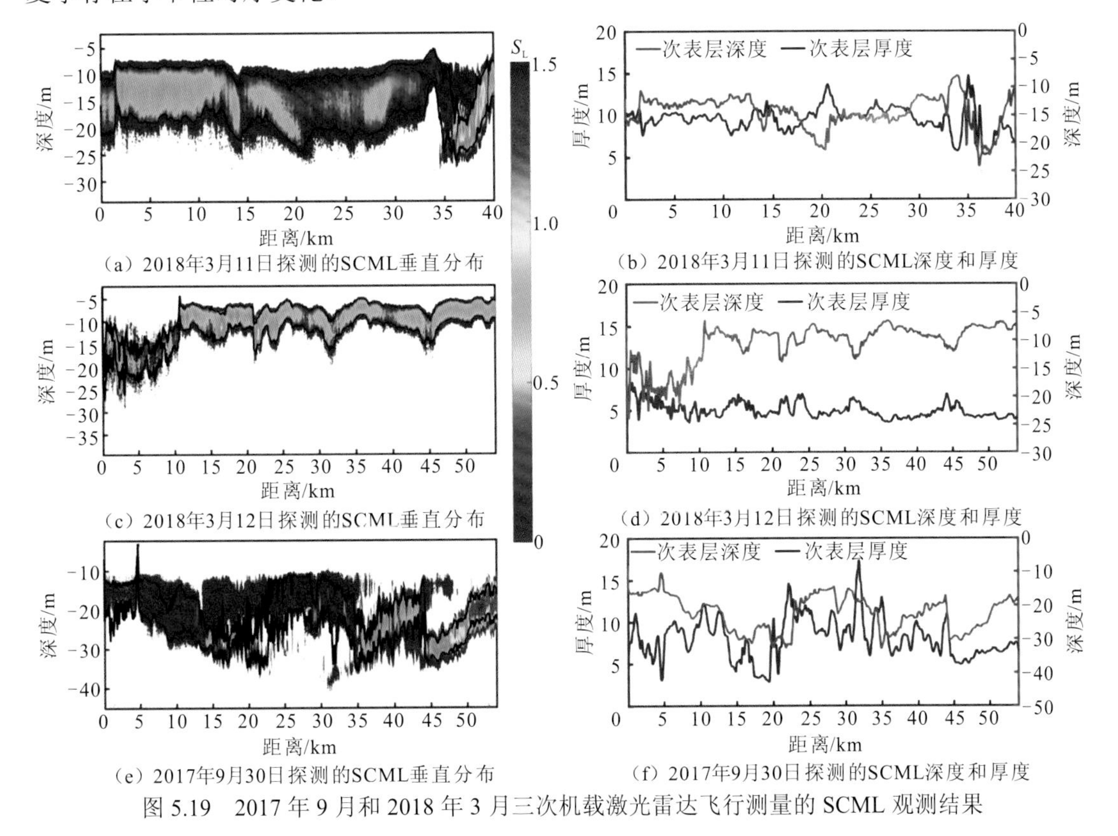

图 5.19　2017 年 9 月和 2018 年 3 月三次机载激光雷达飞行测量的 SCML 观测结果

2. 南海三亚湾次表层反演结果与船载实测结果对比分析

图 5.20 显示了机载激光雷达反演结果与船载原位测量结果的对比。图 5.20 中，黑色实线是对数形式的机载激光雷达回波信号，红色部分是激光雷达探测到的浮游生物层，蓝色实线是用船载荧光探针测得的叶绿素剖面，黑色虚线为拟合背景信号。结果表明，激光雷达测量的浮游生物层与船载叶绿素剖面有显著的相关性。激光雷达探测的 SCML 深度和厚度都与实测叶绿素最大值结果相近。图 5.21 显示了激光雷达测量的浮游生物层深度和叶绿素最大值深度之间的相对误差。从图中可以看出，除 S1 站点误差为 1.3 m 外，其余各站点误差均小于 0.7 m，说明激光雷达探测水下浮游生物层的有效性和反演叶绿素浓度最大值的潜力。

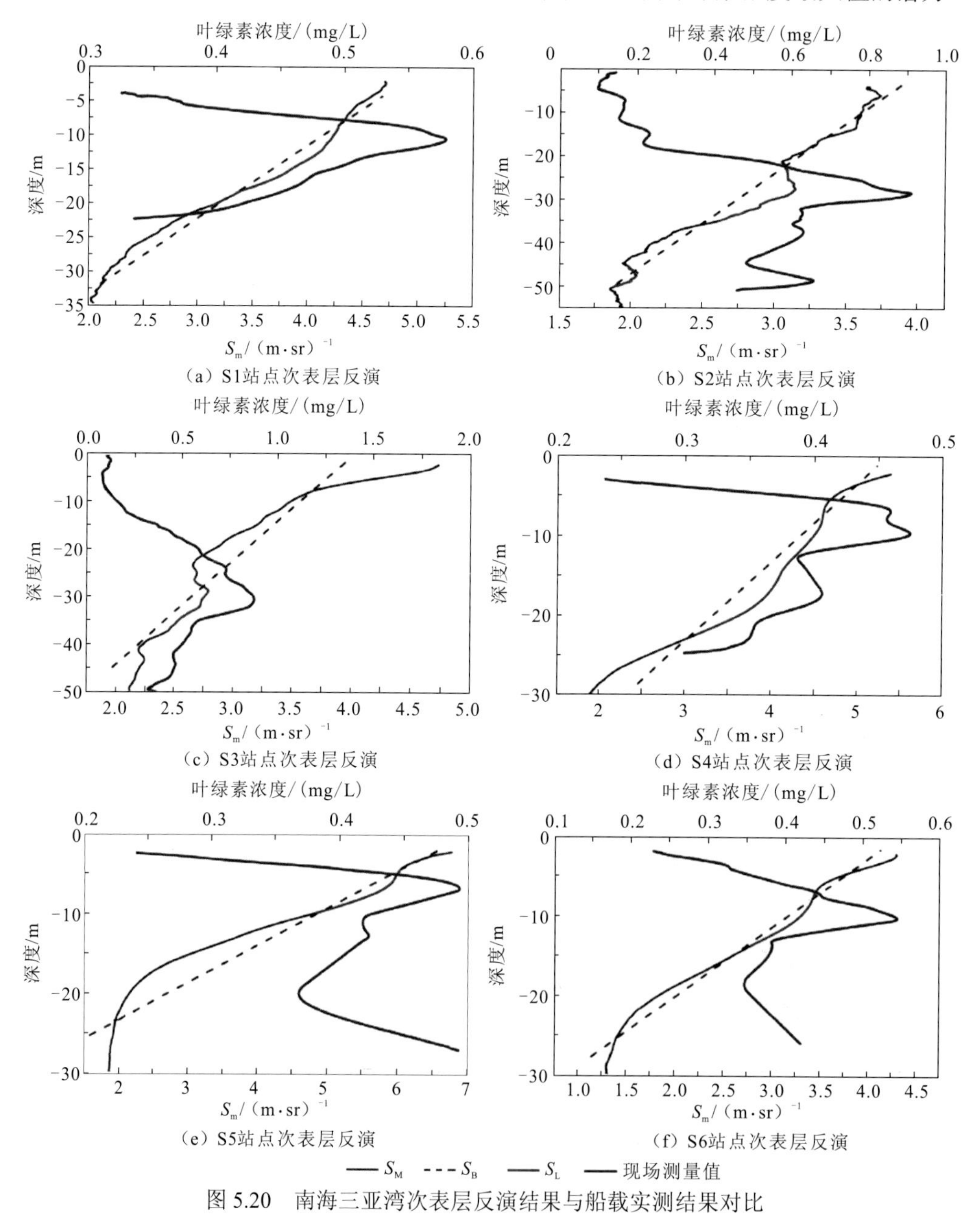

图 5.20　南海三亚湾次表层反演结果与船载实测结果对比

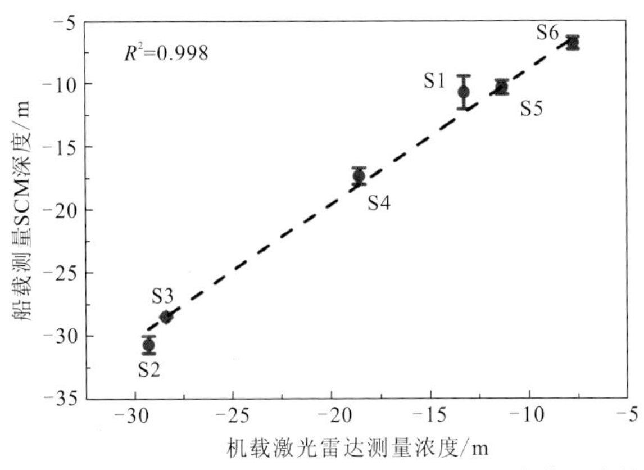

图 5.21　激光雷达测量的浮游生物层深度和叶绿素最大值深度的相对误差

3. 南海三亚湾次表层季节变化及驱动力分析

图 5.22 显示了南海三亚湾夏季和冬季利用机载激光雷达探测到的浮游生物层的季节变化。从图中可以看出，2017 年 9 月浮游生物层的深度和厚度的变化较 2018 年 3 月更明显。2018 年 3 月的浮游生物层深度比 9 月的要深得多[图 5.22（a）]，两组深度数据的差值为 10～22 m，3 月的浮游生物层厚度也比 9 月的小[图 5.22（b）]。已有的研究表明，季风强迫上升流的作用是导致浮游生物层季节变化的主要因素。南海的气候驱动因子主要有两个：东面为西太平洋暖池，西北方向为青藏高原。南海上层海洋的气候变化以东亚季风为主。夏季风出现于 6～9 月，冬季风发生于 11 月至次年 3 月[424]。季风迫使海底的深层水上升并带来更多的营养物质。试验区域更容易受冬季风的影响，而且冬季风比夏季风强[图 5.23（a）和（b）]，因此，2018 年 3 月的浮游生物层更接近海表。季风强迫在次表层的空间分布和季节变化中起着重要作用。此外，温度变化通常代表海洋上层的分层特征，从而影响浮游植物生长所需的养分供应。如果其他海况相同，海表水温较低时垂直分层相对较弱，更有可能发生较强的垂直交换。南海夏季海面温度普遍上升[图 5.23（c）和（d）]，这阻碍了丰富的下层水输送到上层的物理过程，所以次表层深度在 2017 年 9 月加深。

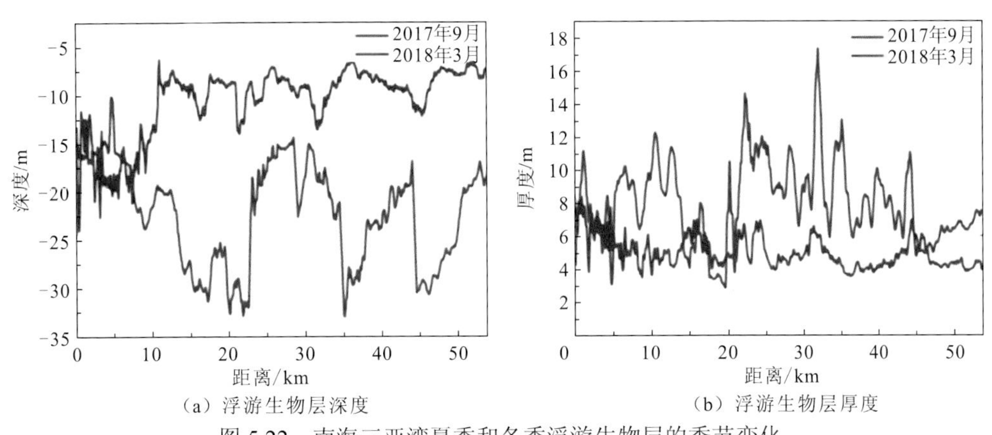

（a）浮游生物层深度　（b）浮游生物层厚度

图 5.22　南海三亚湾夏季和冬季浮游生物层的季节变化

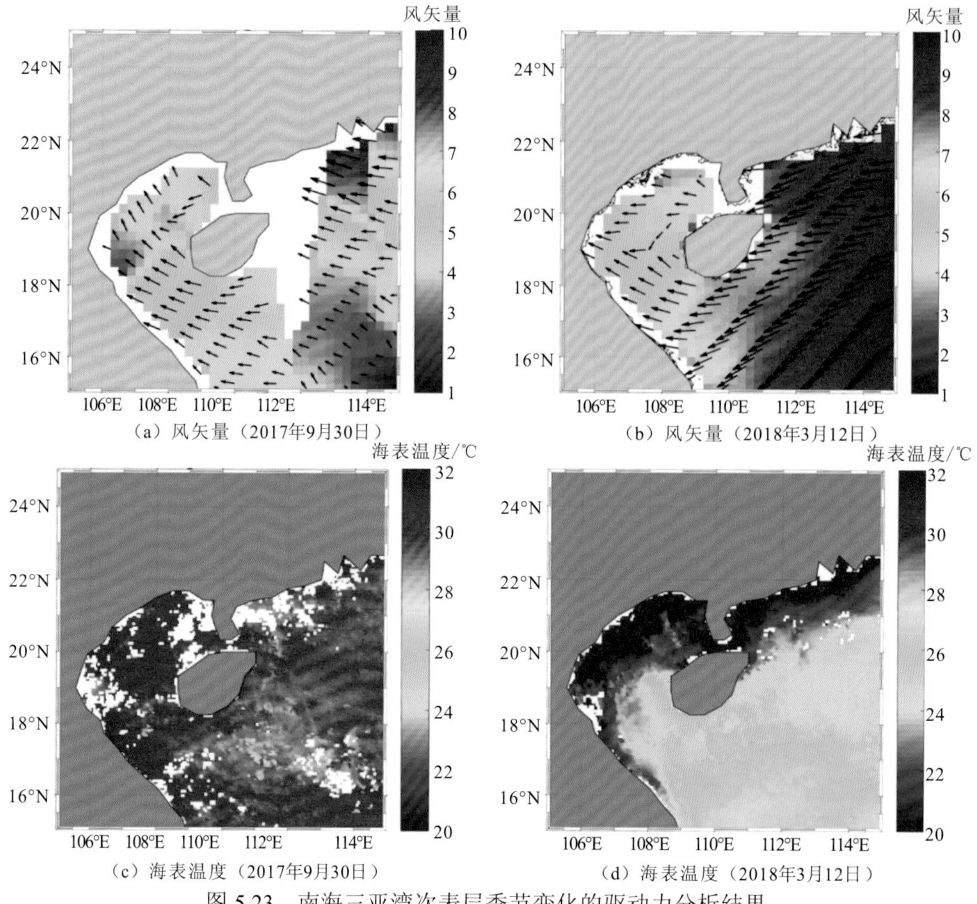

（a）风矢量（2017年9月30日）

（b）风矢量（2018年3月12日）

（c）海表温度（2017年9月30日）

（d）海表温度（2018年3月12日）

图 5.23 南海三亚湾次表层季节变化的驱动力分析结果

5.3.4 千岛湖次表层探测试验

1. SCML 的获取步骤和结果验证

图 5.24（a）显示的是原始激光雷达回波信号 S_0，图 5.24（b）显示的是激光雷达距离校正信号。在次表层探测之前，船载激光雷达信号同样需要进行预处理，预处理过程与机载激光雷达数据一致：先利用多脉冲平均和背景噪声抑制技术提高测量信号的信噪比，然后对噪声消减后的信号进行对数变换，得到激光雷达预处理后的测量信号。由于水面的强烈反射，激光雷达回波信号在 1.5 m 深度内急剧下降，此时激光雷达光束刚刚进入水面。可以看到，在图 5.24（b）中，在深度 5～15 m 内发现轻微隆起信号。激光雷达信号中的凸起是由次表层散射引起的。如果没有次表层存在，只有水的衰减，激光雷达回波信号将随着深度的增加而减小。基于这一原理，可以通过发现激光雷达信号中的异常凸起来获得 SCML 相关信息。图 5.24（c）通过线性拟合函数以对数形式显示了背景激光雷达信号 S_B，并以对数形式显示了范围校正的回波信号 S_0。在垂直均匀的浮游植物水体中，假设 S_B 为激光雷达信号，则其衰减函数为指数衰减函数。因此，线性拟合函数适合获得对数 S_B。图 5.24（c）中的红线表示的是线性拟合结果，采用最小二乘拟合多项式方法，可以通过用对数 S_0 减去回归对数 S_B 来获得地下层信号 S_L[图 5.24（d）]。由于水面的高反射，2 m 处的上层水

体资料大于理论值。为了避免水面效应，将 2 m 以下的数值设为零。结果表明，在 7.5～15.5 m 的深度内，可以明显地探测到次表层信号，最大深度约为 10 m。根据半最大宽度计算次表层厚度，上下边界位置分别在图 5.24（d）中 8 m 和 12 m，所以次表层的厚度约为 4 m。

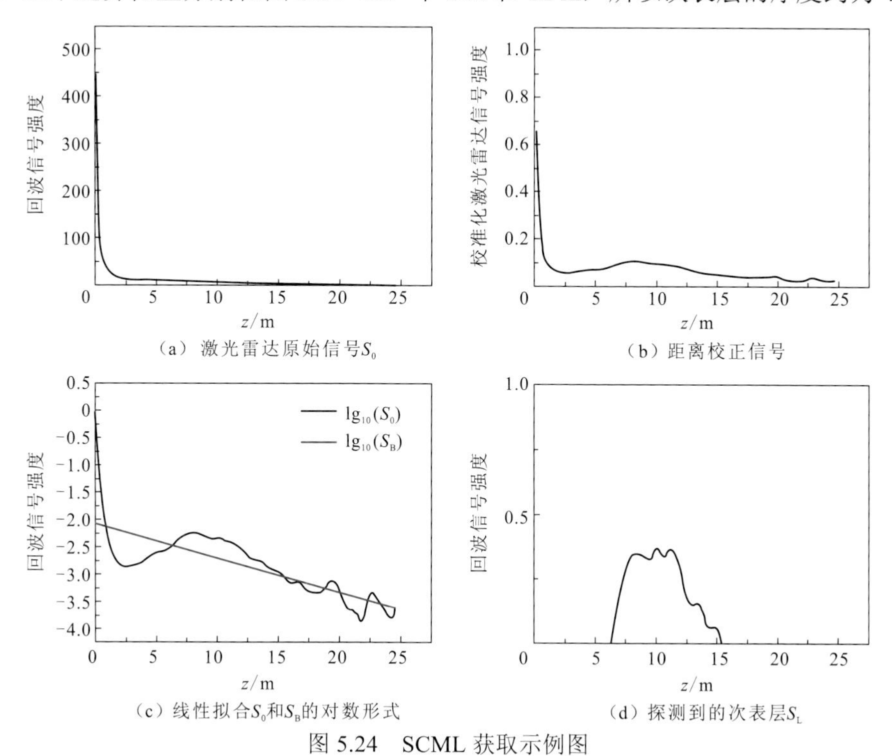

（a）激光雷达原始信号S_0 （b）距离校正信号

（c）线性拟合S_0和S_B的对数形式 （d）探测到的次表层S_L

图 5.24 SCML 获取示例图

图 5.25 对千岛湖船载激光雷达探测结果与 RBR XR-420 在该站(119.183° E，29.567° N)的原位测量结果进行了比较。图中黑色实线是激光雷达探测到的次表层，红色实线是叶绿素浓度的垂直分布，浅蓝色实线是藻蓝蛋白浓度的垂直分布，紫色实线是温度的垂直分布，绿色实线是溶解氧的垂直分布，深蓝色实线是 pH 的垂直分布，黑色虚线为温跃层深度。可以看出千岛湖研究区浮游植物分层、水温、理化指标等特征明显。从图 5.25 中还可以发现实测叶绿素浓度最大值和藻蓝蛋白最大值都接近于 10 m 的深度。激光雷达探测的 SCML 深度与实测叶绿素浓度最大值和藻蓝蛋白最大值可以很好地对应，这表明该方法对浮游植物层的探测是有效的。同时，温度、pH 和溶解氧的梯度也均在 10 m 附近，与 SCML 深度值吻合较好，推测温度、pH 和溶解氧是千岛湖 SCML 产生的主要驱动因素。

结果表明，与常规观测方法相比，激光雷达技术和本小节提出的探测方法可以用于湖水的理化指标监测，这种方法可以节省大量的人力物力。目前，对湖水浮游植物群落垂直分布的研究还很缺乏，特别是对藻类光合作用过程中一些重要生理参数的测定研究更是缺乏。将激光雷达技术与本小节提出的探测方法结合起来，可以成为一个很好的湖水浮游植物群落垂直分布探测方法。

2. 千岛湖 SCML 垂直剖面分布

图 5.26 显示了激光雷达探测层在不同位置沿航迹的垂直剖面分布。图 5.26（a）是激光雷达在（118.800° E，29.667° N）附近测量 10 min 的垂直剖面分布图，图 5.26（b）是激

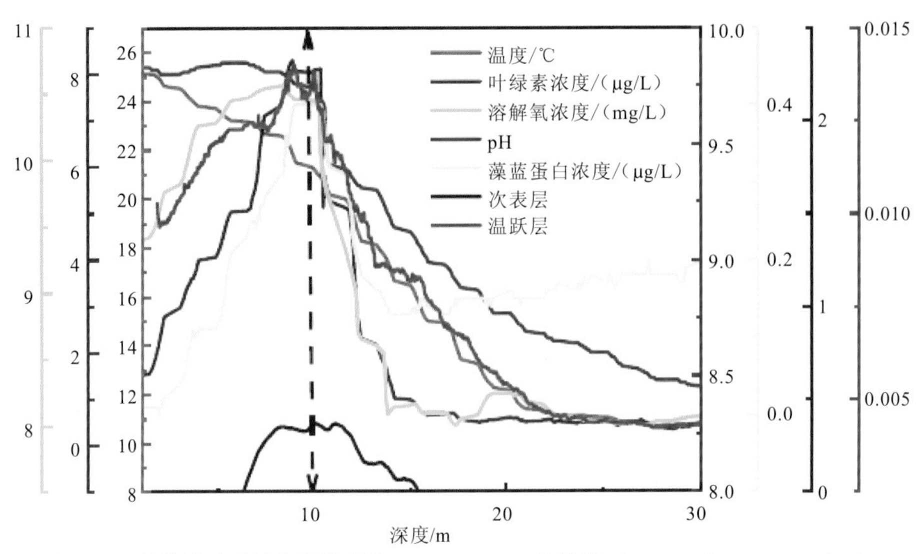

图 5.25 船载激光雷达探测结果与 RBR XR-420 在该站（119.183° E，29.567° N）的原位测量结果对比

光雷达在（119.200° E，29.500° N）附近测量 30 min 的垂直剖面分布图。在测量过程中，实验船以几乎恒定的速度前进。当激光进入水面时，由于水面的强反射，在 1.5 m 深度范围内激光雷达回波幅度值很高。除了这部分高值区，在水深 10 m 左右的位置可以看到两个次表层，次表层的信号幅度大约是均匀散射层信号的两倍。随着船舶航行到不同的位置，海底垂直结构分布也发生了变化。图 5.27 显示了沿着船只轨迹激光雷达探测到的 SCML 的最大深度和厚度。图 5.27（a）是当船舶行进在（118.800° E，29.667° N）附近激光雷达探测到的层的最大深度和厚度，而图 5.27（b）是激光雷达探测层在船舶（119.200° E，29.500° N）附近航行时的最大深度和厚度。由图 5.27 可知，在位置（118.800° E，29.667° N）附近，SCML 的最大深度为 8.7～8.9 m，厚度为 1.2～1.5 m。在位置（119.200° E，29.500° N）附近，SCML 的最大深度为 10～12 m，厚度为 1.0～2.5 m。随着船舶的前进，SCML 的最大深度和厚度变化不大。对比图 5.27（a）和（b）可以看出，（118.800° E，29.667° N）附近 SCML 最大深度的变化比（119.200° E，29.500° N）处更为明显，最大深度比（119.200° E，29.500° N）处浅，但是（118.800° E，29.667° N）处 SCML 的厚度大于（119.200° E，29.500° N）处的

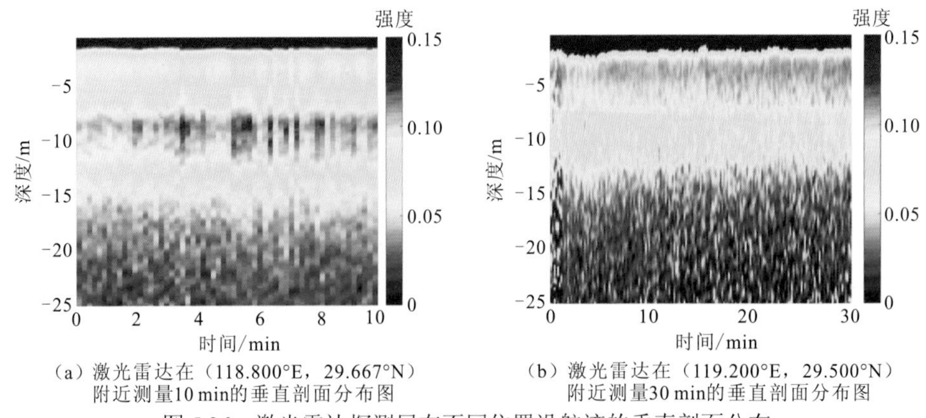

（a）激光雷达在（118.800°E，29.667°N）附近测量10 min的垂直剖面分布图
（b）激光雷达在（119.200°E，29.500°N）附近测量30 min的垂直剖面分布图
图 5.26 激光雷达探测层在不同位置沿航迹的垂直剖面分布

厚度。这种差异可能是由两个地点的理化性质不同造成的。在这项研究中，激光雷达探测到的次表层的最大深度与先前在千岛湖的夏季分层研究[425]吻合得很好，这说明船载激光雷达能够探测和表征湖泊浮游植物的结构。

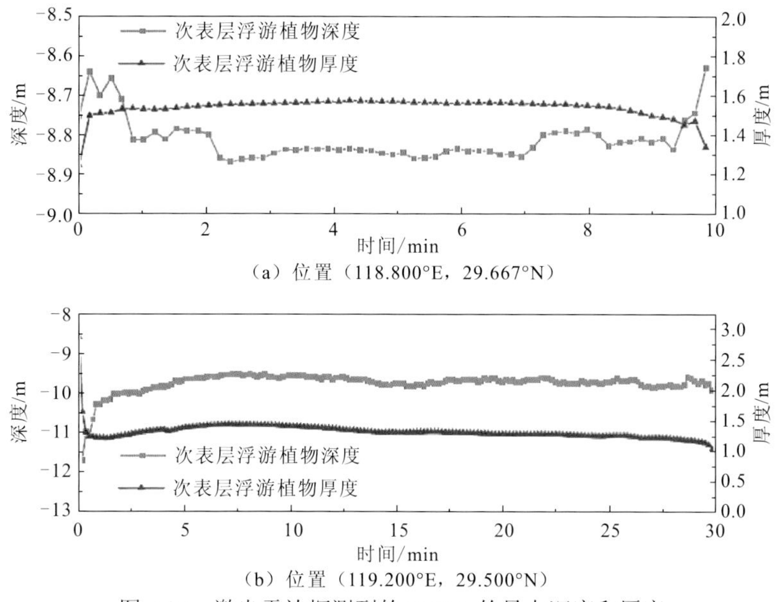

（a）位置（118.800°E，29.667°N）

（b）位置（119.200°E，29.500°N）

图 5.27 激光雷达探测到的 SCML 的最大深度和厚度

第 6 章　海洋激光雷达浅海水深探测方法

6.1　回波信号分类方法

由于海洋激光雷达回波波形的复杂性，对其回波信号的处理方法也更加复杂[426]。在进行陆地测绘时，空气对激光传播的影响几乎可以忽略，其回波波形可以认为是多个高斯回波的叠加。而激光在海洋中传播时，受水-气界面和水体吸收散射等因素的影响，会出现复杂的脉冲展宽和不同速率指数衰减等现象，导致波形呈现复杂的非多高斯分布。因此，处理海洋激光雷达波形时需要先进行海陆波形和水体波形的区分，然后再进行波形峰值位置提取。海陆波形分类的必要性在于测深时激光在空气和水体中的光速差异较大（分别为 3.00×10^{8} m/s 和 2.25×10^{8} m/s），并存在从大气进入海洋时的气-水界面折射。在激光测深时需要对水体介质的光速和折射路径进行校正，而在潮汐、波浪改正研究工作中也需要准确识别并计算瞬时海面的位置。海陆波形的分类是后续进行深度计算及潮汐波浪改正等工作的基础，是激光波形数据处理中不可或缺的第一步。

水体回波波形还可以划分为近岸浅水波形、浅水波形和深水波形。进行水体波形分类是因为近岸浅水回波中海表面回波和海底回波混合，正确分离两者是测深激光雷达最小测深能力的体现。近岸浅水回波中海表面回波和海底回波的分离需要准确识别近岸浅水回波。此外，由于海水对激光的吸收和散射作用，会出现远场激光空间分布展宽现象[427]，激光回波信号的幅度变化大。国产机载激光雷达测深系统采用视场角不同的浅水通道和深水通道，两通道之间的波形特点也不相同，需要采用不同的处理方法来分别提取浅水通道和深水通道的海底回波。为了更好地、更有针对性地提取不同深度的波形，根据不同类型波形在频域中的特征，可将海洋波形分为三个子类型：近岸浅水波形、浅水波形、深水波形。

6.1.1　基于支持向量机的海陆波形分类模型构建

1. 海陆波形分类流程

根据海陆波形的回波信号物理特征及产生机制，由波形获得的地物响应函数 $H(t)$ 实际上是表征地物类型的物理参数。本小节的分类模型主要针对 $H(t)$ 进行构建，其构建步骤如下。

（1）对原始波形的窗口回波后某固定位开始取得的高斯白噪声样本，计算其平均值并将 5 倍标准差之和作为阈值，从雷达出射窗口位置的回波位置开始，将后续波形中连续 5

次高于阈值的信号作为有效波形起始的参考位置，截取绿光通道和近红外通道的有效波形，分别为$[P_g(t_1),\cdots,P_g(t_m)]$和$[P_{ir}(t_1),\cdots,P_{ir}(t_n)]$（简化为$[P_g(1),\cdots,P_g(m)]$和$[P_{ir}(1),\cdots,P_{ir}(n)]$）。使用RLD算法进行去卷积去噪，获得地物响应函数$[H_g(1),\cdots,H_g(m)]$和$[H_{ir}(1),\cdots,H_{ir}(n)]$。

（2）提取绿光通道和近红外通道波形数据的特征参数，组合构建不同维数的特征向量，其中多通道的特征提取是对海陆波形分类的关键。

（3）采用支持向量机构建不同维数特征参数的分类模型。

（4）利用测试样本对构建的分类器进行结果检验。

2. 海陆波形特征选取

本小节基于对大量海陆波形特征的分析，选取6个特征参数（表6.1），其中绿光通道的特征参数4个，近红外通道2个，详细介绍各特征参数的计算方法和其所针对的海陆波形特征差异。

表 6.1　特征参数表

532 nm 绿光通道特征参数				1 064 nm 近红外通道特征参数	
W_f	S_a	S_k	K_u	R_{IG}	W_{ir}

1）首个回波波宽

定义首个回波$[H_g(m_1),\cdots,H_g(m_2)]$波宽（width of the first echo）$W_f=(m_2-m_1)$　$(m_1\geqslant 1, m_2\leqslant m)$来描述不同地物的波形的展宽程度。陆地波形中，首个回波与出射激光的波形相似，展宽程度较小；海洋深水区域回波展宽明显，主要来自激光信号与水体散射信号的叠加。使用首个回波波宽能够有效区分以上波形，但对于海洋浅水区域回波，浅水通道波形海底信号和水体信号混合在一起，会与多冠层森林回波混淆。

2）归一化曲线下面积

定义归一化曲线下面积（area under normalized curve）S_a，在二维尺度上描述波形的展宽程度。由于水体散射信号相叠加，无论是海洋浅水回波还是深水回波得到的S_a值都较陆地回波的S_a值偏大。归一化的目的是减小回波强度的影响，回波强度受多参数的影响导致差异较大，如飞行的高度、扫描角度等，归一化后曲线更能体现海陆波形不同的形状特征。S_a的计算公式可表示为

$$S_a=\frac{1}{2}\sum_{i=m_1}^{m_2-1}\left\{\frac{[H_g(i+1)+H_g(i)]}{\max[H_g(m_1),\cdots,H_g(m_2)]}\right\} \tag{6.1}$$

3）偏度

对于首个回波$[H_g(m_1),\cdots,H_g(m_2)]$，使用偏度（skewness）$S_k$描述回波的偏移程度[428]。绿光通道接收的首个回波波形与出射激光脉冲波形相似，呈对称形态，偏度值接近于0。而海面回波呈现右偏态，较陆地回波S_k值偏大。S_k的计算公式可表示为

$$S_k=\left\{\frac{1}{m_2-m_1}\sum_{i=m_1}^{m_2}\left[\frac{H_g(i)-\overline{H_g}}{\sigma}^3\right]\right\} \tag{6.2}$$

式中：$\overline{H_g}$ 和 σ 分别为 $[H_g(m_1),\cdots,H_g(m_2)]$ 的均值和标准差。

4）峰度

对于首个回波 $[H_g(m_1),\cdots,H_g(m_2)]$，使用峰度（kurtosis）$K_u$ 来描述回波的平坦程度[428]。正态分布的峰度为 3，峰度大于 3 表示较为平坦的波形，峰度小于 3 表示较为陡峭的波形。由于激光在水体中的空间分布展宽较陆地回波波形平缓，尤其是海洋浅水回波，海底信号和水体信号混合，K_u 值偏大，因此回波得以区分。K_u 的计算公式可表示为

$$K_u=\left\{\frac{1}{m_2-m_1}\sum_{i=m_1}^{m_2}\left[\frac{H_g(i)-\overline{H_g}}{\sigma}\right]^4\right\} \tag{6.3}$$

5）近红外与绿光强度比值

参照陆地地物使用多波段分类的方法，利用光谱特征近红外与绿光强度比值（ratio of infrared and green intensity）R_{IG} 来描述近红外通道对不同地物的敏感程度。陆地地物如森林、裸土对近红外波段的反射较强，R_{IG} 值偏大；海洋在无镜面反射的情况下，对近红外波段的反射较弱，R_{IG} 值偏小。同时激光回波的强度不仅与反射介质的特性有关，还与激光的入射角度、激光脉冲作用的距离等因素相关[429]，需用对每次波形记录中出射窗口的能量进行归一化处理获得 $\tilde{I}$，从而避免仪器出射强度对接收到的回波强度的影响。R_{IG} 的计算公式可表示为

$$R_{IG}=\frac{\tilde{I}_{ir}}{\tilde{I}_g} \tag{6.4}$$

式中：$\tilde{I}_{ir}$ 为近红外通道归一化后强度；$\tilde{I}_g$ 为绿光通道归一化后强度。

6）近红外通道响应波宽

近红外通道响应波宽（width of response waveform）定义为近红外通道回波信号中地物引起的信号响应 $[H_{ir}(n_1),\cdots,H_{ir}(n_2)]$ 的宽度 $W_{ir}=(n_2-n_1)$，其中 $n_1\geqslant 1,\ n_2\leqslant n$。近红外激光脉冲不易穿透海水，但并不是所有的海表反射信号都能被接收器探测到[129]，因此接收到的近红外通道回波只有一个甚至没有响应脉冲。但陆地回波波形不同，近红外通道回波信号会产生一个或多个响应脉冲，如多冠层森林会返回多个响应脉冲，相应的响应波宽较长。因此特征参数 W_{ir} 能够很好地区分海陆波形混淆中的多冠层森林回波和海洋回波。

3. 基于支持向量机的分类方法

支持向量机分类，即通过少量支持向量确定最优超平面来进行分类，是由 Cortes 等[430]于 1995 年首先提出的。其基本思路是将二维空间中一个线性不可分的问题向高维空间转化，使其变得线性可分，即将 $f(x)=\mathrm{sign}(\boldsymbol{w}^{\mathrm{T}}\boldsymbol{x}+b)$ 中 x 转换为 $\phi(x)$，同时满足以下条件：

$$\min\frac{1}{2}\boldsymbol{w}^{\mathrm{T}}\boldsymbol{w}+C\sum\xi_i \quad (\xi_i\geqslant 0) \tag{6.5}$$

$$y_i(\boldsymbol{w}^{\mathrm{T}}\phi(\boldsymbol{x}_i)+b)=1-\xi_i \quad (i=1,2,\cdots,n) \tag{6.6}$$

式中：C 为对错误分类点的惩罚参数；ξ_i 为错误分类产生的误差；n 为样本数量。

通过多通道的多特征参数组合构建不同维数的特征向量 $\boldsymbol{x}$，分类器核函数采用径向基函数（radial basis function），经过参数寻优，确定核函数中的 gama 函数设置及最佳惩罚参数 C，最后通过分析样本数目比例和分类精度的关系来评估分类器性能。

4. 分类结果的检验方法

提取疑似首个回波波形对应位置的经纬度，叠加于 Google Earth 来判断海陆波形并对海陆波形目视判读结果，以此作为真值用于评价分类效果。为了更好地评价分类效果，把结果分成两类，即裸土、海滩、建筑物、森林等陆地波形与浅水、深水等海洋波形。构建分类结果的混淆矩阵（confusion matrix）（表 6.2），A 和 D 分别为海陆波形正确分类的波形数，对应混淆矩阵中的对角线元素，B 和 C 分别为海陆波形误分的波形数。同时计算生产者精度（producer's accuracy）、用户者精度（user's accuracy）、总体精度（overall accuracy，a_{O}）和 Kappa 系数（$\hat{K}$）来定量评价分类结果。a_{O} 为正确分类的波形数与总波形数的比值，计算式为式（6.7）。$\hat{K}$ 的计算式为式（6.8），用于衡量分类结果与检验结果之间的整体一致性。

表 6.2　混淆矩阵及精度评价指标计算表

类别	预测		用户者精度/%	Kappa 系数
	陆地波形	海洋波形		
陆地波形	A	B	$A/(A+B)$	—
海洋波形	C	D	$D/(C+D)$	—
生产者精度/%	$A/(A+C)$	$D/(B+D)$	a_{O}	$\hat{K}$

$$a_{\mathrm{O}} = (A+D)/N \tag{6.7}$$

式中：$N=(A+B+C+D)$。

$$\hat{K} = \frac{N(A+D)-(A+B)(C+D)(A+C)(B+D)}{N^2-(A+B)(C+D)(A+C)(B+D)} \tag{6.8}$$

6.1.2　海陆波形分类结果与分析

1. 分类结果的检验方法

首先选取单一典型飞行条带数据，该数据包括沙滩、森林、裸土、建筑物等陆地波形，以及深水、浅水等海洋波形。然后选取不同的特征参数组合成不同维数的特征向量，构建 6 个分类模型，通过分类精度结果来分析不同的分类器性能。

图 6.1 是 6 个模型的训练结果，包括总体精度和 Kappa 系数。从图中可以发现，当选取的训练样本超过 80%时，各模型的分类总体精度和 Kappa 系数都趋于稳定。近红外通道特征参数的加入明显改善了分类效果。为了进一步说明各模型的分类效果，基于各模型的混淆矩阵，给出各模型的最佳精度评价表（表 6.3）。从表 6.3 中可以看到，随着特征参数选择方案中特征参数维数的增加，其分类的精度都有所提升，但提升的速度存在较大差异。

其中，仅使用绿光通道的特征参数，模型的总体精度达到95.12%，较模型1提升了1.7个百分点，Kappa系数仅达0.9023，提升效果并不明显。但随着近红外通道的特征参数的加入，其分类的精度和Kappa系数有大幅度的提升，相较于仅使用绿光通道特征的模型4，模型5、模型6的总体精度分别提升了2.11%和2.27%，Kappa系数分别达0.9445和0.9901，错分的波形数量随之减少。因此基于多通道波形数据特征构建的模型6最符合应用需求，可作为本节的最终分类模型。

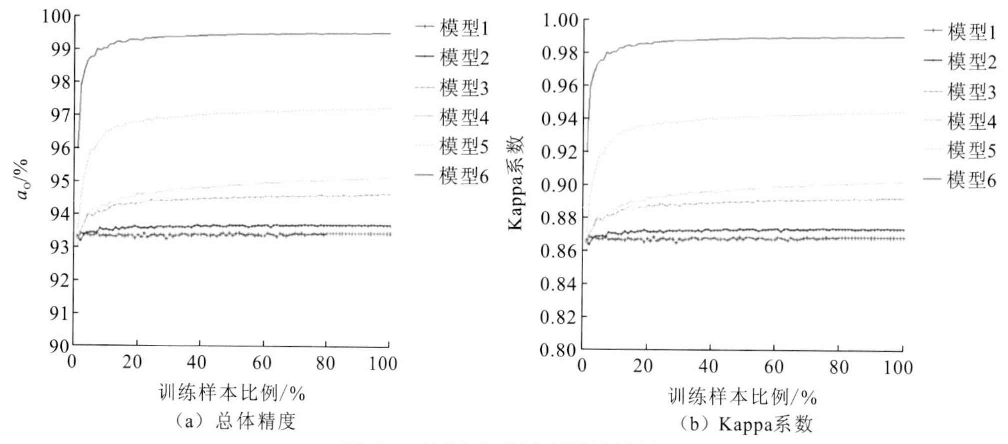

（a）总体精度　（b）Kappa系数

图6.1　不同分类模型训练结果

表6.3　不同维数特征参数构建模型最佳精度评价表

模型序号	特征选取	类别	预测		用户者精度/%	Kappa系数
			陆地波形	海洋波形		
1	W_f	陆地波形	11 260	829	93.14	—
		海洋波形	712	10 610	93.71	—
		生产者精度/%	94.05	92.75	93.42	0.868 3
2	W_f+S_a	陆地波形	11 324	765	93.67	—
		海洋波形	718	10 604	93.66	—
		生产者精度/%	94.04	93.27	93.67	0.873 2
3	$W_f+S_a+S_k$	陆地波形	11 427	662	94.52	—
		海洋波形	599	10 723	94.71	—
		生产者精度/%	95.02	94.19	94.61	0.892 1
4	$W_f+S_a+S_k+K_u$	陆地波形	11 492	597	95.06	—
		海洋波形	546	10 776	95.18	—
		生产者精度/%	95.46	94.75	95.12	0.902 3
5	$W_f+S_a+S_k+K_u+R_{IG}$	陆地波形	11 674	415	96.56	—
		海洋波形	234	11 088	97.93	—
		生产者精度/%	98.03	96.38	97.23	0.944 5
6	$W_f+S_a+S_k+K_u+R_{IG}+W_{ir}$	陆地波形	12 034	55	99.55	—
		海洋波形	61	11 261	99.46	—
		生产者精度/%	99.50	99.51	99.50	0.990 1

2. 海陆波形分类模型结果验证

为了检验海陆波形分类模型，使用不同飞行条带数据作为测试样本，如图 6.2 所示，其中，图 6.2（a）为训练样本结果，图 6.2（b）～（d）为测试样本结果。海陆波形分类结果与底图海陆边界稍有不同，这是两者在不同潮汐时刻获得的结果造成的。而在海陆交界处有零星的海陆波形点位存在交叉混叠的情况，很可能是采用椭圆扫描方式时扫描角的计算精度不够或定位误差造成的结果，后续还需进行进一步的定位精度校正。但总的来说，图 6.2 可以很好地分辨瞬时海陆边界。结果表明，基于多通道波形分类模型对 6 个海陆波形分类识别是十分有效的。

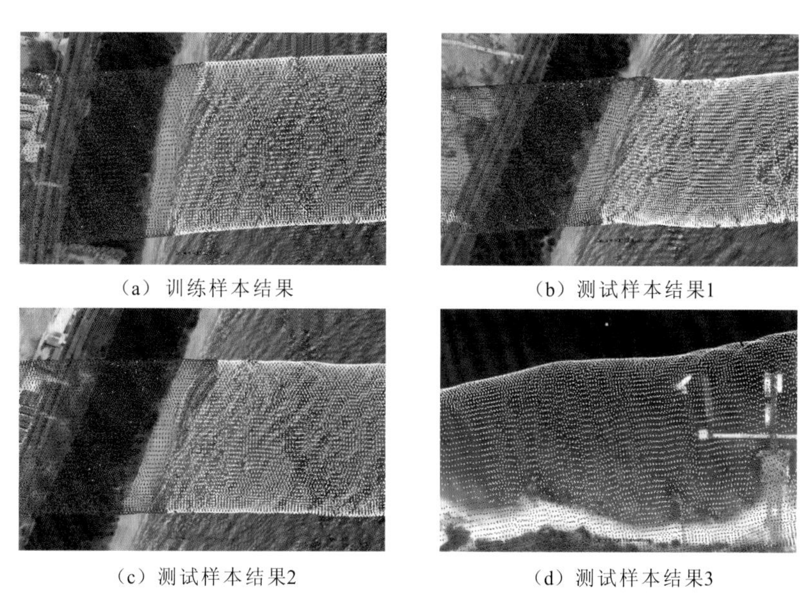

（a）训练样本结果　（b）测试样本结果1

（c）测试样本结果2　（d）测试样本结果3

图 6.2　海陆分类结果

为了定量描述各模型的分类结果，进一步选取测试样本[图 6.2（b）～（d）]中海陆边界部分区域的波形数据，同样采用人工判读结果作为真值进行检验。为了保证检验结果的公平性与一致性，测试样本中陆地与海洋的波形数目大致相同，涵盖沙滩、森林、裸土、建筑物等陆地波形，以及深水、浅水等海洋波形。利用测试样本对各分类模型进行检验，分别构建分类结果的混淆矩阵并计算生产者精度、用户者精度、总体精度和 Kappa 系数，形成各分类模型的分类精度评价表（表 6.4）。从表 6.4 中可知，仅采用绿光通道的特征参数时，模型 4 的分类精度最高，达到 91.76%，但加入近红外通道的两个特征参数以后，模型 5 和模型 6 的总体精度分别提升了 2.91%和 7.27%，提升效果明显。最终模型 6 中的陆地分类精度达 99.73%，海洋分类精度达 98.34%，总体精度达 99.03%，Kappa 系数达 0.9805，落在 0.81～1 之内，分类结果与预测几乎完全一致。因此，人工判读检验结果同样表明多通道波形数据特征构建的模型 6 的分类精度最优，最适用于国产机载激光测深雷达数据的海陆波形分类。

表 6.4　分类结果精度评价表

模型序号	特征选取	类别	预测		用户者精度/%	Kappa系数
			陆地波形	海洋波形		
1	W_f	陆地波形	18 441	4 587	80.08	—
		海洋波形	3 996	19 485	82.98	—
		生产者精度/%	82.19	80.94	81.54	0.630 8
2	$W_f + S_a$	陆地波形	20 763	2 265	90.16	—
		海洋波形	2 955	20 526	87.42	—
		生产者精度/%	87.54	90.06	88.78	0.775 6
3	$W_f + S_a + S_k$	陆地波形	21 303	1 725	92.51	—
		海洋波形	2 754	20 727	88.27	—
		生产者精度/%	88.55	92.31	90.37	0.835 3
4	$W_f + S_a + S_k + K_u$	陆地波形	21 795	1 233	94.65	—
		海洋波形	2 598	20 883	88.94	—
		生产者精度/%	89.35	94.42	91.76	0.835 3
5	$W_f + S_a + S_k + K_u + R_{IG}$	陆地波形	22 200	828	96.40	—
		海洋波形	1 653	21 828	98.34	—
		生产者精度/%	93.07	96.35	94.67	0.893 3
6	$W_f + S_a + S_k + K_u + R_{IG} + W_{ir}$	陆地波形	22 965	63.00	99.73	—
		海洋波形	390	23 091	98.34	—
		生产者精度/%	98.33	99.73	99.03	0.980 5

3. 海陆波形误分原因分析

实际上，精度最高的模型 6 的分类结果中仍会出现海陆波形误分的情况，其中典型的误分波形如图 6.3 所示。为了更好地分析误分原因，本小节给出训练样本中 4 种典型的海陆波形类型数据集的特征参数的数据分布特征（包括均值和标准方差）（表 6.5）。主要的误分情况有以下几种。

（1）图 6.3（a）为陆地波形中的森林回波误分为海洋波形的情况，可能是森林地物的复杂性造成的。从表 6.5 中所列的多个特征参数可以看出，森林和海洋浅水的回波波形的特征参数分布范围存在较大的重叠，如 W_f、S_a 等。从海陆波形区分度较高的特征参数 R_{IG} 值的频率分布直方图（图 6.4）中也可以看出，陆地的森林回波 R_{IG} 值整体上在[1, 10]都有大量分布，而海洋波形的 R_{IG} 值呈偏态分布，数据大多集中于[0, 2]，因此两者在[1, 2]存在大量数据重叠，导致二者难以精确区分。

（2）图 6.3（b）为海洋浅水波形误分为陆地波形的情况。绿光通道波形因海表和海底信号“混叠”呈现出单个回波特征，近红外通道波形受瞬时粗糙海面的随机镜面反射影响同样出现非常强的单峰回波，导致该类波形回波特征（如 K_u 、R_{IG} 和 W_{ir} ）与典型的陆地波形相似。从表 6.5 中可以看到海洋浅水波形的绿光通道特征参数 K_u 的分布与陆地非森林地物波形几乎一致，而同样从图 6.4 中可以看到近红外通道特征参数 R_{IG} 在大于 1 的范围也存在一定量的数据分布。这些都能表明海洋浅水波形与陆地波形容易混淆。

（3）图 6.3（c）为海洋深水波形误分为陆地波形的情况。由于水质清澈水体反射较弱，同时水深太深导致海底回波信号无法被探测到，绿光通道波形整体呈现单峰回波特征。近红外通道波形也受瞬时粗糙海面的随机镜面反射影响出现强反射，波形的峰值能量大。海洋深水波形同样呈现出与陆地误分波形类似的波形特征，导致海陆波形误分的情况发生。

因此，海陆边界地物的复杂性及海表面的粗糙随机性是海陆波形误分的主要原因，即便在选取不同通道的多个特征参数情况下（表 6.4 模型 6），这种误分也难以避免。这些难点问题还有待于进一步分析和讨论。

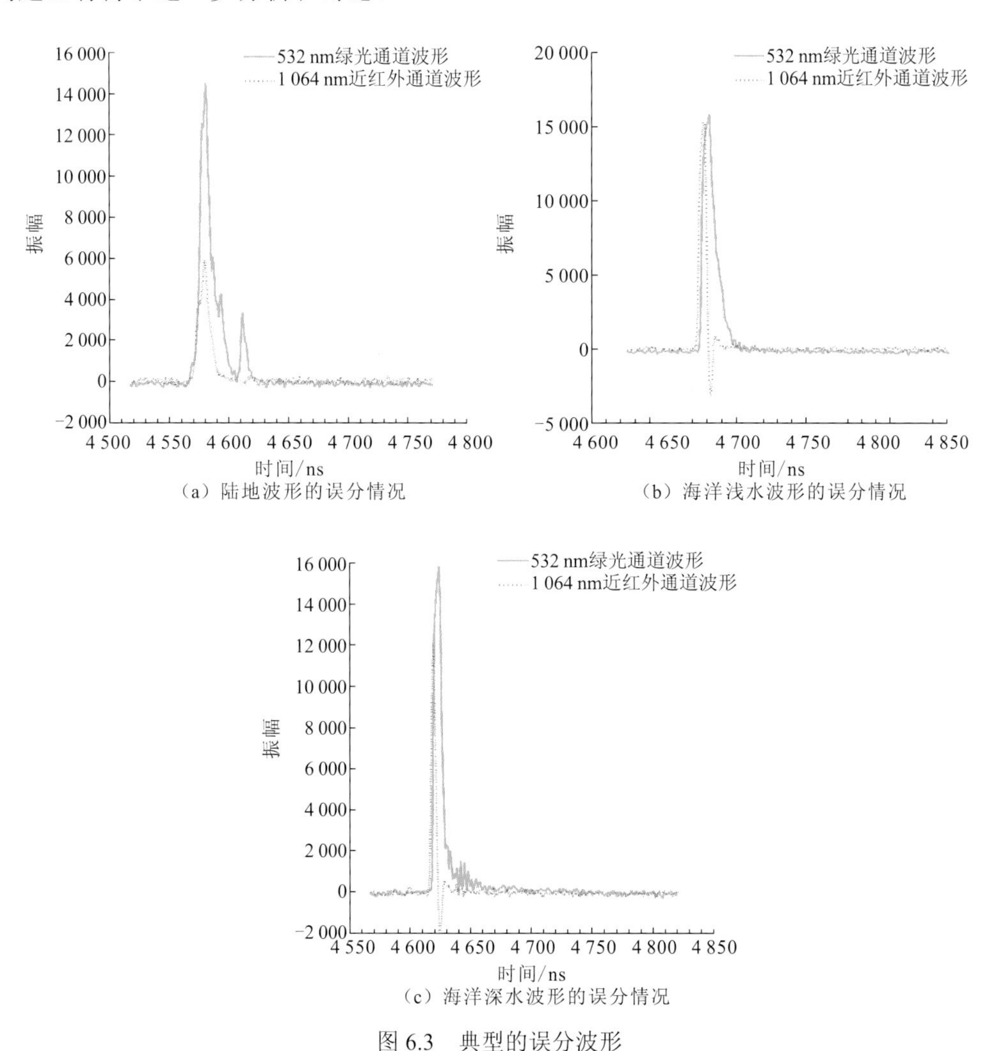

（a）陆地波形的误分情况

（b）海洋浅水波形的误分情况

（c）海洋深水波形的误分情况

图 6.3　典型的误分波形

表 6.5　海洋/陆地样本特征参数分布区间表

类别	子类别（波形数量）	均值/标准方差	532 nm 绿光通道				1 064 nm 近红外通道	
			W_f	S_a	S_k	K_u	R_{IG}	W_{ir}
陆地波形	非森林地物波形（474）	均值	21.12	6.21	1.02	2.39	4.18	21.27
		标准方差	4.36	0.88	0.16	0.45	2.37	16.30
	森林波形（371）	均值	41.28	11.68	1.03	3.05	4.17	48.31
		标准方差	13.13	3.65	0.44	1.21	2.39	19.78
海洋波形	浅水波形（204）	均值	38.50	12.65	0.73	2.35	0.91	6.51
		标准方差	6.92	3.85	0.33	0.64	1.21	2.67
	深水波形（494）	均值	114.33	26.95	1.81	7.13	1.13	4.28
		标准方差	6.82	8.59	0.94	4.86	2.05	4.25

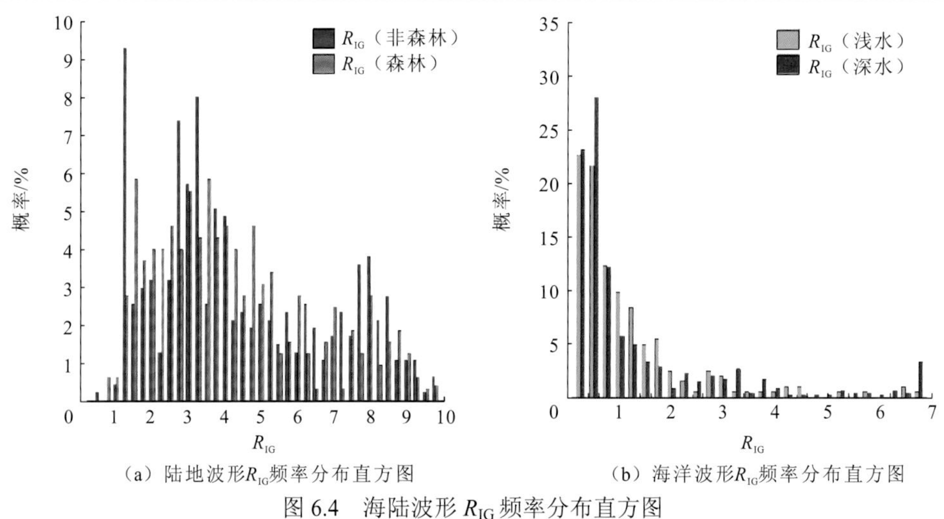

（a）陆地波形R_{IG}频率分布直方图　（b）海洋波形R_{IG}频率分布直方图

图 6.4　海陆波形 R_{IG} 频率分布直方图

6.1.3　基于频谱域的海洋激光雷达水体波形分类

1. 复杂条件下的水体激光波形频谱特征分析

近岸浅水波形中海底反射信号和回波信号的后向散射混合，对提取海底信号提出了新的挑战。如何从叠加的回波信号中将海表、海底信号区分开来，提高机载激光测深系统的最小可探测深度能力，是海洋激光雷达浅海水深探测的难点问题[431]。浅水波形的形成是激光射入水后从海表到海底的传输过程，也是激光在海水中与水中物质相互作用，发生衰减和折射的过程。由于海水中存在悬浮物质和海水不均匀，光在水下的传播过程中会被强烈地吸收和散射，光的能量将迅速衰减，直至与海底信号和噪声混淆。

深水通道采用 6～40 mrad 的环形视场角接收方案，同时采用敏感度较强的 PMT 装置，用于接收大动态范围的海底回波信号，但会导致更大的噪声。深水视场采用更大的环形视场，激光束刚入水的能量大部分被小视场接收，避免了海表的强反射带来的信号饱和问题。深水通道波形的特点与小视场的浅水通道波形并不一致，二者的处理方法也不一样。因此，为了更好地、更有针对性地提取不同深度的波形，把海洋波形分为三个子类型：近岸浅水波形、浅水波形、深水波形。

外界环境因素（如海面状况、水质、水深等）和发射接收条件（如光束入射角、接收视场角等）都会对回波信号造成影响。因此在不同外界环境因素和发射接收条件下，海表和海底的信号波形表现出多样性和复杂性。近岸浅水波形、浅水波形和深水波形在频域上显示出不同的频域特征，可以通过快速傅里叶变换（fast Fourier transform，FFT）把波形时域信息转换成频域信息，表示为

$$FP_{\mathrm{E}}(f)=FP_{\mathrm{T}}(f)\cdot FH(f) \tag{6.9}$$

式中：F 为傅里叶变换；$P_{\mathrm{E}}(f)$ 为接收波形；$P_{\mathrm{T}}(f)$ 为发射波形；$H(f)$ 为地物响应函数。

近岸浅水波形、浅水波形和深水波形三种波形在频域具有以下特征。

（1）近岸浅水波形在低频上分布带宽较大，且存在一部分高频组分。

（2）浅水波形在低频上存在明显的振荡效应，而且随着深度变深，振荡效应越来越弱。

（3）深水波形在频域上的组分大部分集中在低频内。

2. 波形分类模型与应用

对近岸浅水波形、浅水波形和深水波形在频域的特征进行分析，利用高斯拟合和六次多项式拟合分别拟合三种波形的低频和高频组分，将拟合偏差作为频域的特征，构建特征向量，然后对近岸浅水信号、浅水信号和深水信号进行分类，如图 6.5 所示。首先把频域信息的幅值最大值统一设置为 2，取在 10 Hz 和 50 Hz 的幅值作为特征因子 G10 和 G50。将 G10＞1.6，或者 G10＞1.55 且 G50＞0.8 的波形分为近岸浅水波形。同时，把高斯拟合和六次多项式拟合的拟合偏差作为低频上存在明显的振荡效应。将拟合偏差＞T7（阈值为 0.07）和 T15（阈值为 0.15）的个数作为特征因子 F7 和 F15。当 F15＞5 时，波形将被分为具有强烈底部回波的浅水波形。当 F7＞10 且 F15=0 时，波形将被分为具有微弱底部回波的浅水波形。在其他情况下，将波形视为深水回波。最后通过傅里叶逆变换把频域信息再转换成时域信息，表示为

$$P_{\mathrm{T}}(t)=F^{-1}\left(\frac{FP_{\mathrm{E}}(f)}{FH(f)}\right) \tag{6.10}$$

式中：F^{-1} 为傅里叶逆变换。

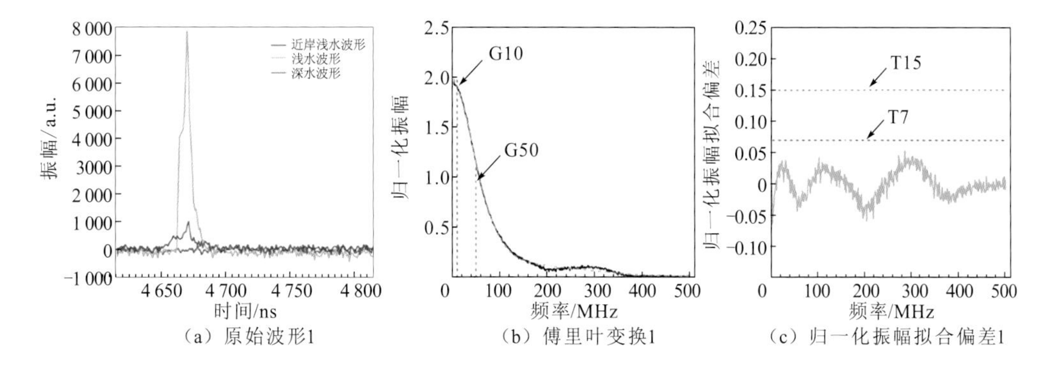

（a）原始波形1　（b）傅里叶变换1　（c）归一化振幅拟合偏差1

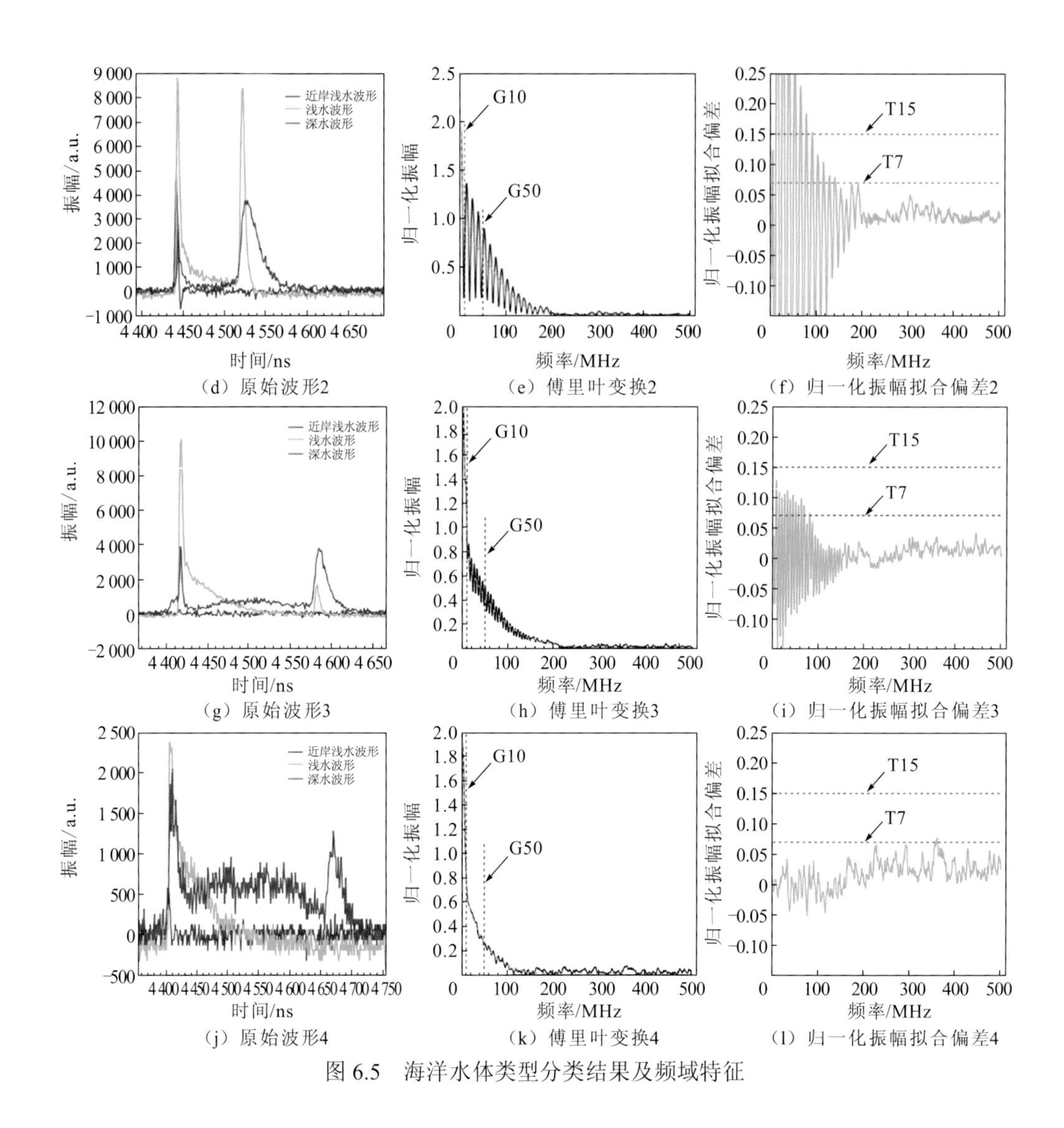

（d）原始波形2　（e）傅里叶变换2　（f）归一化振幅拟合偏差2

（g）原始波形3　（h）傅里叶变换3　（i）归一化振幅拟合偏差3

（j）原始波形4　（k）傅里叶变换4　（l）归一化振幅拟合偏差4

图 6.5　海洋水体类型分类结果及频域特征

6.2　气-水界面探测方法

6.2.1　气-水界面的激光雷达能量分布

随着激光技术的发展，海洋激光雷达被广泛应用于包括浮游生物层探测、光学垂向剖面测量[385,432-434]、水深测量[435-436]等海洋探测领域。海洋激光雷达的广泛应用，很大程度上是因为蓝绿激光雷达是目前为止唯一且有效的能够在海面以上对海洋垂直剖面进行探测的技术手段[192,437]。同时，国内外学者提出了许多仿真模型和反演方法，如蒙特卡罗辐射传输模型[438-440]和基于激光雷达方程的 Wa-LiD 模型[441-442]。由于激光雷达的高偏振度，回波信号的退偏特性可以为海洋内部水体提供额外的信息[191]。为了确定由水体引起的退偏，首先需要去除气-水界面的影响。实际上，在被动遥感领域，研究人员已经对“海-气界面”的矢量辐射传输（vector radiative transfer，VRT）[443-445]和非弹性辐射仿真[446]进行了大量的研究工作。这些研究通常将 VRT 方程的方位角用傅里叶级数展开，以减少计算量[447]，而并不直接计算粗糙海面的退偏度。考虑激光雷达接收器视场角较小，在一定天顶角和方位角上的海面反射和透射特性是必不可少的相关数据。在这种情况下，被动遥感中模拟海面风浪的方法并不适用于激光雷达在气-水界面的辐射传输。以往对海面偏振特性的研究[448]多集中在反射特性上，而对退偏特性还没有系统性的研究。通常情况下，激光雷达的仿真模型很少考虑粗糙表面或将之简化为镜面，而被动遥感中的 VRT 模型也不能直接应用于海洋激光雷达。

本小节使用斯托克斯矢量来表示激光雷达入射光，并计算激光雷达与粗糙海面相互作用的 4×4 反射透射矩阵。首先，用 Cox-Munk 模型来模拟粗糙海面[449-450]。在获得海表斜率概率分布后，计算单个小波面的反射和透射矩阵。随后，对方位角和天顶角进行积分，得到特定视角下的穆勒矩阵。激光雷达与粗糙海面相互作用后的反射光和透射光可以通过将入射光的穆勒矩阵和斯托克斯矢量相乘得到。此外，绘制海洋激光雷达气-水界面能量分布，可以方便地分析激光在风生粗糙海表的反射透射偏振特性。为了定量分析粗糙海面的退偏度，根据斯托克斯矢量参数计算粗糙海面的反射和透射的退偏比，结果表明，海面引起的退偏是不可忽略的。

1. 理论模型

1）风生粗糙海表模型

用大量随机分布的小波面来近似粗糙海面。根据 Cox-Munk 模型[449-450]，海表斜率概率分布函数可表示为

$$p(\mu_n,\varphi_n)=\frac{1}{\pi\sigma^2\mu_n^3}\exp\left(-\frac{1-\mu_n^2}{\sigma^2\mu_n^2}\right) \tag{6.11}$$

式中：$\mu_n=\cos\theta_n$；$\theta_n<\pi/2$ 和 φ_n 分别为波面法向矢量 $\boldsymbol{n}$ 的极角和方位角；σ^2 为海表斜率的均方值，是海表风速 W 的函数：

$$\sigma^2=0.003W+0.00512 \tag{6.12}$$

2）单个小波面的反射矩阵

波面 $\boldsymbol{r}$ 的反射矩阵描述了入射光从方向 (μ,φ) 反射到方向 (μ',φ') 的情况，其中 $\mu=\cos\theta$，$\mu'=\cos\theta'$，θ 和 θ' 为从正 x 轴测量的顶角，φ 和 φ' 为向下看时从正 x 轴逆时针方向的方位角。$\boldsymbol{r}$ 可以表示为

$$\boldsymbol{r}(\mu',\varphi',\mu,\varphi)=S(\mu,\mu')\frac{\pi p(\mu_n,\varphi_n)}{4|\mu||\mu'|\mu_n}\boldsymbol{R}(\pi-x_2)\boldsymbol{RF}(\theta_i)\boldsymbol{R}(-x_1) \tag{6.13}$$

式中：$p(\mu_n,\varphi_n)$ 由式（6.11）给出；$S(\mu,\mu')$ 为阴影函数，表示激光束被波面斜率阻挡的概率[451,452]，可表示为

$$S(\mu,\mu')=\frac{1}{1+\Lambda(|\mu|)+\Lambda(|\mu'|)'} \tag{6.14}$$

式中

$$\Lambda(\mu)=\frac{1}{2}\left\{\frac{1}{\sqrt{\pi}}\frac{1}{\eta}\exp(-\eta^2)-\mathrm{erf}(\eta)\right\} \tag{6.15}$$

式中：η 可定义为

$$\eta=\frac{\mu}{\sigma\sqrt{1-\mu^2}} \tag{6.16}$$

erf 为互补误差函数；σ 由式（6.12）给出。

$\boldsymbol{R}(x)$ 为从入射子午面到反射平面及从反射平面到反射子午面的旋转矩阵，可表达为

$$\boldsymbol{R}(x)=\begin{pmatrix}1 & 0 & 0 & 0\\ 0 & \cos 2x & \sin 2x & 0\\ 0 & -\sin 2x & \cos 2x & 0\\ 0 & 0 & 0 & 1\end{pmatrix} \tag{6.17}$$

散射矩阵和反射矩阵之间的关系如图 6.6 所示，其中的 x_1 和 x_2 为旋转角度。

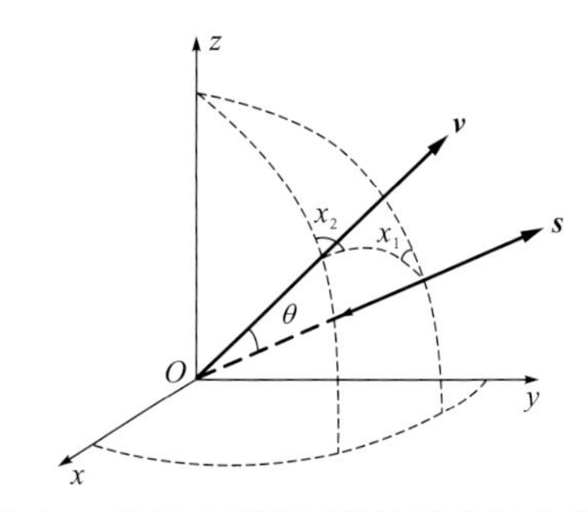

图 6.6　散射矩阵和反射矩阵之间的关系

$\boldsymbol{s}$ 和 $\boldsymbol{v}$ 分别为入射光和反射光的单位矢量；x_1 为入射子午面和反射平面之间的旋转角；

x_2 为反射平面和反射子午面之间的旋转角

对于激光从空气入射的情况[图 6.7（a）]，激光从大气入射，与海表相互作用后被反射到海面以上。海表反射矩阵 $\boldsymbol{raa}(0,\phi_0,\phi)$ 可表示为

$$\boldsymbol{raa}(\mu',\varphi',\mu,\varphi)=S(\mu_{\boldsymbol{n}},\varphi_{\boldsymbol{n}})\frac{\pi p(\mu_{\boldsymbol{n}},\varphi_{\boldsymbol{n}})}{4|\mu||\mu'|\mu_{\boldsymbol{n}}}\boldsymbol{R}(\pi-x_2)\boldsymbol{RF}_{\mathrm{AA}}(\theta_i^a)\boldsymbol{R}(-x_1) \tag{6.18}$$

对于激光在水下传播的情况[图 6.7（b）]，激光从水中传播到气-水界面，被重新反射到海面以下。其海表反射矩阵 $\boldsymbol{rww}(\mu',\varphi',\mu,\varphi)$ 可表示为

$$\boldsymbol{rww}(\mu',\varphi,\mu,\varphi)=S(\mu,\mu')\frac{\pi p(\mu_{\boldsymbol{n}},\varphi_{\boldsymbol{n}})}{4|\mu||\mu'|\mu_{\boldsymbol{n}}}\boldsymbol{R}(\pi-x_2)\boldsymbol{RF}_{\mathrm{WW}}(\theta_i^w)\boldsymbol{R}(-x_1) \tag{6.19}$$

菲涅耳反射矩阵 $\boldsymbol{RF}_{\mathrm{WW}}(\theta_i^w)$ 是入射角 θ_i^w 在反射平面上的函数。$\boldsymbol{RF}_{\mathrm{WW}}(\theta_i^w)$ 的表示方式与式（6.18）和式（6.19）相同，但 $r_l^w(\theta_i^w)$ 和 $r_r^w(\theta_i^w)$ 与 $r_l^a(\theta_i^a)$ 和 $r_r^a(\theta_i^a)$ 不同：

$$\begin{cases} r_l^w(\theta_i^w)=\dfrac{\cos\theta_i^w-m\sqrt{1-m^2\sin^2\theta_i^w}}{\cos\theta_i^w+m\sqrt{1-m^2\sin^2\theta_i^w}} \\ r_r^w(\theta_i^w)=\dfrac{m\cos\theta_i^w-\sqrt{1-m^2\sin^2\theta_i^w}}{\cos\theta_i^w+\sqrt{1-m^2\sin^2\theta_i^w}} \end{cases} \tag{6.20}$$

注意，水中入射角大于临界角，即 $\theta_{\lim}=\arcsin(1/m)$ 时会发生全反射，即

$$\begin{cases} r_{11}^{w}(\theta_i^{w} > \theta_{\lim}) = 1 \\ r_{12}^{w}(\theta_i^{w} > \theta_{\lim}) = 0 \\ r_{33}^{w}(\theta_i^{w} > \theta_{\lim}) = 1 \\ r_{34}^{w}(\theta_i^{w} > \theta_{\lim}) = 0 \end{cases} \tag{6.21}$$

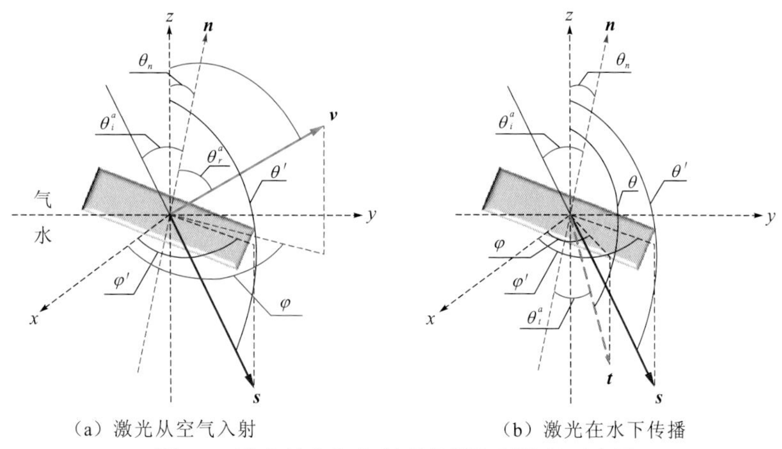

（a）激光从空气入射　　（b）激光在水下传播

图 6.7　激光从空气入射到粗糙海面传播示意图

θ_i^a 、 θ_r^a 和 θ_t^a 分别为相对于散射平面中波分面法向量 $\boldsymbol{n}$ 的入射角、反射角和折射角；$\boldsymbol{s}$、$\boldsymbol{v}$ 和 $\boldsymbol{t}$ 分别为入射光、反射光和透射光的单位矢量；θ' 为入射光的天顶角；θ 为出射光的天顶角；φ 为方位角

3）单个小波面的透射矩阵

小波面 $\boldsymbol{t}$ 的透射矩阵用于表示入射光从方向 (μ,φ) 透射到方向 (μ',φ') 的情况。$\boldsymbol{t}$ 可以表示为

$$\boldsymbol{t}(\mu',\varphi',\mu,\varphi) = S(\mu,\mu')\frac{\pi p(\mu_{\boldsymbol{n}},\varphi_{\boldsymbol{n}})}{4|\mu||\mu'|\mu_{\boldsymbol{n}}}\boldsymbol{R}(\pi - x_2)\boldsymbol{TF}(\theta_i)\boldsymbol{R}(-x_1)\frac{n_t^2\cos\theta_t\cos\theta_i}{(n_t\cos\theta_t - n_i\cos\theta_i)^2} \tag{6.22}$$

式中：$S(\mu,\mu')$ 与式（6.14）表示的阴影函数相同；n_i 和 n_t 分别为入射介质和传输介质的折射率；$\boldsymbol{TF}(\theta_i)$ 为菲涅耳投射矩阵。

激光从空气入射时[图 6.7（a）]，光从大气经海表折射进入海洋。传输矩阵 $\boldsymbol{taw}(\mu',\varphi',\mu,\varphi)$ 可表示为

$$\boldsymbol{taw}(\mu',\varphi',\mu,\varphi) = \boldsymbol{S}(\mu,\mu')\frac{\pi\boldsymbol{R}(\mu_{\boldsymbol{n}},\varphi_{\boldsymbol{n}})}{4|\mu||\mu'|\mu_{\boldsymbol{n}}}\boldsymbol{R}(\pi - x_2)\boldsymbol{TF}_{\mathrm{AW}}(\theta_i^a)\boldsymbol{R}(-x_1)\frac{m^2\cos\theta_t^a\cos\theta_i^a}{(m\cos\theta_t^a - \cos\theta_i^a)^2} \tag{6.23}$$

菲涅耳传输矩阵 $\boldsymbol{TF}_{\mathrm{AW}}(\theta_i^a)$ 可表示为

$$\boldsymbol{TF}_{\mathrm{AW}}(\theta_i^a) = \frac{m\cos\theta_t^a}{\cos\theta_t^a}\begin{pmatrix} t_{11}^a & t_{12}^a & 0 & 0 \\ t_{12}^a & t_{11}^a & 0 & 0 \\ 0 & 0 & t_{33}^a & t_{34}^a \\ 0 & 0 & t_{34}^a & t_{33}^a \end{pmatrix} \tag{6.24}$$

式中

$$\begin{cases} t_{11}^a(\theta_i^a) = 0.5\times[(t_l^a(\theta_i^a))^2 + (t_r(\theta_i^a))^2] \\ t_{12}^a(\theta_i^a) = 0.5\times[(t_l^a(\theta_i^a))^2 - (t_r(\theta_i^a))^2] \\ t_{33}^a(\theta_i^a) = \mathrm{Re}(t_l^a(\theta_i^a)\times t_r^{a*}(\theta_i^a)) \\ t_{34}^a(\theta_i^a) = \mathrm{Im}(t_l^a(\theta_i^a)\times t_r^{a*}(\theta_i^a)) \end{cases} \tag{6.25}$$

式（6.25）中，$t_l^a(\theta_i^a)$ 和 $t_r^a(\theta_i^a)$ 分别为透射光的平行分量和垂直分量的透射系数：

$$\begin{cases} t_l^a(\theta_i^a) = \dfrac{2m\cos\theta_i^a}{m^2\cos\theta_i^a + \sqrt{m^2 - \sin^2\theta_i^a}} \\ t_r^a(\theta_i^a) = \dfrac{2\cos\theta_i^a}{\cos\theta_i^a + \sqrt{m^2 - \sin^2\theta_i^a}} \end{cases} \tag{6.26}$$

激光从水下传播到海面时[图 6.8（a）]，光从水体介质经气-水界面折射进入大气。传输矩阵 $\boldsymbol{twa}(\mu',\varphi,\mu,\varphi)$ 表示为

$$\boldsymbol{twa}(\mu',\varphi',\mu,\varphi) = S(\mu,\mu')\frac{\pi p(\mu_{\boldsymbol{n}},\varphi_{\boldsymbol{n}})}{4|\mu||\mu'|\mu_{\boldsymbol{n}}}\boldsymbol{R}(\pi - x_2)\boldsymbol{TF}_{\mathrm{WA}}(\theta_i^w)\boldsymbol{R}(-x_1)\frac{\cos\theta_t^w\cos\theta_i^w}{(m\cos\theta_i^w - \cos\theta_t^w)^2} \tag{6.27}$$

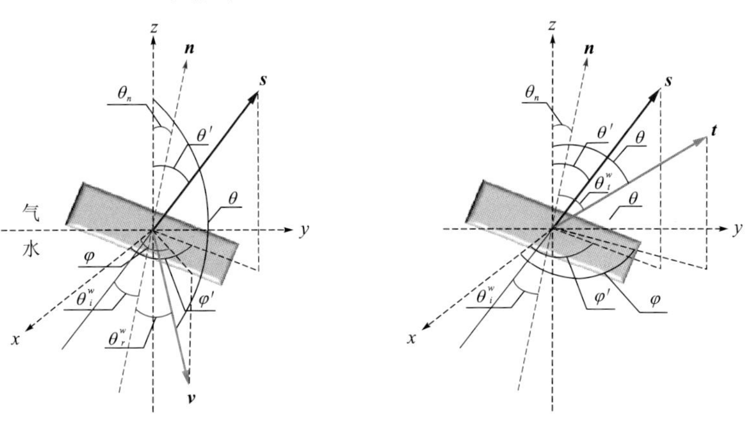

（a）激光从水下反射回海面　　（b）激光从海面进入大气

图 6.8　激光从水下传播到粗糙海面示意图

θ_i^w、θ_r^w、θ_t^w 分别为相对于散射平面内波面法向量 $\boldsymbol{n}$ 的入射角、反射角和折射角；$\boldsymbol{s}$、$\boldsymbol{v}$、$\boldsymbol{t}$ 分别是入射光、反射光和透射光的单位向量；θ' 是入射光的天顶角；θ 是出射光的天顶角；φ 是方位角

此时的菲涅耳传输矩阵 $\boldsymbol{TF}_{\mathrm{WA}}(\theta_i^w)$ 表示为

$$\boldsymbol{TF}_{\mathrm{WA}}(\theta_i^w) = \frac{\cos\theta_t^w}{m\cos\theta_i^w}\times\begin{pmatrix} t_{11}^w & t_{12}^w & 0 & 0 \\ t_{12}^w & t_{11}^w & 0 & 0 \\ 0 & 0 & t_{33}^w & t_{34}^w \\ 0 & 0 & t_{34}^w & t_{33}^w \end{pmatrix} \tag{6.28}$$

式中：t_{11}^w、t_{12}^w、t_{33}^w 和 t_{34}^w 的表示方式与式（6.25）相同，但 $t_l^w(\theta_i^w)$ 和 $t_r^w(\theta_i^w)$ 有一些不同：

$$\begin{cases} t_l^w(\theta_i^w) = \dfrac{2m\cos\theta_i^w}{\cos\theta_i^w + m\sqrt{1 - m^2\sin^2\theta_i^w}} \\ t_r^w(\theta_i^w) = \dfrac{2m\cos\theta_i^w}{\cos\theta_i^w + \sqrt{1 - m^2\sin^2\theta_i^w}} \end{cases} \tag{6.29}$$

出射角超过临界角 $\theta_{\lim}$ 时，有

$$\begin{cases} t_{11}^w(\theta_i^w > \theta_{\lim}) = 0 \\ t_{12}^w(\theta_i^w > \theta_{\lim}) = 0 \\ t_{33}^w(\theta_i^w > \theta_{\lim}) = 0 \\ t_{34}^w(\theta_i^w > \theta_{\lim}) = 0 \end{cases} \tag{6.30}$$

4）气-水界面反射光和透射光

式（6.18）、式（6.22）、式（6.26）和式（6.30）计算了单个小波面的反射和透射矩阵。将天顶角和方位角积分可得到一定视角内的穆勒矩阵，表示为

$$\boldsymbol{r}_{\mathrm{a}}(\mu',\mu_1,\varphi_1,\mu_2,\varphi_2) = \frac{1}{\pi}\int_{\mu_1}^{\mu_2}\mu\mathrm{d}\mu\int_{\varphi_1}^{\varphi_2}\mathrm{d}\varphi\boldsymbol{raa}(\mu',\varphi',\mu,\varphi), \quad 0\leqslant\mu_1<\mu_2\leqslant 1;\quad 0\leqslant\varphi_1<\varphi_2\leqslant 2\pi \tag{6.31a}$$

$$\boldsymbol{t}_{\mathrm{a}}(\mu',\mu_1,\varphi_1,\mu_2,\varphi_2) = \frac{1}{\pi}\int_{\mu_1}^{\mu_2}|\mu|\mathrm{d}\mu\int_{\varphi_1}^{\varphi_2}\mathrm{d}\varphi\boldsymbol{taw}(\mu',\varphi,\mu,\varphi), \quad -1\leqslant\mu_1<\mu_2\leqslant 0;\quad 0\leqslant\varphi_1<\varphi_2\leqslant 2\pi \tag{6.31b}$$

$$\boldsymbol{r}_{\mathrm{w}}(\mu',\mu_1,\varphi_1,\mu_2,\varphi_2) = \frac{1}{\pi}\int_{\mu_1}^{\mu_2}|\mu|\mathrm{d}\mu\int_{\varphi_1}^{\varphi_2}\mathrm{d}\varphi\boldsymbol{rww}(\mu',\varphi',\mu,\varphi), \quad -1\leqslant\mu_1<\mu_2\leqslant 0;\quad 0\leqslant\varphi_1<\varphi_2\leqslant 2\pi \tag{6.31c}$$

$$\boldsymbol{t}_{\mathrm{w}}(\mu',\mu_1,\varphi_1,\mu_2,\varphi_2) = \frac{1}{\pi}\int_{\mu_1}^{\mu_2}\mu\mathrm{d}\mu\int_{\varphi_1}^{\varphi_2}\mathrm{d}\varphi\boldsymbol{twa}(\mu',\varphi,\mu,\varphi), \quad 0\leqslant\mu_1<\mu_2\leqslant 1;\quad 0\leqslant\varphi_1<\varphi_2\leqslant 2\pi \tag{6.31d}$$

采用高斯求积公式有

$$\boldsymbol{S}_{\mathrm{ra}} = \boldsymbol{r}_{\mathrm{a}}\cdot\boldsymbol{S}_0 \tag{6.32a}$$

$$\boldsymbol{S}_{\mathrm{ta}} = \boldsymbol{t}_{\mathrm{a}}\cdot\boldsymbol{S}_0 \tag{6.32b}$$

$$\boldsymbol{S}_{\mathrm{rw}} = \boldsymbol{r}_{\mathrm{w}}\cdot\boldsymbol{S}_0 \tag{6.32c}$$

$$\boldsymbol{S}_{\mathrm{tw}} = \boldsymbol{t}_{\mathrm{w}}\cdot\boldsymbol{S}_0 \tag{6.32d}$$

式中：$\boldsymbol{S}_0$ 为激光雷达的入射光；$\boldsymbol{S}_{\mathrm{ra}}$ 和 $\boldsymbol{S}_{\mathrm{ta}}$ 分别为激光从大气入射传播到气-水界面并与之相互作用后的反射光和透射光；同理，$\boldsymbol{S}_{\mathrm{rw}}$ 和 $\boldsymbol{S}_{\mathrm{tw}}$ 分别为激光从水下传播到气-水界面并与之相互作用后的反射光和透射光。

5）反射透射的偏振度和退偏比

使用全偏振度（degree of polarization，DoP）来定量分析反射和透射的偏振特性。DoP定义如下：

$$\mathrm{DoP} = \frac{\sqrt{Q^2+U^2+V^2}}{I} \tag{6.33}$$

式中：I 为总光强度；Q 为 x 轴方向直线偏振光方向；U 为 45° 方向直线偏振光分量；V 为右旋圆偏振光分量。

为了定量分析海面引起的退偏效应，计算退偏比（δ）如下：

$$\delta = \frac{I-Q}{I+Q} \tag{6.34}$$

对于偏振激光雷达入射光，δ 为零，这意味着垂直分量可以忽略不计。雷达激光经过海表传播后，因海面散射而产生垂直分量，但通常 $\delta<1$。$\delta=1$ 时表示偏振光已彻底退偏。

2. 气-水界面仿真模型

1）仿真模型

提出一种改进的半解析模型，用于估算光子散射回接收器 $E(k)$ 的概率：

$$E(k)=\frac{P(\theta)}{4\pi}\Delta\Omega\exp(\tau)=\frac{P(\theta)}{4\pi}\frac{A_{\mathrm{r}}}{H^2}\exp(\tau) \tag{6.35}$$

式中：$P(\theta)$ 为散射角 θ 处的散射相函数；Ω 为接收器的立体角；A_{r} 为探测器孔径；H 为激光雷达飞行高度；τ 为大气光学厚度。接收器接收到的立体角很小，实际的后向散射余弦值与垂直于空气-水界面相似。大气为纯瑞利散射，不含气溶胶，海洋成分仅由海水分子组成。探测器高度为 300 m，激光雷达频率为 532 nm，大气光学厚度可以忽略不计。探测器孔径 A_{r} 为 0.06 m，吸水系数为 0.04 m^{-1}，散射系数为 0.06 m^{-1}。

Chen 等[438,440]提出的半解析蒙特卡罗辐射传输模型是基于光子散射回接收器概率的半解析估计，对于海洋激光雷达系统，考虑了激光雷达几何模型。在碰撞点 k 处发生散射事件时，接收器收集到的光子数的估计值 $E(k)$ 使用普尔方法计算[453]。

如图 6.9 所示，光子的位置是否在接收器视场角（field of view，FOV）内由式（6.36）和式（6.37）确定：

$$x_k^2+y_k^2\leqslant A \tag{6.36}$$

$$A=\Omega_{\mathrm{FOV}}H^2 \tag{6.37}$$

式中：Ω_{FOV} 为接收器 FOV 立体角；A 为接收器在海表的投影面积；x_k 和 y_k 为笛卡儿坐标系中光子的位置。

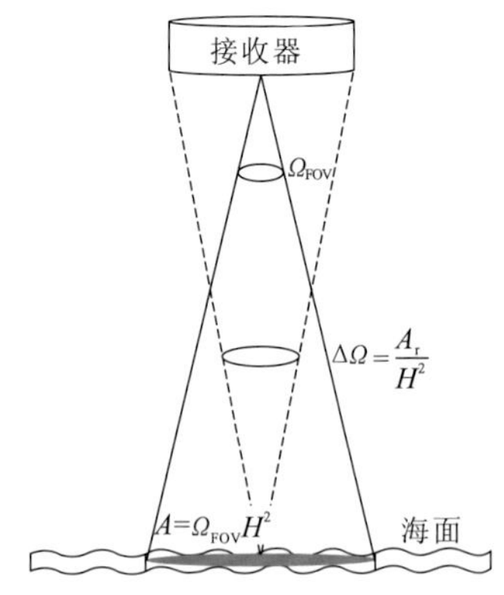

图 6.9　激光雷达光子散射回接收器概率的几何模型

2）模型验证

为了验证模型，将非偏振光（$S_0=[1,0,0,0]'$）的仿真结果与 Nakajima[454]的结果进行比较。Nakajima 使用了一种风生粗糙度气-水界面的矩阵方法，模型中 $\sigma^2=0.005\,34\,W$。

海表反射率通过式（6.31a）计算，其中 $\mu_1=0,\mu_2=1,\varphi_1=0,\varphi_2=2\pi$（即上半球积分），$\mu_1=-1,\mu_2=0,\varphi_1=0,\varphi_2=2\pi$（即下半球积分）。

图 6.10（a）比较了模型中的反射率（实线显示）和 Nakajima 的结果（虚线上用星号突出显示）。从中可以看出，实线与虚线吻合得很好，这表明在激光从空气入射进入水体的情况下和激光从水下经海表进入大气时，都具有很好的一致性。图 6.10（b）显示了两个模型之间的绝对百分比偏差（absolute percentage deviation，APD），其中风速为 0 m/s 时差异较大，这是由两种模型的 σ^2 和 W 的不同关系导致的。在 Nakajima 的模型中，当 $W=0$ 时，$\sigma_{W=0}^2$（即平坦的海面）为 0.003。实际上，即使在没有风的情况下，海面也并不平坦，即 $\sigma_{W=0}^2 \neq 0$。该模型与之前的研究具有很好的一致性[455]，表明该模型更精确。APD 的最大值出现在全反射的临界角附近，但在该模型中，由于粗糙度的存在，仍有少量的激光经过海表进入空气中。随着风速的增加，两个模型之间的 APD 迅速缩小。图 6.10（c）和 6.10（d）分别显示了激光从空气入射和从水下入射的两个模型之间的线性回归图。结果表明，它们之间的相关系数 R^2 接近于 1。如表 6.6 所示，除了风速为 0 的情况，它们之间的 RMSE 都非常小。

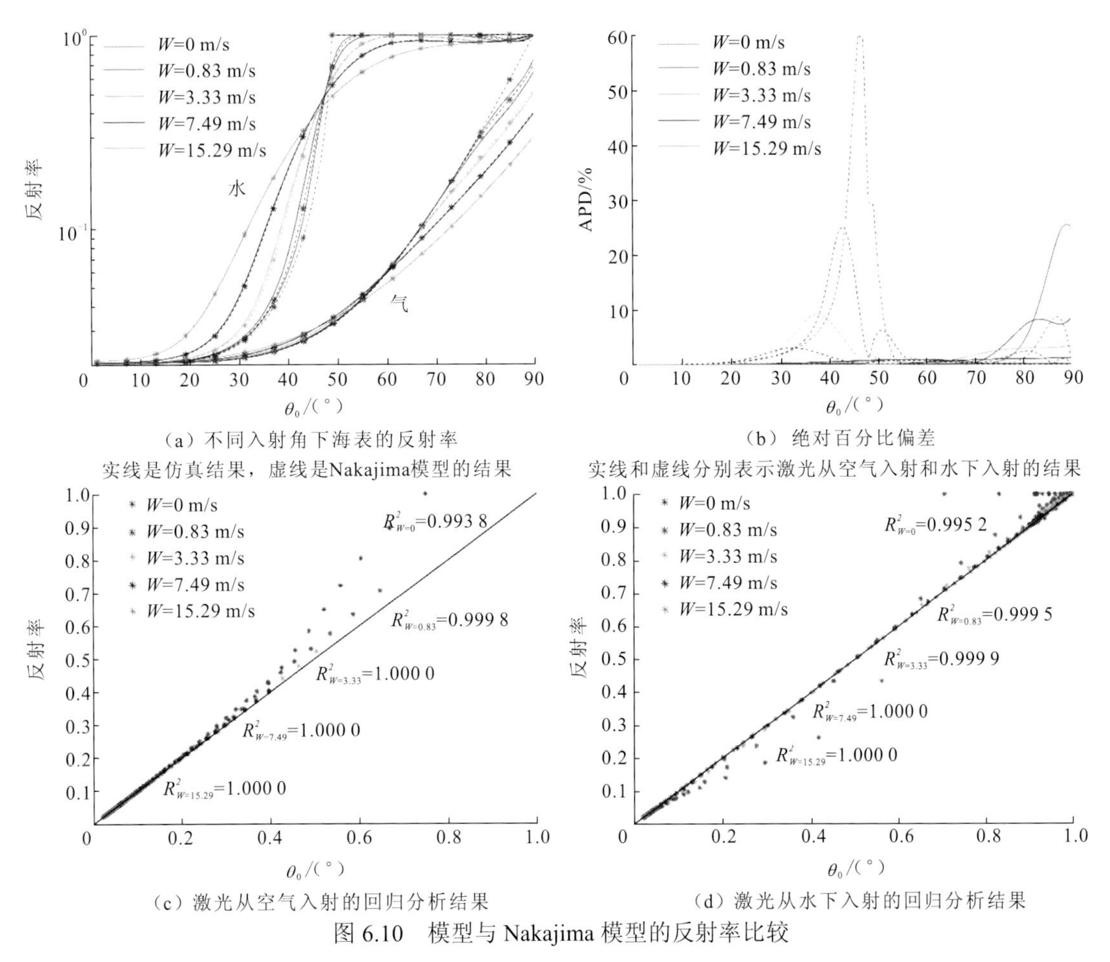

（a）不同入射角下海表的反射率

实线是仿真结果，虚线是Nakajima模型的结果

（b）绝对百分比偏差

实线和虚线分别表示激光从空气入射和水下入射的结果

（c）激光从空气入射的回归分析结果

（d）激光从水下入射的回归分析结果

图 6.10　模型与 Nakajima 模型的反射率比较

表 6.6 显示了两个模型的结果比较，AD 表示绝对差值，MAD 和 MAPD 分别是 AD 和 APD 的平均值。结果表明，当风速大于 0 m/s 时，两种模型的 MAD 值均不大于 0.01，MAPD 值均不大于 3%，这表明该模型对仿真激光在海面上的传输具有很好的精度。

表 6.6　模型结果和 Nakajima 模型的结果比较

入射情况	W/（m/s）	R^2	RMSE	max_{AD}	max_{APD}/%	MAD	MAPD/%
激光从空气入射	0	0.993 8	0.049 1	0.251 3	25.464 6	0.014 3	2.364 2
	0.83	0.999 8	0.013 8	0.059 9	8.482 6	0.005 4	1.534 2
	3.33	1.000 0	0.004 4	0.017 8	3.403 2	0.002 0	0.873 6
	7.49	1.000 0	0.001 3	0.004 9	1.227 5	0.000 6	0.372 2
	15.29	1.000 0	0.000 2	0.000 6	0.198 8	0.000 1	0.067 7
激光从水下入射	0	0.995 2	0.048 9	0.292 6	59.993 7	0.018 8	5.089 4
	0.83	0.999 5	0.015 5	0.054 3	25.118 7	0.008 5	2.946 4
	3.33	0.999 9	0.005 9	0.015 4	9.115 1	0.004 1	1.588 6
	7.49	1.000 0	0.002 5	0.006 2	3.018 9	0.001 7	0.692 2
	15.29	1.000 0	0.000 5	0.001 0	0.383 3	0.000 3	0.118 0

3）激光雷达的海面反射与透射

将模型应用于偏振激光雷达（即 $S_0=[1,1,0,0]'$）。图 6.11（a）、6.11（b）和 6.11（c）分别给出了激光从空气入射情况下反射光的斯托克斯参数。图 6.11（e）、6.11（f）和 6.11（g）相应地给出了透射光的斯托克斯参数。图 6.11（d）和 6.11（h）分别表示反射光和透射光的 DoP。图 6.12（a）、6.12（b）和 6.12（c）分别给出了激光从水下入射时的反射光的斯托克斯参数。图 6.12（e）、6.12（f）和 6.12（g）给出了相应的透射光的斯托克斯参数。类似地，图 6.12（d）和 6.12（h）分别表示激光从水下入射时的反射光和透射光的 DoP。与图 6.11（a）相比，图 6.12（a）显示出偏振激光雷达的反射率远低于非偏振光的反射率。实际上，反射率随入射光的偏振状态而变化。图 6.11（d）和 6.12（d）显示出反射光具有明显的退偏特性。对于激光从空气传播到气-水界面时的反射，DoP 在 $\theta=53°$，即布儒斯特角附近达到最小值。随着风速的增加，反射率降低，而退偏增加。如图 6.12（a）所示，当入射角在 53° 附近时，更多的能量将被传输到水中，这有助于增加海洋激光雷达的探测深度。

4）激光从空气入射时的海表反射能量分布

图 6.13 展示了偏振激光雷达在不同方位角和天顶角下的能量分布图。图 6.13（a）显示了不同视场角下的能量分布情况，此时入射光完全偏振，即 $S_0=[1,1,0,0]^{\mathrm{T}}$，入射方向与天顶呈 45°（即 $\theta'=135°$）。与反射率为 3.1%的无偏振光相比，只有 0.7%的入射能量被反射，其余 99.3%的入射能量被透射到水中，最大值出现在 $\theta=45°$ 附近。图 6.13（b）显示了水平偏振（>0）和垂直偏振（<0）时的能量分布情况，图中出现了明显的退偏现象。图 6.13（c）中所示的 45° 偏振是由小波面的反射光引起的，而图 6.13（d）中所示的圆偏振光几乎为零。

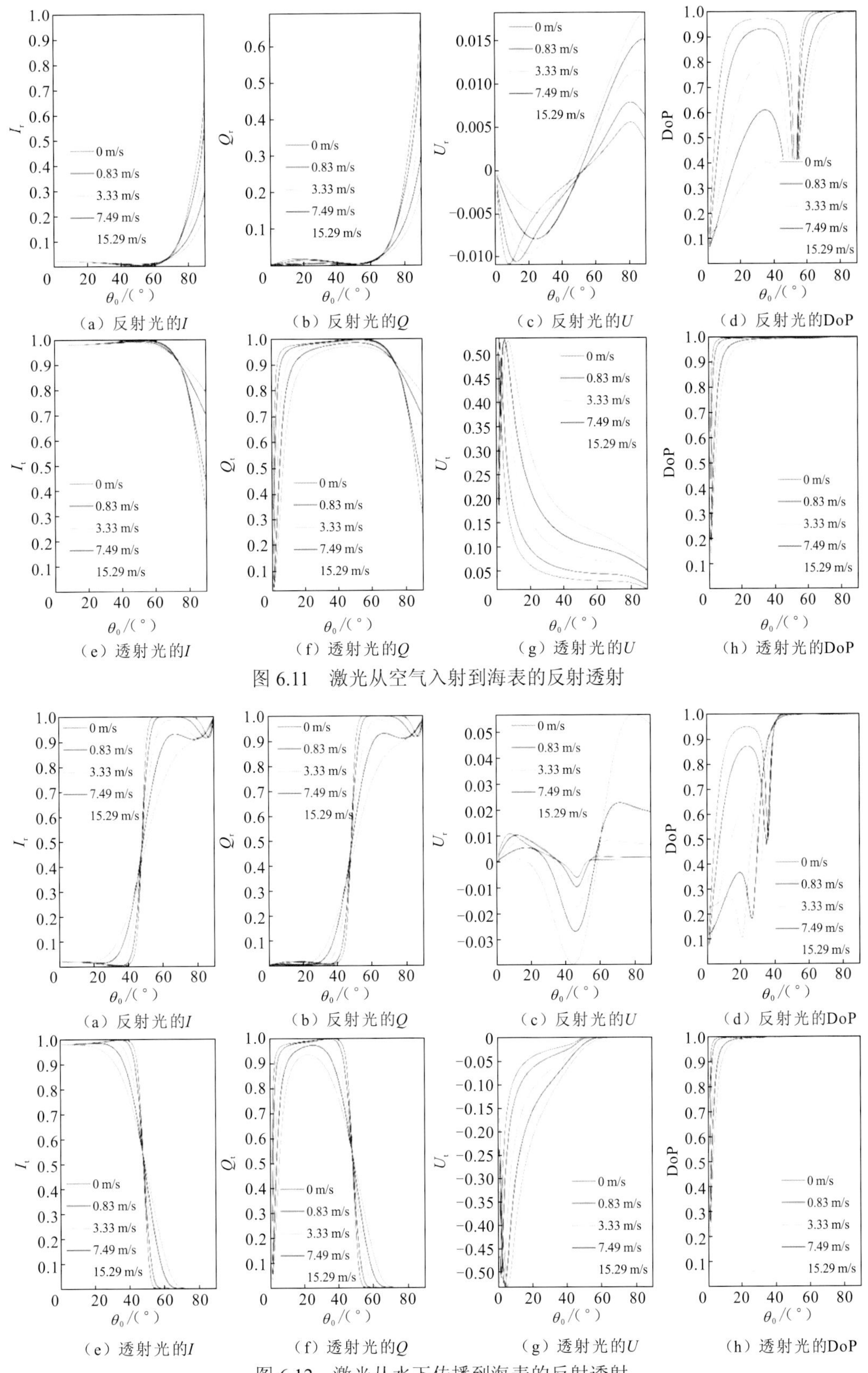

（a）反射光的I　（b）反射光的Q　（c）反射光的U　（d）反射光的DoP

（e）透射光的I　（f）透射光的Q　（g）透射光的U　（h）透射光的DoP

图 6.11　激光从空气入射到海表的反射透射

（a）反射光的I　（b）反射光的Q　（c）反射光的U　（d）反射光的DoP

（e）透射光的I　（f）透射光的Q　（g）透射光的U　（h）透射光的DoP

图 6.12　激光从水下传播到海表的反射透射

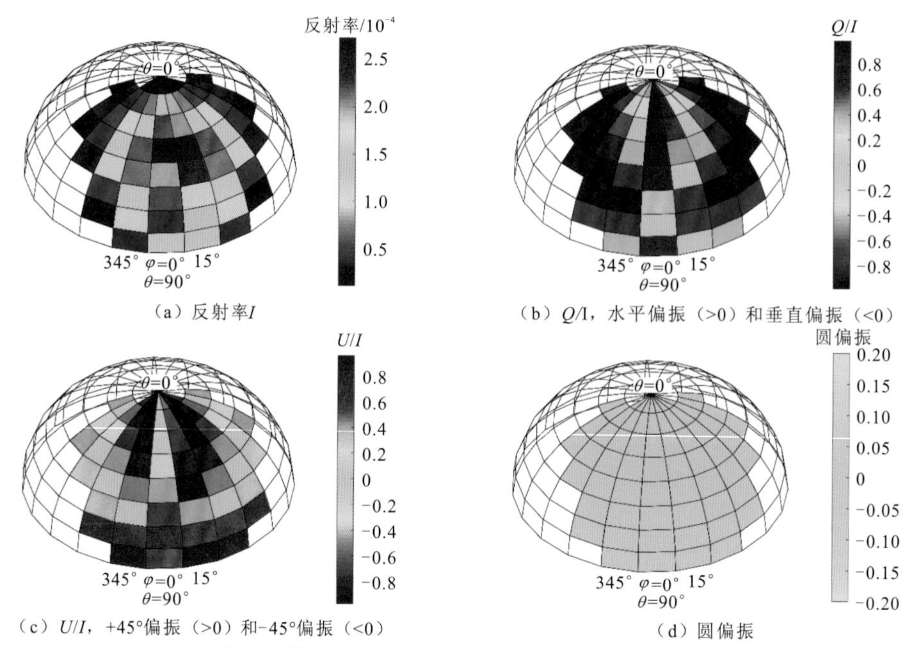

（a）反射率I　（b）Q/I，水平偏振（>0）和垂直偏振（<0）

（c）U/I，+45°偏振（>0）和−45°偏振（<0）　（d）圆偏振

图 6.13　激光雷达在距天顶 45°、风速为 10 m/s 时的反射能量图

观察方向是朝着镜面反射方向向下看

5）激光从空气入射的海表透射能量分布

图 6.14（a）显示了透射光与入射能量的百分比。图 6.14（b）、（c）和（d）分别显示了水平偏振和垂直偏振、45°和圆偏振情况下的能量分布情况。由图 6.14（a）可以看出，粗糙海面对透射光的影响较小，透射光集中在 $\theta=32°$ 附近，当能量向四周扩散时，能量急剧减少。由图 6.14（b）可以看出，与反射光相比，海面对透射光的退偏影响较小。图 6.14（c）中显示的 45°偏振是由小波面的透射而产生的。如图 6.14（d）所示，圆偏振几乎为零。

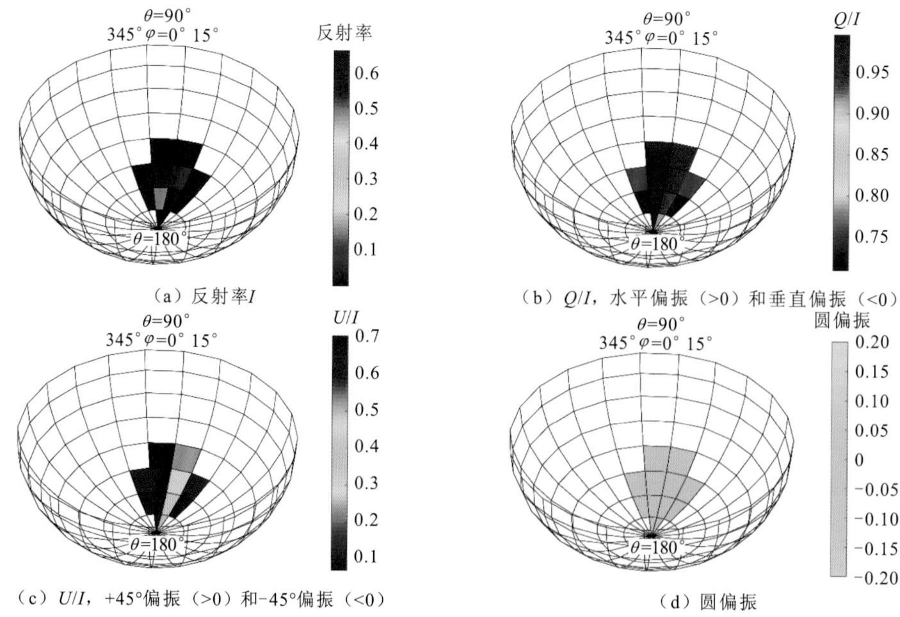

（a）反射率I　（b）Q/I，水平偏振（>0）和垂直偏振（<0）

（c）U/I，+45°偏振（>0）和−45°偏振（<0）　（d）圆偏振

图 6.14　对应于图 6.13 的透射能量分布

观察方向是朝上看，面向镜面折射方向

6）激光从水下传播到海表的反射能量分布

激光从水下传播到海表的反射能量分布与激光从空气入射时的情况类似。图 6.15（a）显示了被反射回水中的能量占入射能量的百分比。在 45° 入射和 10 m/s 风速的情况下，反射率为 34.51%，低于自然光的 38.08%，能量分布在 θ=45° 附近。图 6.15（b）显示了水平和垂直偏振，反射光由散射而退偏。图 6.15（c）显示了 45° 偏振光的能量分布。如图 6.15（d）所示，圆偏振光几乎为零。

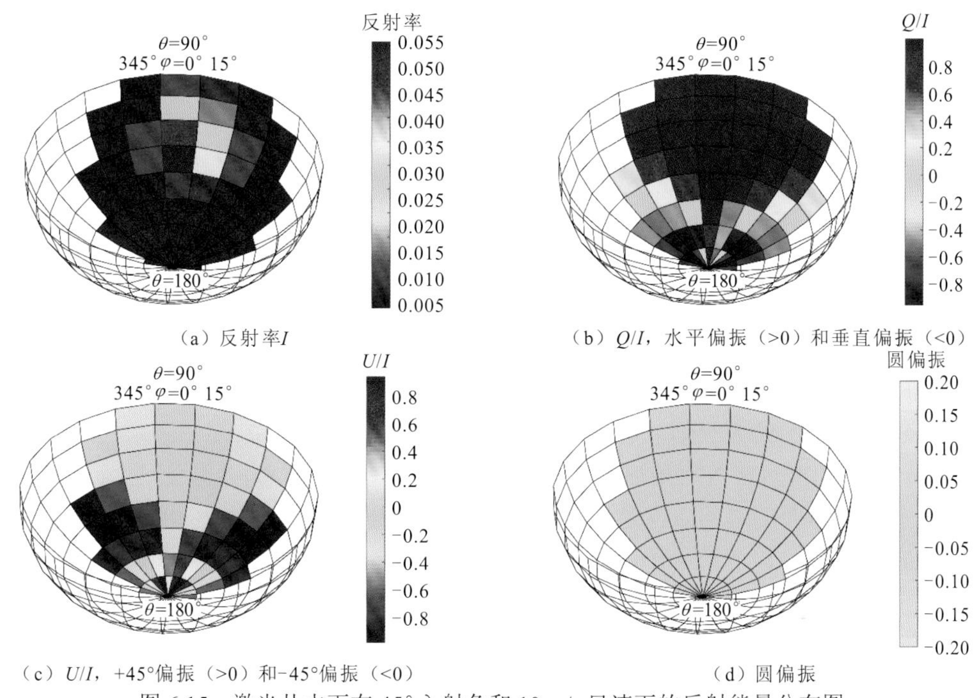

（a）反射率I　　（b）Q/I，水平偏振（>0）和垂直偏振（<0）

（c）U/I，+45°偏振（>0）和−45°偏振（<0）　　（d）圆偏振

图 6.15　激光从水下在 45° 入射角和 10 m/s 风速下的反射能量分布图

观察方向是向上看，面向水中的镜面反射方向

7）激光从水下传播到海表的透射能量分布

如图 6.16（a）所示，对于透射光，能量集中在 θ=70° 附近。当能量向四周扩散时，能量急剧下降。图 6.16（b）显示了水平偏振的能量分布，从中可以看出，透射光的退偏没有反射那么明显，透射偏振度大于 0.995，反射偏振度约为 0.85。图 6.16（c）所示的 45° 偏振是由小波面的透射产生的。如图 6.16（d）所示，圆偏振光几乎为零。

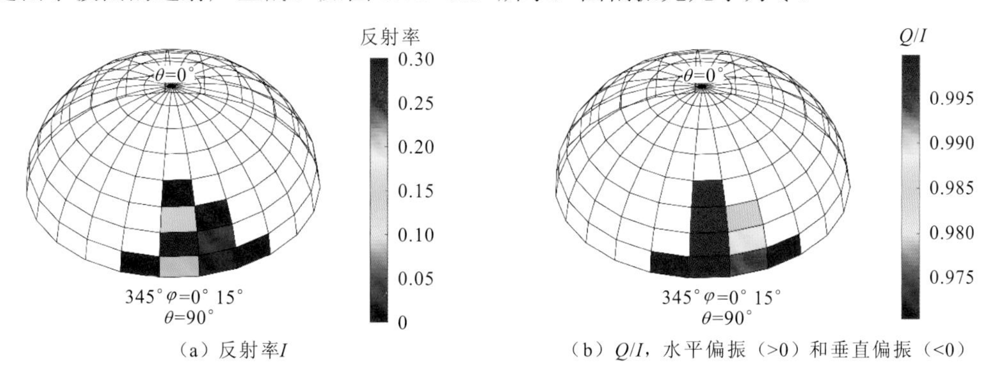

（a）反射率I　　（b）Q/I，水平偏振（>0）和垂直偏振（<0）

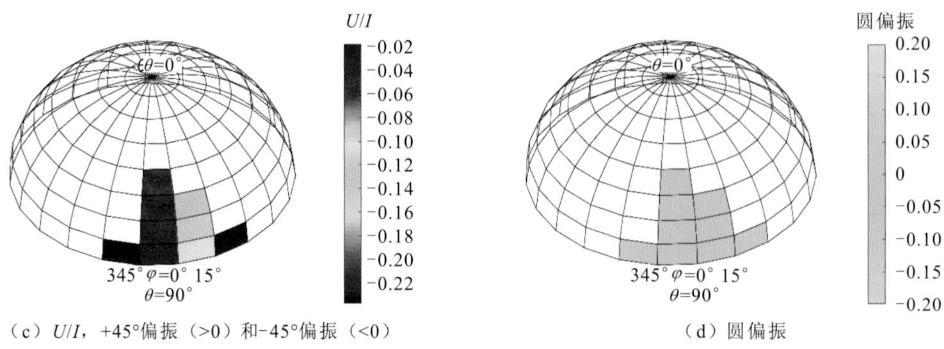

（c）U/I，+45°偏振（>0）和−45°偏振（<0）　（d）圆偏振

图 6.16　海水从水下传播到海表的透射能量分布

观察方向是向下看，面向镜面反射折射方向

8）反射透射退偏

图 6.17 显示了不同入射角下的退偏比 δ，它表示激光从空气入射时的退偏情况。可以看出，退偏比与风速成正相关。在某些情况下，δ 的值超过 1 表示平行偏振光已经转化为部分垂直偏振光。只有在风速较小、入射角在 20°～40° 或 60° 以上的条件下，反射光的退偏才可以忽略不计。图 6.17（b）显示了激光从空气入射经海表透射的退偏情况。当入射角超过 20° 时，无论风速有多大，海表退偏比都几乎为零。激光从水下入射时的反射退偏比与从空气入射时的结果类似。在入射角较大的情况下，图 6.17（d）所示的透射退偏可以忽略不计。激光雷达在入射角很小的情况下，即使在透射的情况下也会发生严重的退偏。从这一点来看，海面的退偏效应是不可忽略的。为了减小海面退偏效应的影响，激光雷达的入射角宜大于 20°、小于 40°。此外，也可根据激光雷达的几何位置和风速计算出海面的退偏比，然后计算水体内部引起的退偏比。

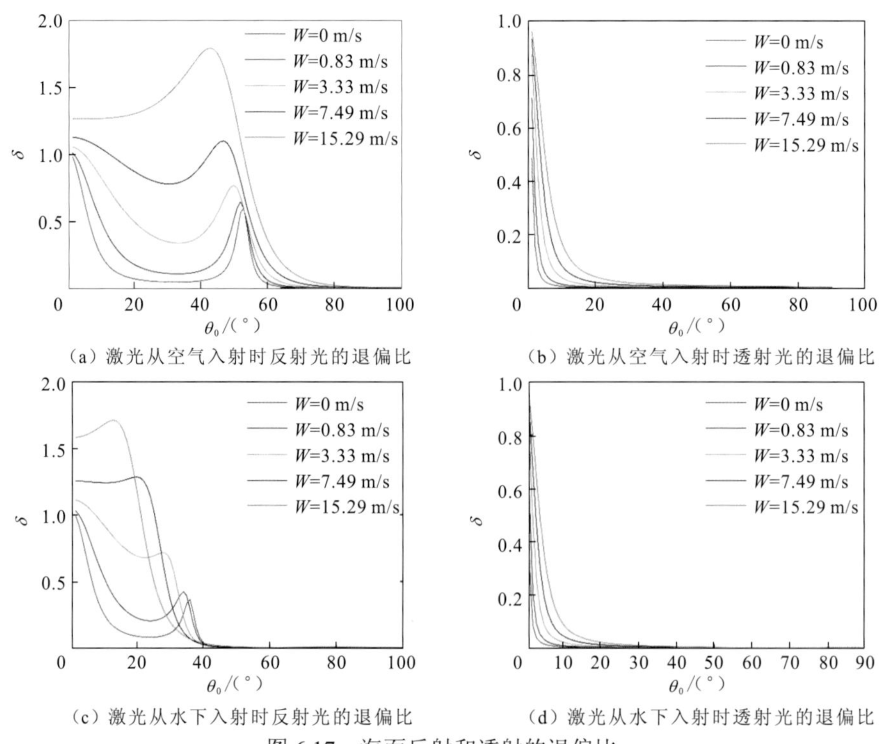

（a）激光从空气入射时反射光的退偏比　（b）激光从空气入射时透射光的退偏比

（c）激光从水下入射时反射光的退偏比　（d）激光从水下入射时透射光的退偏比

图 6.17　海面反射和透射的退偏比

6.2.2 水面回波信号位置提取

激光雷达浅海测深主要是利用特定波长激光在水中的传播特性来进行水深测量[456]，其中，对气-水界面位置的准确提取是测深数据处理中的关键步骤之一。传统激光雷达测深一般采用双波长的工作模式，即 1 064 nm 波长的近红外激光和倍频后 532 nm 波长的绿色激光[457]。其中，1 064 nm 近红外激光回波主要来自水面的镜面反射回波，而 532 nm 绿色激光回波主要包括来自水面、水体后向散射和水底回波信号。由于 532 nm 激光可以穿透水体，它探测到的水面回波实际上是气-水界面和界面下附近水体散射回波能量的线性叠加[458]，难以准确反演气-水界面的位置，这种现象被称为绿色激光的水面不确定性[459]。

由于水面不确定性的存在，在机载激光雷达系统中使用额外的近红外激光来确定准确的水面高度。这种双波长工作模式采用 1 064 nm 波长激光对气-水界面进行辅助探测。如加拿大 Optech 公司的 CZMIL、瑞士 Leica 公司的 HawkEye II 和 HawkEye III，这些设备为了提高测量精度都采用了近红外和绿色激光的双波长模式，但这种双波长激光雷达增加了额外的成本和重量。为了降低成本并使整个系统更加紧凑，单个绿色激光机载激光雷达系统不再使用红外激光，而是仅收发绿色激光。由于绿色激光的水面不确定性，简化后的系统在进行测深时会损失一部分精度[460-461]。

机载激光雷达测深系统的探测机理如图 6.18[462]所示，红色和绿色分别代表近红外和绿色激光。图 6.18（a）表示红外激光和绿色激光的波形检测；图 6.18（b）给出了这两种激光器的传输方式和仅使用绿色激光时产生的偏压；图 6.18（c）显示光束点 P 相对于扫描仪原点 O 的位置。图 6.18 中：t_0～t_3 分别为激光脉冲的初始发射时间、红外表面返回的往返时间、绿色表面返回的往返时间和绿色底部返回的往返时间；φ 和 θ 分别为绿色激光在空气中的入射角和在水中的折射角；Δd 为近水面渗透；S 和 h 分别为光束点 P 相对于扫描仪原点 O 的水平距离和垂直距离。

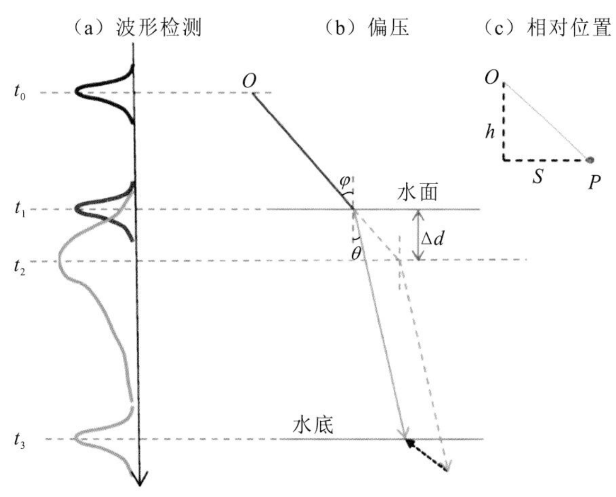

图 6.18 机载激光雷达测深系统的探测机理示意图

实际的气-水界面位置 t_1 可表示为

$$t_1 = t_2 - \Delta t_{12} \tag{6.38}$$

用 Δt_{12} 表示绿色激光的水面回波位置与实际水面回波位置的偏差：

$$\Delta t_{12} = \frac{2\Delta d}{\cos\varphi c_{\text{air}}} \tag{6.39}$$

因此，式（6.38）可表示为

$$t_1 = t_2 - \frac{2\Delta d}{\cos\varphi c_{\text{air}}} \tag{6.40}$$

下面介绍海洋激光雷达测深信号处理的5种提取方法[463]，包括上升沿法、峰值法、重心法、拐点法（二阶导数过零）和常数判别法[464]，如图6.19所示。

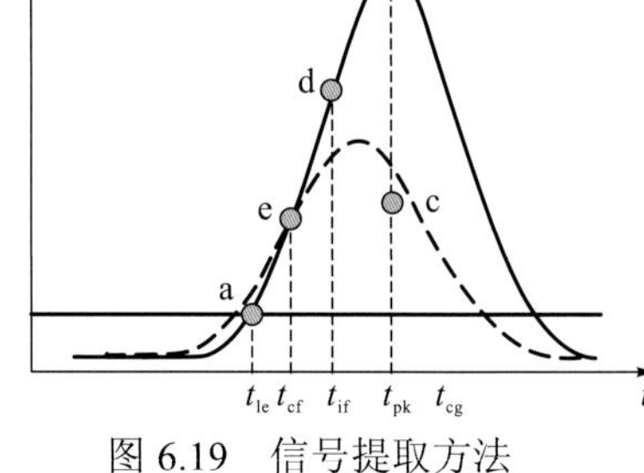

图6.19　信号提取方法

a 上升沿法；b 峰值法；c 重心法；

d 拐点法；e 常数判别法

为了估计数字信号上的时间，可使用文献[465]中介绍的高斯函数拟合数字化脉冲波形：

$$f(t) = a\exp\left\{-\left(\frac{t-b}{c}\right)^2\right\} \tag{6.41}$$

式中：t 为激光脉冲的飞行时间；a 为接收脉冲的幅度；b 为脉冲峰值的位置；c 为脉冲宽度。以下的几种提取方法基于高斯函数确定发送和接收时间。

1. 上升沿法

上升沿法是前缘超过固定阈值时最基本的时间鉴别方法[466]。然而，脉冲幅度变化和脉冲宽度变化会严重影响由脉冲幅度法确定的时间，从而导致测距误差。如图6.19中的点a所示，当高斯脉冲的前沿超过固定阈值 V_{th} 时，接收脉冲的时间瞬间 t_{le} 可表示为

$$t_{\text{le}} = b - c\sqrt{\ln\frac{a}{V_{\text{th}}}} \tag{6.42}$$

2. 峰值法

峰值法用于估计接收脉冲的最大位置，可表示为

$$t_{\text{pk}} = t_{\max[f(t)]} \tag{6.43}$$

峰值法对脉冲幅度和脉冲宽度的变化不敏感，但它易受局部尖峰和脉冲波形噪声的影响。如图6.19中的点b所示，接收波形的时间瞬间 t_{pk} 可表示为

$$t_{\text{pk}} = b \tag{6.44}$$

3. 重心法

重心法用于计算脉冲波形的能量中心，如图6.19中的点c所示。该能量中心由式(6.45）所示的数字化波形积分比值确定：

$$t_{\text{cg}} = \frac{\int_{t_1}^{t_2} t f(t)\,\mathrm{d}t}{\int_{t_1}^{t_2} f(t)\,\mathrm{d}t} \tag{6.45}$$

式中：t_1 和 t_2 为接收脉冲两侧的边界。当 t_1 和 t_2 对称时，高斯函数的时刻 t_{cg} 可表示为

$$t_{\text{cg}} = b \tag{6.46}$$

如果回波脉冲是对称的，CG 方法表现良好。然而，当脉冲形状是偏斜分布时，重心法的检测距离不如峰值法精确[466]。

4. 拐点法

拐点法通过计算二阶导数过零点来确定时间实例，可表示为

$$t_{\text{if}}=t_{\frac{\partial^2 f(t)}{\partial t^2}=0,\text{left}} \tag{6.47}$$

式中：$t_{\frac{\partial^2 f(t)}{\partial t^2}=0,\text{left}}$ 表示二阶导数过零点的左边。如图 6.19 中的点 d 所示，接收波形的时刻 t_{if} 可表示为

$$t_{\text{if}}=b-\frac{c}{\sqrt{2}} \tag{6.48}$$

由式（6.48）可以清楚地看出，拐点法受脉冲宽度的影响较大。

5. 常数判别法

常数判别法对输入幅度的变化不敏感。它可以减小光程误差，但它严重依赖脉冲形状和脉冲宽度。如图 6.19 中的点 e 所示，接收波形的时刻 t_{cf} 可表示为

$$t_{\text{cf}}=b+\frac{c^2\ln k+t_{\text{d}}^2}{2t_{\text{d}}} \tag{6.49}$$

式中：k 为衰减系数；t_{d} 为延迟时间。

综上所述，5 种信号处理的提取方法有着不同的测距精度。

6.2.3 气-水界面探测试验

传统的峰值法由于运算时间短、测距性能稳定而成为激光雷达最常用的信号提取方法。然而，对于 532 nm 单波长激光雷达探测的水面回波，信号的峰值位置容易受水体光学特性的影响，并不能准确描述气-水界面的实际位置。为此，利用单光子激光雷达极高的探测灵敏度，开展对气-水界面位置提取的静态试验。

1. 气-水界面光子特征分析

空气中存在恰好高于水体表面零深度的上边界，水体中也存在恰好低于水体表面零深度的下边界，将上下边界之间无限小的细薄平面定义为气-水界面[467]。

水面回波的信号通过从气-水界面和界面下细薄水层处散射回来的光子数的变化来识别和检测水面，首先需要估算单脉冲激光发射时产生的光子数 n_{p}，具体表示为

$$n_{\text{p}}=\frac{E_{\text{t}}\eta_{\text{d}}\lambda}{hc} \tag{6.50}$$

式中：E_{t} 为激光脉冲能量；η_{d} 为量子探测效率；λ 为激光波长；h 为普朗克常数；c 为光速。假设在 E_{t} 为 300 nJ、η_{d} 为 20%的情况下，532 nm 波长的激光单脉冲发射时的光子数大约为 1.6×10^{11} 个。根据气-水界面的能量守恒，激光在经过空气后会衰减一部分激光能量，激光雷达接收的气-水界面的激光能量 E_{tw} 可以表示为

$$E_{tw} = E_t \frac{\eta_t \eta_r A_r \cos\theta L_s e^{-2\beta R_a}}{\pi R_a^2} \tag{6.51}$$

式中：η_t 为激光发射效率；η_r 为激光接收效率；β 为大气衰减系数；R_a 为激光入射到水面的高度；A_r 为接收系统的有效面积；θ 为激光入射角；L_s 为水面反射率，表示激光在水面能量传输时的损耗，可以通过双向反射分布函数（bidirectional reflection distribution function，BRDF）来计算[468]：

$$L_s = \frac{k_d}{\pi} + \frac{k_s F_r D_{df}}{\pi \cos^2\theta} \tag{6.52}$$

式中：k_s 和 k_d 分别为镜面反射和散射系数，其总和为 1（$k_s + k_d = 1$）；F_r 为激光在水面上的菲涅耳反射，分别用空气（$n_a = 1.0003$）和水（$n_w = 1.33$）中的折射率计算：

$$F_r = \left(\frac{n_a - n_w}{n_a + n_w} \right)^2 \tag{6.53}$$

D_{df} 为水面的斜率，可表示为

$$D_{df} = \frac{1}{r^2 \cos^4\theta} e^{-\left(\frac{\tan\theta}{r}\right)^2} \tag{6.54}$$

式中：r 为水面的粗糙度，r 的值越高表示水面越粗糙。粗糙的水面会降低激光镜面反射的能量。

由于 532 nm 激光会穿透水体，在气-水界面下一定厚度的细薄水层中会出现颗粒物的散射信号[469]，而水面回波的信号中也应考虑细薄水层的散射信号，这部分的激光能量可以表示为

$$E_{tc} = E_t \frac{\eta_t \eta_r A_r \cos\theta \rho_w e^{-2\beta R_a} (1 - L_s)^2 e^{-2c_\lambda R_w}}{\pi (R_a^2 + R_w^2)} \tag{6.55}$$

式中：c_λ 为水体衰减系数，即水体吸收和散射系数之和（$c_\lambda = a_\lambda + b_\lambda$）；$\rho_w$ 为颗粒物的散射系数；R_w 为细薄水层的厚度。将气-水界面和界面下细薄水层的激光能量 E_{tw} 和 E_{tc} 代入式（6.50）中，可得到单光子探测器在气-水界面（n_{pw}）和界面下细薄水层（n_{pc}）接收到期望的光子数分别为

$$n_{pw} = \frac{E_{tw} \eta_d \lambda}{hc} \tag{6.56}$$

$$n_{pc} = \frac{E_{tc} \eta_d \lambda}{hc} \tag{6.57}$$

由式（6.56）和式（6.57）可知，当 $n_{pw} < n_{pc}$ 时，水面回波信号受气-水界面下细薄水层的平均光子数影响。常用的峰值法会对水面位置的距离测量造成偏差，偏差的程度取决于水体的光学特性。

2. 试验方案

如图 6.20 所示，将单光子激光雷达固定在约 16 m 高的楼顶向下探测，底部是 1.3 m×1.3 m×1.1 m 的水池，试验中固定激光入射角。通过向水池中定量地添加泥沙来改变水体的光学特性，并用吸收衰减仪（AC-S）记录水体的吸收系数和衰减系数。试验中实测的水体吸收系数和衰减系数变化曲线如图 6.21 所示，其中，最小吸收系数和衰减系数分

别为 0.071 m^{-1} 和 0.32 m^{-1}，最大吸收系数和最大衰减系数分别为 5.43 m^{-1} 和 23.56 m^{-1}。为了获得准确的水面位置，将激光雷达测得漂浮在水面上不透光参考板（厚度<1 cm）的距离作为参考值，参考板是为了遮挡激光向水下的继续传输，并将测得的硬目标的距离与到水面的距离进行比对。

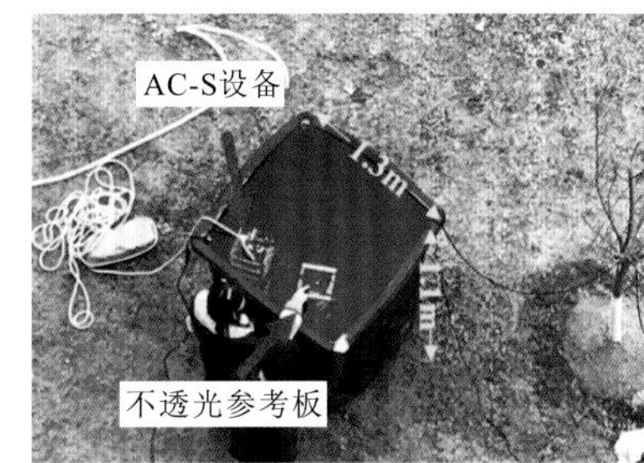

图 6.20　静态试验环境

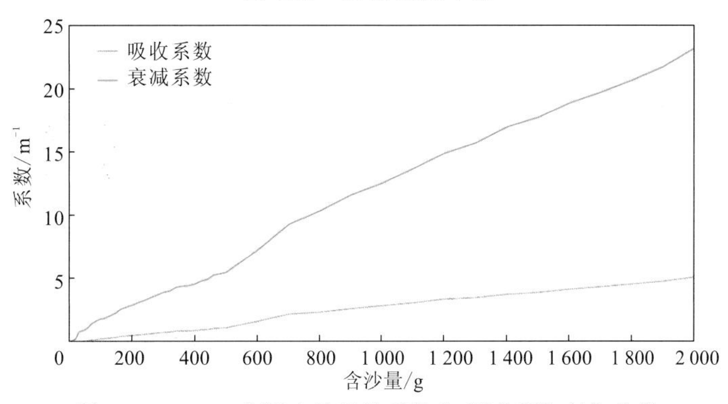

图 6.21　AC-S 实测水体吸收系数和衰减系数变化曲线

3. 气-水界面探测结果

图 6.22 是在不同水体光学特性下水面附近局部光子点云的信号与相应的统计直方图。光子点云是将回波脉冲接收到的每个光子的时间信息解算成对应的距离信息，并按照发射脉冲的时间展开，得到光子的距离与脉冲时间的对应关系，其对应的统计直方图是基于局部光子密度。对多次脉冲的光子数量进行统计，采用一定的脉冲时间栅格和距离栅格作为统计区间，只要光子落在该统计区间内，就对该区间内的光子事件个数进行统计，可以得到与光子距离相关的统计直方图。通常情况下，当激光到达水面时，光子的数量往往会形成第一个峰值，经过水体的衰减，在到达水底后又会形成第二个峰值。图 6.23 显示了气-水界面在不同水体光学特性下的信号曲线，随着水体衰减系数的增加，在气-水界面及界面下细薄水层的平均光子数也不断增加。

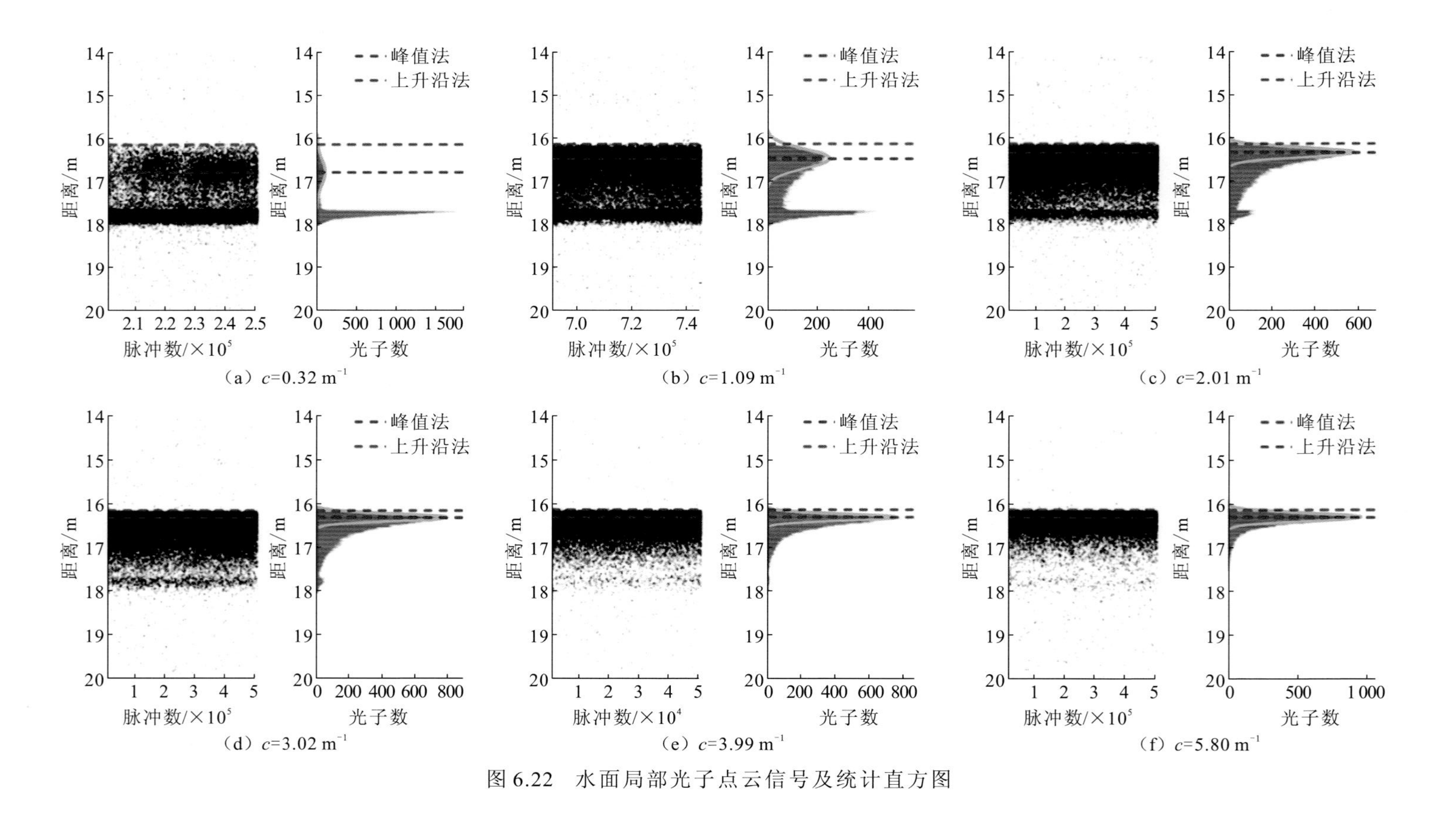

（a）c=0.32 m^{-1} （b）c=1.09 m^{-1} （c）c=2.01 m^{-1}

（d）c=3.02 m^{-1} （e）c=3.99 m^{-1} （f）c=5.80 m^{-1}

图 6.22 水面局部光子点云信号及统计直方图

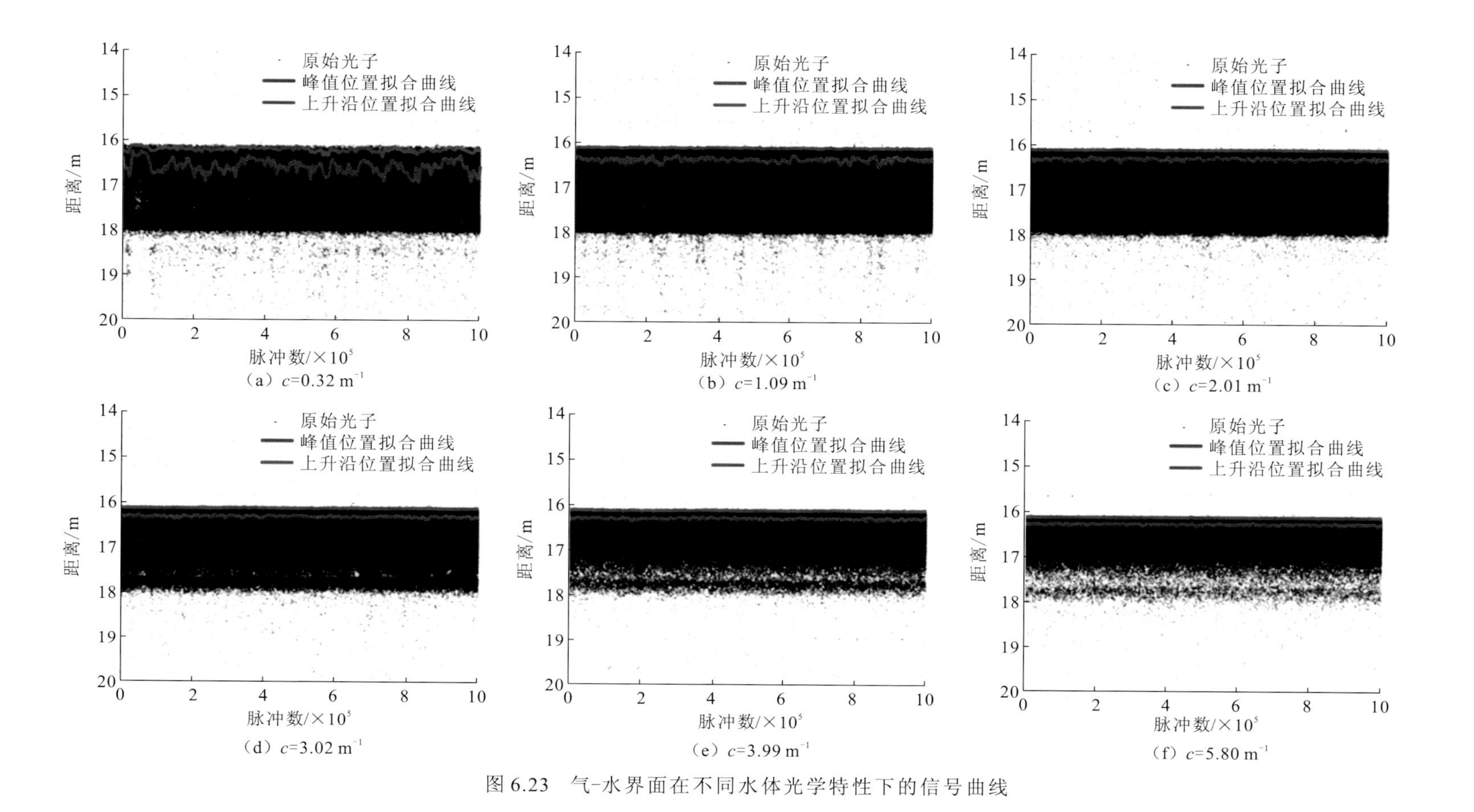

图 6.23　气-水界面在不同水体光学特性下的信号曲线

此外，对基于峰值法和上升沿法提取的气-水界面做了对比。峰值法是对信号中出现的第一个峰值位置进行提取，即局部最大光子密度的位置，如图 6.24 中红色标注位置。上升沿法是对信号超过噪声阈值的位置进行提取，即局部光子密度的前沿位置，如图 6.24 中蓝色标注位置。在清洁水体中，水体中的光子数要大于气-水界面的光子数，因此峰值法更容易受水体中颗粒的影响；而在浑浊水体中，由于水体衰减系数增大，最大光子密度的位置逐渐接近气-水界面。总的来说，上升沿法提取的结果要比峰值法提取的结果更加接近气-水界面的位置。当水体衰减系数 c 为 0.32 m^{-1} 时，峰值法的 RMSE 为 54.4 cm，上升沿法的 RMSE 为 17.2 cm；当 c 增加到 23.56 m^{-1} 时，峰值法的 RMSE 为 9.7 cm，上升沿法的 RMSE 为 0.8 cm。

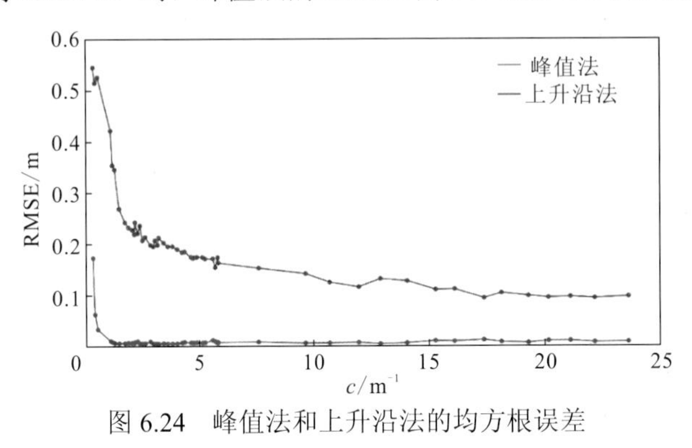

图 6.24 峰值法和上升沿法的均方根误差

6.3 水深信号峰值位置提取方法

6.3.1 基于高斯-指数卷积拟合的陆地峰值位置提取

1. 陆地波形实测数据特征与形成物理机制

裸土、海滩、建筑物等非森林地物的绿光和近红外通道波形只有单个回波，是典型的陆地波形，但由于多冠层的存在，森林波形较为复杂，绿光和近红外通道会产生多个回波。激光器接收到的后向散射回波是发射波形和目标物卷积产生的波形，当发射脉冲为高斯波束时，回波是高斯波分量的叠加，可以通过高斯分解得到障碍物的反射时间点[470]。

不同的激光系统出射波形可能会出现不同的形状。通常，出射波形取决于脉冲激光源的生成过程。Brenner[471]提出一种简单的时间对称高斯分布用于建模波形。Steinvall[472]提出了符合指数分布的波形[式（6.61）]。Wagner[473]等使用矩形分布来描述出射波形。激光系统的基本波形可以用时间延迟的高斯函数来描述。本小节使用高斯函数来描述出射波形，通过振幅 a 和脉冲宽度 $2b$ 来构建波形模型：

$$s(t)=\frac{2a}{w}\sqrt{\frac{\ln 2}{\pi}}\exp\left\{-4\ln 2\cdot\frac{(t-\tau)^2}{w^2}\right\} \tag{6.58}$$

$$s_m(t)=s(t)\cdot m(t),\quad m(t)\sim N(\mu,\sigma^2) \tag{6.59}$$

$$s(t)=t^2\exp\left\{-\frac{t}{w}\right\} \tag{6.60}$$

$$s(t) = a\exp\left\{-\frac{(t-b)^2}{c^2}\right\} \tag{6.61}$$

式中：a 为最大振幅；b 为峰值位置；c 为脉冲宽度。

陆地波形峰值位置提取有三种方法。第一种方法是高斯分解方法，通过多个高斯函数和LM算法来拟合逼近波形，这种方法对参数的设置要求较高。第二种方法是通过期望最大化去卷积方法。第三种方法是一种结合去卷积-分解的联合方法。通过对陆地波形的物理形成机制分析，王俊宏[470]提出可以把陆地回波当作高斯波分量的叠加[式（6.62）]。Abdallah[474]等指出可以把回波当作服从韦布尔分布（Weibull distribution）[式（6.63）]的回波信号。

$$f(x;a_i;b_i;c_i) = a_0 + \sum_{i=1}^{n} a_i \mathrm{e}^{-\left(\frac{x-b_i}{c_i}\right)^2} \tag{6.62}$$

$$f(x;\lambda;k) = \begin{cases} \dfrac{k}{\lambda}\left(\dfrac{x}{\lambda}\right)^{k-1} \mathrm{e}^{-\left(\frac{x}{\lambda}\right)^k}, & x \geqslant 0 \\ 0, & x < 0 \end{cases} \tag{6.63}$$

式中：λ 为比例参数；k 为形状参数。

2. 基于高斯-指数卷积拟合的陆地波形峰值位置提取

通过对实测数据的特征分析可以发现，陆地波形既不是简单的高斯分布，也不是韦伯分布，而是呈现上升沿陡下降沿缓的右偏态波形，这是高斯函数和指数函数的卷积形式，高斯-指数卷积拟合（Gaussian-exponent convolution fitting）能够很好地拟合这种形态波形。提出一种高斯-指数卷积拟合算法，认为接收的回波是出射激光脉冲和目标物作用的卷积过程，造成回波信号在时域上的展宽呈现右偏态。回波在时域上的展宽波形超过 6 ns，构成一个方程个数大于未知量个数的超定方程组。自定义高斯-指数卷积函数具有 6 个参数，用最小二乘解来求解需要拟合的参数，可表示为

$$y = a\exp\left[-\frac{(x_i-b)^2}{c}\right] \tag{6.64}$$

$$z = d\cdot\exp[-(x_i+e)f] \tag{6.65}$$

$$w = \mathrm{conv}(y,z) \tag{6.66}$$

以回波作为输入波形，通过 Lsqnonlin 函数拟合以上卷积函数中的 6 个参数，通过最小二乘法获取最佳的拟合参数：

$$\min_x \|f(x)\|_2^2 = \min_x [f_1(x)^2 + f_2(x)^2 + \cdots + f_n(x)^2] \tag{6.67}$$

为了检验提出的高斯-指数卷积拟合算法的提取效果，将其与常用于波形峰值点位置提取的 3 种典型算法进行比较，包括峰值探测（peak detection，PD）算法、快速均方差分函数（fast average square different function，ASDF）算法和高斯拟合算法。前两种算法的计算原理如下。

PD 算法是在满足某些特性的信号中寻找局部极大值和极小值的位置和幅值的过程。计算连续函数的一阶导数等于零时的位置，就是连续函数中局部极大值的位置。但是，这样的连续函数的一阶导数不能从离散的回波波形中计算得出。PD 算法可表示为

$$k = \mathrm{find}(\mathrm{diff}(\mathrm{sign}(\mathrm{diff}(\mathrm{w}))) < 0) + 1 \tag{6.68}$$

ASDF 算法的优势在于计算了出射波形和去卷积后波形的相关性，并将相关性最强的点作为峰值点位置，可表示为

$$R_{\text{ASDF}}(\tau)=\sum_{k=1}^{n}[x_1(kT)-x_2(kT+\tau)]^2 \tag{6.69}$$

式中：T 为采样间隔，$(n-1)T$ 为估计窗口长度；回波的时间延迟估计值 Δt 是与 $R_{\text{ASDF}}(\tau)$ 最小值对应的 τ 的值。为了区分来自背景噪声的真实回波，通过检测相邻数据之间距离的最小值 $\Delta R_{\min}$，来区分背景噪声和回波信号：

$$\Delta R_{\min}=0.3[\max R_{\text{ASDF}}(\tau)-\min R_{\text{ASDF}}(\tau)] \tag{6.70}$$

回波的时间延迟估计值 Δt 为

$$\Delta t=-\frac{T}{2}\frac{R_{\text{ASDF}}(\Delta t+T)-R_{\text{ASDF}}(\Delta t-T)}{R_{\text{ASDF}}(\Delta t+T)-2R_{\text{ASDF}}(\Delta t)+R_{\text{ASDF}}(\Delta t-T)}+\Delta t \tag{6.71}$$

比较上述 4 种峰值点位置提取算法的准确性、精确性和稳定性。对实验室内已知距离目标物进行多次测量，获取仪器窗口距离目标的实际距离。通过提取出射波形和回波波形峰值位置，将相对距离和真实距离进行对比，得出修正距离系统偏差，同时，计算算法的重复精度。实验室测量采用驱动控制器控制电机分别转动到零位（编码器 680）和 180°位（编码器 82600），测量窗口回波和固定距离目标回波，获得两次实验测量结果，分别命名为 Test Data 1（实验数据 1）和 Test Data 2（实验数据 2）。海洋激光雷达激光重频为 5 kHz，激光功率为最高档，APD 灵敏度为 300 V（与飞行试验相同），PMT1 灵敏度为 1 V，PMT2 灵敏度为 1 V，PMT3 灵敏度为 1 V。*.bin 是高速 AD 采集的波形文件，高速 AD 采样率为 1 GSPS。

4 种峰值提取算法获得的陆地波形峰值位置实验室结果见表 6.7。从表 6.7 中可知，PD 算法只能获取 1 ns 的距离分辨率，只能达到 0.15 m 的精度。将 ASDF 算法、高斯拟合算法和高斯-指数卷积拟合算法结果离散程度整体分布在 0.1 个采样点内，使重复精度能达到 1 标准差（1sigma）为 0.022，换算成长度为 4 mm。高斯拟合算法提取的峰值点位置与高斯-指数卷积拟合算法结果相比偏移量约为 0.8 ns，说明高斯-指数卷积拟合算法更为准确。重复精度，也叫作再现性和可重复性，是更深一层测量以达到同样结果的一个参数。国外同类产品如 RIEGL 在 150 m 范围的测试条件下，重复精度的标准差为 25 mm。4 种算法结果离散程度如图 6.25～图 6.28 所示。

表 6.7　4 种峰值提取算法获得的陆地波形峰值位置实验室结果

算法	实验数据 1			实验数据 2		
	min/max	标准偏差/方差	采样/%	min/max	标准偏差/方差	采样/%
PD 算法	118/119	0.435 5/0.189 7	100	117/118	0.429 7/0.184 6	100
ASDF 算法	118.113 5/118.232 2	0.021 2/$4.478\,7\times10^{-4}$	60.4	117.584 8/117.726 3	0.020 6/$4.238\,8\times10^{-4}$	67.2
高斯拟合算法	118.650 1/118.749 8	0.022 0/$4.850\,2\times10^{-4}$	85.6	118.100 0/118.199 4	0.020 7/$4.301\,6\times10^{-4}$	84.1
高斯-指数卷积拟合算法	117.796 2/117.896 0	0.022 3/$4.952\,8\times10^{-4}$	82.4	117.300 3/117.399 3	0.022 3/$4.982\,0\times10^{-4}$	84.3

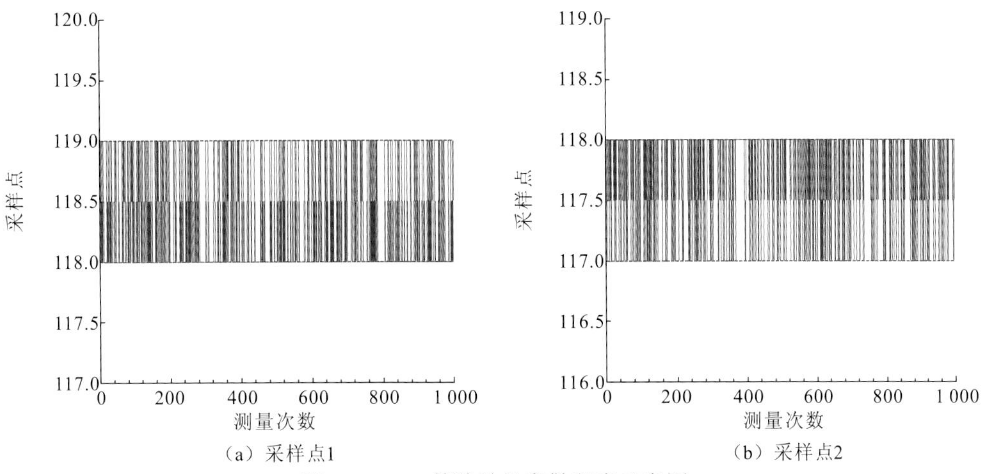

（a）采样点1　　（b）采样点2

图 6.25　PD 算法结果离散程度示意图

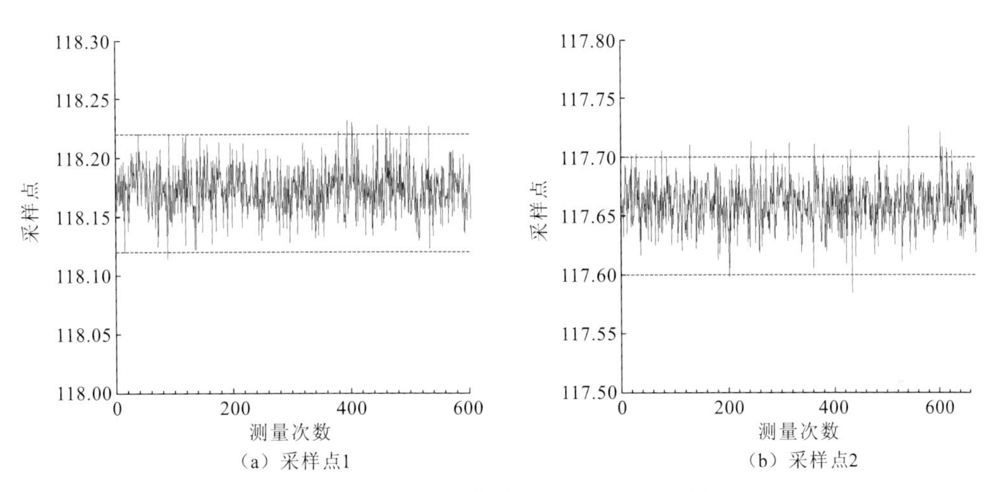

（a）采样点1　　（b）采样点2

图 6.26　ASDF 算法结果离散程度示意图

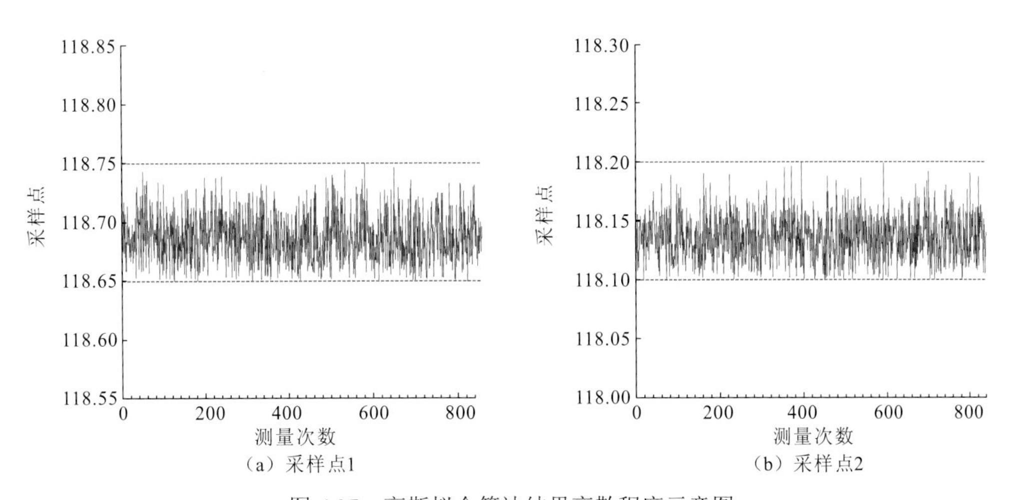

（a）采样点1　　（b）采样点2

图 6.27　高斯拟合算法结果离散程度示意图

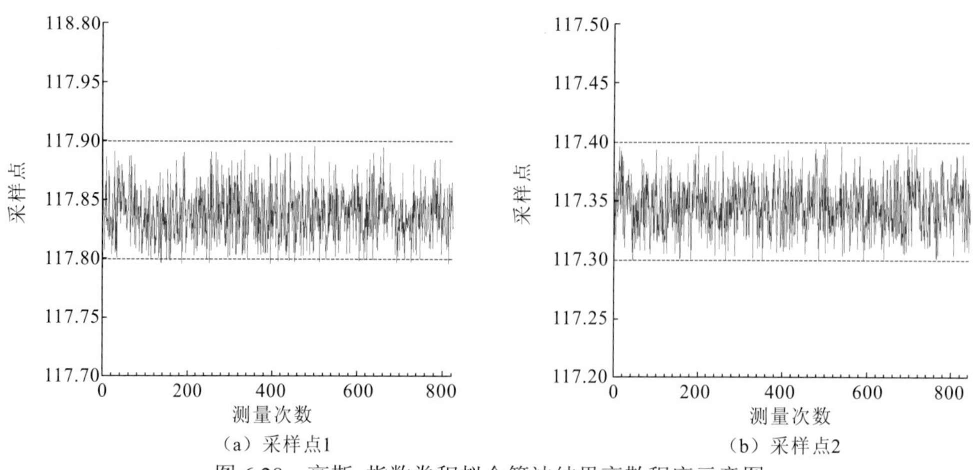

（a）采样点1　（b）采样点2

图 6.28　高斯-指数卷积拟合算法结果离散程度示意图

3. 陆地波形峰值位置处理结果

基于高斯-指数卷积拟合算法获得的处理结果如图 6.29 所示。+点为通过高斯-指数卷积拟合算法提取陆地多个回波峰值位置。

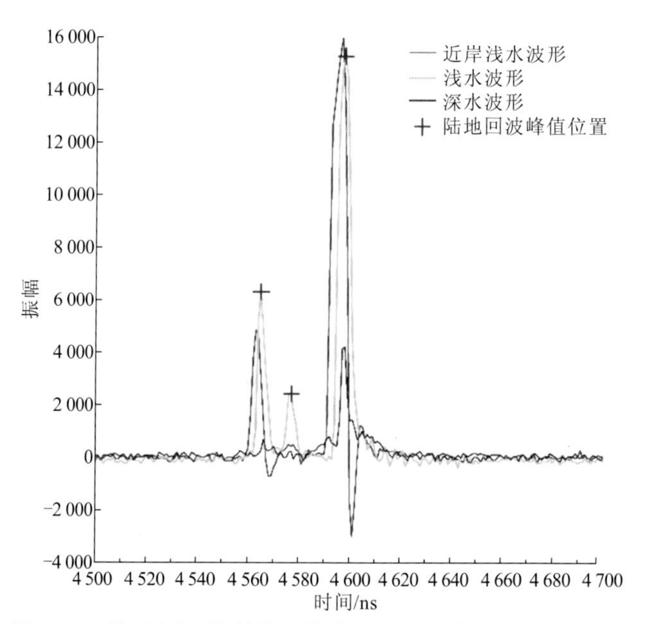

图 6.29　基于高斯-指数卷积的陆地波形峰值位置提取示意图

6.3.2　基于半高斯拟合的海表回波峰值位置提取

1. 海表回波实测数据特征与形成物理机制

海洋激光雷达方程可表示为

$$P_R = \frac{P_T NRF_P A_r \cos^2\theta}{\pi(n_w H + D)^2}\exp[-2\Lambda KD\sec(\varphi)] \tag{6.72}$$

式中：P_R 为接收功率；P_T 为发射功率；N 为发射机/接收机光学组合的损失；R 为底部反射；F_P 为 FOV 不足导致的损失，又称视场不匹配因子；A_r 为水气界面接收机的光斑大小；θ 为雷达星下角；n_w 为水的折射率；H 为激光雷达在水面的高度；D 为海底深度；Λ 为时间离散在信号中的水抑制；φ 为进入水体后的激光雷达天底角。根据出射激光在不同介质中传播和不同地物相互作用，接收系统得到的海洋激光雷达回波可以分为三部分信号：海表回波、水体后向散射和海底回波，如图 6.30 所示。

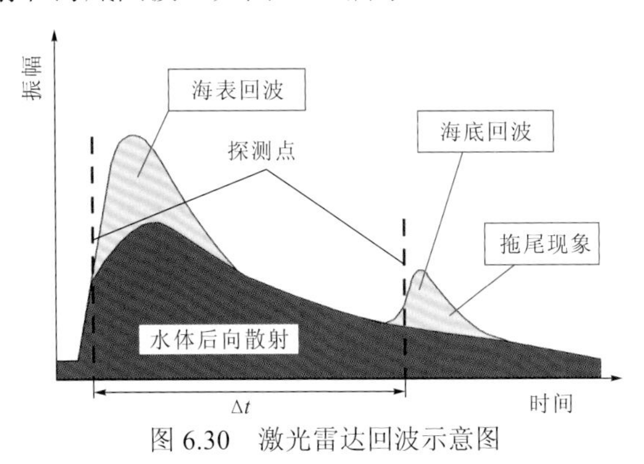

图 6.30　激光雷达回波示意图

由海表回波的物理形成机制可知，海表回波的上升沿主要是激光脉冲和粗糙海面相互作用的结果。激光束发散产生空间上的展宽，造成光子到达海面的时间 t 不一致，上升沿出现半高斯形态。因此，可截取海表回波的上升沿波形作为输入，用于半高斯拟合来提取海表位置。

2. 基于半高斯拟合的海面回波峰值位置提取

本小节采用半高斯拟合的方式进行海表回波拟合，通过寻找上升沿的局部极大值，截取海表回波的上升沿波形作为输入高斯拟合的数据，以获取完整的高斯函数海表信号组分。高斯拟合即使用高斯函数对数据点集进行函数逼近的拟合方法，有单个高斯函数、多个高斯函数和广义高斯函数之分。高斯函数存在三个参数，即峰值、均值和标准差，不同的峰值、均值和标准差决定唯一的高斯函数。高斯函数具有峰值在横轴上方均值处最高，以均值为中心，呈左右对称等特征。高斯函数曲线的各个参数具有明确的物理意义。同时，使用高斯函数来进行拟合，计算积分十分简单快捷。高斯函数可表示为

$$y = a e^{-\frac{(x-\mu)^2}{2\sigma^2}} \tag{6.73}$$

高斯拟合原理是，设有一组试验数据 $(x_i, y_i)(i = 1,2,3,\cdots)$ 可以用高斯函数来描述：

$$y_i = y_{\max}\exp\left[-\frac{(x_i - x_{\max})^2}{S}\right] \tag{6.74}$$

式中：待估参数 $y_{\max}$、$x_{\max}$ 和 S 分别为高斯曲线的峰值、峰值位置和半宽度信息。将式（6.74）两边取自然对数，转化为

$$\ln y_i = \ln y_{\max} - \frac{(x_i - x_{\max})^2}{S} = \left(\ln y_{\max} - \frac{x_{\max}^2}{S}\right) + \frac{2x_i x_{\max}}{S} - \frac{x_2^2}{S} \tag{6.75}$$

令

$$\ln y_i = z_i,\ \ln y_{\max} - \frac{x_{\max}^2}{S} = b_0,\ \frac{2x_i x_{\max}}{S} = b_1,\ -\frac{1}{S} = b_2 \tag{6.76}$$

并考虑全部试验数据，则式（6.75）以矩阵式表示为

$$\begin{bmatrix} z_1 \\ z_2 \\ \vdots \\ z_n \end{bmatrix} = \begin{bmatrix} 1 & x_1 & x_1^2 \\ 1 & x_2 & x_2^2 \\ \vdots & \vdots & \vdots \\ 1 & x_n & x_n^2 \end{bmatrix} \begin{bmatrix} b_0 \\ b_1 \\ b_2 \end{bmatrix} \tag{6.77}$$

简记为

$$\boldsymbol{Z} = \boldsymbol{XB} \tag{6.78}$$

根据最小二乘原理，构成的矩阵 $\boldsymbol{B}$ 的广义最小二乘解为

$$\boldsymbol{B} = (\boldsymbol{X}^{\mathrm{T}}\boldsymbol{X})^{-1}\boldsymbol{X}^{\mathrm{T}}\boldsymbol{Z} \tag{6.79}$$

高斯拟合的关键在于初值估计。初值估计是估计高斯波分量的个数及每个分量的峰值、均值和方差，以减少迭代次数，减少计算量，提高处理速度。现有的高斯拟合初值估计算法主要包括峰值法、拐点法、重心法等，但需要重新计算每个波形的拟合初始参数，计算量大。采用首个点估值最准确的高斯分量，由于两个相邻的激光点的相差距离最近，波形特征相似，上一个点的高斯拟合初值估计值可用于下个点的高斯拟合的初值，这将有效地降低高斯拟合初值估计的时间，提高拟合效率。基于半高斯拟合的海面回波拟合得到高斯函数的峰值、均值和方差，参数均值 μ 将作为海表回波峰值位置。

3. 海面回波峰值位置处理结果

通过基于半高斯拟合的海表回波峰值位置提取方法获得的处理结果如图 6.31 所示，其中绿色波形为 RLD 算法获得的波形，浅紫色虚线为半高斯拟合提取海表信号组分，“+”为通过半高斯拟合提取海表峰值位置。

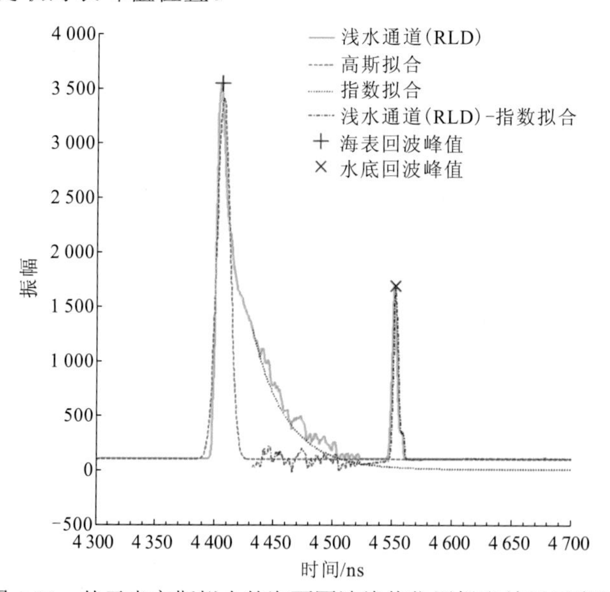

图 6.31　基于半高斯拟合的海面回波峰值位置提取结果示意图

6.3.3 基于去卷积的近岸波形峰值位置提取

1. 近岸波形实测数据特征与形成物理机制

最小可探测深度是机载激光雷达测深系统的一个重要指标。根据实测数据特征，近岸波形海底反射信号和回波信号的后向散射交叠在一起，因此，准确分离海表反射信号和浅水海底反射信号是一个难点。对近岸波形来说，水体散射分量的贡献不大。姚春华等着重解决了水深较浅时，近岸浅水波形出现海表和海底信号“混叠”的情况[431]。但是这种方法忽略了水体散射贡献，而是通过拟合的方法，使用两个高斯函数叠加来拟合回波信号，无法确定海表、海底反射信号的组分大小。而如何从叠加的回波信号中分离海表、海底反射信号，提高机载激光测深系统的最小可探测深度能力是希望解决的重点难点问题。

去卷积算法是一种增强信号、提高信号分辨率的手段，比较现有的激光雷达信号的去卷积技术优点和局限，采用 RLD 算法分离海表、海底反射信号，能够很好地解决近岸极浅水波形导致的海表和海底回波混叠的问题。

2. 基于去卷积的近岸波形峰值位置提取

通过 RLD 算法，分离得到海表、海底信号，可避免信号重叠带来的海表、海底峰值位置漏检。RLD 算法不同的迭代次数将会对海表、海底峰值位置产生影响，也会带来更多的计算和迭代时间。本小节默认采用迭代次数为 10，而海底峰值位置提取则采用 ASDF 算法。ASDF 算法的优势在于计算了海表平均概率密度波形和去卷积后波形的相关性，将相关性最强的点作为峰值点位置。基于 RLD 算法的近岸波形的峰值位置提取流程图如图 6.32 所示。

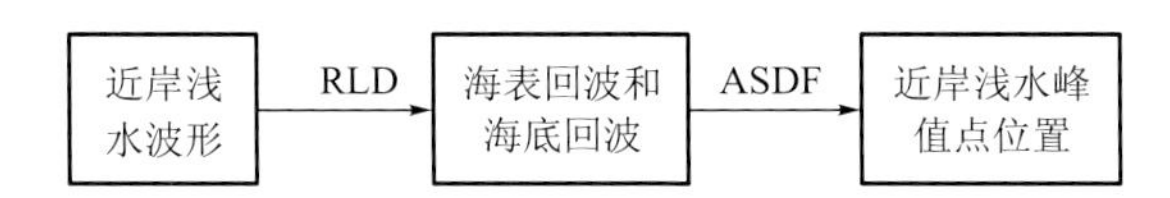

图 6.32　基于 RLD 算法的近岸波形的峰值位置提取流程图

3. 近岸波形峰值位置处理结果

通过基于 RLD 算法的近岸波形的峰值位置提取方法获得的处理结果如图 6.33 所示，其中青色波形为经 RLD 算法分离后获得的波形，+点和×点分别为通过 ASDF 算法获得的海表和海底峰值位置。从图中可以看出，去卷积算法可以分离海表、海底信号。

6.3.4 基于分布拟合的浅水波形峰值位置提取

1. 浅水波形实测数据特征与形成物理机制

激光在海水介质中传输比在大气介质中传输更为复杂，因为它存在更多的不确定因素。同时，激光在海水介质中的衰减比在大气介质中衰减更为严重。研究海洋中的激光传输特性对回波信号的探测和识别具有重要意义。

国产机载激光雷达测深系统采用 532 nm 的绿光波段，这是因为近岸水体对蓝绿波段的吸收系数最小。激光射入海水后在从海面到海底的传输过程中不断地被海水衰减和折射。由

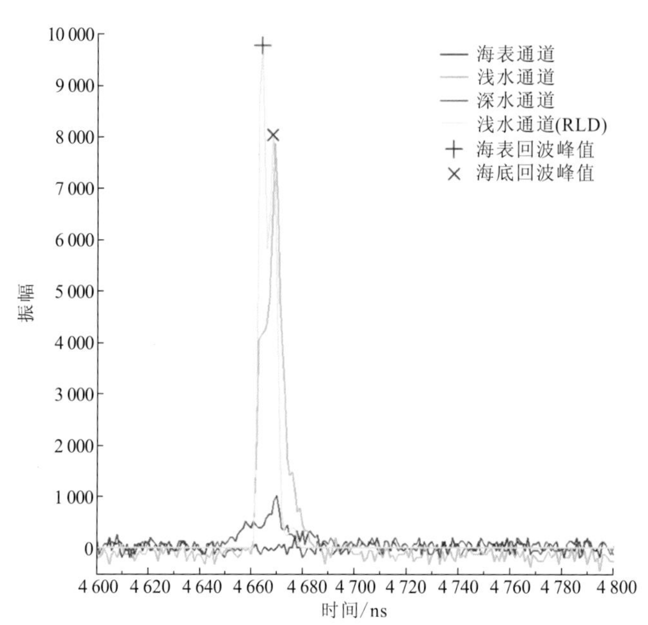

图 6.33　基于 RLD 算法的近岸波形的峰值位置提取示意图

于海水中的悬浮物质和海水的不均匀性，光在水下的传播会被强烈地吸收和散射，光的能量会迅速衰减。海水光衰减系数 c 是海水对光的吸收系数 a 和散射系数 b 的总和。入射到海水中的激光光束受散射作用影响，其光能量将分布在很宽的角度范围内，这将造成激光束发散产生空间上的展宽和前后沿变缓。海水散射信号通常归因于混浊度，即海洋生物或水柱中的悬浮颗粒。假设海水是均匀的，单色准直光束通过海水介质时，辐射能呈指数衰减变化，水体散射信号则可由衰减的指数函数表示为[475]

$$L(r)=L(0)\exp(-cr) \tag{6.80}$$

式中：c 为海水的体积衰减系数；r 为光的传输距离；$L(0)$为坐标 0 点沿 r 方向的辐亮度；$L(r)$ 为沿 r 方向的辐亮度。

2. 基于分布拟合的浅水波形峰值位置提取

本小节通过指数拟合海表和海底之间的水体散射信号。首先，通过基于半高斯拟合的海面回波拟合获取高斯函数的峰值、均值和方差，以拟合波形信号中的海表信号组分。然后，将去卷积后的波形减去海表信号组分，得到海表和海底之间的水体散射信号，以及可能存在的海底反射信号。表面和底部峰值位置之间的水体散射信号的拟合方法有指数拟合、三角形拟合、四边形拟合和多项式拟合。指数拟合是通过指数函数对给定数据点集（索引 $x_1,x_2,\cdots,x_n$ 和信号 $y_1,y_2,\cdots,y_n$）进行函数逼近的拟合方法，可表示为

$$y=ax^b \tag{6.81}$$

对浅水通道波形进行 RLD 后，通过基于半高斯拟合提取海表信号组分，然后指数拟合海表和海底之间的水体散射信号，减去以上两个组分后，得到海底信号组分。最后通过 ASDF 算法来确定海底峰值位置，实现海底峰值位置的提取。

3. 浅水波形峰值位置处理结果

通过基于分步拟合的浅水波形峰值位置提取的流程图和处理结果如图 6.34 和图 6.35

所示。图 6.35 中绿色波形为经过 RLD 算法分离后的波形，浅紫色虚线为半高斯拟合提取的海表信号组分，红色虚线为指数拟合获取的海表和海底之间的水体散射信号组分，深紫色点虚线是减去以上两个组分得到海底信号组分。+点为通过半高斯拟合提取海表峰值位置，×点为通过 ASDF 算法获得的海底峰值位置。

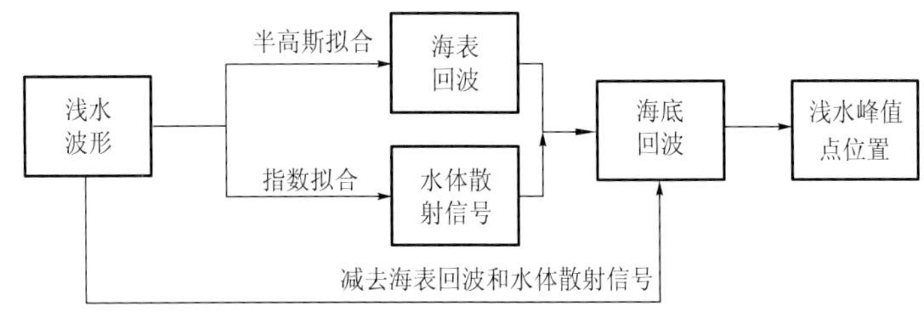

图 6.34　基于分步拟合的浅水波形峰值位置提取流程图

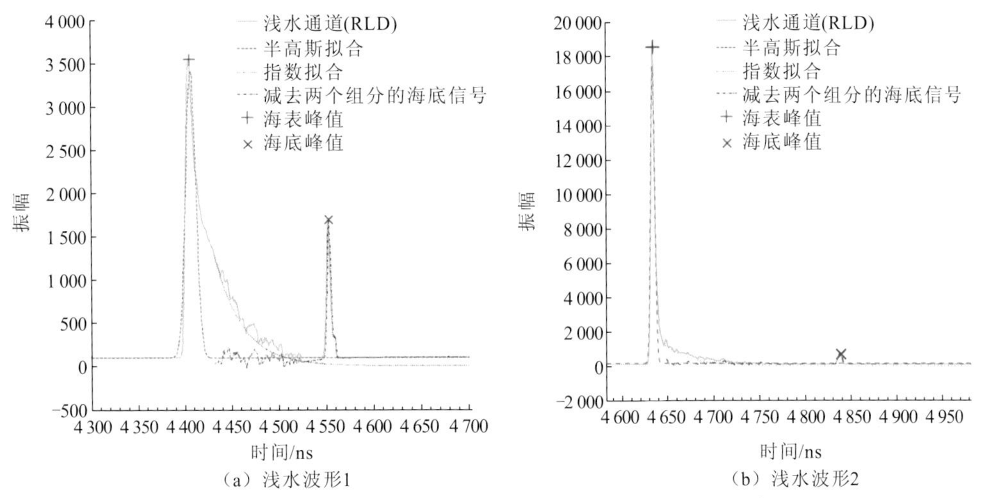

图 6.35　基于分步拟合的浅水波形峰值位置提取处理结果

6.3.5　基于多项式拟合的深水波形峰值位置提取

1. 深水波形实测数据特征与形成物理机制

最大可探测深度是机载激光雷达测深系统的另一个重要指标。随着海底深度在 0～50 m 变化，激光回波的信号幅度变化超过 30 dB，该范围远超国产机载激光雷达测深系统探测器和高速数据采集模块的动态范围[427,476-477]。根据海深和海水水质的不同，国产机载激光雷达测深系统采用双视场的硬件设计方案以扩大探测的动态范围。激光在水中的光斑大小随着深度的增加而变大，尤其在双程传输过程中海水对激光具有吸收和散射作用，水体中发生的远场激光空间分布展宽更为明显，信号强度也呈指数快速衰减。因此，深水通道采用 6～40 mrad 的环形视场角接收方案，同时采用敏感度更强的 PMT 装置，用于接收大动态范围的海底回波信号，但噪声更大。深水视场采用更大的环形视场，激光束刚入水的能量大部分被小视场接收，避免激光在海表的强反射造成的信号饱和问题。深水通道波形呈现出与小视场浅水通道波形不一样的特点。首先，气-水界面的强烈海表信号在浅水通道和深水通道上都会出现响应，但是激光入水后，深度较浅的水体散射信号主要被小视场的浅水通道接收。随着深度的加深，激光空间分布展宽更为明显，水体散射信号主要被大视场的深水通道接收，深水通道波形呈现波谷状。

低信噪比下微弱海底信号的提取是深水波形峰值位置提取的难点。海底的微弱信号不仅回波波形幅度小，而且容易被噪声淹没而难以识别。准确识别海底信号、正确提取峰值点位置，对提高系统的测深能力具有重要意义。因此要通过深水通道波形分析噪声产生的原因和规律，研究其特点、相关性及统计特性，如噪声的自相关函数、互相关函数。微弱信号增强的关键在于抑制噪声和提高信噪比，并增大海底的微弱信号的幅度[478]，以提高可探测性。

2. 基于多项式拟合及滤波器的深水波形峰值位置提取

基于多项式拟合及滤波器的深水波形峰值位置提取流程图如图 6.36 所示。

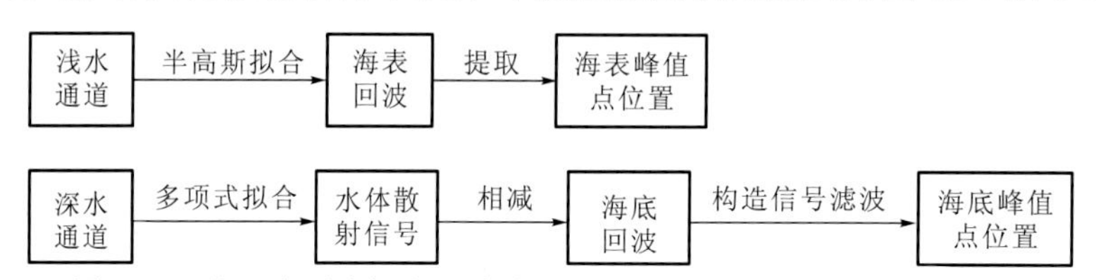

图 6.36　基于多项式拟合及滤波器的深水波形峰值位置提取流程图

1）深水通道波形中水体散射信号拟合

根据对实测数据特征与物理形成机制的分析，采用五次多项式拟合的海表和海底之间的水体散射信号，能够很好地拟合分视场硬件设计方案下呈现波谷状的深水通道波形。多项式拟合采用最小二乘法多项式曲线拟合方法，其数学表达式为

$$y(x,w)=\sum_{j=0}^{M}w_j x^j \tag{6.82}$$

式中：w 为函数负荷条件的值。

2）深水通道海底波形滤波

本小节采用滤波的方式进行信号的增强，从包含干扰信息的回波信号中尽可能还原出真实的海底反射信号。通过对比 FIR 滤波[374]、Mclean 滤波[479]、Kopilevich 滤波[480]和自定义高斯-指数卷积滤波，对比不同深度的 MC 仿真波形的海底峰值位置的提取效果，评价 4 种滤波器的优点。滤波器的构建采用 MATLAB 的 Signal Processing Toolbox 中的滤波器设计与分析工具 FDATool。

Wong 等[374]提出通过保留矩信息来增强信号，构建了 FIR 滤波器。当 $K=10$ 时，可以得到一个 12 阶数字滤波器。

Mclean 等[479]提出底部回波可以用式（6.83）来描述：

$$P_{\mathrm{b}}=\frac{t}{a}\exp b\exp\left[\frac{c(1-t)}{a}\right] \tag{6.83}$$

Kopilevich 等[480]提出底部回波可以用式（6.84）来描述：

$$P_{\mathrm{b}}=a\frac{t}{b}\exp\left(\frac{t}{c}\right)\exp\left(\frac{1-t}{d}\right) \tag{6.84}$$

式（6.83）和式（6.84）中：P_{b} 为底部回波的激光能量；t 为时间；a 为峰值位置的幅

值强度；b 为峰值位置；c 为半高波宽；d 为水中斜距。

4 种滤波器在时域的波形展宽如图 6.37 所示。

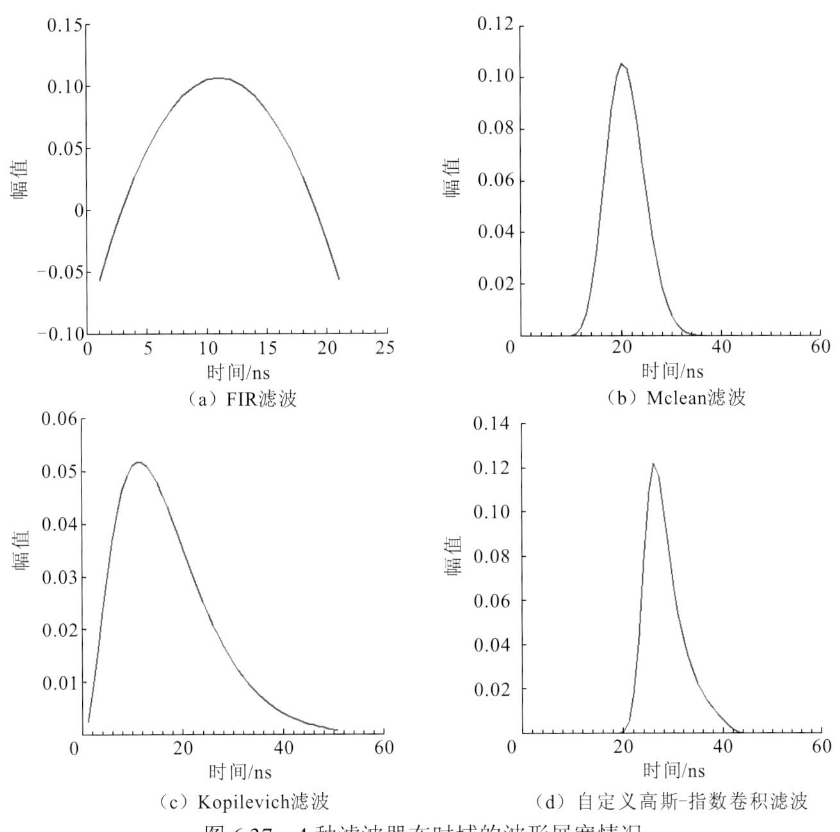

图 6.37　4 种滤波器在时域的波形展宽情况

采用 FIR 滤波、Mclean 滤波、Kopilevich 滤波和自定义高斯-指数卷积滤波对不同深度的 MC 仿真波形进行深度提取，与 MC 仿真中的深度进行对比，得到的差值结果见表 6.8。其中 FIR 滤波随着深度增加，波形在时域上的展宽更为明显，提取效果变差，如在 40 m 深度时，深度提取差异为 0.447 7 m，在 50 m 深度时，出现了误提现象。Mclean 滤波和 Kopilevich 滤波得到的差异较大，其中 Kopilevich 滤波更为明显，其波形展宽明显，导致滤波后信号峰值明显靠前。通过比较可知，自定义高斯-指数卷积滤波能够很好地描述国产机载激光雷达测深系统的波形特点，对深水通道波形信号增强效果最佳。

表 6.8　4 种滤波器对不同深度 MC 仿真波形提取深度差异结果比较　（单位：m）

深度	FIR 滤波	Mclean 滤波	Kopilevich 滤波	自定义高斯-指数卷积滤波
30	0.169 8	0.719 8	1.709 8	0.050 2
35	0.258 3	0.918 3	1.798 3	0.148 3
40	0.447 7	0.997 7	1.987 7	0.227 7
45	0.301 9	0.851 9	1.841 9	0.081 9
50	−29.123 0	0.907 0	1.897 0	0.137 0

3）低信噪比下微弱海底峰值位置提取

深水通道去卷积后的波形减去五次多项式拟合的海表和海底之间的水体散射信号后，得到的就是海底信号组分。经过深水通道海底波形滤波，深水通道波形信号得以增强。为了提取更深的海底深度，应选择更低的阈值。通常用于提取海底回波峰值点位的方法有两种：通过 PD 算法提取局部最大值位置或是通过对海底回波进行高斯拟合得到 μ 参数。前一种方法与采集卡的频率有关，1 GHz 采样率只能获取 1 ns 的距离分辨率，只能达到 0.15 m 的精度。后一种方法以 30 m 深的海底回波为例，采用高斯-指数卷积拟合得到的峰值点位相比采用高斯拟合得到的参数，偏移量为 1.12 ns。图 6.38 所示为高斯拟合及高斯-指数卷积拟合效果示意图，可见高斯-指数卷积拟合更为准确。

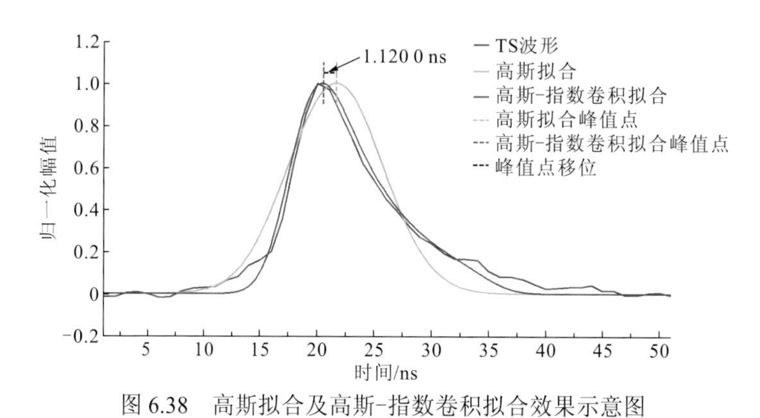

图 6.38　高斯拟合及高斯-指数卷积拟合效果示意图

相较于其他拟合算法，高斯-指数卷积拟合的优势在于以下几点。

（1）高斯-指数卷积拟合能够很好地保持海底回波信号的形状特征。

（2）使用高斯-指数卷积拟合，能够更准确地提取海底回波的峰值点，提高提取精度。

（3）高斯-指数卷积拟合能够加深对水质、底部地质等环境因素对海底回波展宽影响的理解，可用于构建合适的仿真模型。

4）延迟时间校正

由海水散射引起的激光脉冲传输延迟，需要进行延迟时间校正。随着传输距离增加，不管海水水质参数如何选取，传输延迟时间总是呈现类指数增长的趋势[481]。深水通道时间和空间上的展宽更加严重，因此在深水波形峰值位置提取时，需要确定延迟时间，以修正得到更为精确的深度值。同时，浅水通道和深水通道的使用必须校正时间延迟。由于两个通道存在一定深度的重叠，可以从重叠的信号中分析通道延时。

3. 深水波形峰值位置处理结果

通过基于分步拟合的浅水波形峰值位置提取方法获得的处理结果如图 6.39 所示，绿色波形为经 RLD 算法分离后获得的波形，浅紫色虚线为半高斯拟合提取的海表信号组分，红色虚线为指数拟合得到的海表和海底之间的水体散射信号组分，深紫色点虚线是减去以上两个组分得到的海底信号组分。+点为通过半高斯拟合提取的海表峰值位置，×点为通过 ASDF 算法获得的海底峰值位置。

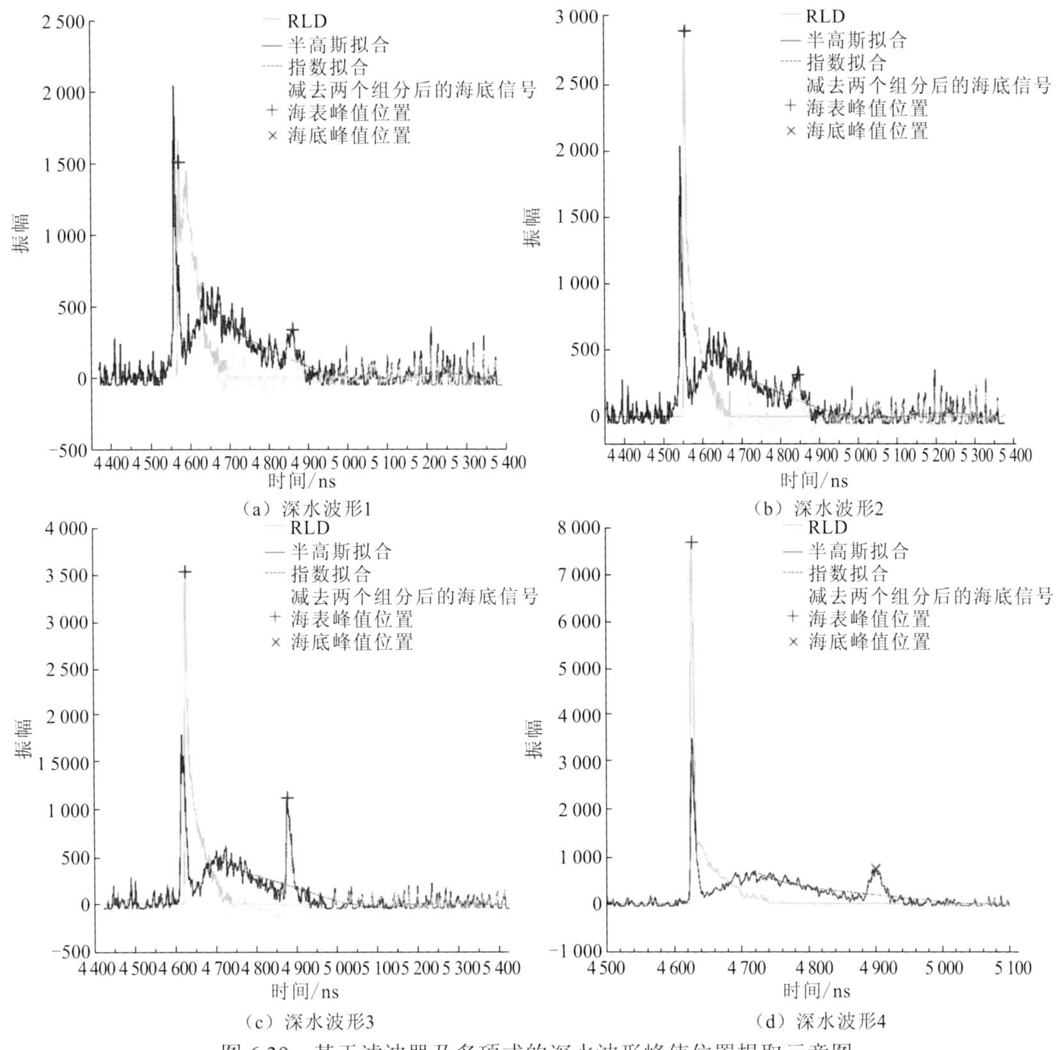

图 6.39 基于滤波器及多项式的深水波形峰值位置提取示意图

6.4 南海测区机载激光雷达测深试验

6.4.1 机载激光雷达三维点云计算

1. 海面点坐标计算

如图 6.40 所示，机载激光雷达测深扫描系统结构设计如下。扫描镜法线方向与扫描转轴夹角为 β，激光发射方向与扫描转轴夹角为 α 。其中定义坐标系如下：①扫描坐标系定义为原点 O 位于反射镜面中心，Y 轴方向为飞机飞行方向，X 轴为光线入射方向，Z 轴竖直向上，X 、Y 、Z 构成右手系；②为了计算方便，以 Y 轴为中心，将坐标系逆时针旋转 45°，新的坐标系定义为 $X'Y'Z'$ 坐标系，这样 Z' 轴为驱动电机的转轴方向，θ 为驱动电机的转角。为计算方便，假定当反射镜法线方向转至入射光线与电机转轴所在平面时，设定转镜转角为 0°，法线与入射光线夹角为 $\alpha-\beta$，辅助坐标系定义为原点 O' 位于反射镜面中心，电机旋转轴为 Z' 轴方向，Y' 轴方向为飞机飞行方向，X'、Y'、Z' 构成右手系。

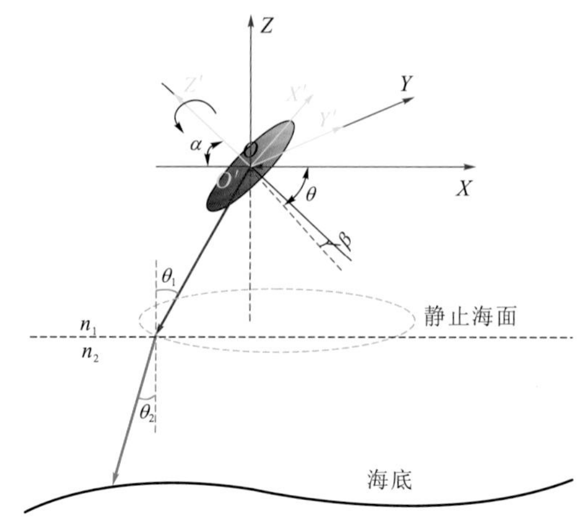

图 6.40　机载激光雷达测深扫描系统、海表和海底坐标关系图

激光束沿发射方向射出，通过转镜转动，在海面扫描出一个近似卵形的扫描轨迹。海表点坐标计算，在辅助坐标系 $X'Y'Z'$ 下可得。

入射光线 $\boldsymbol{A}_{\mathrm{i}}$：

$$\boldsymbol{A}_{\mathrm{i}}=\begin{bmatrix}-\cos\alpha\\0\\\sin\alpha\end{bmatrix}\tag{6.85}$$

法线 $\boldsymbol{N}$：

$$\boldsymbol{N}=\begin{bmatrix}\sin\beta\cos\omega\\\sin\beta\cos\omega\\\cos\beta\end{bmatrix}\tag{6.86}$$

首先将入射光线 $\boldsymbol{A}_{\mathrm{i}}$ 反向，再将反向的入射光 $-\boldsymbol{A}_{\mathrm{i}}$ 绕法线 $\boldsymbol{N}$ 旋转 180°，即得反射光线 $\boldsymbol{A}_{\mathrm{r}}$ 的位置和方向，如图 6.41 所示。

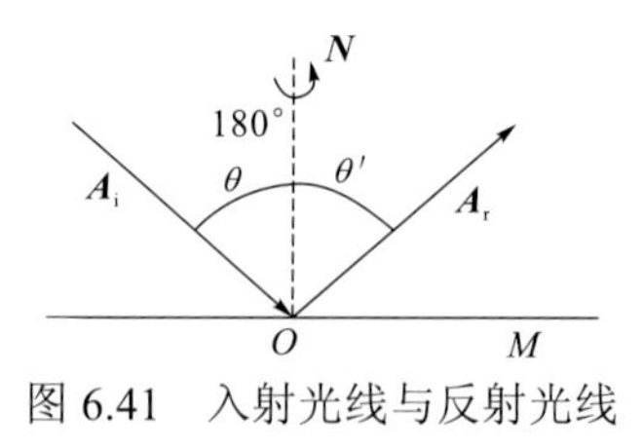

图 6.41　入射光线与反射光线

旋转矩阵 $\boldsymbol{R}_{\mathrm{a}}$ 为

$$\boldsymbol{R}_{\mathrm{a}}=\begin{bmatrix}2\varphi^2-1 & 2\varphi\omega & 2\varphi\kappa\\2\varphi\omega & 2\omega^2-1 & 2\omega\kappa\\2\varphi\kappa & 2\omega\kappa & 2\kappa^2-1\end{bmatrix}\tag{6.87}$$

式中：ω、φ、κ 分别为法线三个方向的分量。

反射光线为

$$\boldsymbol{A}_{\mathrm{r}}=\boldsymbol{R}_{\mathrm{a}}(-\boldsymbol{A}_{\mathrm{i}}) \tag{6.88}$$

此时得到在辅助坐标系下反射光线方向向量，再绕 Y 轴旋转 α 角度，转至扫描坐标系下，即得到反射光线在扫描坐标系下方向向量：

$$\boldsymbol{R}_{\mathrm{b}}=\begin{bmatrix}\cos\alpha & 0 & -\sin\alpha\\ 0 & 1 & 0\\ \sin\alpha & 0 & \cos\alpha\end{bmatrix} \tag{6.89}$$

当获得激光到目标点的距离 S 后，海表点定位公式为

$$P=S\boldsymbol{R}_{\mathrm{b}}[\boldsymbol{R}_{\mathrm{a}}(-\boldsymbol{A}_{\mathrm{i}})] \tag{6.90}$$

2. 海底点坐标计算

以理想情况，即平静海面进行分析。根据折射定律，在入射光线和法线的空间坐标已知，同时空气和海水介质的折射率查表可知的情况下，就能计算得到折射光线的空间坐标[482]。光线在气-水界面发生折射的情况如图 6.42 所示。

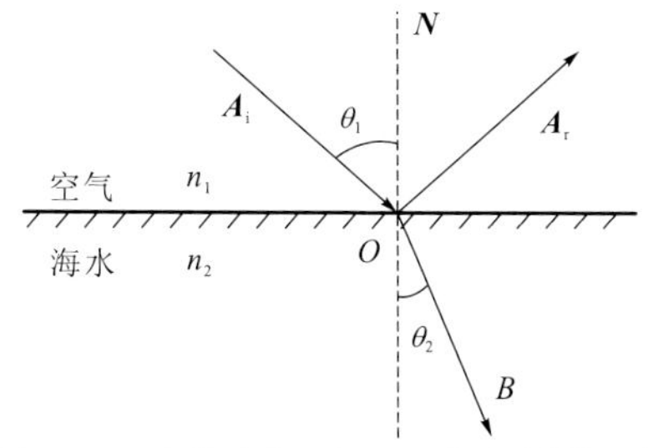

图 6.42　光线在气-水界面发生折射现象

假设 $(\alpha_1,\beta_1,\gamma_1)$、$(\alpha_2,\beta_2,\gamma_2)$、$(\alpha_3,\beta_3,\gamma_3)$ 和 $(\alpha_4,\beta_4,\gamma_4)$ 分别为入射光线、经过不同介质的折射光线、法线和反射光线的方向角，θ_1 为入射角，θ_2 为折射角，n_1 和 n_2 为空气和海水介质的折射率。根据入射光线和折射光线形成的角度及折射定律，可得到式（6.91）～式（6.95）：

$$\cos\alpha_3\cos\alpha_1+\cos\beta_3\cos\beta_1+\cos\gamma_3\cos\gamma_1\equiv\cos(\theta_1-\theta_2) \tag{6.91}$$

$$\cos\alpha_2\cos\beta_3-\cos\beta_2\cos\alpha_3=\frac{\sin\theta_2(\cos\alpha_1\cos\beta_3-\cos\beta_1\cos\alpha_3)}{\sin\theta_1} \tag{6.92}$$

$$\cos\beta_2\cos\gamma_3-\cos\gamma_2\cos\beta_3=\frac{\sin\theta_2(\cos\beta_1\cos\gamma_3-\cos\beta_3\cos\beta_1)}{\sin\theta_1} \tag{6.93}$$

$$\cos\gamma_2\cos\alpha_3-\cos\alpha_2\cos\gamma_3=\frac{\sin\theta_2(\cos\gamma_1\cos\alpha_3-\cos\alpha_1\cos\gamma_3)}{\sin\theta_1} \tag{6.94}$$

$$n_1\sin\theta_1=n_2\sin\theta_2 \tag{6.95}$$

计算得到折射向量：

$$\cos\alpha_2=\frac{n_1(\cos\alpha_1-\cos\theta_1\cos\alpha_3)}{n_2}+\cos\alpha_3\sqrt{1-\frac{n_1^2\sin\theta_1^{\,2}}{n_2^2}} \tag{6.96}$$

$$\cos\beta_2=\frac{n_1(\cos\beta_1-\cos\theta_1\cos\beta_3)}{n_2}+\cos\beta_3\sqrt{1-\frac{n_1^2\sin\theta_1^{\,2}}{n_2^2}} \tag{6.97}$$

$$\cos\gamma_2 = \frac{n_1(\cos\gamma_1 - \cos\theta_1\cos\gamma_3)}{n_2} + \cos\gamma_3\sqrt{1 - \frac{n_1^2\sin\theta_1^2}{n_2^2}} \tag{6.98}$$

水深点坐标计算为

$$P + \text{Depth}\begin{bmatrix} \dfrac{n_1 A}{n_2} \\ \dfrac{n_1 B}{n_2} \\ \dfrac{2n_1 C}{n_2} + \sqrt{1 - \dfrac{n_1^2(-C^2+1)}{n_2^2}} \end{bmatrix} \tag{6.99}$$

式中：P 为水面点坐标；Depth 为水深；A 为 X 方向上的位移；B 为 Y 方向上的位移；C 为 Z 方向上的位移。

3. GPS、惯导数据融合定位

GPS、惯导数据融合定位的目的在于，将局部坐标激光扫描坐标系下的海表和海底测深坐标转换为全局坐标（WGS-84 坐标系）下的坐标。在此分别定义 4 个坐标系，其中，飞机在空中的位置坐标 (x_G, y_G, z_G) 由动态差分 GPS 定位技术、精密单点定位技术测定。飞机的姿态参数包括俯仰角、侧滚角、偏航角，即 (α, β, γ)，可以通过惯性测量单元（inertial measurement unit，IMU）测得。扫描仪中心到地面激光脚点的距离 ρ、扫描角 θ 由激光扫描仪来测量。

（1）激光扫描坐标系 (x_L, y_L, z_L) 是以激光扫描和飞行方向建立的坐标系。激光发射参考点设为原点 O_L，x 轴指向飞行方向，y 轴垂直于 x 轴，z 轴指向激光扫描系统零点。最终 $O_L xyz$ 构成右手系。

（2）IMU 坐标系 (x_I, y_I, z_I) 的惯性平台参考中心设为原点 O_I，坐标系框架按惯性平台内部参考标架定义，x 轴指向机身纵轴朝前，y 轴垂直于 x 轴并指向飞机的右机翼，z 轴垂直向下，构成右手系。

（3）当地水平坐标系 (x_G, y_G, z_G) 的 GPS 天线相位中心设为原点 O_G，x、y、z 轴与 WGS-84 坐标系的 X、Y、Z 轴方向相同。

（4）WGS-84 坐标系 (x, y, z) 的坐标原点为地球质心，其地心空间直角坐标系的 Z 轴指向国际时间局（Bureau International del'Heure，BIH）定义的协议地球极（coventional terrestial pole，CTP）方向，X 轴指向零子午面与 CTP 赤道的交点，Y 轴与 Z 轴、X 轴垂直构成右手坐标系。

这 4 个坐标系之间为旋转和平移的关系，如图 6.43 所示。通过 4 个坐标系之间的旋转和平移，即可计算出地面脚点在 WGS-84 坐标系下的坐标 X、Y、Z。具体的转换步骤如下。

（1）激光扫描坐标系计算地面脚点的坐标。

$$\boldsymbol{C}_L = (x_L, y_L, z_L) = (0, \rho\sin\theta, \rho\cos\theta) \tag{6.100}$$

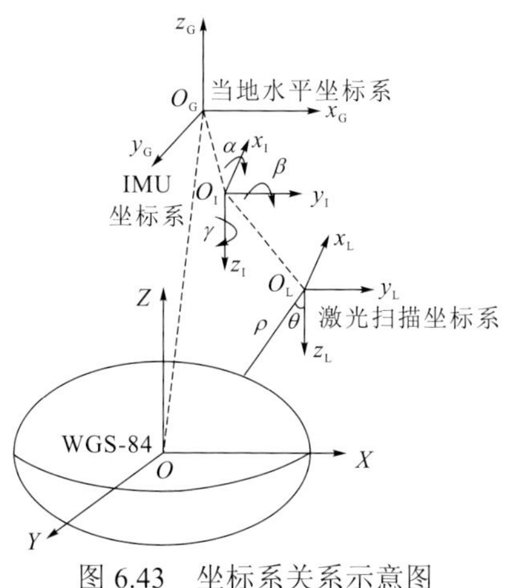

图 6.43　坐标系关系示意图

（2）激光扫描坐标系转换到惯导平台坐标系。

两个坐标系的旋转通过平移参数(α,β,γ)、$X_{\text{L-IMU}}$、$Y_{\text{L-IMU}}$、$Z_{\text{L-IMU}}$计算得到：

$$\boldsymbol{C}_1=\boldsymbol{R}_{\text{L-IMU}}\boldsymbol{C}_{\text{L}}+(X_{\text{L-IMU}}Y_{\text{L-IMU}}Z_{\text{L-IMU}}) \tag{6.101}$$

式中：$\boldsymbol{R}_{\text{L-IMU}}$为两个坐标系旋转对应的转换矩阵

$$\boldsymbol{R}_{\text{L-IMU}}=\begin{bmatrix}\cos\alpha\cos\gamma-\sin\alpha\sin\beta\sin\gamma & -\cos\alpha\sin\gamma-\sin\alpha\sin\beta\sin\gamma & -\sin\alpha\cos\beta\\ \cos\beta\sin\gamma & \cos\beta\cos\gamma & -\sin\beta\\ \sin\alpha\cos\gamma+\cos\alpha\sin\beta\sin\gamma & -\sin\alpha\sin\gamma+\cos\alpha\sin\beta\cos\gamma & \cos\alpha\cos\beta\end{bmatrix} \tag{6.102}$$

（3）IMU 坐标系转换到当地水平坐标系。

这步实现 IMU 坐标系到当地水平坐标系的转换，即通过(α,β,γ)转换到当地水平坐标系。本小节使用北东地坐标系，即坐标系的X轴指向北方，Y轴指向东方，Z轴垂直向下。绕X、Y、Z轴逆时针旋转得到侧滚角αx、俯仰角αy、偏航角（航向角）αz，利用式（6.103）所示的坐标转换可以得到在北东地坐标系下的测点坐标：

$$\boldsymbol{C}_2=\boldsymbol{R}\cdot\boldsymbol{C}_1 \tag{6.103}$$

式中：$\boldsymbol{R}$ 为上述旋转对应的转换矩阵

$$\boldsymbol{R}=\begin{bmatrix}\cos(\alpha y)\cos(\alpha z) & \cos(\alpha x)\sin(\alpha z)+\sin(\alpha x)\sin(\alpha y)\cos(\alpha z) & \sin(\alpha x)\sin(\alpha z)-\cos(\alpha x)\sin(\alpha y)\cos(\alpha z)\\ -\cos(\alpha y)\sin(\alpha z) & \cos(\alpha z)\cos(\alpha z)-\sin(\alpha x)\sin(\alpha y)\sin(\alpha z) & \sin(\alpha x)\cos(\alpha z)-\cos(\alpha x)\sin(\alpha y)\sin(\alpha z)\\ \sin(\alpha y) & -\sin(\alpha x)\cos(\alpha y) & \cos(\alpha x)\cos(\alpha y)\end{bmatrix} \tag{6.104}$$

简写为

$$\boldsymbol{R}=\begin{bmatrix}a_1 & a_2 & a_3\\ b_1 & b_2 & b_3\\ c_1 & c_2 & c_3\end{bmatrix} \tag{6.105}$$

（4）当地水平坐标系转换到 WGS-84 坐标系。

首先，绕y轴逆时针旋转角A，将z轴转到 WGS-84 坐标系的Z轴方向。

由几何关系可得

$$A=\pi+B \tag{6.106}$$

式中：B 为测点的纬度，则

$$C_3 = R_2 C_2 = \begin{bmatrix} \cos(\pi + B) & 0 & -\sin(\pi + B) \\ 0 & 1 & 0 \\ \sin(\pi + B) & 0 & \cos(\pi + B) \end{bmatrix} \cdot C_2 \tag{6.107}$$

式中：$\boldsymbol{R}_2$ 为旋转对应的转换矩阵。

接下来，把 x 轴及 y 轴转至 WGS-84 坐标系定义的方向，这一步需要通过旋转矩阵 $\boldsymbol{C}_3$。根据 WGS-84 坐标系的定义，指向经度为 0° 的方向为 x 轴，指向东经 90° 的方向为 y 轴。研究区位于东半球，因此把坐标系绕 z 轴逆时针旋转 $-L$ 角，即

$$C_4 = R_3 C_3 = \begin{bmatrix} \cos(-L) & \sin(-L) & 0 \\ -\sin(-L) & \cos(-L) & 0 \\ 1 & 0 & 1 \end{bmatrix} C_3 \tag{6.108}$$

最后，将坐标原点平移至球心：

$$\boldsymbol{Fin} = \begin{pmatrix} x' \\ y' \\ z' \end{pmatrix} = P + \boldsymbol{C}_4 \tag{6.109}$$

式中：P 为 IMU 原点在 WGS-84 坐标系的坐标。该坐标可从 GPS/INS 得到：

$$P = \begin{pmatrix} x \\ y \\ z \end{pmatrix} \tag{6.110}$$

最终测点坐标转换到 WGS-84 坐标系下的坐标为

$$\boldsymbol{Fin} = \begin{bmatrix} x + \cos L\left[-\cos B(a_1x_1 + a_2y_1 + a_3z_1) + \sin B(c_1x_1 + c_2y_1 + c_3z_1)\right] - \sin L(b_1x_1 + b_2y_1 + b_3z_1) \\ y + \sin L\left[-\cos B(a_1x_1 + a_2y_1 + a_3z_1) + \sin B(c_1x_1 + c_2y_1 + c_3z_1)\right] + \cos L(b_1x_1 + b_2y_1 + b_3z_1) \\ z - \sin B(a_1x_1 + a_2y_1 + a_3z_1) - \cos B(c_1x_1 + c_2y_1 + c_3z_1) \end{bmatrix} \tag{6.111}$$

式中

$$x_1 = X_{\text{L-IMU}} - \rho\sin\theta(\cos\alpha\sin\gamma + \sin\alpha\sin\beta\sin\gamma) - \rho\cos\theta\sin\alpha\cos\beta \tag{6.112}$$

$$y_1 = Y_{\text{L-IMU}} + \rho\sin\theta\cos\beta\cos\gamma - \rho\cos\theta\sin\beta \tag{6.113}$$

$$z_1 = Z_{\text{L-IMU}} - \rho\sin\theta\sin\alpha\sin\gamma + \rho\sin\theta\cos\alpha\sin\beta\cos\gamma + \rho\cos\theta\sin\alpha\cos\beta \tag{6.114}$$

6.4.2 机载激光雷达测深结果

1. 点云处理结果

根据国产激光雷达硬件的波形特点提出针对性的处理方法和激光雷达点云解算方法，对南海测区激光雷达测深数据进行处理和反演，可以获得南海激光测深点云结果。首先对基于去卷积的近岸波形的峰值位置提取结果进行检验，图 6.44 所示为海南省三亚市海棠湾某浅河道激光雷达点云。通过目视判断，经过海陆波形分类获得的海（河）陆边界明显，基于去卷积的近岸波形峰值位置提取方法有效地提取了近岸浅水的水下地形，避免了海（河）表和海（河）底信号在时域上的混叠造成的漏提、错提。

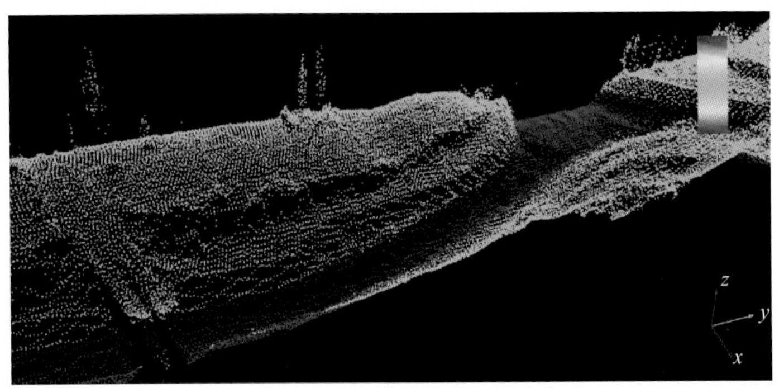

（a）海陆波形分类后的激光雷达点云

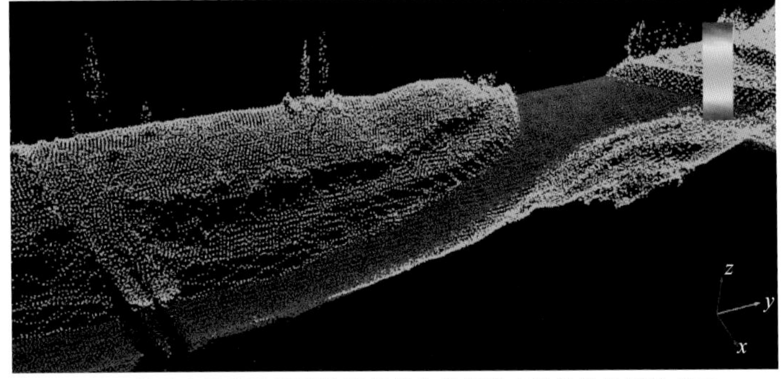

（b）基于去卷积的近岸波形峰值位置提取方法的激光雷达点云

图 6.44　海南省三亚市海棠湾某浅河道激光雷达点云

绿色：陆地点云；蓝色：河底点云；红色：河表点云

提出的国产多通道海洋激光雷达波形分类方法和波峰值位置提取算法，能够有效地避免目前依靠单一波形处理方法无法准确提取回波位置的问题，获得的海陆交界区域点云提取结果如图 6.45 所示。近岸区域和陆地区域的无缝连接测量，充分发挥了机载激光雷达测深系统在浅海区域海陆一体化测绘的优势。

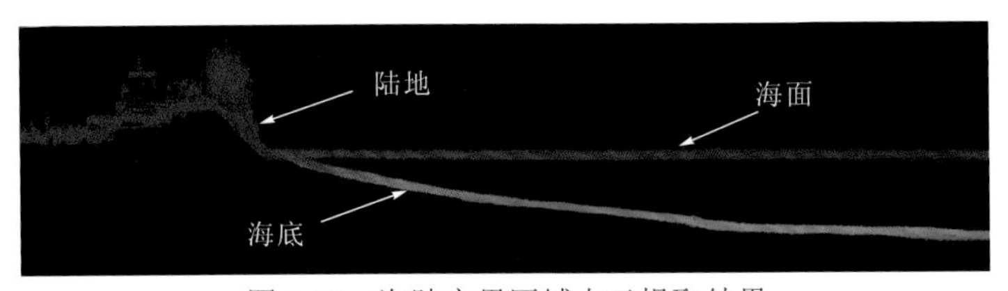

图 6.45　海陆交界区域点云提取结果

2. 水下地形处理结果

由获得的海南省三亚市蜈支洲岛及周边海域地形可知，蜈支洲岛呈现东北和东南至西南两处高地、中间地势较低的狭长地形分布，其中旅游建筑主要分布在海拔较低且地势平坦的西北角。蜈支洲岛北面地形水深较浅，且坡度较缓，与研究区的北部信息一致，这也是蜈支洲岛旅游航线的码头、浴场潜水基地所在地。其周边海域三面山石嶙峋陡峭，其中东面的山石分布更为广泛，西面存在陡变的深水区，为蜈支洲岛旅游航线提供了良好的适航水深条件。机载激光雷达测深系统提供了足够的点云密度和水平定位精度，能够体现海底地形细节，这对后期的三维建模有着至关重要的作用。图 6.46 所示为海南省三亚市蜈支洲岛卫星影像和激光雷达伪彩色水深。

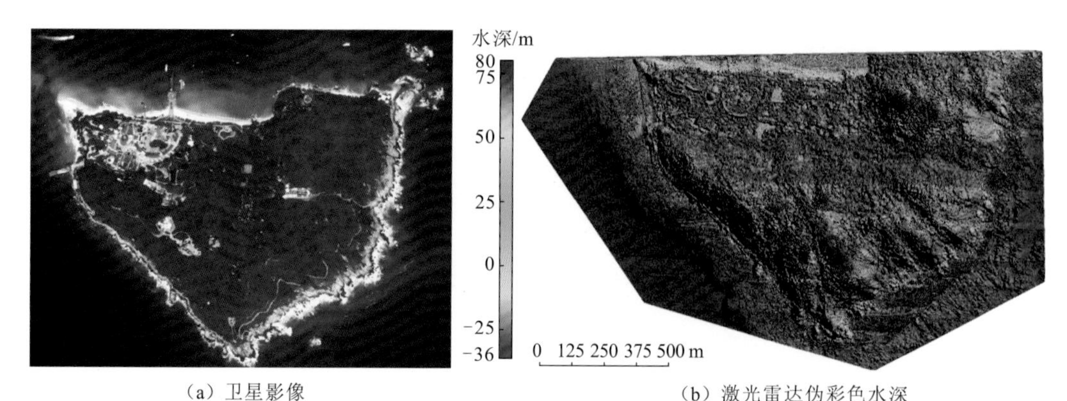

（a）卫星影像　　（b）激光雷达伪彩色水深

图 6.46　海南省三亚市蜈支洲岛卫星影像和激光雷达伪彩色水深

由获得的海南省三沙市甘泉岛及周边海域地形可知，使用适用于国产激光雷达硬件的不同波形处理方法，能够有效获取甘泉岛激光雷达海陆联测地形图（图 6.47）。陆地处理算法很好地解决了甘泉岛上的植被和裸地等陆地地物的识别问题，很好地获取了多重同心环状景观。基于去卷积的近岸浅水波形峰值位置提取方法能够提取近岸浅水波形海表和海底点云数据，保证近岸区域和陆地区域的无缝连接测量。同时，基于分步拟合的浅水波形峰值位置提取方法很好地提取了甘泉岛周边的海底阶地，和卫星影像高度吻合。最后，卫星影像上并没有观测到的更深的海底地形，也可通过多项式拟合的深水波形峰值位置提取方法提取，使海底底部地形细节得以显示。

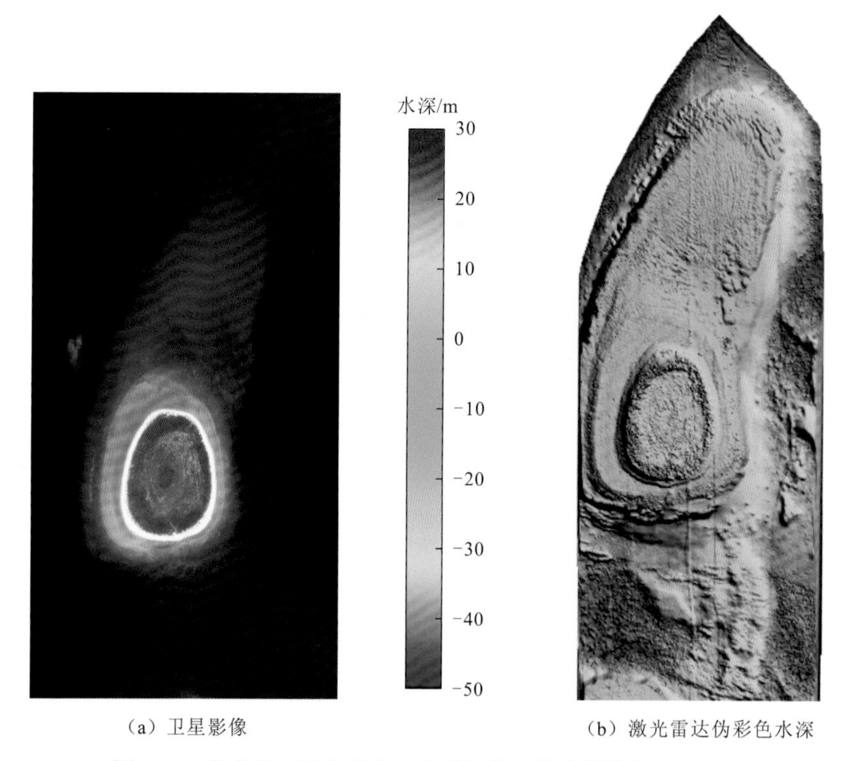

（a）卫星影像　　（b）激光雷达伪彩色水深

图 6.47　海南省三沙市甘泉岛卫星影像和激光雷达伪彩色水深

图 6.48 所示为海南省三沙市羚羊礁（局部）卫星影像和激光雷达伪彩色水深。图 6.49 所示为海南省三沙市甘泉岛、永乐环礁（局部）及周边海域地形等值线专题图。由获得的海南三沙市永乐环礁及周边海域地形可知，永乐环礁遍布大量的珊瑚沉积高地[图 6.49（b）]，与卫星影像的细节高度吻合，且海底底部地形细节更为明显。

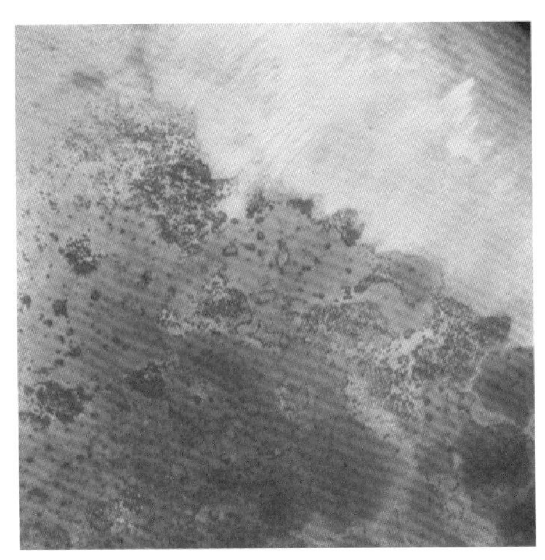

（a）卫星影像（局部）

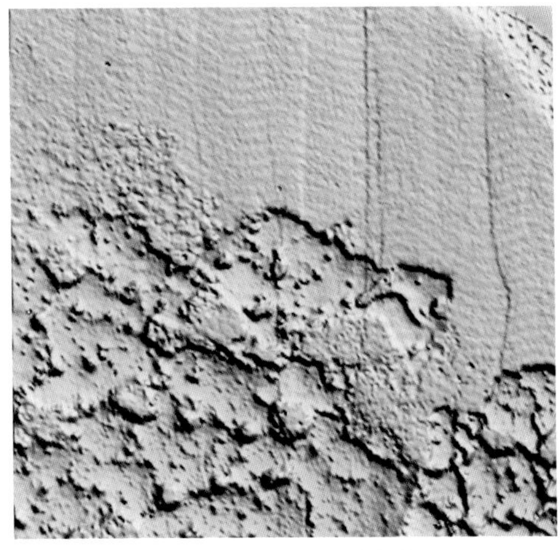

（b）激光雷达伪彩色水深

图 6.48　海南省三沙市羚羊礁（局部）卫星影像和激光雷达伪彩色水深

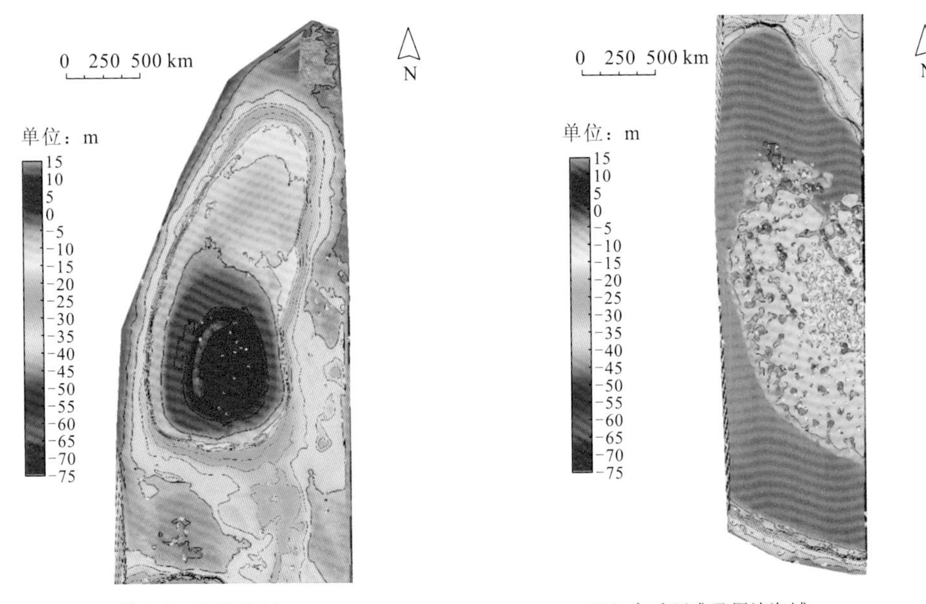

（a）甘泉岛及周边海域　　（b）永乐环礁及周边海域

图 6.49　海南省三沙市甘泉岛、永乐环礁（局部）及周边海域地形等值线专题图

3. 测深结果与多波束数据的精度比较验证

参考国际海道测量组织（International Hydrography Organization，IHO）海道测量规范 1 类标准，海洋测绘需求信息表见表 6.9。

表 6.9　海洋测绘需求信息表

参数	数值
深度范围/m	0.3～50
测深精度/m	0.25+1%×R（R 为水深）
水平精度/m	5+5%×R（R 为水深）
水平分辨率/m	2.5×2.5～4×4
垂直分辨率/m	0.9
飞行航高/m	200～500
飞行速度/（km/h）	150～240

根据 IHO-1 类标准，当测深范围在 0.3～50 m 时，测深精度需要达到 0.75 m 以内，水平精度要达到 7.5 m 以内。以现有的多波束数据为基准，对甘泉岛机载测深数据进行测深精度分析。因为现有多波束数据在浅水区是通过插值得到的，所以只分析水深大于 5 m 的区域。

1）东西向数据评定

沿东西方向分别截取甘泉岛机载测深数据和多波束测深数据，数据宽度约为 20 m，实际有效长度约为 900 m，水深比较范围为 7～45 m，截取数据方向如图 6.50 所示。由于海底地形比较复杂，且东西向为 Y 轴方向，本次精度验证首先把数据向 YOZ 面投影，按 5 m 间隔对数据进行划分，如图 6.51 所示。其中图 6.51（a）为东西向 a 区域示意图，图 6.51（b）为东西向 b 区域示意图，图 6.51（c）为 b 区域的局部细节示意图。图 6.51（c）中红色线条代表多波束数据，蓝色圆圈标识的为机载测深数据，东西向高程平均误差为 0.230 m。对每段海底的多波束测深数据进行多项式曲线拟合，分别计算该段机载测深点云到曲线的投影距离，制作距离误差分布直方图，如图 6.52 所示。

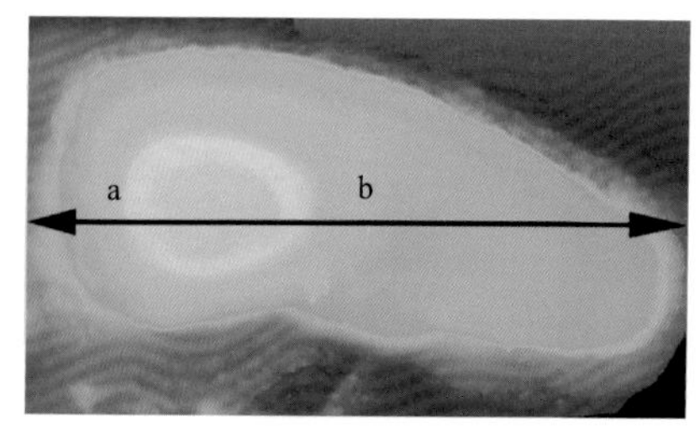

（a）测深数据

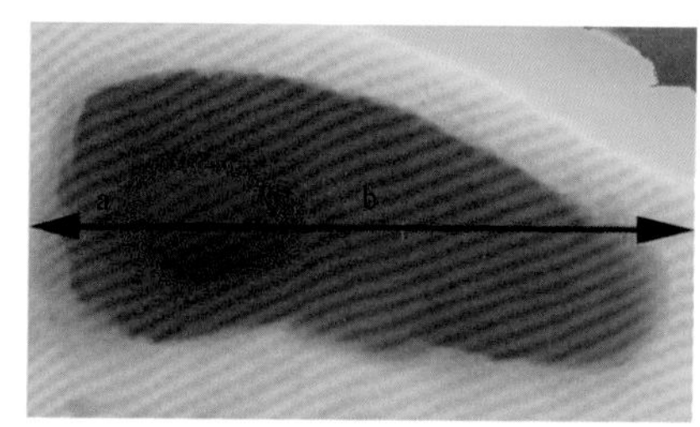

（b）多波束数据

图 6.50　东西方向机载测深数据和多波束数据采样示意图

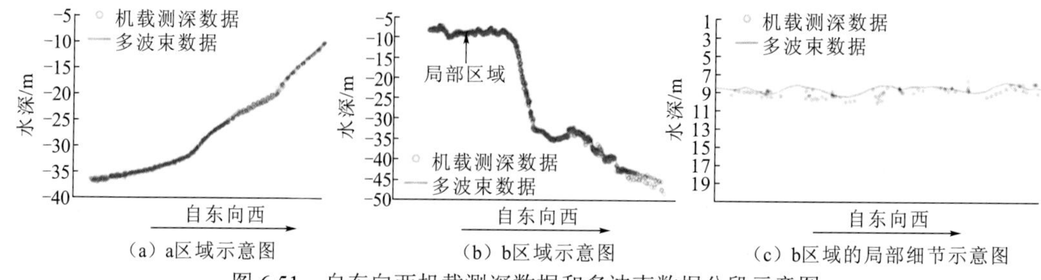

（a）a区域示意图　（b）b区域示意图　（c）b区域的局部细节示意图

图 6.51　自东向西机载测深数据和多波束数据分段示意图

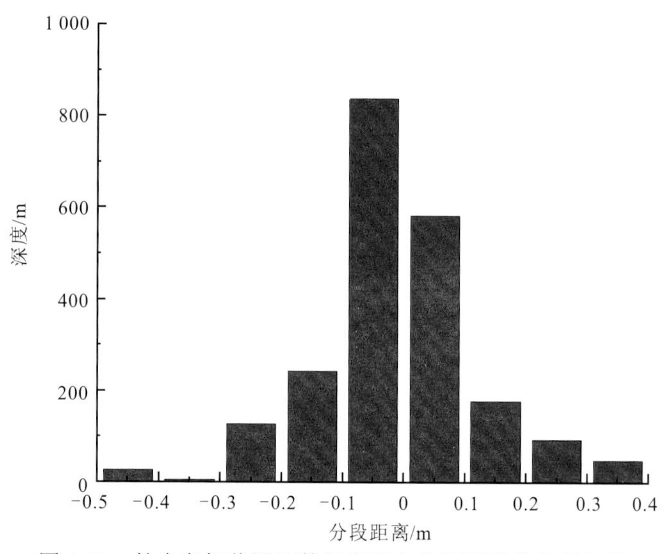

图 6.52　甘泉岛机载测深数据东西向分段距离分布直方图

2）南北向数据评定

沿南北方向分别截取甘泉岛机载测深数据和多波束数据，数据与东西向数据垂直，数据宽度约为 20 m，实际有效长度约为 700 m，深度范围为 5～43 m，截取数据方向如图 6.53 所示。南北向为 X 轴方向，故向 XOZ 面进行投影。取 5 m 为间隔对数据进行分段处理，如图 6.54 所示。其中，图 6.54（a）为 c 区域示意图，图 6.54（b）为 d 区域示意图，图 6.54（c）为 d 区域的局部细节示意图。图 6.54（c）中红色线条代表多波束数据，表明多波束数据具有较高的一致性，蓝色圆圈为机载测深数据，南北向高程平均误差为±0.217 m。对每段海底的多波束数据进行多项式曲线拟合，分别计算该段机载测深点云到曲线的投影距离，制作距离误差分布直方图，如图 6.55 所示。

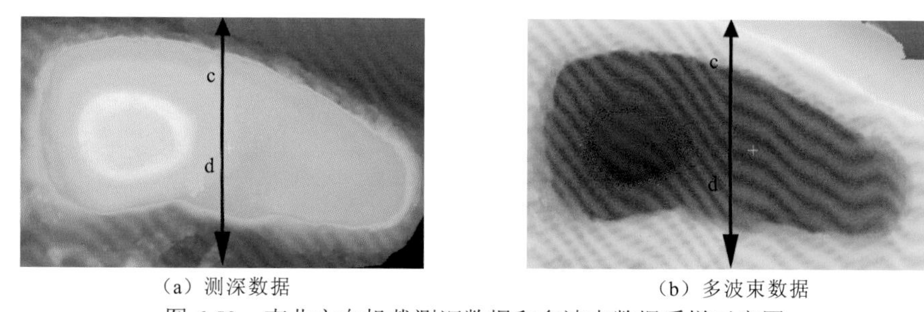

（a）测深数据　　（b）多波束数据

图 6.53　南北方向机载测深数据和多波束数据采样示意图

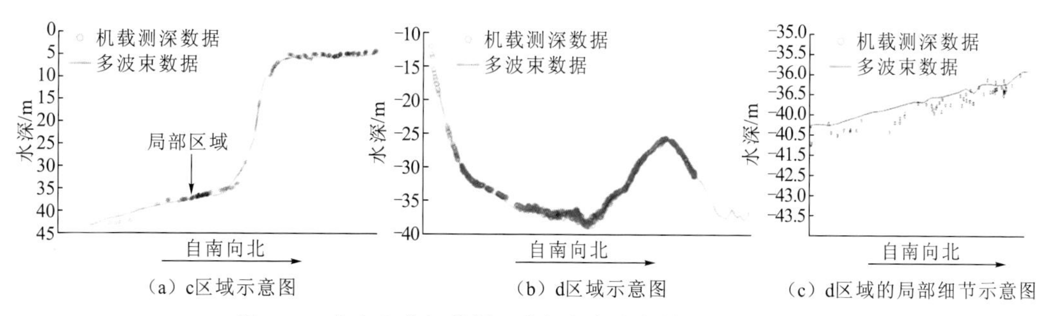

（a）c区域示意图　　（b）d区域示意图　　（c）d区域的局部细节示意图

图 6.54　自南向北机载测深数据和多波束数据分段示意图

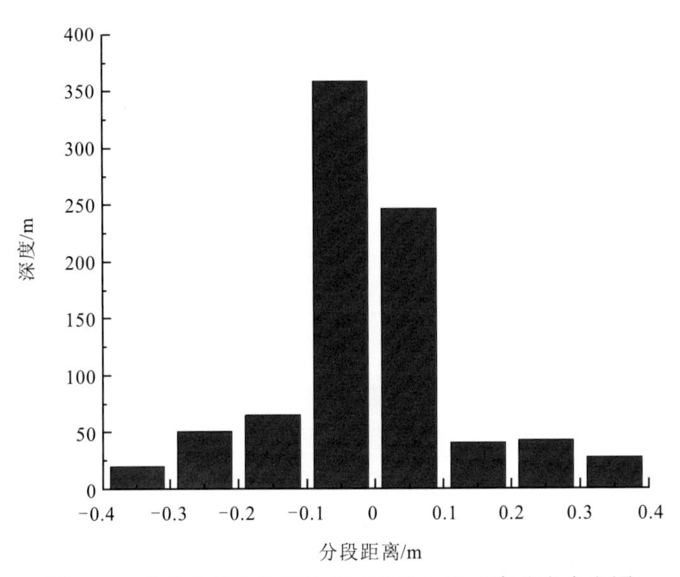

图 6.55　甘泉岛机载测深数据南北向分段距离分布直方图

综合图 6.52 和图 6.55 可知，东西向和南北向的误差大致相等，总体测深数据高程误差为±0.223 m，符合 IHO-1 类标准。

第7章 海洋激光雷达信号数值仿真技术

7.1 海洋激光雷达信号仿真模型

Wa-LiD 模型是近年来学者提出的一种激光雷达水体回波信号仿真模型，该模型可以根据激光雷达硬件参数和不同的水质环境参数，对激光在水面、水体、水底的回波信号进行仿真和模拟[483-484]。

首先，假设激光雷达发射的激光脉冲 $\omega(t)$ 是符合高斯分布的：

$$\omega(t)=\frac{2}{T_0}\sqrt{\frac{\ln 2}{\pi}}\exp\left(-4\ln 2\frac{(t-t_x)^2}{T_0^2}\right) \tag{7.1}$$

式中：T_0 为高斯脉冲的半波宽；t_x 为脉冲从激光雷达到目标的双程时间。激光雷达的传输过程，实际上是信号的卷积过程，可由接收回波能量与发射脉冲的卷积运算得到，即 $\omega(t)P_t(t)$ 。

$P_t(t)$ 表示探测器接收到的回波信号能量，主要由以下分量线性叠加组成：水面回波信号 $P_s(t)$ 、水体回波信号 $P_c(t)$ 、水底回波信号 $P_b(t)$ 、背景噪声 P_{bg} 、探测器内部噪声 P_N ，表达式为

$$P_t(t)=P_s(t)+P_c(t)+P_b(t)+P_{bg}+P_N \tag{7.2}$$

因此，不同介质中激光能量回波信号的分量可依次展开讨论。

7.1.1 水面回波信号

水面的回波信号 $P_s(t)$ 的表达式为

$$P_s=\frac{P_e T_{atm}^2 A_R \eta_e \eta_R L_s \cos^2\theta}{\pi H^2} \tag{7.3}$$

式中：P_e 为激光脉冲发射的能量；T_{atm}^2 为双层大气透过率；A_R 为传感器接收面积；η_e 为激光脉冲的发射效率；η_R 为激光脉冲的接收效率；L_s 为水面反射率，可由双向反射率分布函数[485]表示；θ 为激光入射角；H 为探测器高度。其中，大气透过率 T_{atm} 的表达式为

$$T_{atm}=\exp(-\alpha H) \tag{7.4}$$

式中：α 为大气衰减系数。水面反射率 L_s 表达式为[486]

$$L_s=\frac{k_d}{\pi}+\frac{k_s D_{df} O F_r}{\pi\cos^2\theta} \tag{7.5}$$

式中：k_s 和 k_d 分别表示镜面反射和散射系数，其总和为 1，即 $k_s + k_d = 1$；O 为双向反射分布函数的衰减系数，通常 $O=1$；F_r 为激光在水面上的菲涅耳反射系数，可以用空气（n_a=1.000 3）和水（n_w=1.33）中的折射率计算：

$$F_r = \left(\frac{n_a - n_w}{n_a + n_w}\right)^2 \tag{7.6}$$

D_{df} 为在水面的斜率：

$$D_{df} = \frac{1}{r^2 \cos^4\theta} e^{-\left(\frac{\tan\theta}{r}\right)^2} \tag{7.7}$$

式中：r 为水面的粗糙度，r 的值越高表示水面越粗糙，粗糙的水面会减小激光的镜面反射。一般情况下，气-水界面通常具有高镜面反射（$k_s \approx 0.9$）的特征，采用较小的激光入射角可以增加散射信号进入接收视场内的概率。

因此，水面回波信号可表示为 $P_s(t) = P_s\omega(t)$。

7.1.2 水体回波信号

不同水深段对水体回波信号的贡献不同，当水深为 z 时的水体回波信号为

$$P_c(z) = \frac{P_e T_{atm}^2 A_R \eta_e \eta_R (1 - L_s)^2 \beta(\phi) \exp\left(\frac{-2kz}{\cos\theta_w}\right)}{\left(\frac{n_w H + z}{\cos\theta}\right)^2} \tag{7.8}$$

式中：$\beta(\phi)$ 为水体中的后向散射系数；θ_w 为激光脉冲在水中的折射角，$\theta_w = \arcsin\left(\frac{\sin\theta}{n_w}\right)$；$n_w$ 为水底折射率；k 为水体的漫衰减系数，根据 Guenther 建立的经验模型：

$$k = c(\lambda)[0.19(1-\omega_0)]^{\frac{\omega_0}{2}} \tag{7.9}$$

式中：$c(\lambda)$ 为光束在 λ 波段处水体的总衰减系数，$c(\lambda) = a(\lambda) + b(\lambda)$，$a(\lambda)$ 和 $b(\lambda)$ 分别为水体的吸收系数和散射系数；ω_0 为单次散射反照率，$\omega_0 = b(\lambda)/c(\lambda)$。$a(\lambda)$ 和 $b(\lambda)$ 代表水体的光学特性：$a(\lambda)$ 为纯水、浮游植物、黄色物质、非藻类颗粒物的吸收系数之和；$b(\lambda)$ 在纯水散射系数的基础上，还受颗粒物散射系数和叶绿素浓度的影响。水体中的信号也看作由若干个高斯波卷积的信号，每个高斯波表达式为 $P_c(t)=P_c(z)\omega(t)$。

7.1.3 水底回波信号

水底的回波能量表达式为

$$P_b = \frac{P_e T_{atm}^2 A_R \eta_e \eta_R (1 - L_s)^2 R_b \exp\left[\frac{-2kz}{\cos\theta_w}\right]}{\left(\frac{n_w H + z}{\cos\theta}\right)^2} \tag{7.10}$$

式中：R_b 为水底的底质反射率；z 为水底深度。水底回波信号的表达式为 $P_b(t) = P_b\omega(t)$。

7.1.4 噪声信号

噪声信号主要包括背景噪声 P_{bg} 和探测器内部噪声 P_N。背景噪声主要由太阳辐射造成，表达式为

$$P_{bg}=\frac{I_s T_{atm}^2 A_R (1-L_s)^2 R_b \pi \theta^2 \Delta_\lambda \eta_R}{4} \tag{7.11}$$

探测器内部噪声与探测器内部的带宽、暗电流、响应度等相关，可使用高斯白噪声来模拟。

7.1.5 仿真结果

激光的发射波形设置为半波宽 7 ns，并将此高斯波形作为后续卷积运算的标准波形，模拟探测激光标准波形如图 7.1 所示。

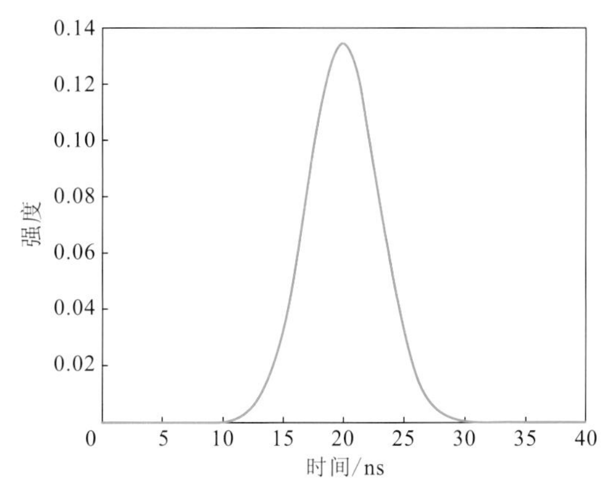

图 7.1 模拟探测激光标准波形（脉宽 7 ns）

仿真参数采用 HawkEye 机载激光雷达测深系统，相关环境参数如表 7.1 所示。

表 7.1 仿真参数表

符号	参数	数值
P_e	激光脉冲能量/mJ	6
λ	波长/nm	532
η_e	系统发射效率	0.9
η_R	系统接收效率	0.5
R	接收孔径半径/m	0.08
A_R	接收孔径面积/m^2	0.02
H	传感器高度/m	200
θ	激光入射角/（°）	15
α	大气衰减系数/m^{-1}	0.297×10^{-3}

续表

符号	参数	数值
T_{atm}	大气透过率	0.95@200m
n_a	空气折射率	1.000 3
n_w	水体折射率	1.33
k_d	水面散射率	0.1
k_s	水面反射率	0.9
r	水面粗糙度	0.3
$\alpha(\lambda)_{pure}$	纯水的吸收系数/m^{-1}	0.051 7
$b(\lambda)_{pure}$	纯水的散射系数/m^{-1}	0.002 5
$\alpha(\lambda)_{coastal}$	近岸水体的吸收系数/m^{-1}	0.179
$b(\lambda)_{coastal}$	近岸水体的散射系数/m^{-1}	0.29
$\alpha(\lambda)_{turbid}$	浑浊水体的吸收系数/m^{-1}	0.366
$b(\lambda)_{turbid}$	浑浊水体的散射系数/m^{-1}	1.824
R_b	底质反射率（泥沙）	0.15
z	水深/m	30

对激光在清洁水体、水深为 30 m 的波形信号进行了仿真，图 7.2 为仿真信号，最后拟合的信号如图 7.3 所示。

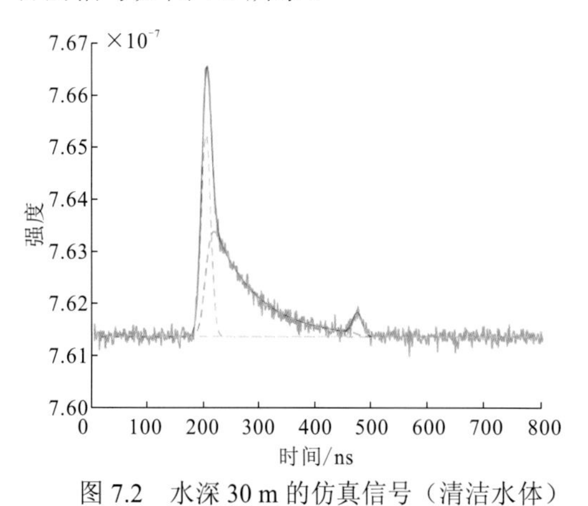

图 7.2　水深 30 m 的仿真信号（清洁水体）

图 7.3　水深 30 m 的拟合信号（清洁水体）

图 7.4～图 7.6 分别为清洁水体、近岸水体、浑浊水体不同水深的仿真信号。

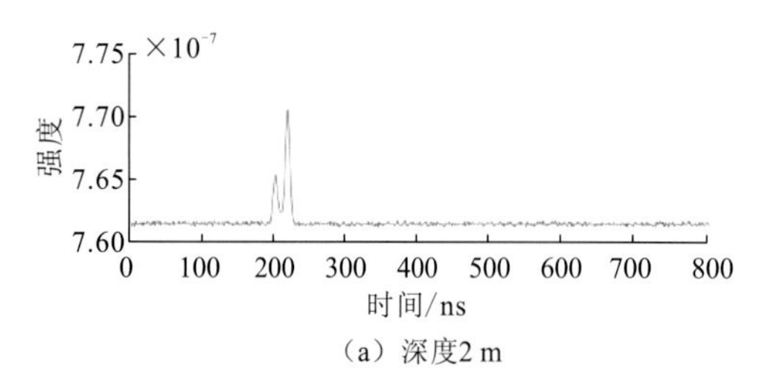

（a）深度2 m

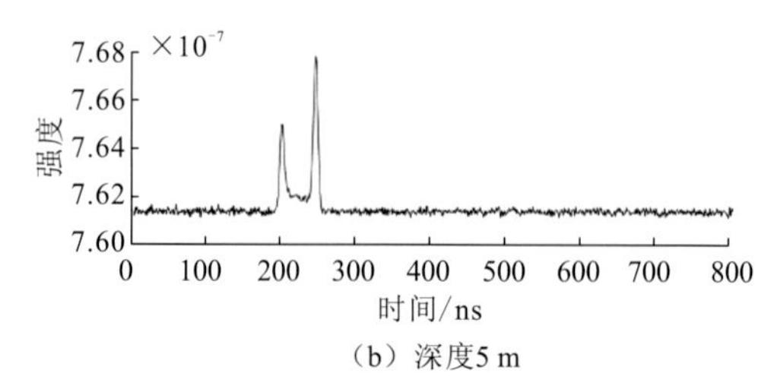

（b）深度5 m

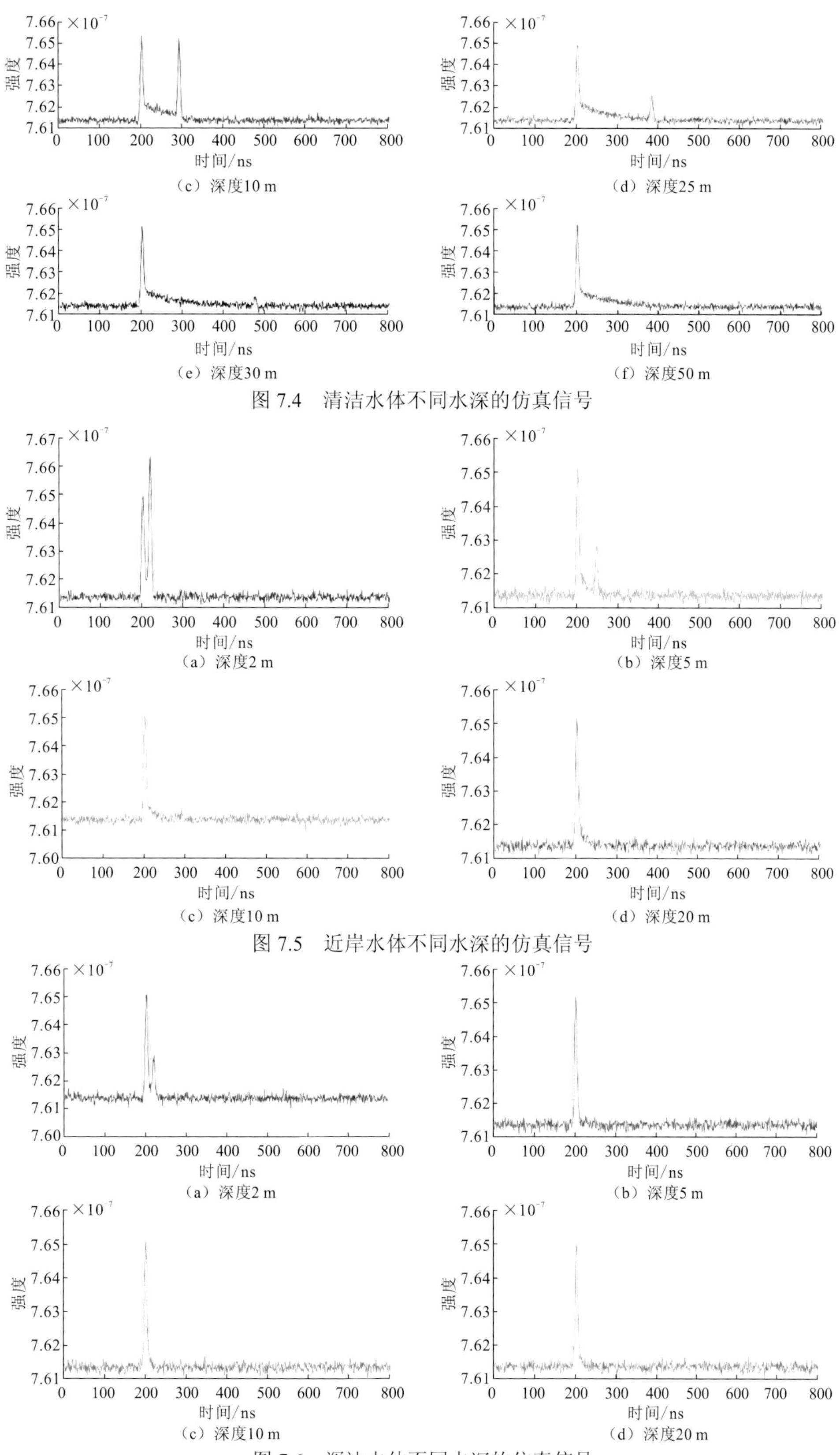

图 7.4　清洁水体不同水深的仿真信号

图 7.5　近岸水体不同水深的仿真信号

图 7.6　浑浊水体不同水深的仿真信号

7.2 半解析蒙特卡罗仿真模型

光波可以在不同的介质中传输和散射。根据性质不同，介质可以分为确定介质和随机介质。随机介质性质随着时间和空间发生随机变化。很多自然介质和生物介质都属于随机介质，分别是离散随机介质、连续随机介质和随机粗糙表面。离散随机介质是指许多离散质点随机分布，海洋中的各种颗粒、灰尘、烟雾，以及雨、雪、冰雹等水汽凝结物均属于离散随机介质。连续随机介质是指介质的介电特性（介电常数或者折射指数）在时间和空间上连续地、随机地发生变化，如大气湍流、海洋湍流等。随机粗糙表面的特征包括介电特性和介质表面的随机粗糙程度，因为海面波浪和海洋泡沫的存在，大气-海洋界面就是一个随机粗糙表面。

蒙特卡罗（Monte Carlo，MC）仿真模型是模拟光波在多散射介质中传输的一种通用方法。它基于计算机的统计试验，不需做太多的近似，几乎可以对任何的光传输模式进行模拟仿真试验。虽然用光传输的扩散理论模拟光传输的过程更快速也更便捷，但光束靠近光源或边界，或者介质中吸收大于散射时，光传输的扩散理论就失效了。换句话说，在光子通量率（或光子浓度）的梯度不再是简单的线性关系，而是存在曲率的情况下，扩散理论就会失效，而蒙特卡罗方法可以很好地解决该问题[487]。

蒙特卡罗方法，又称随机抽样方法或统计试验方法。它的本质是一种数学模拟实验，即利用数学方法对随机数进行统计实验，关注事物运动过程中的数量和几何特征[488]，经过大量实验后统计得到的特征值即为所研究问题的数值解。蒙特卡罗方法需要大量的随机样本，运行时间较长，这是它最大的缺陷[489]。然而，随着计算机技术的飞速发展，计算量早已不再是困扰该方法的难题。

目前，蒙特卡罗方法已广泛应用于各个领域。Wilson 假设叶片组织是平行平面分层，使用蒙特卡罗方法仿真了激光与生物组织的相互作用[490]。Mishchenko 等提出了 MC-layer 程序并应用于垂直非均匀大气的多次散射研究[491]。Brewster 等利用蒙特卡罗方法对瞬态的辐射传输进行了研究[492]。Ding 利用反向蒙特卡罗方法计算球形大气中的水色遥感校正，重点关注太阳天顶角下地球曲率对水色要素反演精度的影响[493]。Adams 分别基于瑞利散射和 H-G 散射相函数，利用蒙特卡罗方法比较了平行平面近似与实际球形大气辐射传输的差别[494]。Zhao 等利用蒙特卡罗方法模拟了折射率分层的大气辐射传输过程，并同时考虑了偏振的影响[495]。Kattawar 等利用蒙特卡罗方法在模拟海-气耦合系统中的辐射传输过程加入了偏振的影响，得到了不同参数下海洋光场的偏振状态[496]。杨晖利用蒙特卡罗方法模拟了激光在海水中传输过程[497]。裴显等利用蒙特卡罗方法构建了大气辐射传输模型，通过计算大气 Ring 效应，获得气溶胶的光学参数[498]。

Plass、Bucher 等将传统的蒙特卡罗方法应用到光散射的研究中[499-503]，之后蒙特卡罗方法逐渐发展为光散射研究中最常用的方法之一。除蒙特卡罗方法外，常用的研究光波在离散随机介质中传输的方法还有辐射传输理论。Hulst 等提出了小粒子散射理论[504]，奠定了辐射传输理论在光散射相关研究中的基础。辐射传输理论是对光强传输性能的讨论，使用的辐射传输方程是一个微分方程，等同于气体分子运动学中的玻尔兹曼方程。对辐射传输方程求解，通常得到的是在某一特殊条件下的近似解，很难得到一个普适的、精确的通解。

在实际使用时，如果粒子间疏松分布，采用一级多次散射理论；如果粒子密集分布，则采用漫射近似理论。此外，粒子自身尺寸与入射光波长的大小差异也会影响传输过程。当粒子的尺寸远远小于波长时，散射基本呈各向同性且振幅基本不变，这种情况下可以简化方程的求解；但是如果粒子尺寸大于波长，散射几乎为前向散射，此时需要用到傅里叶变换，方程的求解也变得更为复杂。因此，虽然辐射传输理论具有理论上的完整性，但是将其用来描述光波在随机介质中的传输特性还是比较复杂和困难的[497]。

使用蒙特卡罗方法模拟光波在海水介质中传输时，把海水看成一种离散介质，把激光光束看成由很多光子组成的光子束，然后就可以把光波在海水中的传输问题转换为光子束在海水中的传输问题。利用海水的单次反照率、衰减系数、散射相函数等光学参数，选取随机运动步长和散射方向追踪光子在海水中的运动轨迹，可以了解整个光束的传输过程[73]。光子在海水中是随机分布的，所以在传输过程中必然会与其他粒子发生碰撞，或被吸收、散射。如果被吸收，那么运动终止；如果被散射，则按散射后的方向继续运动直到被吸收或被接收器接收。光子在任意随机位置发生的吸收和散射取决于光子的权重值。对散射介质中所有光子的运动进行统计，统计的特征值就能够代表光波在海水介质中的传输规律[489]。

为了更好地描述光子传输的蒙特卡罗模拟过程，图 7.7 显示了单个光子在光散射介质中的运动轨迹。当光子在介质表面发生反射时，允许一部分光子逃逸，剩下的光子则继续在介质内部传播。当光子第三次到达介质表面时，光子完全逃逸。在一般的蒙特卡罗模拟过程中，介质中光子的 x, y, z 坐标位置由定向余弦（轨迹投影到 x, y, z 轴）定义。光子与介质作用前的随机距离的选取取决于随机数[0, 1]和介质的局部衰减系数。在每个光子运动结束前，光子的数量因为被吸收而减少，剩余未被吸收的光子根据散射相函数重新定向。该散射相函数描述了颗粒体散射对特定介质单次散射角的依赖性，一旦有了新的轨迹，光子将再次随机移动，直到运动结束。

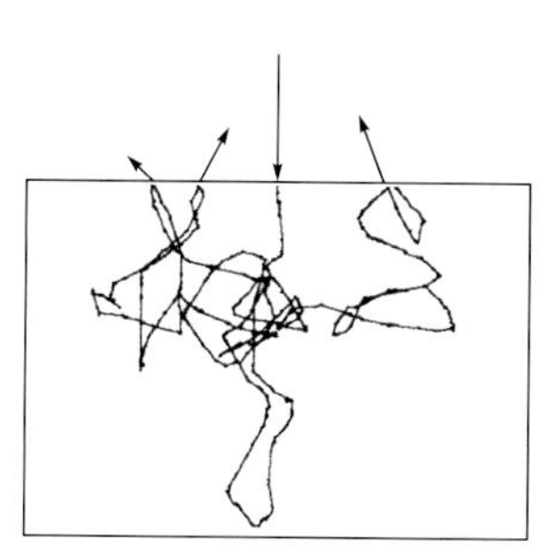

图 7.7　单个光子在光散射介质中的运动轨迹

7.2.1　理论与模型

蒙特卡罗仿真的原理是用一定量光子模拟发射出的激光束，激光在不同介质中的传播问题可以理解为一定量光子在不同介质中的传播问题。光子束在传播的过程中会发生随机碰撞而被散射或吸收。整个模拟过程可分为几个阶段：激光在大气中的传输、大气与海水界面的双程传输、海水中的传输、海底的反射和探测器接收。本小节着重考虑大气与海水界面的双程传输、海水中的传输、海底的反射三个阶段。

通过模拟设定出射系统中一定量的光子，取其中一个光子，设置一定的时间步长，计算光子传输一个自由程。若在时间步长 Δt 中光子未被吸收消逝，则会发生随机散射，其自由程为第 m 次散射后位置 R_m 和第 $m+1$ 次散射后位置 R_{m+1} 的空间距离 Δs 。

大气与海水界面的双程传输，主要考虑激光在气-水界面的透射和折射两个因素。其中透射决定光子能否穿透气-水界面，折射会改变光子的传播方向。根据折射定律，只要知道入射光线的空间坐标及海平面的法线，就可以得到经气-水界面折射后光线的空间坐标。

在水体散射过程中，光子在海水介质中除了会发生吸收作用，还会发生强烈的散射。其散射方向是在4π立体角中的随机过程。传统的蒙特卡罗仿真需要大量的计算，而且，由于地形特征的复杂性与多样性和跨介质传播，很难得知各部分因素对最终计算结果的影响。本小节提出一个新的研究思路，以激光回程路径是否在接收视场角作为边界条件，判定这个光子存在或者湮灭。

海底反射率对海底回波信号的影响很大，不同底质间的反射率差异也很大。沙底、石底、污泥底、海生植物等组成的海底的反射率不尽相同。假设海底为朗伯平面，由于本次仿真主要考虑水质对测深能力的影响，用于机载激光测深能力估算，统一把不同海底目标的反射率设置为0.1。

分视场角海洋激光雷达波形蒙特卡罗仿真过程如下[505-506]。

（1）初始化。设置海洋光学参数，包括模拟光子的总个数、吸收系数、散射系数、散射角平均余弦值g、散射反照率、海水折射率和海底反射率；设置飞机平台和发射接收系统参数，包括飞机高度、接收系统孔径及面积、浅水通道和深水通道的接收视场角和深度等。初始化光子初始位置设定为坐标原点$Z(0,0,0)$，初始化随机数发生器的种子，计算光子在海水介质中的传播速度，计算时间步长Δt内光子传输的距离Δs，新建数据矩阵用于存放计算结果。

（2）确定散射坐标。以坐标原点$Z(0,0,0)$为起算点，设初始运动方向为(u_0,v_0,w_0)，第m次散射坐标为R_m，下一次散射位置为R_{m+1}，两次散射之间光子迁移的距离，即时间步长Δt内光子传输的距离为Δs。时间步长概率密度遵从朗伯-比尔定律：

$$p \propto \mathrm{e}^{-\mu_t \Delta s} \tag{7.12}$$

（3）在海水介质中取$\mu_t = c$，得

$$\Delta s = L = \frac{-\ln(\mathrm{rand}_1)}{c} \tag{7.13}$$

式中：rand_1为随机量，均匀分布在0～1。

（4）光子权重的改变。光子在海水介质的传输过程中，由于不断被散射和吸收，其权重不断降低。光子碰撞后的权值为$W_{m+1} = W_m \omega_0$，其中$\omega_0 = b/c$为海水的单次散射率。每次作用中光子的被吸收概率为$P = 1 - b/c$，即$P = 1 - \omega_0$。

（5）碰撞后运动方向的改变。散射方向可以通过方位角φ和散射角θ来表征，方位角$\varphi = 2\pi\mathrm{rand}_2$，其中$\mathrm{rand}_2$为随机量，均匀分布在 0～1。光子在海水介质中主要发生米氏散射，本小节采用Henyey-Greenstein函数来近似表示其散射相位函数，第m次碰撞后光子的运动方向相对于碰撞前光子的运动方向的散射角为[507]

$$\theta = \begin{cases} \arccos\left\{\dfrac{1}{2g}\left[(1+g^2) - \left(\dfrac{1-g^2}{1+g-2g\mathrm{rand}_3}\right)^2\right]\right\}, & 0 < \theta \leqslant \dfrac{\pi}{2} \\ \arccos\left\{\dfrac{1}{2g}\left[\left(\dfrac{1-g^2}{1+g-2g\mathrm{rand}_3}\right)^2 - (1+g^2)\right]\right\}, & \dfrac{\pi}{2} < \theta \leqslant \pi \end{cases} \tag{7.14}$$

式中：g为散射角余弦值的均值；rand_3为随机量，均匀分布在0～1。

（6）光子终止、接收。该过程可以分为三种情况：①当光子权重低于某一个设定的阈

值时，认为该光子湮灭而不再追踪；②在接收器对光子跟踪的过程中，若光子达到设定的边界条件，则停止对该光子的跟踪；③光子已到达接收器。

7.2.2 水质参数的影响

在均匀水质中不同的光学特性会影响最终的模拟结果。表 7.2 中列举了三种典型海水的固有光学特性，模拟的结果如图 7.8 所示。当探测器高度 H=300 m、视场角 FOV=50 mrad、探测器孔径 A=0.09 m^2、水深 d = 40 m 、水底反射率 ρ = 0.03 [508]时，对 10 000 000 个光子进行模拟。散射相函数采用 Henyey-Greenstein 函数，其散射角余弦平均值，即散射不对称因子取值为 0.924。Henyey-Greenstein 函数也提出了前向散射和后向散射的不对称性[509]。对清水、近岸水体及浑浊港湾水体模拟的运行时间分别约为 127 s、250 s、737 s。造成运行时间差异的原因是浑浊度越高的水体发生的多次散射就越多，从而增加了光子的多次传播路径；且水体浑浊度越高，激光雷达回波信号强度衰减越快，这表明水体中多次散射产生的噪声比清水中的噪声更大。因此，在浑浊水体中需要提高激光雷达系统的信噪比。

表 7.2 三种典型海水的固有光学特性[16,510]

水体类型	固有光学特性	
	a/m^{-1}	b/m^{-1}
清洁水体	0.114	0.037
近岸水体	0.179	0.219
浑浊水体	0.366	1.824

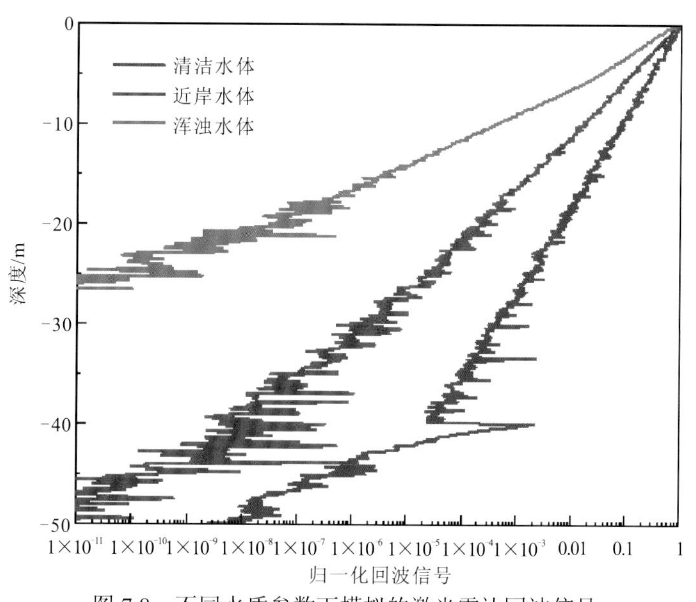

图 7.8 不同水质参数下模拟的激光雷达回波信号

接下来分析不同水体光学性质对模拟结果的影响。同样利用 10 000 000 个光子进行了模拟，相关参数设置为：探测器高度 H=100 m、视场 FOV=6 mrad、探测器孔径 A=0.06 m^2、海底深度 d=40 m 和海底反照率 $\rho=0.03$。归一化的回波信号随水体衰减系数和水体单次反照率的变化而变化。如图 7.9 所示，归一化回波信号随水体衰减系数的增大而减小，随水体单次反照率的增大而增大。此外，随着回波信号衰减速度的减慢，回波信号的曲线变得越来越粗糙。结果表明，激光雷达系统在混浊水体中比在清洁水体中更容易受噪声的影响。

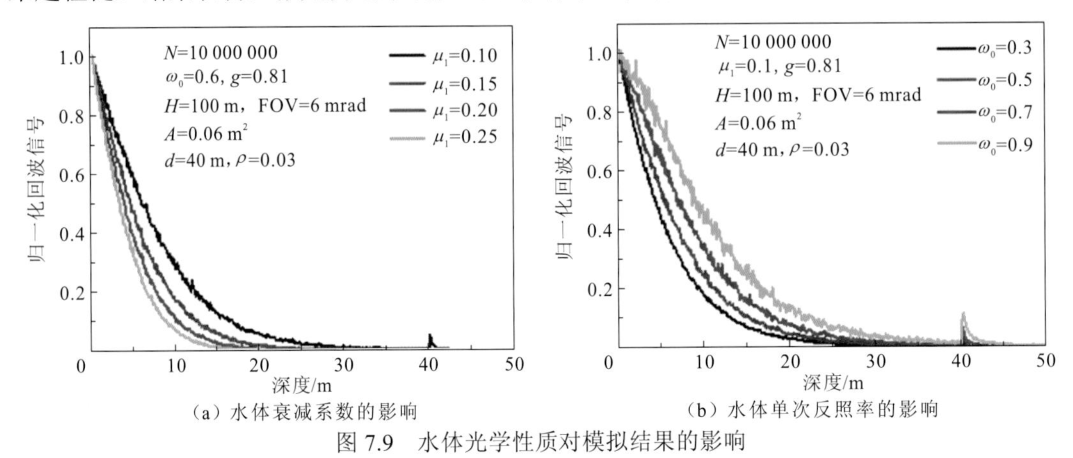

（a）水体衰减系数的影响　　（b）水体单次反照率的影响

图 7.9　水体光学性质对模拟结果的影响

此外，不同海洋环境参数和不同硬件指标下的响应波形特征，可以为波形处理、硬件设计提供参考，还可以用来检验复杂水质条件下的回波信号处理方法的适用性。复杂水质条件下的激光雷达海底回波的探测是难点，主要是因为激光脉冲在水下传播过程中，随着时间脉冲逐渐展宽，峰值功率不断降低，海底回波峰值位置的提取精度受到极大影响。而脉冲展宽的主要原因就是水体颗粒的多次散射作用。激光光束在水体中的传输过程是一个需要考虑多次散射的复杂三维矢量辐射传输过程[426]。

设置飞机平台和发射接收系统参数：飞机高度为 100 m、接收系统孔径为 8 cm、系统孔径面积为 0.02 m^2、浅水接收视场角为 6 mrad、深水视场角为 40 mrad、深度范围为 20～50 m。在仿真实验中分视场角海洋激光雷达系统及三种典型海洋水质的光学参数见表 7.3 和表 7.4。通过对水质参数和飞机平台和发射接收系统参数的设置，可以获得不同海洋环境参数下的响应波形特征。

表 7.3　分视场角海洋激光雷达系统仿真参数

参数	数值或说明	参数	数值或说明
飞机飞行高度/m	100	模拟光子的总个数	1×10^6
光学接收系统浅水视场角/mrad	6	光学接收系统孔径/cm	8
光学接收系统深水视场角/mrad	40	光学接收系统孔径面积/m^2	0.02
水面透射率	0.9	海水后向散射系数	随水质参数变化
海底反射率	0.1	海水折射率 η	1.34
大气透过率	1	反照率 ω_0	随水质参数变化

表 7.4　三种典型海水的光学特性参数

水体类型	c/m^{-1}	b/m^{-1}	b_b/m^{-1}	$a=c-b$ /m^{-1}	$b_1=b-2b_b$/m^{-1}	g
清洁水体	0.151	0.037	0.001 6	0.114	0.033 7	0.870 8
近岸水体	0.398	0.219	0.002 85	0.179	0.213 3	0.924 7
浑浊水体	2.190	1.824	0.036 50	0.366	1.751 0	0.919 9

后向散射的蒙特卡罗模拟，模拟光子的总个数为 1×10^6 个，海水折射率 η 为 1.34，海底反射率为 0.1。清洁水体的吸收系数 a 为 0.114 m^{-1}、散射系数 b 为 0.037 m^{-1}、衰减系数 c 为 0.151 m^{-1}，散射反照率 ω_0 为 0.245，散射角平均余弦值 g 为 0.870 8；近岸水体的吸收系数 a 为 0.179 m^{-1}、散射系数 b 为 0.219 m^{-1}、衰减系数 c 为 0.398 m^{-1}，散射反照率 ω_0 为 0.550，散射角平均余弦值 g 为 0.924 7；浑浊水体的吸收系数 a 为 0.366 m^{-1}、散射系数 b 为 1.824 m^{-1}、衰减系数 c 为 2.19 m^{-1}，散射反照率 ω_0 为 0.833，散射角平均余弦值 g 为 0.919 9。以上三种水质情况下的模拟结果如图 7.10～图 7.12 所示。可以发现，随着水质变差，可探测深度变浅，浑浊水体对测深的影响最为明显。

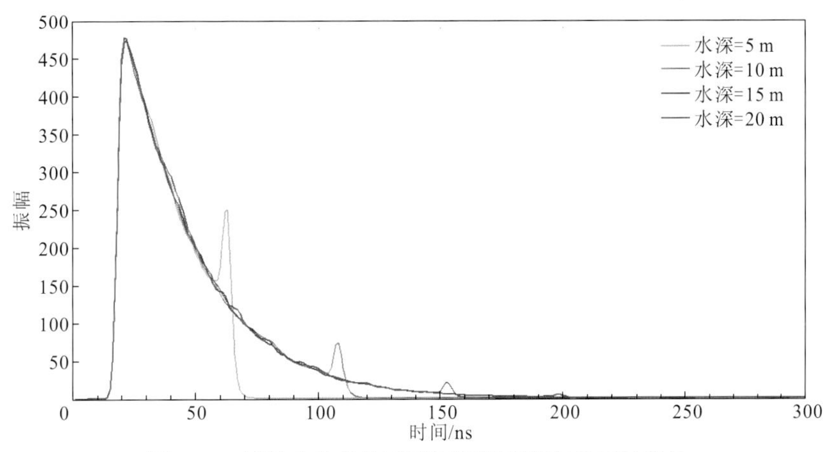

图 7.10　清洁水体条件下不同深度下得到的回波信号

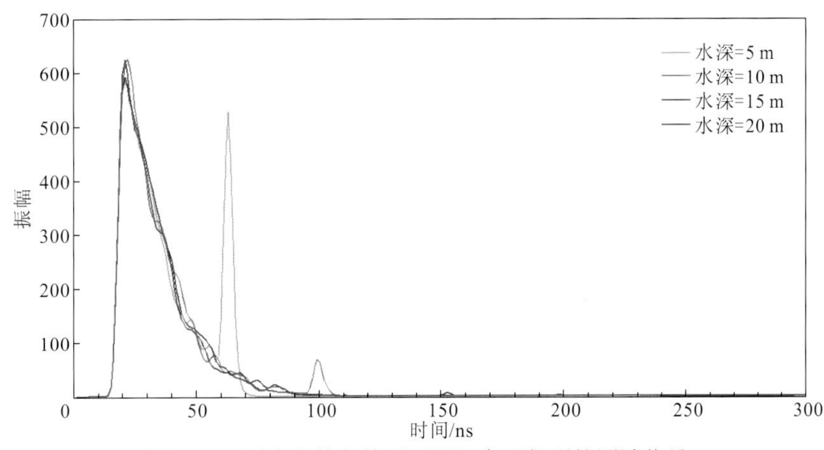

图 7.11　近岸水体条件下不同深度下得到的回波信号

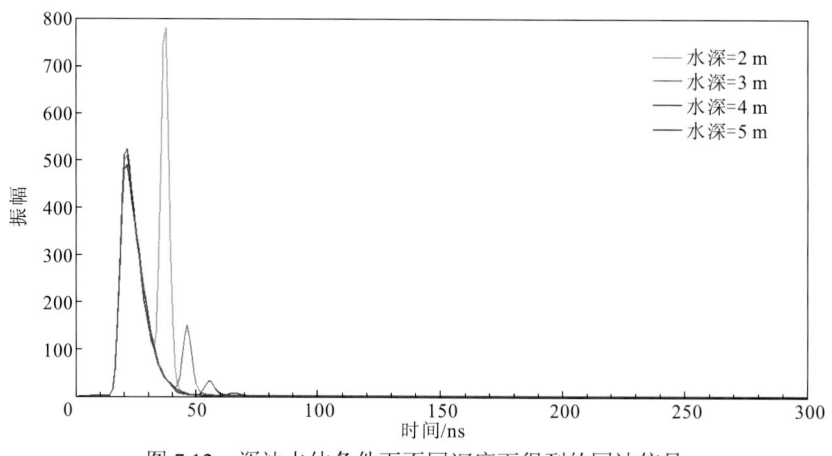

图 7.12　浑浊水体条件下不同深度下得到的回波信号

为了了解 HSRL 信号在同样环境下的信息获取能力，分析 HSRL 中分子及颗粒信号分布情况，分别在清洁水体（吸收系数为 0.114 m^{-1}，散射系数为 0.037 m^{-1}）和近岸水体（吸收系数为 0.179 m^{-1}，散射系数为 0.219 m^{-1}）两种不同水体中对激光雷达信号进行仿真。仿真光子数为10^8个，雷达高度设置为机载高度 150 m，雷达半径为 1.5 m，视场角为 100 mrad。得到激光雷达的回波信号后，利用激光雷达方程可以对激光光束的衰减系数进行计算。将分子信号和颗粒信号相除可以得到颗粒的 180° 后向散射系数，而其中第一项易于获取和测量[40]，在这里认为其仪器常数相等，因此比值为 1。采用后向散射比为 0.0183 的 Henyey-Greenstein 相函数对不同水体进行仿真，得到雷达回波信号采用对数形式表示，如图 7.13 所示。

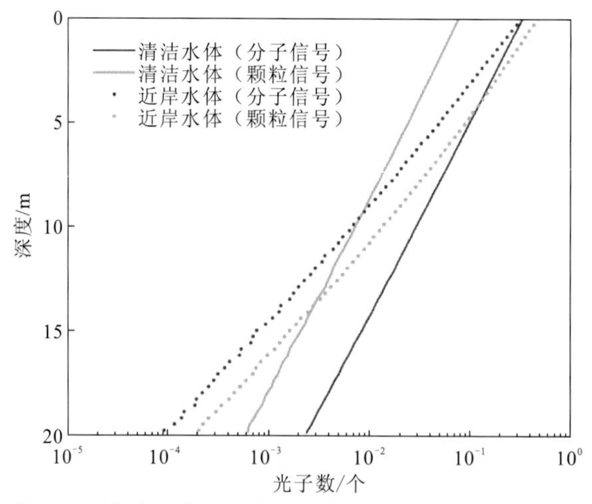

图 7.13　清洁水体及近岸水体中分子及颗粒信号强度图

从图 7.13 中可以看出，无论在何种水体中，颗粒信号与分子信号之间都表现出一种比例关系，二者随水体深度增加也呈现比例变化。对清洁水体而言，颗粒信号强度低于分子信号；而对近岸水体而言，颗粒信号强度高于分子信号。水体中两种信号的相对强度由各自的 180° 体散射系数决定。180° 体散射系数较大时，其相应的信号强度也较大。考虑仪

器常数为 1，有

$$\frac{\beta_{\mathrm{m}}(\pi)}{\beta_{\mathrm{p}}(\pi)}=\frac{P_{\mathrm{m}}}{P_{\mathrm{p}}} \tag{7.15}$$

即

$$\beta_{\mathrm{p}}(\pi)=\frac{P_{\mathrm{p}}\beta_{\mathrm{m}}(\pi)}{P_{\mathrm{m}}} \tag{7.16}$$

仿真采用的水体散射系数取为 0.002 2 m^{-1}，其 180° 后向散射系数 $\beta_{\mathrm{p}}(\pi)$ 为 0.000 252 m^{-1}，计算后向散射系数为 0.018 3 m^{-1} 的 Henyey-Greenstein 相函数对应的 180° 后向散射系数 $\beta_0(\pi)$，在清洁水体中，其为 0.000 065 1 m^{-1}，而在近岸水体中其为 0.003 85 m^{-1}。将二者分别作为标准值 $\beta_0(\pi)$ 与后续计算的 180° 后向散射系数进行对比，将二者作差，设定：

$$\sigma=\beta_{\mathrm{p}}(\pi)-\beta_0(\pi) \tag{7.17}$$

得到的仿真结果如图 7.14 所示。

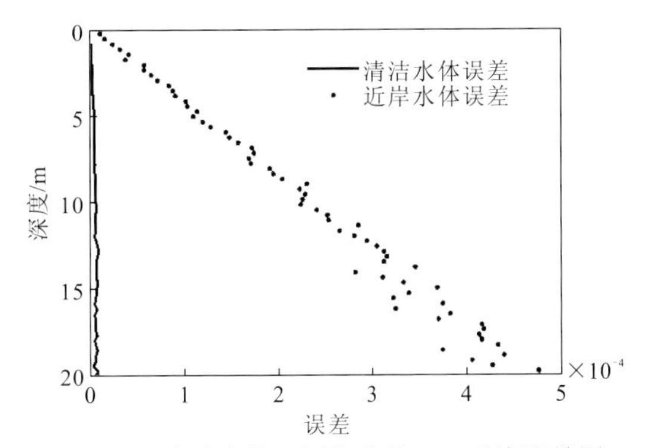

图 7.14　清洁水体及近岸水体 $\beta(\pi)$ 反演误差图

由图 7.14 可知，刚入水时，两种水体信号反演得到的 180° 后向散射系数与理论值之间的误差都趋近于 0。随着深度的增加，误差逐渐加大，且近岸水体的误差大于清洁水体的误差。此外，近岸水体误差增大的速度也大于清洁水体，在深度 20 m 的范围内，所有的误差均小于 5×10^{-4}。这种现象是由水体对光子的多次散射造成的。由于光子在水体中多次散射，信号在水中的运行轨迹发生了变化，返回接收器的角度逐渐偏离 180°，通过信号反演的 180° 后向散射系数也偏离理论值；并且由于近岸水体的散射系数较大，发生散射的概率也相对增大，在近岸水体中，这种情况表现得更加突出。

在计算得到颗粒 180° 后向散射系数的前提下，可以对信号衰减进行更加准确的计算，在两种水质条件下，信号在水中的衰减情况如图 7.15 所示。

从图 7.15 中可以发现，在两种水体下仿真得到的激光信号的衰减系数都随深度增加而增大。在刚入水时，信号的衰减系数较小，而随着深度的逐渐增加，信号衰减系数逐渐增大。分析两种水体激光雷达回波信号衰减的区别，可以发现，对于不同水体，在散射系数越高的水体中，信号衰减的速度越快，但在两种水体中，信号的衰减系数均大于 $a+b_{\mathrm{b}}$。这是由于随着水体的散射系数增加，信号在水中的多次散射也会增强，信号溢出视场的可能性相对增加，衰减系数也相对增大。信号的衰减系数随深度增加而增大的原因与其类似，然而即使信号保持了良好的前向散射，其固有的吸收和后向散射依然会使信号产生衰减，因此在仿真的两种水体中，信号的衰减系数均大于 $a+b_b$。

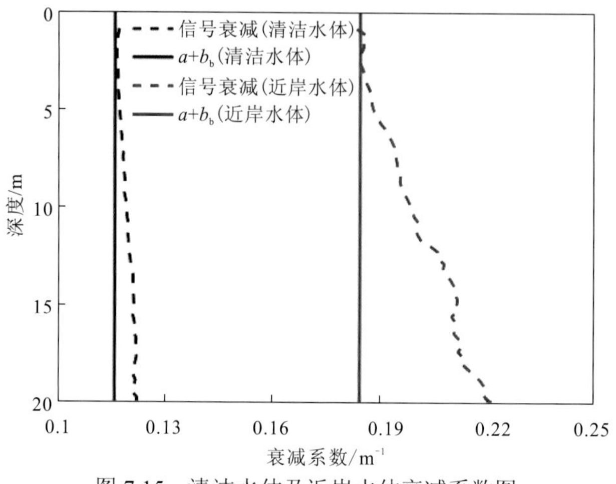

图 7.15　清洁水体及近岸水体衰减系数图

7.2.3　视场角损失的影响

通过蒙特卡罗方法模拟不同视场角下视场角损失对回波信号的影响，研究光在不同视场角下的接收，分析海水光信道的空域和时域特性，对硬件设计有很大的指导意义。从图 7.16 所示的仿真结果可以看出，在小视场角情况下，水体的散射信号呈幂指数衰减，但是在大视场角情况下，可以很好地模拟这种凹陷的波形，还能够接收来自底部回波的较弱信号。减少接收视场角可以显著地降低噪声。例如，当接收视场角从 40 mrad 减少到 6 mrad 时，浅水通道的波形所含噪声比深水通道降低一个数量级。用蒙特卡罗方法进行仿真可以得到较好的效果，较好地模拟深水通道波形呈波谷状的特点。

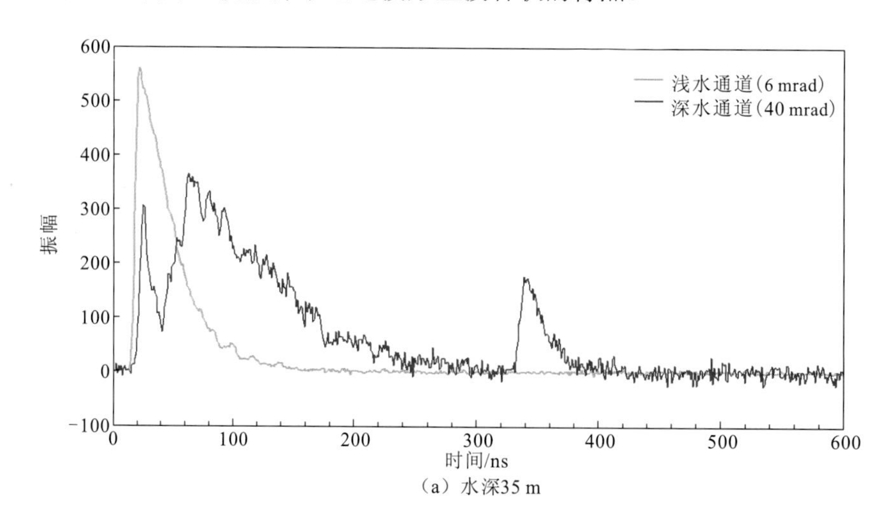

(a) 水深35 m

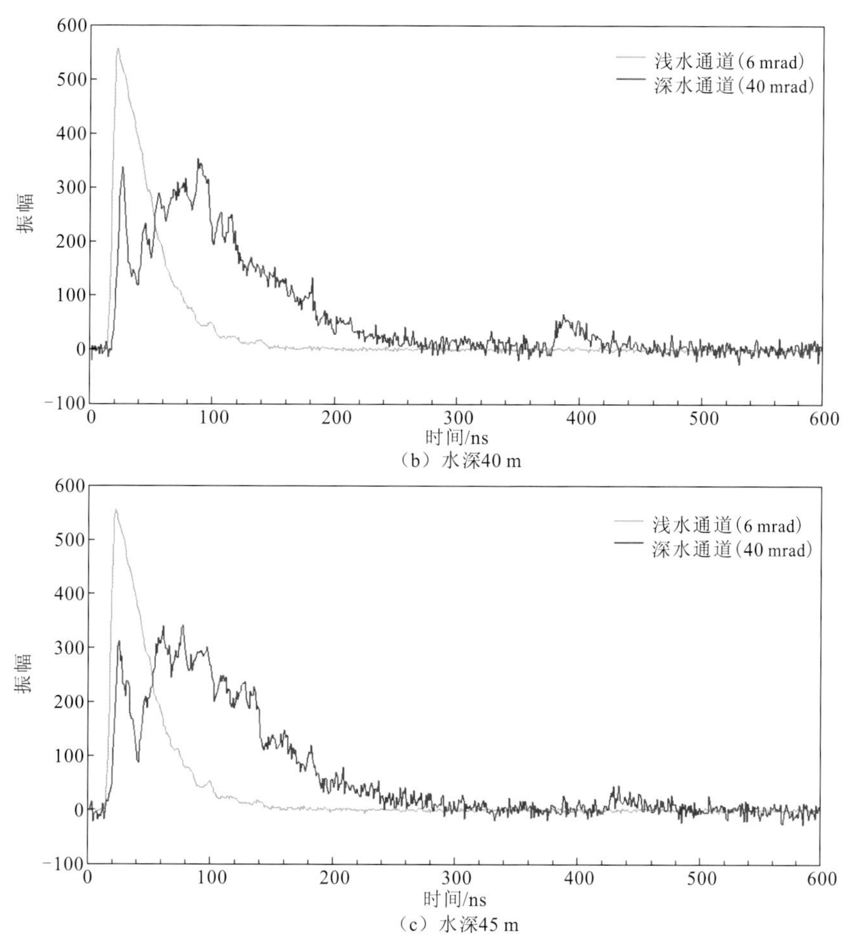

（b）水深40 m

（c）水深45 m

图 7.16　浅水视场和深水视场激光雷达回波示意图

7.2.4　散射相函数的影响

1. 相函数介绍

散射理论表明，散射效应与分子数、密度、折射率波动有关。海水存在多种粒子，考虑它们浓度变化引起的折射率波动，可以综合得出海水的散射相函数[511]。分别考虑海水散射过程中的粒子散射与水分子散射：对粒子散射而言，体散射函数的前向峰值更为明显，而水分子散射则相对较为平滑；对纯水而言，基本可以选用一种形式的散射相函数，而粒子的散射相函数则具有多种形式。散射相函数的选取也会对海水的正演模拟结果造成很大的影响。

目前海洋学家普遍将海洋水分子的散射视为瑞利散射，对海水中粒子的浓度随机波动和波长对散射造成的影响进行综合考量[512-513]，可以计算得出纯水的相函数：

$$\beta_{\mathrm{w}}(\psi,\lambda)=\beta_{\mathrm{w}}(90^{\circ},\lambda_0)\left(\frac{\lambda_0}{\lambda}\right)^{4.32}(1+0.835\cos^2\psi) \tag{7.18}$$

式中：ψ 为光子的散射角度；λ 为激光雷达发射的光波波长；λ_0 为参考波长；$\beta_{\mathrm{w}}(90^{\circ},\lambda_0)$ 为

在参考波长 λ_0 处散射角为 90° 的水分子散射系数。

Petzold 于 1972 年提出了海水中粒子的散射测量方法[514]，并在加利福尼亚的圣迭戈海港和巴哈马群岛对不同水体的散射体函数进行了测量，发现三种水体中测量得到的相函数形状相似。Mobley 等在此基础上将数据进行了总结整理，将在高粒子浓度水体中测量的三组数据进行了处理，得到平均粒子相函数，即 Petzold 平均粒子相函数[511, 515]，将后向散射统一为常数值，即 90°～180° 相函数值为恒定值，得到 Petzold 后向均匀相函数。

Fournier 等提出了粒子散射相函数的解析近似解，针对服从双曲线分布的粒子，根据反常衍射和米氏理论提出 FF 相函数[516]。FF 相函数的表达式如下：

$$\begin{cases} \tilde{\beta}_{\mathrm{FF}}(\psi)=\dfrac{1}{4\pi(1-\delta)^2\delta^v}\left\{v(1-\delta)-(1-\delta^v)+[\delta(1-\delta^v)-v(1-\delta)]\sin^{-2}\left(\dfrac{\psi}{2}\right)\right\} \\ \qquad +\dfrac{1-\delta_{180}{}^v}{16\pi(\delta_{180}{}^v-1)\delta_{180}{}^v}(3\cos^2\psi-1) \\ v=\dfrac{3-\mu}{2} \\ \delta=\dfrac{4}{3(n-1)^2}\sin^2\left(\dfrac{\psi}{2}\right) \end{cases} \tag{7.19}$$

式中：n 为海洋水体的折射率；μ 为粒子呈双曲线分布的斜率；δ_{180} 为在 180° 下求得的 δ 值；ψ 为光子被粒子散射的散射角。

通常说的 Henyey-Greenstein 相函数（以下简称 HG 相函数）指 OTHG 相函数。对 OTHG 相函数而言，只有一个参数 g 影响相函数整体形状和趋势。OTHG 相函数于 1941 年由 Henyey 和 Greenstein 提出[517]，具体表达式为

$$\tilde{\beta}_{\mathrm{HG}}(\psi)=\frac{1}{4\pi}\frac{1-g^2}{(1+g^2-2g\cos\psi)^{\frac{3}{2}}} \tag{7.20}$$

式中：g 为相函数的不对称因素，代表相函数散射角平均余弦值，反映散射信号的前向散射和在散射中的占比。g 的具体物理表达式为

$$g=2\pi\int_{-1}^{1}\tilde{\beta}_{\mathrm{HG}}(\psi)\cos\psi\,\mathrm{d}(\cos\psi) \tag{7.21}$$

对 OTHG 相函数而言，在 g 取任意值的情况下均能满足相函数归一化条件式。

HG 相函数形式虽然简单，但是也存在相应的固有缺陷。HG 相函数的首部与实际测得的 Petzold 相函数值符合得较好，然而其尾部后向散射相较于 Petzold 相函数有一定差异。为解决这一问题，Kattawar 提出将 OTHG 相函数进一步改进为 TTHG 相函数[518]。TTHG 相函数由两个具有不对称参数 g 的 OTHG 相函数加权组成，具体表达式为

$$\tilde{\beta}_{\mathrm{TTHG}}(\psi)=\alpha\tilde{\beta}_{\mathrm{HG}}(\psi,g_1)+(1-\alpha)\tilde{\beta}_{\mathrm{HG}}(\psi,g_2) \tag{7.22}$$

式中：ψ 为散射角度；g_1、g_2 分别为两个 OTHG 的不对称参数，g_1 常为接近 1 的正数，而 g_2 常为负数。通过 g_1 可以使相函数反映的小角度前向散射更强，同时通过 g_2 可以确保相函数反映的后向散射会随着散射角增大而增强。Haltrin[519]提出了根据 g_1 求得 g_2 的方法，并给出了公式：

$$g_2=-0.30614+1.0006g_1-0.01826g_1^2+0.03644g_1^3 \tag{7.23}$$

在求得 g_1、g_2 之后可进一步计算两部分 HG 相函数权重占比，其权重影响参数 α 表达

式为

$$\alpha=\frac{g_2(1+g_2)}{(g_1+g_2)(1+g_2-g_1)} \tag{7.24}$$

图 7.17 显示了 4 种相函数随角度的分布图。其中蓝色实线展示了 Petzold 相函数的线型；紫色实线展示了 FF 相函数的线型；红色实线展示了 HG 相函数的线型；黑色实线展示了 TTHG 相函数的线型。除 TTHG 相函数在约 2 rad 后出现了上扬的情况外，其余 3 种相函数的值均随散射角度增大而减小，且在几乎（0, π]内，FF 相函数与 Petzold 相函数符合得较好。4 种相函数均采用后向散射系数为 0.0183 m^{-1} 时的函数线型，后续的仿真中也均采用此条件下的相函数进行仿真，以便对信号进行更好的对比，同时更符合 Petzold 平均粒子相函数的实测数据条件。

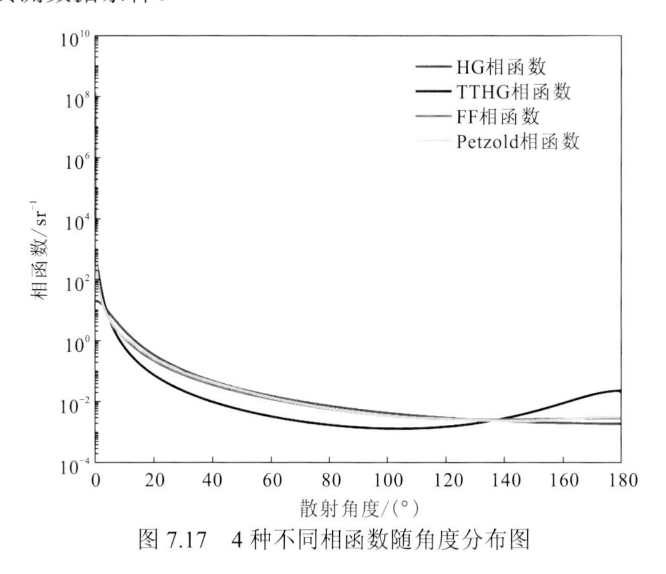

图 7.17　4 种不同相函数随角度分布图

2. 4 种相函数仿真结果对比

水体相函数的测量是棘手的问题，需要通过实验和仿真获得所测量的水体最适宜的相函数。因此在仿真中，研究不同相函数的正演差异是很有必要的。实际上，即便设置完全同样的外界条件，采用不同相函数进行激光雷达回波信号正演计算得到的结果也具有一定区别。本小节对 4 种相函数仿真结果进行分析研究，在清洁水体（吸收系数 a 为 0.114 m^{-1}、散射系数 b 为 0.037 m^{-1}）和近岸水体（吸收系数 a 为 0.179 m^{-1}、散射系数 b 为 0.219 m^{-1}）中分别采用 Petzold 相函数、FF 相函数、HG 相函数和 TTHG 相函数进行仿真。激光雷达的接收视场角设定为 100 mrad，激光雷达的高度设定为 402 km（即在星载条件下进行激光雷达回波信号仿真），探测海水水深设定为 60 m，对 10^8 个光子进行仿真，获取激光雷达回波信号。

图 7.18 显示了采取 4 种不同相函数得到的雷达回波信号，采用对数坐标形式展示接收到的雷达回波信号。图 7.18（a）中红色实线代表清洁水体中利用 Petzold 相函数获得的雷达回波信号；绿色实线代表清洁水体中利用 FF 相函数获得的雷达回波信号；蓝色实线代表清洁水体中利用 HG 相函数获得的雷达回波信号；黄色实线代表清洁水体中利用 TTHG 相函数获得的雷达回波信号。图 7.18（b）中红色实线代表近岸水体中利用 Petzold 相函数获得的雷达回波信号；绿色实线代表近岸水体中利用 FF 相函数获得的雷达回波信号；蓝

色实线代表近岸水体中利用 HG 相函数获得的雷达回波信号；黄色实线代表近岸水体中利用 TTHG 相函数获得的雷达回波信号。

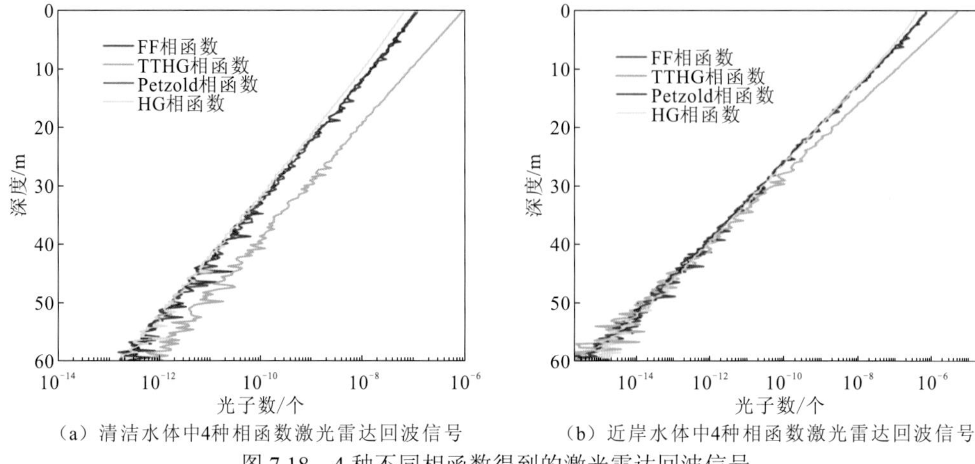

（a）清洁水体中4种相函数激光雷达回波信号　　（b）近岸水体中4种相函数激光雷达回波信号

图 7.18　4 种不同相函数得到的激光雷达回波信号

对 FF 和 Petzold 这两种相函数而言，在小角度的情况下，二者的相函数值都很高，因此在正演过程中，由于光子随机发生的前向极小角度散射，可能会在信号中出现非常突出的尖峰信号，导致仿真信号失真。为避免这种情况，需要考虑对前向极小角度的处理。而 TTHG 和 HG 相函数由于在前向极小角度情况下相函数值较小，整体已经较为平滑，可以直接使用而无须特殊处理。

由图 7.18（a）可见，对清洁水体而言，相函数对雷达回波信号的总体趋势并不会造成影响，且随着水深增加，4 种相函数仿真得到的信号差异逐渐减小。这是由于随着水深的逐步增加，多次散射效应逐渐增强，回到激光雷达的信号的散射角度同时发生变化，逐渐偏离 180°，对应相函数的值也偏离了 180° 相函数值。根据 4 种相函数的分布特征，可以看出，随着角度减小，TTHG 相函数与其他 3 种相函数的差异也相对减小，这与仿真的结果是一致的。另外，可以明显看出 TTHG 相函数的值远大于其他 3 种相函数，这是由于 TTHG 相函数的后向部分明显高于另外 3 种相函数，其后向散射产生的激光雷达回波信号也更强。

而对近岸水体而言，由于其散射系数较高，光子在到达同样深度的水体时将会发生更多的散射，多次散射效应明显增强。从图 7.18（b）中可以发现，随着深度的增加，采用 4 种相函数仿真得到的雷达回波信号以更快的速度接近。总体来说，无论在清洁水体还是在近岸水体中，激光信号在均一水体中的强度变化趋势都不会发生变化，均是沿一定斜率稳定下降。同时在水面处通过 TTHG 相函数正演得到的雷达回波信号依然高于其他 3 种相函数。在近岸水体中，以实测得到的 Petzold 相函数作为参考，与另外 3 种相函数仿真得到的激光雷达回波信号作比，采用式（7.25）计算不同相函数信号比 P_{ratio}：

$$P_{\text{ratio}} = P_{\text{Phasefunction}} / P_{\text{Petzold}} \tag{7.25}$$

式中：$P_{\text{Phasefunction}}$ 为 HG 相函数、TTHG 相函数和 FF 相函数的信号；P_{Petzold} 为 Petzold 相函数的信号，进行计算后得的结果如图 7.19 和表 7.5 所示。

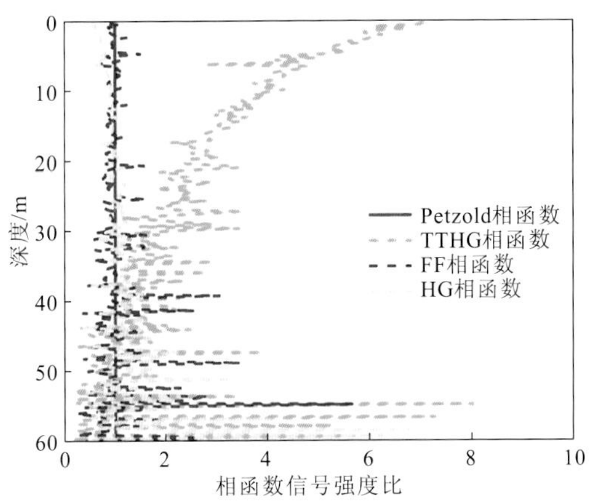

图 7.19　近岸水体中 4 种相函数信号比

表 7.5　TTHG 相函数、FF 相函数、HG 相函数与 Petzold 相函数比值表

项目	TTHG 相函数	FF 相函数	HG 相函数
180°相函数比值	7.22	0.91	0.56
水面处信号比值	7.05	0.90	0.56

可以发现，在忽略信号波动的情况下，除 TTHG 相函数外，另外两种相函数与 Petzold 相函数的比值几乎持续为 1。而经过计算，TTHG 相函数在水面处与 Petzold 相函数的比值为 7.05。

对比相函数与信号强度的对比关系，可以发现在水面处的 4 种相函数得到的激光雷达回波信号比值与 180° 相函数值的比值几乎一致，这是因为在水面处几乎不存在激光光束的展宽，光子此时的方向均为垂直于海面，回到激光雷达接收器的光子散射角大多为 180°，所以此时激光雷达的回波信号比值与相函数在 180° 处值的比值非常接近。

7.2.5　水体层化的影响

图 7.20 比较了在非均匀水体和均匀水体中激光雷达模拟结果，模拟参数与 7.2.2 小节中给出的参数一致。图 7.20（a）表示在水深 10 m 时，水体的单次反照率 ω_0 在 0.6～0.8 突然变化，相应的激光雷达模拟回波信号如图 7.20（b）所示。随着 ω_0 的突然增加，回波信号的强度也随之变强。在实际的探测中，水体的垂直光学特性往往不是均匀的，这些结果表明，提出的新方法在实际的分层海洋水体环境中依旧具有可行性。

为了分析水体层化对激光雷达模拟信号的影响，采用高斯分布的叶绿素 a 来模拟分层水[520]。叶绿素 a 最大层深度通常与温跃层深度相对应[521]。叶绿素 a 浓度的垂直结构影响水体的光学特性（如衰减和后向散射），进而影响激光回波信号。高斯分布叶绿素 Chl(z) 的表达式为

$$\mathrm{Chl}(z) = C_1 + C_0 \times \exp\left(-\frac{(z - z_{\max})^2}{2 \times \sigma^2}\right) \tag{7.26}$$

式中：C_0 为海面的叶绿素 a 浓度；C_1 为恒定背景浮游生物量；$z_{\max}$ 为叶绿素浓度的最大深度；σ 为叶绿素峰值的波宽，即叶绿素最大值一半时的全宽。

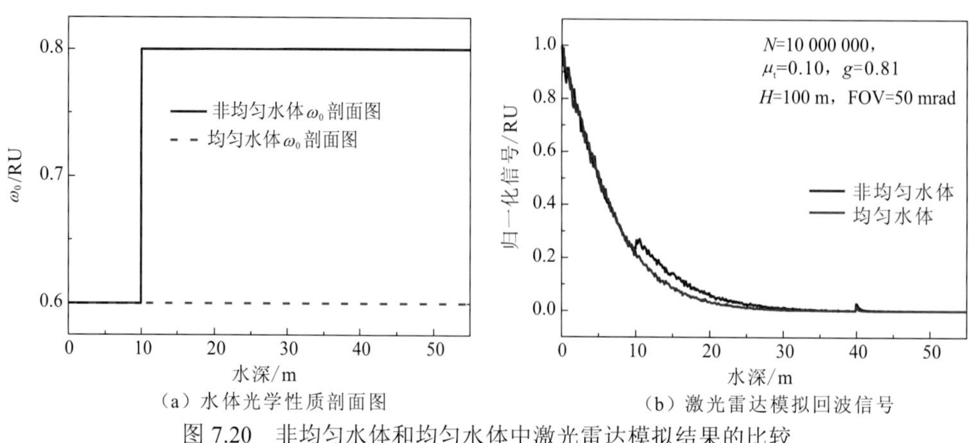

（a）水体光学性质剖面图　（b）激光雷达模拟回波信号

图 7.20　非均匀水体和均匀水体中激光雷达模拟结果的比较

当$C_0 = 5\,\mu g/L$、$C_1 = 0.5\,\mu g/L$、$z_{max} = 25\,m$、$\sigma = 5\,m$时，由式（7.26）计算的叶绿素高斯分布的垂直结构如图 7.21（a）所示。海水光学特性的垂直分布利用了水体光学模型，并将其运用于激光雷达的模拟中。均匀水体和分层水体的模拟结果如图 7.21（b）所示，在均匀水体中，模拟的激光雷达回波信号（红色曲线）在对数坐标下呈线性衰减，表明激光雷达回波信号的强度是随水深的增加而指数衰减，模拟的结果与比尔定律吻合[521]。在分层水体（蓝色曲线）中，激光雷达信号在叶绿素 a 剖面处有与水深相对应的信号，可以利用激光雷达的这一特征来探测水下叶绿素 a 的最大层[400,522]。实际的海洋中经常会发生水体分层的现象，考虑水体分层的模拟结果更符合实际情况。

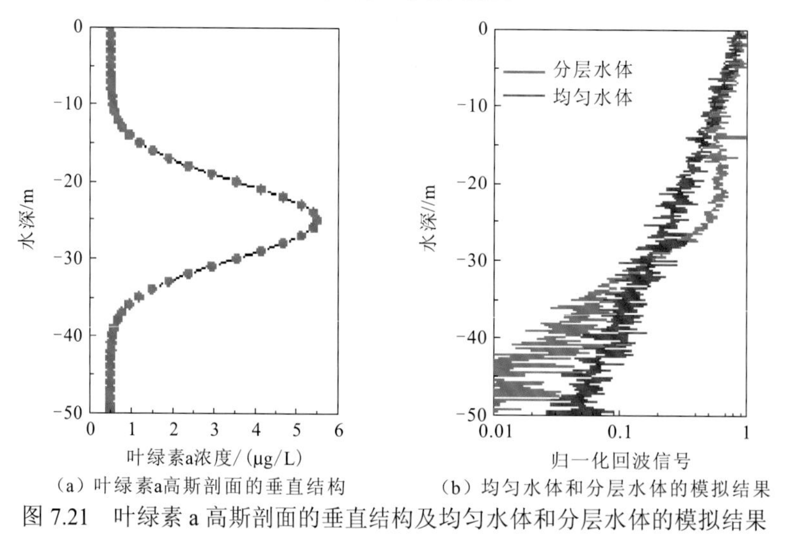

（a）叶绿素a高斯剖面的垂直结构　（b）均匀水体和分层水体的模拟结果

图 7.21　叶绿素 a 高斯剖面的垂直结构及均匀水体和分层水体的模拟结果

接下来分析激光脉冲持续时间对激光雷达回波信号的影响，激光脉冲持续时间分别为 1 ns、10 ns、20 ns、50 ns 和 100 ns。激光雷达系统发射的激光脉冲被认为具有高斯分布[442]。当激光脉冲持续时间超过 10 ns 时，出现了脉冲拉伸现象[523-524]。结果表明，激光雷达的回波信号是探测器对激光脉冲宽度响应的卷积，在实际的反演过程中不可避免地会引起误差。脉冲展宽在激光测深、散射层剖面、非弹性散射温度剖面、水下目标探测等高时空分辨率应用中具有不可忽视的重要作用。当激光脉冲持续时间低于 10 ns 时，可以忽略激光脉冲宽度效应。

7.2.6 多次散射的影响

多次散射是激光雷达反演中需要解决的一个重要问题。为了更好地理解多次散射对激光雷达回波信号的影响，对单次散射、二次散射、三次散射和三次以上散射的情况进行模拟（图 7.22）。激光雷达系统参数设置与 7.2.5 小节相同，水质选择清洁水体。结果表明，基于本章方法得到的单次散射信号（红色曲线）与单次散射激光雷达方程（黄色曲线）[525]计算值是一致的，证实了本章方法的准确性。激光刚进入水中时，激光雷达视场内的后向散射光大部分为单次散射，且此时多次散射信号几乎为零，但多次散射信号随深度的增加而增加。随着深度的增加，多次散射发生越来越多，多次散射信号强度也随之增大。然而，当深度超过某一极限时，虽然多次散射次数增加，但由于水体的衰减和许多后向散射信号脱离视场角，信号幅度随深度的增加而减小。结果表明，随着深度的增加，激光雷达回波信号总幅值与激光雷达方程计算值的差值越来越大，说明激光雷达方程已经不再适用于海洋水体衰减系数的反演。因此，多次散射效应是不容忽视的。

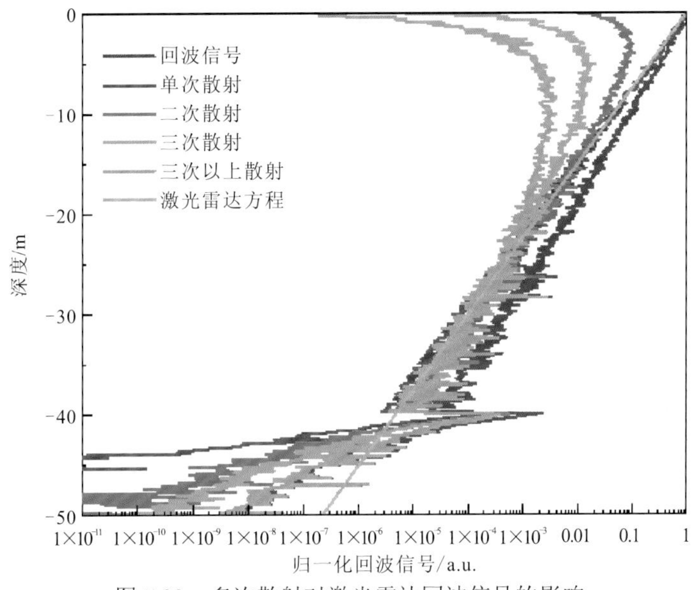

图 7.22 多次散射对激光雷达回波信号的影响

为了进一步分析多次散射对模拟结果的影响，在给定探测器高度 $H = 500\ \mathrm{m}$ 的情况下，使用 10 000 000 个光子进行模拟，其他参数与 7.2.5 小节中给出的参数相同。总回波信号的单次散射、二次散射、三次散射和三次以上散射部分如图 7.23（a）所示。对数形式的单次散射为一条直线，符合光在水中呈指数下降的理论。多次散射的影响会随深度的增加而增加，当光子到达一定深度时，多次散射甚至起主导作用。研究者[17,526]提出，适用于激光雷达系统的有效衰减系数必须介于衰减系数 μ_t 和吸收系数 μ_a 之间。如图 7.23（b）所示，回波信号的斜率即为激光雷达有效衰减系数 K_{sys}。当 μ_t 接近窄视场时，表示几乎所有散射的光都没有被接收器检测到[527]。然而，当视场足够大时，K_{sys} 就接近 μ_a，这是因为只有被吸收的光子没有被探测器接收到[528]。结果表明，多视场结构可用于水体光学性质反演的激光雷达系统[105,529]。

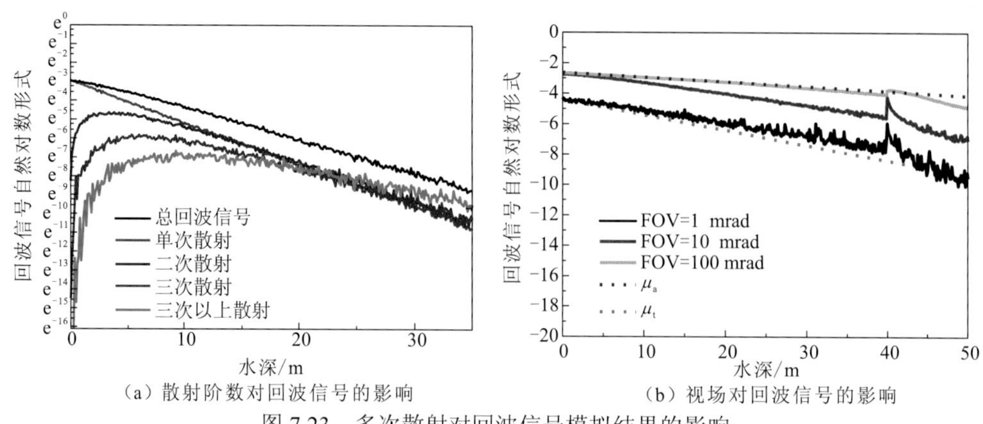

（a）散射阶数对回波信号的影响　（b）视场对回波信号的影响

图 7.23　多次散射对回波信号模拟结果的影响

7.2.7　偏振激光的仿真模拟

激光的偏振状态可以用斯托克斯矢量 $\boldsymbol{S}$ 描述，其定义为

$$\boldsymbol{S}=\begin{bmatrix} I \\ Q \\ U \\ V \end{bmatrix}=\begin{bmatrix} E_{\parallel}E_{\parallel}^{*}+E_{\perp}E_{\perp}^{*} \\ E_{\parallel}E_{\parallel}^{*}-E_{\perp}E_{\perp}^{*} \\ E_{\parallel}E_{\perp}^{*}+E_{\perp}E_{\parallel}^{*} \\ i(E_{\parallel}E_{\perp}^{*}-E_{\perp}E_{\parallel}^{*}) \end{bmatrix} \tag{7.27}$$

式中：I 为光强；Q 为水平分量与垂直分量之差；U 为 45° 方向与 135° 方向偏振分量之差；V 为左旋偏振分量与右旋偏振分量之差；$E_{\parallel}$ 和 $E_{\perp}$ 分别为平行和垂直于参考平面的电场分量。斯托克斯矢量是定义在一定参考平面上的，该参考平面在仿真模型中为波束的子午面，在辐射传输计算过程中难免会有参考平面的旋转，因此斯托克斯矢量也需要进行相应的变换，该过程可以通过用斯托克斯矢量 $\boldsymbol{S}$ 与旋转变换矩阵 $\boldsymbol{R}(\alpha)$ 相乘实现[530]，可表示为

$$\boldsymbol{S}'=\boldsymbol{R}(\alpha)\boldsymbol{S}=\begin{bmatrix} 1 & 0 & 0 & 0 \\ 0 & \cos(2\alpha) & \sin(2\alpha) & 0 \\ 0 & -\sin(2\alpha) & \cos(2\alpha) & 0 \\ 0 & 0 & 0 & 1 \end{bmatrix}\boldsymbol{S} \tag{7.28}$$

式中：α 为两参考平面之间的夹角。

激光在海水中传播时会遇到海水分子和粒子等而发生散射现象，粒子的偏振散射特性可以用穆勒矩阵 $\boldsymbol{M}(\theta)$ 表示。$\boldsymbol{M}(\theta)$ 是一个与散射角 $\theta(0\leqslant\theta\leqslant\pi)$ 相关的矩阵，与粒子的尺度谱、复折射率及形状等参数有关。根据 Voss 等的海水相函数实测结果[531]，海水粒子的穆勒矩阵只有 6 个非零元素，可表示为

$$\boldsymbol{M}(\theta)=\begin{bmatrix} M_{11}(\theta) & M_{12}(\theta) & 0 & 0 \\ M_{12}(\theta) & M_{22}(\theta) & 0 & 0 \\ 0 & 0 & M_{33}(\theta) & 0 \\ 0 & 0 & 0 & M_{33}(\theta) \end{bmatrix}=\tilde{\boldsymbol{\beta}}(\theta)\begin{bmatrix} 1 & m_{12}(\theta) & 0 & 0 \\ m_{12}(\theta) & m_{22}(\theta) & 0 & 0 \\ 0 & 0 & m_{33}(\theta) & 0 \\ 0 & 0 & 0 & m_{33}(\theta) \end{bmatrix} \tag{7.29}$$

式中：$M_{11}(\theta)=\tilde{\beta}(\theta)$。Kokhanovsky 等[532]通过对 Voss 等的海水相函数实测结果进行拟合，

得到了参数化的海水散射相矩阵形式，其中各元素的表达式分别如式（7.30）～式（7.32）所示：

$$m_{12}(\theta)=-\frac{p(90^\circ\theta)\sin^2\theta}{1+p(90^\circ)\cos^2\theta} \tag{7.30}$$

$$m_{22}(\theta)=\frac{p(90^\circ)[1+\cos^2(\theta-\theta_0)]+\xi\exp(-\kappa\theta)}{1+p(90^\circ)\cos^2(\theta-\theta_0)+\xi\exp(-\kappa\theta)} \tag{7.31}$$

$$m_{33}(\theta)=\frac{2p(90^\circ)\cos\theta+\xi\exp(-\kappa\theta)}{1+p(90^\circ)\cos^2\theta+\xi\exp(-\kappa\theta)} \tag{7.32}$$

式中：$p(90^\circ)$为 90° 散射角时的偏振度，其值为 0～1；θ_0 为 m_{22} 最小值对应的散射角与 $\theta=90^\circ$ 的偏差；指数项 $\xi\exp(-\kappa\theta)$ 用来描述 m_{22} 和 m_{33} 由于海洋中大粒子在小角度处的多次散射效应带来的影响，其中参数 κ 与 θ_0 互为相反数。对 Voss 等的实验结果进行拟合近似得到 $p(90^\circ)$为 0.66、θ_0 为 0.25 rad、ξ 为 25.6、κ 为 4 rad^{-1}[531]，将这些参数值代入式（7.30）～式（7.32），可得到归一化的参数化海水散射相矩阵中非零元素与散射角 θ 的关系曲线，如图 7.24 所示。

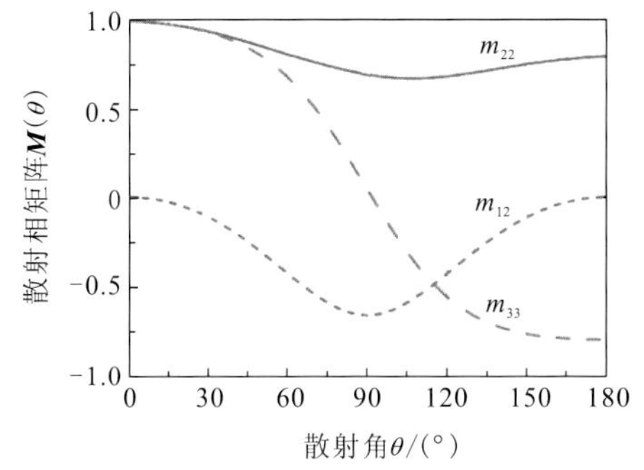

图 7.24 归一化的参数化海水散射相矩阵中非零元素与散射角 θ 的关系曲线

形式简单的参数化海水散射相矩阵非常有利于进行辐射传输模拟，但单一相矩阵不一定适用于所有海洋水体。图 7.25 给出了不同参数取值情况下的海水散射相矩阵，图中的实线均为参数 $p(90^\circ)=0.66$、$\theta_0=0.25$ rad、$\xi=25.6$ 时的相矩阵。相较于实线所示的相矩阵，图 7.25（a）中虚线为将 $p(90^\circ)$的值改为 0.76、其他参数不变情况下的相矩阵，图 7.25（b）中虚线为将 θ_0 的值改为 0.35 rad、其他参数不变情况下的相矩阵，图 7.25（c）中虚线为将 κ 的值改为 30.6、其他参数不变情况下的相矩阵。可以看出 $p(90^\circ)$对相矩阵形状的影响最大，θ_0 对 m_{22} 和 m_{33} 的前向散射特性影响较大，κ 值的改变对相矩阵的影响很小，只在 m_{22} 和 m_{33} 的前向部分起比较小的作用。

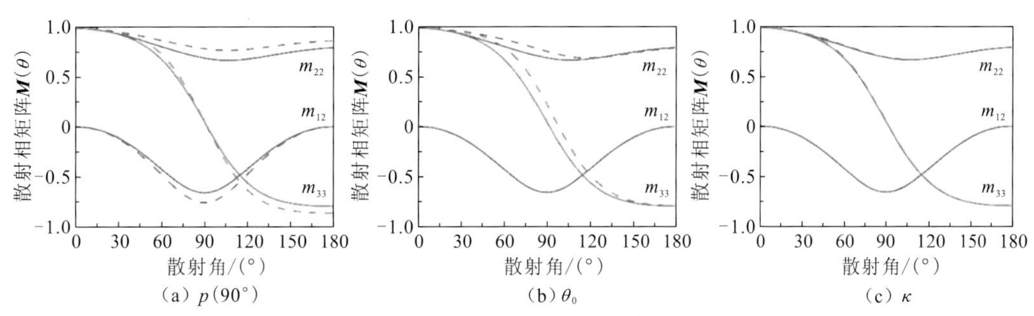

图 7.25 参数 $p(90^\circ)$、θ_0 与 κ 对归一化海水散射相矩阵的影响曲线

以散射面为参考面，在已知入射光斯托克斯矢量 $\boldsymbol{S}_{\text{inc}}$ 的条件下，散射光的斯托克斯矢量 $\boldsymbol{S}_{\text{sca}}$ 可通过式（7.33）计算得到：

$$\boldsymbol{S}_{\text{sca}} = \boldsymbol{M}(\theta)\boldsymbol{S}_{\text{inc}} \tag{7.33}$$

根据后向散射光的斯托克斯矢量[I, Q, U, V]可以得到激光雷达回波信号的退偏振比 δ：

$$\delta=\frac{I-Q}{I+Q} \tag{7.34}$$

对于激光与物质单次散射产生的回波信号，由于 $I=Q$，并且散射相矩阵中的元素 $M_{12}=M_{21}$，退偏振比可以表示为

$$\delta_{\text{s}}=\frac{M_{11}(180^\circ)-M_{22}(180^\circ)}{M_{11}(180^\circ)+M_{22}(180^\circ)} \tag{7.35}$$

对于球形粒子，由于 $M_{11}(180^\circ)=M_{22}(180^\circ)$，其单次散射退偏振比为 0，而对于非球形粒子则不然。为了简化分析，在仿真分析中假设大气环境晴朗洁净，不存在影响偏振状态的非球形气溶胶及云粒子。图 7.26 为海水单次散射退偏振比随相矩阵中的参数 $p(90^\circ)$的变化曲线，可以看出单次散射退偏振比与相矩阵中的参数 $p(90^\circ)$成反比，$p(90^\circ)$为 0 时信号完全退偏，$p(90^\circ)$为 1 时信号的偏振状态不改变。

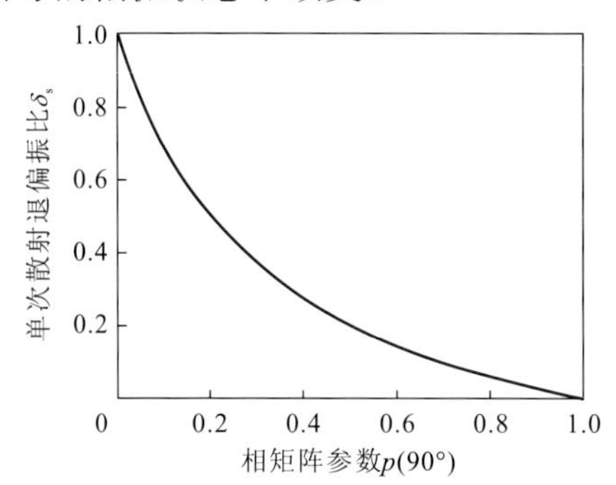

图 7.26　海水单次散射退偏振比 δ_{s} 随相矩阵参数 $p(90^\circ)$的变化曲线

利用子午面法与半解析 MC 模型相结合，构建半解析 MC 偏振辐射传输模型，对海洋激光雷达的偏振回波信号进行仿真。图 7.27 为半解析 MC 偏振辐射传输仿真模型的基本流程。与普通的半解析 MC 辐射传输仿真过程类似，为了提高程序运行效率，将光子运动分为漫射散射过程和半解析接收过程两部分。漫射散射过程主要模拟光子和海水层的散射和吸收过程，光子的运动主要包括随机游走和散射。在进行运动仿真之前，需要定义光子状态参数。光子的运动方向与初始坐标和非偏振的半解析 MC 模型一样，即$[u_x, u_y, u_z]=[0, 0, 1]$，$[x, y, z]=[0, 0, 0]$，初始斯托克斯矢量 $\boldsymbol{S}_0=[1\ 1\ 0\ 0]$，代表发射光子的偏振方向平行于 x-z 平面。

根据半解析 MC 光子接收原理将每个光子看作一个光子包，并赋予其初始权重 $\omega_0=1$，在每次发生散射后回到探测器部分光子包的权重为 $w_{\text{s}}=E\omega_0$，其中 E 是由式（7.36）计算得到的概率值。而光子包的剩余部分 $w_1=(1-E)\omega_0$ 则继续在水中传播。此时，在程序中将出现两个分支：继续传播的光子包将走 1 分支，直接返回探测器的光子包将走 2 分支。

$$E=\frac{\tilde{\beta}(\theta)}{4\pi}\Delta\Omega\exp\left(-\sum_{j=1}^{i}c(j)d(j)\right)T_{\text{surf}}T_{\text{atm}} \tag{7.36}$$

式中：$\beta(\theta)$ 为散射相函数；$\Delta\Omega$ 为系统参数；$c(j)$ 和 $d(j)$ 分别为衰减系数和深度；T_{surf} 为水面反射率；T_{atm} 为大气衰减系数。

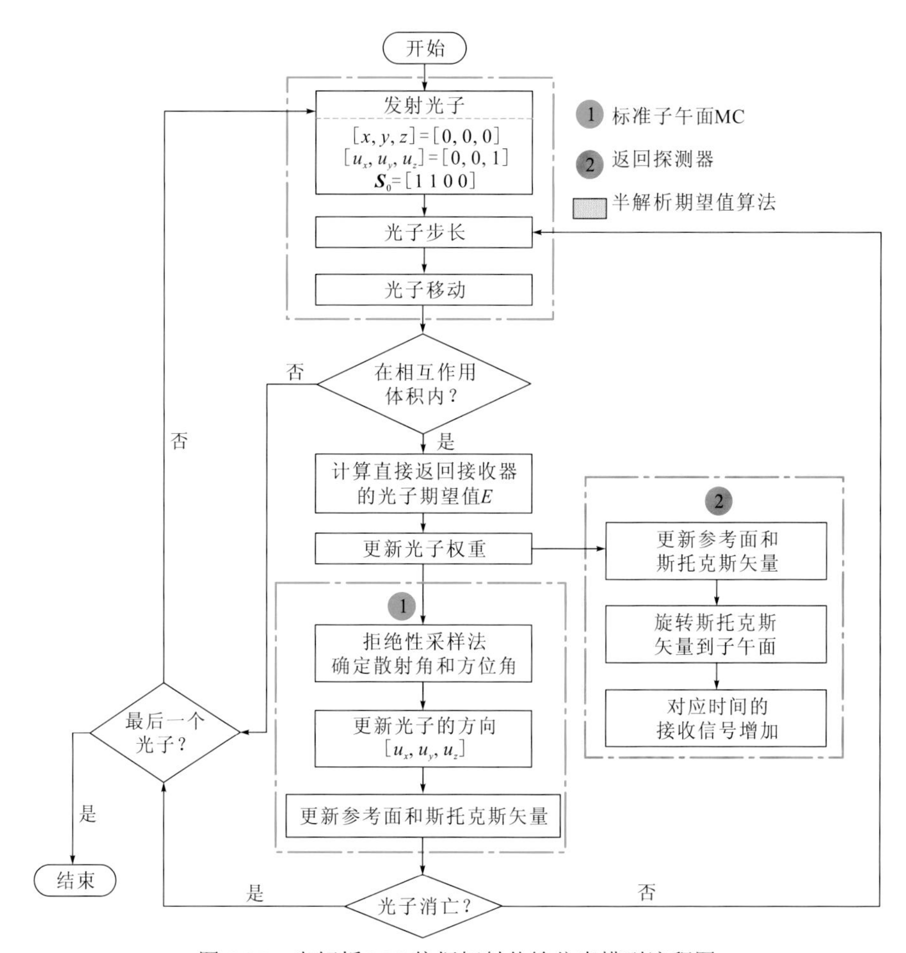

图 7.27　半解析 MC 偏振辐射传输仿真模型流程图

1. 散射角及运动方向的确定

光子的散射过程主要包括产生随机的运动方向和确定散射光的偏振状态。如图 7.28 所示，光子的散射方向由散射角 θ 和方位角 α_1（即散射前子午面与散射面之间的夹角）确定。在非偏振辐射传输的 MC 仿真中，散射角可通过对散射相函数的随机抽样获得，而方位角可以看作与散射角无关的均匀分布在[0, 2π]的随机数。但对偏振光而言，其散射方向的确定则相对复杂，在偏振辐射传输的 MC 仿真中是根据散射相函数和拒绝性采样算法来确定的[533]。对线偏振光来说，其相函数与散射角 θ 和方位角 α_1 都相关，斯托克斯矢量为$[I_0, Q_0, U_0, V_0]$的入射光相函数 $\tilde{\beta}(\theta,\alpha_1)$ 的表达式为

$$\tilde{\beta}(\theta,\alpha_1) = M_{11}(\theta)I_0 + M_{12}(\theta)[Q_0\cos2\alpha_1 + U_0\sin2\alpha_1] \tag{7.37}$$

拒绝性采样法的原理为：取 θ_{rand} 为 0 到 π 之间均匀分布的随机数，α_{rand} 为 0 到 2π 之间均匀分布的随机数，$\tilde{\beta}_{\text{rand}}$ 为 0 到 1 之间均匀分布的随机数，当 $\tilde{\beta}_{\text{rand}} \leqslant \tilde{\beta}(\theta_{\text{rand}},\alpha_{\text{rand}})$ 时，θ_{rand} 和 α_{rand} 即为新的散射角度，即图 7.28 中的散射角 θ 和方位角 α_1。

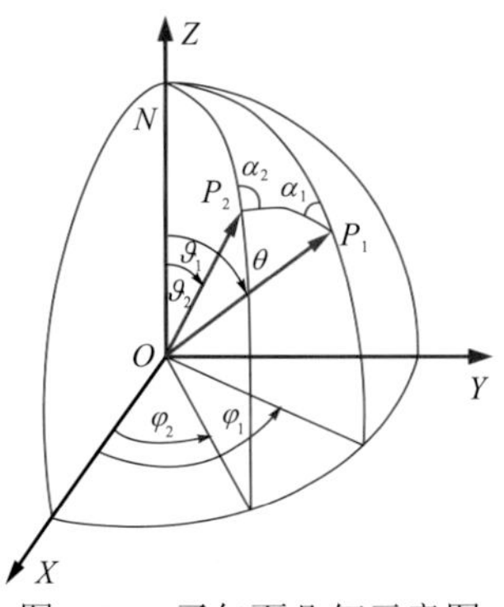

图 7.28　子午面几何示意图

OP_1和OP_2分别为散射前后光子的运动方向，NOP_1和NOP_2分别为散射前后的子午面

在获得散射角θ和方位角α_1的基础上，由球面三角形余弦定理可得

$$\cos\vartheta_2 = \cos\vartheta_1\cos\theta + \sin\vartheta_1\sin\theta\cos\alpha_1 \tag{7.38}$$

$$\varphi_2 = \begin{cases} \varphi_1 - \arccos\left(\dfrac{\cos\theta - \cos\vartheta_1\cos\vartheta_2}{\sin\vartheta_1\sin\vartheta_2}\right), & 0 < \alpha_1 < \pi \\ \varphi_1 + \arccos\left(\dfrac{\cos\theta - \cos\vartheta_1\cos\vartheta_2}{\sin\vartheta_1\sin\vartheta_2}\right), & \pi < \alpha_1 < 2\pi \end{cases} \tag{7.39}$$

式中：ϑ_1和ϑ_2分别为入射光和散射光的天顶角；φ_1和φ_2分别为入射光和散射光的方位角。根据ϑ_2和φ_2可以得到散射后的运动方向。

2. 散射光偏振状态的确定

当使用拒绝性采样方法确定了光子的散射角和方位角后，模拟光子的散射过程前需要对斯托克斯矢量进行三次坐标转换。首先是将斯托克斯矢量的参考坐标系旋转至散射面。如图 7.28 所示，偏振光场初始子午面为NOP_1，散射面即海水粒子相矩阵的参考面为P_1OP_2。将斯托克斯矢量与旋转矩阵$\boldsymbol{R}(-\alpha_1)$相乘，即可得到新的斯托克斯矢量。该旋转矩阵的作用相当于将斯托克斯矢量逆时针旋转角度α_1，将参考面旋转至散射面。然后将光子的斯托克斯矢量与海水的散射相矩阵$\boldsymbol{M}(\theta)$相乘。最后，需要将斯托克斯矢量逆时针旋转α_2角，使其参考系旋转到散射光的子午面NOP_2。α_2角的求解方法为

$$\alpha_2 = \begin{cases} \arccos\left(\dfrac{\cos\vartheta_1 - \cos\vartheta_2\cos\theta}{\sin\vartheta_2\sin\theta}\right), & 0 < \alpha_1 < \pi \\ 2\pi - \arccos\left(\dfrac{\cos\vartheta_1 - \cos\vartheta_2\cos\theta}{\sin\vartheta_2\sin\theta}\right), & \pi < \alpha_1 < 2\pi \end{cases} \tag{7.40}$$

由此可得到发射散射后光场的斯托克斯矢量$\boldsymbol{S}_{\text{new}}$为[534]

$$\boldsymbol{S}_{\text{new}} = \boldsymbol{R}(\pi - \alpha_2)\boldsymbol{M}(\theta)\boldsymbol{R}(-\alpha_1)S \tag{7.41}$$

图 7.27 中，分支 1 的光子包需要根据其权重判断其生存状态：如果光子包的权重太小，低于设定的初始值，则引入俄罗斯轮盘赌程序；如果光子包的生存状态为“Dead”则停止对该光子包的追踪，反之则回到步长确定的步骤继续光子散射过程。重复此流程直到遍历所有初设光子。

图 7.27 中，半解析回波接收部分的光子包将通过分支 2 的程序，同样也需要经历上述

三次对斯托克斯矢量的操作。相关的计算过程可表示为

$$\boldsymbol{S}_{\text{sig}} = \boldsymbol{R}(\pi-\alpha_2')\boldsymbol{M}(\theta)\boldsymbol{R}(-\alpha_1')S \times w_{\text{s}} \tag{7.42}$$

$$\begin{cases} \cos\alpha_1' = \dfrac{uz_{\text{sca}} - uz_{\text{inc}}\cos\theta}{\sqrt{1-uz_{\text{inc}}^2}\sin\theta} \\ \cos\alpha_2' = \dfrac{uz_{\text{inc}} - uz_{\text{sca}}\cos\theta}{\sqrt{1-uz_{\text{sca}}^2}\sin\theta} \end{cases} \tag{7.43}$$

式中：散射光的方向$(ux_{\text{sca}}, uy_{\text{sca}}, uz_{\text{sca}})$和散射角$\theta$可以分别由式（7.44）和式（7.45）计算得到：

$$\begin{cases} u_x' = -\dfrac{x}{\sqrt{x^2+y^2+(nH+z)^2}} \\ u_y' = -\dfrac{y}{\sqrt{x^2+y^2+(nH+z)^2}} \\ u_z' = -\sqrt{1-u_x^2-u_y^2} \end{cases} \tag{7.44}$$

$$\cos\theta = u_x u_x' + u_y u_y' + u_z u_z' \tag{7.45}$$

计算过程中可能会出现以下几个特殊情况。

当散射角θ为0，式（7.43）将变为

$$\cos\alpha_1' = 1, \ \cos\alpha_2' = 1 \tag{7.46}$$

当$uz_{\text{inc}} = 1$，即$\sqrt{1-uz_{\text{inc}}^2}=0$，式（7.43）将变为

$$\begin{cases} \cos\alpha_1' = -uz_{\text{inc}}\cos(\varphi_{\text{sca}} - \varphi_{\text{inc}}) \\ \cos\alpha_2' = uz_{\text{inc}} \end{cases} \tag{7.47}$$

当$uz_{\text{sca}} = 1$，即$\sqrt{1-uz_{\text{sca}}^2}=0$，式（7.43）将变为

$$\begin{cases} \cos\alpha_1' = uz_{\text{sca}} \\ \cos\alpha_2' = -uz_{\text{sca}}\cos(\varphi_{\text{sca}} - \varphi_{\text{inc}}) \end{cases} \tag{7.48}$$

在进行半解析光子接收时，如果该部分光子与探测器的连线不与z轴重合，其斯托克斯矢量的参考面与探测器坐标系的参考子午面（即XOZ平面）会存在一定的夹角γ，回到探测器的光子的斯托克斯矢量需要乘以旋转矩阵$\boldsymbol{R}(-\gamma)$，然后将该部分光子的权重加到累计的回波信号中，最后通过追迹大量的光子，即可得到最终的偏振激光雷达回波信号。

通常，激光脉冲中的单个光子能回到探测器的概率很低，随着水体光学厚度的增加概率还会进一步降低。尤其是对星载激光雷达，光子回到探测器的概率大约只有十亿分之一[535]，因此模型的计算效率就显得尤为重要。半解析光子接收方法的引入将会大大提高模型的收敛速度。在仿真精度方面，Hu 等[535]分析了利用半解析偏振 MC 仿真云层的雷达回波特性，在精确度上与传统 MC 模型是一致的。

7.3 基于准单次散射小角度近似的多次散射解析模型

激光雷达具有较窄的激光束和较小的视场角，且散射相函数的能量主要集中于前向，这些特殊条件能够求得辐射传输方程的特解。若散射相函数由小角度占主导，且激光雷达

视场角的足迹直径小于平均散射自由程（光束衰减系数 c 的倒数），则贡献给激光雷达信号的轨迹主要由小角度前向散射和单次后向散射组成，这个假设定义为辐射传输的类似固定状态近似（quasi stationary state approximation，QSSA）[217,219,536]。本节将采用小角度近似下的辐射传输方程的傅里叶空间解来定义一个有效介质，将激光雷达的双程传输问题转换为更简单的单程传输问题。这种模型由 Katsev 等推导得到[536]，并由 Malinka 等[219-220]应用至拉曼激光雷达的推导和反演中，具有极高的实用价值和可靠的精度。

7.3.1 解析法原理

解析法的核心就是 QSSA，该近似是一种常用的、比较容易理解的激光雷达正演假设，它将激光雷达的辐射传递问题分解为光源在出射路径上的前向传输、一次后向散射和后向散射辐射在返回路径上的前向传输，最后被接收器收集。假设存在辐射传输的格林函数解，可以将多次散射问题逐步展开。

光源辐射从位置 $\boldsymbol{R}_0$ 和方向 $\boldsymbol{n}_0$ 经多次散射后到达位置 $\boldsymbol{R}$ 和方向 $\boldsymbol{n}$，即

$$I_{\mathrm{f}}(\boldsymbol{R},\boldsymbol{n})=\int \mathrm{d}\boldsymbol{R}_0\int \mathrm{d}\boldsymbol{n}_0 W_{\mathrm{src}}(\boldsymbol{R}_0,\boldsymbol{n}_0)G_{\mathrm{o}}(\boldsymbol{R},\boldsymbol{n};\boldsymbol{R}_0,\boldsymbol{n}_0) \tag{7.49}$$

式中：$W_{\mathrm{src}}(\boldsymbol{R}_0,\boldsymbol{n}_0)$ 为归一化的光源辐射；G_{o} 为发射路径上辐射传递方程的格林函数解。

发生单次后向散射后在位置 $\boldsymbol{R}$ 和方向 $-\boldsymbol{n}_{\mathrm{b}}$ 上的光辐射为

$$I_{\mathrm{b}}(\boldsymbol{R},-\boldsymbol{n}_{\mathrm{b}})=\int \mathrm{d}\boldsymbol{n} b_{\mathrm{b}}(\boldsymbol{R})\tilde{\beta}_{\mathrm{b}}(\boldsymbol{R};-\boldsymbol{n}_{\mathrm{b}},\boldsymbol{n})I_{\mathrm{f}}(\boldsymbol{R},\boldsymbol{n}) \tag{7.50}$$

式中：b_{b} 和 $\tilde{\beta}_{\mathrm{b}}$ 分别为后向散射系数和后向散射相函数，$\tilde{\beta}_{\mathrm{b}}=\tilde{\beta}(\pi-\theta)$。后向散射的辐射从位置 $\boldsymbol{R}$ 继续前向传输到位置 $\boldsymbol{R}''$，方向为 $-\boldsymbol{n}''$：

$$I_{\mathrm{r}}(\boldsymbol{R}'',-\boldsymbol{n}'';\boldsymbol{R})=\int \mathrm{d}\boldsymbol{n}_{\mathrm{b}} I_{\mathrm{b}}(\boldsymbol{R},-\boldsymbol{n}_{\mathrm{b}})G_{\mathrm{r}}(\boldsymbol{R}'',-\boldsymbol{n}'';\boldsymbol{R}_0,-\boldsymbol{n}_{\mathrm{b}}) \tag{7.51}$$

式中：G_{r} 为返回路径上辐射传递方程的格林函数解。最终能够被接收器收集的能量为

$$P(\boldsymbol{R})=\int \mathrm{d}\boldsymbol{R}''\int \mathrm{d}\boldsymbol{n}'' W_{\mathrm{rec}}(\boldsymbol{R}'',-\boldsymbol{n}'')I_{\mathrm{r}}(\boldsymbol{R}'',-\boldsymbol{n}'';\boldsymbol{R}) \tag{7.52}$$

利用光学互易性原理，有

$$G(\boldsymbol{R}'',-\boldsymbol{n}'';\boldsymbol{R},-\boldsymbol{n}_{\mathrm{b}})=G(\boldsymbol{R},\boldsymbol{n}_{\mathrm{b}};\boldsymbol{R}'',\boldsymbol{n}'') \tag{7.53}$$

定义一个接收器光源，表示为

$$W_{\mathrm{src}}^{\mathrm{rec}}(\boldsymbol{R}'',\boldsymbol{n}'')=W_{\mathrm{rec}}(\boldsymbol{R}'',-\boldsymbol{n}'') \tag{7.54}$$

将式（7.49）～式（7.54）结合起来，可以将式（7.52）重新写为

$$P(\boldsymbol{R})=\int \mathrm{d}\boldsymbol{n}_{\mathrm{b}}\int \mathrm{d}\boldsymbol{n} b_{\mathrm{b}}(\boldsymbol{R})\tilde{\beta}_{\mathrm{b}}(\boldsymbol{R};-\boldsymbol{n}_{\mathrm{b}},\boldsymbol{n})I_{\mathrm{src}}(\boldsymbol{R},\boldsymbol{n})I_{\mathrm{src}}^{\mathrm{rec}}(\boldsymbol{R},\boldsymbol{n}_{\mathrm{b}}) \tag{7.55}$$

式中：光源和接收器在后向散射位置的等效辐射分别为

$$\begin{cases} I_{\mathrm{src}}(\boldsymbol{R},\boldsymbol{n})=\int \mathrm{d}\boldsymbol{R}_0\int \mathrm{d}\boldsymbol{n}_0 W_{\mathrm{src}}(\boldsymbol{R}_0,\boldsymbol{n}_0)G_{\mathrm{o}}(\boldsymbol{R},\boldsymbol{n};\boldsymbol{R}_0,\boldsymbol{n}_0) \\ I_{\mathrm{src}}^{\mathrm{rec}}(\boldsymbol{R},\boldsymbol{n})=\int \mathrm{d}\boldsymbol{R}_0\int \mathrm{d}\boldsymbol{n}_0 W_{\mathrm{src}}^{\mathrm{rec}}(\boldsymbol{R}_0,\boldsymbol{n}_0)G_{\mathrm{r}}(\boldsymbol{R},\boldsymbol{n};\boldsymbol{R}_0,\boldsymbol{n}_0) \end{cases} \tag{7.56}$$

根据 Parseval 等式和小角度近似，进而可以得到信号的表达式为

$$P(z)=b(z)\int_{-\infty}^{\infty}\frac{\mathrm{d}\boldsymbol{v}\mathrm{d}\boldsymbol{p}}{(2\pi)^4}\tilde{\beta}_{\mathrm{b}}(z;p)\tilde{I}_{\mathrm{eff}}(z,\boldsymbol{v},\boldsymbol{p}) \tag{7.57}$$

式中

$$\tilde{I}_{\mathrm{eff}}(z,\boldsymbol{v},\boldsymbol{p})=\tilde{I}^{*}_{\mathrm{src}}(z,\boldsymbol{v},\boldsymbol{p})\tilde{I}^{\mathrm{rec}}_{\mathrm{src}}(z,\boldsymbol{v},\boldsymbol{p}) \tag{7.58}$$

$I_{\mathrm{src}}(z,\boldsymbol{r},\boldsymbol{n})$ 和 $I^{\mathrm{rec}}_{\mathrm{src}}(z,\boldsymbol{r},\boldsymbol{n})$ 在傅里叶空间表示为

$$\tilde{I}(z,\boldsymbol{v},\boldsymbol{p})=\varphi[\boldsymbol{v},\boldsymbol{p}+\boldsymbol{v}(z+H)]\tilde{G}_{\mathrm{o}}(z,\boldsymbol{v},\boldsymbol{p}) \tag{7.59}$$

辐射传输方程的格林函数解的傅里叶形式为

$$\tilde{G}_{\mathrm{o,r}}(z,\boldsymbol{v},\boldsymbol{p})=\exp\left\{-\int_0^z[c(z)-b(z)\tilde{\beta}_f(z;\boldsymbol{p}+\boldsymbol{v}(z-\xi))]\mathrm{d}\xi\right\} \tag{7.60}$$

7.3.2 倾斜入射情况下的解析法

式（7.57）没有考虑折射率为 1 以外的光束路径中多介质间的可能边界。然而，折射会对信号产生强烈的影响，特别是在激光倾斜入射的情况下。为了对水体折射率和倾斜入射的情况进行校正，本小节对式（7.57）进行修正[537]。

考虑两个笛卡儿坐标系 $(x_{\mathrm{a}},y_{\mathrm{a}},z_{\mathrm{a}})$ 和 $(x_{\mathrm{w}},y_{\mathrm{w}},z_{\mathrm{w}})$，如图 7.29 所示。$z_{\mathrm{a}}$ 轴和 z_{w} 轴分别与大气和水中的激光雷达光轴重合，即 z_{w} 轴是与水面折射的 z_{a} 轴。两者在与水面的交点处都有原点 O。这些轴的倾斜天顶角为 θ_{a} 和 θ_{w}，其关系与斯奈尔定律有关。x_{a} 轴和 x_{w} 轴都在主平面上，即激光雷达光轴所在的平面上，y_{a} 轴和 y_{w} 轴都垂直于主平面。向量 $\boldsymbol{r}_{\mathrm{a}}=(x_{\mathrm{a}},y_{\mathrm{a}})$ 和 $\boldsymbol{r}_{\mathrm{w}}=(x_{\mathrm{w}},y_{\mathrm{w}})$ 定义了点在平面中的位置，分别垂直于 O-z_{a} 和 O-z_{w}，向量 $\boldsymbol{n}_{\mathrm{a}}$ 和 $\boldsymbol{n}_{\mathrm{w}}$ 定义了光束传播的单位向量在这些平面上的投影。激光雷达的高度为 H，给出位置 $(0,0,-z_{\mathrm{a}})=(0,0,-H\sec\theta_{\mathrm{a}})$，其中 z_{a} 为大气中的路径长度。信号来自的水下点有坐标 $(0,0,z_{\mathrm{w}})=(0,0,z\sec\theta_{\mathrm{w}})$，其中 z_{w} 为水中的路径长度，z 为点 S 的深度。

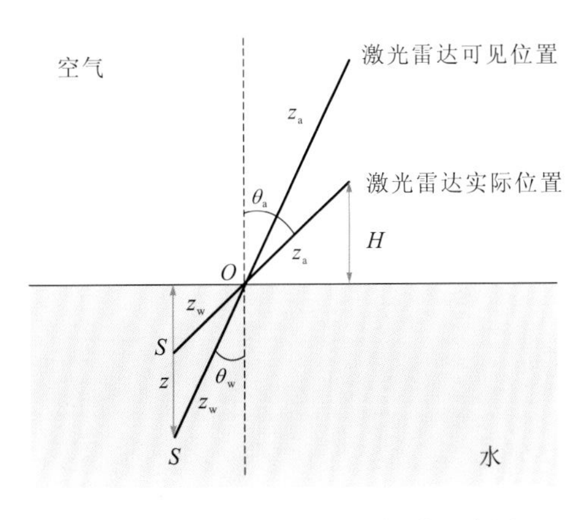

图 7.29 海洋激光雷达解析法示意图

激光雷达信号 $P(z_{\mathrm{w}})$ 是每一路径长度 Δz_{w} 上所接收的辐射能量 ΔE，它与光子到达时间 $t=2z_{\mathrm{a}}/V+2nz_{\mathrm{w}}/V$ 有关，其中 V 为空气中的光速，n 为水的折射率。在准单次散射（quasi-single，QS）近似框架下，激光雷达信号可以表示为[536]

$$P(z_{\mathrm{w}})=W_0 b(z_{\mathrm{w}})\int\mathrm{d}\boldsymbol{r}_{\mathrm{w}}\int\mathrm{d}\boldsymbol{n}'_{\mathrm{w}}\int\mathrm{d}\boldsymbol{n}''_{\mathrm{w}}I_{\mathrm{src}}(z_{\mathrm{w}},\boldsymbol{r}_{\mathrm{w}},\boldsymbol{n}'_{\mathrm{w}})\times\widetilde{\beta}_{\mathrm{b}}(z_{\mathrm{w}};|\boldsymbol{n}'_{\mathrm{w}}-\boldsymbol{n}''_{\mathrm{w}}|)I^{\mathrm{rec}}_{\mathrm{src}}(z_{\mathrm{w}},\boldsymbol{r}_{\mathrm{w}},\boldsymbol{n}''_{\mathrm{w}}) \tag{7.61}$$

式中：$I_{\mathrm{src}}(z_{\mathrm{w}},\boldsymbol{r}_{\mathrm{w}},\boldsymbol{n}_{\mathrm{w}})$ 和 $I^{\mathrm{rec}}_{\mathrm{src}}(z_{\mathrm{w}},\boldsymbol{r}_{\mathrm{w}},\boldsymbol{n}_{\mathrm{w}})$ 为激光器和接收器空间角度分布。

利用 QSAA[536]，可以将信号与激光雷达系统和混浊介质特性联系起来，得到式（7.61）的解

$$
\begin{cases}
P(z_{\mathrm{w}}) = w_0 b(z_{\mathrm{w}}) \int \dfrac{\mathrm{d}\boldsymbol{v}\mathrm{d}\boldsymbol{p}}{(2\pi)^4} \tilde{\beta}_{\mathrm{b}}(z_{\mathrm{w}}, p) I_{\mathrm{eff}}(z_{\mathrm{w}}, \boldsymbol{v}, \boldsymbol{p}) \\
I_{\mathrm{eff}}(z_{\mathrm{w}}, \boldsymbol{v}, \boldsymbol{p}) = T^2(\theta_{\mathrm{a}}) \varphi^{\mathrm{vis}}(\boldsymbol{v}, \boldsymbol{p} + \boldsymbol{v}(z_{\mathrm{w}} + z_{\mathrm{a}} n)) \\
\qquad \times \exp\left(-\int_0^{z_{\mathrm{w}}} 2\{c(\xi) - b(\xi)\tilde{\beta}_f(\xi, |\boldsymbol{p} + \boldsymbol{v}(z_{\mathrm{w}} - \xi)|)\}\mathrm{d}\xi\right) \\
\varphi^{\mathrm{vis}}(\boldsymbol{q}, \boldsymbol{p}) = \varphi^*_{\mathrm{src}}\left(\eta v_x, v_y; \dfrac{\eta}{n} p_x, \dfrac{1}{n} p_y\right) \varphi_{\mathrm{rec}}\left(\eta v_x, v_y; \dfrac{\eta}{n} p_x, \dfrac{1}{n} p_y\right)
\end{cases}
\tag{7.62}
$$

式中：$\boldsymbol{v}$ 和 $\boldsymbol{p}$ 为频域矢量；$T(\theta_{\mathrm{a}})$ 为通过气-水界面的菲涅耳透射率；$c(z)$ 为光束衰减系数；$\varphi_{\mathrm{src}}(\boldsymbol{v}, \boldsymbol{p})$ 和 $\varphi_{\mathrm{rec}}(\boldsymbol{v}, \boldsymbol{p})$ 为激光源和接收器函数的傅里叶变换，有

$$
\varphi_{\mathrm{rec,src}}(\boldsymbol{v}, \boldsymbol{p}) = \int \mathrm{d}\boldsymbol{r}\mathrm{d}\boldsymbol{n}\, \varphi_{\mathrm{rec,src}}(\boldsymbol{r}, \boldsymbol{n}) \exp(i\boldsymbol{v}\cdot\boldsymbol{r} + i\,\boldsymbol{p}\cdot\boldsymbol{n}) \tag{7.63}
$$

分析多次散射和雷达视场角对模拟结果的影响。在给定探测器高度 $H=500$ m 的条件下，使用 10 000 000 个光子进行模拟，其他参数设置与 7.2 节中给出的参数相同。当散射为单次散射时，对数形式的回波信号基本为一条直线，这与光在水中呈指数下降的理论一致，从而可以表明，本章的仿真方法是正确可行的。此外，多次散射的贡献随深度的增加而增加，当光子到达一定深度时，多次散射甚至起主导作用。Gordon[17]和 Feygels 等[538]曾提出，适用于激光雷达系统的有效衰减系数必须介于光束衰减系数和吸收系数之间。视场角越窄，雷达有效衰减系数越接近光束衰减系数，因为此时几乎所有散射光都没有被接收器检测到[539]。然而，当视场角足够大时，雷达有效衰减系数与水体吸收系数更接近，此时接收器几乎接收了所有的散射光，唯一未被接收的光只有被吸收的光[528]。结果表明，多视场结构可用于激光雷达系统的水体光学性质反演[105,528]。

第 8 章　星载海洋激光雷达系统设计

8.1　天基海洋激光雷达国内外研究进展

在卫星或者其他天基平台上搭载海洋激光雷达，是实现全球范围海洋主动遥感的重要途径。由于水的强吸收特性，为实现具有一定深度的海洋探测，天基海洋探测激光雷达对激光发射功率要求较高，目前尚无专门针对海洋探测的天基激光雷达开展在轨应用，仅能利用云-气溶胶激光雷达与红外探路者观测卫星（the cloud-aerosol LiDAR and infrared pathfinder satellite observation，CALIPSO）搭载的大气探测激光雷达，以及冰、云和地面高度卫星 2 号（the ice，cloud and land elevation satellite-2，ICESat-2）搭载的多波束激光测距载荷的 532 nm 波段数据[540-541]，开展有限能力的天基主动光学海洋探测研究。我国于 2019 年发射了第一颗用于对地业务观测的激光雷达卫星，但是工作波长仅为 1 064 nm，仅能针对海洋开展海面反射信号探测。

8.1.1　云-气溶胶偏振激光雷达

CALIPSO 于 2006 年发射，搭载一台用于大气探测的云-气溶胶偏振激光雷达（the cloud-aerosol LiDAR with orthogonal polarization，CALIOP），表 8.1 为其主要技术指标。CALIOP 采用 Nd:YAG 激光器，同时输出 1 064 nm 和 532 nm 脉冲激光，532 nm 线偏振激光的偏振纯度高达 1 000∶1，直径 1 m 的大口径望远镜用于接收地球大气、陆地、海洋的回波信号，并分离 1 064 nm 弹性散射信号、532 nm 平行偏振信号、532 nm 垂直偏振信号，实现气溶胶、云垂直分布的探测，利用偏振探测技术，还可以识别气溶胶和云的类型。为了减小太阳背景辐射的影响，532 nm 通道采用 35 pm 线宽的法布里-珀罗（F-P）标准具进行滤光后，由光电倍增管进行光电转换。

CALIOP 的 532 nm 通道采用光电倍增管进行信号探测，由模数转换电路进行信号采集，探测器输出回波信号经高增益和低增益放大电路后，分别由 14 位模数转换器进行量化并存储，以实现大动态范围信号探测。CALIOP 的原始数据采样率为 10 MHz，对应 15 m 的垂直分辨率，但是探测器带宽仅为 2 MHz。因为探测器带宽的限制，实际数据的垂直分辨率约为 30 m，所以，CALIOP 发布的数据是 30 m 垂直分辨率的原始数据，对于海洋水下信号，其垂直分辨率约为 22.5 m。

表 8.1 CALIOP 主要技术指标

参数	数值
工作波长/nm	532&1 064
轨道高度/km	705
单脉冲能量/mJ	110@532 nm 110@1 064 nm
激光重复频率/Hz	20.16
脉冲宽度/ns	7
激光发散角/μrad	110
激光器线宽/pm	28@532 nm
接收望远镜直径/m	1.0
视场角/μrad	130
滤光片带宽/pm	35@532 nm 400@1 064 nm
原始数据采样率/MHz	10
原始数据垂直分辨率/m	15（大气）
电子学带宽/MHz	2
实际垂直分辨率（带宽决定）/m	30
数据采集系统位宽/bit	14

CALIOP 发射激光脉冲宽度仅为 7 ns，由于探测器对脉冲信号的非理想响应特性，海面、陆表脉冲回波后部会存在一个持续较长时间的拖尾。Lu 等利用陆表信号对脉冲拖尾进行校正，再将校正曲线应用到海洋信号，进而提取海面以下的海水漫散射信号，以实现海水后向散射的测量[542]。

Lu 等[542]利用陆地信号得到的校正曲线，将海面波浪镜面反射信号与海水漫散射信号分离，实现海水后向散射系数的探测，并得到了与全球尺度海洋叶绿素分布较为一致的结果。 Behrenfeld 等[543]分析了海洋后向散射系数的昼夜差异，认为这种差异性源于海洋生物的白天下沉、夜间上浮的昼夜迁徙过程。

CALIPSO 搭载的大气探测激光雷达垂直分辨率较低，在水下约为 22.5 m。在几十米的有效穿透深度内，仅有若干有效数据点，无法实现水下信号的垂直分辨率探测。目前开展的研究工作，假设探测器对陆地与海表波浪镜面反射信号的脉冲响应是一致的，只能提取比海浪镜面反射弱得多的海水漫散射信号，这种间接信号提取方法的不确定性较大。未来的天基激光雷达海洋探测，需要提高探测器的带宽及数据采样率，以减小海表镜面反射的后脉冲效应对海水漫散射信号的污染。

8.1.2 先进地形激光测高系统

先进地形激光测高系统（ATLAS）是搭载在 ICESat-2 卫星上的激光测高载荷，该卫星于 2018 年 9 月发射升空，轨道高度为 500 km，首次利用光子计数体制开展地形探测。ATLAS

工作于 Nd:YAG 激光器的二倍频（532 nm），采用单光子探测体制后对单脉冲能量的需求降低到百 μJ 级，重频也提高到 10 kHz，可以获得连续的星下足印测量，实现高密度的地形、植被、树冠高度等的探测[544-545]。ATLAS 主要技术指标见表 8.2。

表 8.2　ATLAS 主要技术指标

参数	数值及说明
工作波长/nm	532
轨道高度/km	500
波束数	6（3 个强能量波束、3 个弱能量波束）
单脉冲能量/μJ	120（强能量波束） 30（弱能量波束）
激光重复频率/kHz	10
脉冲宽度/ns	1.3
激光发散角/μrad	24
接收望远镜直径/m	0.8
视场角/μrad	83.5
接收光学效率/%	41
滤光片带宽/pm	38
探测器类型	光电倍增管
探测器量子效率/%	～18
时间测量分辨率/ps	200
单光子飞行时间不确定度/ps	800（标准差）

ATLAS 为世界上首个开展在轨应用的单光子激光雷达。532 nm 激光器经衍射光学元件分为不同方向的 6 束光，直径 0.8 m 的望远镜将接收到的回波信号汇聚到接收光纤阵列，再经 38 pm 线宽的窄带滤光组件后由光电倍增管进行探测。光电倍增管设置为高增益工作模式，经转换后的光电子会输出一个脉冲信号，数据采集电路以 200 ps 的时间分辨率记录每一个光子事件与发射激光脉冲的时间差。考虑发射激光脉冲的宽度及探测器自身的时间抖动，单光子飞行的时间不确定度大约为 800 ps。

利用 ATLAS 原始数据 200 ps 时间分辨率回波信号，通过多脉冲累加，可以得到不同深度的回波光子数，进而反演海洋不同深度后向散射系数的变化[546]。ATLAS 获取的原始单光子点云数据经过海面对齐、水下信号分高度累加后，可得到水下不同深度的回波光子数曲线。对比 CALIOP 得到的数据，ATLAS 得到的海洋后向散射信号廓线可以清晰分辨水面波浪镜面反射、水下不同深度海水漫散射回波强度的变化情况。由于发射激光的后脉冲效应，仍然需要对数据进行修正，修正后的信号随深度变化的衰减程度，反映了海水的固有光学属性。

ICESat-2 主要针对陆地探测应用进行设计，其单脉冲能量较低，对于海洋这种弱反射率的目标，只能实现大约 1 倍光学厚度（15～20 m）的有效探测。ICESat-2 由于其优异的时间分辨率，还可以用于浅海水深探测[547]，其单光子数据首次展示了将天基激光雷达应用于海洋垂直廓线及水深探测的能力，这对未来专门的星载海洋激光雷达研制有着非常重要的借鉴意义。

8.1.3 高分七号激光测高仪

高分七号是我国第一颗开展立体测绘业务应用的卫星，其搭载的激光测高仪由中国科学院上海技术物理研究所研制，它利用两波束激光测距技术为立体相机提供高程控制点，其主要技术参数见表 8.3。图 8.1 展示了高分七号卫星载荷安装位置示意图，包括双线阵相机和激光测高仪两个主载荷，激光测高仪为双线阵立体相机提供绝对高程控制点，如图 8.2 所示。图 8.3 为激光测高仪的示意图，它有两个激光探测波束，分布在±0.7° 视场方向，激光器由 4 台 Nd:YAG 激光器组成，任意时刻均有 2 台激光器同时工作，两束激光在地面的足印间距为 12 km，激光重复频率为 3～6 Hz，单脉冲能量为 100～180 mJ，采用 0.6 m 的望远镜接收回波信号。图 8.4 展示了激光测高仪载荷实物及工作原理示意图。与我国之前开展的所有激光测高载荷研究不同的是，高分七号激光测高仪采用 2 GSps 的高速采集仪对回波进行量化，全波形数据有助于分辨树冠和地面，以得到树高的测量结果，为森林植被考察提供数据。高分七号将为我国开展全球范围 1∶1 万比例尺测绘工作提供技术支撑。

表 8.3　高分七号激光测高仪主要技术指标

参数	数值及说明
工作波长/nm	1 064
轨道高度/km	500
波束数	2
单脉冲能量/mJ	100～180
激光重复频率/Hz	3～6
脉冲宽度/ns	7
激光发散角/μrad	30
接收望远镜直径/m	0.6
探测器	雪崩光电二极管
采样率/GSps	2
测距精度/m	>0.3

高分七号激光测高仪工作于 1 064 nm 波段，由于水对该波段的强吸收，其工作于海面时，仅能获取海面波浪的回波信号（图 8.5），无法开展有效的水下探测。

图 8.1　高分七号卫星载荷安装位置示意图

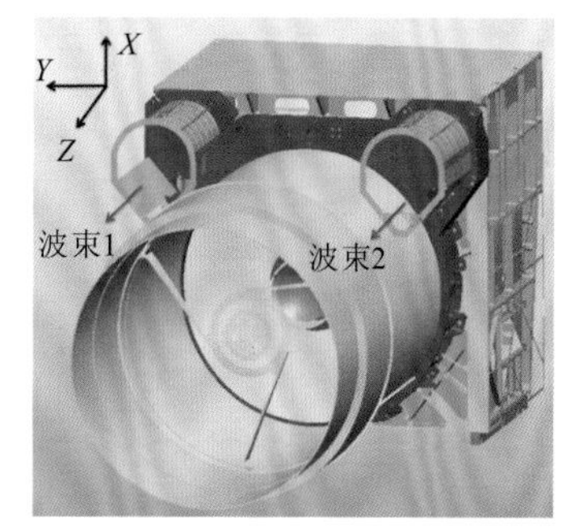

图 8.2　高分七号激光测高仪主体结构示意图

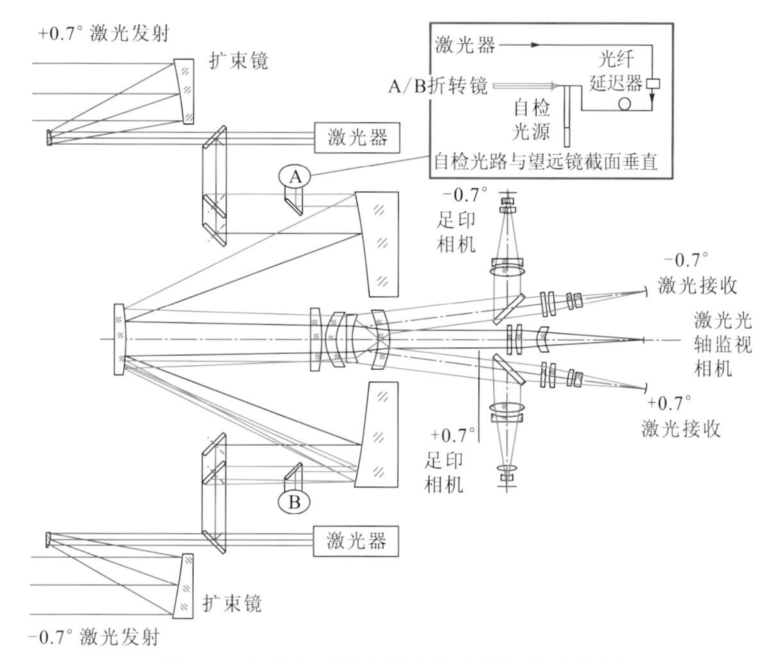

图 8.3　高分七号激光测高仪光学结构示意图

（a）载荷实物

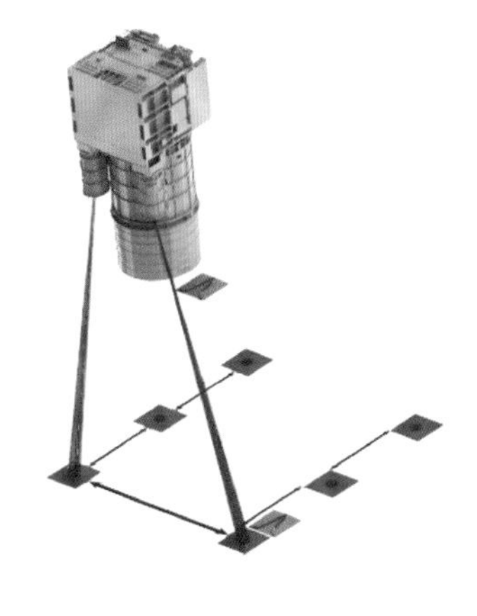

（b）工作原理示意图

图 8.4　高分七号激光测高仪载荷实物及工作原理示意图

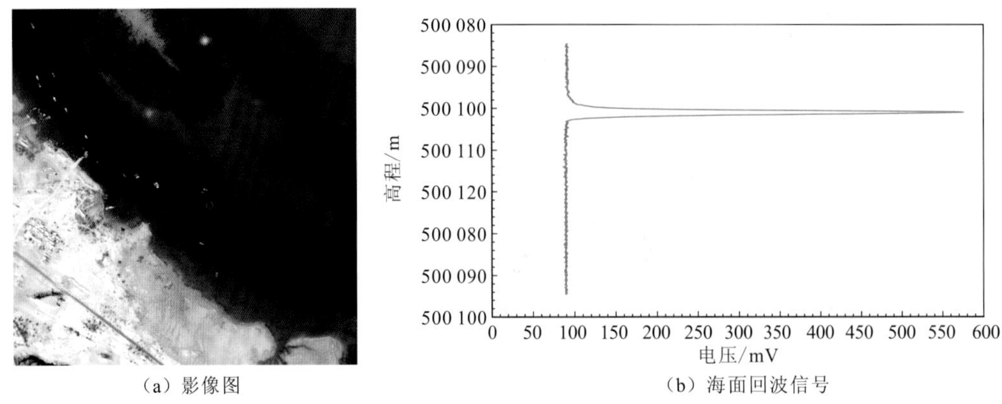

（a）影像图 （b）海面回波信号

图 8.5 高分七号激光测高仪获取的影像图及海面回波信号

8.1.4 国内外天基海洋探测计划

目前，国内外尚未开展天基海洋激光雷达的在轨应用，但制订了若干针对海洋探测的天基激光雷达计划。例如 NASA 在 CALIPSO 成功实现有限能力的海洋探测后，制订了海洋剖面和大气激光雷达（ocean profiling and atmospheric LiDAR，OPAL）计划，拟搭载于国际空间站上，用于验证星载激光海洋探测的关键技术。OPAL 计划拟采用高光谱分辨率激光雷达技术发射单频脉冲激光，将 532 nm 激光器锁定在碘分子的某条吸收谱线上，利用气体池的波长选择吸收特性，将回波中的弹性散射与布里渊散射分离，实现高精度的海洋激光雷达定量遥感。

将气体吸收池鉴频技术应用于高光谱分辨率海洋激光雷达时，吸收损耗会导致回波能量利用率较低，不利于开展天基弱信号探测，因此 NASA 近年来还提出了基于光学鉴频器件的高光谱海洋激光雷达技术。

受 OPAL 计划的驱动，NASA 兰利研究中心研制了一台基于气体吸收池的高光谱分辨率激光雷达，并开展了机载飞行试验，对天基探测进行了验证。由于采用气体吸收池鉴频技术可以同时应用于大气与海洋探测，其飞行数据展示了高精度的大气后向散射系数和海洋漫散射衰减系数垂直廓线，探测深度可达 2.5～3 倍光学厚度。

近年来，我国在海洋探测方向也提出了若干星载激光雷达探测计划。例如青岛海洋科学与技术国家实验室于 2016 年提出了“观澜号”海洋科学卫星计划，规划了一个星载激光雷达海洋探测载荷，采用 486.3 nm 蓝光发射，兼顾太阳夫琅禾费暗线下低背景辐射与高海水透过率的优势，实现超过 150 m 深度的激光雷达海洋遥感，为海洋环境与动力学研究提供新的数据。国家国防科技工业局、自然资源部、中国科学院等部门和研究机构也在积极布局海洋激光雷达卫星计划，并开展关键技术的研究工作，以推动我国天基海洋遥感技术的进一步发展。

8.2 天基海洋激光雷达系统设计

8.2.1 总体方案设计

本小节提出的星载海洋激光雷达系统总体方案如图 8.6 所示，激光雷达系统主要由激光发射源、接收望远镜、光电探测单元、采集处理及总控单元、电控箱单元 5 大分系统组成。星载海洋激光雷达利用窄线宽的蓝光和绿光波长激光脉冲来获取海洋水体和海底回波信号，利用近红外波长激光脉冲来获取海面回波信号，同时辅助以大气回波信号获取大气气溶胶校正信号，校正由大气折射率变化导致的光程改变，以及由此导致的海面位置测量误差。利用弹性散射和非弹性散射光信号获取高精度的海洋光学参数剖面信息，辅助以双偏振通道获取海洋中悬浮物的退偏度等信息。星载海洋激光雷达设计中增加的荧光接收通道，能够获取海洋叶绿素含量信息。

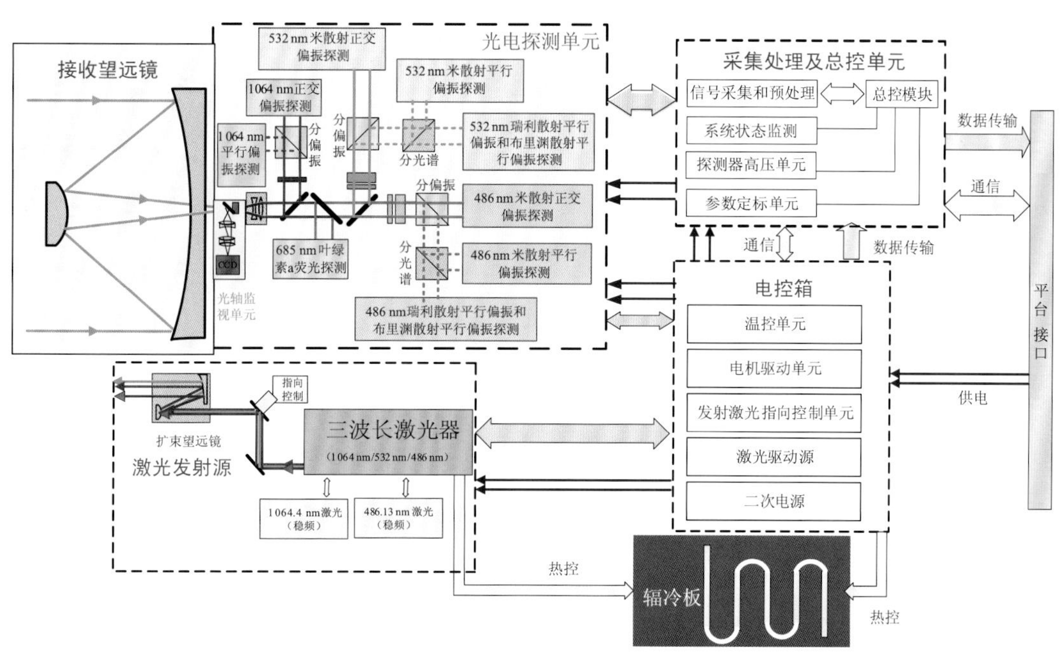

图 8.6 星载海洋激光雷达系统总体方案框图

海洋激光雷达的激光发射源由窄线宽单频三波长固体激光器、1 064.4 nm 激光波长稳频模组、486.13 nm 激光波长稳频模组、激光指向控制单元和发射扩束望远镜组件等组成。窄线宽单频三波长固体激光器采用连续非平面环形腔（nonplanar ring oscilator，NPRO）单频种子激光注入+稳频+声光调制（acousto-optic modulator，AOM）+主控振荡器的功率放大器（master oscillator pow amplifier，MOPA）放大+非线性频率变换和光学参量振荡（optical parametric oscillator，OPO）技术路线，实现 100 Hz 重复频率的激光脉冲输出，获得大于 40 mJ 脉冲能量的 1 064 nm 波长、大于 30 mJ 脉冲能量的 532 nm 波长和大于 16 mJ 脉冲能量的 486 nm 波长激光脉冲序列。为了实现高光谱分辨率探测，激光器设计需要对 1 064 nm 种子激光和 486 nm 种子激光进行稳频和调谐控制。激光发射的指向控制单元采用压电快反镜，实现激光发射和回波接收的光轴匹配。激光发射扩束望远镜激光束的发散角需要压缩到0.1 mrad以内。

接收望远镜采用卡塞格林反射式结构，主次镜胚料均采用碳化硅（SiC）材料，在保证光学和力学特性的前提下，通过轻量化设计降低望远镜的重量。接收望远镜主镜的有效通光口径为1 m，焦距约为5 m，焦平面采用1 mm的孔径光阑来实现0.2 mrad的接收视场限制。

光电探测单元主要由光轴监视系统、波长分光镜、窄带滤波器、偏振分光镜、高光谱分光系统、模拟和光子计数的多波长探测通道等组成。其中，光轴监视系统采用CCD来监测激光发射与接收光轴的角度偏移，通过指向控制模块实现收发光轴同轴控制。波长分光镜分离1 064 nm、532 nm和486 nm三波长的接收光，窄带滤波器采用干涉滤光片和F-P干涉仪组合方式滤除背景光，偏振分光镜用于分离平行偏振和垂直偏振光。高光谱分光系统采用碘分子滤波器和F-P干涉仪分离不同波长的颗粒物散射和分子散射信号，信号探测复合采用APD和PMT实现不同波长激光的回波信号探测，利用模拟全波形采样和光子计数采样复合方式实现对回波信号大动态范围和高灵敏度的探测。

采集处理及总控单元的电路箱由二次电源、1553B总线通信、RS422通信、模拟量遥测及控制板等多个功能模块组成，接收平台指令、卫星姿态、时钟及经纬度等信息，并实现与各功能单机（或单元）的同步、遥控、遥测及通信功能。

电控箱单元的激光驱动器单元由驱动电路板、电源电路板和控制电路板组成，实现激光器的稳频及多级激光脉冲放大器的驱动和控制。

头部电控箱包括电源板、探测器高压板、主控电路、指向控制驱动、温控电子学部件等，实现对光学收、发系统中的电子元件的控制，如探测器增益控制、门控、收发同轴控制等。

数字电路箱用于激光雷达接收光学探测单元供电，以及三波长和多波束的各探测器输出信号的线性和光子计数信号采集。

温控仪用于对激光雷达光机头部的接收望远镜、发射望远镜及激光器本身进行温控，确保各个光学模组处于最佳工作环境温度。

28 V电源配电器实现卫星平台馈电母线电源与28 V直流电（direct current，DC）的转换，以及满足雷达载荷多路供电模块的个性化配电需求。其中的激光器配电箱专门用于实现大功率脉冲激光器驱动箱所需的供电配置和功率需求。

以等效机载实验数据结果为技术支撑，辅助以理论仿真模型，在等比例缩放的框架范围内，工程化海洋激光卫星雷达系统技术方案的主要技术指标如下。

激光波长：1 064.4±0.1 nm；

532.2±0.05 nm；

486.13±0.05 nm。

激光脉冲能量：≥40 mJ@1 064 nm；

≥30 mJ@532 nm；

≥16 mJ@486 nm。

激光束发散角：≤0.1 mrad。

激光脉冲宽度：约10 ns。

激光脉冲重频：100±1 Hz。

接收望远镜口径：≥1 m。

光接收视场角：约 0.2 mrad。

激光接收光学带宽：≤0.5 nm@1 064.4 nm；

≤0.04 nm@532.2 nm；

≤0.04 nm@486.13 nm。

叶绿素荧光接收光学带宽：≤10 nm@685 nm。

激光测高分辨率：≤10 cm。

水深分辨率：≤5 m。

海洋水体穿透深度：100～150 m。

卫星轨道高度：约 500 km（太阳同步轨道）。

雷达观测时间：上午 10:30 以前及晚上。

激光雷达外形尺寸：1 860 mm×1 380 mm×2 150 mm。

激光雷达质量：≤550 kg。

激光雷达载荷总功耗：≤1 500 W。

8.2.2 分模块方案设计

1. 激光发射器

星载海洋激光雷达的激光发射源要求具有窄线宽、高效率、紧凑轻量化、高可靠性等特点，因此，采用技术成熟的全固态激光器作为光发射源。采用总体技术路线方案为：NPRO单频种子激光器+AOM+光纤激光放大器+固体板条功率放大器+腔外倍频+腔外和频+光参量振荡器的混合 MOPA 放大链路复合多级谐波转换的方案。该脉冲激光器完整的光路示意图如图 8.7 所示。

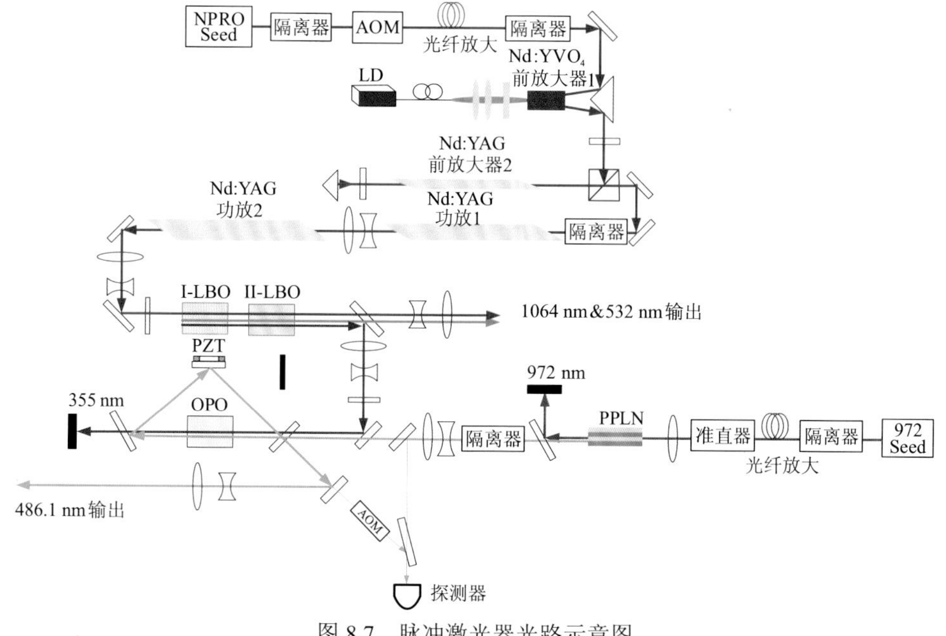

图 8.7　脉冲激光器光路示意图

为了满足海洋环境参数高光谱探测的需求，采用单频 532.2 nm 激光脉冲输出，需要增加碘分子吸收池稳频单元。

从图 8.7 可以看出，连续输出的 NPRO 单频种子激光通过 AOM 进行斩波，获得重复频率为 100 Hz、脉冲宽度约为 30 ns 的种子脉冲激光，该种子脉冲激光的波形可以按照海洋探测需求进行预先优化设置。种子激光脉冲序列经过双包层光纤放大器+端面/侧面抽运板条固体放大器链路的混合放大系统放大后，获得基波 1 064.4 nm 波长激光脉冲输出，输出能量最大达 200 mJ。放大后的基波脉冲经过 LBO 晶体的二倍频后，获得大于 95 mJ/脉冲的 532.2 nm 绿光激光。二倍频 532.2 nm 激光再与基波和频后获得大于 85 mJ/脉冲的 354.8 nm 紫外激光输出。非线性和频过程残余的 532.2 nm 绿光激光脉冲能量大于 30 mJ，可作为激光雷达的绿光波段发射源；非线性和频过程残余的 1 064.4 nm 红外基波激光脉冲能量大于 40 mJ，可作为海洋激光雷达红外光波段发射源；获得的 354.8 nm 紫外激光脉冲，可作为泵浦脉冲抽运单频种子注入的环形腔结构 BBO-OPO 参量振荡器。为了获得窄线宽蓝光输出，增加单频 486.13 nm 种子激光注入环形腔设计，种子蓝光注入功率大于 10 mW，最终获得单脉冲能量大于 16 mJ 的 486.13 nm 波长蓝光窄线宽脉冲激光输出。作为星载应用，工程实施过程中对 OPO 参量晶体的高精度温度和入射角控制是获得稳定中心波长输出的核心技术，长期可靠的工作还需对参量晶体长度、泵浦功率及种子注入方式进行优化，并采取 OPO 晶体走离补偿结构设计，提高谐波转换效率。最终实现项目设计要求的单脉冲能量大于 16 mJ 的窄线宽 486.13 nm 蓝光激光脉冲输出、单脉冲能量大于 30 mJ 的窄线宽 532.2 nm 绿光激光脉冲输出，以及单脉冲能量大于 40 mJ 的窄线宽 1 064.4 nm 红外激光脉冲输出。考虑空间应用环境的特殊性，在海洋激光雷达系统总体设计时，其关键的发射光源采用冗余设计，即采用一主一备的双激光光源方式，一个雷达载荷装备两台性能完全相同的三波长全固态脉冲激光器，最大限度地提高激光光源的可靠性和使用寿命，满足全球海洋参数探测要求。采用的三波长全固态蓝绿脉冲激光器的主要技术指标设计要求见表 8.4。

表 8.4　脉冲激光器的主要技术指标设计要求

参数项	参数值
输出波长/nm	486.1、532.2、1 064.4
重复频率/Hz	100
平均输出功率/W	约 17（最大可提升到 20）
单脉冲能量/mJ	≥16@486.13 nm ≥30@532.2 nm（转换余量） ≥40@1 064.4 nm（转换余量）
脉冲宽度/ns	约 10

作为预放大器的第一级固体放大器，Nd:YVO_4 晶体在小信号放大方面具有独特优势，因此第一级预放大器选择 Nd:YVO_4（尺寸为 3 mm×3 mm×12 mm）作为增益介质。LD 泵浦光斑取 600 μm 左右，泵浦脉冲宽度约为 100 μs。在 5 μJ 种子信号光注入时，泵浦光能量注入为 5.5 mJ，经双程放大可以将信号脉冲能量放大到 0.6 mJ 以上。

激光脉冲经预放大器第一级放大后，按预先放大能力分配设计，仍需进一步提升脉冲能量到 10 mJ 左右，从而满足后续功率放大器对激光输入脉冲能量的要求。

预放大器第二级优化设计放大器选取切成布儒斯特角的 Zig-Zag Nd:YAG 板条放大器。输入激光脉冲先经过扩束系统将光斑直径扩大至约 1.4 mm，扩束后注入双程板条放大器。板条放大器选择厚度约 2.8 mm、长度 44 mm 的 Nd:YAG 板条，LD 泵浦源选择 3 组 4 巴条(bar)阵列泵浦板条晶体，LD bar 间距取 0.42 mm，每个 LD bar 峰值功率为 110 W，取泵浦脉冲宽度为 170 μs，泵浦脉冲能量为 200 mJ，最终可获得单脉冲能量大于 8 mJ 的放大脉冲输出。

基波激光脉冲主放大器（功率放大器）采用 LD 叠层侧面抽运的 Bounce 结构设计。由固体预放大器输出的进入主放大器第一级 Nd:YAG 增益板条前的激光光斑直径约为 1.5 mm，光束质量 M^2<1.5，脉冲能量为 8 mJ，脉冲宽度约为 20 ns。主放大器第一级板条放大器初始输入条件为波长 1 064 nm，脉冲能量为 7 mJ，光斑尺寸为 2.5 mm×2.5 mm，Nd:YAG 板条采用布儒斯特角切割，采用激光二极管在板条晶体的全反射点的 Bounce 泵浦结构，提高泵浦效率。采用 4 个 LD bar 为一组的叠层，LD bar 之间的间隔为 0.42 mm，共有 10 个叠层，即 LD bar 数为 40，单 bar 峰值功率为 110 W，泵浦脉宽选取 150 μs，总泵浦能量为 660 mJ。经过第一级板条功率放大器放大后，输出激光脉冲参数：能量>70 mJ/脉冲；光斑尺寸为 2.5 mm×2.5 mm；放大器放大倍数在 10 倍量级。

从主放大器第一级输出的激光，经过光学扩束器扩束到 5 mm×5 mm，耦合进入第二级放大器，第二级板条功率放大器的输入条件为：脉冲能量为 70 mJ/脉冲，光斑尺寸为 5 mm×5 mm。仍然采用双侧泵浦+双侧冷却+单程放大的 Zig-Zag 板条放大器结构设计。第二级板条放大器结构采用 40° 切割的 Zig-Zag Nd:YAG 晶体板条。泵浦 LD 叠层排布在板条晶体的全反射 Bounce 点，提高泵浦效率。选用 6 个 LD bar 为一组的叠层，bar 之间的间隔为 1.2 mm，单个放大器共有 14 个 LD 叠层，即 bar 数为 84，单个 bar 峰值功率为 110 W，选取泵浦脉冲宽度为 150 μs，总泵浦能量为 1 386 mJ。基波脉冲经过第二级板条放大器放大后，输出激光脉冲参数为：最大能量>220 mJ/脉冲；光斑尺寸为 5 mm×5 mm；放大倍数约为 3.1 倍。图 8.8 为主放大器的放大能力仿真计算曲线。

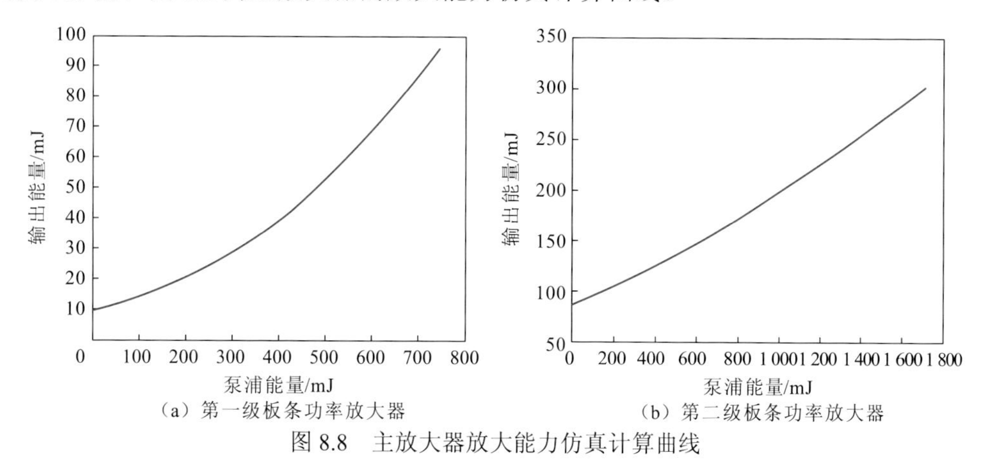

（a）第一级板条功率放大器　　（b）第二级板条功率放大器

图 8.8　主放大器放大能力仿真计算曲线

海洋激光雷达对激光器输出基波脉冲能量要求为 200 mJ，显然，设计的激光器输出能量能力具有冗余量。

本方案中，每台三波长输出的全固态激光器输出基波激光的最大平均功率设计指标可达 22 W（实际使用 17 W 就能达到预定指标），驱动激光器所需电功耗约 400 W，激光器光学头部需要耗散的热功耗高达约 380 W。

2. 接收望远镜

海洋激光雷达的光学接收望远镜采用卡塞格林式结构设计方案，主次镜基质材料均采用碳化硅材料，在保证光学和热力学稳定特性的前提下，通过轻量化设计，降低望远镜系统的总质量。由于接收望远镜主焦点前成像视场的局限性，在±0.1 mrad 接收视场内光学设计结果已达到衍射极限，从±0.1 mrad 到±2 mrad 接收视场范围内波像差与中心视场内波像差存在较大的差别，但是要求视轴监视 CCD 单元最终的光学性能可以满足指标需求。所以，大口径望远镜本身像质检测时，其波像差要求主要集中在±0.1 mrad 视场范围内，同时须兼顾外围视场的波像差检测。

确定接收望远镜主镜径焦比为 1.1，焦距为 4～5 m，中心遮拦比为 0.27。从光学设计理论模型可以计算出接收望远镜系统的初始参数，控制主次镜间隔设定为 800 mm，优化后的接收望远镜参数见表 8.5。

表 8.5　接收望远镜光学参数

光学参数	主镜	次镜
曲率半径/mm	2 200	774.755
偏心率平方	−1.039 277	−2.814 916
有效口径	1 m	287 mm
主次镜间距/mm	800	
后截距/mm	530	
望远镜焦距/mm	4 876.72	

在接收望远镜系统工程设计过程中，在兼顾望远镜系统主镜可以实现单独成像的同时，也要满足各个通道的成像要求。主望远镜的光学系统参数设计结果如图 8.9 所示，设计的波前为 0.001 6λ。大口径主镜采用的大尺寸碳化硅材料，轻量化设计给加工精度控制、全加工周期参数监测、最终产品参数检测及无应力装校等工序带来一定的挑战性。

3. 光电探测单元

1）光学接收

由海洋激光雷达大口径望远镜系统接收到的回波信号，首先经过光轴监视单元。光轴监视单元采用一组变换透镜和 CCD 相机，实现对发射光轴与接收光轴偏移角度量的测量，通过测量结果反馈控制发射指向镜指向，实现动态光轴补偿，达到严格的收发光轴同轴。接收光信号经过焦平面处的限视场光阑，能够有效抑制视场外的杂散背景光。经过准直后，采用光谱分光镜先后分离 1 064 nm、685 nm、532 nm 和 486 nm 波长信号光。1 064 nm 波长准直光经过带宽 0.5 nm 的干涉滤光片，滤除带外太阳背景光，经过偏振分光镜分成垂直偏振通道和平行偏振通道。685 nm 波长叶绿素 a 荧光经过带宽为 1 nm 的干涉滤光片，滤除带外太阳背景光。

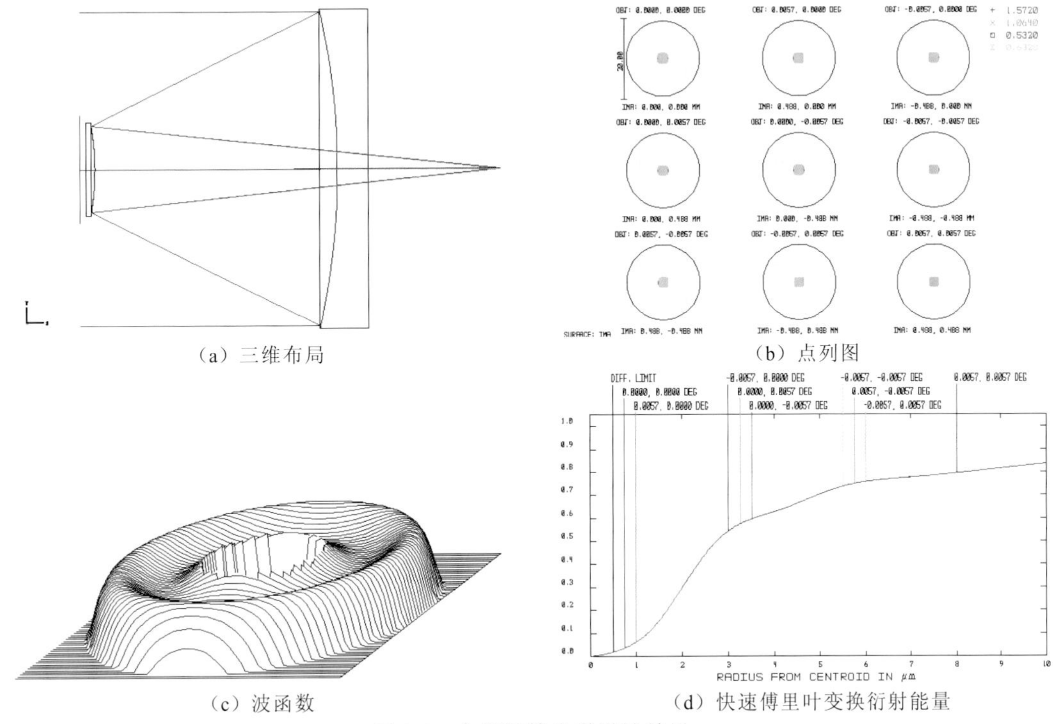

（a）三维布局　（b）点列图

（c）波函数　（d）快速傅里叶变换衍射能量

图 8.9　主望远镜光学设计结果

532 nm 波长准直光先经过带宽 0.3 nm 的干涉滤光片，再经过带宽 40 pm 的 F-P 滤波器，尽可能滤除外带太阳背景光后，采用偏振分光镜分成垂直偏振通道和平行偏振通道。垂直偏振通道主要采集米散射的垂直偏振信号，实现米散射垂直偏振光信号的探测。平行偏振通道包括米散射、大气瑞利散射和海水布里渊散射，采用 1∶2 比例分光镜分离两路平行偏振信号。一路经过碘分子高光谱分辨率滤波器滤除米散射，保留瑞利散射和布里渊散射，实现代表纯分子散射的瑞利散射和布里渊散射平行偏振探测。另一路为包括米散射、瑞利散射和布里渊散射的总平行偏振信号，通过与另一路信号的差值实现代表纯颗粒物散射的米散射信号探测。

486 nm 波长准直光先经过带宽 0.3 nm 的干涉滤光片，再经过带宽 40 pm 的 F-P 滤波器，共同滤除带外太阳背景光后，经过第一片偏振分光片分成垂直偏振通道和平行偏振通道。垂直偏振通道主要是米散射垂直偏振光信号，实现米散射垂直偏振光信号探测。平行偏振通道包括米散射、大气瑞利散射和海水布里渊散射，平行偏振光透过第二片偏振分光片和 $\lambda/4$ 波片变成圆偏光，经过 F-P 高光谱分辨率滤波器后被分为透射的米散射光及反射的瑞利散射和布里渊散射光信号。探测透射的米散射光信号，实现对米散射平行偏振光信号的探测。反射的瑞利散射和布里渊散射光再经过 $\lambda/4$ 波片变成垂直偏振光，被第二个偏振分光镜反射进入瑞利散射和布里渊散射光信号探测通道，实现纯分子散射的光信号探测。

基波 1 064 nm 波长的探测通道，采用线性模式的雪崩光电二极管进行光信号探测。工程设计中，其他的 685 nm、532 nm 和 486 nm 波长回波信号对应均采用光电倍增管进行探测，光学接收原理技术方案如图 8.10 所示。

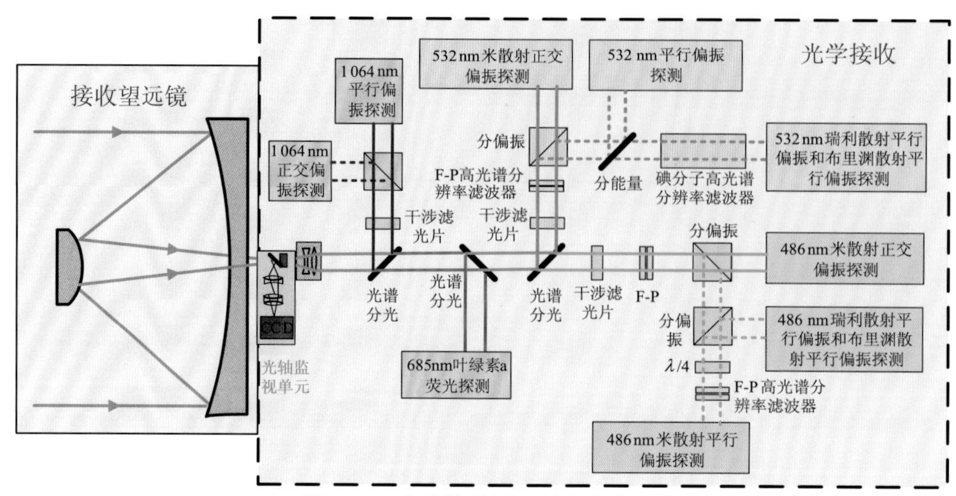

图 8.10　光学接收原理技术方案图

2）高光谱分辨率滤波器

高光谱分辨率滤波器采用与激光发射波长匹配的光谱滤波器，从光谱中分离分子散射信号和颗粒物散射信号，32 nm 通道和 486 nm 通道分别采用不同的高光谱分辨率滤波器。

532 nm 通道的高光谱分辨率滤波器采用碘分子吸收线吸收窄光谱的大气气溶胶和海水颗粒物的米散射信号，透过代表大气分子的大气瑞利散射和代表海水分子的海水布里渊散射信号，实现颗粒物散射信号和分子散射信号的分离探测，其工作原理如图 8.11 所示。选取碘分子的 1104 吸收线，可以透过大气分子散射信号和海水的分子散射信号，有效抑制气溶胶信号和海洋颗粒物散射信号，实现最终的高光谱探测。碘分子滤波器的优势在于滤波器吸收线的光谱中心位置与碘分子的物理特性相关，不会受其他外界因素干扰而发生改变，具有极高的光谱稳定性，易于控制，且与入射光的角度无关，可以同时用于大气气溶胶散射和海洋颗粒物散射的高光谱探测。

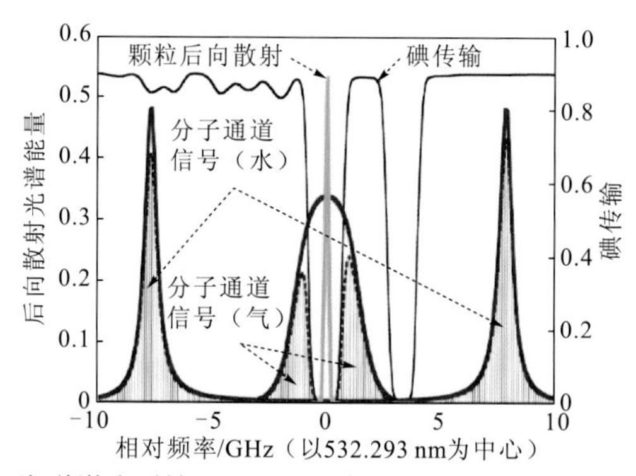

图 8.11　海洋激光雷达 532 nm 通道碘分子高光谱分辨探测原理图

486 nm 通道的高光谱分辨率滤波器为 F-P 干涉仪，该干涉仪利用多光束干涉原理形成极窄谱宽的透射谱线，能够透射与激光光谱一致的窄光谱大气气溶胶和海洋颗粒物米散射信号，反射代表大气分子的大气瑞利散射和代表海水分子的海水布里渊散射信号，实现颗粒物散射信号（位于光谱中心的窄光谱米散射）和分子散射信号（包括位于光谱中心的宽光谱瑞利散射和位于光谱两边的布里渊散射信号）的分离探测，其探测原理如图 8.12 所示。

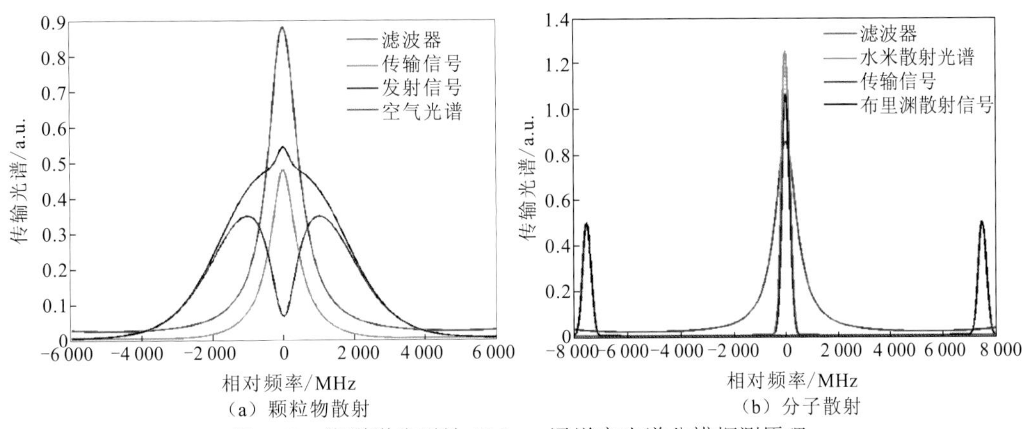

（a）颗粒物散射 （b）分子散射

图 8.12 海洋激光雷达 486 nm 通道高光谱分辨探测原理

海水分子的布里渊散射信号相对于入射激光波长的频移约为±7.5 GHz，为兼顾海洋激光雷达分离米散射和布里渊散射信号的要求，设计滤波器的自由光谱范围约为 11 GHz，峰值透过率为 85%。F-P 高光谱滤波器的结构示意图如图 8.13 所示，该滤波器呈三明治结构，有效通光孔径为 30 mm。

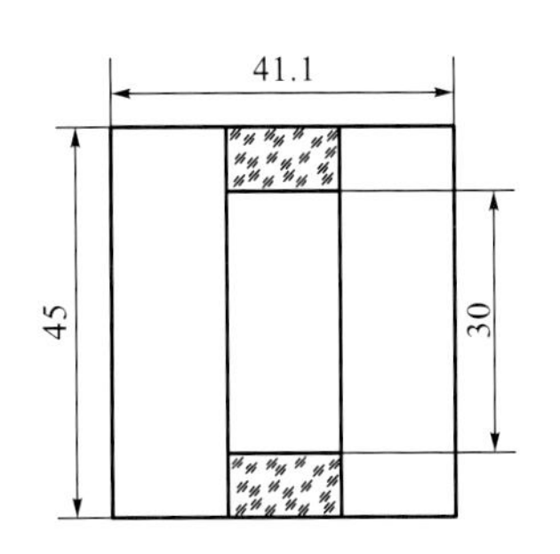

图 8.13 F-P 高光谱分辨率滤波器结构示意图（单位：mm）

F-P 高光谱分辨率滤波器结构的优势在于透射谱线位置和宽度可以预先设计，并可进一步通过温度控制实现透射谱线位置的主动调节。工程应用中，可根据激光波长透过率大小实时反馈控制温度值，实现光谱峰值位置与激光波长的锁定，具有较好的波长适应性。

3）模拟和光子计数复合探测

鉴于回波信号具有很大的动态范围，海洋激光雷达系统的光电探测单元采用多种探测机制相结合的探测方式，如图 8.14 所示。对于 1 064 nm 波长的回波，采用具有高带宽的线性探测技术，确保海表高程探测的精度。对于 685 nm 波长叶绿素 a 荧光回波信号，采用具有低带宽、高增益的线性探测技术，保证荧光信号探测的精度和灵敏度。对于海水水体散射的 532 nm 和 486 nm 回波光信号，采用模拟和光子计数复合探测技术，在实现大动态范围海水剖面回波信号探测的同时，实现高灵敏度的深水微弱回波光子信号的探测。

用于海洋激光雷达回波光信号探测的 PMT，选用针对蓝绿波段、响应灵敏度较高，且适应空间工作环境的 PMT。PMT 工作通常采用两种模式：数模转换的模拟探测模式和光子计数模式。模拟探测模式有利于探测强回波信号，而光子计数模式更有利于探测极微弱的光信号。海洋激光雷达需要探测的海水剖面深度大于 100 m，须同时探测海面和海水回波信号，并兼顾不同深度的回波光信号的有效采集，即要适应回波光信号强度从 10 000 个光子到 0.01 个光子的变化，光信号强度将跨越 6 个数量级。因此，仅单独采用模拟探测模式或光子计数模式是无法实现全范围覆盖的。因此，海洋激光雷达的回波光信号探测需要同时采用模拟探测和光子计数探测的双模式复合。

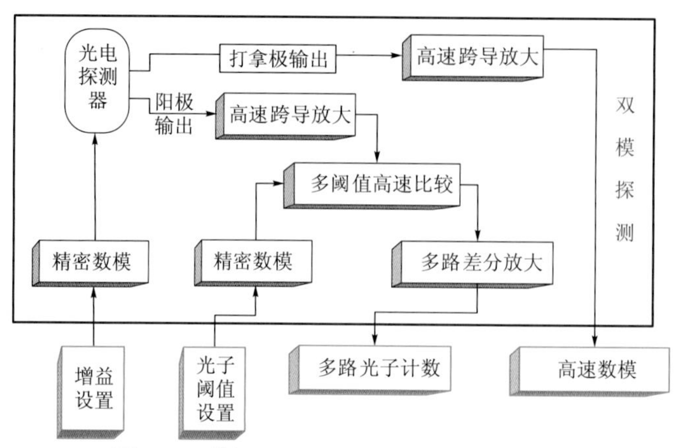

图 8.14　模拟和光子计数复合探测技术框图

模拟和光子计数复合探测技术采用能够响应单光子探测的高灵敏度 PMT 作为回波光信号探测器，光电探测器输出的电流经过高速跨导放大转换为电压信号。高速跨导放大的输出分成两路：一路经过差分放大后进入后端的高速模数转换采集卡；一路经过运算放大器后直接输入多阈值高速比较电路进行多光子甄别，甄别后的电信号输出脉冲宽度为 1 ns 的差分数字信号，并耦合进入后端的光子计数通道进行计数。模拟和光子计数复合探测技术支持探测器增益设置和光子阈值设置，可以实现对性能不一致的 PMT 和电路芯片的补偿。

模拟和光子计数复合探测机理是利用不同的增益输出和探测模式来满足回波光信号超大动态范围的探测要求。同时，模拟和光子计数复合探测技术基于同一个 PMT，其输出信号不管是产生于模拟探测模式还是产生于光子计数模式，光电转换信号来源都相同，因此可以使两者的差异最小化，更有利于后续的数据融合。

4. 多通道采集和系统控制

为了实现对 6 路回波光信号探测器输出的 6 路回波模拟信号和 5 路回波光子计数信号的同步高速采集，实现对激光器、光束指向镜、光电探测器、光谱滤波器和单频种子激光器的动态监控，多通道采集和系统控制单元设计时采用 1 个主控板+3 个信号采集处理板的技术方案，该技术方案原理框图如图 8.15 所示。

该技术方案包含的 3 个信号采集处理板具有相同回波的硬件参数，每个信号采集处理板有 2 个采集通道，同步采集 2 路模拟回波波形，实现 6 路回波模拟信号的同步采集，单路采样率为 1 Gsps，分辨率为 12 位。每个信号采集处理板配备 2 通道的光子计数器，可实现 2 个探测器光子计数信号的采集，实现 5 路回波光子计数信号的同步采集。单通道光子计数信号采集采用高速低压差分信号（low voltage differential signal，LVDS）接口，计数时间分辨率为 1 ns。

信号采集处理板上配置时序、指令和数据接口，可以对高速采集子卡的波形数据和光子计数数据进行预处理、时间同步和数据压缩等操作，而其中的预处理和数据压缩算法的参数可以通过指令接口进行在线配置。

主控板一方面控制 3 个信号采集处理板、激光器、光束指向镜、PMT、滤波器和种子激光器等模块的信号，通过采用时序控制方式来同步多个信号采集处理板的时间，实现多板采集数据的时间高精度同步，通过指令分发和数据分发实现对多个信号处理板的控制和

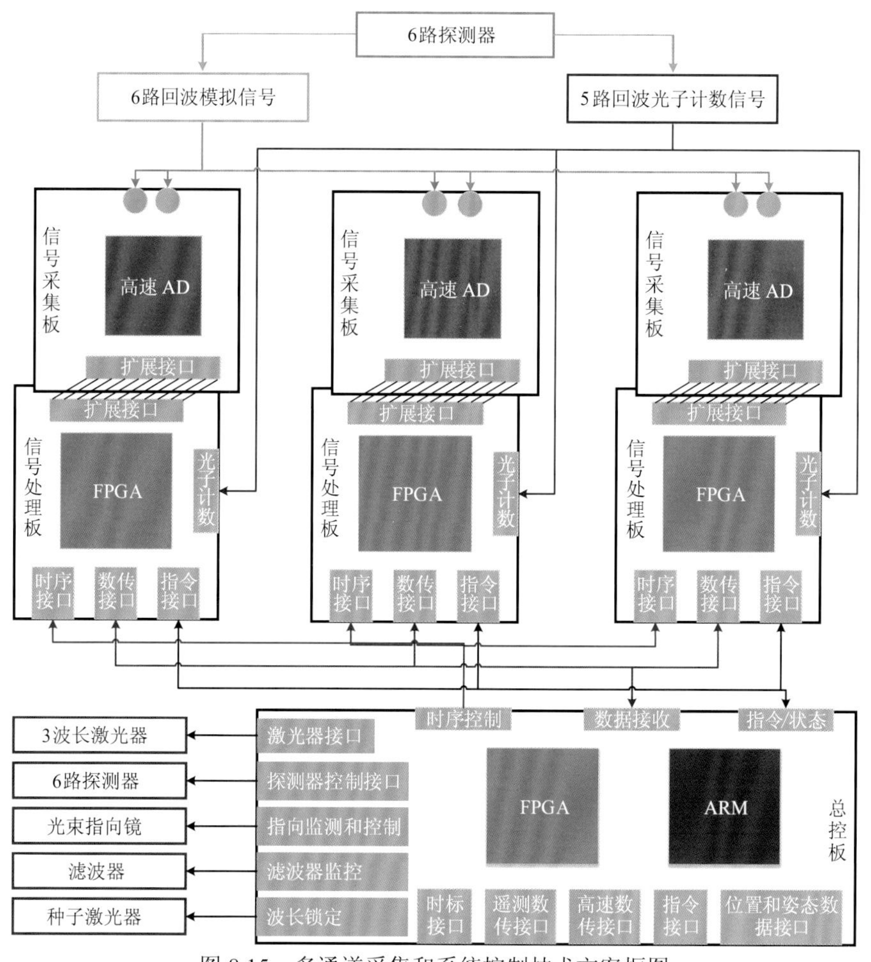

图 8.15　多通道采集和系统控制技术方案框图

数据接收；另一方面与运控平台的指令、遥测数据、高速数据总线、时标、姿态和位置数据接口连接，接收卫星平台的时标、位置姿态和控制指令，向平台输出遥测数据，将 3 个信号采集处理板的采集数据与平台时间同步，与位置姿态数据进行配准，并通过多路高速 LVDS 接口向平台传输数据。

8.2.3　星上定标方案

1. 偏振探测通道定标

海洋激光雷达偏振探测通道的定标可分为两个部分。第一部分是对 532 nm 和 486 nm 波长平行偏振探测通道的定标，采用平行偏振的 532 nm 和 486 nm 发射激光作为参考光，将参考光引入平行偏振通道，测量该通道探测信号的强度，定标平行偏振探测通道的响应参数。第二部分是在 532 nm 和 486 nm 偏振分光立方镜前插入退偏器，退偏器将通过的线偏振光变成无规偏振光，无规偏振光经过偏振分光立方镜后，两个接收通道的光信号强度相等。将两个波长的发射激光的部分参考光引入偏振探测通道，经过退偏器退偏后，测量两个偏振探测通道的探测信号强度，定标 532 nm 和 486 nm 两个偏振探测通道固有的响应比值。

2. 发射激光能量定标

海洋激光雷达发射激光脉冲能量定标采用积分球+硅基光电探测器的方案实现。将激光参考光引入一个积分球内，积分球的功能是使光线在其内部被多次均匀反射及漫射，在球面上形成均匀的光强分布，因此由积分球的出光孔获得的光束为非常均匀的漫射光束，避免了激光指向及光束均匀性起伏引入的测量误差。将硅基光电探测器作为传感器安装在积分球出光口处，硅基光电探测器接收经过积分球漫反射后的激光，输出信号经过电子学放大、滤波和峰值保持处理后，由信号采集系统采集峰值保持的电压信号，采集的电压信号与入射激光能量之间呈线性变化关系。通过采集到的对应电压信号，最终实现对每个发射激光脉冲能量的高精度定标。

3. 激光指向定标

将海洋激光雷达发射的 1 064 nm 激光分束一部分，这部分光经过一系列分光镜后进入发射光轴监视单元。发射光轴监视单元主要由接收望远镜、CCD 相机及相关分光光路系统组成，实现对发射激光光斑位置的监测，同时能够对恒星进行成像。为了监测 1 064 nm 激光在大地空间坐标系的绝对指向，须在星敏测量单元上安装有指示的参考激光，该参考激光的指向用来监视星敏感器光轴的变化，同时将其引入发射光轴监视单元。因此，CCD 相机将同时对参考激光、1 064 nm 激光及恒星光进行成像。对于相同的恒星，可以在发射光轴监视单元的 CCD 相机及星敏感器中识别并进行比较，建立光轴角度对应关系，最后实现 1 064 nm 激光指向的高精度定标测量。

4. 激光波长和接收滤波器定标

同样，从激光雷达发射激光分出一小部分参考光，经过接收滤波器，由硅基光电探测器进行探测。探测过程中，可以通过改变滤波器的温度实现对滤波器中心波长的移动，通过测量硅基光电探测器输出信号强度的变化实现对滤波器在不同温度下的激光透过率的扫描，得到滤波器随温度变化的透射光谱曲线。根据透射光谱曲线，确定激光透过率最大的滤波器工作温度设置，将该温度点设置为滤波器控制温度，实现激光波长和滤波器波长的精准匹配。同时，根据滤波器波长随温度变化的曲线，可以实现对激光波长的定标。

8.2.4 卫星平台接口设计

1. 载荷工作模式

海洋激光雷达的工作模式可分为待机模式、探测模式、定标模式和在轨存储模式 4 种模式。海洋激光雷达工作首先由卫星平台系统调整好姿态，并发送开机指令给激光雷达载荷，载荷接收到探测模式指令后，雷达系统上电自检并开始预热，预热完成后，激光雷达开始发射激光并实施光轴自适应调整，然后依据任务规划开展测量工作。当激光雷达载荷接收到待机工作指令后，执行该指令，关闭发射激光系统、光电接收系统，载荷热控、中央控制系统仍然维持运作，以保证激光雷达载荷系统安全，并随时准备接收开机指令开始探测工作。在定标模式下，激光雷达载荷全系统启动工作，根据定标内容进行定标工作。在轨存储模式下，激光雷达载荷的工作系统停止工作，只保留温控系统工作，维持激光雷达载荷的温度环境，使激光雷达处于存储所需的温度环境中。4 种模式的细化描述如下。

（1）待机模式：热控、中央控制系统开启并工作，保障激光雷达载荷系统安全，等待接收卫星平台的后续指令，可随时开展工作。

（2）探测模式：星载海洋激光雷达从卫星平台探测垂直分布的大气气溶胶、云、海表和海水等回波光信号，用于反演气溶胶消光比系数、气溶胶后向散射系数、气溶胶退偏振比、气溶胶光学厚度，以及水体消光系数、水体后向散射系数、水中粒子退偏振比、色比等。

（3）定标模式：对激光雷达载荷的收发光轴匹配度、各平行探测通道效率、偏振通道灵敏度、激光脉冲能量、滤波器参数等进行在轨定标。

（4）在轨存储模式：只有激光雷达载荷系统的温控系统处于工作状态，其他设备/模组都处于断电状态，才能将激光雷达载荷系统的环境温度维持在预设的存储温度范围内。

2. 功率和电接口

海洋激光雷达载荷需要卫星平台在限定的总功耗范围内提供直流 100 V 和直流 28 V 两型供电（一次电源）。直流 100 V 供电用于激光雷达的激光器驱动，直流 28 V 供电主要用于激光雷达系统温度控制、电控和数据采集等模块的工作。4 种工作模式中：待机模式的平均功耗约为 1 134 W；探测模式和定标模式的平均功耗约为 1 280 W；在轨存储模式的平均功耗约为 785 W。激光雷达在不同工作模式的功耗统计见表 8.6。

表 8.6　激光雷达不同工作模式的功耗统计表　　（单位：W）

名称	待机模式		探测模式		定标模式		在轨存储模式	
	峰值	平均	峰值	平均	峰值	平均	峰值	平均
主激光器及驱动箱	95	95	627	527	627	527	0	0
备份激光器及驱动箱	0	0	0	0	0	0	0	0
主控电路箱	15	15	15	15	15	15	0	0
头部电控箱	80	80	100	80	100	80	0	0
数采电路箱	45	45	45	45	45	45	0	0
温控仪	700	700	412	412	412	412	700	700
100 V 电源配电器	0	0	76	55	76	55	0	0
28 V 电源配电器	99	99	85	79	85	79	85	85
合计	1 034	1 034	1 360	1 213	1 360	1 213	785	785

3. 热控要求

海洋激光雷达工作时，其主要的发热来自激光器头部及驱动电源箱。满负荷最大输出时，单台激光器光学头部热耗约为 300 W，电子学部件中主要的热耗来自激光器驱动箱，热耗为 150 W，考虑其他部件的热耗，总的热耗为 753 W，具体的热耗见表 8.7。

表 8.7　海洋激光雷达热耗统计表（不包含加热片）

名称		平均工作热耗/W
光学头部	主激光器头部	300
	激光器头部备份	0
	发射光学头部	0
	主望远镜	0
	接收光学单机	12
	海洋激光雷达主光学基板	5
	望远镜遮光罩	0
	海洋激光雷达框架	0
	热控组件（辐冷板、热管等）	0
电子学部件	激光器驱动箱	150
	激光器驱动箱备份	0
	主控电路箱	15
	头部电控箱	80
	数采电路箱	45
	温控仪	12
	100 V 电源配电器	55
	28 V 电源配电器	79
	合计	753

作为载荷的温度敏感器件，海洋激光雷达系统的三波长激光器需要卫星平台提供特殊的温度保护措施，具体要求如下。

光学部分存储温度：15～25 ℃；工作温度：20 ℃±2 ℃（定义激光器的散热板温度）。电源存储温度：−10～45 ℃；其他部分的存储和工作温度按照卫星舱体内的环境温度设计，激光雷达载荷不增加额外的温控要求。

4. 雷达质量

海洋激光雷达载荷总质量约为 535 kg，主要包括激光器模组、接收部分和采集控制部分，质量分配如下。

（1）激光器模组。电控箱及线缆质量为 20 kg；驱动电源质量为 30 kg×2=60 kg；光学头部质量为 37.5 kg×2=75 kg。

（2）接收部分。支撑筒质量为 50 kg；主镜组件质量为 130 kg；光学基板质量为 150 kg。

（3）采集控制部分。数采电路箱及线缆质量为 20 kg；主控电路箱及线缆质量为 10 kg。

（4）配电箱及线缆质量为 10 kg。

（5）温控仪及线缆质量为 10 kg。

5. 雷达尺寸和安装

整个星载激光雷达载荷的尺寸为 1 860 mm（L）×1 380 mm（W）×2 150 mm（H），其中 L 和 W 为截面方向，H 为激光雷达光轴方向。

激光雷达载荷安装要求：望远镜光轴向下（指向地面），光轴与卫星和星下点连线的夹角为 15°，且望远镜和激光器发射光路内无遮挡。海洋激光雷达的结构设计模型如图 8.16 所示。

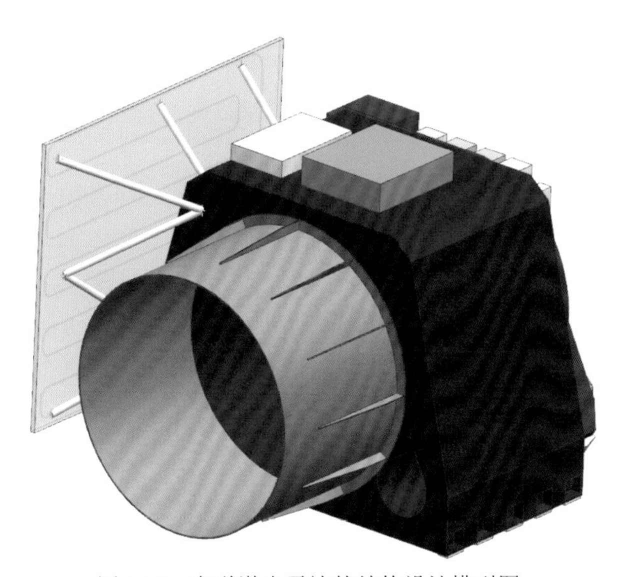

图 8.16　海洋激光雷达的结构设计模型图

6. 姿态稳定和测量精度

当卫星轨道高度为 500 km 时，海洋激光雷达回波信号的传输时间约为 3.3 ms。设计的海洋激光雷达接收视场半角比激光发散半角仅大 0.05 mrad，为了避免激光回波信号无法完全进入望远镜接收视场内的现象发生，要求卫星的姿态稳定度控制优于 0.9°/s。当卫星轨道高度为 989 km 时，海洋激光雷达回波信号的传输时间需要约 6.6 ms，同样，激光雷达接收视场半角比激光发散半角大 0.05 mrad，为了避免激光回波信号无法完全回到接收视场内，此时要求卫星姿态稳定度优于 0.32°/s。综合分析，当卫星平台的轨道高度为 500～1 000 km 时，要求卫星姿态稳定度优于 0.3°/s（3σ）。如果限定在 500 km 的轨道高度，则卫星姿态稳定度满足优于 0.9°/s（3σ）就可以了，卫星轨道控制精度的要求大大降低。

本方案中，海洋激光雷达的出射激光光束发散角为 0.2 mrad，激光束的指向测量精度必须优于半个激光发散角，即指向测量精度必须优于 0.1 mrad，因此，对卫星平台提出的姿态测量精度为优于 20″。

7. 安装指向和时间同步

在实际探测过程中，为了避免海表面对入射激光的镜面反射，干扰或损伤激光雷达探测器，要求在卫星平台安装激光雷达时，满足发射激光束与海平面向上法线保持 15°的夹角。

实施测量时，激光雷达数据要与姿态数据进行同步，进一步与被动探测光谱数据进行时空匹配，因此需要有每秒脉冲数（pulse per second，PPS）信号输入作为时间同步信号源，PPS 信号的时间精度要求优于 1 μs。

8. 观测模式与数据率

海洋剖面参量探测激光雷达通常采用连续观测模式，在连续工作时，发射激光脉冲的重复频率为 100 Hz，设计的信号采集通道为 6 个回波通道和 3 个参考通道，数据采样率为 1 GHz，位数为 12 bit。因此，可以根据海洋剖面参数探测要求对采集到的数据进行裁剪和压缩，这些数据包括以下三种。

激光脉冲参考数据。3 个参考通道只保留激光脉冲的波形，时间片段长度设计为 50 ns，数据的时间分辨率为 1 ns，单个激光脉冲的数据量约为 3×50/1×12=1 800 bit。

叶绿素 a 荧光数据。叶绿素 a 荧光的回波通道只保留海洋的探测数据，时间长度约为 5 μs，数据的时间分辨率为 1 ns，单次脉冲的原始数据量为 5 000/1×12=60 000 bit；如果将数据的时间分辨率压缩为 100 ns，单次脉冲的数据量为 5 000/100×12=600 bit，数据量明显减少。

大气和海洋回波数据。1 064.4 nm、532.2 nm 和 486.13 nm 3 个激光波长的 5 个回波信号包含大气和海洋参数的探测数据，其中大气探测时间为 300 μs，海洋探测时间为 3 μs。若大气数据的时间分辨率为 10 ns，海洋数据的时间分辨率为 1 ns，则单次激光脉冲产生的数据量为 5×(300 000/10+3 000/1)×12=1 980 000 bit。若将大气数据的时间分辨率压缩为 100 ns，海洋数据的时间分辨率压缩为 10 ns，则单次激光脉冲产生的数据量为 5×(300 000/100+3 000/10)×12=198 000 bit。

因此，综合海洋激光雷达需要采集的激光参考数据、叶绿素 a 荧光数据、大气和海洋回波数据，当时间分辨率未被压缩时，单次激光脉冲获取的总数据量为 1 800+60 000+1 980 000=2.04Mbit。以 100 Hz 重复频率连续工作时的激光雷达数据率约为 2.04 Mbit×100 Hz=204 Mbps。通过对时间分辨率的人为压缩，可以将单次激光脉冲产生的总数据量减少到 1 800+600+198 000=200.4 kbit，以 100 Hz 重复频率连续工作时的激光雷达数据率将变为 200.4 kbit×100 Hz=4.676 Mbps，数据量被压缩了近 50 倍。

8.3 星载海洋激光雷达系统指标论证

Nd:YAG 激光器具有稳定、成熟且易于小型化的优点，加之 532 nm 在近岸水体具有良好的穿透深度，因此这一波长是当前海洋激光雷达的主流选择。NASA[548]、NOAA[549]、中国科学院上海光学精密机械研究所[400]和浙江大学[550]等先后研制出工作波长为 532 nm 机载和船载海洋激光雷达系统，并且能够平稳运行，从而实现对海洋廓线光学特性的有效探测。虽然 532 nm 波长在近岸水体中穿透深度较深，但是在清澈大洋水中的穿透能力表现一般。从全球尺度探测的角度，532 nm 波长并不是最优选择[551]。研究表明，近岸水体泥沙、叶绿素等颗粒物浓度较高，而这些物质对绿光的衰减相对较弱，导致近岸水体最优探测波长偏向绿光，而较为清澈的远洋水体则偏向蓝光[552]。Chen 等基于不同波段在不同水体探测深度的研究，提出大洋水体的最佳探测波长为 420～510 nm，近岸水体的最佳探测波长为 520～580 nm。就单个波长而言，490 nm 是星载海洋激光雷达系统研制的推荐波长[553]。但目前对星载海洋激光雷达探测能力的评估标准不一，对最佳探测波长的研究仍有很多的工作要做。本节从激光雷达回波信号的信噪比出发，用穿透深度来表征星载海洋激光雷达系统的探测性能，以此为评价标准基于全球尺度分析星载海洋激光雷达系统的最优波长。利用 MODIS 10 个波段的水体光学参数数据估算全球海洋最大探测深度与对应的波长，得到最佳探测波段；并根据太阳夫琅禾费暗线特性对回波信号信噪比进行分析和优化，给出星载海洋激光雷达的最佳工作波长选择建议。

8.3.1 星载海洋激光雷达应用需求指标

针对不同的海洋应用场景，星载海洋激光雷达的典型应用需求指标见表 8.8。

表 8.8 星载海洋激光雷达的典型应用需求指标

应用需求	指标
岛礁及海岸带测绘	一类水体 440 nm 或 486 nm 激发； 二类水体 532 nm 激发； 接收采用光子+数模探测结合方式； 一类水体最大探测深度：100 m； 近海清洁水体最大探测深度：50 m； 精度：0.5～1 m
光学参数剖面（漫衰减系数、颗粒后向散射系数）	一类水体最大探测深度：100 m； 垂直分辨率：0.5～1m； 反演误差：≤25%
颗粒物剖面（叶绿素或悬浮泥沙、颗粒有机碳等）	偏振探测； 探测回波信号包含强度、色比、退偏比等； 一类水体最大探测深度：100 m； 垂直分辨率：0.5～1 m； 反演误差：≤30%
叶绿素等色素及可溶性有机物水柱积分浓度、溢油	激光诱导荧光探测； 多波长激发； 多波长接收； 包含拉曼+荧光特征通道； 5～30 m 水柱积分

续表

应用需求	指标
次表层	一类大洋水体最大探测深度：100～150 m； 二类近海水体最大探测深度：50 m； 垂直分辨率：0.5～1 m
鱼群监测、次表层浮游植物最大层	探测回波信号强度异常值； 50 m 穿透深度； 偏振探测
海表风速及粗糙度等	探测海表回波信号强度等（基于 Cox-Munk 等模型）； 532 nm/1 064 nm 偏振探测； 水平分辨率：1 km

在实现海洋测量应用的同时，利用星载海洋激光雷达可穿透大气的特性，可以同步获取大气剖面的回波信号。星载海洋激光雷达大气探测应用需求的指标见表 8.9。

表 8.9　海洋激光雷达大气探测应用需求表

应用需求	指标
衰减后向散射系数	垂直分辨率：<50 m； 水平分辨率：<500 m
云/气溶胶光学参数剖面	偏振探测； 探测回波信号包括消光系数、后向散射系数、雷达比、后向散射系数、色比； 垂直分辨率：<50 m； 水平分辨率：≤5 km； 后向散射系数反演误差：≤20%； 消光系数反演误差：≤40%
大气边界层高度探测	垂直分辨率：<50 m； 探测回波信号强度
云/气溶胶时空分布	垂直分辨率：<50 m； 水平分辨率：<500 m
大气光学厚度探测	3 个波长可探测的光学厚度； 光学厚度探测误差：≤40%
云相态识别	类型：冰云、水云
气溶胶类型识别	亚类型：沙尘、海盐、烟尘等

8.3.2 星载海洋激光雷达关键指标论证分析

1. 激光雷达回波信号模拟

距离海表面深度为 z 处的后向散射光信号，可以由激光雷达方程表示：

$$N_{\mathrm{s}}(\lambda,z)=\frac{E_0 A T_{\mathrm{a}}^2 T_{\mathrm{s}}^2 T_{\mathrm{o}} \eta c \Delta t}{2n(nH+z)^2 h\nu}\beta_{\pi}(\lambda,z)\exp\left[-2\int_0^z k_{\mathrm{lidar}}(\lambda,z')\mathrm{d}z'\right] \tag{8.1}$$

式中：$N_{\mathrm{s}}(\lambda,z)$ 为从深度 z 处接收到的光子数；E_0 为激光发射脉冲能量；A 为接收望远镜面积；T_{a} 为大气的单程透过率；T_{s} 为海表面透射率；T_{o} 为光学接收系统的光学透射率；η 为光电探测器的探测概率；c 为光速；Δt 为激光脉冲宽度；n 为海水透射率；H 为轨道高度；h 为普朗克常量；ν 为激光器波长对应的频率；$\beta_{\pi}(\lambda,z)$ 为海水水体 180° 体散射系数；$k_{\mathrm{lidar}}(\lambda,z)$ 为海洋激光雷达的系统衰减系数。考虑海洋激光卫星的接收孔径足够大，仿真计算时，$k_{\mathrm{lidar}}(\lambda,z)$ 可以用海水的漫衰减系数 K_{d} 来近似。

叶绿素荧光信号的强度可表示为

$$N_{\mathrm{s}}(\lambda_2,z)=\frac{E_0 A T_{\mathrm{a}}^2 T_{\mathrm{s}}^2 T_{\mathrm{o}} \eta c \Delta t}{2n(nH+z)^2 h\nu}\beta_{\pi}(\lambda,z)\exp\left[-\int_0^z k_{\mathrm{lidar}}(\lambda_1,z')\mathrm{d}z'\right]\exp\left[-\int_0^z k_{\mathrm{lidar}}(\lambda_2,z')\mathrm{d}z'\right]0.05 \tag{8.2}$$

式中：λ_1 为 532.2 nm；λ_2 为 685 nm；0.05 为荧光效率。

目前我国在轨应用能量最高的脉冲激光器为高分七号搭载的激光测高仪，其基频光单脉冲能量约为 180 mJ，激光重复频率为 3 Hz，单台激光器的平均功率为 0.54 W。我国即将发射的大气环境监测卫星上搭载的大气探测激光雷达，其激光器平均输出功率将超过 10 W。

参考目前国内外在轨载荷的激光功率，将星载激光雷达 532 nm 波段的输出功率设计为 25 W，486 nm 波段的输出功率设计为 5 W。

对于海洋激光雷达的数据反演，需要采取类似 CALIPSO 的数据处理方法，将多个激光脉冲对应的水下信号进行累加，以提高海水后向散射强度的高信噪比测量，进而反演不同深度海洋生态要素信息。在激光器平均功率限制的情况下，单脉冲能量越高，水平分辨率下累积的脉冲数越少，白天探测时累积的噪声光子数也越少，越有利于提高白天探测的信噪比。例如，如果不考虑探测器的因素，在 25 W 平均功率限制下，白天探测时，单脉冲能量 500 mJ、重复频率 50 Hz 与单脉冲能量 100 mJ、重复频率 250 Hz 相比，前者的信噪比要优于后者。

但是，提高激光单脉冲能量会增加镜片镀膜的损伤概率，也会提高回波信号的动态范围，对数据采集系统提出了更高要求。图 8.17 展示了不同波段回波光子计数率随深度变化曲线，对于单光子探测，限制其探测能力的主要因素是其分辨两个距离相近光子的能力，即信号光子计数率越高，单光子探测表现出的非线性效应越显著。对于目前可见光波段应用较为广泛的 PMT，采用光子计数模式，最小可以分辨间隔约 5 ns 的脉冲，饱和计数率可以达到 200 MHz，但是当光子计数率超过 10 MHz 时，即会表现出明显的非线性。图 8.18 展示了当“死时间”为 5 ns 时，测量得到的光子计数率与实际值的偏差[554]。为了减小单光子探测时的非线性，单元探测器上的光强不宜过大。ICESat-2 采用 16 元非晶硅荧光探测器探测单路信号的方式来减小这种非线性带来的影响。由图 8.18（b）可知，当 532 nm 波段单脉冲能量达到 100 mJ 时，2 m 浅水信号的强度为 200～500 MHz，此时非线性效应已经非常显著，但是仍然可以通过采取类似 ICESat-2 的技术途径来解决信号非线性的问题。因此对于 532 nm 波段，将单脉冲能量设计为 100 mJ，激光重频设计为 250 Hz。

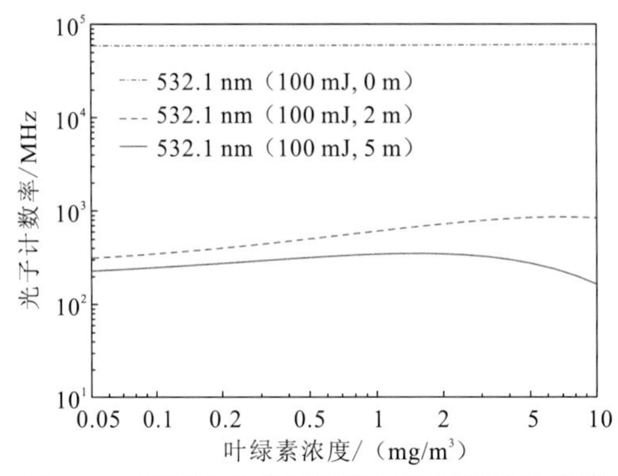

图 8.17　不同波段光子计数率随深度变化曲线

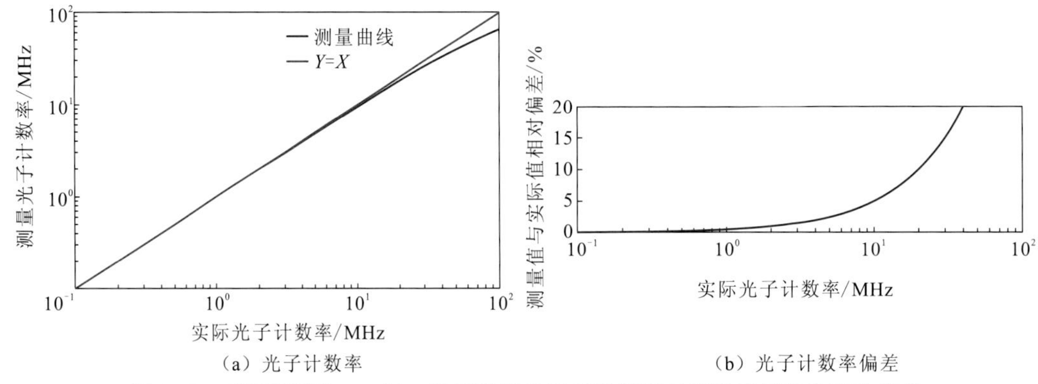

（a）光子计数率　　（b）光子计数率偏差

图 8.18　“死时间”5 ns 时，测量得到的光子计数率与实际光子计数率的偏差

2. 信噪比

对于海洋激光雷达，回波信号由海洋后向散射信号和背景信号组成。对于典型的单光子探测系统，在不考虑探测器“死时间”效应、饱和计数率等参数的情况下，回波信噪比与回波光子数 N_{sig} 和背景光子数 N_{back} 存在以下关系：

$$\text{SNR}(z)=\frac{N_{\text{sig}}}{\sqrt{N_{\text{sig}}+2N_{\text{back}}}}\times\sqrt{M} \tag{8.3}$$

式中：M 为累积脉冲数。可以看出，信号光子数和累积脉冲数越多，信噪比越高。图 8.19 为典型天基激光雷达信噪比仿真结果，采用表 8.2 的系统参数，数据的水平分辨率为 10 km，即在 250 Hz 激光重频下累积大约 316 个脉冲，垂直分辨率为 2 m。从图中可以看出：当叶绿素 a 浓度为 0.1 mg/m^3 时，即对于大洋洁净水体，蓝光的穿透能力更强；当叶绿素 a 浓度为 1.0 mg/m^3 时，即对于近岸海水，绿光的穿透能力更强。白天由于太阳背景辐射的影响，信噪比要低于夜间。太阳背景辐射的数据采用典型海洋上空的大气层顶向上太阳辐射亮度数据，如图 8.20 所示。

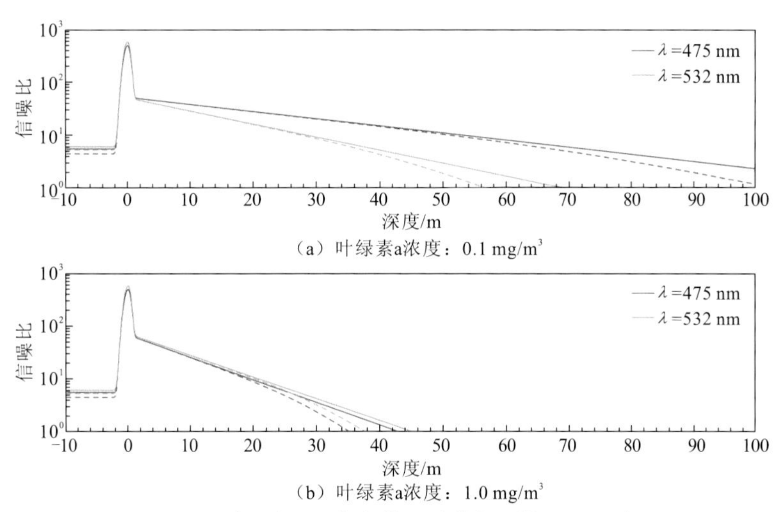

（a）叶绿素a浓度：0.1 mg/m³

（b）叶绿素a浓度：1.0 mg/m³

图 8.19　采用表 8.2 的参数，计算得到的不同深度、

不同叶绿素浓度、不同波长下的信噪比对比

绿色和蓝色分别为 532 nm 和 475 nm 的仿真结果；实线和虚线分别为白天和夜间的数据

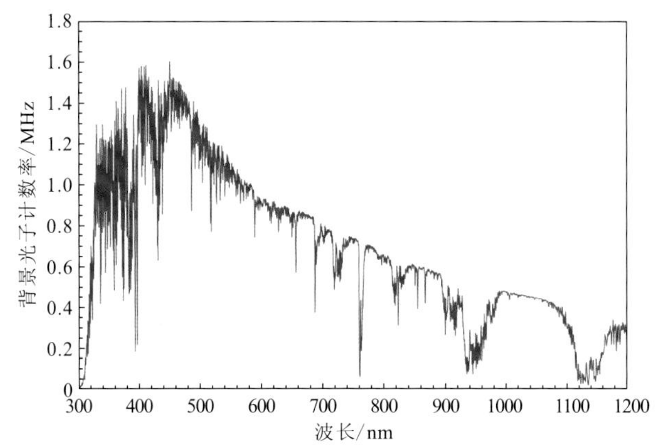

图 8.20　采用表 8.2 的参数计算得到的典型海洋上空大气层顶向上太阳散射辐亮度数据

图 8.21 显示了不同叶绿素 a 浓度、相同激光功率下，最大探测深度和波长的关系曲线。可以看出，单脉冲能量为 100 mJ、重频为 250 Hz、激光器平均功率为 25 W 的系统，

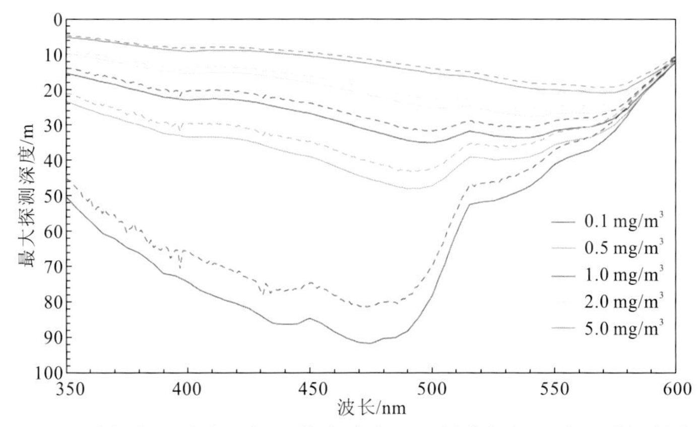

图 8.21　不同叶绿素 a 浓度、相同激光功率下，最大探测深度和波长的关系曲线

虚线为白天最大探测深度；实线为夜间最大探测深度

在 1.0 m 接收口径下，如果采用 475 nm 激光，对于大洋洁净水体（叶绿素 a 浓度为 0.1 mg/m^3），大约可以达到 90 m 最大探测深度，如果采用 532 nm 激光，大约可以实现 50 m 最大深度测量。对于近岸水体（叶绿素 a 浓度为 1.0 mg/m^3），同样能量下，蓝绿波段差异较小，在 25 W 激光发射功率下，可以达到 20～30 m 探测深度。

3. 海面积分后向散射系数

为了获取海表的风速信息，提高仿真计算的可靠性，需要获得激光穿透海水表面的损耗，得到激光雷达在海面的积分后向散射系数。具体计算时，海面积分后向散射系数可以由式（8.4）获得：

$$r_{\text{watersfc}} = \frac{\rho}{4\pi\sigma^2\cos^4\theta}\exp\left(-\frac{\tan^2\theta}{2\sigma^2}\right) \tag{8.4}$$

式中

$$\sigma^2 = \begin{cases} 0.0146\sqrt{U}, & U < 7 \\ 0.003 + 0.00512U, & 7 \leqslant U < 13.3 \\ 0.138\log_{10}U - 0.084, & U \geqslant 13.3 \end{cases} \tag{8.5}$$

ρ 为海面菲涅耳反射率。在正常入射情况下，波长 532 nm 时的 ρ 约为 0.0209。最终，可以得到海表后向散射系数与激光入射角 θ 和风速 U 的关系曲线，如图 8.22 所示。

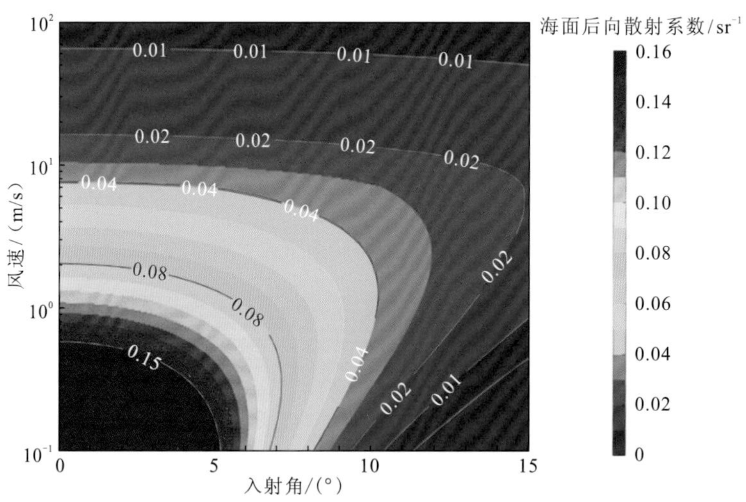

图 8.22　海面积分后向散射系数与入射角和风速的关系曲线

4. 海底反射率

532 nm 激光波长在海底反射率的变化范围为 0.02～0.60，在仿真计算中，折中选取海底反射率值为 0.1。分析图 8.23 给出的典型海洋水底类型的反射率曲线，可认为上述的参数选取值是可靠的。

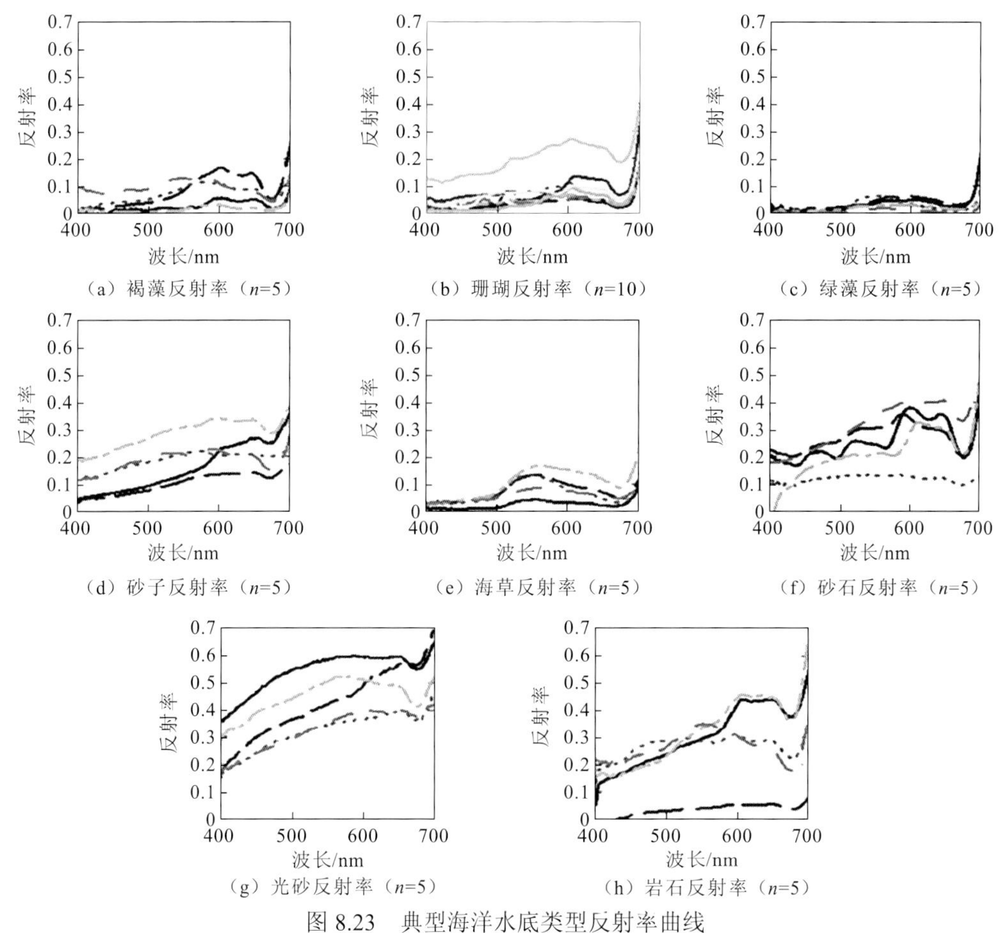

（a）褐藻反射率（n=5）　（b）珊瑚反射率（n=10）　（c）绿藻反射率（n=5）

（d）砂子反射率（n=5）　（e）海草反射率（n=5）　（f）砂石反射率（n=5）

（g）光砂反射率（n=5）　（h）岩石反射率（n=5）

图 8.23　典型海洋水底类型反射率曲线

各曲线表示相同反射率下不同测量次数（组）的反射率曲线

5. 海水光学特性

仿真计算中，针对海水的光学特性使用水体的漫衰减系数 K_d 来近似代表 $k_{lidar}(\lambda,z)$ 系数，海水的漫衰减系数可表示为

$$K_d(\lambda)=K_w(\lambda)+K_{bio}(\lambda) \tag{8.6}$$

式中：$K_w(\lambda)$ 为纯水的漫衰减系数；$K_{bio}(\lambda)$ 为生物组分引起的漫衰减系数，可表示为

$$K_{bio}(\lambda)=\chi(\lambda)\mathrm{Chl}^{e(\lambda)} \tag{8.7}$$

式中：$\chi(\lambda)$ 和 $e(\lambda)$ 为对应不同激光波长下的变异系数。

海水水体的散射相函数 $\beta_\pi(\lambda)$ 可表示为

$$\beta_\pi(\lambda)=\tilde{\beta}_{\pi,w}b_w(\lambda)+\tilde{\beta}_{\pi,p}(\mathrm{Chl})\,\mathrm{b_p}(\mathrm{Chl},\lambda) \tag{8.8}$$

式中：$\tilde{\beta}_{\pi,w}$ 和 $b_w(\lambda)$ 分别为纯水的散射相函数和散射系数：

$$\begin{cases}\tilde{\beta}_w(\psi)=\dfrac{3}{4\pi(3+p)}[1+p\cos^2(\psi)], \quad p=0.84\\ b_w(\lambda)=b_{w550}\left(\dfrac{\lambda}{550}\right)^{-4.3}, \quad b_{w550}=1.7\times10^{-3}\mathrm{m}^{-1}\end{cases} \tag{8.9}$$

$\tilde{\beta}_{\pi,p}(\text{Chl})$ 为颗粒物的相函数，有

$$\tilde{\beta}_{\pi,p} = 0.151\frac{b_{bp}}{b_p} \tag{8.10}$$

式中：b_{bp} 和 b_p 分别为颗粒物的后向散射系数和散射系数，二者的比值满足

$$\frac{b_{bp}}{b_p} = 0.002 + 0.01[0.5 - 0.25\lg(\text{Chl})] \tag{8.11}$$

式中：对 b_p 有

$$\begin{cases} b_p(\lambda) = b_{p,550}(\text{Chl})\left(\dfrac{\lambda}{550}\right)^{v_e} \\ b_{p,550}(\text{Chl}) = 0.416(\text{Chl})^{0.766} \end{cases} \tag{8.12}$$

式中：v_e 为波谱变异系数。

6. 回波波形模拟

星载海洋激光雷达的蓝光 486.13 nm 波长激光脉冲，在不同叶绿素浓度的条件下仿真计算得到回波信号强度和 100 次累计脉冲信噪比曲线如图 8.24 所示。从图中可以看出，在叶绿素浓度较低的清洁大洋水域，利用 486.13 nm 波长激光，通过累加能够实现 130 m 深度的叶绿素探测。因此，为了达到水下大于 100 m 的探测能力，后续数据处理的适度累加是非常必要的。

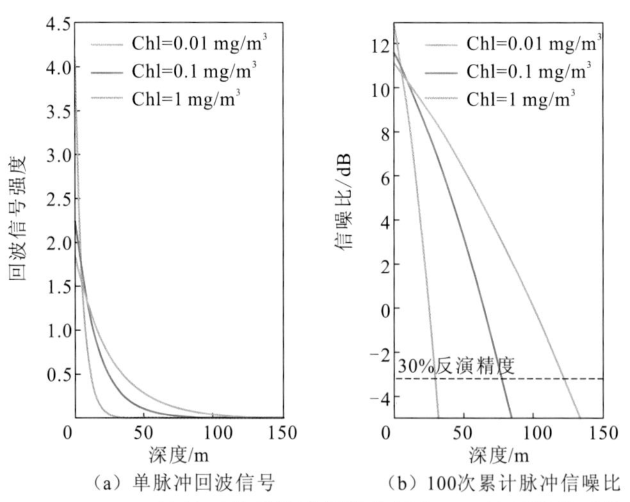

（a）单脉冲回波信号　（b）100次累计脉冲信噪比

图 8.24　486.13 nm 波长下的单脉冲回波信号和 100 次累计脉冲信噪比

星载海洋激光雷达的绿光 532.2 nm 波长激光脉冲，在不同叶绿素浓度的条件下仿真计算得到回波信号强度和 100 次累计脉冲信噪比曲线如图 8.25 所示。从图中可以看出，其水深剖面探测能力不超过 60 m，显然比蓝光 486.13 nm 波长能力弱。这个仿真结果与机载等效飞行实验获得的结果相吻合，体现了蓝光波长在水体剖面探测能力上的优势。

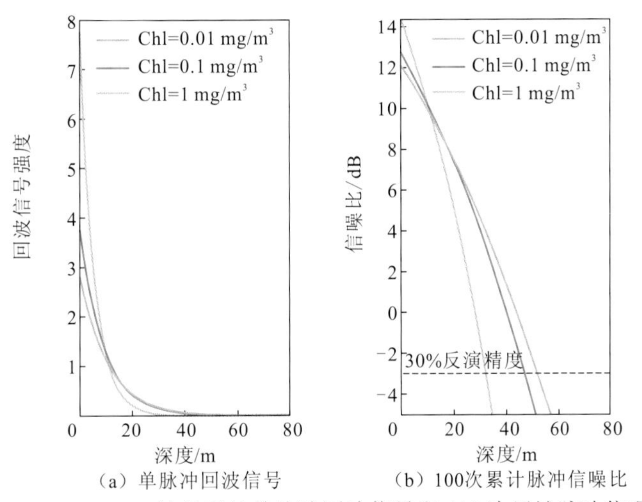

图 8.25　532.2 nm 波长下的单脉冲回波信号和 100 次累计脉冲信噪比

在不同的叶绿素浓度的条件下，星载海洋激光雷达荧光（685 nm）探测通道能够获得的荧光信号强度与水深的对应关系仿真曲线如图 8.26 所示。仿真结果显示，本章设计的星载海洋激光雷达的荧光（685 nm）信号探测能力通过累加，叶绿素荧光的最大探测水深也可以达到 30～40 m。

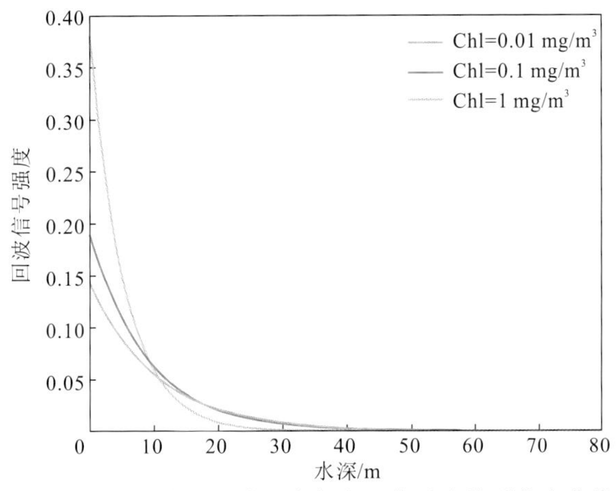

图 8.26　荧光信号回波强度与水深的对应关系仿真曲线

将星载海洋激光雷达荧光（685 nm）探测通道获得的回波信号，对海水深度进行全路径积分，最终可以得到的信号强度分别为：可收到 1.58 个光子（叶绿素浓度 0.01 mg/m^3）；可收到 1.81 个光子（叶绿素浓度 0.1 mg/m^3）和可收到 2.28 个光子（叶绿素浓度 1 mg/m^3）。

7. 白天黑夜探测性能对比

鉴于白天和夜间太阳光背景噪声影响的不同，图 8.27 给出了在白天和夜间的背景噪声条件下星载激光雷达最大可探测深度及其最佳波长的全球分布。对比结果可以发现，由于探测器受太阳光噪声影响，最大探测深度显著减少，这表明噪声影响应该在未来的星载海洋激光雷达的工程化设计中得到重视。而考虑背景噪声影响的空间分布结果，最佳波长的海域面积占比差异不大，说明噪声效应是影响星载海洋激光雷达的探测能力的主要因素。

从图 8.27（b）和（d）可以看出，星载海洋激光雷达夜间工作与白天工作时最佳波长的空间分布相似，最佳波长在 460～470 nm 的区域最大，425～435 nm 区间波长在低纬地区的贫营养海中具有较好的探测潜力。

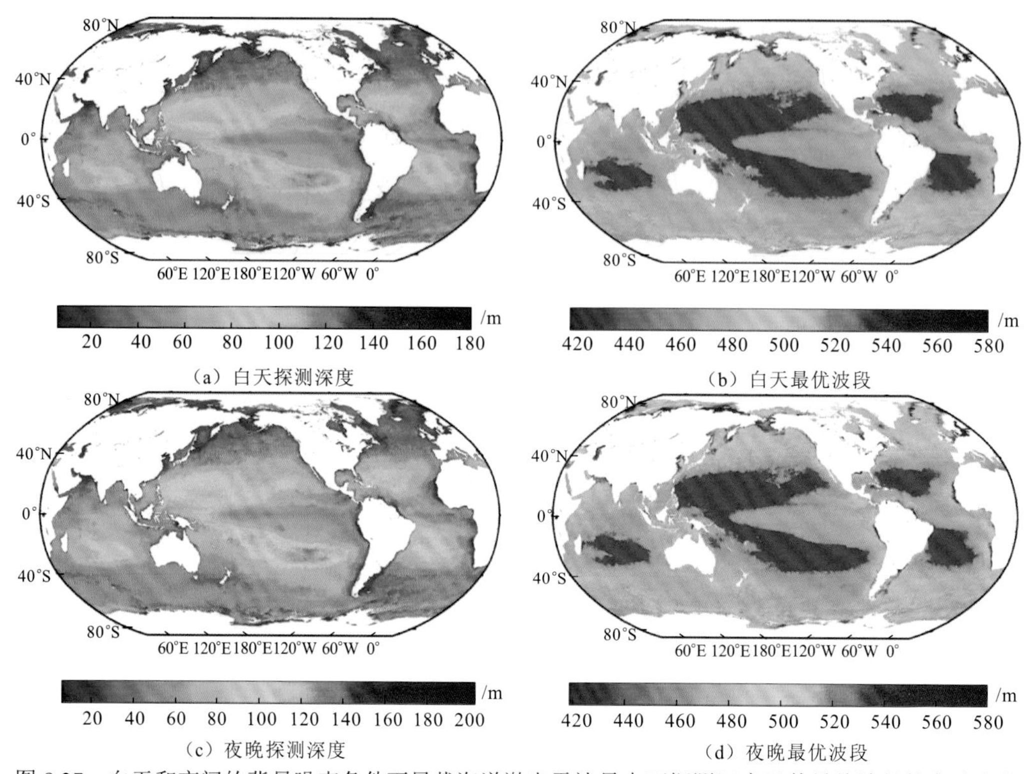

图 8.27　白天和夜间的背景噪声条件下星载海洋激光雷达最大可探测深度及其最佳波长的全球分布

8. 最大探测深度与混合层深度对比

对于星载海洋激光雷达最大可探测深度，在地球赤道两侧的寡营养海域，激光雷达总能达到 100 m 以上，如图 8.28～图 8.31 中红色图标所示，夏季最大可探测深度下降了约 10 m，如图 8.29 所示。沿海和高纬度地区的最大探测深度变化更为复杂。结果表明，在沿海地区和中高纬度地区，可探测深度不断变浅，在图 8.28～图 8.31（a）中用绿色表示。这一现象可能与叶绿素浓度的季节变化有关。

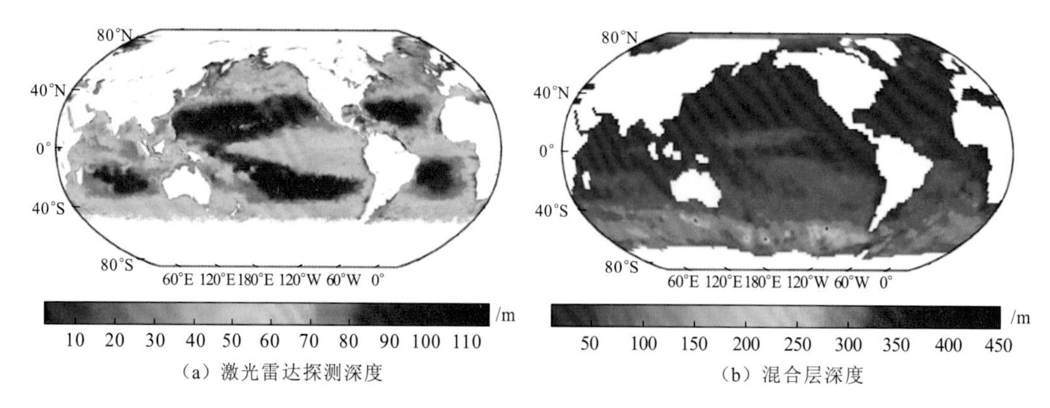

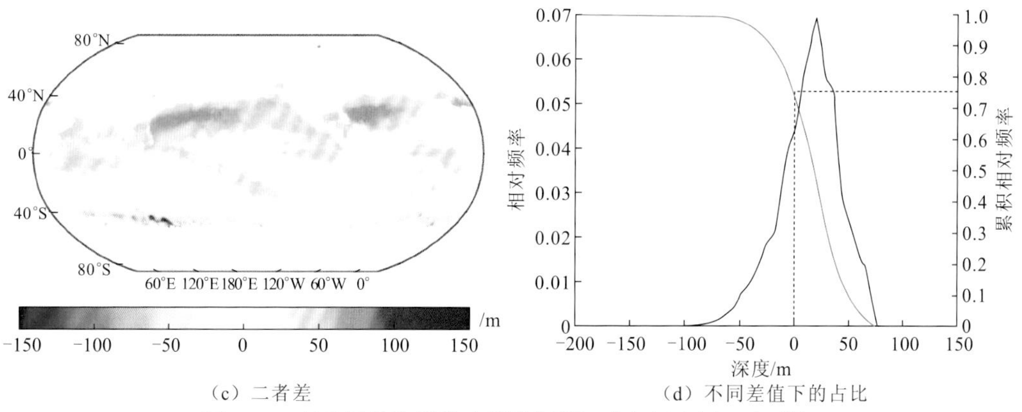

（c）二者差　　（d）不同差值下的占比

图 8.28　春季星载海洋激光雷达探测深度与混合层深度对比

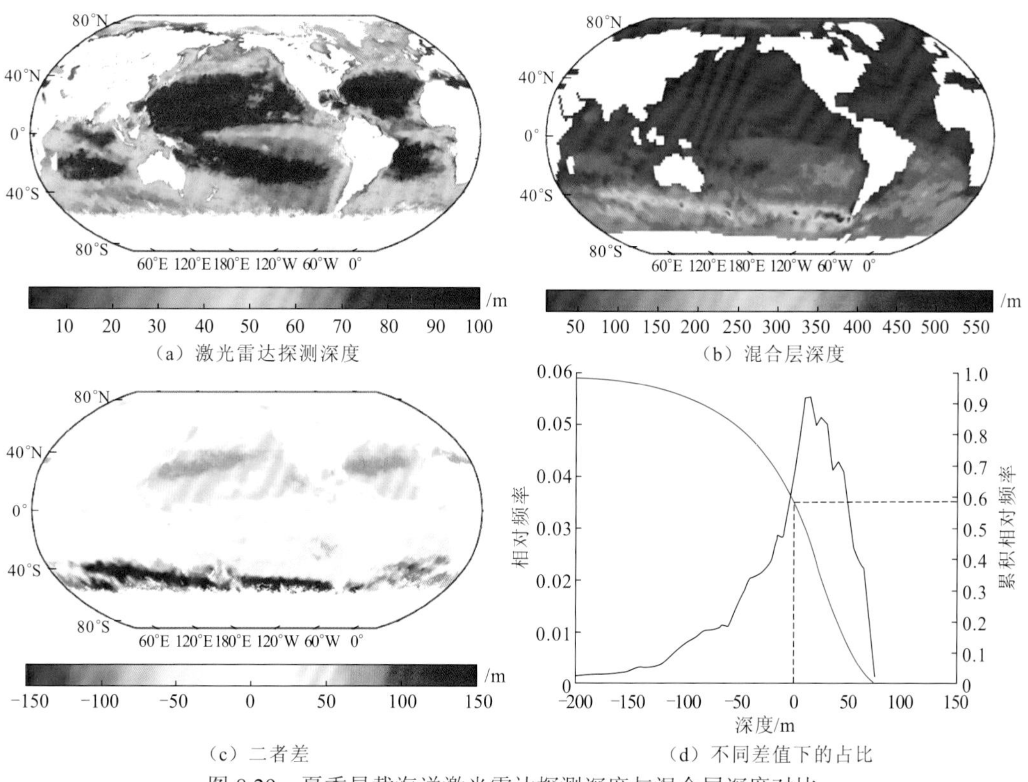

（a）激光雷达探测深度　　（b）混合层深度

（c）二者差　　（d）不同差值下的占比

图 8.29　夏季星载海洋激光雷达探测深度与混合层深度对比

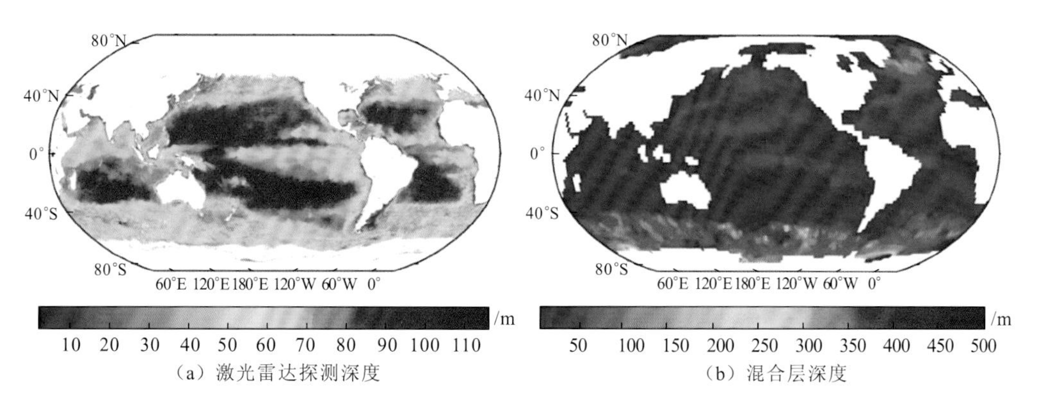

（a）激光雷达探测深度　　（b）混合层深度

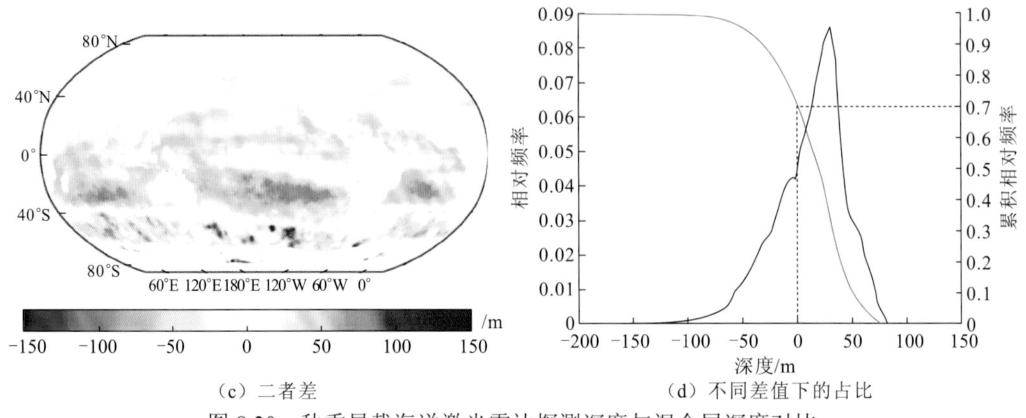

（c）二者差　　（d）不同差值下的占比

图 8.30　秋季星载海洋激光雷达探测深度与混合层深度对比

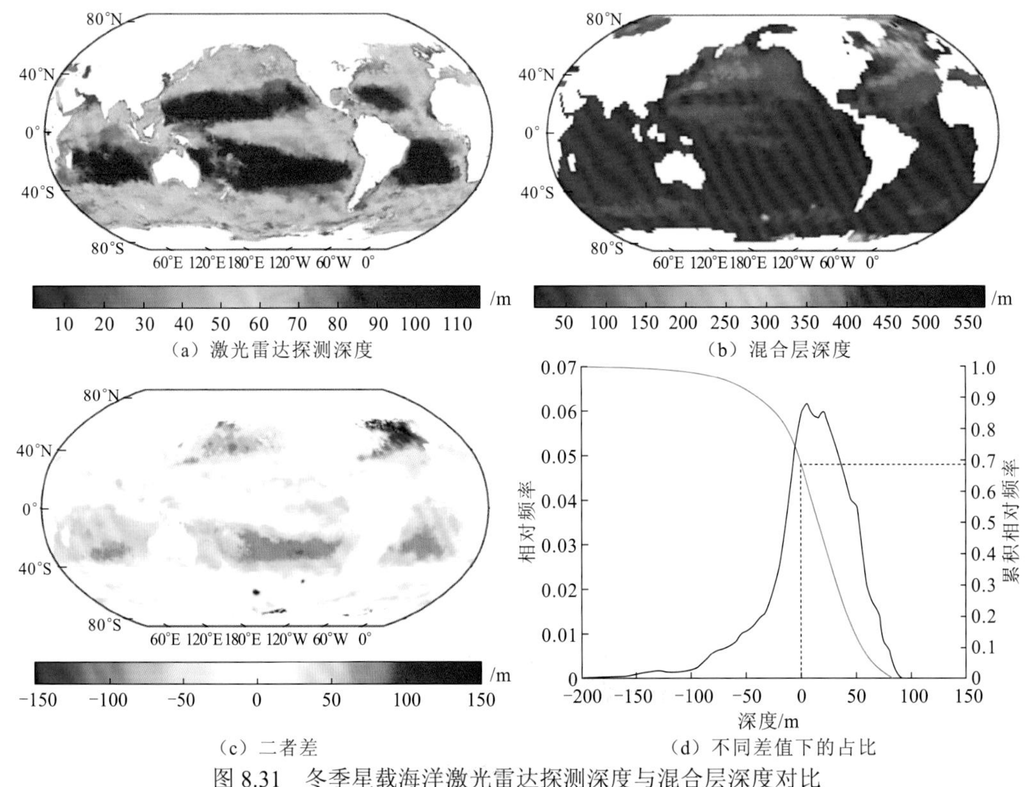

（a）激光雷达探测深度　　（b）混合层深度

（c）二者差　　（d）不同差值下的占比

图 8.31　冬季星载海洋激光雷达探测深度与混合层深度对比

综上所述，选用 486.13 nm 波长的海洋激光雷达，在不同季节（春季、秋季、冬季约 70%，夏季约 60%）都能穿透全球大部分海洋的上层混合层，只有在垂直混合强烈的高纬度地区，才无法穿透上层混合层，特别是在夏季（图 8.29）。赤道两侧的寡营养海域最大探测深度比较稳定，甚至高达 110 m，而沿海和高纬度地区的最大可探测深度不同，这可能与叶绿素浓度的季节变化有关。这表明，未来星载海洋激光雷达将是探测全球上层海洋混合层垂直结构信息的有效技术手段。

8.3.3 星载海洋激光雷达探测深度分析

星载海洋激光雷达一般采取光子计数的工作模式，其多次散射回波信号可以用光子数形式的激光雷达方程来表示[218,555]：

$$N_{\mathrm{s}}(\lambda,z)=\frac{E_0 AO(z)T_{\mathrm{a}}^2 T_{\mathrm{s}}^2 k\eta n v\Delta t}{2(nH+z)^2 h\nu}\beta_{\pi}(\lambda,z)\exp\left(-2\int_0^z k_{\mathrm{lidar}}(\lambda,z)\,\mathrm{d}z'\right) \tag{8.13}$$

式中：$N_{\mathrm{s}}(\lambda,z)$ 为在波长 λ 的探测光下、深度为 z 处海水后向散射回探测器的光子数；E_0 为发射激光脉冲的能量；A 为望远镜的接收面积；O 为重叠因子，对于星载海洋激光雷达该参数为 1；T_{a} 为大气的透过率；T_{s} 为海面透过率；k 为光学系统的透过率；η 为光电探测器的量子效率；n 为海水的折射率；v 为真空中的光速；Δt 为采样时间间隔；H 为激光雷达距离海面的距离；h 为普朗克常量；ν 为激光 T_{a} 的频率；β_{π} 为散射角为 πrad 的体散射相函数；k_{lidar} 为激光雷达有效衰减系数。

根据定义，β_{π} 可以由散射相函数 $\tilde{\beta}$ 和后向散射系数 b_{b} 表示：

$$\beta_{\pi}=\frac{\tilde{\beta}(\pi)}{2\pi\int_{\pi/2}^{\pi}\tilde{\beta}(\theta)\sin\theta\,\mathrm{d}\theta}b_{\mathrm{b}} \tag{8.14}$$

式中：散射相函数采用 HG 相函数形式，非对称系数 g 取 0.9247。有效衰减系数 k_{lidar} 决定了回波信号随深度的衰减速率，并且受海水多次散射效应的影响严重。该参数与星载激光雷达的系统参数关系不大，主要取决于水体的光学特性。星载海洋激光雷达在水面的接收脚斑足够大，按照 Gordon 的理论[556]，多次散射影响的 k_{lidar} 近似等于水体的下行辐照度衰减系数 K_{d}。Lee 等根据辐射传输理论，推导出不同波长下的 K_{d} 和水体吸收系数 $a(\lambda)$ 、后向散射系数 $b_{\mathrm{b}}(\lambda)$ 之间的关系如下[557]：

$$K_{\mathrm{d}}(\lambda)=(1+0.005\theta_{\mathrm{s}})\times a(\lambda)+\left(1-0.265\frac{b_{\mathrm{bw}}(\lambda)}{b_{\mathrm{b}}(\lambda)}\right)\times 4.259(1-0.52\exp^{-10.8a(\lambda)})b_{\mathrm{b}}(\lambda) \tag{8.15}$$

式中：θ_{s} 为水面上的太阳天顶角，由于在激光雷达探测中激光器是光源，激光的入射角相当于太阳天顶角，在本节的分析中假设激光垂直入射，即 $\theta_{\mathrm{s}}=0°$ ；b_{bw} 为纯海水的后向散射系数，可表示为

$$b_{\mathrm{bw}}(\lambda)=0.5\times 16.06\times(\lambda_0/\lambda)^{4.324}\beta_{\mathrm{w}}(90°,\lambda_0) \tag{8.16}$$

式中：λ_0 为参考波长；$\beta_{\mathrm{w}}(90°,\lambda_0)$ 为散射角是 90° 的体散射相函数，当参考波长 λ_0 取 550 nm 时，$\beta_{\mathrm{w}}(90°,550\,\mathrm{nm})$ 的值为 $1.21\times10^{-4}\,\mathrm{m}^{-1}$。本小节使用的全球海洋的水体吸收系数和后向散射系数数据来自中等分辨率成像光谱仪（MODIS）的 Level 3 的年平均数据产品，这些产品根据广义固有光学性质（generalized inherent optical properties，GIOP）算法利用遥感反射率 R_{rs} 计算得到。

激光雷达回波信号不仅包括海水后向散射信号，还包括背景噪声。对于光子计数探测模式的星载海洋激光雷达，其信号的标准差为[555]

$$\delta N(z)=[N_{\mathrm{s}}(z)+N_{\mathrm{b}}]^{1/2} \tag{8.17}$$

式中：N_{b} 为激光雷达接收到的背景噪声光电子数，表达式为[555]

$$N_b = I_b A \Delta\lambda \Delta t k \eta \frac{\pi \phi^2}{4hv} T_s T_a \tag{8.18}$$

式中：I_b 为大气和水面反射的太阳光谱辐亮度；$\Delta\lambda$ 为滤光片的带宽；ϕ 为激光雷达接收器的半视场角。根据海洋激光雷达回波信号的光电子数 N_s 和信号的标准差 δN，信噪比 $\mathrm{SNR}(z)$ 可表示为[555]

$$\mathrm{SNR}(z) = \lg\left[\frac{\sqrt{m} N_s(z)}{\delta N(z)}\right] \tag{8.19}$$

式中：m 为累积脉冲数。当信噪比为 0 dB 时，表示信号与噪声难以区分开来，可认为此时所对应的深度即为该参数下的激光雷达最大探测深度。据此可计算得到波长 λ 处的最大探测深度 $z_{\max}(\lambda)$，即

$$z_{\max}(\lambda) = z_{\mathrm{SNR=0dB}}(\lambda) \tag{8.20}$$

通过比较每种水体在各个波长下的最大探测深度，可以得到该水体的最大可探测深度 $z_{\max}(\lambda_0)$，该深度所对应波长即为最佳探测波长 $z_{\max}(\lambda_0)$，该过程可以表示为

$$z_{\max}(\lambda_0) = \max[z_{\max}(\lambda_1), z_{\max}(\lambda_2), \cdots, z_{\max}(\lambda_n)] \tag{8.21}$$

由 8.3.2 小节的分析可知，星载海洋激光雷达的探测深度和最佳探测波长与海水的光学特性及激光雷达系统的硬件参数有关。本小节采用全球海洋的水体光学参数取自 MODIS 的 Level 3 年平均数据产品，数据年份为 2017 年。MODIS 提供了 412 nm、443 nm、469 nm、488 nm、531 nm、547 nm、555 nm、645 nm、667 nm 和 678 nm 10 个波段的海水吸收系数和后向散射系数的数据，数据的空间分辨率为 4 km×4 km。星载海洋激光雷达系统参数见表 8.10[551-552]。

表 8.10　星载海洋激光雷达系统参数

参数	数值	参数	数值
卫星高度 H/km	400	海水折射率 n	1.33
单脉冲激光能量 E_0/J	1.3	探测器量子效率 η	0.5
采样频率 f/MHz	200	光学系统透过率 k	0.9
望远镜口径 D/m	1.5	海面透过率 T_s	0.98
接收视场角 FOV/ mrad	0.15	大气透过率 T_a	0.6
滤光片带宽$\Delta\lambda$/nm	0.1	太阳光谱辐亮度 I_b/[W/（$\mathrm{m}^2\cdot\mathrm{nm}\cdot\mathrm{sr}$）]	1.4

假设以 30%作为反演精度阈值，通过建立的反演模型仿真计算，星载海洋激光雷达的 486.13 nm 波长蓝光激光在全球海洋的可探测深度能力分布如图 8.32 所示。

类似地，绿光 532.2 nm 波长激光的全球海洋可探测深度能力分布如图 8.33 所示，可以看出，其探测深度能力明显弱于蓝光波长。

利用各波段的水体光学特性和表 8.10 中的星载海洋激光雷达系统参数，得到每个 4 km×4 km 区域内的最大探测深度值和对应的最佳探测波长，结果如图 8.34 所示。从图中可以看出，全球海洋最大探测深度和对应的最佳探测波长具有明显的区域分布特征。探测深度最大能够达到 100 m 以上的区域主要分布在赤道两侧的低纬度地区，因为该地区多为清澈的大洋水体；近岸海域和靠近两极的水体由于浑浊度较高，探测深度较浅，总体在 40 m 以内。

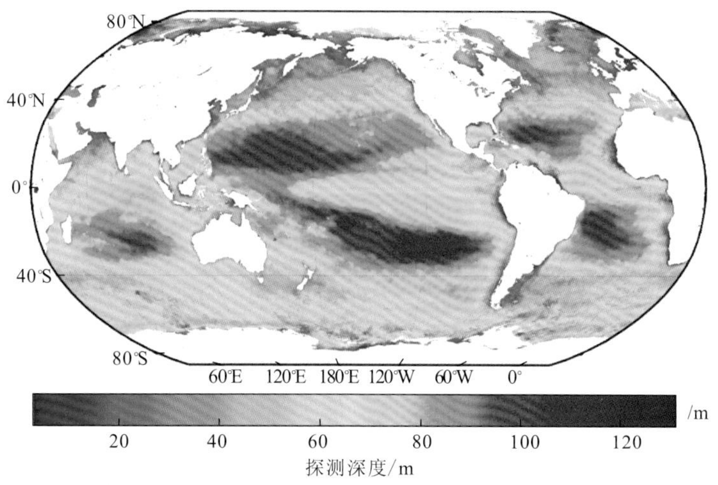

图 8.32　486.13 nm 波长蓝光全球海洋可探测深度

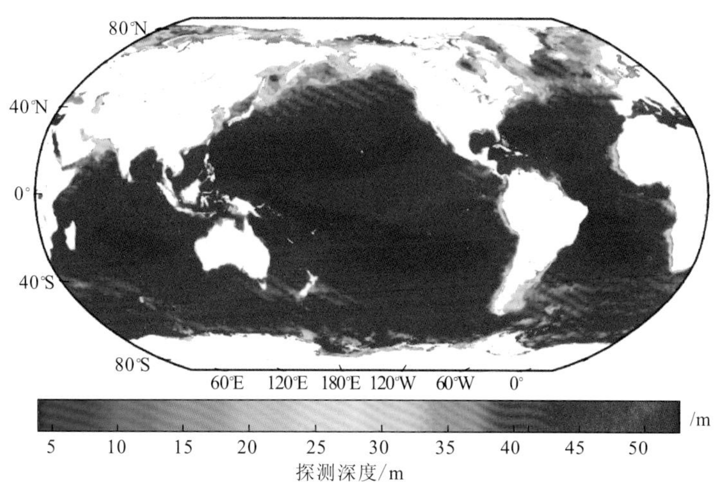

图 8.33　532.2 nm 波长绿光全球海洋可探测深度

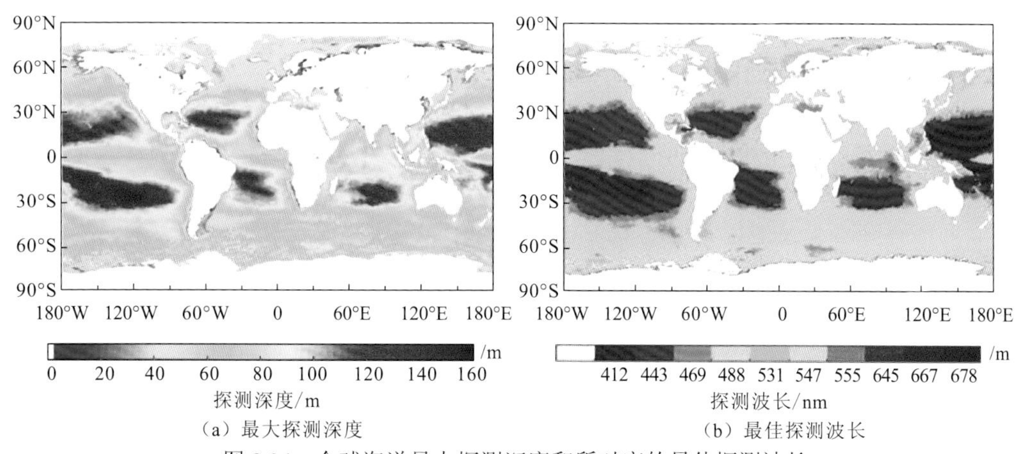

（a）最大探测深度　　（b）最佳探测波长

图 8.34　全球海洋最大探测深度和所对应的最佳探测波长

从星载海洋激光雷达最佳探测波长的全球分布来看，蓝光波段的探测效果最好，绿光波段其次，红光不适合探测海洋。就能够达到的最大探测深度而言，采用 488 nm 波长探测的水体面积是最大的。图 8.35 给出了图 8.34（b）中各最佳探测波长对应的海水面积在全球海洋中占比的统计情况。其中 488 nm 波长占比最大，为 61.82%，相比于其他波长具有绝对的优势。这意味着，如果星载海洋激光雷达只能选择一个工作波长的情况下，488 nm 波长是首选。最佳探测波长为 443 nm 能够探测的海水面积占全球海洋面积的 14.81%，在统计排名中占据第二位，并且从全球分布[图 8.34（b）]来看，最佳探测波长为 443 nm 的海水多为低纬度区域的清洁大洋水体。最佳探测波长为 531 nm 能够探测的海水面积占全球海洋面积的 3.77%，该比例低于蓝光波段的 4 个波长的占比，这说明如果将 531 nm 作为星载海洋激光雷达探测全球海洋的波长，探测能力不如蓝光波段。尽管 MODIS 数据产品中用于反演水体光学特性的遥感反射比 R_{rs} 数据并未进行拉曼校正，但对最佳波长的正态分布和占比不会造成太大的影响，因为拉曼散射效应主要是对长波波段数据的贡献比较大，对短波波段数据的影响较小，并且 488 nm 波段以 61.82%的占比占据绝对优势，原始数据存在的些许偏差不会影响本小节的分析结果。

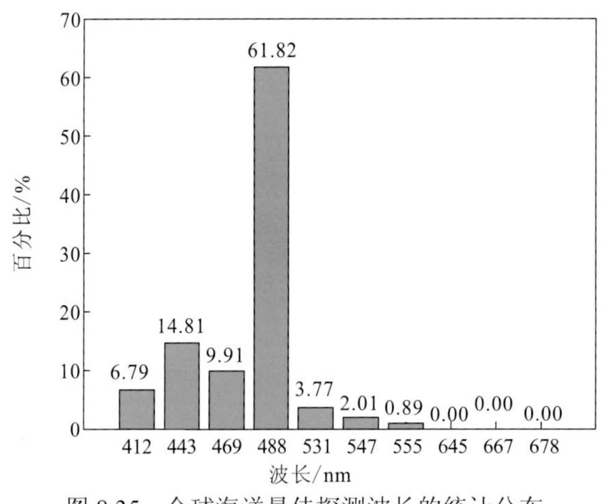

图 8.35　全球海洋最佳探测波长的统计分布

8.3.4　真光层探测能力分析

真光层深度 Z_{eu} 指水中光合有效辐射（photosynthetic available radiation，PAR）值为海表处 1%的位置深度[558]。真光层是海洋生态系统中光合作用最活跃的区域，海洋中广泛存在的浮游植物叶绿素最大层通常分布在真光层以内[396,559]，因此真光层的探测对评估净初级生产力和浮游植物生物量具有重要意义[551]，也对激光雷达的探测深度提出了相当高的要求。图 8.36 给出了 2017 年年平均海洋真光层深度的全球分布情况，数据同样来源于 MODIS Level 3 年平均海洋数据产品。可以看出，全球海洋的真光层深度具有明显的地域分布特征：低纬度的大洋水体的真光层深度最大可达 250 m；而近岸及极地海域的真光层深度较浅，为 50～100 m。

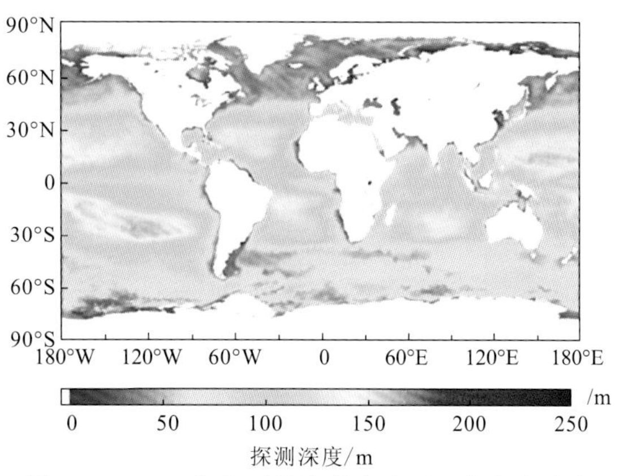

图 8.36　2017 年年平均海洋真光层深度全球分布

为了比较 488 nm 波长和 443 nm 波长的真光层探测能力，利用 MODIS Level 3 的年平均真光层数据产品计算 488 nm 波长穿透深度与真光层深度之比 $Z_{max@488\ nm}/Z_{eu}$ 和 443 nm 波长穿透深度与真光层深度之比 $Z_{max@443\ nm}/Z_{eu}$。得到 $Z_{max@443\ nm}/Z_{eu}$ 和 $Z_{max@488\ nm}/Z_{eu}$ 的全球海洋分布情况分别如图 8.37（a）和（b）所示。从图中可以看出，488 nm 波长对真光层的探测能力总体要强于 443 nm 波长，两个波长在极地地区的真光层探测能力都高于其他地区，488 nm 波长能实现的穿透深度大于真光层深度的海水主要分布在高纬度地区，而在低纬度地区的探测能力不如 443 nm 波长，该趋势与图 8.34（b）所示的最佳探测波长分布一致。

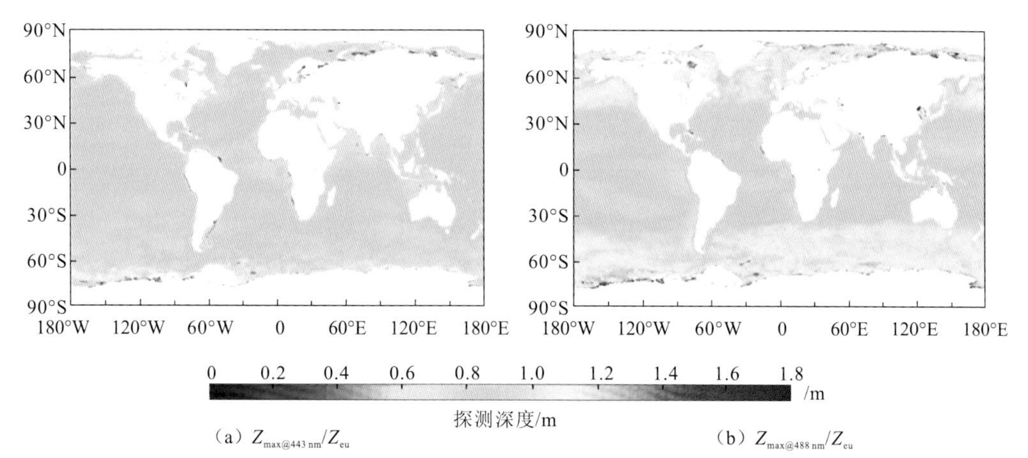

（a）$Z_{max@443\ nm}/Z_{eu}$　　（b）$Z_{max@488\ nm}/Z_{eu}$

图 8.37　443 nm 的穿透深度与真光层深度比值 $Z_{max@443\ nm}/Z_{eu}$ 和 488 nm 穿透深度与真光层深度比值 $Z_{max@488\ nm}/Z_{eu}$ 的全球分布情况

将这两个波长下的穿透深度和真光层深度的比值划分为 7 组，分别为小于 0.5、0.5～0.6、0.6～0.7、0.7～0.8、0.8～0.9、0.9～1.0 和大于 1.0，统计每个比值段内的海域面积占全球海洋总面积的比例，结果如图 8.38 所示。从图 8.38 中可以看出，443 nm 波长穿透深度大于真光层深度的海洋面积占全球海洋总面积的 5.34%，488 nm 波长穿透深度大于真光层深度的海洋面积占全球海洋总面积的 36.18%，并且 488 nm 波长穿透深度大于 90%真光层深度（即 $Z_{max@488\ nm}/Z_{eu}>0.9$）的海洋面积占全球海洋总面积的 55.70%。从图 8.37 中可以看出两个波长的穿透深度大于真光层深度的区域大致互补，并且 $Z_{max@488\ nm}/Z_{eu}>0.8$ 和 $Z_{max@443\ nm}/Z_{eu}>0.8$

的海洋面积高达 96.26%。这意味着单一波长 488 nm 在探测真光层上具有优势，但如果星载海洋激光雷达可以使用双波长探测模式，那么同时使用 488 nm 波长和 443 nm 波长将会达到更好的真光层探测效果，更有利于对海洋生物量及初级生产力进行评估。

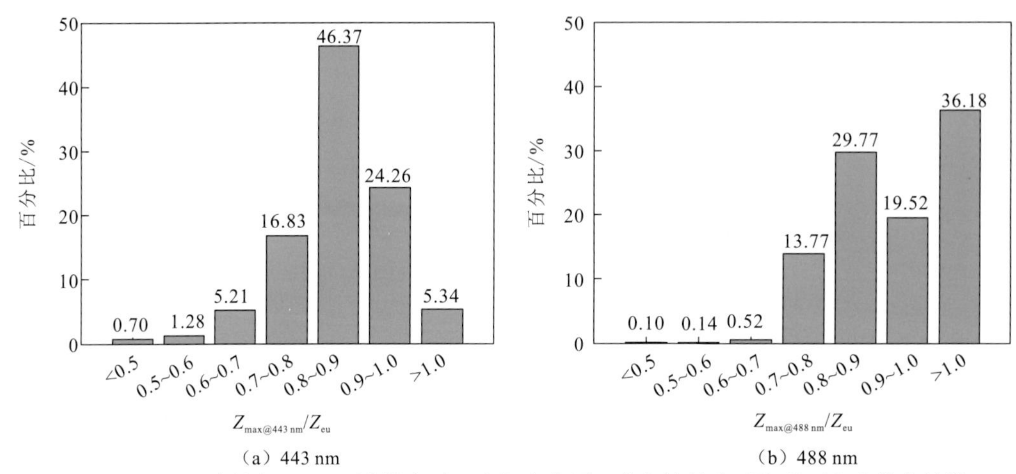

图 8.38 443 nm 波长和 488 nm 波长穿透深度与真光层深度之比的全球海洋面积占比统计情况

当然在工程实际应用中也需要考虑激光器的性能、造价等因素。Nd:YAG 激光器结构紧凑、功耗较低、性能稳定，因此 532 nm 也是星载激光雷达可以考虑的探测波长之一。为了评估 532 nm 波长的真光层深度探测能力，计算相近波长 531 nm 探测深度与真光层深度之比 $Z_{max@531\ nm}/Z_{eu}$。因为 MODIS Level 3 数据产品的 10 个探测海洋波段中没有 532 nm，所以利用 531 nm 波段的数据来近似代表，得到的 $Z_{max@531\ nm}/Z_{eu}$ 的全球海洋分布如图 8.39 所示。从图中可以看出，531 nm 波长穿透深度与真光层深度的比值以赤道为中心呈南北对称分布，在纬度 40° 以内的中低纬度区域，531 nm 波长的穿透深度明显低于真光层深度，但在纬度约 40° 以上的中高纬度区域 531 nm 波长的穿透深度接近或大于真光层，尤其在靠近大陆的近岸水体中，531 nm 波长的穿透深度明显大于真光层。

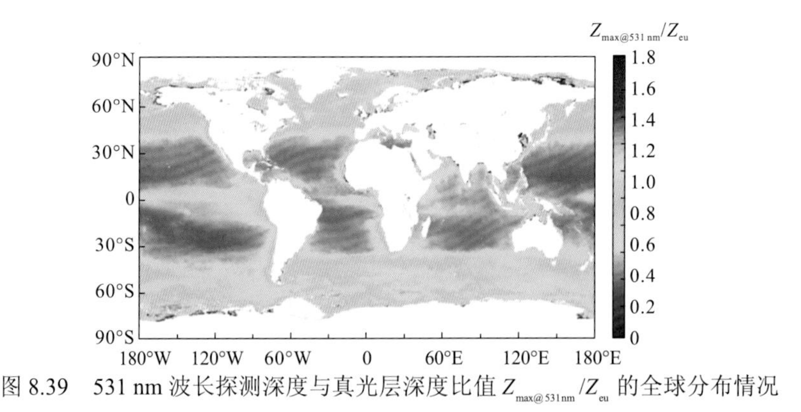

图 8.39 531 nm 波长探测深度与真光层深度比值 $Z_{max@531nm}/Z_{eu}$ 的全球分布情况

将 531 nm 波长穿透深度与真光层深度的比值 $Z_{max@531nm}/Z_{eu}$ 分为小于 0.5、0.5～0.6、0.6～0.7、0.7～0.8、0.8～0.9、0.9～1.0 和大于 1.0 共 7 组，分别对全球海洋及近岸水体（图 8.34 中最佳探测波长为 531 nm 的水域）中的各比值段的海水面积占比情况进行统计分析，得到如图 8.40 所示的结果，其中（a）为全球海洋的统计结果，（b）为近岸水体的统计结果。尽管对于全球海洋，531 nm 波长探测深度大于真光层深度的海洋面积只占总面积的 9.55%，但 531 nm 波长在近岸水体中可以穿透得更深，从统计结果来看有 72.49%的近岸水体可以穿透真光层。这说明将目前激光雷达的常用波长 532 nm 用于近海探测的机载及船载是非常合适的，其探测深度能够接近真光层，进而可为探测近岸水体中的浮游植物分布提供有效数据。但在星载激光雷达探测全球海洋时，532 nm 波长的整体深度探测效果不如 443 nm 波长和 488 nm 波长。

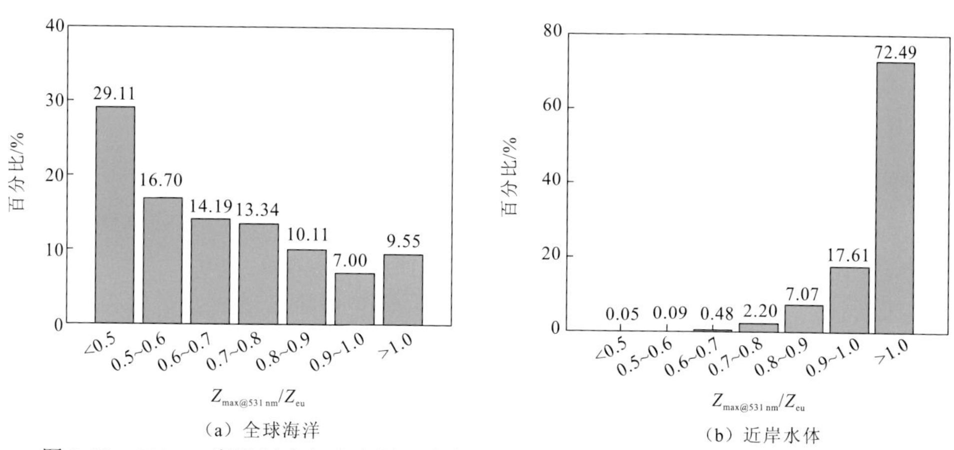

图 8.40　531 nm 穿透深度与真光层深度之比的全球海洋和近岸水体面积占比统计情况

8.3.5　太阳夫琅禾费线对激光雷达回波信号信噪比的提升

太阳光谱中存在一系列的光谱吸收线称为夫琅禾费线。使用中心波长位于夫琅禾费线的仪器进行海洋探测引起了研究者极大的关注[560-561]。使用夫琅禾费线作为探测波长可以从源头上抑制背景光，从而提高激光雷达回波信号的信噪比。从 8.3.4 小节的分析可知，443 nm 和 488 nm 这两个波长在探测全球海洋真光层分布中具有较大的优势，有望成为星载海洋激光雷达的备选探测波长。而且幸运的是，在两个波长附近存在两条太阳夫琅禾费线，即 Fe 原子吸收线（438.355 nm）和 H-β 吸收线（486.134 nm）[562]，分别如图 8.41（a）和（b）所示。如果能将星载海洋激光雷达的中心波长选在这两条夫琅禾费线处，则来自太阳的背景光将会大大降低，根据信噪比阈值得到的最大探测深度也会显著提高。

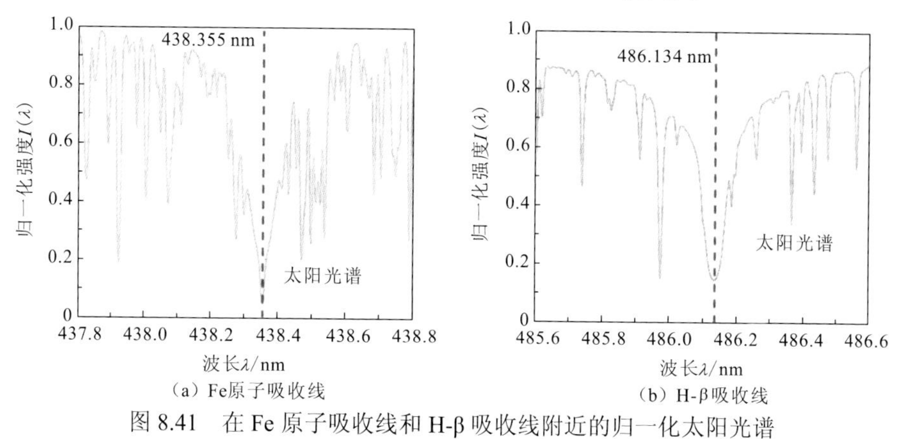

图 8.41　在 Fe 原子吸收线和 H-β 吸收线附近的归一化太阳光谱

1. 滤光片带宽对太阳夫琅禾费线背景光抑制作用的影响

激光雷达接收到的背景光电子数与接收系统的滤光片带宽成正比，因此滤光片的带宽直接决定了使用夫琅禾费线作为探测波长的效果。假设滤光片为理想的带通滤光片，其带宽为 $\Delta\lambda$，定义太阳背景光抑制比 R 为[551]

$$R=\int_{\lambda_0-\Delta\lambda/2}^{\lambda_0+\Delta\lambda/2}I_0(\lambda)\times \mathrm{d}\lambda\Big/\int_{\lambda_1-\Delta\lambda/2}^{\lambda_1+\Delta\lambda/2}I_1(\lambda)\times \mathrm{d}\lambda \tag{8.22}$$

式中：$I_0(\lambda)$ 和 $I_1(\lambda)$ 分别为波长 λ_0 和 λ_1 附近的太阳光谱强度。在计算中，对于 H-β 吸收线，λ_0 和 λ_1 分别取 486.134 nm 和 488 nm，对于 Fe 原子吸收线，λ_0 和 λ_1 分别取 438.355 nm 和 443 nm。图 8.42 给出了在 438.355 nm 和 486.134 nm 两个探测波长下的背景光抑制比 R 随滤光片带宽 $\Delta\lambda$ 的变化趋势，两个波长都表现为带宽越大抑制比越高，即噪声抑制效果越差。由于 438.355 nm 吸收线的带宽大于 486.134 nm，在滤波器带宽较大时，噪声抑制效果相对较好。H-β 吸收线的带宽大约为 0.1 nm，因此使用带宽为 0.1 nm 的滤光片能够较好地利用夫琅禾费线的吸收特性来抑制背景噪声。如图 8.42 所示，滤光片带宽为 0.1 nm 时，438.355 nm 和 486.134 nm 两个探测波长的太阳背景光抑制比分别为 28.61%和 29.29%，这意味着相较于原探测波长 443 nm 和 488 nm，使用 438.355 nm 和 486.134 nm 作为探测波长可以抑制将近 70%的太阳背景光噪声。

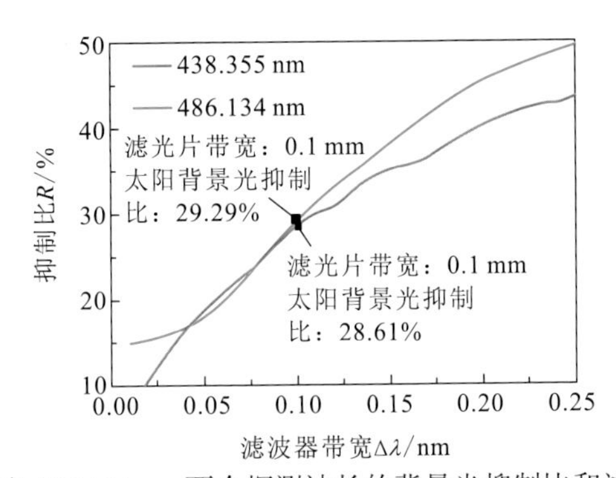

图 8.42　438.355 nm 和 486.134 nm 两个探测波长的背景光抑制比和滤波器带宽之间的关系

2. 太阳夫琅禾费线对星载激光雷达信噪比的提升分析

为了能更直观地理解采用夫琅禾费线附近波长对星载激光雷达探测性能的提升作用，以三种典型水体为例，利用表 8.11 给出的激光雷达系统参数，并根据式（8.1）和式（8.7）计算回波光电子数和信噪比。三种典型水体分别为远洋水体、近岸水体和浑浊海港水体。由于 Fe 原子夫琅禾费线和 H-β 夫琅禾费线在滤光片带宽为 0.1 nm 时有近似相等的噪声抑制比，本小节以 486.134 nm 为例来研究夫琅禾费线 70%的噪声抑制作用对激光雷达回波信号信噪比的提升效果。另外，由于 486.134 nm 与 488 nm 非常接近，在计算中可近似认为这两个波长下的水体光学参数不变。

表 8.11　不同噪声水平下，三种典型水体中的探测深度对比

水体类型	SNR 为 0 dB 时的探测深度/m		探测深度提升比/%
	100%噪声	30%噪声	
远洋水体	30.887 3	32.527 1	5.309 0
近岸水体	21.539 7	22.555 3	4.715 1
浑浊海港水体	10.331 3	10.682 0	3.394 6

图 8.43 给出了两种不同噪声水平下，三种典型水体的激光雷达回波信号信噪比与水深之间的关系，其中蓝色代表远洋水体，黄色代表近岸水体，紫色代表浑浊海港水体，实线代表根据表 8.11 中的参数计算出的背景光电子数下得到的信噪比，虚线代表噪声水平降至 30%（对应 30%的噪声抑制比）后得到的信噪比。从图 8.43 中可以看出：将背景噪声水平降至 30%对信号比 10 dB 以上的信号影响很小；而对信噪比低于 10 dB 的信号而言，激光雷达穿透深度有所提升。当信噪比为极限值 0 dB 时，三种水体中的穿透深度提升情况见表 8.11，分别约为远洋水体 5.3%、近岸水体 4.7%和浑浊海港水体 3.4%。远洋水体中的探测深度提升程度大于浑浊海港水体，原因是浑浊海港水体的吸收和散射作用都相对更强，其探测深度本就很浅，信噪比提升对探测深度的影响较小。总体来看，使用 H-β 夫琅禾费线和 Fe 原子夫琅禾费线作为探测波长可将背景噪声抑制至 30%，可以将探测深度进一步提高 5.0%左右。

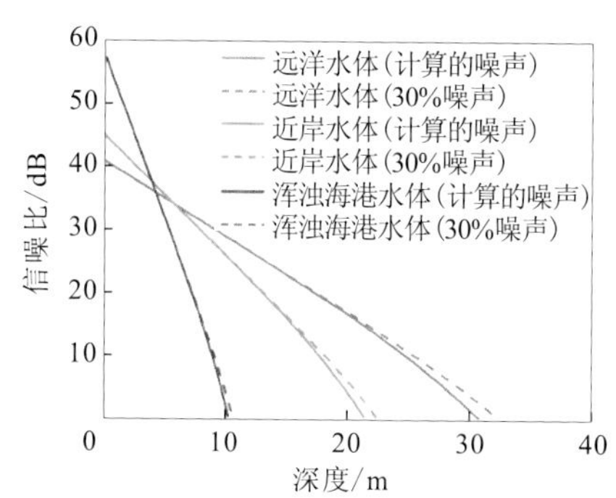

图 8.43　不同噪声水平下，三种典型水体中的激光雷达回波信号信噪比和水深之间的关系

此外，大气透过率也是影响星载激光雷达波长选择的因素之一，使用中等光谱分辨率大气透过率及辐射传输算法和计算模型（moderate spectral resolution atmospheric transmittance algorithm and computer model，MODTRAN），并利用其中内置的美国标准大气模型，可以计算出 532 nm、488 nm 和 486.134 nm 三个波长下的海洋上空大气透过率分别为 0.626 8、0.599 8 和 0.597 9。可见在大气透过率方面，这三个波长的差别很小。虽然 486.134 nm 波段的大气透过率略低，但在海水的穿透能力方面相较于其他两个波长仍具有明显的优势。

进一步考虑太阳光谱中的 H-β 夫琅禾费线和 Fe 原子夫琅禾费线，将 486.134 nm 和 438.355 nm 作为工作波长，利用太阳吸收谱线能量低的优势降低太阳背景噪声，从而提高信噪比。当采用带宽为 0.1 nm 的滤光片时，可以抑制近 70%的背景噪声。信噪比为 0 dB

时，采用 H-β 夫琅禾费线和 Fe 原子夫琅禾费线作为工作波长对三种典型海水的探测深度提升都在 5.0%以内。486.134 nm 波长在全球海洋探测深度和回波信噪比方面具有明显的优势，是星载海洋激光雷达工作波长的最佳选择。利用 486.134 nm 和 438.355 nm 双波长联合探测会获得更好的深度探测效果，能够提供更深层的海水光学信息。本节的研究结果对星载海洋激光雷达系统的设计和研制具有十分重要的指导意义，能够使星载海洋激光雷达在探测全球海洋初级生产力和评估浮游植物生物量等方面发挥出更重要的作用。

8.4 关键技术与可行性分析

8.4.1 窄脉冲激光脉冲产生及光频转换技术

由于海水的强衰减特征，海洋激光雷达对单脉冲能量的需求要比目前开展大气探测的载荷高大约一个数量级。同时为了有效抑制背景光的干扰，需要使用窄带滤波片过滤背景光子，而发射激光的光谱带宽则需要比窄带滤光片的光谱更窄。此外，为了获得较高的测距精度，激光发射脉冲的宽度也需要控制在较短的时间尺度之内。这些需求使激光光源必须同时满足大能量、窄脉冲、单纵模的要求。但是，大能量的激光脉冲非常容易产生各种非线性光学效应，如展宽输出的激光束和破坏激光脉冲的时域波形。因此，为了实现海洋激光雷达的天基应用，需要在大能量、窄脉冲、单纵模脉冲激光产生上开展大量研究工作。

图 8.44 为典型的高能量脉冲激光产生及倍频方案，激光器一般采用 MOPA 结构，设置多级双程放大，提高激光电-光转换效率，充分利用激光放大器储存能量的同时减小激光器体积。放大级采用 Zig-Zag 板条结构，消除一级热聚焦、应力双折射和退偏效应，从而获得良好的光束质量，同时更加适合传导冷却，能够更好地将晶体与热沉接触。最后通过非线性晶体的倍频作用获得 532 nm 波长的激光脉冲输出。激光器利用高效率的倍频晶体和非相位倍频技术，可获得高效率绿光输出，实现大约 50%的倍频效率。

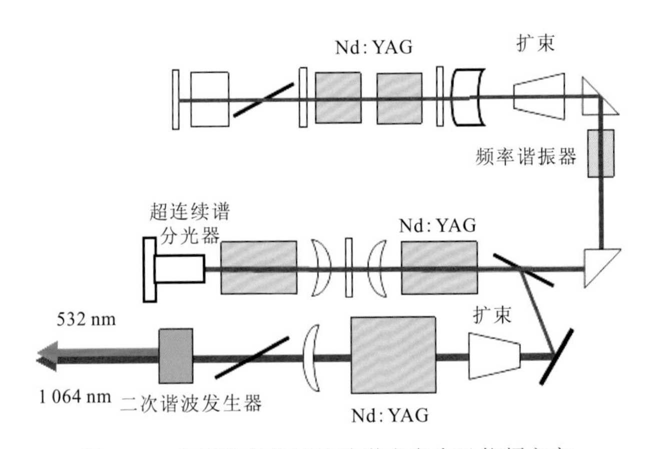

图 8.44　典型的高能量脉冲激光产生及倍频方案

另外，为了高效产生 532 nm 或 486 nm 波长激光，还需要在高效率非线性光频转换上开展研究，提高倍频、三倍频、光学参量转换效率，同时维持较好的光束质量和时域脉冲波形。

在卫星平台方面，为满足高能量脉冲激光器对散热及温控的需求，需要在大能流密度热控等方面开展针对性的工作。

8.4.2 大动态回波信号高灵敏度探测技术

由于海水对光束的强衰减效应，海洋激光雷达水下信号将在几百纳秒时间尺度内衰减若干个数量级，信号动态范围极大。为了实现极限灵敏度探测，激光雷达的回波探测系统需要达到单光子灵敏度量级，但是典型的单光子探测系统在应对多光子事件时，受“死时间”效应的限制，动态范围有限。

因此，为解决海洋激光雷达对大动态范围信号高灵敏度探测的需求，需要提高单光子探测的饱和计数率，要求探测器具有较快的响应速度、较弱的“死时间”效应，需要在探测器工艺、数据采集系统设计上开展关键技术研究。

8.4.3 干涉式高光谱分辨率分光技术

利用高光谱分辨率分光技术分离海水中颗粒物的米散射与海水的布里渊散射，是提高海洋激光雷达定量精度的重要技术途径。NASA 在星载海洋探测中规划了此类技术的应用，并开展了机载实验，利用碘分子吸收池分离布里渊散射，但是碘分子吸收池的吸收效应会吸收掉部分米散射信号，降低回波信号的使用率。发展干涉式高光谱分辨率分光技术，是实现星载海洋激光雷达低损耗高光谱分辨率探测的重要技术方向。

8.4.4 激光雷达在轨收发配准技术

为了抑制太阳背景，提高白天探测信噪比，星载海洋激光雷达的视场需要设计得较小，仅几十微弧度，并要求收发配准和指向监视精度均达到微弧度级，该技术的实现依赖于以下两个前提。

（1）提高地面高收发配准精度。系统需要具备极高的热、力稳定性，能够满足在发射之后收发配准的误差在较小的范围内波动。

（2）实现星上动态调整。卫星在轨工作时，能够快速检测收发配准状态，能够运用算法快速调整，同时满足系统需要的收发配准精度。

8.4.5 激光波束高精度指向定位技术

受限于当前技术发展水平，星载海洋激光雷达仅能实现星下单波束或少波束的探测，一般需要配合被动水色遥感载荷工作，以实现大幅宽的探测，因此激光足印落点的精确测量是开展主被动复合数据融合处理的关键。在高分七号激光测高仪的研制过程中，中国科学院上海技术物理研究所将激光引入星敏感器，突破了角秒级指向精度测量，实现了激光绝对指向的精确测量。图 8.45 所示为中国科学院上海技术物理研究所开展的精确激光指向实时测量结果，两个方向的定位精度分别为 0.245 角秒和 0.166 角秒。

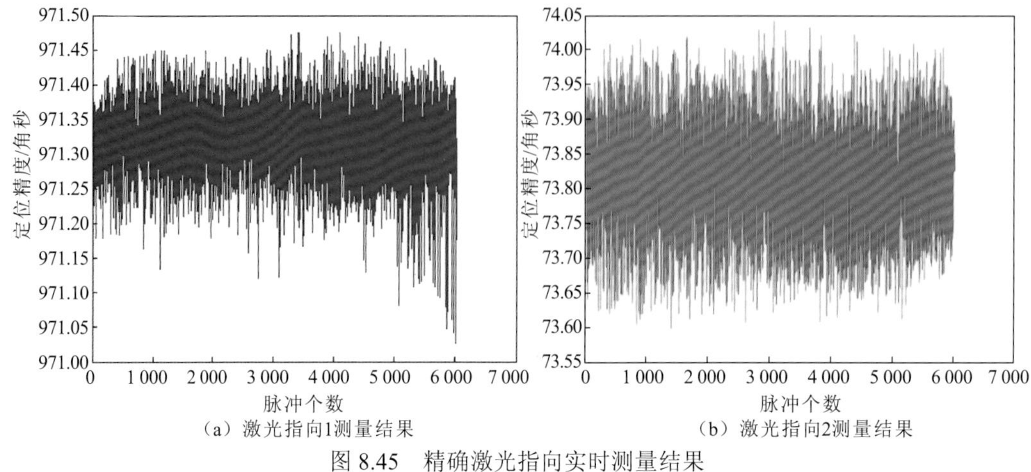

（a）激光指向1测量结果

（b）激光指向2测量结果

图 8.45 精确激光指向实时测量结果

8.4.6 天基大口径望远镜技术

星载海洋激光雷达在探测较大水深处的弱后向散射信号时，要求采用大接收口径望远镜接收回波，望远镜直径要求为 1～1.5 m，接收瞬时视场需要达到几十微弧度，以实现高光学效率回波接收，这同样也给望远镜的加工、装调、测试带来了较大的挑战。

我国即将发射激光大气探测卫星，中国科学院上海技术物理研究所承担了其中 1 m 大口径接收望远镜的研制（图 8.46），实现了望远镜波像差 RMS 值优于 0.1λ 的高精度装调，并顺利通过力、热等环境试验。

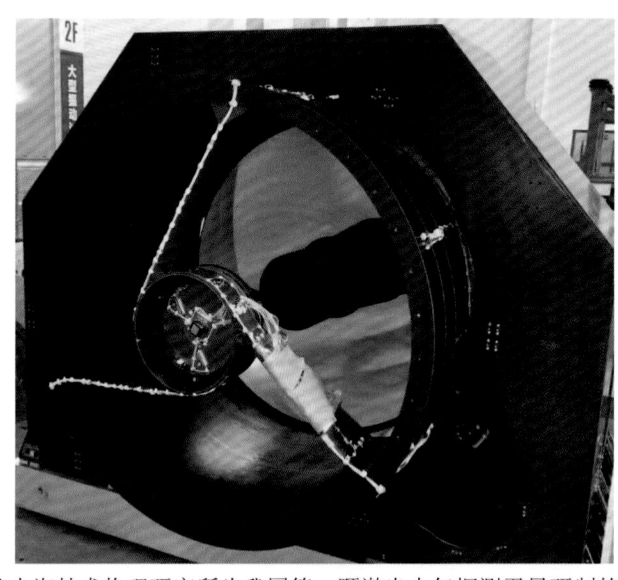

图 8.46 中国科学院上海技术物理研究所为我国第一颗激光大气探测卫星研制的 1 m 直径接收望远镜

8.4.7　三波长窄线宽激光器光束质量控制技术

根据海洋激光雷达要求的激光器主要技术指标，确定的激光器技术方案为 NPRO 种子激光器+光纤激光放大器+板条激光功率放大器+腔外二倍频+腔外三倍频+光参量振荡器 OPO，最终实现三波长窄线宽激光稳定输出。激光器技术难点主要包含以下两点。

1. 种子激光器的稳频技术

种子激光采用 NPRO 结构的 1 064.4 nm 单频激光源实现，具有调谐范围宽的特点。NPRO 单频激光器的频率稳定技术采用 PDH 稳频方法，对 1 064.4 nm 单频种子进行倍频获得 532.2 nm 激光输出，然后将其锁定在碘分子滤波器吸收线上。通过频率稳定电子学部件控制 NPRO 种子激光源的温度、驱动电流及偏压值，从而实现 NPRO 种子激光频率稳定控制。1 064.4 nm 种子激光器稳频方案组成图如图 8.47 所示。将高频调制信号加载在电光调制器（electro-optic modulator，EOM）上对 1 064.4 nm 的种子激光进行相位调制，采用周期性极化铌酸锂（periodically poled lithium niobate，PPLN）晶体实现倍频输出 532.2 nm 激光，PPLN 晶体的输出光经过透镜准直后，经过作为频率参考的碘分子吸收池，入射到稳频光电探测器（photo detector，PD）上，探测器输出信号和 EOM 信号进行混频时得到误差信号，通过稳频电子学反馈电路反馈控制 1 064.4 nm 激光源的频率，实现种子激光器的输出频率稳定，稳频精度优于 2 MHz。

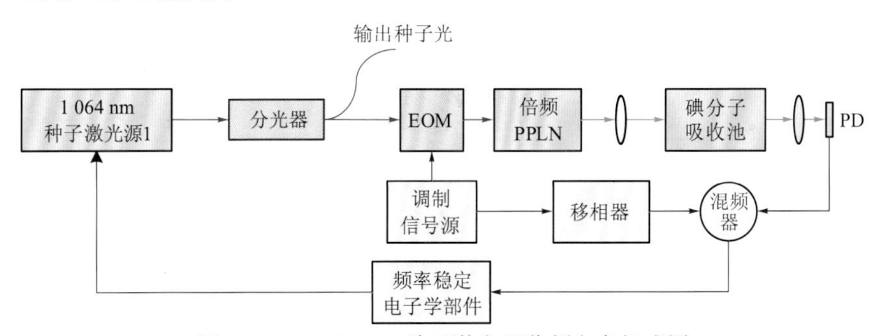

图 8.47　1 064.4 nm 种子激光器稳频方案组成图

2. 光纤前端放大效率及非线性抑制技术

在单模脉冲光纤放大器中，根据激光功率放大的要求，设计两级光纤放大器，并全部采用单程前向抽运放大方式。采用前向抽运放大的原因，主要是前向抽运放大的 ASE 比后向放大要小，单级光纤放大器的增益将达到 10 dB 左右。脉冲种子光经第一级光纤放大器放大后，通过隔离滤波器，被耦合进入第二级光纤放大器。图 8.48 给出了单模光纤放大器的结构图。

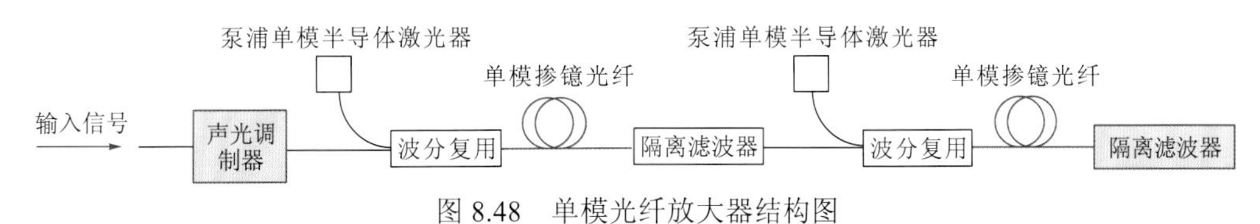

图 8.48　单模光纤放大器结构图

对于单频激光光纤放大器，功率提升的最大难点是增益光纤内部的受激布里渊散射（stimulated Brillouin scattering，SBS）效应，其激发阈值要比 SRS 效应低近 3 个数量级。已有的研究工作表明，对窄线宽连续激光而言，SBS 效应的阈值表达式为

$$P_{\text{th}} \approx 21\frac{A_{\text{eff}}}{Kg_{\text{B}}L_{\text{eff}}} \tag{8.23}$$

式中：A_{eff} 为单模增益光纤的有效模场面积；K 为偏振相关因子；g_{B} 为 SBS 峰值增益系数；L_{eff} 为增益光纤的有效长度。在工程实现过程中可以通过增加光纤模场面积，以及减小光纤长度等方式来提高 SBS 阈值。本小节采用减小增益光纤长度的方法提升 SBS 阈值，避免放大过程中非线性效应的出现。类似地，光纤主放大级泵浦 LD 同样选用光栅波长锁定的 976 nm 光纤耦合输出的单模 LD，可以提高输出激光脉冲的稳定性。

光纤激光主放大器采用的是前向泵浦放大方式。虽然后向泵浦相较于前向泵浦可以实现更高的放大效率及更高的 SBS 阈值，但是，在后向泵浦方式中放大激光脉冲需要再一次传输经过光纤合束器，会大幅降低 SBS 阈值，易出现非线性干扰。在光纤激光主放大器中存在一定的残余泵浦光，为了避免残余泵浦光产生破坏效应，工程设计时在增益光纤靠近输出端面处用高折射率胶进行光纤涂覆，从而将光纤内包层中的残余泵浦光滤除。另外，将光纤的输出端面处理为斜面，从而避免端面返回光影响光纤放大器的正常工作。在经过光纤激光主放大器放大后，窄线宽激光输出的单脉冲能量＞1 μJ。图 8.49 为双包层光纤脉冲放大器结构图。

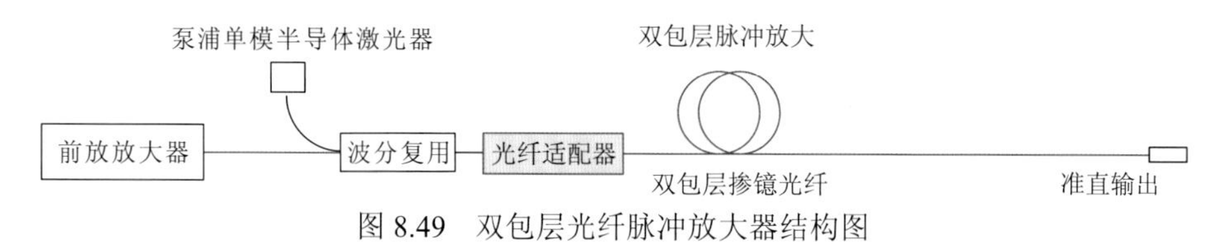

图 8.49　双包层光纤脉冲放大器结构图

在工程实现过程中，为了解决放大器链路系统的放大效率提升问题，首先，在前放放大器链路中，增益介质选用可获得高增益的 Nd:YVO_4 晶体，该晶体在 808 nm 处的吸收谱较宽，吸收系数大，具有较大的受激吸收截面和受激发射截面，其受激发射截面与上能级寿命之积相对较大，可以得到更低阈值和更高效率的放大激光脉冲输出。另外，泵浦光与信号光的匹配问题也是直接影响放大器提取效率的重要因素之一，要求泵浦光形成的有效泵浦区域和信号光光束达到很好的匹配。高重复频率下放大晶体的热控问题同样棘手，如果晶体的热功耗不能及时有效地耗散，放大器的放大效率将大大降低，同时会降低放大输出的 1 064 nm 激光光束质量。采用一体化泵浦头设计，可在保证增益晶体的热功耗被充分耗散的情况下，增加整个放大模块的稳定性及可靠性。

中国科学院上海光学精密机械研究所在空间单频 1 064.4 nm 种子源、单频 1 064.4 nm 脉冲激光放大器和 355 nm 紫外激光器研究方面积累了丰富的经验，先后开展了“长寿命、高重复率、大功率全固态激光器”“空间应用的大能量 355 nm 紫外激光器”等研究，对主振荡功率放大器的能量提取能力和热效应补偿进行了深入的理论和实验研究，实现了 1 064.4 nm 单频脉冲激光器重复频率 100 Hz、单脉冲激光>800 mJ 输出，光束质量因子 M^2＜5，采用高效的腔外倍频与和频技术，1 064 nm 激光三倍频后实现 355 nm 紫外激光脉冲能量＞400 mJ 输出。

中国科学院上海光学精密机械研究所在面向海洋激光遥感和探测应用的蓝绿激光技术、单频激光器技术的研究上积累了丰富的研究经验和深厚的技术基础，先后开展了纳秒脉冲 532 nm、527 nm、523 nm、473 nm 和 486 nm 等多种蓝绿波段高重复频率、高峰值功率全固态激光技术研究。采用腔内倍频技术，在 500 Hz 重复频率下，获得>15 mJ/脉冲的 523 nm 绿光激光输出[图 8.50（a）]，光-光转换效率>25%。此外，通过高能量激光 MOPA 板条放大系统和腔外倍频方式实现了重复频率为 50 Hz、单脉冲能量大于 500 mJ 的 523 nm 绿光输出[图 8.50（b）]。研制的高重复频率绿光激光器已成功应用于机载激光测深和水下激光通信系统。研制成功的大能量蓝绿光激光器，将应用于新一代海洋激光雷达系统。空间激光中心蓝绿激光雷达项目团队从事种子注入窄线宽全固态激光器的研究工作也有多年经验，目前已经研制出单纵模种子激光器、种子注入窄线宽脉冲全固态激光器、种子注入单频脉冲光参量振荡器和窄线宽高能量光参量放大器，并掌握其输出性能评估方法。研制的大功率、窄线宽全固态激光器已经实现了稳定的单频输出，并成功地运用到多台地基高光谱分辨激光雷达系统中，如测风雷达、天文台空间碎片测试应用等。研制的单频高功率全固态激光器，工作波长为 532/1 064 nm，单脉冲能量超过 10 mJ，重复频率为 1 kHz，频率稳定性优于 3.5 MHz@100[图 8.50（c）]。采用 355 nm 泵浦 OPO 技术，获得单脉冲能量大于 60 mJ 蓝光激光脉冲输出，并研制了应用于机载海洋测深雷达的 532/486 nm 双波长输出激光器工程样机[图 8.50（d）]。上述研究成果和技术积累，为星载海洋激光雷达核心部件三波长窄线宽单频全固态激光器的研制奠定了扎实的技术基础。

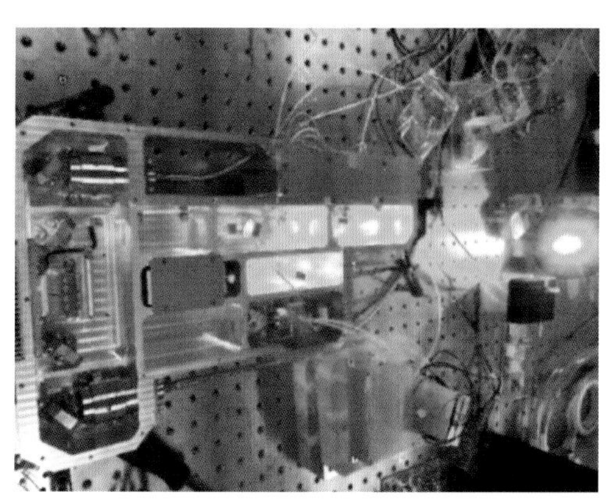

（a）523 nm绿光激光器工程样机

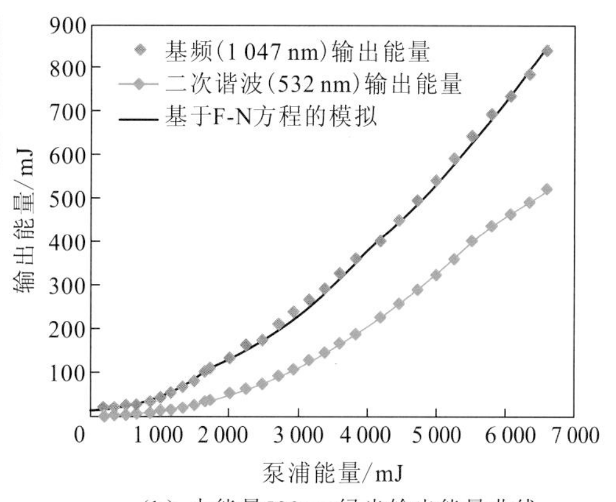

（b）大能量523 nm绿光输出能量曲线

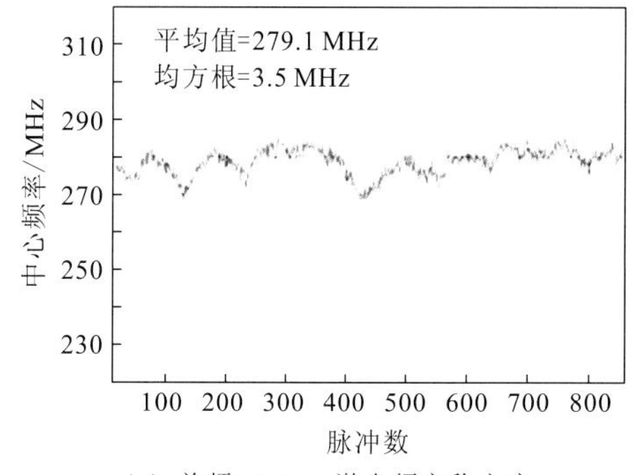

（c）单频1 064 nm激光频率稳定度

（d）532/486 nm双波长激光器工程样机照片

图 8.50　蓝绿波长激光器的代表性研究成果

8.4.8 气海一体高光谱分辨率滤波器技术

大气海洋激光雷达系统利用 532.2 nm 和 486.13 nm 双波长激光同时实现高光谱分辨率探测，具有一定的技术难度，具体表现为以下两个方面。

首先，F-P 高光谱滤波器是整个大气海洋激光雷达实现高光谱探测的核心组件之一，高光谱滤波器设计需要兼容大气及海洋探测，兼具加工和装校水平的可实现性。

其次，F-P 高光谱滤波器加工难度大，性能上要求滤波器能从 10^{14} Hz 激光频率中分离出 10^{7} Hz 的米散射信号，频率辨别精度达到 10^{-7}，要求光学鉴频器具有极高的分辨能力，对该组件的加工、装配、检测等要求极高。典型的参数要求为：平面度达到约 $\lambda/100$ 量级，平行度达到亚角秒量级。

本小节中，绿光 532.2 nm 的高光谱探测选用碘分子滤波器，即采用饱和型碘分子滤波器，优化选取 1104 吸收线，设计的碘分子池长约 150 mm，对碘分子池的管壁和碘尖分别进行温度控制，其中碘尖温度比管壁低 3～5 ℃。通过优化温度控制，使滤波器对气溶胶的抑制比约为 30 dB，同时使分子信号透过率>35%。设计的高光谱碘分子滤波器结构如图 8.51 所示，工程实现中采用碘分子池管壁和碘尖独立温控，实现高的消光比。

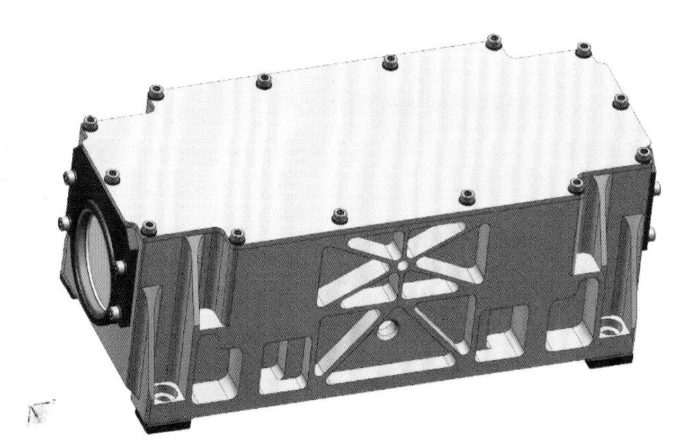

图 8.51　高光谱碘分子滤波器结构设计示意图

本小节采用的 F-P 高光谱滤波器是一种基于多光束干涉的 F-P 干涉仪，干涉仪平板采用熔石英材质，光学表面面型控制要优于 $\lambda/100$@633 nm，中间的隔环采用低膨胀系数的超低膨胀玻璃，自由光谱范围约为 11 GHz，峰值透过率为 85 ℃。为了保持稳定性，设计双层温控系统，内层温控精度达到 0.001 ℃水平，外层温控精度为 0.1 ℃。F-P 滤波器结构设计示意图如图 8.52 所示，整体采用去应力的结构设计，满足面型高精度控制需求，可实现高的光学透过率和良好的透射波前光学质量控制。

高透过率（透过率大于 80%）和窄带宽（小于 40 pm 带宽）的 F-P 窄带滤波器工程化样机如图 8.53 所示。通过 F-P 窄带滤波器工程样机，开展高低温、力学和热真空试验，实现峰值透过率大于 90%，带宽小于 30 pm 的高可靠 F-P 窄带滤波器样机的研制，其性能参数测试曲线如图 8.54 所示。

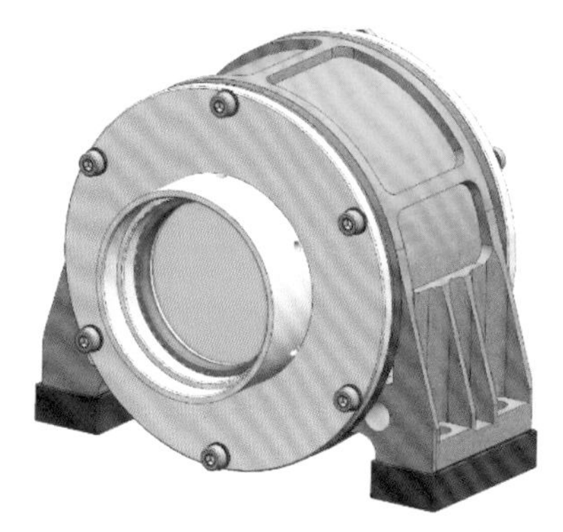

图 8.52 F-P 滤波器结构设计示意图

图 8.53 F-P 窄带滤波器工程化样机

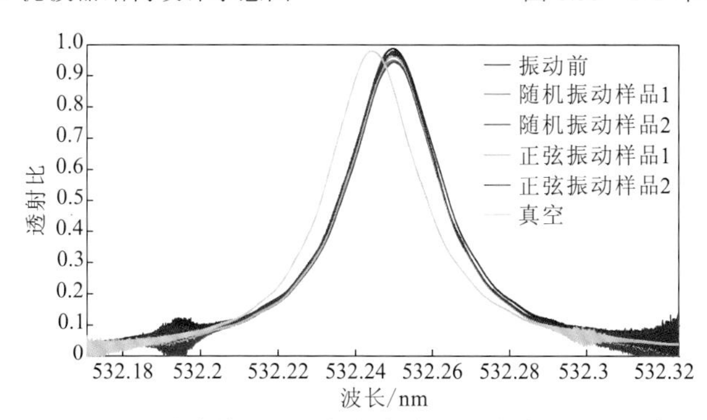

图 8.54 试验前后 F-P 窄带滤波器透射谱线测试曲线

8.4.9 模拟与光子计数复合探测技术

要实现从海表到大于 100 m 水深的海水水体剖面参数探测，回波光信号的动态变化范围要达到约 60 dB，采用高灵敏度的 PMT，PMT 输出信号从离散光电子脉冲变化到连续电流脉冲。为了实现多要素的一体化探测，回波光信号探测系统不但需要具备单光子灵敏度的探测能力，还要具备 60 dB 的探测动态范围，这对星载海洋激光雷达的探测系统设计是极大的挑战。

现有的探测技术通常针对信号的强度单独采用线性模拟探测，或者采用盖革探测+光子计数方法，这两种探测方法都难以适应信号强度从平均 0.1%个光子到 1 000 个光子的变化。本小节采用光学分通道方式，将回波光信号按照固定比例分配到两个探测通道，两个探测通道再分别采用线性探测+模拟采样，或者盖革探测+光子计数方法来实现光信号探测，可以兼顾探测灵敏度和宽动态范围的要求。但是，该探测方法存在以下三个问题。

（1）光学分通道设计会降低每个通道的信噪比，降低探测灵敏度。

（2）不同光学通道的探测器个体存在频率和幅度响应的差异，影响最终输出信号的一致性。

（3）多要素一体化探测时，往往单个脉冲回波就会造成信号强度剧烈变化，光学分通道结构会造成脉冲波形分段，导致后期校正和拼接非常复杂。

因此，针对当前探测技术面临的问题，提出采用模拟和光子计数双模式高灵敏度探测技术，选用高灵敏度 PMT 作为光信号探测器，PMT 具有极高的增益，能够响应单光子信号。将 PMT 输出信号经过不同的放大电路放大，其中，低增益放大电路将连续电流脉冲放大为连续电压脉冲，并通过高速采集卡得到模拟电压波形，高增益放大电路将离散光电子脉冲放大为离散电压脉冲，通过多阈值高速比较器整形成为计数脉冲，形成光子计数的计数波形。高速采集卡具备 12 bit 分辨率，有效位数为 10 bit，动态范围可达 1024。设计探测器饱和时的波形代表 1000 个光子数，则最小可记录波形代表 1 个光子。光子计数器采用 5 个阈值比较器，能够识别出最大 5 个光子的信号，并整形成不同光子个数的计数脉冲，实现从最大 5 个光子到单光子的计数。将模拟波形修正放大倍数差异后实现光子数化，利用模拟波形和光子计数在光子数上的重叠，与光子计数波形进行拼接，形成一个完整的光子数波形数据，实现信号强度从 0.001 个光子到 1000 个光子的高灵敏度检测，动态范围达到 60 dB。模拟和光子计数复合探测的光子回波波形恢复技术路线框图如图 8.55 所示。

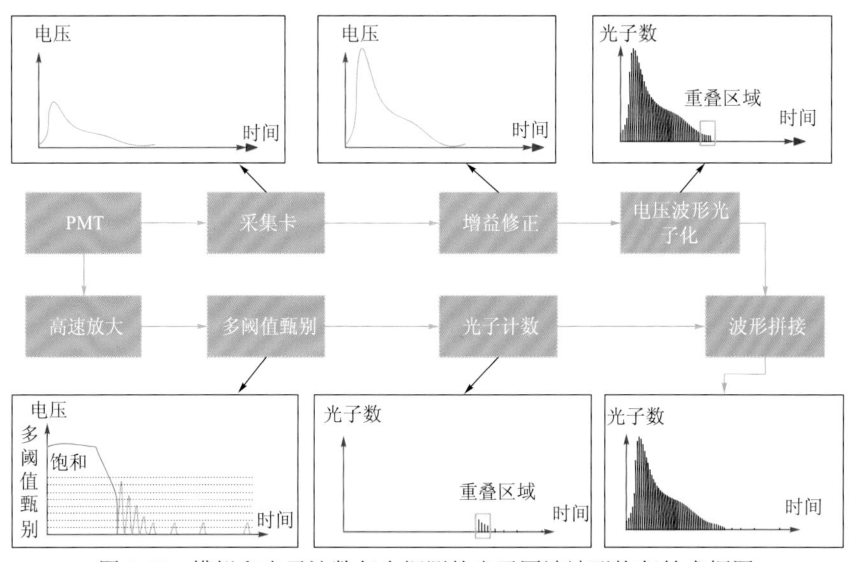

图 8.55　模拟和光子计数复合探测的光子回波波形恢复技术框图

针对传统的水色卫星遥感仅能探测海洋表层，无法直接获取海洋水体环境要素和垂直剖面结构信息的不足，本章结合已有的海洋激光雷达应用现状，完成了星载海洋激光雷达的总体功能和性能指标的需求分析和设计。

综合国内外星载海洋激光雷达系统技术、卫星平台特性和应用的发展现状和趋势，分析认为，未来我国的星载海洋激光雷达宜采用模拟探测和光子计数探测相结合的复合探测方式，来最大限度地兼顾探测灵敏度和宽动态范围探测的需求。提出研发高性能蓝光波段的单频全固态激光器，可以显著提升海洋剖面探测深度。此外，星载海洋激光雷达须兼具多波长激光（486.13 nm、532.2 nm 和 1064.4 nm）输出、多偏振通道（486 nm、532 nm 和 1064 nm）接收，增加荧光测量通道（685 nm）、高光谱分辨率（486.13 nm 和 532.2 nm）探测等功能，综合提升海洋探测的精度，丰富可探测的海洋要素，并兼顾大气多要素的探测。

建立星载海洋激光雷达全链路仿真系统，一方面按照光信号传输的顺序，正向模拟从发射光子到记录回波光子数字化数据的整个光信号传输的过程，另一方面综合多个大气和海洋要素的反演算法，模拟从仿真信号到物理要素的反演过程。

根据海洋参数探测需求，完成星载海洋激光雷达的系统设计及参数优化，内容包括：总体方案和指标、分模块技术方案、定标、平台接口、关键技术和可行性分析等。利用建立的仿真模型对星载海洋激光雷达设计方案开展整体性能仿真分析，获取星载海洋激光雷达在全球海洋探测深度的仿真结果。从仿真结果可以看出，采用 486 nm 波长的蓝光激光光源，以后向散射系数误差小于 30%为阈值，设计的星载海洋激光雷达最大海洋剖面探测深度可以达到 130 m，确保其具有覆盖全球海洋大部分真光层深度探测的能力。

按照星载海洋激光雷达的总体设计方案，研发规模缩比的机载海洋激光雷达系统工程样机，并在我国南海开展性能验证等效飞行试验。首次利用 486 nm 蓝光波段获得叶绿素浓度剖面探测数据，获得的实测数据能够实际反演出水深达 90 m 的叶绿素浓度剖面。将海洋激光雷达设计指标与机载激光雷达指标进行缩比等效比较，结果显示：当海洋激光雷达系统观测的垂直分辨率设定为 5 m、水平分辨率设定为 7 km 时，在我国南海海域的叶绿素浓度剖面探测能力能够达到 90 m 深度。此外，该海洋激光雷达能够同时获取多个海洋和大气要素剖面数据，为实现基于卫星平台的海洋三维结构遥感和海气一体化遥感探测提供有效手段。

星载海洋激光雷达功能参数见表 8.12。

表 8.12　星载海洋激光雷达功能参数

功能参数	性能指标
发射波长/nm	1 064.4、532.2、486.13
接收通道	7 通道（含 685 nm 荧光通道）
轨道高度/km	500
水平分辨率/km	≤7
深度分辨率/m	≤5
剖面最大探测深度/m	≥120
叶绿素浓度剖面深度/m	90～100
最大电功耗/W	≤1 500
包络尺寸/m	1 860×1 380×2 150
整体质量/kg	≤550

参考文献

[1] 潘德炉, 李炎. 海洋光学遥感技术的发展和前沿[J]. 中国工程科学, 2003(3): 39-43.

[2] OVERPECK J T, MEEHL G A, BONY S, et al. Climate data challenges in the 21st century[J]. Science, 2011, 331(6018): 700-702.

[3] 陈戈, 杨杰, 张本涛, 等. 新一代海洋科学卫星的思考与展望[J]. 中国海洋大学学报(自然科学版), 2019, 49(10): 110-117.

[4] BEHRENFELD M J, HU Y, O'MALLEY R T, et al. Annual boom-bust cycles of polar phytoplankton biomass revealed by space-based lidar[J]. Nature Geoscience, 2016, 10(2): 118-122.

[5] BEHRENFELD M J, FALKOWSKI P G. Photosynthetic rates derived from satellite-based chlorophyll concentration[J]. Limnology and Oceanography, 1997, 42(1): 1-20.

[6] DEKSHENIEKS M, DONAGHAY P, SULLIVAN J, et al. Temporal and spatial occurrence of thin phytoplankton layers in relation to physical processes[J]. Marine Ecology Progress, 2001, 223(1): 61-71.

[7] CHEN G, YU F. An objective algorithm for estimating maximum oceanic mixed layer depth using seasonality indices derived from Argo temperature/salinity profiles[J]. Journal of Geophysical Research Oceans, 2015, 120(1): 582-595.

[8] MURPHREE D L, TAYLOR C D, MCCLENDONI R W. Mathematical modeling for the detection of fish by an airborne laser[J]. AIAA Journal, 1974, 12(12): 1686-1692.

[9] CHURNSIDE J H. Review of profiling oceanographic lidar[J]. Optical Engineering, 2013, 53(5): 051405.

[10] CHURNSIDE J H, DONAGHAY P L. Thin scattering layers observed by airborne lidar[J]. Ices Journal of Marine Science, 2009, 66(4): 778-789.

[11] CHURNSIDE J H, WILSON J J, TATARSKII V V. Airborne lidar for fisheries applications[J]. Optical Engineering, 2001, 40(3): 406-414.

[12] HAIR J, HOSTETLER C, HU Y, et al. Combined atmospheric and ocean profiling from an airborne high spectral resolution lidar[C] // EPJ Web of Conferences, 2016: 22001.

[13] LU X, HU Y, PELON J, et al. Retrieval of ocean subsurface particulate backscattering coefficient from space-borne CALIOP lidar measurements[J]. Optics Express, 2016, 24(25): 29001.

[14] POVEY A C, GRAINGER R G, PETERS D M, et al. Estimation of a lidar's overlap function and its calibration by nonlinear regression[J]. Applied Optics, 2012, 51(21): 5130-5143.

[15] DHO S W, PARK Y J, KONG H J. Application of geometrical form factor in differential absorption lidar measurement[J]. Optical Review, 1997, 4(4): 521-526.

[16] MOBLEY C D. Light and water: radiative transfer in natural waters[M]. New York: Academic Press, 1994.

[17] GORDON H R. Interpretation of airborne oceanic lidar: effects of multiple scattering[J]. Applied Optics, 1982, 21(16): 2996-3001.

[18] HICKMAN G D, HOGG J E. Application of an airborne pulsed laser for near shore bathymetric measurements[J]. Remote Sensing of Environment, 1969, 1(1): 47-58.

[19] CERVENKA P O, LANKFORD C B, KIM H H. Airborne laser bathymeter[C] //Electro-optical Systems Design Conference and International Laser Exposition, 1975: 361-367.

[20] HOGE F E, SWIFT R N. Airborne simultaneous spectroscopic detection of laser-induced water Raman backscatter and fluorescence from chlorophyll a and other naturally occurring pigments[J]. Applied Optics, 1981, 20(18): 3197-3205.

[21] PHILLIPS R D, HAYES A W, BERNDT W O. High-performance liquid chromatographic analysis of the mycotoxin citrinin and its application to biological fluids[J]. Journal of Chromatography A, 1980, 190(2): 419-427.

[22] PENNY M F, ABBOT R H, PHILLIPS D M, et al. Airborne laser hydrography in Australia[J]. Applied Optics, 1986, 25(13): 2046.

[23] STEINVALL O, KLEVEBRANT H, LEXANDER J, et al. Laser depth sounding in the Baltic Sea[J]. Applied Optics, 1981, 20(19): 3284-3286.

[24] SVENSSON S, EKSTROM C, ERICSON B, et al. Attenuation and scattering meters designed for measuring laser system performance[C]//Proceedings of The International Society for Optical Engineering, 1987, 925: 203-212.

[25] STEINVALL K O. Experimental evaluation of an airborne depth-sounding lidar[J]. Optical Engineering, 1993, 32(6): 1307.

[26] BANIC J, SIZGORIC S, O'NEIL R. Scanning lidar bathymeter for water depth measurement[J]. Geocarto International, 1987, 2(2): 49-56.

[27] LILLYCROP W J. Airborne LiDAR hydrography: a vision for tomorrow[J]. Sea Technology, 2002, 43(6): 27-34.

[28] PENNY M F, BILLARD B, ABBOT R H. LADS: the Australian laser airborne depth sounder[J]. International Journal of Remote Sensing, 1989, 10(9): 1463-1479.

[29] STEINVALL O K, KOPPARI K R, KARLSSON U C M. Airborne laser depth sounding: system aspects and performance[C] //Ocean Optics XII, International Society for Optics and Photonics, 1994, 2258: 392-412.

[30] DEGNAN J J, MCGARRY J F, ZAGWODZKI T W, et al. Design and performance of a 3D imaging photon-counting microlaser altimeter operating from aircraft cruise altitudes under day or night conditions [C] //Laser Radar: Ranging and Atmospheric Lidar Techniques III. International Society for Optics and Photonics, 2002, 4546: 1-10.

[31] DEGNAN J, MACHAN R, LEVENTHAL E, et al. Inflight performance of a second-generation photon-counting 3D imaging lidar[C] //Laser Radar Technology and Applications XIII. International Society for Optics and Photonics, 2008, 6950: 695007.

[32] DABNEY P, HARDING D, ABSHIRE J, et al. The slope imaging multi-polarization photon-counting lidar: development and performance results[C] //Geoscience and Remote Sensing Symposium (IGARSS), 2010 IEEE International, 2010: 653-656.

[33] HARDING D J, DABNEY P W, VALETT S. Polarimetric, two-color, photon-counting laser altimeter measurements of forest canopy structure[C] //International Symposium on Lidar and Radar Mapping 2011: Technologies and Applications. International Society for Optics and Photonics, 2011, 8286: 828629.
[34] MCGILL M, MARKUS T, SCOTT V S, et al. The multiple altimeter beam experimental lidar (MABEL): an airborne simulator for the ICESat-2 mission[J]. Journal of Atmospheric Oceanic Technology, 2013, 30(2): 345-352.
[35] ABSHIRE J B, SUN X, RIRIS H, et al. Geoscience laser altimeter system (GLAS) on the ICESat mission: pre-launch and on-orbit measurement performance[J]. Geophysical Research Letters, 2005, 32(21): 1534-1536.
[36] MCLENNAN D D. Ice, clouds and land elevation (ICESat-2) mission[C] //Proceedings of The International Society for Optical Engineering, 2010, 7826: 782610.
[37] SHRESTHA K Y, CARTER W E, SLATTON K C, et al. Shallow bathymetric mapping via multistop single photoelectron sensitivity laser ranging[J]. IEEE Transactions on Geoscience and Remote Sensing, 2012, 50(11): 4771-4790.
[38] LI Q, DEGNAN J, BARRETT T, et al. First evaluation on single photon-sensitive lidar data[J]. Photogrammetric Engineering Remote Sensing, 2016, 82(7): 455-463.
[39] BROWN R, HARTZELL P, GLENNIE C. Evaluation of SPL100 single photon lidar data[J]. Remote Sensing, 2020, 12(4): 722.
[40] 程华. 激光雷达回波信号处理技术研究[D]. 成都: 中国科学院光电技术研究所, 2015.
[41] 李庆辉, 陈良益, 陈烽. 机载激光海底地形测绘方法[J]. 光电子·激光, 1996(5): 302-306.
[42] 李庆辉, 陈良益, 陈烽, 等. 机载蓝绿激光海洋测深[J]. 光子学报, 1996(11): 1008-1015.
[43] LEI W, XIAO Z, YANG K, et al. Airborne laser bathymetry experiment [C] //1999 International Conference on Industrial Lasers, International Society for Optics and Photonics, 1999, 3862: 568-572.
[44] 戴锦年. 机载激光测深的有效衰减系数[J]. 华中科技大学学报(自然科学版), 1998 (5): 91-93.
[45] 陈文革, 黄铁侠. 激光雷达测量海水光学水质参数[J]. 华中科技大学学报(自然科学版), 1997(5): 71-73.
[46] 胡善江, 贺岩, 陶邦一, 等. 基于深度学习的机载激光海洋测深海陆波形分类[J]. 红外与激光工程, 2019, 48(11): 156-172.
[47] 黄田程, 陶邦一, 贺岩, 等. 国产机载激光雷达测深系统的波形处理方法[J]. 激光与光电子学进展, 2018, 55(8): 65-74.
[48] WU D, WANG R L, CHEN W B, et al. Ocean lidar (BLOL) for measuring chlorophyll a concentration, diffuse attenuation coefficient and water leaving radiance[J]. Acta Optica Sinica, 1998, 18(12): 1690-1696.
[49] 吴东, 刘智深, 张凯临, 等. 海洋激光雷达测量海中悬移质[J]. 光学学报, 2003(2): 245-248.
[50] 张凯临. 机载海洋激光荧光雷达软硬件设计与飞行实验[D]. 青岛: 中国海洋大学, 2005.
[51] 李晓龙. 海面溢油机载多通道激光雷达系统硬件设计与实验[D]. 青岛: 中国海洋大学, 2010.
[52] 李晓龙, 赵朝方, 齐敏珺, 等. 多通道海洋激光雷达溢油监测系统高台实验分析[J]. 中国海洋大学学报(自然科学版), 2010, 40(8): 145-150.
[53] 刘志鹏, 刘东, 徐沛拓, 等. 海洋激光雷达反演水体光学参数[J]. 遥感学报, 2019, 23(5): 944-951.

[54] 陈鹏. 基于激光诱导荧光探测海洋水体环境参数的研究[D]. 武汉: 武汉大学, 2015.
[55] 杨瑞科, 马春林, 韩香娥, 等. 激光在大气中传输衰减特性研究[J]. 红外与激光工程, 2007(2): 415-418.
[56] 李爱贞, 刘厚风. 气象学与气候学基础[M]. 2版. 北京: 气象出版社, 2004.
[57] 阴俊燕, 尹福昌, 陈明, 等. 影响激光大气传输因素分析[J]. 红外与激光工程, 2008, 37(3): 399-402.
[58] 宋正方. 应用大气光学基础[M]. 北京: 气象出版社, 1990.
[59] 胡云. 266nm激光大气散射特性研究[J]. 中国科技信息, 2007 (11): 296-297.
[60] 许祖兵. 激光大气传输特性分析研究[D]. 南京: 南京理工大学, 2006.
[61] 陈栋, 朱文越, 黄印博, 等. 海洋大气湍流对海军光电装备性能的影响[J]. 红外与激光工程, 2010, 39(2): 206-212.
[62] 陈纯毅, 杨华民, 姜会林, 等. 大气光通信中大气湍流影响抑制技术研究进展[J]. 兵工学报, 2009, 30(6): 779-791.
[63] 李涛东, 敖发良, 欧阳存. 蓝绿激光通过海水界面的研究[C] //中国电子学会第十五届信息论学术年会暨第一届全国网络编码学术年会论文集(上册), 2008: 310-314.
[64] ESTES L E, FAIN G. Propagation through the ocean's surface at shallow angles with a laser beam[J]. Applied Optics, 2002, 41(21): 4258-4266.
[65] 徐强, 张玮, 刘洋, 等. 上行激光在海水界面传输特性的研究[J]. 量子电子学报, 2012, 29(5): 615-621.
[66] 司立宏, 敖发良, 何宁. 激光在海水界面上的传输特性分析[J]. 桂林电子科技大学学报, 2006(6): 430-433.
[67] 李从改. 激光通信中大气/海水界面信道的研究[D]. 武汉: 华中科技大学, 2009.
[68] 文圣常, 余宙文. 海浪理论与计算原理[M]. 北京: 科学出版社, 1993: 77-82.
[69] COX C, MUNK W. Measurement of the roughness of the sea surface from photographs of the Sun's glitter[J]. Journal of the Optical Society of America, 1954, 44(11): 838-850.
[70] 亓晓, 韩香娥. 覆盖泡沫粗糙海面的激光散射特性研究[J]. 光学学报, 2015, 35(8): 372-378.
[71] MONAHAN E. Fresh water whitecaps[J]. Journal of Atmospheric Sciences, 1969, 26: 1026-1029.
[72] 黄文超. 蓝绿激光通过粗糙海面的传输特性研究[D]. 西安: 西安电子科技大学, 2012.
[73] 谭亚运. 水下脉冲激光近程周向扫描探测技术研究[D]. 南京: 南京理工大学, 2017.
[74] SMITH R C, BAKER K S. Optical properties of the clearest natural waters (200～800 nm)[J]. Applied Optics, 1981, 20(2): 177-184.
[75] 邓孺孺, 何颖清, 秦雁, 等. 分离悬浮质影响的光学波段(400～900 nm)水吸收系数测量[J]. 遥感学报, 2012, 16(1): 174-191.
[76] BRICAUD A, MOREL A, PRIEUR L. Absorption by dissolved organic matter to the sea (Yellow substance) in the UV and visible domains[J]. Limnology and Oceanography, 1981(1): 43-53.
[77] 朱建华, 李铜基. 探讨黄色物质吸收曲线参考波长选择[J]. 海洋技术, 2003(3): 10-14.
[78] 吴璟瑜, 商少凌, 洪华生, 等. 浮游植物光吸收特性研究[J]. 海洋科学, 2006(6): 77-81.
[79] 周雯, 曹文熙, 李彩, 等. 由吸收系数和粒度分布计算浮游植物的散射光谱特征[J]. 光学学报, 2008 (8): 1429-1433.
[80] PRIEUR L, SATHYENDRANATH S. An optical classification of coastal and oceanic waters based on the

specific spectral absorption curves of phytoplankton pigments, dissolved organic matter, and other particulate matters[J]. Limnology and Oceanography, 1981, 26 (4): 671-689.

[81] BRICAUD A, BABIN M, MOREL A, et al. Variability in the chlorophyll-specific absorption coefficients of natural phytoplankton: analysis and parametrization[J]. Journal of Geophysical Research, 1995, 100(77): 13321-13332.

[82] 周虹丽, 朱建华, 李铜基, 等. 中国近海非色素颗粒物的光学特性[J]. 热带海洋学报, 2012, 31(6): 57-61.

[83] 邢小罡, 赵冬至, 刘玉光, 等. 渤海非色素颗粒物和黄色物质的吸收特性研究[J]. 海洋环境科学, 2008, 27(6): 595-598.

[84] ROESLER C, PERRY M J, CARDER K. Modeling in situ phytoplankton absorption from total absorption spectra in productive inland waters[J]. Limnology and Oceanography, 1989, 34(8): 1510-1523.

[85] BABIN M, STRAMSKI D, FERRARI G, et al. Variations in the light absorption coefficients of phytoplankton, nonalgal particles, and dissolved organic matter in coastal waters around Europe[J]. Journal of Geophysical Research, 2003, 108(7): 3211 .

[86] 周虹丽, 朱建华, 李铜基, 等. 青海湖水色要素吸收光谱特性分析: 黄色物质、非色素颗粒和浮游植物色素[J]. 海洋技术, 2005(2): 55-58.

[87] 董洪舟. 蓝绿激光对潜通信技术[D]. 长春: 长春理工大学, 2002.

[88] GROENHUIS R A J, FERWERDA H A, TEN BOSCH J J. Scattering and absorption of turbid materials determined from reflection measurements 1: theory[J]. Applied Optics, 1983, 22(16): 2456-2462.

[89] CORNETTE W M, SHANKS J G. Physically reasonable analytic expression for the single-scattering phase function[J]. Applied Optics, 1992, 31(16): 3152-3160.

[90] 徐啟阳, 杨坤涛, 王新兵, 等. 蓝绿激光雷达海洋探测[M]. 北京: 国防工业出版社, 2002.

[91] 李小川. 蓝绿激光在海水中的散射特性及其退偏研究[D]. 成都: 电子科技大学, 2006.

[92] CHURNSIDE J H. Can we see fish from an airplane?[C] // Airborne and In-Water Underwater Imaging. SPIE's International Symposium on Optical Science, Engineering and Instrumentation, 1999: 45-48.

[93] CHURNSIDE J H. LiDAR detection of plankton in the ocean [C] //2007 IEEE International Geoscience and Remote Sensing Symposium, 2007: 3174-3177.

[94] IRISH J L, MCCLUNG J K, LLLLYCROP W J. Airborne lidar bathymetry: the SHOALS system[J]. Bulletin of the International Navigation Association, 2000, 2(103): 43-53.

[95] CHURNSIDE J H, MARCHBANKS R D, LEE J H, et al. Airborne lidar detection and characterization of internal waves in a shallow fjord[J]. Journal of Applied Remote Sensing, 2012, 6(24): 200-209.

[96] KREKOVA M M, KREKOV G M, SAMOKHVALOV I V, et al. Numerical evaluation of the possibilities of remote laser sensing of fish schools[J]. Applied Optics, 1994, 33(24): 5715-5720.

[97] VASILKOV A P, GOLDIN Y A, GUREEV B A, et al. Airborne polarized lidar detection of scattering layers in the ocean[J]. Applied Optics, 2001, 40(24): 4353-4364.

[98] SIEBURTH J, DONAGHAY P L. Planktonic methane production and oxidation within the algal maximum of the pycnocline: seasonal fine-scale observations in an anoxic estuarine basin[J]. Marine Ecology Progress, 1993, 100(1-2): 3-15.

[99] DURHAM W M, STOCKER R. Thin phytoplankton layers: characteristics, mechanisms, and consequences[J]. Ann. Rev. Mar. Sci., 2012, 4(4): 177-207.

[100] RYAN J, MCMANUS M, PADUAN J, et al. Phytoplankton thin layers caused by shear in frontal zones of a coastal upwelling system[J]. Marine Ecology Progress, 2008, 354(1): 21-34.

[101] CHURNSIDE J H, MARCHBANKS R D. Subsurface plankton layers in the Arctic Ocean[J]. Geophysical Research Letters, 2015, 42(12): 4896-4902.

[102] LU X, HU Y, TREPTE C, et al. Ocean subsurface studies with the CALIPSO spaceborne lidar[J]. Journal of Geophysical Research Oceans, 2015, 119(7): 4305-4317.

[103] COWLES T, DESIDERIO R, CARR M E. Small-scale planktonic structure: persistence and trophic consequences[J]. Oceanography, 1998, 11(1): 4-9.

[104] MCMANUS M, CHERITON O, DRAKE P, et al. Effects of physical processes on structure and transport of thin zooplankton layers in the coastal ocean[J]. Marine Ecology Progress, 2005, 301(1): 199-215.

[105] CONCANNON B M, PRENTICE J E. LOCO with a shipboard lidar[R]. Naval Air Systems Command Patuxent River MD, 2008.

[106] KOKHANENKO G P, BALIN Y S, PENNER I E, et al. Lidar and in situ measurements of the optical parameters of water surface layers in Lake Baikal[J]. Atmospheric and Oceanic Optics, 2011, 24(5): 478-486.

[107] CARNUTH W, REITER R. Cloud extinction profile measurements by lidar using Klett's inversion method[J]. Applied Optics, 1986, 25(17): 2899.

[108] ALBERT A. Ground-truth aerosol lidar observations: can the Klett solutions obtained from ground and space be equal for the same aerosol case[J]. Applied Optics, 2006, 45(14): 3367.

[109] KLETT J D. Stable analytical inversion solution for processing lidar returns[J]. Applied Optics, 1981, 20(2): 211-220.

[110] KLETT J D. Lidar inversion with variable backscatter/extinction ratios[J]. Applied Optics, 1985, 24(11): 1638-1643.

[111] 靳磊, 吴松华, 陈玉宝, 等. 基于多普勒激光雷达的 2011 年春季北京地区气溶胶探测实验分析[J]. 量子电子学报, 2013, 30(1): 46-51.

[112] CHENGLI J, JUN Z. New calibration method for Fernald forward inversion of airborne lidar signals[J]. Acta Optica Sinica, 2009, 29(8): 2051-2058.

[113] HOU T L, LIANG F C. A feasibility study of aerosol backscatter coefficient inversion of airborne atmosphere detecting lidar by the Fernald forward integration method[J]. Chinese Journal of Geophysics, 2012, 55(6): 1876-1883.

[114] LIU H T, CHEN L F, SU L. Theoretical research of Fernald forward integration method for aerosol backscatter coefficient inversion of airborne atmosphere detecting lidar[J]. Acta Physica Sinica, 2011, 60(6): 868-870.

[115] OMAR A H, WINKER D M, VAUGHAN M A, et al. The CALIPSO automated aerosol classification and lidar ratio selection algorithm[J]. Journal of Atmospheric and Oceanic Technology, 2009, 26(10): 1994-2014.

[116] MALINKA A V, ZEGE E P. Retrieving seawater-backscattering profiles from coupling Raman and elastic lidar data[J]. Applied Optics, 2004, 43(19): 3925.

[117] ZHOU Y, LIU D, XU P, et al. Retrieving the seawater volume scattering function at the 180 degrees scattering angle with a high-spectral-resolution lidar[J]. Optics Express, 2017, 25(10): 11813-11826.

[118] 易婧. 卷破波作用下卷入气泡特性研究[D]. 长沙: 长沙理工大学, 2017.

[119] 林巨, 王欢, 谢萍. 基于声学方法的气泡分布和海表风速反演[C]// 2012 中国西部声学学术交流会, 2012: 4.

[120] 韩磊, 袁业立. 波浪破碎卷入气泡的泡径分布理论模型[J]. 中国科学(地球科学), 2007(9): 1273-1279.

[121] JIN W. Bubbles in the near surface ocean: a general description[J]. Journal of Geophysical Research Oceans, 1988, 93(1): 587-590.

[122] STRAMSKI D. Gas microbubbles: an assessment of their significance to light scattering in quiescent seas[C] //Ocean Optics XII, International Society for Optics and Photonics, 1994, 2258: 704-710.

[123] STRAMSKI D, TEGOWSKI J A. Effects of intermittent entrainment of air bubbles by breaking wind waves on ocean reflectance and underwater light field[J]. Journal of Geophysical Research Oceans, 2001, 106(12): 31345.

[124] XIA M, YANG K, ZHANG X, et al. Monte Carlo simulation of backscattering signal from bubbles under water[J]. Journal of Optics A: Pure and Applied Optics, 2006, 8: 350.

[125] KREKOVA M M, KREKOV G M, SHAMANAEV V S. Influence of air bubbles in seawater on the formation of lidar returns[J]. Journal of Atmospheric and Oceanic Technology, 2004, 21(5): 819-824.

[126] CHURNSIDE J H. Lidar signature from bubbles in the sea[J]. Optics Express, 2010, 18(8): 8294-8299.

[127] LI W, YANG K, XIA M, et al. Influence of characteristics of micro-bubble clouds on backscatter lidar signal[J]. Optics Express, 2009, 17(20): 17772-17783.

[128] 时振伟, 阳凡林, 刘翔, 等. 简述机载激光测深系统及其在海底底质分类中的应用[J]. 中国水运, 2013, 13(10): 292-295.

[129] 李松, 黄卫军. 基于表面回波的机载激光测深系统的最佳扫描方案[C] //全国测绘仪器综合学术年会, 2001(6): 54-56.

[130] 翟国君, 吴太旗, 欧阳永忠, 等. 机载激光测深技术研究进展[J]. 海洋测绘, 2012, 32(2): 67-71.

[131] 翟国君, 王克平, 刘玉红. 机载激光测深技术[J]. 海洋测绘, 2014, 34(2): 72-75.

[132] 申家双, 翟京生, 郭海涛. 海岸线提取技术研究[J]. 海洋测绘, 2009, 29(6): 74-77.

[133] 马兰, 甄洪排, 宋海英, 等. 机载激光测深仪 SHOALS 的发展与应用[C] //海洋测绘综合性学术研讨会, 2007.

[134] KODIS R. A note on the theory of scattering from an irregular surface[J]. IEEE Transactions on Antennas and Propagation, 1966, 14(1): 77-82.

[135] BARRICK D. Rough surface scattering based on the specular point theory[J]. IEEE Transactions on Antennas and Propagation, 1968, 16(4): 449-454.

[136] TATARSKII V I . Multi-Gaussian representation of the Cox-Munk distribution for slopes of wind-driven waves[J]. Journal of Atmospheric and Oceanic Technology, 2003, 20(11): 1697-1705.

[137] WU J. Mean square slopes of the wind-disturbed water surface, their magnitude, directionality, and

composition[J]. Radio Science, 1990, 25(1): 37-48.

[138] COWAN I M. Parasites, diseases, injuries, and anomalies of the Columbian black-tailed deer, Odocoileus hemionus columbianus (Richardson), in British Columbia[J]. Canadian Journal of Research, 1946, 24(2): 71-103.

[139] GRANT E H, BUCHANAN T J, COOK H F. Dielectric behavior of water at microwave frequencies[J]. The Journal of Chemical Physics, 1957, 26(1): 156-161.

[140] BUFTON J L, HOGE F E, SWIFT R N. Airborne measurements of laser backscatter from the ocean surface[J]. Applied Optics, 1983, 22(17): 2603-2618.

[141] WU S T, FUNG A K. A noncoherent model for microwave emissions and backscattering from the sea surface[J]. Journal of Geophysical Research, 1972, 77(30): 5917-5929.

[142] WINKER D M, COUCH R H, P M M. An overview of LITE: NASA's lidar in-space technology experiment[J]. Proceedings of the IEEE, 1996, 84(2): 164-180.

[143] MENZIES R T, TRATT D M, HUNT W H. Lidar in-space technology experiment measurements of sea surface directional reflectance and the link to surface wind speed[J]. Applied Optics, 1988, 37(24): 5550-5559.

[144] WANG X, CHENG X, GONG P, et al. Earth science applications of ICESat/GLAS: a review[J]. International Journal of Remote Sensing, 2011, 32(12): 8837-8864.

[145] HU Y, STAMNES K, VAUGHAN M, et al. Sea surface wind speed estimation from space-based lidar measurements[J]. Atmospheric Chemistry and Physics, 2008, 8(31): 3593-3601.

[146] MURPHREE D L, TAYLOR C D, MCCLENDONI R W. Mathematical modeling for the detection of fish by an airborne laser[J]. AIAA Journal, 12(12): 1686-1692.

[147] SQUIRE J, KRUMBOLTZ H. Profiling pelagic fish schools using airborne optical lasers and other remote sensing techniques[J]. Marine Technology Society Journal, 1981, 15: 27-31.

[148] FREDRIKSSON K, GALLE B, NYSTRÖM K, et al. Marine laser probing: results from a field test[J] , Meddelande fraan Havsfiskelaboratoriet, 1979(245): 7071.

[149] CHURNSIDE. A comparison of lidar and echosounder measurements of fish schools in the Gulf of Mexico[J]. Ices Journal of Marine Science, 2003, 60(1): 147-154.

[150] CHURNSIDE J, DEMER D, GRIFFITH D, et al. Comparisons of lidar, acoustic and trawl data on two scales in the northeast Pacific Ocean[R]. California Cooperative Oceanic Fisheries Investigations Reports, 2009, 50: 118-122.

[151] DEKSHENIEKS M M, DONAGHAY P L, SULLIVAN J M, et al. Temporal and spatial occurrence of thin phytoplankton layers in relation to physical processes[J]. Marine Ecology Progress, 2001, 223: 61-71.

[152] GARRETT C. Ocean science. Enhanced: internal tides and ocean mixing[J]. Science, 2003, 301(5641): 1858-1859.

[153] ALFORD H M. Redistribution of energy available for ocean mixing by long-range propagation of internal waves[J]. Nature, 2003, 423(6936): 159-162.

[154] BUKIN O A, MAJOR A Y, PAVLOV A N, et al. Measurement of the lightscattering layers structure and detection of the dynamic processes in the upper ocean layer by shipborne lidar[J]. Remote Sensing, 1998,

19(4): 707-715.

[155] DOLIN L S, DOLINA I S, SAVEL'EV V A. A lidar method for determining internal wave characteristics[J]. Atmospheric and Oceanic Physics, 2012, 48(4): 444-453.

[156] LEE L F, CHELTON D, TRAON P Y, et al. Eddy dynamics from satellite altimetry[J]. Oceanography, 2010, 23 (4): 14-25.

[157] LAPEYRE G, KLEIN P. Impact of the small-scale elongated filaments on the oceanic vertical pump[J]. Journal of Marine Research, 2006, 64(6): 835-851.

[158] HOGE F E, SWIFT R N. Airborne simultaneous spectroscopic detection of laser-induced water Raman backscatter and fluorescence from chlorophyll a and other naturally occurring pigments[J]. Applied Optics, 1981, 20(18): 3197-3205.

[159] HENGSTERMANN T, REUTER R. Lidar fluorosensing of mineral oil spills on the sea surface[J]. Applied Optics, 1990, 29(22): 3218-3227.

[160] BILLARD B, ABBOT R H, PENNY M F. Airborne estimation of sea turbidity parameters from the WRELADS laser airborne depth sounder[J]. Applied Optics, 1986, 25(12): 2080-2088.

[161] HOGE F E, SWIFT R N. Oil film thickness measurement using airborne laser-induced water Raman backscatter[J]. Applied Optics, 1980, 19(19): 3269-3281.

[162] CHEKALYUK A, HAFEZ M. Next generation Advanced Laser Fluorometry (ALF) for characterization of natural aquatic environments: new instruments[J]. Optics Express, 2013, 21(12): 14181-14201.

[163] BARBINI R, COLAO F, FANTONI R, et al. Design and application of a lidar fluorosensor system for remote monitoring of phytoplankton[J]. ICES Journal of Marine Science, 1998, 55(4): 793-802.

[164] PALOMBI L, ALDERIGHI D, CECCHI G, et al. A fluorescence LiDAR sensor for hyper-spectral time-resolved remote sensing and mapping[J]. Optics Express, 2013, 21(12): 14736-14746.

[165] ROGERS S R, WEBSTER T, LIVINGSTONE W, et al. Airborne Laser-Induced Fluorescence (LIF) Light Detection and Ranging (LiDAR) for the quantification of dissolved organic matter concentration in natural waters[J]. Estuaries and Coasts, 2012, 35(4): 959-975.

[166] SIVAPRAKASAM V, KILLINGER D K. Tunable ultraviolet laser-induced fluorescence detection of trace plastics and dissolved organic compounds in water[J]. Applied Optics, 2003, 42(33): 6739-6746.

[167] FIORANI L, OKLADNIKOV I G, PALUCCI A. First algorithm for chlorophyll: a retrieval from MODIS-Terra imagery of sun-induced fluorescence in the southern ocean[J]. International Journal of Remote Sensing, 2006, 27(16): 3615-3622.

[168] CHUBAROV V V, FADEEV V V. Ecological monitoring in the Caspian Sea (mouth zone of the river Volga) with a shipboard laser spectrometer[J]. EARSeL Proceedings, 2004, 3: 316-322.

[169] BUNKIN A F, KLINKOV V K, LEDNEV V N, et al. Remote sensing of seawater and drifting ice in Svalbard fjords by compact Raman lidar[J]. Applied Optics, 2012, 51(22): 5477-5485.

[170] RODRIGUES J, HUG I, NEUHAUS K W, et al. Light-emitting diode and laser fluorescence-based devices in detecting occlusal caries[J]. Journal of Biomedical Optics, 2011, 16(10): 107003.

[171] SHARIKOVA A V, KILLINGER D K. Laser and UV-LED induced fluorescence detection of dissolved organic compounds in water[C] // Sensors, and Command, Control, Communications, and Intelligence

(C3I) Technologies for Homeland Security and Homeland Defense IX, 2010: 76661.

[172] FEDOROV V I. Studying organic species in water by laser fluorescence spectroscopy with a source of excitation in mid-UV range (266 nm)[J]. Water Resources, 2005, 32(5): 549-554.

[173] BABICHENKO S, LEEBEN A, PORYVKINA L, et al. Fluorescent screening of phytoplankton and organic compounds in sea water presented at Quasimeme–Quash 1999, Egmond aan Zee, The Netherlands, October 6–9, 1999[J]. Journal of Environmental Monitoring, 2000, 2(4): 378-383.

[174] CHEKALYUK A M, HOGE F E, SWIFT R N, et al. New technological developments for ocean LiDAR biomonitoring[C] //Ocean Remote Sensing and Imaging II. International Society for Optics and Photonics, 2003: 22-29.

[175] 唐若琪. 飞秒泵浦探测实验研究 Zn/Se 中载流子超快动力学过程[D]. 长春: 吉林大学, 2004.

[176] DROZDOWSKA V, WALCZOWSKI W, HAPTER R, et al. Fluorescence characteristics of the upper water layer of the arctic seas based on lidar, spectrophotometric, and optical methods[J]. EARSeL Proceedings, 2004, 3(1): 136-142.

[177] WEIBRING P, EDNER H, SVANBERG S. Versatile mobile lidar system for environmental monitoring[J]. Applied Optics, 2003, 42(18): 3583-3594.

[178] MASLOV S. Simple model of a limit order-driven market[J]. Physica A: Statistical Mechanics and its Applications, 2000, 278(3-4): 571-578.

[179] BARBINI R, COLAO F, FANTONI R, et al. Laser remote sensing calibration of ocean color satellite data[J]. Annals of Geophysics, 2006, 49(1): 35-43.

[180] 李晓龙. 视场可调节海洋激光雷达实验系统研制与 ICCD 激光荧光实验研究[D]. 青岛: 中国海洋大学, 2013.

[181] STOKER J M, ABDULLAH Q A, NAYEGANDHI A, et al. Evaluation of single photon and geiger mode lidar for the 3D elevation program[J]. Remote Sensing, 2016, 8(9): 122-145.

[182] KOKHANENKO G P, PENNER I E, SHAMANAEV V S. Expanding the dynamic range of a lidar receiver by the method of dynode-signal collection[J]. Applied Optics, 2002, 41(24): 5073-5077.

[183] WINKER D M, HUNT W H, HOSTETLER C A. Status and performance of the CALIOP lidar [C] //Laser Radar Techniques for Atmospheric Sensing. International Society for Optics and Photonics, 2004, 5575: 8-15.

[184] ROSETTE J, FIELD C, NELSON R, et al. A new photon-counting lidar system for vegetation analysis[J] , Proceedings of SilviLaser, 2011: 16-19.

[185] 徐伟. 高速运动下高精度激光测距关键技术研究[D]. 南京: 南京理工大学, 2013.

[186] 陈云飞. 光子计数激光测距系统设计与实现[D]. 南京: 南京理工大学, 2014.

[187] PRIEDHORSKY W C, SMITH R C, HO C. Laser ranging and mapping with a photon-counting detector[J]. Applied Optics, 1995, 35(3): 441-452.

[188] HISKETT P A, PARRY C S, MCCARTHY A, et al. A photon-counting time-of-flight ranging technique developed for the avoidance of range ambiguity at gigahertz clock rates[J]. Optics Express, 2009, 16(18): 13685-13698.

[189] CASTLEMAN A W, TOENNIES J P, ZINTH W. Advanced time-correlated single photon counting

techniques[M]. Berlin: Springer, 2005.

[190] YAMAZAKI I, TAMAI N, KUME H, et al. Microchannel-plate photomultiplier applicability to the time-correlated photon-counting method[J]. Review of Scientific Instruments, 1985, 56(6): 1187-1194.

[191] JAMET C, IBRAHIM A, AHMAD Z, et al. Going beyond standard ocean color observations: lidar and polarimetry[J]. Frontiers in Marine Science, 2019(6): 251.

[192] CHURNSIDE J H. Polarization effects on oceanographic lidar[J]. Optics Express, 2008, 16(2): 1196-1207.

[193] LUO J, LIU D, BI L, et al. Rotating a half-wave plate by 45°: an ideal calibration method for the gain ratio in polarization lidars[J]. Optics Communications, 2018, 407: 361-366.

[194] JOSEPH G, HIRSCHBERG J D B, ALAIN W W, et al. Speed of sound and temperature in the ocean by Brillouin scattering[J]. Applied Optics, 1984, 23(15): 2624-2628.

[195] BLIZARD M A, HIRSCHBERG J G, BYRNE J D. Rapid underwater ocean measurements using Brillouin scattering[C] //Ocean Optics VII, International Society for Optics and Photonics, 1984, 489: 270-276.

[196] HICKMAN G D, HARDING J M, CARNES M, et al. Aircraft laser sensing of sound velocity in water: Brillouin scattering[J]. Journal of the Acoustical Society of America, 1991, 87(3): 165-178.

[197] LEONARD D A, SWEENEY H E. Comparison of stimulated and spontaneous laser-radar methods for the remote sensing of ocean physical properties[C]//Proceedings of The International Society for Optical Engineering, 1990: 1302.

[198] LIU D H. Range and line resolved Brillouin scattering in pure water using pulsed Nd: YAG laser[J]. Chinese Journal of Lasers, 1995(2): 123-126.

[199] 刘大禾. 用布里渊散射实现海水中声速的实时遥测[J]. 声学学报, 1998(2): 184-188.

[200] 刘大禾, 汪华英, 周静. 布里渊散射法测量盐度及温度不同的海水中的声速[J]. 中国激光, 2000(4): 381-384.

[201] LIU D, XU J, LI R, et al. Measurements of sound speed in the water by Brillouin scattering using pulsed Nd: YAG laser[J]. Optics Communications, 2002, 203(3): 335-340.

[202] 徐建峰, 李荣胜, 周静, 等. 用布里渊散射测量水的体黏滞系数[J]. 光学学报, 2001(9): 1112-1115.

[203] DAI R, GONG W P, XU J, et al. The edge technique as used in Brillouin lidar for remote sensing of the ocean[J]. Applied Physics B, 2004, 79(2): 245-248.

[204] XU J, DAI R, GONG W, et al. Analyzing statistical errors for measurements of Brillouin scattering by the edge technique[J]. Applied Physics B, 2004, 79(1): 131-134.

[205] GONG W, DAI R, SUN Z, et al. Detecting submerged objects by Brillouin scattering[J]. Applied Physics B, 2004, 79(5): 635-639.

[206] EDWARD S, FRY Y E, QUAN X H, et al. Accuracy limitations on Brillouin lidar measurements of temperature and sound speed in the ocean[J]. Applied Optics, 1997, 36(27): 136-141.

[207] EMERY Y, FRY E. Laboratory development of a lidar for measurement of sound velocity in the ocean using Brillouin scattering [C] //Ocean Optics XIII, International Society for Optics and Photonics, 1997, 2963: 210-215.

[208] POPESCU A, SCHORSTEIN K, WALTHER T. A novel approach to a Brillouin-LiDAR for remote sensing of the ocean temperature[J]. Applied Physics B, 2004, 79(8): 955-961.

[209] RUDOLF A, WALTHER T. A Brillouin lidar for remote sensing of the temperature profile in the ocean: towards the laboratory demonstration[C] // 2012 Oceans-Yeosu, 2012: 1-6.

[210] RUDOLF A, WALTHER T. Laboratory demonstration of a Brillouin lidar to remotely measure temperature profiles of the ocean[J]. Optical Engineering, 2014, 53(5): 051407.

[211] CHEN Y C, LI S, FAN D, et al. Real-time detecting of Brillouin scattering in water with ICCD[C] //ICO20: Lasers and Laser Technologies, 2006.

[212] SHI J, OUYANG M, GONG W, et al. A Brillouin lidar system using F-P etalon and ICCD for remote sensing of the ocean[J]. Applied Physics B, 2008, 90(3): 569-571.

[213] SHI J, CHEN X, OUYANG M, et al. Amplification of stimulated Brillouin scattering of two collinear pulsed laser beams with orthogonal polarizations[J]. Applied Optics, 2009, 48(17): 3232-3236.

[214] POVEY A C, GRAINGER R G, PETERS D M, et al. Estimation of a lidar's overlap function and its calibration by nonlinear regression[J]. Applied Optics, 2012, 51(21): 5130-5143.

[215] HALTRIN V I. Absorption and scattering of light in natural waters[M]. Berlin: Springer, 2006: 445-486.

[216] MOREL A. Light and marine photosynthesis: a spectral model with geochemical and climatological implications[J]. Progress in Oceanography, 1991, 26(3): 263-306.

[217] ZHOU Y, LIU D, XU P, et al. Retrieving the seawater volume scattering function at the 180° scattering angle with a high-spectral-resolution lidar[J]. Optics Express, 2017, 25(10): 11813-11826.

[218] CHURNSIDE J H. Review of profiling oceanographic lidar[J]. Optical Engineering, 2014, 53(5): 051405.

[219] MALINKA A V, ZEGE E P. Analytical modeling of Raman lidar return, including multiple scattering[J]. Applied Optics, 2003, 42(6): 1075-1081.

[220] MALINKA A V, ZEGE E P. Retrieving seawater-backscattering profiles from coupling Raman and elastic lidar data[J]. Applied Optics, 2004, 43(19): 3925-3930.

[221] HIRSCHBERG J, BYRNE J. Rapid underwater ocean measurements using Brillouin scattering[C] //Ocean Optics VII, 1984: 270-276.

[222] LEONARD D A, SWEENEY H E. Remote sensing of ocean physical properties: a comparison of Raman and Brillouin techniques[C] //Orlando Technical Symposium, 1988: 407-414.

[223] ESSELBORN M, WIRTH M, FIX A, et al. Airborne high spectral resolution lidar for measuring aerosol extinction and backscatter coefficients[J]. Applied Optics, 2008, 47(3): 346-358.

[224] HAIR J W, HOSTETLER C A, COOK A L, et al. Airborne high spectral resolution lidar for profiling aerosol optical properties[J]. Applied Optics, 2008, 47(36): 6734-6752.

[225] SWEENEY H E, TITTERTON P J, LEONARD D A. Method of remotely measuring diffuse attenuation coefficient of sea water. Google Patents: US, 4986 656[P]. 1991-1-22.

[226] SCHULIEN J A, BEHRENFELD M J, HAIR J W, et al. Vertically-resolved phytoplankton carbon and net primary production from a high spectral resolution lidar[J]. Optics Express, 2017, 25(12): 13577-13587.

[227] PARK Y, GIULIANI G, BYER R. Single axial mode operation of a Q-switched Nd: YAG oscillator by injection seeding[J]. IEEE Journal of Quantum Electronics, 1984, 20(2): 117-125.

[228] HAIR J W, HOSTETLER C A, COOK A L, et al. Airborne high spectral resolution lidar for profiling aerosol optical properties[J]. Applied Optics, 2008, 47(36): 6734-6753.

[229] 龙江雄, 李刚, 杨彬, 等. 种子注入的全固态单频脉冲激光器研究进展[J]. 激光与光电子学进展. 2018: 7-14.

[230] WALTER K. Solid-State Laser Engineering[M]. Berlin: Springer, 2005.

[231] RAHN L A. Feedback stabilization of an injection-seeded Nd: YAG laser[J]. Applied Optics, 1985, 24(7): 940-942.

[232] LIU D, HOSTETLER C, COOK A, et al. Modeling of a field-widened Michelson interferometric filter for application in a high spectral resolution lidar[C] //2011 International Conference on Optical Instruments and Technology: Optical Systems and Modern Optoelectronic Instruments, 2011: 81971.

[233] LIU D, HOSTETLER C, MILLER I, et al. System analysis of a tilted field-widened Michelson interferometer for high spectral resolution lidar[J]. Optics Express, 2012, 20(2): 1406-1420.

[234] CHENG Z, LIU D, LUO J, et al. Field-widened Michelson interferometer for spectral discrimination in high-spectral-resolution lidar: theoretical framework[J]. Optics Express, 2015, 23(9): 12117-12134.

[235] 石亮亮. 基于遥感与实测资料的水体固有光学量及 CDOM 反演研究[D]. 杭州: 浙江大学, 2019.

[236] FARGION G S. Ocean optics protocols for satellite ocean color sensor validation, 2nd edition[R]. National Aeronautics and Space Administration, Goddard Space Flight Center, 2000.

[237] AMANTE C, EAKINS B W. ETOPO1 1 arc-minute global relief model: procedures, data sources and analysis. NOAA technical memorandum NESDIS NGDC-24[J]. National Geophysical Data Center, NOAA, 2009, 10: 8276.

[238] ZANEVELD J R V, KITCHEN J C, MOORE C C. Scattering error correction of reflecting-tube absorption meters[C] //Ocean Optics XII, 1994: 44-56.

[239] MAFFIONE R A, DANA D R. Instruments and methods for measuring the backward-scattering coefficient of ocean waters[J]. Applied Optics, 1997, 36(24): 6057-6067.

[240] HOBILABS. HydroScat-6P User's Manual[EB/OL]. https: //www. hobilabs. com/cmsitems/attachments/3/HS6ManualRevJ-2010-8a. pdf. 2019-11-18.

[241] KATSEV I L, ZEGE E P, PRIKHACH A S, et al. Efficient technique to determine backscattered light power for various atmospheric and oceanic sounding and imaging systems[J]. Journal of the Optical Society of America A, 1997, 14(6): 1338-1346.

[242] SULLIVAN J M, TWARDOWSKI M S. Angular shape of the oceanic particulate volume scattering function in the backward direction[J]. Applied Optics, 2009, 48(35): 6811-6819.

[243] 张凯临. 机载海洋激光荧光雷达软硬件设计与飞行实验[D]. 青岛: 中国海洋大学, 2005.

[244] BABICHENKO S. Laser remote sensing of the European marine environment: LIF technology and applications[M]. Berlin: Springer, 2008: 189-204.

[245] PALMER S C, PELEVIN V V, GONCHARENKO I, et al. Ultraviolet fluorescence LiDAR (UFL) as a measurement tool for water quality parameters in turbid lake conditions[J]. Remote Sensing, 2013, 5(9): 4405-4422.

[246] SHARIKOVA A V, KILLINGER D K. Laser-and UV-LED-induced fluorescence detection of dissolved organic compounds in water[C] //Procceedings of SPIE, 2010: 76661L-1.

[247] 爱平. 细胞生物学荧光技术原理和应用[M]. 合肥: 中国科技大学出版社, 2007.

[248] MARKUSHEV V M, ZOLIN V, BRISKINA C M. Luminescence and stimulated emission of neodymium in sodium lanthanum molybdate powders[J]. Soviet Journal of Quantum Electronics, 1986, 16(2): 281.

[249] LAKOWICZ J R. Principles of fluorescence spectroscopy[M]. Berlin: Springer, 2006.

[250] COBLE P G, TIMPERMAN A T. Fluorescence detection of proteins and amino acids in capillary electrophoresis using a post-column sheath flow reactor[J]. Journal of Chromatography A, 1998, 829(1): 309-315.

[251] HOGE F E, SWIFT R N. Airborne detection of oceanic turbidity cell structure using depth-resolved laser-induced water Raman backscatter[J]. Applied Optics, 1983, 22(23): 3778-3786.

[252] 魏志强, 张凯临, 吴东. 机载海洋激光荧光雷达测量海表层叶绿素 a 浓度的算法研究[J]. 中国海洋大学学报(自然科学版), 2007, 37(1): 157-162.

[253] REUTER R, DIEBEL D, HENGSTERMANN T. Oceanographic laser remote sensing: measurement of hydrographic fronts in the German Bight and in the Northern Adriatic Sea[J]. Remote Sensing, 1993, 14(5): 823-848.

[254] 于海生. 便携式多源光谱融合水质分析仪设计研究[D]. 杭州: 浙江大学, 2008.

[255] 马明生, 韩慧婉, 刘国诠. 激光诱导荧光检测器: 一种高灵敏度的高效液相色谱和毛细管电泳检测器[J]. 色谱, 1995, 4: 257-261.

[256] GRATZFELD-HUESGEN A. Sensitive and reliable amino acid analysis in protein hydrolysates using the Agilent 1100 Series HPLC[J]. Technical Note, Agilent Technologies Publication Number, 1999: 5958-5968.

[257] LIU X, MA L, LIN Y W, et al. Determination of abscisic acid by capillary electrophoresis with laser-induced fluorescence detection[J]. Journal of Chromatography A, 2003, 1021(1): 209-213.

[258] 郭金家. 海中有色可溶有机物荧光光谱现场探测技术研究[D]. 青岛: 中国海洋大学, 2011.

[259] 戴笠. 基于 FPGA 的微型光谱仪探测系统的研制[D]. 长沙: 湖南大学, 2009.

[260] 张宇. 微型光纤光谱仪 USB4000 测控系统的二次开发[D]. 长春: 吉林大学, 2008.

[261] BRICAUD A, MOREL A, PRIEUR L. Absorption by dissolved organic matter of the sea (yellow substance) in the UV and visible domains[J]. Limnol Oceanogr, 1981, 26(1): 43-53.

[262] CARDER K L, HAWES S, BAKER K, et al. Reflectance model for quantifying chlorophyll a in the presence of productivity degradation products[J]. Journal of Geophysical Research: Oceans, 1991, 96(11): 20599-20611.

[263] ARRIGO K R, BROWN C W. Impact of chromophoric dissolved organic matter on UV inhibition of primary productivity in the sea[J]. Marine Ecology Progress Series, 1996, 140(1): 207-216.

[264] KEITH D, YODER J, FREEMAN S. Spatial and temporal distribution of coloured dissolved organic matter (CDOM) in Narragansett Bay, Rhode Island: implications for phytoplankton in coastal waters[J]. Estuarine, Coastal and Shelf Science, 2002, 55(5): 705-717.

[265] LEE Z, CARDER K L, HAWES S K, et al. Model for the interpretation of hyperspectral remote-sensing reflectance[J]. Applied Optics, 1994, 33(24): 5721-5732.

[266] MILLER R L, BELZ M, CASTILLO C D, et al. Determining CDOM absorption spectra in diverse coastal environments using a multiple pathlength, liquid core waveguide system[J]. Continental Shelf Research,

2002, 22(9): 1301-1310.

[267] BELZILE C, ROESLER C S, CHRISTENSEN J P, et al. Fluorescence measured using the WETStar DOM fluorometer as a proxy for dissolved matter absorption[J]. Estuarine, Coastal and Shelf Science, 2006, 67(3): 441-449.

[268] 邢小罡. 叶绿素荧光遥感研究[D]. 青岛: 中国海洋大学, 2008.

[269] CHEKALYUK A M, HAFEZ M A. Advanced laser fluorometry of natural aquatic environments[J]. Limnology and Oceanography: Methods, 2008, 6: 591.

[270] GHERVASE L, CÂRSTEA E, PAVELESCU G, et al. Laser induced fluorescence efficiency in water quality assessment[J]. Romanian Reports in Physics, 2010, 62(3): 652-659.

[271] ZHOU Z, GUO L, SHILLER A M, et al. Characterization of oil components from the Deepwater Horizon oil spill in the Gulf of Mexico using fluorescence EEM and PARAFAC techniques[J]. Marine Chemistry, 2013, 148: 10-21.

[272] ALEXANDER R, GIKUMA N P, IMBERGER J. Identifying spatial structure in phytoplankton communities using multi-wavelength fluorescence spectral data and principal component analysis[J]. Limnology and Oceanography: Methods, 2012, 10: 402-415.

[273] CATHERINE A, ESCOFFIER N, BELHOCINE A, et al. On the use of the FluoroProbe, a phytoplankton quantification method based on fluorescence excitation spectra for large-scale surveys of lakes and reservoirs[J]. Water Research, 2012, 46(6): 1771-1784.

[274] SALYUK P A, PODOPRIGORA E L. Comparative analysis of the chlorophyll A concentrations obtained by the laser-induced fluorescence method(LIF) and SeaWiFS[C] //Proceedings of SPIE, 2003: 53-59.

[275] BABICHENKO S, LEEBEN A, PORYVKINA L, et al. Fluorescent screening of phytoplankton and organic compounds in sea water[J]. Journal of Environmental Monitoring, 2000, 2(4): 378-383.

[276] CHEKALYUK A M, HOGE F E, WRIGHT C W, et al. Short-pulse pump-and-probe technique for airborne laser assessment of Photosystem II photochemical characteristics[J]. Photosynthesis Research, 2000, 66(1-2): 33-44.

[277] L F, FANTONI R, LAZZARA L, et al. Lidar calibration of satellite sensed CDOM in the Southern Ocean[J]. EARSeL Proceedings, 2006, 5(1): 89-99.

[278] LUCA F. Environmental monitoring by laser radar[J]. Lasers And Electro-Optics Research at the Cutting Edge, 2006, 56: 119-171.

[279] FEDOROV V. Studying organic species in water by laser fluorescence spectroscopy with a source of excitation in mid-UV range (266 nm)[J]. Water Resources, 2005, 32(5): 549-554.

[280] SIVAPRAKASAM V, SHANNON JR R F, LUO C, et al. Development and initial calibration of a portable laser-induced fluorescence system used for measurements of trace plastics and dissolved organic Compounds in seawater and the Gulf of Mexico[J]. Applied Optics, 2003, 42(33): 6747-6756.

[281] CHEN R, ZHANG Y, VLAHOS P, et al. The fluorescence of dissolved organic matter in the Mid-Atlantic bight[J]. Deep Sea Research Part II: Topical Studies in Oceanography, 2002, 49(20): 4439-4459.

[282] BABICHENKO S, DUDELZAK A, PORYVKINA L. Laser remote sensing of coastal and terrestrial pollution by FLS-Lidar[J]. EARSeL Proceedings, 2004, 3(1): 1-8.

[283] FUKUDA Y, HAYAKAWA T, ICHIHARA E, et al. Measurements of the solar neutrino flux from Super-Kamiokande's first 300 days[J]. Physical Review Letters, 1998, 81(6): 1158.
[284] KOECHLER C, VERDEBOUT J, BERTOLINI G, et al. Determination of aquatic parameters by a time-resolved laser fluorosensor operating from a helicopter[J]. Environmental Sensing, 1992, 1714: 93-105.
[285] COBLE P G. Characterization of marine and terrestrial DOM in seawater using excitation-emission matrix spectroscopy[J]. Marine Chemistry, 1996, 51(4): 325-346.
[286] JIANG F, LEE F SC, WANG X, et al. The application of excitation/emission matrix spectroscopy combined with multivariate analysis for the characterization and source identification of dissolved organic matter in seawater of Bohai Sea, China[J]. Marine Chemistry, 2008, 110(1): 109-119.
[287] KOWALCZUK P, DURAKO M J, YOUNG H, et al. Characterization of dissolved organic matter fluorescence in the South Atlantic Bight with use of PARAFAC model: interannual variability[J]. Marine Chemistry, 2009, 113(3): 182-196.
[288] STEDMON C A, MARKAGER S, BRO R. Tracing dissolved organic matter in aquatic environments using a new approach to fluorescence spectroscopy[J]. Marine Chemistry, 2003, 82(3): 239-254.
[289] CHEN R F, BISSETT P, COBLE P, et al. Chromophoric dissolved organic matter (CDOM) source characterization in the Louisiana Bight[J]. Marine Chemistry, 2004, 89(1): 257-272.
[290] SPENCER R G, PELLERIN B A, BERGAMASCHI B A, et al. Diurnal variability in riverine dissolved organic matter composition determined by in situ optical measurement in the San Joaquin River (California, USA)[J]. Hydrological Processes, 2007, 21(23): 3181-3189.
[291] YAMASHITA Y, CORY R M, NISHIOKA J, et al. Fluorescence characteristics of dissolved organic matter in the deep waters of the Okhotsk Sea and the northwestern North Pacific Ocean[J]. Deep Sea Research Part II: Topical Studies in Oceanography, 2010, 57(16): 1478-1485.
[292] FODEN J, SIVYER D, MILLS D, et al. Spatial and temporal distribution of chromophoric dissolved organic matter (CDOM) fluorescence and its contribution to light attenuation in UK waterbodies[J]. Estuarine, Coastal and Shelf Science, 2008, 79(4): 707-717.
[293] ZHANG Y, QIN B, ZHU G, et al. Chromophoric dissolved organic matter (CDOM) absorption characteristics in relation to fluorescence in Lake Taihu, China, a large shallow subtropical lake[J]. Hydrobiologia, 2007, 581(1): 43-52.
[294] SINGH S, D'SA E J, SWENSON E M. Chromophoric dissolved organic matter (CDOM) variability in Barataria Basin using excitation-emission matrix (EEM) fluorescence and parallel factor analysis (PARAFAC)[J]. Science of the Total Environment, 2010, 408(16): 3211-3222.
[295] NIEWIADOMSKA K, CLAUSTRE H, PRIEUR L, et al. Submesoscale physical-biogeochemical coupling across the Ligurian current (northwestern Mediterranean) using a bio-optical glider[J]. Limnology and Oceanography, 2008, 53(5): 2210.
[296] BABICHENKO S, DUDELZAK A, LAPIMAA J, et al. Locating water pollution and shore discharges in coastal zone and inland waters with FLS lidar[J]. EARSeL eProceedings, 2006, 5(1): 32-41.
[297] POPE R M, FRY E S. Absorption spectrum (380～700 nm) of pure water. II. Integrating cavity

measurements[J]. Applied Optics, 1997, 36(33): 8710-8723.

[298] FERRARI G, DOWELL M. CDOM absorption characteristics with relation to fluorescence and salinity in coastal areas of the southern Baltic Sea[J]. Estuarine, Coastal and Shelf Science, 1998, 47(1): 91-105.

[299] TWARDOWSKI M S, BOSS E, SULLIVAN J M, et al. Modeling the spectral shape of absorption by chromophoric dissolved organic matter[J]. Marine Chemistry, 2004, 89(1): 69-88.

[300] HOGE F E, VODACEK A, BLOUGH N V. Inherent optical properties of the ocean: retrieval of the absorption coefficient of chromophoric dissolved organic matter from fluorescence measurements[J]. Limnology and Oceanography, 1993, 38(7): 1394-1402.

[301] GREEN S A, BLOUGH N V. Optical absorption and fluorescence properties of chromophoric dissolved organic matter in natural waters[J]. Limnology and Oceanography, 1994, 39(8): 1903-1916.

[302] FERRARI G M, TASSAN S. On the accuracy of determining light absorption by yellow substance through measurements of induced fluorescence[J]. Limnology and Oceanography, 1991, 36(4): 777-786.

[303] 焦念志，王荣，李超伦．东海春季初级生产力与新生产力的研究[J]．海洋与湖沼，1998，29(2): 135-140.

[304] MITCHELL B G, KAHRU M, WIELAND J, et al. Determination of spectral absorption coefficients of particles, dissolved material and phytoplankton for discrete water samples[J]. Ocean Optics Protocols for Satellite Ocean Color Sensor Validation, 2002, 3: 231-257.

[305] STEDMON C, MARKAGER S, KAAS H. Optical properties and signatures of chromophoric dissolved organic matter (CDOM) in Danish coastal waters[J]. Estuarine, Coastal and Shelf Science, 2000, 51(2): 267-278.

[306] PEGAU W, ZANEVELD J R. Temperature-dependent absorption of water in the red and near-infrared portions of the spectrum[J] , Limnology and Oceanography, 1993, 38(1): 188-192.

[307] STEDMON C, MARKAGER S. The optics of chromophoric dissolved organic matter (CDOM) in the Greenland Sea: an algorithm for differentiation between marine and terrestrially derived organic matter[J]. Limnology and Oceanography, 2001: 2087-2093.

[308] LEI H, BAI Y, HUANG H, et al. Seasonal variation of absorption spectral characteristics of CDOM and De-pigmented Particles in East China Sea[C] //SPIE Remote Sensing, 2008: 71050-71057.

[309] BINDING C E, JEROME J H, BUKATA R P, et al. Spectral absorption properties of dissolved and particulate matter in Lake Erie[J]. Remote Sensing of Environment, 2008, 112(4): 1702-1711.

[310] 朱建华, 李铜基. 黄东海非色素颗粒与黄色物质的吸收系数光谱模型研究[J]. 海洋技术, 2004, 23(2): 7-13.

[311] WELSCHMEYER N A. Fluorometric analysis of chlorophyll a in the presence of chlorophyll b and pheopigments[J]. Limnology and Oceanography, 1994, 39(8): 1985-1992.

[312] KILLINGER D, SIVAPRAKASAM V. How water glows: water monitoring with laser fluorescence[J]. Optics and Photonics News, 2006, 17(1): 34-39.

[313] CHEN P, PAN D, MAO Z. Fluorescence measured using a field-portable laser fluorometer as a proxy for CDOM absorption[J]. Estuarine, Coastal and Shelf Science, 2014, 146: 33-41.

[314] CHEN P, PAN D, MAO Z. Development of a portable laser-induced fluorescence system used for in situ

measurements of dissolved organic matter[J]. Optics and Laser Technology, 2014, 64: 213-219.

[315] CHEN P, PAN D, MAO Z, et al. Detection of water quality parameters in Hangzhou Bay using a portable laser fluorometer[J]. Marine Pollution Bulletin, 2015, 93(1): 163-171.

[316] CHEN Z, HU C, CONMY R N, et al. Colored dissolved organic matter in Tampa Bay, Florida[J]. Marine Chemistry, 2007, 104(1): 98-109.

[317] FAN G, CHEN P, WANG T U, et al. Optical characteristics of Colored Dissolved Organic Matter(CDOM) in Changjiang River Estuary and its adjacent sea areas[J]. Journal of Marine Sciences, 2013, 31(53): 6.

[318] CALLAHAN J, DAI M, CHEN R F, et al. Distribution of dissolved organic matter in the Pearl River Estuary, China[J]. Marine Chemistry, 2004, 89(1): 211-224.

[319] NIEKE B, REUTER R, HEUERMANN R, et al. Light absorption and fluorescence properties of chromophoric dissolved organic matter (CDOM), in the St. Lawrence Estuary (Case 2 waters)[J]. Continental Shelf Research, 1997, 17(3): 235-252.

[320] VODACEK A, HOGE F E, SWIFT R N, et al. The use of in situ and airborne fluorescence measurements to determine UV absorption coefficients and DOC concentrations in surface waters[J]. Limnology and Oceanography, 1995, 40(2): 411-415.

[321] HONG H, WU J, SHANG S, et al. Absorption and fluorescence of chromophoric dissolved organic matter in the Pearl River Estuary, South China[J]. Marine Chemistry, 2005, 97(1): 78-89.

[322] CHEN P, PAN D, MAO Z. Application of a laser fluorometer for discriminating phytoplankton species[J]. Optics and Laser Technology, 2015, 67: 50-56.

[323] FALKOWSKI P G, RAVEN J A. Aquatic photosynthesis[M]. Princeton: Princeton University Press, 2013.

[324] LEE T-Y, TSUZUKI M, TAKEUCHI T, et al. Quantitative determination of cyanobacteria in mixed phytoplankton assemblages by an invivo fluorimetric method[J]. Analytica Chimica Acta, 1995, 302(1): 81-87.

[325] BIDIGARE R R, ONDRUSEK M E. Spatial and temporal variability of phytoplankton pigment distributions in the central equatorial Pacific Ocean[J]. Deep Sea Research Part II: Topical Studies in Oceanography, 1996, 43(4): 809-833.

[326] BRUCKMAN L S, RICHARDSON T L, SWANSTROM J A, et al. Linear discriminant analysis of single-cell fluorescence excitation spectra of five phytoplankton species[J]. Applied Spectroscopy, 2012, 66(1): 60-65.

[327] ZHANG Q Q, LEI S H, WANG X L, et al. Discrimination of phytoplankton classes using characteristic spectra of 3D fluorescence spectra[J]. Spectrochimica Acta Part A: Molecular and Biomolecular Spectroscopy, 2006, 63(2): 361-369.

[328] WRIGHT S, THOMAS D, MARCHANT H, et al. Analysis of phytoplankton of the Australian sector of the Southern Ocean: comparisons of microscopy and size frequency data with interpretations of pigment HPLC data using the CHEMTAX matrix factorisation program[J]. Marine Ecology Progress Series, 1996, 14(1): 285-298.

[329] SIME-NGANDO T. Characterization of phytoplankton communities in the lower St. Lawrence Estuary using HPLC-detected pigments and cell microscopy[J]. Marine Ecology Progress Series, 1996, 142:

55-73.
[330] HAVSKUM H, SCHLÜTER L, SCHAREK R, et al. Routine quantification of phytoplankton groups-microscopy or pigment analyses?[J]. Marine Ecology Progress Series, 2004, 273: 31-42.
[331] KWAN WONG C, KIM WONG C. HPLC pigment analysis of marine phytoplankton during a red tide occurrence in Tolo Harbour, Hong Kong[J]. Chemosphere, 2003, 52(9): 1633-1640.
[332] MACKEY M, MACKEY D, HIGGINS H, et al. CHEMTAX a program for estimating class abundances from chemical markers: application to HPLC measurements of phytoplankton[J]. Marine Ecology Progress Series, 1996, 14(1): 265-283.
[333] RICHARDSON T L, LAWRENZ E, PINCKNEY J L, et al. Spectral fluorometric characterization of phytoplankton community composition using the Algae Online Analyser[J]. Water Research, 2010, 44(8): 2461-2472.
[334] MACINTYRE H L, LAWRENZ E, RICHARDSON T L. Taxonomic discrimination of phytoplankton by spectral fluorescence, Chlorophyll a fluorescence in aquatic sciences: methods and applications[M]. Berlin: Springer, 2010: 129-169.
[335] BRICAUD A, BABIN M, MOREL A, et al. Variability in the chlorophyll-specific absorption coefficients of natural phytoplankton: analysis and parameterization[J]. Journal of Geophysical Research: Oceans, 1995, 100(7): 13321-13332.
[336] CIOTTI A M, LEWIS M R, CULLEN J J. Assessment of the relationships between dominant cell size in natural phytoplankton communities and the spectral shape of the absorption coefficient[J]. Limnology and Oceanography, 2002, 47(2): 404-417.
[337] LAURION I, BLOUIN F, ROY S. The quantitative filter technique for measuring phytoplankton absorption: interference by MAAs in the UV waveband[J]. Limnol Oceanogr Methods, 2003, 1(1): 1-9.
[338] BEUTLER M, WILTSHIRE K H, MEYER B, et al. A fluorometric method for the differentiation of algal populations in vivo and in situ[J]. Photosynthesis Research, 2002, 72(1): 39-53.
[339] PORYVKINA L, BABICHENKO S, LEEBEN A. Analysis of phytoplankton pigments by excitation spectra of fluorescence[C] // EARSeL-SIG-Workshop LiDAR. Institute of Ecology/LDI, Tallinn, Estonia, 2000: 224-232.
[340] SALYUK P A, BUKIN O A, PERMYAKOV M S. Use of laser induced fluorescence method for phytoplankton communities describing[C] //Microtechnologies for the New Millennium, 2005: 232-236.
[341] CHEKALYUK A, HAFEZ M. Analysis of spectral excitation for measurements of fluorescence constituents in natural waters[J]. Optics Express, 2013, 21(24): 29255-29268.
[342] ROWAN K S. Photosynthetic pigments of algae[M]. Cambridge: CUP Archive, 1989.
[343] WRIGHT S, JEFFREY S, MANTOURA R. Phytoplankton pigments in oceanography: guidelines to modern methods[M]. Paris: Unesco Pub, 2005.
[344] SOOHOO J B, KIEFER D A, COLLINS D J, et al. In vivo fluorescence excitation and absorption spectra of marine phytoplankton: I. Taxonomic characteristics and responses to photoadaptation[J]. Journal of plankton research, 1986, 8(1): 197-214.
[345] MILLIE D F, FAHNENSTIEL G L, CARRICK H J, et al. Phytoplankton pigments in coastal lake

michigan: distributions during the spring isothermal period and relation with episodic sediment resuspension1[J]. Journal of Phycology, 2002, 38(4): 639-648.

[346] ERIKSSON L, TRYGG J, JOHANSSON E, et al. Orthogonal signal correction, wavelet analysis, and multivariate calibration of complicated process fluorescence data[J]. Analytica Chimica Acta, 2000, 420(2): 181-195.

[347] OLIVO M J. Extraction of spots in biological images using multiscale products[J]. Pattern Recognition, 2002, 35(9): 1989-1996.

[348] SCHOLKOPFT B, MULLERT K R. Fisher discriminant analysis with kernels[C] //Neural networks for signal processing IX: Proceedings of the 1999 IEEE signal processing society workshop, 1999: 41-48.

[349] BARBINI R, COLAO F, FANTONI R, et al. Design and application of a lidar fluorosensor system for remote monitoring of phytoplankton[J]. ICES Journal of Marine Science: Journal du Conseil, 1998, 55(4): 793-802.

[350] VINCENT W F. Mechanisms of rapid photosynthetic adaptation in natural phytoplankton communities. i redistribution of excitation energy between photosystems i and ii[J]. Journal of Phycology, 1979, 15(4): 429-434.

[351] HUNTER P D, TYLER A N, PRÉSING M, et al. Spectral discrimination of phytoplankton colour groups: the effect of suspended particulate matter and sensor spectral resolution[J]. Remote Sensing of Environment, 2008, 112(4): 1527-1544.

[352] 郭卫东, 程远月, 吴芳. 海洋荧光溶解有机物研究进展[J]. 海洋通报, 2007, 26(1): 98-106.

[353] CONMY R N, COBLE P G, CHEN R F, et al. Optical properties of colored dissolved organic matter in the northern Gulf of Mexico[J]. Marine Chemistry, 2004, 89(1): 127-144.

[354] 赵军杰. 基于吸收和荧光性质对中国黄渤海海域有色溶解有机物（CDOM）的分布特征研究[D]. 青岛: 中国海洋大学, 2013.

[355] COBLE P G, DEL CASTILLO C E, AVRIL B. Distribution and optical properties of CDOM in the Arabian Sea during the 1995 Southwest Monsoon[J]. Deep Sea Research Part II: Topical Studies in Oceanography, 1998, 45(10): 2195-2223.

[356] ROCHELLE N E, FISHER T. Chromophoric dissolved organic matter and dissolved organic carbon in Chesapeake Bay[J]. Marine Chemistry, 2002, 77(1): 23-41.

[357] VODACEK A, BLOUGH N V, DEGRANDPRE M D, et al. Seasonal variation of CDOM and DOC in the Middle Atlantic Bight: terrestrial inputs and photooxidation[J]. Limnology and Oceanography, 1997, 42(4): 674-686.

[358] MORAN M A, ZEPP R G. Role of photoreactions in the formation of biologically labile compounds from dissolved organic matter[J]. Limnology and Oceanography, 1997, 42(6): 1307-1316.

[359] BRUGGER A, SLEZAK D, OBERNOSTERER I, et al. Photolysis of dimethylsulfide in the northern Adriatic Sea: dependence on substrate concentration, irradiance and DOC concentration[J]. Marine Chemistry, 1998, 59(3): 321-331.

[360] SAKKAS V A, LAMBROPOULOU D A, ALBANIS T A. Photochemical degradation study of irgarol 1051 in natural waters: influence of humic and fulvic substances on the reaction[J]. Journal of

Photochemistry and Photobiology A: Chemistry, 2002, 147(2): 135-141.
[361] SIERRA M, GIOVANELA M, PARLANTI E, et al. Fluorescence fingerprint of fulvic and humic acids from varied origins as viewed by single-scan and excitation/emission matrix techniques[J]. Chemosphere, 2005, 58(6): 715-733.
[362] HEDGES J I, HATCHER P G, ERTEL J R, et al. A comparison of dissolved humic substances from seawater with Amazon River counterparts by 13 C-NMR spectrometry[J]. Geochimica et Cosmochimica Acta, 1992, 56(4): 1753-1757.
[363] STEDMON C A, BRO R. Characterizing dissolved organic matter fluorescence with parallel factor analysis: a tutorial[J]. Limnology and Oceanography: Methods, 2008, 6(11): 572-579.
[364] CHEN P, MAO Z, HUANG H. Analysis of the characters of chromophoric dissolved organic matter in water using laser induced fluorescence and spectral fluorescence signature[C] //SPIE Optical Engineering and Applications, 2013: 88720-88727.
[365] 邢小罡, 赵冬至, 刘玉光, 等. 叶绿素 a 荧光遥感研究进展[J]. 遥感学报, 2007, 11(1): 137-144.
[366] SUGGETT D J, PRÁŠIL O, BOROWITZKA M A. Chlorophyll a fluorescence in aquatic sciences[M]. Berlin: Springer, 2011.
[367] BABICHENKO S, PORYVKINA L, ORLOV Y, et al. Fluorescent signatures in environmental analysis[J]. Encyclopedia of Environmental Analysis and Remediation, 1998: 1787-1791.
[368] LU D, GOEBEL J, QI Y, et al. Morphological and genetic study of Prorocentrum donghaiense Lu from the East China Sea, and comparison with some related Prorocentrum species [J]. Harmful Algae, 2005, 4(3): 493-505.
[369] DOU D L, GOEBEL J. Five red tide species in genus prorocentrum including the description of Prorocentrum donghaiense Lu SP. nov. from the East China Sea[J]. Oceanology and Limnology, 2001, 19(4): 337-344.
[370] IKEYA T, OHKI K, TAKAHASHI M, et al. Photosynthetic characteristics of marine *Synechococcus* spp. with special reference to light environments near the bottom of the euphotic zone of the open ocean[J]. Marine Biology, 1994, 118(2): 215-221.
[371] HILTON J, RIGG E, JAWORSKI G. Automatic identification and enumeration of algae[J]. John Wiley ard Sons, 1988, 30(3): 375-385.
[372] OLDBAM P, ZILLIOUX E, WARNER I M. Spectral “fingerprinting” of phytoplankton populations by two-dimensional fluorescence and Fourier-transform-based pattern recognition[J]. Journal of Marine Research, 1985, 43(4): 893-906.
[373] 王英俭, 范承玉, 魏合理. 激光在大气和海水中传输及应用[M]. 北京: 国防工业出版社, 2015.
[374] WONG H, ANTONIOU A. Application of 1-D signal processing techniques for airborne laser bathymetry[C] //IEEE Pacific Rim Conference on Communications, Computers and Signal Processing, 1993.
[375] 叶修松, 黄谟涛, 欧阳永忠, 等. 拉曼后向散射在海面检测及海面与陆地区分中的应用[J]. 海洋测绘, 2008, 28(6): 13-14.
[376] LUCY L B. An iterative technique for the rectification of observed distributions[J]. The astronomical

journal, 1974, 79(6): 745.
[377] JUTZI B, STILLA U. Range determination with waveform recording laser systems using a Wiener filter[J]. ISPRS Journal of Photogrammetry Remote Sensing, 2007, 61(2): 95-107.
[378] 王丹菂，徐青，邢帅，等. 机载激光测深去卷积信号提取方法的比较[J]. 测绘学报，2018，47(2): 161-169.
[379] WANG C, LI Q, LIU Y, et al. A comparison of waveform processing algorithms for single-wavelength LiDAR bathymetry[J]. ISPRS Journal of Photogrammetry and Remote Sensing, 2015, 101: 22-35.
[380] 杨丰恺. 激光雷达探测南京北郊低层雾霾气溶胶[D]. 南京：南京信息工程大学, 2014.
[381] GORDON H R. Interpretation of airborne oceanic lidar: effects of multiple scattering[J]. Applied Optics, 1982, 21(16): 2996-3001.
[382] GORDON H R. Can the Lambert-Beer law be applied to the diffuse attenuation coefficient of ocean water?[J]. Limnology and Oceanography, 1989, 34(8): 1389-1409.
[383] CHEN P, PAN D. Ocean optical profiling in South China Sea using airborne LiDAR[J]. Remote Sensing, 2019, 11(15): 1826.
[384] CHURNSIDE J H, SULLIVAN J M, TWARDOWSKI M S. Lidar extinction-to-backscatter ratio of the ocean[J]. Optics Express, 2014, 22(15): 18698-18706.
[385] CHURNSIDE J H, MARCHBANKS R D. Inversion of oceanographic profiling lidars by a perturbation to a linear regression[J]. Applied Optics, 2017, 56(18): 5228-5233.
[386] CHURNSIDE J H, TATARSKII V V, WILSON J J. Oceanographic LiDAR attenuation coefficients and signal fluctuations measured from a ship in the Southern California Bight[J]. Applied Optics, 1998, 37(15): 3105-3112.
[387] ZHANG J P, GUO Y L, QU Z X, et al. Research into inversion parameter k of laser radar in semi-arid areas[J]. Journal of Lanzhou University: Natural Sciences, 2016, 52(5): 639-643.
[388] ZHANG W Y, WANG Y Q, SONG J Y, et al. Research on logarithmic ratio k of aerosol backscatter extinction using lidar[J]. Plateau Meteorology, 2008, 27(5): 1083-1087.
[389] SUN H B, CAO N W. Accuracy of value k in aerosol inversion optic properties based on lidar[J]. Laser and Optoelectronics Progress, 2017 (1): 278-285.
[390] WANG Z H, HE Y H, LI Z S, et al. Effects of backscatter extinction logarithmic ratio on the inversion of aerosol extinction coefficiency[J]. Chinese Journal of Quantum Electronics, 2006, 23(3): 335-340.
[391] 李宝华，傅克忖，曾晓起. 南黄海夏末叶绿素 a 的分布特征[J]. 海洋与湖沼, 1999(3): 300-305.
[392] PENG X, LIU Y, LI G, et al. Deriving depths of deep chlorophyll maximum and water inherent optical properties: a regional model[J]. Continental Shelf Research, 2009, 29(19): 1-227.
[393] CULLEN J J. The deep chlorophyll maximum: comparing vertical profiles of chlorophyll a[J]. Canadian Journal of Fisheries and Aquatic Sciences, 1982, 39(5): 791-803.
[394] SATHYENDRANATH S, PLATT T. Remote sensing of ocean chlorophyll: consequence of nonuniform pigment profile[J]. Applied Optics, 1989, 28(3): 490-495.
[395] JAMART B M, WINTER D F, KARL B. Sensitivity analysis of a mathematical model of phytoplankton growth and nutrient distribution in the Pacific Ocean off the northwestern U. S. coast[J]. Journal of

Plankton Research, 1979(3): 3.

[396] MOREL A, BERTHON J F. Surface pigments, algal biomass profiles, and potential production of the euphotic Layer: relationships reinvestigated in view of remote-sensing applications[J]. Limnology and Oceanography, 1989, 34(8): 1545-1562.

[397] LEWIS M R, CULLEN J J, PLATT T. Phytoplankton and thermal structure in the upper ocean: consequences of nonuniformity in chlorophyll profile[J]. Journal of Geophysical Research Oceans, 1983, 88(C4): 2565.

[398] SHIGESADA N, OKUBO A. Analysis of the self-shading effect on algal vertical distribution in natural waters[J]. Journal of Mathematical Biology, 1981, 12(3): 311-326.

[399] CHEN D, HORRIGAN S G, WANG D P. The late summer vertical nutrient mixing in Long Island Sound[J]. Journal of Marine Research, 1988, 46(4): 753-770.

[400] LIU H, CHEN P, MAO Z, et al. Subsurface plankton layers observed from airborne lidar in Sanya Bay, south China Sea[J]. Optics Express, 2018, 26(22): 29134-29147.

[401] BECKMANN A, HENSE I. Beneath the surface: characteristics of oceanic ecosystems under weak mixing conditions, a theoretical investigation[J]. Progress in Oceanography, 2007, 75(4): 771-796.

[402] HARRIS R P. Interactions between diel vertical migratory behavior of marine zooplankton and the subsurface chlorophyll maximum[J]. Bulletin of Marine Science, 1988, 43(3): 663-674.

[403] 费尊乐, 毛兴华. 渤海生产力研究: 叶绿素 a, 初级生产力与渔业资源开发潜力[J]. 渔业科学进展, 1991(12): 55-69.

[404] GONG G C, SHIAH F K, LIU K K, et al. Spatial and temporal variation of chlorophyll-a, primary productivity and chemical hydrography in the southern East China Sea[J]. Continental Shelf Research, 2000, 20(4): 411-436.

[405] MURTY V S N, GUPTA G V M, SARMA V V, et al. Effect of vertical stability and circulation on the depth of the chlorophyll maximum in the Bay of Bengal during May–June, 1996[J]. Deep Sea Research Part I: Oceanographic Research Papers, 2000, 47(5): 859-873.

[406] 李宝华. 南极长城站码头及临近海域夏季叶绿素 a 含量及变化[J]. 极地研究, 2004, 16(4): 332-337.

[407] VARELA R A, CRUZADO A, TINTORE J, et al. Modelling the deep-chlorophyll maximum: a coupled physical-biological approach[J]. Journal of Marine Research, 1992, 50(3): 441-463.

[408] HUISMAN J, PHAM THI N N, KARL D M, et al. Reduced mixing generates oscillations and chaos in the oceanic deep chlorophyll maximum[J]. Nature, 2006, 439(7074): 322-335.

[409] RUIZ J, GARCA C M, RODRIGUEZ J. Vertical patterns of phytoplankton size distribution in the Cantabric and Balearic Seas[J]. Journal of Marine Systems, 1996, 9(3): 269-282.

[410] 傅明珠, 王宗灵, 孙萍, 等. 2006 年夏季南黄海浮游植物叶绿素 a 分布特征及其环境调控机制[J]. 生态学报, 2009(10): 208-217.

[411] KONONEN K, HUTTUNEN M, LLFORS S, et al. Development of a deep chlorophyll maximum of *Heterocapsa triquetra* Ehrenb. at the entrance to the Gulf of Finland. [J]. Limnology and Oceanography, 2003, 48(2): 594-607.

[412] PEREZ V, FERNANDEZ E, MARANON E, et al. Vertical distribution of phytoplankton biomass,

production and growth in the Atlantic subtropical gyres[J]. Deep Sea Research Part I: Oceanographic Research Papers, 2006, 53(10): 1616-1634.

[413] PEDRÓS-ALIÓ C, CALDERÓN-PAZ J I, GUIXA B N, et al. Bacterioplankton and phytoplankton biomass and production during summer stratification in the northwestern Mediterranean Sea[J]. Deep Sea Research Part I: Oceanographic Research Papers, 1999, 46(6): 985-1019.

[414] HANSON C E, PESANT S, WAITE A M, et al. Assessing the magnitude and significance of deep chlorophyll maxima of the coastal eastern Indian Ocean[J]. Deep Sea Research Part II, 2007, 54(8-10): 884-901.

[415] 张书文. 黄海冷水团夏季叶绿素垂向分布结构的影响机制[J]. 海洋与湖沼, 2003, 34(2): 179-186.

[416] 夏洁, 高会旺. 南黄海东部海域浮游生态系统要素季节变化的模拟研究[J]. 安全与环境学报, 2006, 6(4): 61-67.

[417] VANT W N. Causes of light attenuation in nine New Zealand estuaries[J]. Estuarine Coastal and Shelf Science, 1990, 31(2): 125-137.

[418] LARS C, LUND H. Diffuse attenuation coefficients Kd(PAR) at the estuarine North Sea–Baltic Sea transition: time-series, partitioning, absorption, and scattering[J]. Estuarine Coastal and Shelf Science, 2004, 61(2): 251-259.

[419] DEVLIN M J, BARRY J, MILLS D K, et al. Relationships between suspended particulate material, light attenuation and Secchi depth in UK marine waters[J]. Estuarine Coastal and Shelf Science, 2008, 79(3): 429-439.

[420] GAN J, LU Z, DAI M, et al. Biological response to intensified upwelling and to a river plume in the northeastern South China Sea: a modeling study[J]. Journal of Geophysical Research Oceans, 2010, 115(9): 9001.

[421] HODGES B A, RUDNICK D L. Simple models of steady deep maxima in chlorophyll and biomass[J]. Deep Sea Research Part I: Oceanographic Research Papers, 2004, 51(8): 999-1015.

[422] RYABOV A B, RUDOLF L, BLASIUS B. Vertical distribution and composition of phytoplankton under the influence of an upper mixed layer[J]. Journal of Theoretical Biology, 2010, 263(1): 120-133.

[423] MOBLEY C D. Light and water: radiative transfer in natural waters [M]. New York: Academic Press, 1994.

[424] ZHANG Y, SPERBER K R, BOYLE J S. Climatology and interannual variation of the East Asian winter monsoon: results from the 1979 95 NCEP/NCAR reanalysis[J]. Monthly Weather Review, 1997, 125(10): 2605-2619.

[425] 吴志旭, 刘明亮, 兰佳, 等. 新安江水库(千岛湖)湖泊区夏季热分层期间垂向理化及浮游植物特征[J]. 湖泊科学, 2012, 24(3): 460-465.

[426] 李凯, 张永生, 刘笑迪, 等. 机载激光海洋测深系统接收 FOV 的研究[J]. 光学学报, 2015, 35(7): 40-48.

[427] 胡思奇, 周田华, 陈卫标. 水下激光通信最大比合并分集接收性能分析及仿真[J]. 中国激光, 2016, 43(12): 207-214.

[428] COLLIN A, LONG B, ARCHAMBAULT P. Merging land-marine realms: spatial patterns of seamless

coastal habitats using a multispectral LiDAR[J]. Remote Sensing of Environment, 2012, 123(3): 390-399.
[429] 刘经南，张小红. 利用激光强度信息分类激光扫描测高数据[J]. 武汉大学学报, 2005, 30(3): 189-193.
[430] CORTES C, VAPNIK V. Support-vector networks[J]. Machine Learning, 1995, 20(3): 273-297.
[431] 姚春华，陈卫标，臧华国，等. 机载激光测深系统的最小可探测深度研究[J]. 光学学报, 2004, 24(10): 1406-1410.
[432] CHEN P, PAN D. Ocean optical profiling in South China Sea using airborne LiDAR[J]. Remote Sensing, 2019, 11(15): 1826.
[433] CHURNSIDE J, HAIR J, HOSTETLER C, et al. Ocean backscatter profiling using high-spectral-resolution lidar and a perturbation retrieval[J]. Remote Sensing, 2018, 10(12): 2003.
[434] CHEN P, PAN D, MAO Z, et al. A feasible calibration method for type 1 open ocean water LiDAR data based on bio-optical models[J]. Remote Sensing, 2019, 11(2): 172.
[435] SAYLAM K, BROWN R A, HUPP J R. Assessment of depth and turbidity with airborne lidar bathymetry and multiband satellite imagery in shallow water bodies of the Alaskan North Slope[J]. International Journal of Applied Earth Observation and Geoinformation, 2017, 58: 191-200.
[436] RICHTER K, MAAS H G, WESTFELD P, et al. An approach to determining turbidity and correcting for signal attenuation in airborne lidar bathymetry[J]. Journal of Photogrammetry, Remote Sensing and Geoinformation Science, 2017, 85(1): 31-40.
[437] HOSTETLER C A, BEHRENFELD M J, HU Y, et al. Spaceborne Lidar in the Study of Marine Systems[J]. Annual Review of Marine Science, 2018, 10(1): 121-147.
[438] CHEN P, PAN D, MAO Z, et al. Semi-analytic Monte Carlo model for oceanographic lidar systems: lookup table method used for randomly choosing scattering angles[J]. Applied Sciences, 2018, 9(1): 48.
[439] OTSUKI S. Multiple scattering of polarized light in turbid infinite planes: Monte Carlo simulations[J]. J. Opt. Soc. Am. A. Opt. Image. Sci. Vis., 2016, 33(5): 988-996.
[440] CHEN P, PAN D, MAO Z, et al. Semi-analytic Monte Carlo radiative transfer model of laser propagation in inhomogeneous sea water within subsurface plankton layer[J]. Optics and Laser Technology, 2019, 111: 1-5.
[441] ABDALLAH H, BAILLY J S, BAGHDADI N N, et al. Potential of space-borne LiDAR Sensors for global bathymetry in coastal and inland waters[J]. IEEE Journal of Selected Topics in Applied Earth Observations and Remote Sensing, 2013, 6(1): 202-216.
[442] ABDALLAH H, BAGHDADI N, BAILLY J S, et al. Wa-LiD: a new LiDAR simulator for waters[J]. Geoscience and Remote Sensing Letters, IEEE, 2012, 9(4): 744-748.
[443] CHAMI M, LAFRANCE B, FOUGNIE B, et al. OSOAA: a vector radiative transfer model of coupled atmosphere-ocean system for a rough sea surface application to the estimates of the directional variations of the water leaving reflectance to better process multi-angular satellite sensors data over the ocean[J]. Optics Express, 2015, 23(21): 27829-27852.
[444] MOBLEY C D. Polarized reflectance and transmittance properties of windblown sea surfaces[J]. Applied Optics, 2015, 54(15): 4828-4849.
[445] ZHAI P W, HU Y, CHOWDHARY J, et al. A vector radiative transfer model for coupled atmosphere and

ocean systems with a rough interface[J]. Journal of Quantitative Spectroscopy and Radiative Transfer, 2010, 111(7-8): 1025-1040.

[446] ROZANOV V V, DINTER T, ROZANOV A V, et al. Radiative transfer modeling through terrestrial atmosphere and ocean accounting for inelastic processes: software package SCIATRAN[J]. Journal of Quantitative Spectroscopy and Radiative Transfer, 2017, 194: 65-85.

[447] DEUZÉ J L, HERMAN M, SANTER R. Fourier series expansion of the transfer equation in the atmosphere-ocean system[J]. Journal of Quantitative Spectroscopy and Radiative Transfer, 1989, 41(6): 483-494.

[448] HIERONYMI M. Polarized reflectance and transmittance distribution functions of the ocean surface[J]. Optics Express, 2016, 24(14): 45-68.

[449] COX C, MUNK W. Statistics of the sea surface derived from Sun glitter[J]. Journal of Marine Research, 1954, 13: 198-227.

[450] D'ALIMONTE D, KAJIYAMA T. Effects of light polarization and waves slope statistics on the reflectance factor of the sea surface[J]. Optics Express, 2016, 24(8): 7922-7942.

[451] SANCER M. Shadow-corrected electromagnetic scattering from a randomly rough surface[J]. IEEE Transactions on Antennas and Propagation, 1969, 17(5): 577-585.

[452] SMITH B. Geometrical shadowing of a random rough surface[J]. IEEE Transactions on Antennas and Propagation, 1967, 15(5): 668-671.

[453] POOLE L R, VENABLE D D, CAMPBELL J W. Semianalytic Monte Carlo radiative transfer model for oceanographic lidar systems[J]. Applied Optics, 1981, 20(20): 3653-3656.

[454] NAKAJIMA T, TANAKA M. Effect of wind-generated waves on the transfer of solar radiation in the atmosphere-ocean system[J]. Journal of Quantitative Spectroscopy and Radiative Transfer, 1983, 29(6): 521-537.

[455] EBUCHI N, KIZU S. Probability distribution of surface wave slope derived using Sun glitter images from geostationary meteorological satellite and surface vector winds from scatterometers[J]. Journal of Oceanography, 2002, 58(3): 477-486.

[456] 叶修松. 机载激光水深探测技术基础及数据处理方法研究[D]. 郑州: 中国人民解放军信息工程大学, 2010.

[457] 胡善江, 贺岩, 陈卫标, 等. 机载双频激光雷达系统设计和研制[J]. 红外与激光工程, 2018, 47(9): 89-94.

[458] ZHAO J, XINGLEI Z, HONGMEI Z, et al. Shallow water measurements using a single green Laser corrected by building a near water surface penetration model[J]. Remote Sensing, 2017, 9(5): 426-444.

[459] GUENTHER G C, CUNNINGHAM A G, E. LAROQUE P, et al. Meeting the accuracy challenge in airborne bathymetry[R]. National Oceanic Atmospheric Administration/Nesdis Silver Spring MD, 2000.

[460] MANDLBURGER G, PFENNIGBAUER M, PFEIFER N. Analyzing near water surface penetration in laser bathymetry: a case study at the River Pielach[J]. Remote Sensing and Spatial Information Sciences, 2013, 5: W2.

[461] GUENTHER G C, LAROCQUE P E, LILLYCROP W J. Multiple surface channels in scanning

hydrographic operational airborne LiDAR Survey (SHOALS) airborne LiDAR[C] // Ocean Optics XII, International Society for Optics and Photonics, 1994: 422-430.

[462] ZHAO J, ZHAO X, ZHANG H, et al. Shallow water measurements using a single green laser corrected by building a near water surface penetration model[J]. Remote Sensing, 2017, 9(5): 426.

[463] LI X, YANG B, XIE X, et al. Influence of waveform characteristics on LiDAR ranging accuracy and precision[J]. Sensors, 2018, 18(4): 1156.

[464] WAGNER W, ULLRICH A, MEIZER T, et al. From single-pulse to full-waveform airborne laser scanners: potential and practical challenges[C] //Proceedings of the International Society for Photogrammetry and Remote Sensing 20th Congress Commission 3, 2004: 6-12

[465] HOFTON M A, MINSTER J B, BLAIR J B. Decomposition of laser altimeter waveforms[J]. Transactions on Geoscience and Remote Sensing, 2000, 38(4): 1989-1996.

[466] STILLA U, JUTZI B. Waveform analysis for small-footprint pulsed laser systems[J]. Topographic laser ranging and scanning: Principles and Processing, 2008: 215-234.

[467] MOBLEY C D. 自然水体辐射特性与数值模拟[M]. 武汉: 武汉大学出版社, 2009.

[468] COOK R L, TORRANCE K E. A reflectance model for computer graphics[J]. ACM SIGGRAPH Computer Graphics, 1981, 15(3): 307-316.

[469] ABDALLAH H, BAGHDADI N, BAILLY J S, et al. Wa-LiD: a new LiDAR simulator for waters[J]. IEEE Geoscience Remote Sensing Letters, 2012, 9(4): 740-748.

[470] 王俊宏. LiDAR 数据处理关键技术研究[D]. 武汉: 华中科技大学, 2012.

[471] BRENNER A. Derivation of range and range distributions from laser pulse waveform analysis for surface elevations, roughness, slope, and vegetation heights, Algorithm theoretical basis document V4. 1[EB/OL]. http: //www. csr. utexas. edu/glas/pdf/Atbd_20031224. pdf, 2003. 2018-10-21.

[472] STEINVALL O. Effects of target shape and reflection on laser radar cross sections[J]. Applied Optics, 2000, 39(24): 4381-4391.

[473] WAGNER W, ULRICH A, MELZER T, et al. From Single-pulse to full-waveform airborne laser scanners: potential and practical challenges[EB/OL]. http: //publik. tuwien. ac. at/files/PubDat-119591. pdf. 2018-10-16.

[474] ABDALLAH H, BAILLY J S, BAGHDADI N N, et al. Potential of space-borne LiDAR sensors for global bathymetry in coastal and inland waters[J]. IEEE Journal of Selected Topics in Applied Earth Observations Remote Sensing, 2013, 6(1): 202-216.

[475] 冯士筰. 海洋科学导论[M]. 北京: 高等教育出版社, 1999.

[476] 朱坚, 臧华国, 贺岩, 等. 激光测深系统中大动态范围压缩技术的实验研究[J]. 光学学报, 2006, 26(8): 1172-1176.

[477] 胡善江, 贺岩, 陈卫标. 机载激光测深系统中海面波浪影响的改正[J]. 光子学报, 2007, 36(11): 2103-2105.

[478] 胡广书. 数字信号处理: 理论、算法与实现[M]. 北京: 清华大学出版社, 2003.

[479] MCLEAN J W, FREEMAN J D, WALKER R E. Beam spread function with time dispersion[J]. Applied Optics, 1998, 37(21): 4701.

[480] KOPILEVICH Y I, SURKOV A G. Mathematical modeling of the input signals of oceanological lidars[J]. Journal of Optical Technology, 2008, 75(5): 321-326.
[481] 贺细顺, 朱晓, 谭雪松, 等. 海水散射引起激光脉冲传输延迟的研究[J]. 激光与红外, 2001, 31(1): 19-21.
[482] 黄战华, 程红飞, 蔡怀宇, 等. 变折射率介质中光线追迹通用算法的研究[J]. 光学学报, 2005, 25(5): 589-592.
[483] ABDALLAH H, BAGHDADI N, BAILLY J, et al. Wa-LiD: a new LiDAR simulator for waters[J]. IEEE Geoscience and Remote Sensing Letters, 2012, 9(4): 744-748.
[484] 张震, 马毅, 张靖宇, 等. 基于水体回波信号仿真的激光雷达水深探测模型研究[J]. 海洋技术学报, 2015, 34(6): 13-18.
[485] COOK R L, TORRANCE K E. A reflectance model for computer graphics[J]. ACM Transactions on Graphics, 1982, 1(1): 7-24.
[486] MANDLBURGER G, JUTZI B. On the feasibility of water surface mapping with single photon LiDAR[J]. International Journal of Geo-Information, 2019, 8(4): 188.
[487] WELCH A, GEMERT M J C V. Optical-thermal response of laser-irradiated tissue[M]. Berlin: Springer, 2011.
[488] 斐鹿成, 张孝泽. 蒙特卡罗方法及其在粒子输运问题中的应用[M]. 北京: 科学出版社, 1980.
[489] 杨虹. 蓝绿激光对潜通信光信道特性研究[D]. 成都: 电子科技大学, 2008.
[490] WILSON C B. A Monte Carlo model for the absorption and flux distributions of light in tissue[J]. Medical Physics, 1983, 10(6): 824-830.
[491] MISHCHENKO M I, DLUGACH J M, YANOVITSKIJ E G, et al. Bidirectional reflectance of flat, optically thick particulate layers: an efficient radiative transfer solution and applications to snow and soil surfaces[J]. Journal of Quantitative Spectroscopy and Radiative Transfer, 1999, 63(2-6): 409-432.
[492] BREWSTER M Q, YAMADA Y. Optical properties of thick, turbid media from picosecond time-resolved light scattering measurements[J]. International Journal of Heat and Mass Transfer, 1995, 38(14): 2569-2581.
[493] DING K. Radiative transfer in spherical shell atmospheres for correction of ocean color remote sensing[D]. Miami: University of Miami, 1993.
[494] ADAMS D J. Chemical potential of hard-sphere fluids by Monte Carlo methods[J]. Molecular Physics, 1974, 28(5): 1241-1252.
[495] ZHAO J M, TAN J Y, LIU L H. Monte Carlo method for polarized radiative transfer in gradient-index media[J]. Journal of Quantitative Spectroscopy and Radiative Transfer, 2015, 152: 114-126.
[496] KATTAWAR G W, PLASS G N, GUINN J A. Monte Carlo calculations of the polarization of radiation in the earth's atmosphere-ocean system[J]. Journal of Physical Oceanography, 1973, 3(4): 353-372.
[497] 杨晖. 激光雷达回波信号、水下光束扩散的蒙特卡罗方法及遥测海水光学性质的研究[D]. 武汉: 华中科技大学, 2003.
[498] 裴显, 李昂, 谢品华, 等. 基于 Monte Carlo 大气辐射传输模型的 Ring 效应模拟[J]. 大气与环境光学学报, 2013, 8(5): 354-363.
[499] PLASS G N, KATTAWAR G W. Radiant intensity of light scattered from clouds[J]. Applied Optics, 1968,

7(4): 699-704.

[500] BUCHER E A. Computer simulation of light pulse propagation for communication through thick clouds[J]. Applied Optics, 1973, 12(10): 2391-2400.

[501] BUCHER E A, LERNER R M. Experiments on light pulse communication and propagation through atmospheric clouds[J]. Applied Optics, 1973, 12(10): 2401.

[502] PLASS G N, KATTAWAR G W. Monte Carlo calculations of light scattering from clouds[J]. Applied Optics, 1968, 7(3): 415-419.

[503] PLASS G N, KATTAWAR G W. Radiative transfer in an atmosphere–ocean system[J]. Applied Optics, 1969, 8(2): 455-466.

[504] VAN D HULST, TWERSKY V. Light scattering by small particles[J]. Physics Today, 1957, 10(12): 28-30.

[505] 李源慧. 激光水下目标探测的 Monte Carlo 模拟[D]. 成都: 西南交通大学, 2009.

[506] 黎静. 基于解析蒙特卡洛方法的载波调制水下激光通信研究[D]. 武汉: 华中科技大学, 2013.

[507] 王广聪, 董淑福, 温东, 等. 海水中蓝绿激光传输特性研究[J]. 电子技术, 2010, 47(3): 68-70.

[508] ABDALLAH H, BAILLY J S, BAGHDADI N N, et al. Potential of space-borne LiDAR sensors for global bathymetry in coastal and inland waters[J]. IEEE Journal of Selected Topics in Applied Earth Observations and Remote Sensing, 2013, 6(1): 202-216.

[509] KERKER M, WANG D S, GILES C L. Electromagnetic scattering by magnetic spheres[J]. Journal of the Optical Society of America, 1983, 73(6): 765-767.

[510] GABRIEL C, KHALIGHI M A, BOURENNANE S, et al. Monte-Carlo-based channel characterization for underwater optical communication systems[J]. Journal of Optical Communications and Networking, 2013, 5(1): 1-12.

[511] MOBLEY C D. Light and water: radiative transfer in natural waters[M]. NewYork: Academic Press, 1994.

[512] STRAMSKI D, BOSS E, BOGUCKI D, et al. The role of seawater constituents in light backscattering in the ocean[J]. Progress in Oceanography, 2004, 61(1): 27-56.

[513] 李文龙. 水分子及水雾的散射特性研究[D]. 长春: 长春理工大学, 2014.

[514] PETZOLD T J. Scripps Institution of Oceanography La Jolla Ca Visibility Lab[R]. U.S. Naval Ship System Command Department of the Navy, Washington D.C. 1976.

[515] MOBLEY C D, GENTILI B, GORDON H R, et al. Comparison of numerical models for computing underwater light fields[J]. Applied Optics, 1993, 32(36): 7484-7504.

[516] FOURNIER G R, FORAND J L. Analytic phase function for ocean water[J]. Proceedings of The International Society for Optical Engineering, 1994, 2258: 194-201.

[517] HENYEY L G, GREENSTEIN J L. Diffuse radiation in the galaxy[J]. The Astrophysical Journal, 1941, 93: 70-83.

[518] KATTAWAR G W. A three-parameter analytic phase function for multiple scattering calculations[J]. Journal of Quantitative Spectroscopy Radiative Transfer, 1975, 15(9): 839-849.

[519] HALTRIN V I. Two-term Henyey-Greenstein light scattering phase function for sea water[C]// Geoscience and Remote Sensing Symposium, IGARSS Proceedings, 1999.

[520] MUÑOZ A M, MILLÁN N R, HERNÁNDEZ W R, et al. Fitting vertical chlorophyll profiles in the California Current using two Gaussian curves[J]. Limnology and Oceanography: Methods, 2015, 13(8): 416-424.
[521] BOUGUER P. Optics essay on the attenuation of light[M]. Paris: Claude Jombert, 1729: 16-22.
[522] CHEN P, MAO Z, ZHANG Z, et al. Detecting subsurface phytoplankton layer in Qiandao Lake using shipborne lidar[J]. Optics Express, 2020, 28(1): 558-569.
[523] WALKER R E, MCLEAN J W. Lidar equations for turbid media with pulse stretching[J]. Applied Optics, 1999, 38(12): 2384-2397.
[524] SHEN X, LIU Z, ZHOU Y, et al. Instrument response effects on the retrieval of oceanic lidar[J]. Applied Optics, 2020, 59(10): 21-30.
[525] CHURNSIDE J H. Review of profiling oceanographic lidar[J]. Optical Engineering, 2014, 53(5): 051405.
[526] FEYGELS V I, WRIGHT C W, KOPILEVICH Y I, et al. Narrow-field-of-view bathymetrical lidar: theory and field test [C] //Ocean Remote Sensing and Imaging II. International Society for Optics and Photonics, 2003, 5155: 1-11.
[527] WEIDEMANN A D. WET labs ac-9: field calibration protocol, deployment techniques, data processing, and design improvements[J]. Proceedings of The International Society for Optical Engineering, 1997, 2963: 725-730.
[528] ALLOCCA D M, LONDON M A, CURRAN T P, et al. Ocean water clarity measurement using shipboard lidar systems[C] //International Symposium on Optical Science and Technology, 2002.
[529] ALLOCCA A D M, LONDON M A, CURRAN T P, et al. Ocean water clarity measurement using shipboard lidar systems[J]. Proc. Spie., 2002, 4488: 106-114.
[530] 胡帅, 高太长, 刘磊, 等. 偏振光在非球形气溶胶中传输特性的 Monte Carlo 仿真[J]. 物理学报, 2015, 64(9): 281-296.
[531] VOSS K J, FRY E S. Measurement of the Mueller matrix for ocean water[J]. Applied Optics, 1984, 23(23): 4427-4439.
[532] KOKHANOVSKY, ALEXANDER A. Parameterization of the Mueller matrix of oceanic waters[J]. Geophys Res-Oceans, 2003, 108(C6): 203.
[533] RAMELLAROMAN J C, PRAHL S A, JACQUES S L. Three Monte Carlo programs of polarized light transport into scattering media: part I[J]. Optics Express, 2005, 13(12): 10392-10405.
[534] HOVENIER J, VAN DER MEE C. Fundamental relationships relevant to the transfer of polarized light in a scattering atmosphere[J]. Astronomy and Astrophysics, 1983, 128: 1-16.
[535] HU Y X, WINKER D, YANG P, et al. Identification of cloud phase from Picasso-Cena lidar depolarization: a multiple scattering sensitivity study[J]. Quant Spectrosc Ra, 2001, 70(4): 569-579.
[536] KATSEV I L, ZEGE E P, PRIKHACH A S, et al. Efficient technique to determine backscattered light power for various atmospheric and oceanic sounding and imaging systems[J]. Journal of the Optical Society of America A, 1997, 14(6): 1338-1346.
[537] ZHOU Y, CHEN W, CUI X, et al. Validation of the analytical model of oceanic lidar returns: comparisons with monte carlo simulations and experimental results[J]. Remote Sensing, 2019, 11(16): 1870.

[538] FEYGELS V I, WRIGHT C W, KOPILEVICH Y I, et al. Narrow-field-of-view bathymetrical lidar: theory and field test[J]. Proceedings of The International Society for Optical Engineering, 2003, 5155: 1-11.
[539] MOORE C C, BRUCE E J, PEGAU W S, et al. The WET Labs ac-9: Field calibration protocol, deployment techniques, data processing, and design improvements [C] //Ocean Optics XIII, International Society for Optics and Photonics, 1997, 2963: 725-730.
[540] MARTINO A J, NEUMANN T A, KURTZ N T, et al. ICESat-2 mission overview and early performance[C] //Sensors, Systems and Next-Generation Satellites XXIII, 2019, 11151: 68-77.
[541] WINKER D M, PELON J, COAKLEY J A, et al. The CALIPSO Mission: a global 3D view of aerosols and clouds[J]. B. Am. Meteorol Soc., 2010, 91(9): 1211-1229.
[542] LU X, HU Y, TREPTE C, et al. Ocean subsurface studies with the CALIPSO spaceborne lidar[J]. Journal of Geophysical Research: Oceans, 2014, 119(7): 4305-4317.
[543] BEHRENFELD M J, GAUBE P, DELLA P A, et al. Global satellite-observed daily vertical migrations of ocean animals[J]. Nature, 2019, 576(7786): 257-261.
[544] POPESCU S C, ZHOU T, NELSON R, et al. Photon counting LiDAR: An adaptive ground and canopy height retrieval algorithm for ICESat-2 data[J]. Remote Sensing Environment, 2018, 208: 154-170.
[545] MARKUS T, NEUMANN T, MARTINO A, et al. The ice, cloud, and land elevation Satellite-2 (ICESat-2): science requirements, concept, and implementation[J]. Remote Sensing Environment, 2017, 190: 260-273.
[546] LU X, HU Y, YANG Y, et al. Antarctic spring ice-edge blooms observed from space by ICESat-2[J]. Remote Sensing Environment, 2020, 245: 111827.
[547] PARRISH C E, MAGRUDER L A, NEUENSCHWANDER A L, et al. Validation of ICESat-2 ATLAS bathymetry and analysis of ATLAS's bathymetric mapping performance[J]. Remote Sensing Environment, 2019, 11(14): 1634.
[548] SCHULIEN J A, BEHRENFELD M J, HAIR J W, et al. Vertically- resolved phytoplankton carbon and net primary production from a high spectral resolution lidar[J]. Optics Express, 2017, 25(12): 13577-13587.
[549] LEE J H, CHURNSIDE J H, MARCHBANKS R D, et al. Oceanographic lidar profiles compared with estimates from in situ optical measurements[J]. Applied Optics, 2013, 52(4): 786-794.
[550] 周雨迪, 刘东, 徐沛拓, 等. 偏振激光雷达探测大气-水体光学参数廓线[J]. 遥感学报, 2019, 23(1): 7.
[551] 刘群, 刘崇, 朱小磊, 等. 星载海洋激光雷达最佳工作波长分析[J]. 中国光学, 2020, 13(1): 8.
[552] 刘秉义, 李瑞琦, 杨倩, 等. 蓝绿光星载海洋激光雷达全球探测深度估算[J]. 红外与激光工程, 2019, 48(1): 0106006.
[553] CHEN S, XUE C, ZHANG T, et al. Analysis of the optimal wavelength for oceanographic lidar at the global scale based on the inherent optical properties of water[J]. Remote Sensing, 2019, 11(22): 2705-2714.
[554] NEWSOM R K, TURNER D D, MIELKE B, et al. Simultaneous analog and photon counting detection for Raman lidar[J]. Applied Optics, 2009, 48(20): 3903-3914.
[555] LIU Z, VOELGER P, SUGIMOTO N. Simulations of the observation of clouds and aerosols with the Experimental Lidar in Space Equipment system[J]. Applied Optics, 2000, 39(18): 3120-3137.
[556] GORDON H R. Interpretation of airborne oceanic lidar: effects of multiple scattering[J]. Applied Optics,

1982, 21(16): 2996-3001.

[557] LEE Z, HU C, SHANG S, et al. Penetration of UV-visible solar radiation in the global oceans: insights from ocean color remote sensing[J]. Journal of Geophysical Research: Oceans, 2013, 118(9): 4241-4255.

[558] LEE Z, WEIDEMANN A, KINDLE J, et al. Euphotic zone depth: its derivation and implication to ocean-color remote sensing[J]. Journal of Geophysical Research: Oceans, 2007, 112(3): 89-121.

[559] CULLEN J J. Subsurface chlorophyll maximum layers: enduring enigma or mystery solved?[J]. Annual Review of Marine Science, 2015, 7(1): 207.

[560] GE Y, VOSS K J, GORDON H R. In situ measurements of inelastic light scattering in Monterey Bay using solar Fraunhofer lines[J]. Journal of Geophysical Research Oceans, 1995, 100(7): 13227-13236.

[561] LOVERN M G, ROBERTS M W, MILLER S A, et al. Oceanic in-situ Fraunhofer-line characterizations[J]. Proceedings of The International Society for Optical Engineering, 1992, 1750: 149-160.

[562] MA J, LU T, ZHU X, et al. Highly efficient H-β Fraunhofer line optical parametric oscillator pumped by a single-frequency 355 nm laser[J]. Chinese Optics Letters, 2018, 16(8): 081901.